W0268140

HANDBUCH DER WISSENSCHAFTLICHEN UND ANGEWANDTEN PHOTOGRAPHIE

HERAUSGEGEBEN VON

ALFRED HAY

BAND IV

ERZEUGUNG UND PRÜFUNG LICHTEMPFINDLICHER SCHICHTEN · LICHTQUELLEN

WIEN
VERLAG VON JULIUS SPRINGER
1930

ERZEUGUNG UND PRÜFUNG LICHTEMPFINDLICHER SCHICHTEN LICHTQUELLEN

BEARBEITET VON

M. ANDRESEN · F. FORMSTECHER · W. HEYNE
R. JAHR · H. LUX · A. TRUMM

MIT 126 ABBILDUNGEN

WIEN
VERLAG VON JULIUS SPRINGER
1930

ISBN 978-3-7091-3158-9 ISBN 978-3-7091-3194-7 (eBook)
DOI 10.1007/978-3-7091-3194-7

Softcover reprint of the hardcover 1st edition 1930

Inhaltsverzeichnis

Seite

Die künstlichen Lichtquellen in der Photographie

Von

H. Lux, Berlin

Mit 6 Abbildungen

1. Einleitung.[1] In der praktischen und wissenschaftlichen Photographie haben die künstlichen Lichtquellen eine überragende Bedeutung gewonnen. Zur Anwendung kommen in erster Linie elektrische Lampen, und zwar Bogenlampen, Quecksilberdampflampen und Glühlampen. In einem sehr weiten Abstande folgen dann die Lichtquellen, bei denen eine Verbrennung stattfindet: Magnesiumlampen (Blitzlicht), Gasglühlicht und gelegentlich auch Acetylenlicht. Kalklicht und Zirkonlicht haben höchstens noch historische Bedeutung.

Alle diese Lichtquellen lassen sich nach der Art, wie die zugeführte Energie in Licht umgesetzt wird, in Temperaturstrahler und in Lumineszenzstrahler einteilen.

Bei den Temperaturstrahlern wird die einem festen Körper zugeführte Wärmeenergie zu einem Teile in gestrahltes Licht verwandelt. Zu den Temperaturstrahlern gehören die elektrischen Glühlampen, bei denen ein durch Stromdurchgang erhitzter Metalldraht oder ein Kohlefaden oder ein Leiter zweiter Klasse (Magnesia, Zirkonerde, Yttererde usw.) zum Glühen gebracht wird; ferner gehören hierzu die Bogenlampen mit Reinkohlen, bei denen das Ende von Kohlenstiften durch Elektronenstöße in Weißglut versetzt wird. Schließlich gehören hierher auch alle Flammenlichtquellen, bei denen entweder fester Kohlenstoff durch Verbrennungswärme zum Glühen gebracht wird (Kerzen, Öl- und Petroleumlampen, offene Gasflammen, Acetylenflammen usw.) oder bei denen ein fester, unverbrennbarer Körper [Glühlichtstrumpf, fein verteiltes Magnesiumoxyd (beim Magnesiumbandlichte und beim Blitzlichte), oder ein Kegel aus Magnesium oder Zirkonoxyd] durch einen Verbrennungsvorgang erhitzt wird.

Bei den Temperaturstrahlern steht die Lichtemission in einer festen Beziehung zu der Temperatur des leuchtenden festen Körpers. Diese Beziehung ist bei dem idealen Temperaturstrahler, dem „schwarzen Körper", in der Definition von W. Kirchhoff ganz genau bestimmt.

Bei den Lumineszenzstrahlern ist die Lichtemission nicht unbedingt an die Erzeugung hoher Temperaturen gebunden. Eine Temperaturerhöhung braucht wenigstens nach außen nicht in Erscheinung zu treten, wie bei dem

[1] Für die Einheiten und Bezeichnungen lichttechnischer Größen hat die Deutsche Beleuchtungstechnische Gesellschaft die am Ende dieses Beitrages in einer Tabelle zusammengefaßten Festsetzungen getroffen, die zur allgemeinen Einführung gelangen sollen (vgl. S. 31 und 32).

Leuchten der Leuchtinsekten und Leuchtbakterien (Meeresleuchten), dem Vakuumröhrenlicht (MOORE-Licht und Glimmlicht); wird sie nach außen wahrnehmbar, wie bei der Quecksilberdampflampe, so ist sie doch unvergleichlich viel kleiner als bei den Temperaturstrahlern von gleich hoher Lichtemission.

Bei einer dritten Kategorie von Lichtquellen tritt Temperatur- und Lumineszenzleuchten gleichzeitig auf. Hierzu gehören vornehmlich die Flammenbogenlampen, bei denen verdampfende Metallsalze Lumineszenzlicht aussenden, während die glühenden Kohlenstifte Temperaturleuchten bewirken. Wahrscheinlich findet auch beim Magnesiumlicht neben einer stark selektiven Temperaturstrahlung teilweises Lumineszenzleuchten statt. Hierfür spricht die beobachtete hohe Farbtemperatur beim Magnesiumlichte, die wesentlich höher als die Verbrennungstemperatur ist.[1] Die neuesten Messungen von W. DZIOBEK[2] ergaben $3700^0 \pm 75^0$.

2. Temperaturstrahlung. *a*) Der schwarze Körper sendet bei allen Temperaturen für jede Wellenlänge das Maximum an Strahlung aus. Nach dem für jeden Temperaturstrahler geltenden KIRCHHOFFschen Gesetze hat das Verhältnis der Emission zur Absorption für Strahlen gleicher Wellenlänge und bei gleicher Temperatur einen konstanten Wert

$$\varepsilon_\lambda / A_\lambda = \text{konst} = S_\lambda. \tag{1}$$

Da beim schwarzen Körper der Definition nach maximale Emission vorhanden ist, so muß die Absorption = 1 sein, d. h. er verschluckt auch jede auf ihn fallende Strahlung vollständig und wirft nichts von ihr zurück. Er ist absolut schwarz.

Der ideale schwarze Körper ist in nahezu vollkommener Weise von WIEN und LUMMER durch einen gleichmäßig temperierten Hohlraum mit einer im Verhältnisse zu seiner Oberfläche kleinen Öffnung realisiert worden. Jede den Hohlraum verlassende Strahlung wird an den Hohlraumwandungen oftmals reflektiert, ehe sie aus der Öffnung austritt. Hat das Reflexionsvermögen des zum Aufbau des Hohlraumes benutzten Stoffes den Betrag von $10\% \cdot R = 0{,}1$, ist also $A = 1 - R = 0{,}9$, so wird schon bei dreimaliger Reflexion die Absorption $A = 0{,}999$ sein. Die Strahlung ist dann praktisch vollkommen schwarz.

Die Verwirklichung des „schwarzen Körpers" ist für die Erforschung und Aufstellung der Strahlungsgesetze beim Temperaturstrahler von grundlegender Bedeutung geworden. Es konnte zunächst mit ihm das von STEFAN und BOLTZMANN aufgestellte Gesetz der Gesamtstrahlung für alle Wellenlängen verifiziert werden und, nachdem mittels des schwarzen Körpers auch die Verteilung der Strahlung auf die verschiedenen Wellenlängenbezirke messend verfolgt worden war, ergab sich auch die für die moderne Physik von fundamentaler Bedeutung gewordene WIEN-PLANCKsche Strahlungsgleichung, bei deren Aufstellung die PLANCKsche Quantentheorie geschaffen wurde.

Das STEFAN-BOLTZMANNsche Gesetz drückt aus, daß die Gesamtstrahlung (S) des schwarzen Körpers proportional der vierten Potenz der absoluten Temperatur ($T = n\,^0C + 273$) ist.

$$S = \sigma T^4 \tag{2}$$

Die Konstante σ des STEFAN-BOLTZMANNschen Strahlungsgesetzes hat nach den verschiedenen direkten und indirekten Bestimmungen einen Wert von $5{,}25 \ldots 5{,}82 \cdot 10^{-12}$; ziemlich allgemein akzeptiert ist heute der Wert $\sigma = 5{,}73 \cdot 10^{-12}$ Watt . cm^{-2} . Grad^{-4}.

---

[1] Vgl. J. M. EDER, ZS. f. wiss. Phot., 24, 1926/27, S. 426.

[2] ZS. f. wiss. Phot. 25, 1928, S. 287.

Aus dem STEFAN-BOLTZMANNschen Gesetze ergibt sich, daß bei einer Verdopplung der Temperatur die Gesamtemission auf das $2^4 = 16$fache ansteigt. Demnach muß auch umgekehrt zur Deckung der Strahlungsverluste bei einer Verdopplung der Temperatur die 16fache Energie zugeführt werden.

Die PLANCKsche Strahlungsgleichung, die die Verteilung der ermittelten Energie auf die verschiedenen Wellenlängenbezirke ausdrückt, hat die Form:

$$S_{\lambda T} = c_1 \cdot \lambda^{-5} \left(e^{\frac{c_2}{\lambda T}} - 1\right)^{-1} \tag{3}$$

Hierin ist λ die Wellenlänge in Zentimetern, e die Basis der natürlichen Logarithmen, c_1 und c_2 sind zwei Konstanten. Der von der Physikalisch-Technischen Reichsanstalt in Charlottenburg festgestellte und heute fast allgemein angenommene wahrscheinlichste Wert für c_2 ist $= 1{,}4300$ cm . Grad. Von diesem Werte hängen auch die Werte von c_1 und σ ab, denn die Integration der PLANCKschen Gleichung über alle Wellenlängen von 0 bis ∞ ergibt die STEFAN-BOLTZMANNsche Gleichung. Aus ihr in Verbindung mit der PLANCKschen Gleichung folgt für c_1 der Wert $c_1 = 5{,}87 \cdot 10^{-13}$ Watt . cm^2.

(Unter der Annahme, daß die Strahlungsenergie von den emittierenden Teilchen nicht kontinuierlich, sondern diskontinuierlich, in Quanten, abgegeben wird, wobei die Quanten E proportional der Schwingzahl ν sind, d. h. $E = h \cdot \nu$, setzte PLANCK für die Konstante c_1 den Ausdruck $h \cdot c^2$ ein, wo c die Lichtgeschwindigkeit ist. c_1 ist also eine universelle Konstante.)

Für das ganze sichtbare und das ultraviolette Gebiet wird die Verteilung der Strahlung auf die einzelnen Wellenlängenbezirke bis zu 6000° abs. mit ausreichender Genauigkeit durch die vor PLANCK von WIEN abgeleitete Strahlungsgleichung ausgedrückt. Die WIENsche Gleichung lautet:

$$S_{\lambda T} = c_1 \lambda^{-5} \left(e^{\frac{c_2}{\lambda T}}\right)^{-1} \tag{3a}$$

Aus der WIEN-PLANCKschen Gleichung lassen sich leicht für verschiedene Temperaturen die Strahlungsverteilungskurven berechnen, wie das in Abb. 1 für die Temperaturen $T = 2000°$, $T = 3000°$, $T = 3500°$ und $T = 4200°$ geschehen ist.

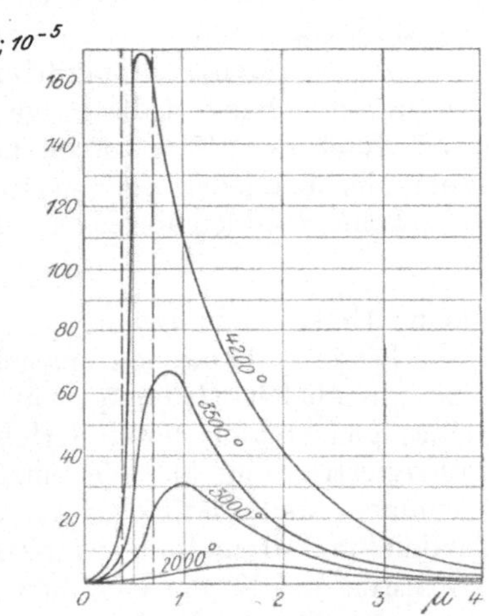

Abb. 1. Energieverteilung im Spektrum des schwarzen Körpers bei 2000°, 3000°, 3500°, 4200° abs.

Die Betrachtung dieser Kurven zeigt auf den ersten Blick, daß sich der Maximalwert der Strahlung mit steigender Temperatur aus dem Gebiete der längeren nach dem der kürzeren verschiebt, eine Tatsache, die schon durch die primitive Erfahrung bestätigt wird, daß ein weniger heißer Körper dunkelrot, ein heißerer gelbrot und ein sehr heißer weißgelb strahlt. Die Verschiebung des Strahlungsmaximums entsprechend der Temperatur wird durch die Gleichung

$$\lambda_{max} \cdot T = \text{konst} = 0{,}288 \text{ cm} \cdot \text{Grad} \tag{4}$$

ausgedrückt.

Ebenso läßt sich ein interessanter Zusammenhang zwischen dem Strahlungsmaximum und der zugehörigen Temperatur ableiten, der durch die Gleichung (4a) ausgedrückt wird:

$$S_{max} \cdot T^{-5} = \text{konst} = 4{,}16 \cdot 10^{-12} \text{ Watt/cm}^3 \text{ Grad}^5, \tag{4a}$$

d. h. die Energie beim Strahlungsmaximum ist proportional der fünften Potenz der Temperatur.

Schließlich ergibt sich aus der WIEN-PLANCKschen Strahlungsgleichung noch eine wichtige Beziehung zwischen der Leuchtdichte und der Temperatur, die durch folgende Gleichung ausgedrückt wird:

$$\frac{B_1}{B_2} = \left(\frac{T_1}{T_2}\right)^n, \tag{5}$$

worin B_1 und B_2 die bezüglichen Leuchtdichten und $n = f\left(\frac{1}{T}\right)$ ist. Und zwar ist für den schwarzen Körper $n = 15{,}9$ bei 1500° abs., $n = 8{,}4$ bei 3000° abs. und $n = 3{,}05$ bei 10000° abs.

Während also bei der Verdopplung der Temperatur die Gesamtstrahlung entsprechend dem STEFAN-BOLTZMANNschen Gesetz auf das 16fache ansteigt, wächst das Strahlungsmaximum auf das 32fache; lag es bei $T = 1500°$ abs. bei $\lambda = 1{,}92\,\mu$, so hat es sich bei der Temperatursteigerung auf $T = 3000°$ abs. nach $\lambda = 0{,}951\,\mu$ verschoben.

Das Strahlungsgesetz und die aus ihm gezogenen Folgerungen für die Maximalwerte der Wellenlänge (4) und des Strahlungsmaximums (4a) gestatten sehr wichtige Anwendungen. Zunächst ist es leicht, die Temperatur zu berechnen, auf die der schwarze Körper gebracht werden muß, damit das Strahlungsmaximum in das sichtbare Gebiet (zwischen 0,4 und 0,75 μ) fällt. Aus Gleichung (4) ergeben sich hierfür die Grenztemperaturen $T = 3752°$ abs. und 7200° abs. Von besonderer Wichtigkeit ist es, die Temperatur zu kennen, bei der das Strahlungsmaximum mit dem Maximum der Augenempfindlichkeit bei $\lambda = 0{,}55\,\mu$ zusammenfällt. Diese Temperatur ist $T = 5240°$ abs.

Eine überaus wichtige Anwendung findet schließlich die WIEN-PLANCKsche Strahlungsgleichung in der optischen Pyrometrie.[1]

b) Der Minimalstrahler. Ist der schwarze Körper der Maximalstrahler, so drängt sich sofort die Frage nach der Beschaffenheit des Minimalstrahlers auf. Nach dem KIRCHHOFFschen Gesetze wird er durch einen Körper realisiert sein, der bei jeder Temperatur und allen Wellenlängen vollkommen spiegelt, also keine Strahlen absorbiert. Er wird also auch, entsprechend der Gleichung (1)

$$\varepsilon_\lambda = A_\lambda \,.\, S_\lambda = 0$$

keine Emission besitzen.

Dieser vollkommen spiegelnde Strahler ist nicht realisierbar, aber es war ein glücklicher Gedanke von O. LUMMER, die gesamte Oberflächenstrahlung eines gleichmäßig temperierten Platinkastens und ebenso die Verteilung der Energiestrahlung auf die einzelnen Wellenlängenbezirke experimentell zu bestimmen, weil Platin bis zu seinem Schmelzpunkt als blanker Strahler aufgefaßt und deshalb als praktischer Minimalstrahler angesehen werden kann. LUMMER und KURLBAUM, bzw. LUMMER und PRINGSHEIM fanden für die Strahlung des Platins die folgenden Gesetze:

α) Die Gesamtstrahlung des blanken Strahlers ist proportional der fünften Potenz der absoluten Temperatur

$$S_p = \mu\, T^5 \tag{6}$$

β) Das Produkt aus der Wellenlänge beim Strahlungsmaximum und der absoluten Temperatur ist konstant

[1] Vgl. G. K. BURGESS und H. LE CHATELIER, Die Messung hoher Temperaturen. Deutsch von Dr. G. LEITHÄUSER. Berlin 1913; F. HENNING, Die Grundlagen, Methoden und Ergebnisse der Temperaturmessung. Braunschweig 1915.

$$\lambda_{max} \cdot T = \text{konst} = 0{,}258 \text{ cm} \cdot \text{Grad} \qquad (7)$$
$$(\text{für } c_2 = 1{,}43)$$

γ) Das Energiemaximum ist proportional der sechsten Potenz der absoluten Temperatur

$$S_{max} \cdot T^{-6} = \text{konst.} \qquad (8)$$

Die Strahlungsgesetze für den schwarzen Körper als Maximalstrahler und das Platin als Minimalstrahler begrenzen die Strahlungserscheinungen der wichtigsten in der Leuchttechnik in Betracht kommenden Stoffe, insbesondere der Kohle und der Metalle, nach oben und nach unten, so daß man die Temperatur direkter Temperaturmessung nicht zugänglicher Körper durch Strahlungsmessungen berechnen kann.[1] Indem man den Körper, etwa die Sonne oder ein anderes Gestirn, einmal als schwarzen Körper, das zweite Mal als blanken Strahler auffaßt, erhält man zwei Grenztemperaturen, zwischen denen die wahre Temperatur liegen muß. So sind von LUMMER[2] für eine Reihe von Lichtquellen die Grenzwerte der wahren Temperatur und der Platintemperatur wie folgt festgelegt worden, wobei allerdings für die Konstanten der Gleichungen (4) und (7) anstatt 0,288 bzw. 0,258 die Werte 0,294 bzw. 0,263 eingesetzt sind, weil er für c_2 den Wert 1,44 zugrunde gelegt hatte. Die mit den letztgenannten Konstanten berechneten Werte sind in Klammern beigefügt.

Tabelle 1. Grenztemperaturen verschiedener Lichtquellen

	λ_{max}	T_{max}	T_{min}
Sonne	0,47 μ	6255° abs. (6130)	5590° abs. (5380)[3]
Bogenlampe	0,7 μ	4200° „ (4116)	3750° „ (3689)
NERNST-Lampe	1,2 μ	2450° „ (2400)	2200° „ (2150)
AUER-Lampe	1,2 μ	2450° „ (2400)	2200° „ (2150)
Kohlenfadenglühlampe	1,4 μ	2100° „ (2056)	1875° „ (1845)
Kerze	1,5 μ	1960° „ (1921)	1750° „ (1710)

c) Der Graustrahler. Die Gesetze der schwarzen Strahlung gelten auch für andere Temperaturstrahler, die zwar nicht absolut schwarz sind, also die auffallenden Strahlen nicht vollkommen, sondern nur teilweise absorbieren, aber bei allen Wellenlängen gleichmäßig reflektieren. Diese von LUMMER „graue Körper“ genannten Strahler, zu denen vor allem die Kohle gehört, besitzen die genau gleichen Energieverteilungskurven wie der schwarze Körper, nur liegen die Maximalwerte entsprechend niedriger. Die PLANCKsche Gleichung nimmt für den grauen Körper folgende Form an:

$$S_{\lambda T g} = g_{\lambda T}\, c_1\, \lambda^{-5} \left(e^{\frac{c_2}{\lambda T}} - 1\right)^{-1} \qquad (9)$$

worin $g_{\lambda T}$ der sogenannte Emissionskoeffizient ist. Für den schwarzen und

[1] Vgl. F. HENNING, l. c.

[2] O. LUMMER, Grundlagen, Ziele und Grenzen der Leuchttechnik. München und Berlin 1918.

[3] Die Sonnenstrahlung, die als weiß empfunden wird, entspricht einer Temperatur von 5000° abs., sie weist aber eine andere spektrale Zusammensetzung auf als der schwarze Körper von 5000° abs. Dagegen entspricht die Leuchtdichte der Sonne, die nach Abzug der Verluste in der Atmosphäre rund 220 000 Stilb (HK/cm²) beträgt, der Leuchtdichte des schwarzen Körpers bei 6100° abs. Vgl. Handbuch der Physik, herausgegeben von H. GEIGER und K. SCHEEL, Bd. 19, S. 26. Berlin, Julius Springer, 1928.

grauen Körper ist er eine Konstante. Für den schwarzen Körper ist $g_{\lambda T} = 1$; für Kohle $\sim 0,7$. Für alle anderen Körper ist $g_{\lambda T}$ eine von der Wellenlänge und der Temperatur abhängige Größe. Für Wolfram ist im sichtbaren Gebiete[1] $g_{\lambda T} = C\, e^{\frac{a}{\lambda}}$.

d) Die Farbtemperatur. Bei der Wichtigkeit des Wolframs für die moderne Leuchttechnik ist die einfache Bestimmung der Temperatur des Leuchtdrahtes in den Glühlampen zwingende Notwendigkeit geworden. Sie geschieht durch die Vergleichung der Farbe seiner sichtbaren Strahlung mit der Farbe des vom schwarzen Körper emittierten Lichtes. Ist Farbengleichheit vorhanden, die leicht und genau mit Hilfe des LUMMERschen Kontrastphotometers festgestellt werden kann, so spricht man nach dem Vorgange von V. E. FORSYTHE und A. G. WORTHING von der „Farbtemperatur" des Leuchtdrahtes, die aus der mit dem Emissionskoeffizienten $g_{\lambda T}$ versehenen WIENschen Gleichung (3a)

$$S_{\lambda T} = g_{\lambda T} \cdot c_1 \lambda^{-5} \cdot e^{\frac{-c_2}{\lambda T}}$$

berechnet werden kann. Setzt man für $g_{\lambda T}$ den oben angebenen Wert $C\, e^{\frac{a}{\lambda}}$ ein, so erhält die WIENsche Gleichung die Form

$$S_{\lambda T} = c_1 C \lambda^{-5} \cdot e^{\frac{-c_2}{\lambda T} + \frac{a}{\lambda}}$$

oder

$$S_{\lambda T} = c_1 C \lambda^{-5} \cdot e^{\frac{-c_2}{\lambda F}} \tag{10}$$

worin F, die Farbtemperatur, bestimmt ist durch

$$\frac{1}{F} = \frac{1}{T} - \frac{a}{c_2}$$

Die Energieverteilung ist also die des schwarzen Körpers bei der Farbtemperatur des Leuchtkörpers. Die Farbtemperatur definiert eindeutig die Farbe der Glühlampe; umgekehrt wird bei Farbengleichheit der Glühlampe und des schwarzen Körpers die Farbtemperatur der Glühlampe definiert.

Für die Kohlenfadenlampe ist $a = 0$, weil die Energieverteilung ihrer Strahlung mit der des schwarzen Körpers übereinstimmt. Die Farbtemperatur ist dann gleich der wahren Temperatur, die aus der WIENschen Strahlungsgleichung ohne weiteres zu berechnen ist, wenn man für $g_{\lambda T} = C$ den Wert 0,7 einsetzt. Für die Wolframlampe wird dagegen die Farbtemperatur höher als die wahre Temperatur sein.

Die Bestimmung der Farbtemperatur geschieht mit einer Genauigkeit von 3 bis 4^0 mittels des LUMMER-BRODHUNschen Kontrastphotometers. Auf der einen Seite befindet sich der schwarze Körper oder eine in „schwarzen Temperaturen" geeichte Wolfram-Bandlampe, auf der anderen Photometerseite die zu messende Glühlampe, eingestellt auf eine bestimmte Leistungsaufnahme, ausgedrückt in Watt. Das Photometer wird durch Verschieben auf gleiche Beleuchtungsstärken der beiden Gipsschirmseiten eingestellt und gleichzeitig wird durch Temperaturregulierung des schwarzen Körpers Farbengleichheit der beiden Hälften des Photometerwürfels herbeigeführt. Umgekehrt kann man natürlich auch die Temperatur des schwarzen Körpers festhalten und durch Regelung der Leistungsaufnahme des Leuchtkörpers dessen Farbe und

[1] W. DZIOBEK, Allgemeine Photometrie in E. GEHRCKES Hdb. d. phys. Optik, Bd. 1, S. 52, Leipzig 1926.

Helligkeit (Leuchtdichte) in Übereinstimmung mit denen des schwarzen Körpers bringen.

Die Farbtemperatur der HEFNER-Lampe beträgt 1840° abs., die der normal brennenden Kohlenfadenlampe zirka 2080° abs.; die der normal brennenden Wolframvakuumlampe zirka 2380° abs. und die der normal brennenden Gasfüllungslampe 2600° bis 2900° abs. Die Farbtemperatur der Tageslichtlampe ist zirka 4500° abs.[1], die des diffusen Tageslichtes zirka 5200° abs.

e) Die Energiestrahlung und das Auge. Von der unendlichen Fülle der von einem Temperaturstrahler ausgehenden Strahlengattungen vermag das Auge nur einen verschwindend kleinen Bruchteil wahrzunehmen, nämlich nur den, der in das Wellenlängengebiet zwischen 0,4 bis 0,75 μ fällt. Der Bereich der sichtbaren Strahlung ist in der Energieverteilungskurve des schwarzen Körpers bei 3500° abs. (Abb. 2) senkrecht schraffiert dargestellt. Das Verhältnis des Flächeninhaltes dieses schmalen Streifens zu dem Inhalte der Fläche zwischen Energieverteilungskurve und Abszissenachse ist der „optische Nutzeffekt" der Gesamtstrahlung. Es ist ohne weiteres einleuchtend, daß dieser Nutzeffekt

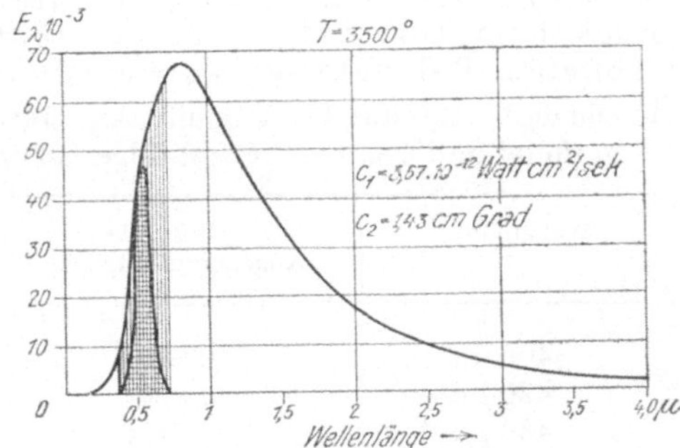

Abb. 2. Energieverteilung im Spektrum des schwarzen Körpers bei 3500° abs.

Tabelle 2. Optischer und visueller Nutzeffekt der zugeführten Leistung für verschiedene Lichtquellen.[2]

Lichtquelle	Lichtausbeute Lm/W	Abs. wahre Temperatur	Auf die zugeführte Leistung bezogener optischer Nutzeffekt %	Auf die zugeführte Leistung bezogener visueller Nutzeffekt %
HEFNER-Lampe	0,1043	1700°	0,063	0,017
Gasglühlicht	1,214	2000°	0,65	0,20
Acetylenlicht[3]	2,428	2400°	1,2	0,40
Kohlenfadenlampe (3,5 W/HK)	3,25	2135°	1,6	0,52
NERNST-Lampe	5,29	2600°	2,3	0,84
Wolfram-Vakuumlampe	9,28	2335°	5,3	1,8
Wolfram-Gasfüllungslampe	14,66	2745°	9,2	3,4
Quecksilberquarzlampe	39,00	—	—	(19,0)[4]
Reinkohlenbogenlampe	7,92	4200° (?)	3,2[5]	1,3 (9)[5]
Effektkohlenbogenlampe	26,4	4200° (?)	10,7[5]	3,5 (27)[5]

[1] W. DZIOBEK, l. c., S. 53.

[2] Nach ALFRED R. MEYER, Wissenschaftliche Grundlagen der Lichterzeugung, in L. BLOCH, Lichttechnik, München und Berlin 1921.

[3] Nach neueren Messungen von C. HEINRICH (Phys. ZS., 27, 1926, 287) liegt die Temperatur der Acetylenflamme zwischen 2148° und 2305° abs. Ihr wahrscheinlicher Wert ist 2210° abs.

[4] Nach Messungen von CONRAD (Ann. d. Phys., 54, 1917, 357). Bei der Quecksilberquarzlampe dürfte es sich um einen reinen Lumineszenzstrahler handeln.

[5] Nach Messungen von CONRAD (l. c.). Die eingeklammerten Zahlen geben die Werte an, wenn die Energieverluste in den Vorschaltwiderständen außer acht gelassen werden.

umso kleiner sein muß, je weiter entfernt das Strahlungsmaximum von dem sichtbaren Gebiete abliegt, je niedriger temperiert also der Strahler ist [vgl. die Gleichung (4) $\lambda_{max} \cdot T = \text{konst}$,]. Dies gilt nicht nur für den schwarzen Körper, sondern für jeden beliebigen Temperaturstrahler, dessen Energieverteilungskurve durch die PLANCKsche Gleichung (mit entsprechend veränderten Konstanten) gegeben ist. Da von den gebräuchlichen Temperaturstrahlern nur die Bogenlampe mit $T = 4200^0$ abs. das Strahlungsmaximum im sichtbaren Gebiete hat — und auch diese nur an der äußersten Grenze des Roten bei $0{,}7\,\mu$, während bei allen anderen Temperaturstrahlern die Betriebstemperatur ganz erheblich niedriger liegt (rund 2700^0 abs. bei der Gasfüllungslampe, rund 2300^0 abs. bei der Vakuumlampe), wobei das Strahlungsmaximum ganz in das Ultrarote fällt —, so ist es ohne weiteres ersichtlich, daß der „optische Nutzeffekt" aller unserer Temperaturstrahler außerordentlich niedrig sein muß (vgl. die Tabelle 2).

Tabelle 3. Relative Augenempfindlichkeit für eine monochrome Strahlung nach dem Vorschlage der Internationalen Beleuchtungskommission (Recueil des travaux de la Commission international de l'éclairage. Cambridge 1926)

Wellenlänge λ	Relative Augenempfindlichkeit
400 $\mu\mu$	0,0004
420 $\mu\mu$	0,0040
430 $\mu\mu$	0,0116
450 $\mu\mu$	0,038
460 $\mu\mu$	0,060
480 $\mu\mu$	0,139
500 $\mu\mu$	0,323
510 $\mu\mu$	0,503
520 $\mu\mu$	0,710
530 $\mu\mu$	0,862
540 $\mu\mu$	0,954
550 $\mu\mu$	0,995
560 $\mu\mu$	0,995
570 $\mu\mu$	0,952
580 $\mu\mu$	0,870
590 $\mu\mu$	0,757
600 $\mu\mu$	0,631
610 $\mu\mu$	0,503
630 $\mu\mu$	0,265
650 $\mu\mu$	0,107
670 $\mu\mu$	0,032
700 $\mu\mu$	0,0041
720 $\mu\mu$	0,00105

Nun kommt aber noch hinzu, daß die Strahlen im sichtbaren Gebiete je nach ihrer Wellenlänge sehr verschieden starke Empfindungen im Auge auslösen. Das Maximum der Augenempfindlichkeit liegt bei zirka $\lambda = 550\,\mu\mu$ im Gelbgrünen. Von diesem Maximalwerte fällt die Empfindlichkeit sowohl nach dem blauen als auch nach dem roten Ende des Spektrums sehr rasch ab.

(Die gegenwärtig angenommenen Standardwerte der Augenempfindlichkeitskurve sind in Tabelle 3 im Auszuge zusammengestellt.) Bei ungefähr 600 $\mu\mu$ beträgt die Empfindlichkeit nur noch zwei Drittel, bei ungefähr 500 $\mu\mu$ gar nur noch ein Drittel der Maximalempfindlichkeit. Trägt man in Abb. 2 die Augenempfindlichkeitskurve in den für das sichtbare Gebiet geltenden Spektralstreifen so ein, daß das Maximum der Augenempfindlichkeitskurve in die Energieverteilungskurve fällt — der doppelt schraffierte Teil in Abb. 2 — so erkennt man sofort, daß von den überhaupt sichtbaren Strahlen wieder nur ein Bruchteil nennenswerte Helligkeitsempfindungen auslöst. Das Verhältnis der doppelt schraffierten Fläche zur Fläche der sichtbaren Strahlung wird „visueller Nutzeffekt der sichtbaren Strahlung" genannt; das Verhältnis zur Fläche der Gesamtstrahlung ist der „visuelle Nutzeffekt der Gesamtstrahlung".

Diese letztere Größe ist es in erster Linie, die die Leistung der Temperaturstrahler charakterisiert. Betrachten wir die Zahlenwerte der Tabelle 2, so erkennen wir sofort, daß bei den Temperaturstrahlern eine außerordentlich schlechte Ökonomie in der Erzeugung von Licht durch Wärme vorhanden ist.

Der Wirkungsgrad kann ganz erheblich verbessert werden, wenn die Temperatur des Strahlers erhöht wird. Bei dem schwarzen Körper würde nach A. R. MEYER (l. c.) das Maximum des optischen Nutzeffektes mit 39,4% bei rund 7000° abs. (nach O. LUMMER mit 34,3% bei rund 8000° abs.) erreicht werden können. Der blanke Strahler (Wolfram) würde nach LUMMER (l. c.) das Maximum des optischen Nutzeffektes mit 33,6% bei 5900° abs. erreichen. Der visuelle Nutzeffekt der Gesamtstrahlung würde nach A. R. MEYER (l. c.) mit 14,5% bei rund 6500° abs. mit dem schwarzen Körper erreicht werden können. Für den blanken Strahler liegen keine Zahlenwerte vor, sie hätten ja auch keinen praktischen Wert, denn es ist zur Zeit kein irdischer Körper bekannt, der auf eine höhere Temperatur als zirka 4100° abs. gebracht werden kann.[1] Es ist schon der Natur der Sache nach ganz aussichtslos und zwecklos, eine rationelle Ökonomie der Lichterzeugung mit dem gewöhnlichen Temperaturstrahler erzielen zu wollen, denn dieser muß eben neben den sichtbaren Strahlen in der Hauptsache langwellige Strahlen emittieren. Ganz anders lägen die Verhältnisse, wenn es gelänge, einen Temperaturstrahler ausfindig zu machen, der stark selektiv und im wesentlichen nur im sichtbaren Gebiete emittierte.

Abgesehen vom absolut schwarzen Körper haben alle anderen Temperaturstrahler in gewissen Wellenlängenbezirken eine ausgesprochen selektive Strahlung; besonders ausgeprägt ist diese Selektivstrahlung bei dem aus Ceroxyd (1%) und Thoroxyd (99%) bestehenden AUER-Glühkörper und auch bei dem NERNST-Leuchtstäbchen. Eine große Zahl von Metalloxyden strahlt selektiv, aber die Selektivität im sichtbaren Gebiete ist zumeist nur äußerst gering. Die theoretischen Bedingungen, die ein selektiver Temperaturstrahler erfüllen müßte, um den optischen und dann natürlich vor allem den visuellen Wirkungsgrad auf einen rationellen Betrag zu bringen, hat F. SKAUPY untersucht.[2] Mit einem solchen Strahler, der weißes Licht liefern sollte, würden bei einer Temperatur von 4250° abs. nach A. R. MEYER (l. c.) 247 Lm/W erzeugt werden können.

Von der Verwirklichung des rationellen Temperaturstrahlers als ökonomische Lichtquelle sind wir zur Zeit noch sehr weit entfernt. Dagegen sind die Versuche, mit Hilfe des Lumineszenzstrahlers das Problem der ökonomischen Lichterzeugung zu lösen, erheblich aussichtsreicher. Auch hier müßten die Bestrebungen darauf hinausgehen, weißes Licht zu erzeugen, dem unser Auge morphologisch angepaßt ist.

3. Lumineszenzstrahlung. In seiner klassischen Arbeit über die Grundlagen, Ziele und Grenzen der Leuchttechnik kommt LUMMER auch zur Wertung der Lumineszenzstrahler. Die Aufstellung einer Strahlungsgleichung entsprechend der von PLANCK für den schwarzen Körper gegebenen versagt hier, weil es nicht gelingt, die thermische Temperatur (die kinetische Energie der ungeordneten Molekularbewegung) zugleich mit der bestimmenden spezifischen Temperatur exakt zu messen. Außerdem spielen hier auch interatomare Vorgänge eine Rolle, die noch bei weitem nicht genügend erforscht sind. Wir können heute nur erst sagen, daß Lumineszenzstrahlung überall da vorhanden ist, wo die spezifische Temperatur höher ist als die thermische. Im allgemeinen braucht die thermische Temperatur nicht hoch zu sein — sie kann niedriger sein als Rotgluttem-

[1] Vgl. F. FRIEDRICH und L. SITTIG, ZS. f. Elektrochem., 31, 1925, 313. Nach neuesten Messungen beträgt der Kohleschmelzpunkt 3800° abs.; 4000 bis 4100° abs. ist der Schmelzpunkt einiger Metallcarbide, wie Niobcarbid und Tantalcarbid.

[2] F. SKAUPY, ZS. f. Phys. 12, 1922, 177, und F. SKAUPY, Licht- und Wärmestrahlung glühender Körper, Physikertag Kissingen 1927.

peratur (zirka 500° C) — denn schon im „kalten Zustande“ kann Lumineszenzleuchten stattfinden. Diese Verhältnisse sind erfüllt bei der Neonbogenlampe, den Geisslerschen Röhren, zu denen auch das Mooresche Vakuumlicht und die Glimmlampen gehören, ferner bei dem durch Kathodenstrahlen erzeugten Fluoreszenzleuchten, dem Teslalichte und den verschiedenartigen Phosphoreszenzerscheinungen. Aber im Kohlelichtbogen, im Flammenbogen der Effektbogenlampen, im Lichtbogen der Quecksilberdampflampen ist die spezifische Temperatur bestimmt sehr hoch, wenn sie auch noch nicht in einwandfreier Weise gemessen worden ist. Obgleich im allgemeinen angenommen wird, daß bei diesen letztgenannten Lichtquellen Lumineszenzleuchten mitwirkt, so kann es doch auch möglich sein, daß ausschließlich die Temperatur das Leuchten bewirkt. Jedenfalls gehören die Quecksilberdampflampen und die Effektbogenlampen zu denjenigen Lichtquellen, bei denen die zugeführte Leistung in einem weit günstigeren Verhältnisse in sichtbare Strahlung verwandelt wird als bei den reinen Temperaturstrahlern.

Ausgehend von der Vorstellung, daß das Licht auf eine Elektronenbewegung zurückzuführen sei, erscheint der Vorgang, die Elektronen durch Temperaturerhöhung in Schwingungen zu versetzen, ein energieverschwendender Umweg, denn es muß in der ganzen erhitzten Masse die kinetische Energie der Molekularbewegung gesteigert werden, um auch die Elektronen in bestimmte Bewegung zu versetzen. Lummer vergleicht deshalb auch in anschaulicher Weise die Lichterzeugung durch Temperatursteigerung mit dem Versuch, ein Glockengeläut indirekt dadurch anzuregen, daß man den ganzen Glockenturm in Bewegung setzt, während bei der Lumineszenz die Erregung der „Glocken“ direkt erfolgt.

Der direkte Weg der Elektronenerregung dürfte deshalb auch einfacher und sicherer zur Lösung der wichtigsten leuchttechnischen Aufgabe führen, Licht ohne gleichzeitige unsichtbare Strahlung zu erzeugen, „weil bei der Lumineszenzerregung ein individuelles Hervortreten von bestimmten Spektralgebieten leichter erreichbar zu sein scheint“.[1] Alle Versuche, die auf die Erzeugung von Licht durch Elektro- oder Chemilumineszenz abzielen, erheischen aus diesem Grunde die größte Aufmerksamkeit, wenn auch die bisher in der Leuchttechnik benutzten Lumineszenzstrahler vorläufig nur als erster Schritt auf dem Wege zur rationellen Lichterzeugung angesehen werden können.

4. Die Aktinität der Lichtquellen. Die Emission sichtbarer Strahlung durch künstliche Lichtquellen hat für die Photographie kein unmittelbares Interesse, ein mittelbares aber doch insoweit, als die Versuche zur rationellen Lichterzeugung parallel mit den Versuchen laufen, die photochemische Wirksamkeit der Strahlungsquellen in bestimmter Weise zu beeinflussen.

Als Ausgang für die leuchttechnischen Bestrebungen der Gegenwart gilt die Perzeptionsfähigkeit des Auges, die für die einzelnen Spektralgebiete sehr verschieden ist (vgl. Tabelle 3). Unter dem gleichen Gesichtspunkte muß auch die photochemische Wirkung der Strahlung, die „Aktinität“ P, eines Strahlers betrachtet werden. Die Schwierigkeiten sind hier aber außerordentlich viel größer als bei der Wirkung des Lichtes auf das Auge, weil bei der photochemischen Wirkung eine große Mannigfaltigkeit von Empfängern in Betracht kommt, deren spektrale Empfindlichkeit durchaus nicht so eindeutig definiert ist wie die des Auges. Während man früher allgemein annahm, daß den kurzwelligen, den ultravioletten bis blauen, Strahlen des Spektrums die maximale Wirksamkeit zukomme, weiß man jetzt, daß man durch „Sensibilisierung“ des

[1] Lummer, l. c.

Strahlenempfängers auch die langwelligen Strahlen des sichtbaren Spektrums und selbst die ultraroten Strahlen zu photochemischer Wirkung bringen kann. Die Sensibilisatoren wirken hier als abgestimmte Resonatoren auf die Elektronenschwingungen, die ihrerseits chemische Vorgänge anregen oder auslösen.[1] Die in der Natur vorkommenden oder in der photochemischen Praxis benutzten Verbindungen weisen so verschiedene Sensibilisierungen auf, daß aus der photochemischen Wirkung des Lichtes auf den einen Strahlungsempfänger nicht auch auf die entsprechende Wirkung bei einem andersartigen Empfänger geschlossen werden kann. Es fehlt vollständig der für alle Fälle anwendbare Normalempfänger für die photochemisch wirksame Strahlung, wie er bei der sichtbaren Strahlung im Normalauge vorhanden ist. Während also der Strahler — wenigstens der Temperaturstrahler — hinsichtlich der Leuchtwirkung durch seine Temperatur bzw. Farbtemperatur ganz eindeutig gekennzeichnet ist, versagt diese Charakterisierung, wenn es sich um die Angabe seiner Aktinität handelt.

Auch die Versuche, sich auf einen Standardstrahlenempfänger zu beschränken, führten bisher zu keinem befriedigenden Ergebnis, da dieser Empfänger nur mangelhaft reproduzierbar ist.

Wählt man beispielsweise eine beliebige photographische Schicht als Strahlenempfänger, so soll aus der durch die Bestrahlung bewirkten Schwärzung auf die Aktinität der Lichtquelle geschlossen werden.

Die Schwärzung S ist eine Funktion der aktinischen Intensität J und der Belichtungsdauer t

$$S = f\,(J\,t^p) \tag{11}$$

In dieser bekannten SCHWARZSCHILDschen Gleichung ist der Exponent p selbst wieder eine von der photographischen Schicht, der Wellenlänge λ, der Intensität J und der Belichtungsdauer t abhängige, variable Größe, wobei noch die Komplikation hinzukommt, daß bei intermittierender Belichtung eine geringere Schwärzung erfolgt als bei kontinuierlicher Belichtung von gleicher Dauer. Legt man eine bestimmte photographische Schicht und Licht von bestimmter spektraler Zusammensetzung, wie es bei einem Temperaturstrahler von definierter Farbtemperatur vorhanden ist, zugrunde, so kann man zunächst vereinfachend sagen

$$p = f\,(J\,t)$$

Für diesen Fall hat H. M. KELLNER[2] für p die folgende empirische Gleichung

$$p = a + b\,e^{-c\,[\log\,(J\,t)]^2} \tag{12}$$

aufgestellt, in der a, b und c Konstanten und e die Basis der natürlichen Logarithmen sind. $\log\,(J\,t)$ bedeutet den dekadischen Logarithmus der Lichtmenge. (KELLNER mißt die Lichtmenge in Sekundenmeterkerzen. Die Lichtmenge kann natürlich nur in Lichtstrom $\times$ Zeit, also in Lumensekunden ausgedrückt werden. Die „Intensität" oder Lichtstärke J ist proportional dem Lichtstrome Φ; $J = \Phi/\omega$. In Sekundenmeterkerzen oder Lux-Sekunden wird die Belichtung = Beleuchtungsstärke $\times$ Zeit gemessen. Die chemisch wirksame Ultraviolettstrahlung wird hier gleichfalls als Licht angesehen.) Aus einer empirisch gewonnenen Schwärzungskurve, die mittels einer von einem Acetylenbrenner belichteten WRATTEN-Ordinary-Platte aufgenommen worden war, berechnet KELLNER die Konstanten

$$a = 0{,}86 \qquad b = 0{,}3036 \qquad c = 0{,}2476.$$

---

[1] Vgl. G. KÖGEL, ZS. f. wiss. Phot. 24, 1926/27, S. 216, sowie G. KÖGEL und A. STEIGMANN, ebenda S. 18.

[2] ZS. f. wiss. Phot. 24, 1926/27, S. 41.

Für andere Platten und andere Lichtquellen haben diese Konstanten natürlich andere Werte.

Die SCHWARZSCHILDsche Schwärzungsfunktion (11) bestimmt KELLNER gleichfalls empirisch zu

$$S = m\, e^{-g\,(J\,t^{p})^{-1/8}} \tag{13}$$

Diese Gleichung deckt die empirisch gewonnene Schwärzungskurve, wenn p nach (12) eingeführt und die Konstanten $m = 2{,}748$ und $g = 3{,}60$ gesetzt werden.

Diese an und für sich schon schwerfällige Gleichung kompliziert sich erheblich, wenn man noch die Abhängigkeit des Exponenten von der Wellenlänge berücksichtigt.

$$p_\lambda = a_\lambda + b_\lambda\, e^{-c_\lambda [\log (J\,t)]^2} \tag{14}$$

Die vollständige Schwärzungsgleichung müßte dann so geschrieben werden:

$$S = \frac{m}{e^{g\left[I t^{a_\lambda + b_\lambda e^{-c_\lambda [\log (i\,t)]^2}}\right]^{-1/8}}} \tag{15}$$

Zur Bestimmung der Aktinität einer Lichtquelle von gegebener Farbtemperatur oder gegebener spezifischer Leistung in Lumen/Watt müßten dann zunächst fünf Konstanten bestimmt werden (drei davon gegebenenfalls für sehr verschiedene Wellenlängen), was an und für sich schon einen ganz außergewöhnlichen Aufwand an experimenteller Arbeit und an Zeit beanspruchen würde, und dann gilt der gewonnene Aktinitätswert gerade nur für die eben benützte photographische Schicht.

Um die Aktinität verschiedener Lichtquellen miteinander vergleichen zu können, müßte in der Weise verfahren werden, daß eine mit Sicherheit reproduzierbare Lichtquelle, deren ultravioletter Strahlungsanteil nicht unterdrückt ist, als aktinische Normallichtquelle gewählt wird. Mit dieser Lampe wird dann bei kontinuierlicher Belichtung auf dem einen Teil einer photographischen Schicht eine Reihe von Expositionen vorgenommen, während auf dem zweiten Teil der gleichen photographischen Schicht eine gleiche Reihe von Expositionen mit der zu prüfenden Lampe vorgenommen wird. Die eventuell erforderliche Intensitätsschwächung sollte nur durch ausphotometrierte Blenden, Drahtnetze verschiedener Maschenweite oder in Quarzplatten geritzte Raster geschehen. Mit jeder neuen, in die Untersuchung einbezogenen Prüflampe müßten dann die genau gleichen Handlungen ausgeführt werden, so daß jede Platte immer die Expositionsreihen der Normal-Vergleichslampe und der zu prüfenden Lampe aufweist. Die Plattenhälften wären dann jeweils unter identischen Bedingungen zu entwickeln, um zur photometrischen Ausmessung brauchbare und miteinander vergleichbare Schwärzungsstreifen zu erhalten.

Ist diese ungeheure Arbeit geleistet, die nur um ein geringes vereinfacht werden könnte, wenn die Belichtungen hinter einem rotierenden Sektor mit variabler Winkelöffnung unter den von KELLNER und ODENKRANTS (l. c.) angegebenen Vorsichtsmaßnahmen vorgenommen werden, so würden die untersuchten Lichtquellen in einer Aktinitätsreihe rangieren, die nur für die gerade zufällig gewählte und nicht identisch reproduzierbare photographische Schicht gültig ist, für jede andere Schicht aber nicht mehr gilt.

Die hier ausführlich dargelegte Schwierigkeit wird aber noch dadurch ganz beträchtlich erhöht, daß auch die benützte photographische Schicht, etwa eine bestimmte photographische Platte, nicht in ihrer ganzen Fläche einheitlichen Charakter besitzt. Die in die Emulsion eingebetteten Körnchen der Silberhalogene befinden sich durchaus nicht alle im gleichen Reifezustand; ihre Verteilung in der Emulsion wechselt von Quadratzentimeter zu Quadratzentimeter; die Schichtdicke variiert von Stelle zu Stelle, weil absolute Gleichmäßigkeit beim Gießen der Schicht nicht erreichbar ist und weil die Schicht ungleichmäßig erstarrt und demgemäß photographische „Schlieren" aufweist. Dazu kommen dann noch die Fehler beim Entwickeln der belichteten Silberhalogenkörnchen. Eine absolut gleichmäßige Entwicklung ist eine unerfüllbare Forderung, weil der Entwickler wegen der variablen Schichtdicke zu verschiedenen Zeiten zu den belichteten Keimen gelangt, und weil er trotz dauernder Bewegung an den verschiedenen Stellen der Platte verschiedene Konzentration besitzt. Die durch die natürliche Ungleichmäßigkeit der Schicht und der Entwicklung bedingten Fehler können so groß werden, daß das ganze Ergebnis in Frage gestellt wird; dies gilt besonders dann, wenn es sich um die Vergleichung von Lichtquellen handelt, die eine annähernd gleiche aktinische Intensität aufweisen.

Man könnte nun an Stelle der photographischen Schicht scharf definierbare lichtempfindliche chemische Verbindungen als Aktinometer benutzen, die im Lichte ausbleichen, z. B. Ortho-Nitrobenzaldehyd in Verbindung mit Pyrogallol, Chinondiazide, Chlorophyll, bestimmte Metallsalze oder schließlich das klassische aus Chlor und Wasserstoff zusammengesetzte Bunsen-Roscoesche Aktinometer. Die Farbstoffe absorbieren, entsprechend ihrer Eigenfarbe, nur selektiv die Lichtstrahlen verschiedener Wellenlänge, es findet also auch nur ein selektiver photochemischer Effekt statt. Das gilt auch für die gefärbten Metallsalze und das Chlor-Wasserstoffgemisch. Die farblosen Verbindungen absorbieren vornehmlich Strahlen kurzer Wellenlänge. Für die photographische Praxis sind demnach diese Aktinometer ungeeignet, denn die Praxis verlangt eine Charakterisierung der Lichtquellen nach ihrer spezifischen Wirkung auf das jeweils zur Behandlung kommende Material: Asphalt, Chromgelatine, Eisensalze, gesilbertes Kollodium, Halogen-Silber-Gelatineemulsion u. a. m. Die photographische Praxis ist deshalb bisher lediglich auf die Empirie angewiesen, d. h. auf die handwerksmäßige Erfahrung mit den vorzugsweise angewandten Lichtquellen.

Der gegenwärtige Stand der Aktinometrie ist also dahin zu charakterisieren, daß sich bisher alle Aktinitätsmessungen lediglich auf die Ermittelung undefinierter Teilaktinitäten entsprechend der immer ganz zufälligen selektiven Absorption des benutzten Aktinometers erstrecken, denn auch die photographische Platte absorbiert selektiv. Das gilt auch von der spektrographischen Aktinometrie, für die die Schwärzung sensibilisierter photographischer Platten als Indikator dient, denn auch bei den sogenannten „panchromatischen" Platten ist die Grundbedingung nicht erfüllt, daß sie photochemisch schwarz oder wenigstens grau sind, d. h. daß sie in allen Spektralgebieten gleichmäßig absorbieren.

Eine exakte Aktinometrie ist noch zu schaffen. Sie hätte folgende Bedingungen zu erfüllen.

a) Wahl einer geeigneten Strahlungsquelle als Normale. Diese Bedingung ist leicht zu erfüllen, denn es kommt hier nur der schwarze Körper von bestimmter Temperatur in Betracht. Für alle praktischen Zwecke ist ein Temperaturstrahler von gegebener Farbtemperatur ein ausreichendes Äquivalent. Von diesem Gesichtspunkte aus ist auch die vom internationalen photographischen Kongress in Paris (1925) vorgeschlagene Vakuum-Wolframlampe mit einer Farbtemperatur von 2400^0 abs. zu begrüßen. Die Standard-Lichtquelle sollte einen Ballon aus Quarzglas oder wenigstens ein Quarzfenster haben, damit auch die dieser Farbtemperatur entsprechenden ultravioletten Strahlen zur Geltung kommen, die bei den Glühlampen mit Glasballon zu einem erheblichen

Teile ausfallen. Für die Bestimmung der Farbtemperatur ist das ohne Belang, da hierfür rein visuelle Methoden benützt werden, für die die ultravioletten Strahlen keine Rolle spielen; bei der Aktinometrie haben die ultravioletten Strahlen ganz überragende Bedeutung. Der Anteil der von dem Glühlampenballon absorbierten ultravioletten Strahlung läßt sich aber unschwer für jede Farbtemperatur bestimmen, so daß auch eine für diese Absorptionsverluste korrigierte gewöhnliche Glühlampe verwendbar ist. M. von Pirani hat der Kommission für Einheiten und Bezeichnungen der Deutschen Beleuchtungstechnischen Gesellschaft folgenden Vorschlag zur Realisierung einer Normallichtquelle für den Gesamtstrahlungsbereich gemacht:

„a) Als Lichtquelle dient ein Wolframband, dessen gleichmäßig leuchtender Flächenteil mittels einer Blende ausgeblendet wird.

β) Das Band befindet sich in einem gaserfüllten Raum, der eine unverdeckte Beobachtungsöffnung hat. Der Raum ist von indifferentem Gas in langsamem Strom durchflossen („Strömungslampe“, wie sie von der Osram G. m. b. H. bereits als Kinolampe hergestellt worden ist).

γ) Das Band wird mittels des optischen Pyrometers auf bestimmte „schwarze Temperatur“ im Grün (0,55 bis 0,58) oder auf bestimmte Farbtemperaturen (geeicht am schwarzen Körper und übertragen auf ein Zwischennormal) eingestellt.

δ) Zur Eichung von photographischen Platten werden vier Aufnahmen bei den Temperaturen 2000⁰ abs., 2200⁰ abs., 2430⁰ abs. (Normaltemperatur, auf die bei photometrischen Messungen alles bezogen wird) und 2550⁰ abs. bei je vier verschiedenen Expositionszeiten gemacht.

ε) Man muß einen Anschluß der Ultraviolettemission des Wolframbandes an die des schwarzen Körpers bei gleicher Leuchtdichte im Grün oder gleicher Farbtemperatur ein für allemal vornehmen und es müssen die möglichen Fehler festgestellt werden.“

b) Es ist ein lichtempfindlicher Strahlungsempfänger ausfindig zu machen, der schwarz oder wenigstens in photochemischer Hinsicht grau ist, so daß er Strahlen aller Wellenlängen vollständig absorbiert oder alle Strahlen in demselben prozentualen Verhältnis reflektiert.

Mit einem solchen Strahlungsempfänger ließe sich mit einer einzigen Messung die integrale Aktinität der Lichtquellen bestimmen, was etwa der Bestimmung des optischen Nutzeffektes einer Lichtquelle mittels des Bolometers entspricht.[1] Ein derartiger schwarzer oder photochemisch grauer Strahlungsempfänger würde auch ohne Schwierigkeit die spektrale Aktinität der Lichtquellen zu messen gestatten.

Die ganze Schwierigkeit der Aktinometrie ist also nicht durch die Lichtquellen, sondern durch das Fehlen eines geeigneten, eindeutig definierten und jederzeit reproduzierbaren photochemischen Empfangsmaterials bedingt. Erst wenn die zweite der aufgestellten Bedingungen erfüllt ist, würde die Unsicherheit, die gegenwärtig der Aktinometrie anhaftet, beseitigt sein.

Die photographische Praxis wäre dann freilich noch immer der Lichttechnik gegenüber in beträchtlichem Nachteile, denn diese arbeitet mit einem einzigen Empfänger, dem Auge, dessen selektive Absorption für die verschiedenen Wellenlängen in der Augenempfindlichkeitskurve festgelegt ist, während die photographische Praxis immer noch gezwungen wäre, für das jeweils benützte photographische Material die selektive Absorption noch besonders zu bestimmen. Diese Bestimmung ist verhältnismäßig einfach und die Photographie käme dann endlich zu einer genau definierten Größe, die etwa dem visuellen Nutzeffekt

---

[1] Vgl. H. Lux, ZS. f. Beleuchtungswesen, 13, 1907, S. 165.

in der Lichttechnik entspricht, mit dem es gelungen ist, was bisher noch keine technische Disziplin zu leisten vermocht hatte, die Grenzen der Leuchttechnik zu bestimmen.

5. Die üblichen Methoden zur Aktinitätsbestimmung. Die gegenwärtig gebräuchlichen Methoden der Aktinitätsbestimmung decken sich mit den sensitometrischen Methoden zur Ermittlung der Plattenempfindlichkeit.

Man geht von der Opazität O aus, die durch das Verhältnis $O = J/J'$ definiert ist, worin J die auf eine photographische Schicht auffallende, J' die durchgelassene aktinische Intensität ist.

Analog den beim Durchgange des Lichtes durch verschieden dichte Medien beobachteten Erscheinungen ist nun die Opazität

$$O = J/J' = e^D, \tag{16}$$

worin e die Basis der natürlichen Logarithmen, D die Dichte der photographischen Schicht ist.

Aus praktischen Gründen rechnet man nach dem Vorgange von J. M. Eder mit dekadischen Logarithmen, setzt

$$O = 10^S$$

und nimmt S als praktisches Maß der Schwärzung.

Es ist also die Schwärzung einer photographischen Schicht

$$S = \log O \tag{17}$$

Setzt man dann die aus einer nicht belichteten, aber entwickelten Schicht eintretende Intensität $J' = 1$, so wird $O = 1/J'$ und die relative Schwärzung unter Ausschaltung des Schleiers wird dann

$$S' = -\log J' \tag{18}$$

Gleiche Schwärzungen auf ein und derselben Schicht entsprechen dann gleichen Aktinitäten.

Von Bunsen und Roscoe war angenommen worden, daß bei gleicher Schwärzung das Reziprozitätsgesetz

$$J_1 t_1 = J_2 t_2$$

gelte, worin J_1 und J_2 die aktinischen Intensitäten, t_1 und t_2 die bezüglichen Belichtungszeiten sind. Nach Schwarzschilds Untersuchungen ist aber

$$f(J_1 t_1^p) = f(J_2 t_2^p), \tag{19}$$

worin p der Schwarzschildsche Exponent ist (vgl. S. 11).

In der praktischen Aktinometrie wird meist

$$J_1 t_1^p = J_2 t_2^p \tag{20}$$

gesetzt und dazu noch p als eine für die jeweils benutzte photographische Schicht konstante Größe angenommen. (Die hierdurch begangenen Fehler sind von H. M. Kellner [l. c.] aufgezeigt worden.) Bei Bezugnahme auf eine Einheitslichtquelle (gewöhnlich die Hefner-Lampe) wird $J_1 = 1$ gesetzt. Es ist dann

$$S = -\log J_2 = p(\log t_2 - \log t_1) \tag{21}$$

Die Belichtungszeiten werden sowohl für die Vergleichslampe als auch für die Prüflampe variiert und die photometrisch gemessenen Opazitäten (bzw. ihre Logarithmen) werden als Funktion der Zeit in ein rechtwinkeliges Koordinatensystem eingetragen. Es ergibt sich dann je eine Schwärzungskurve für die Vergleichslampe und für die Prüflampe. Die Punkte gleicher Schwärzung in beiden Kurven ergeben die Aktinität der Prüflampe in bezug auf die Vergleichslampe als Funktion der Belichtungszeit. In Abb. 3 sind nach H. LUX[1] solche Schwärzungskurven für verschiedene Lichtquellen konstruiert, aus denen die Aktinität jeder Lichtquelle in bezug auf die Aktinität der HEFNER-Lampe abgelesen werden kann. Die weiter unten folgende Tabelle 4 gibt die Zahlenwerte für die Aktinität neben den charakteristischen Betriebsdaten der einzelnen Lichtquellen. Als lichtempfangende Schicht wurde eine Chlorbromsilberplatte (Diapositivplatte) von J. HAUFF & Co. in Feuerbach benutzt.

Die Variation der Belichtungszeit geschieht ganz allgemein mit dem rotierenden Sektor nach SCHEINER, hinter dem sich die zu belichtende Platte befindet. Mit einer einzigen Exposition werden also Schwärzungen für eine Vielheit von

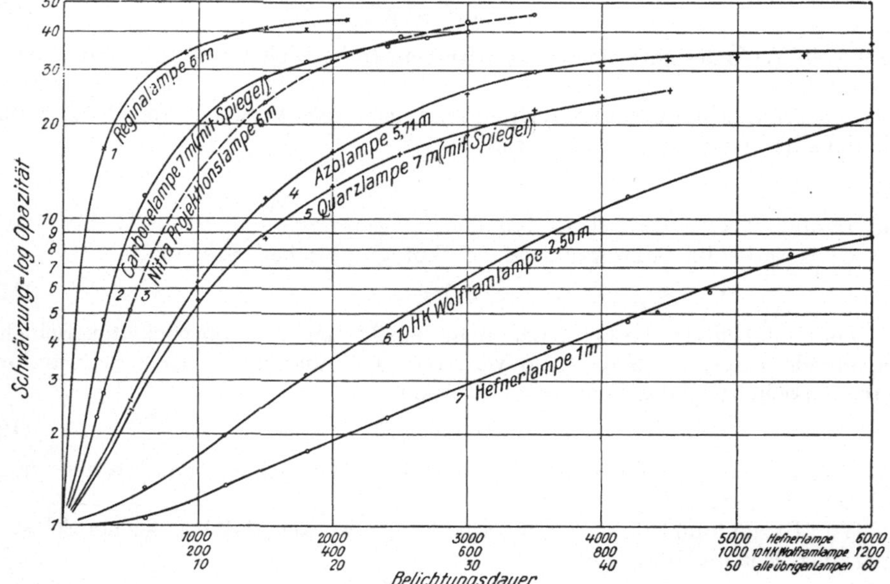

Abb. 3. Schwärzungskurven bei der Belichtung von Chlorbromsilberplatten mit verschiedenen Lichtquellen. (Einheit der Belichtungsdauer rund $^1/_{24}$ sek)

Belichtungszeiten erzeugt. (Die hiebei begangenen Fehler wurden von H. M. KELLNER in der zitierten Arbeit sowie von ODENCRANTS[2] eingehend diskutiert.)

Nach einer anderen Methode wird die Belichtungszeit konstant gehalten, aber die aktinische Intensität unter Benutzung von Schichten verschiedener Durchlässigkeit variiert. Sehr beliebt ist hier der Graukeil, der auch in dem verbreiteten Densographen nach E. GOLDBERG (ZEISS-IKON A. G.) Verwendung findet. Der Graukeil besteht aus einer Glasplatte mit Gelatineschicht, die eine kontinuierlich zunehmende Dichte aufweist. (Die bei der Graukeil-Photometrie begangenen prinzipiellen Fehler wurden von A. HNATEK[3] besprochen.) Die selektive Absorption des Graukeils, die für ultraviolette Strahlen nahezu gleich 1 ist, macht ihn für Aktinitätsmessungen an Lichtquellen nahezu unbrauchbar.

Bei dieser Sachlage sind die in der Literatur angeführten Werte für die Aktinität der gebräuchlichen Lichtquelle eigentlich nur als Schätzungswerte

[1] ZS. f. Beleuchtungswesen, 21, 1915, Heft 9 u. ff. und Phot. Korr. Nr. 661, Okt. 1915.

[2] ZS. f. wiss. Phot. 16, 1917, S. 69.

[3] ZS. f. wiss. Phot. 24, 1926/27, S. 310.

anzusehen und es ist fast unmöglich, die von verschiedenen Autoren nach verschiedenen Methoden und unter Benützung ganz verschiedenen lichtempfindlichen Materials gewonnenen Zahlenwerte miteinander zu vergleichen. Höchstens die Reihenfolge, in der sich die Lichtquellen nach den von den verschiedenen Autoren gefundenen Aktinitäten einordnen lassen, kann Beachtung finden.

In Tabelle 4 sind einige Aktinitätsbestimmungen verschiedener Autoren aufgeführt. Die Messungen von H. LUX (l. c.) beziehen sich auf Chlor-Bromsilberplatten (Diapositivplatten) von J. HAUFF & Co. in Feuerbach, die Messungen von L. BLOCH[1] sind anscheinend mit einer gewöhnlichen Bromsilberplatte angestellt worden, für die Messungen von EDER[2] und FABRY liegen keine Angaben darüber vor, mit welchem Material die Aktinitätswerte ermittelt wurden. In allen Fällen sind die absoluten Werte auf die Lichtstärke bezogen, bei LUX und BLOCH auf die mittlere sphärische bzw. horizontale Lichtstärke, bei EDER auf die „visuelle Helligkeit", ein Begriff, der von SCHWARZSCHILD eingeführt

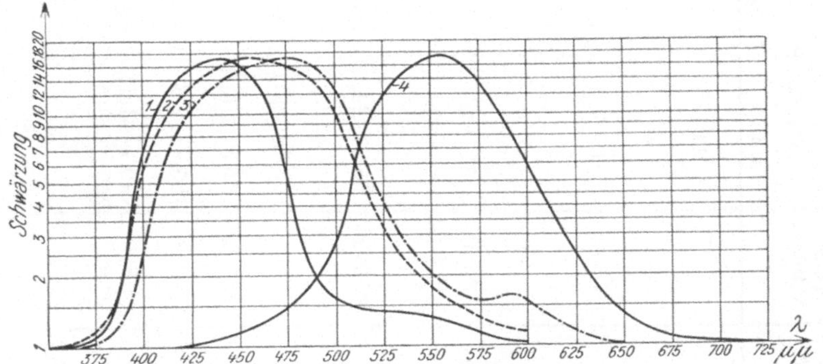

Abb. 4. Vergleich zwischen Schwärzungskurven photographischer Platten und der Augenempfindlichkeit: 1. Chlorbromsilberplatte von O. PERUTZ; 2. HAUFF-Diapositivplatte; 3. gewöhnliche Bromsilberplatte; 4. Augenempfindlichkeit nach IVES

worden ist, von dem aber nicht klar ist, was er bedeutet. In seinem Ausführl. Handb. d. Phot., Bd. 1, 3, S. 692, Halle 1903, spricht EDER von der „optischen Helligkeit" im Gegensatz zur „chemischen Helligkeit"; gemeint ist wahrscheinlich die Lichtstärke bzw. der aktinisch wirksame und der visuell (photometrisch) aufgenommene Lichtstrom.

Die Einführung der relativen Aktinität ist an und für sich nützlich, aber es erscheint mißlich, die absolute Aktinität auf irgend eine photometrisch, also mit dem Auge bewertete Größe zu beziehen, denn nur bei den reinen und nicht selektiven Temperaturstrahlern stehen Lichtstrom, Lichtstärke und Leuchtdichte einerseits und Aktinität andererseits zu der Temperatur des Strahlers in einer festen Beziehung; aber auch hier ist der Lichtstrom bzw. die Leuchtdichte eine unbrauchbare Vergleichsbasis. Zur aktinometrischen Vergleichung der in Tabelle 4 aufgeführten Lichtquellen wurden photographische Schichten benutzt, bei denen das Empfindlichkeitsmaximum zwischen rund 400 und 430 $\mu\mu$ liegt, während das Empfindlichkeitsmaximum des Auges bei 550 $\mu\mu$ liegt. Die Empfindlichkeitskurven für die gewöhnliche photographische Platte und das Auge überschneiden sich in einem nur kleinen Spektralgebiete und beide Empfindlichkeiten haben dort nur sehr geringe absolute Werte (vgl. Abb. 4). Dazu kommt noch, wie sich aus Abb. 1 ergibt, daß bei einer Temperatursteigerung

[1] L. BLOCH, Lichttechnik, Berlin und München 1920, S. 524 und 579.

[2] ZS. f. wiss. Phot. 24, 1926/27, S. 423.

Tabelle 4. Aktinitäten (bestimmt mit farbenunempfindlicher Platte)

Lichtquelle	Spannung Volt[1]	Leistung Watt	Lichtstärke	Totale Aktinität P	Relative Aktinität bezogen auf die Leistung P/W		Relative Aktinität bezogen auf die Lichtstärke P/HK		
					H. LUX	L. BLOCH	H. LUX	L. BLOCH	EDER u. and.
HEFNER-Lampe	—	86,3	1 HK_h	1	0,0116	0,01	1	1	1 (EDER)
Gasglühlicht	—	—	—	—	—	0,3	—	3	2,6 ,,
Preßgaslicht	—	5885	1760 HK_h	7950	1,36	—	4,5	—	—
Wolframglühlampe:									
Vakuum	14,2	9,65	10 HK_h	46,4	4,7	3,6	4,6	4,5	2,6 (FABRY)
Gasfüllung	110,0	495	1230 HK_{max}	8850	17,9	11	7,2	7	3,3 ,,
Bogenlampen:									
Reinkohlen (offen)[2]	88 (110)	792 (990)	1880 HK_o	44300	55,9 (44,5)	20	23,5	25	10 ÷ 12 (EDER)
dtto. (eingeschlossen, Regina)	112 (220)	493 (966)	137 HK_o	65530	135,7 (62,9)	120	478	200	—
Flammenbogen (Jupiter)	74 (110)	740 (1100)	676 HK_o	193400	261,3 (175,6)	—	286	—	—
Quecksilberdampflampe	106 (220)	313 (649)	450 HK_h	7970	25,2 (12,3)	30	17,7	30	—
Quecksilberquarzlampe[3]	150 (220)	232 (341)	450 HK_h	20800	90,1 (61,1)	100	46,2	50	—
	137	243,8 (391,6)	280 HK_h	51000	209 (130)	—	182,3	—	—
Magnesiumband	—	7 W/g	100—200 HK_h	—	—	(28).	—	20	15 (EDER)

[1] Bei den Bogenlampen ist die Elektrodenspannung angegeben. Für die Verhältnisse der Praxis kommt noch der Spannungsabfall am Vorschaltwiderstande hinzu. Die auf die Gesamtspannung bezüglichen Werte sind eingeklammert.

[2] Untersucht wurde eine CARBONE-Lampe mit schrägen Kohlen. Bei L. BLOCH die gewöhnliche Type.

[3] Bei der Quecksilber-Quarzlampe ist das Maximum der Aktinität während der Anlaßperiode bei 137 V vorhanden.

des Strahlers, etwa von 2000 bis 3000^0 abs., die Kurvenabschnitte im Gebiete der sichtbaren und der aktinisch wirksamen Strahlen Flächen von sehr verschiedenem Größenverhältnisse bei 2000^0 bzw. 3000^0 abs. aus den Gebieten der Gesamtstrahlung herausschneiden; oder mit anderen Worten: der optische und der photochemische (aktinische) Wirkungsgrad ändern sich bei der Temperatursteigerung in so stark voneinander abweichenden Verhältnissen, daß für die einfach lineare Beziehung der Aktinität zu Lichtstrom, Lichtstärke oder Leuchtdichte überhaupt keine Voraussetzung gegeben ist. Das geht auch schon aus der WIENschen Spektralgleichung hervor, wenn man sie einmal zwischen den Grenzen 340 und 500 $\mu\mu$ und das zweite Mal zwischen den Grenzen 400 und 700 $\mu\mu$ integriert. Das Verhältnis der Aktinitäten P_1 und P_2 ist zwar auch eine Exponentialfunktion von T_1/T_2

$$\frac{P_1}{P_2} = \left(\frac{T_1}{T_2}\right)^m$$

analog dem Verhältnisse der Leuchtdichten nach Gleichung (5)

$$\frac{B_1}{B_2} = \left(\frac{T_1}{T_2}\right)^n,$$

aber es ist $m \neq n$, denn der Exponent n hängt von der Augenempfindlichkeit, der Exponent m aber von der Empfindlichkeit der photographischen Schicht ab.

Wenn also die Beziehung der Aktinität zu einer photometrischen Größe schon bei dem grauen Temperaturstrahler unangebracht erscheint, so ist sie bei dem selektiven Temperaturstrahler und gar bei dem Lumineszenzstrahler geradezu fehlerhaft. Es erscheint wesentlich zweckmäßiger, die relative Aktinität als Verhältnis der aktinischen Intensität zur Leistungsaufnahme der Lichtquellen zu definieren, wodurch für alle Lichtquellen eine einheitliche Vergleichsbasis gewonnen wird und wobei auch Nachdruck auf den physikalischen Wirkungsgrad gelegt wird, der bei der Bewertung der Lichtquellen in der praktischen Photographie schließlich von ausschlaggebender Bedeutung ist. In der Praxis interessiert durchaus nicht die Frage, welche Lichtleistung eine Lichtquelle besitzt, sondern die Frage, mit welchem Minimum an energetischem Leistungsaufwand das Maximum an photochemischer Wirkung erzielt werden kann. Die Bezugnahme auf die relative Aktinität P/HK kann unter Umständen zu argen Fehlschlüssen führen. Die Jupiterlampe hat eine ganz erheblich größere Lichtstärke als die 4-Amp.-Bogenlampe mit eingeschlossenem Lichtbogen und Reinkohlen; obwohl die absolute Aktinität der Jupiterlampe dreimal so groß und die relative Aktinität, bezogen auf die Leistungsaufnahme P/W, annähernd doppelt so groß als bei der Reginalampe ist, würde die Reginalampe, nach P/HK bewertet, einen unbedingten Vorzug vor der Jupiterlampe haben, was direkt falsch ist.

Obwohl aus den angeführten Gründen die Werte der Tabelle 4 mit sehr erheblichen Fehlern behaftet sind, ergibt sich zwischen den Messungen von H. LUX und L. BLOCH doch eine ganz auffallend gute Übereinstimmung. Nur bei der gasgefüllten Metalldrahtlampe und der Reinkohlenbogenlampe sind größere Differenzen vorhanden, die sich aber zwanglos daraus erklären, daß H. LUX als gasgefüllte Metalldrahtlampe eine Projektionsglühlampe und als Reinkohlenbogenlampe eine solche mit schräg stehenden Kohlen benutzt hat, während L. BLOCH die normalen Lampentypen zur Untersuchung herangezogen haben dürfte, die den von LUX benutzten Typen unterlegen sind. Aus der guten Übereinstimmung der Meßergebnisse darf aber doch kein anderer Schluß gezogen werden als der, daß die bei den Messungen begangenen prinzipiellen Fehler nicht so groß sind, daß durch sie die Klassifikation der untersuchten Lichtquellen in aktinischer Hinsicht beeinflußt werden könnte; d. h., daß die begangenen Fehler bei allen Lichtquellen annähernd von gleichem Gewicht gewesen sind.

So lange also nicht neuere, mit allen Vorsichtsmaßnahmen angestellte Untersuchungen über die Aktinität der Lichtquellen vorliegen, können die angeführten Meßergebnisse wenigstens ihrer Größenordnung nach als brauchbar angesehen werden.

Bei Benutzung sensibilisierter Schichten müssen sich natürlich ganz andere Werte für die Aktinität der Lichtquellen ergeben. Die Sensibilisierung hat den Zweck, die photographische Platte nicht bloß für den ultravioletten bis blauen Spektralbezirk empfindlich zu machen, sondern auch für den grünen, gelben und roten. Für die Sensibilisierung kommen fast ausschließlich Teerfarbstoffe in Betracht, die mit dem lichtempfindlichen Silberhalogen eine reaktionsfähige physikalische oder chemische Einheit bilden können. Die Sensibilisatoren wirken dann in demjenigen Spektralbezirke, den sie selbst absorbieren. Die für die Praxis wichtigsten Sensibilisatoren sind: Eosin, Erythrosin, Methylenblau, Cyanin, Dicyanin, Neocyanin, Benzonitrobraun, Nigrosin, Diazoschwarz, Pinaverdol, Pinacyanol, Pinachromviolett u. a. m. Eosin, Erythrosin machen die photographische Schicht lichtempfindlich für grün und gelb, Pinachromviolett für rot, mit Neocyanin können Spektren bis 900 $\mu\mu$ aufgenommen werden usw.

Nimmt man ein Spektrum mit einer sensibilisierten Platte auf, beispielsweise mit einer Silber-Eosinplatte von OTTO PERUTZ, München, so zeigt das Spektrum zwei Schwärzungsmaxima, das eine bei etwa 460 $\mu\mu$, das zweite bei etwa 557 $\mu\mu$; eine wahrscheinlich mit Erythrosin sensibilisierte „orthochromatische" Platte von J. HAUFF & Co. zeigt die beiden Maxima bei etwa 480 $\mu\mu$ und 570 $\mu\mu$. Bei kurzen Belichtungen ist ein starkes Minimum in der Gegend von 510 $\mu\mu$ vorhanden, das bei längerer Belichtung aber weniger stark in Erscheinung tritt. Konstruiert man aus den photometrischen Schwärzungsmessungen der Spektrogramme die Schwärzungskurven, so tritt ein starker Abfall der Kurven nach dem blauen und dem roten Ende des Spektrums in Erscheinung; die hauptsächliche photographische Wirkung tritt etwa in dem Spektralbezirke zwischen 425 und 625 $\mu\mu$ auf.

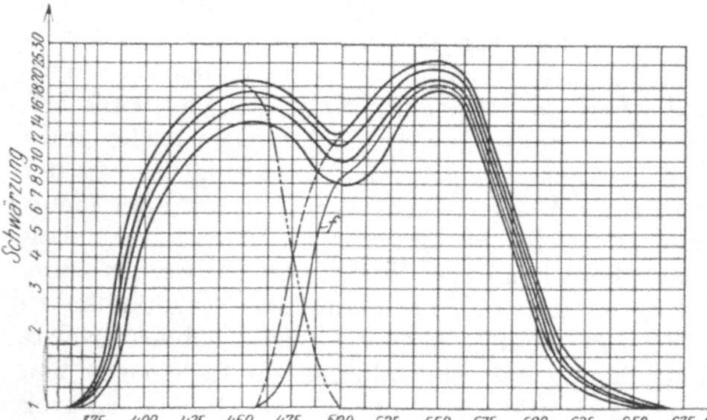

Abb. 5. Schwärzungskurven einer orthochromatischen Platte von RICH. JAHR bei Belichtungszeiten von 2,5, 5, 7,5 und 10 sek. und Zerlegung der Schwärzungskurven in Elementarkurven (f Schwärzungskurve unter Benützung eines Kaliumchromatfilters 1 : 25 bei 10 mm Schichtdicke)
— — — — — } Elementarkurven)
— · · · — · · · —

Die Schwärzungskurven lassen sich als Resultanten aus zwei Elementarschwärzungskurven für das blaue und das gelbe bis orangefarbige Spektralgebiet auffassen (s. Abb. 5).

Bei den sogenannten panchromatischen Platten zeigen die spektralen

Schwärzungskurven drei Maxima etwa bei 460, 560 und 650 $\mu\mu$ und zwei Minima bei 510 und 600 $\mu\mu$, sie können als aus drei Elementarschwärzungskurven für das blaue, gelbe und rote Spektralgebiet aufgefaßt werden.

Die spektralen Schwärzungskurven weisen sehr verschiedenen Charakter je nach der Lichtquelle auf, deren Licht spektral zerlegt worden war. Bei niedriger temperierten Temperaturstrahlern ist die Elementarkurve für das blaue Spektralgebiet flacher als bei höher temperierten. Bei Lichtquellen mit selektiver Emission erscheint in den Spektralkurven die vorzugsweise emittierte Lichtfarbe besonders betont. Bei leuchtenden Gasen und Dämpfen erhalten wir ein reines Linienspektrogramm, aus dem sich Schwärzungskurven kaum konstruieren lassen.

Durch ihre Eigenschaft, auch in den gelben und roten Spektralgebieten empfindlich zu sein, kann mit sensibilisierten photographischen Platten die

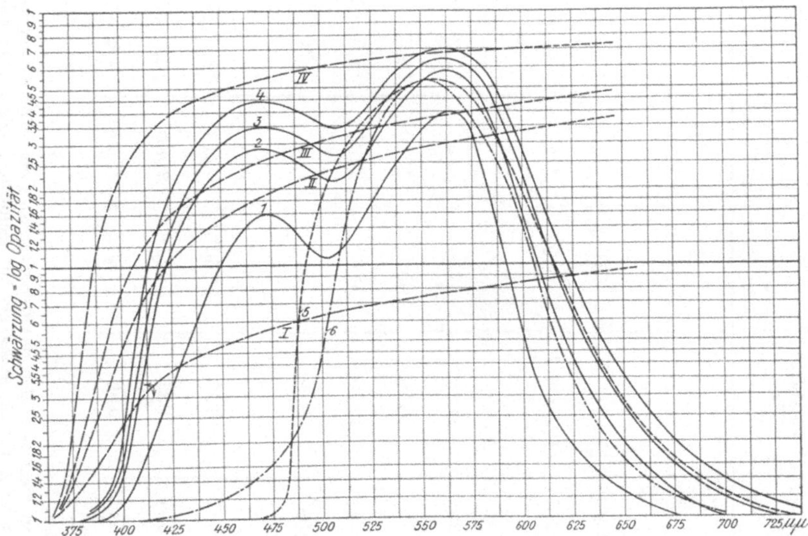

Abb. 6. Spektrale Empfindlichkeit einer Silber-Eosinplatte (Em. Nr. 9775) belichtet mit einer Nitralampe (bei 0,05 mm Spaltbreite). 1. 2,5 sek Belichtung; 2. 5,0 sek; 3. 7,5 sek; 4. 10 sek; 5. 10 sek mit vorgeschaltetem Gelbfilter (Kaliumbichromatlös. 1 : 25, 1 cm Schichtdicke); 6. Augenempfindlichkeit nach Ives; I bis IV Mittelwerte der Gradation

Aktinität der Lichtquellen wesentlich zuverlässiger bestimmt werden als mit den gewöhnlichen photographischen Platten, obwohl auch die besten panchromatischen, photographischen Schichten noch weit davon entfernt sind, in allen Spektralgebieten dieselbe Absorption aufzuweisen. Für die praktische Aktinometrie ist eine gleichmäßige Plattenempfindlichkeit für alle Wellenlängen aber auch kaum erforderlich, denn von einem photographischen Bilde kann nur verlangt werden, daß die Farben mit denjenigen Helligkeitswerten reproduziert werden, mit denen sie auf das Auge wirken, d. h. die photographische Platte müßte eine Empfindlichkeitsabstufung aufweisen, die der Augenempfindlichkeit entspricht. In diesem Falle würde — natürlich nur für dieses Aufnahmematerial — der Lichtstrom einer Lichtquelle auch ein Maß für ihre Aktinität sein. Umgekehrt könnte eine solche Schicht von großer Bedeutung für die objektive Photometrie sein. Die Anpassung der Plattenempfindlichkeit an die Augenempfindlichkeit ist nicht so schwierig wie die Herstellung einer in allen Spektral-

Tabelle 5. Aktinitäten (bestimmt mit Silber-Eosinplatte)

Lichtquelle	Spannung Volt[1]	Leistung Watt	Lichtstärke HK	Totale Aktinität P		Relative Aktinität bezogen auf die Leistung P/W		Relative Aktinität bezogen auf die Lichtstärke P/HK	
				ohne Filter	mit Filter[2]	ohne Filter	mit Filter	ohne Filter	mit Filter
Hefner-Lampe	—	86,3	1	1[4]	1[4]	0,0116	0,0116	1	1
Wolframglühlampe:									
1. Vakuum	14,2	9,65	10	16,2	15,2	1,68	1,58	1,62	1,52
2. Gasfüllung[3]	110,0	459 *427,5*	1230 *991*	5640	*1505*	11,4	*3,52*	4,59	*1,52*
Bogenlampen (offen):									
Reinkohlen	88 (110)	792 (990)	1880	9750	2895	12,3 (9,85)	3,66 (2,93)	5,18	1,54
Effektkohlen gelb	72,5 (110)	616 (935)	2310	6500	4640	10,5 (6,96)	7,53 (4,96)	2,82	2,01
detto weiß	74,0 (110)	655 (974)	1175	5860	2135	8,95 (6,02)	3,26 (2,19)	4,99	1,82
Jupiterlampe	74,0 (110)	740 (1100)	676	—	—	20 (13)[5]	—	—	—
detto (eingeschl. Lichtbogen)									
Reinkohlen (Regina)	112 (220)	493 (968)	137	15360	219	31,2 (15,9)	0,44 (0,16)	112,0	1,60
Dia-Carbone (gelb)	43,8 (55)	453 (550)	1031	9921	7080	22,8 (18,0)	15,6 (12,9)	9,66	6,87
Quecksilberquarzlampe	150 (220)	232 (341)	450	17160	4400	74,0 (50,3)	18,96 (12,9)	38,1	9,78

[1] Vgl. d. Anm. zu Tab. 4.
[2] Kaliumbichromatlösung 1 : 25 in 1 cm Schichtdicke.
[3] Während der Messungen trat Kurzschluß zwischen zwei Schleifen des Leuchtdrahtes ein. Die neuen Werte sind kursiv gesetzt.
[4] Die Aktinität der Hefner-Lampe ohne Gelbfilter ist 4,68 mal größer als mit Gelbfilter. Ihre Wirkung ohne Gelbfilter auf die Silber-Eosinplatte ist 23,8 mal größer als auf die Chlor-Bromsilberplatte von J. Hauff & Co.
[5] Geschätzte Werte.

bezirken gleich empfindlichen Platte. Abb. 6 zeigt die von H. LUX[1] mit einer Silber-Eosinplatte von OTTO PERUTZ aufgenommenen spektralen Schwärzungskurven für zwei Belichtungszeiten, sowie die Augenempfindlichkeitskurve, deren Maximum mit dem Mittel aus den Schwärzungsmaximis zur Deckung gebracht ist. Die normalen Schwärzungskurven weichen im blauen Teil des Spektrums stark von der Augenempfindlichkeitskurve ab. Wird der blaue Strahlungsanteil der benützten Lichtquelle (einer normal belasteten Gasfüllungslampe) durch eine Kaliumbichromatlösung in der Schichtdicke von 1 cm abgefiltert, so kann man durch passende Wahl der Konzentration der Lösung Schwärzungskurven erhalten (Nr. 5 und 6 der Abb. 6), die die Augenempfindlichkeitskurve einschließen. Unter Benützung der Gelbfilterlösung von H. E. IVES und E. F. KINGSBURY[2] kann durch Vermehrung des Bichromatgehaltes dieser Lösung eine noch bessere Übereinstimmung mit der Augenempfindlichkeitskurve herbeigeführt werden.

Die Filterlösung hat folgende Zusammensetzung:

100 g Kobalt-Ammoniumsulfat
0,733 g Kaliumbichromat
10 ccm Salpetersäure ($d = 1{,}05$)
Destilliertes Wasser bis zur Auffüllung auf 1 l (bei 20° C).

Es ist natürlich auch möglich, die photographische Schicht selbst so zu sensibilisieren, daß die Blauempfindlichkeit stark gedrückt, die maximale Empfindlichkeit auf 550 $\mu\mu$ verlegt und die Form der Schwärzungskurve nahe an die der Augenempfindlichkeit herangebracht wird. Eine solche Platte müßte Aufnahmen liefern, die den Helligkeitsempfindungen des Auges für die verschiedenen Farben auch ohne Strahlenfilter voll Rechnung trägt. Allerdings würde die integrale Empfindlichkeit einer solchen Schicht geringer sein als die einer reinen Bromsilberschicht.

Für die praktische Aktinometrie hat die Wahl einer sensibilisierten photographischen Schicht als Strahlenempfänger eine nicht zu unterschätzende Bedeutung, da in der Bildnisphotographie und bei Kinoaufnahmen ausschließlich sogenannte orthochromatische, also für Gelb und Grün empfindlich gemachte photographische Schichten und überwiegend künstliche Lichtquellen benutzt werden. Aus diesem Grunde seien auch hier die von H. LUX (l. c.) mit Silber-Eosinplatten ausgeführten Aktinitätsmessungen angeführt (Tabelle 5). Die Messungen geschahen wieder mit dem rotierenden Stufensektor, die Ergebnisse sind deshalb mit den gleichen prinzipiellen Fehlern behaftet wie die Messungen mit der nicht sensibilisierten Platte (Tabelle 4). Sie können also auch nur zur allgemeinen Klassifikation der Lichtquellen benützt werden. Messungen mit anderen orthochromatischen Schichten ergeben natürlich andere absolute Werte, aber an der Reihenfolge der Lichtquellen wird nichts geändert.

Bei den Aktinitätsmessungen mit der sensibilisierten Platte ist wieder die aktinische Wirkung der HEFNER-Lampe gleich 1 gesetzt worden; demgemäß wird auch ihre relative Aktinität, bezogen auf die aufgenommene Leistung (in Watt), gleich 0,0116. Es muß aber berücksichtigt werden, daß unter gleichen Versuchsbedingungen die Eosinsilber-Aktinität der HEFNER-Lampe 23,8 mal größer ist als ihre Chlorbromsilber-Aktinität. Die Schwächung der Aktinität der HEFNER-Lampe durch das benützte Filter (Kaliumbichromat 1 : 25 in 1 cm

[1] ZS. f. Beleuchtungswesen, 23, 1917, 83ff. und Phot. Korr. Nr. 686 und 687 vom Nov. und Dez. 1917.

[2] Trans. Ill. Eng. Soc. IX, 1914, 795.

Schichtdicke) betrug 21,38%. Da es sich bei der aktinischen Wertung der Lichtquellen immer nur um ihre relative Stellung zueinander handelte, so ist auch in der Tabelle 5 die relative Aktinität der HEFNER-Lampe mit Gelbfilter gleich 1 gesetzt worden.

Vergleicht man die gemessenen relativen Aktinitätswerte der Tabelle 5 mit denen der Tabelle 4, so erkennt man sofort, daß die reinen Temperaturstrahler in beiden Tabellen in der gleichen Größenordnung rangieren, daß dagegen die Bogenlampe mit reichem Linienspektrum im Blauen und Violetten, also die Bogenlampe mit weißem Flammenbogen, die Bogenlampe mit eingeschlossenem Lichtbogen und die Quarzlampe relativ weit weniger auf die für Gelb und Gelbgrün sensibilisierte Platte einwirken als auf die nur für Blau empfindliche. Aber, und das ist besonders beachtenswert, die Bogenlampen mit Reinkohlen, weißem und gelbem Flammenbogen zeigen sich der Gasfüllungslampe kaum noch überlegen, ja sogar direkt unterlegen, wenn man den wirklichen Leistungsaufwand (in Watt) in Betracht zieht, also auch den unvermeidlichen Verlust in den Vorschaltwiderständen berücksichtigt. Für die Jupiterlampe liegen keine Aktinitätsmessungen mittels der farbenempfindlichen Platte vor, sie dürfte ungefähr zwischen der Bogenlampe mit weißem Flammenbogen und der Reinkohlenbogenlampe mit eingeschlossenem Lichtbogen rangieren. Der Gasfüllungslampe wirklich überlegen erweisen sich dann nur noch die Jupiterlampe, die Reginalampe, die Dia-CARBONE-Lampe und die Quecksilberquarzlampe. Die Jupiterlampe und die Reginalampe zeichnen sich durch einen beträchtlichen Strahlenreichtum im Ultravioletten aus, sie wirken also stark auf den blauempfindlichen Anteil der Silber-Eosinplatte. Diese überragende Wirksamkeit verschwindet aber sofort bei Einschaltung eines Gelbfilters. Umgekehrt büßen diejenigen Lichtquellen, die stark selektiv im Gelben und Gelbgrünen strahlen, naturgemäß durch Einschaltung eines Gelbfilters nur relativ wenig an ihrer aktinischen Wirkung ein; die Einbuße der Quecksilber-Quarzlampe ist hier wesentlich höher als die der Dia-CARBONE-Lampe, weil bei der Quarzlampe die blauen bis ultravioletten Strahlen durch das Gelbfilter fast völlig absorbiert werden, während die Dia-CARBONE-Lampe wegen ihres im wesentlichen gelben Lichtes eine nur geringe Einbuße erleidet.

Bei Benützung einer farbenempfindlichen Platte als Strahlenempfänger hat auch die Bewertung nach der relativen Aktinität P/HK wenigstens einigermaßen einen physikalischen Sinn. Das ergibt sich insbesondere aus der letzten Spalte der Tabelle 4, in der die relative Aktinität (P/HK) des gefilterten Lichtes angeführt ist. Die relativen Aktinitätswerte bei den Wolframlampen, der Reinkohlen- und der Reginabogenlampe sind untereinander ziemlich gleich; selbst die weiße und die gelbe Flammenbogenlampe fallen nur deshalb stärker aus der Reihe heraus, weil sie im sichtbaren Gebiete, und zwar nahe dem Empfindlichkeitsmaximum des Auges, stark selektiv strahlen. Dagegen fallen die Dia-CARBONE-Lampe und die Quecksilberquarzlampe sehr erheblich aus der Reihe heraus. Sie wirken mit ihrem gefilterten Lichte als nahezu monochromatische Strahler beim Maximum der Augenempfindlichkeit, ihre relativen Aktinitäten P/HK müssen deshalb auch höher ausfallen als bei allen anderen Lichtquellen. Aber die letzte Spalte und vor allem auch die vorletzte Spalte der Tabelle 4 zeigen, welche Fehler man begeht, wenn man für photographische Zwecke die Lichtquellen nach der relativen Aktinität P/HK bewertet. Nach der vorletzten Spalte wäre die Reginalampe der Dia-CARBONE-Lampe nahezu zwölfmal überlegen, während — unter Berücksichtigung des Energieverbrauches der betriebsmäßig ausgerüsteten Lampen — die Dia-CARBONE-Lampe der Reginalampe merklich überlegen ist.

6. Die künstlichen Lichtquellen in der photographischen Praxis. In der photographischen Praxis werden fast ausschließlich elektrische Lampen benutzt. Von den auf Verbrennung beruhenden Lichtquellen hat lediglich das Magnesiumlicht in der Form des Blitzlichtes Bedeutung für Aufnahmen von Personengruppen und Innenräumen ohne Elektrizitätsanschluß, wie Bergwerke, Höhlen, das Innere alter Bauwerke usw. Die Beleuchtung von einer einzigen Stelle aus erzeugt kreidige Lichter und schwere Schlagschatten, die unvermittelt neben einander stehen. Künstlerische Wirkungen sind deshalb auch nur schwierig zu erzielen. Dagegen gestatten die elektrischen Lampen die Erzeugung jeder erforderlichen Beleuchtungsverteilung im Raume, auf körperlichen und flächenhaften Gegenständen. Man vermag jede gewünschte Aktinität zu erzeugen, so daß man mit den kürzesten Belichtungszeiten, wie sie für die Herstellung von Bewegungsbildern erforderlich sind, auszukommen vermag, und man ist auch imstande, durch Berücksichtigung der relativen Aktinität P/W allen wirtschaftlichen Ansprüchen zu genügen.

a) Die Gasfüllungslampe, gelegentlich auch heute noch „Halbwattlampe" genannt, obwohl ihr spezifischer Wirkungsgrad niemals 0,5 W/HK betrug, ist die einfachste und in der Handhabung bequemste Form der elektrischen Lampen. Sie gestattet eine fast universelle Anwendbarkeit in Reproduktionsanstalten zur Aufnahme körperlicher oder flächenhafter Gegenstände, in Bildnisateliers, zur Aufnahme von Interieurs und Personen in Wohnungen; selbst in Kinoateliers kann von ihr mit Nutzen Gebrauch gemacht werden. Weniger geeignet ist sie zur Herstellung von Kontaktkopien auf Auskopierpapier oder von Lichtpausen, zur Belichtung von Chromgelatine oder Asphalt im graphischen Gewerbe. Wie aus Tabelle 5 hervorgeht, eignet sich die Gasfüllungslampe besonders gut zur Aufnahme farbiger Gegenstände auf sensibilisierten Platten und selbst auf Farbrasterplatten.

Die Gasfüllungslampe weist einen Wolframdraht auf, der, zu einer engen Schraube (Wendel) gewunden, mit Stromzuleitungen versehen und mit dünnen Molybdändrähtchen gehaltert, in einen Glasballon eingeschmolzen ist. Der Ballon ist mit Stickstoff, Argon oder einem Gemisch beider Gase gefüllt. Im kalten Zustande weist die Gasfüllung einen Druck von etwa $^2/_3$ Atm. auf; beim Brennen der Lampe steigt der Gasdruck auf etwa 1 Atm. Die Gasfüllung hat den Zweck, die Verdampfung des erhitzten Wolframdrahtes, die im Vakuum recht merklich ist, zu beschränken, so daß der Leuchtdraht auf eine erheblich höhere Temperatur gebracht werden kann als im evakuierten Glasballon.

Da beim Brennen der Lampe starke Erwärmung des Füllgases stattfindet, so treten innerhalb des Ballons lebhafte Gasbewegungen auf, die dem Leuchtdraht durch Konvektion Wärme entziehen. Damit die Temperaturerniedrigung möglichst gering bleibe, ist die wärmeabgebende Oberfläche des Leuchtdrahtes durch Aufwinden zu einer Wendel so klein wie möglich gemacht. Durch diesen Kunstgriff ist es gelungen, in der Gasfüllungslampe den Wolframdraht bis nahe an seinen Schmelzpunkt (3390° C) zu erhitzen. Bei der normal — mit der signierten Spannung — betriebenen Gasfüllungslampe für 1000 Watt beträgt die Fadentemperatur rund 2500° C, bei überlasteten Lampen bis rund 2800° C, während die Fadentemperatur der Vakuumlampe 2100° C nicht übersteigt. Die Temperatursteigerung um 400° bedeutet nach dem Wien-Planckschen Strahlungsgesetze eine beträchtliche Erhöhung der Lichtemission von 10 auf 20 L/W und eine wesentliche Verbesserung der Lichtfarbe nach weiß hin.

Die für photographische Zwecke gebauten Gasfüllungslampen, mit erhöhter Spannung, die in den Größen von 500 bis 2000 Watt gewählt werden sollten, weisen einen auf einen kleinen Flächenraum zusammengedrängten Leuchtkörper auf, so daß bei Verwendung von Parabolreflektoren eine nur geringe Streuung stattfindet und der ganze Lichtstrom zur Ausleuchtung der Aufnahmegegenstände ausgenutzt werden kann. Zur Erzielung der günstigsten Beleuchtungswirkung sind die mit Reflektoren versehenen Gasfüllungslampen entweder einzeln oder in Gruppen von drei Stück und mehr auf fahrbaren Gestellen angeordnet. Bei der Aufnahme körperlicher Gegenstände kann auf diese Weise leicht die wirksamste Körperschattierung, bei der Aufnahme von ausgedehnten Flächen eine gleichmäßige und schattenfreie Beleuchtung erzielt werden.

Für Aufnahmen außerhalb des Ateliers werden von der Osram G. m. b. H. Gasfüllungslampen mit besonderen Reflektoren geliefert, die leicht transportiert und überall aufgestellt werden können.

Der besondere Vorzug der Gasfüllungslampen besteht darin, daß sie sofort nach dem Einschalten die volle Lichtstärke liefern und daß sie eine vorübergehende Überlastung vertragen. Bei Erhöhung der Spannung um 10% über die Normalspannung wird die absolute Aktinität um 37%, die relative Aktinität P/W um rund 25% gesteigert. Die Lebensdauer der Lampe wird hierbei allerdings um 69% vermindert. Bei kurz andauernder Überlastung spielt das aber nur eine geringfügige Rolle. Für die Beleuchtung bei den vorbereitenden Manipulationen zur Aufnahme lassen sich die Stromkosten erheblich dadurch vermindern, daß man zwei Lampen hintereinander schaltet, sie also nur mit halber Spannung brennen läßt und dann nur im Augenblicke der Aufnahme durch Parallelschalten auf volle oder geringe Überspannung bringt.

Die zur Erzeugung eines rein weißen Lichtes gebauten Tageslichtlampen, die einen blau gefärbten Ballon aufweisen, sollen besonders günstig für farbtonrichtige Aufnahmen sein. Durch Verlegung des Strahlungsmaximums nach dem blauen Ende des Spektrums machen sie aber die Sensibilisierung der photographischen Platten für Grün und Gelb zum Teil wieder illusorisch. Es erscheint deshalb zweckmäßiger, ungefärbte Gasfüllungslampen zu benutzen.

b) Die elektrischen Bogenlampen. In der Beleuchtungstechnik sind die Bogenlampen fast vollständig durch die Gasfüllungslampe verdrängt worden, nur in einigen Städten werden Effektbogenlampen mit offenem oder eingeschlossenem Lichtbogen für die Straßenbeleuchtung benutzt. Dagegen arbeitet die praktische Photographie nach wie vor hauptsächlich mit Bogenlampen. Zur Verwendung kommen:

α) Reinkohlenbogenlampen mit offenem Lichtbogen;
β) Reinkohlenbogenlampen mit eingeschlossenem Lichtbogen;
γ) Effektbogenlampen mit offenem Lichtbogen;
δ) Effektbogenlampen mit eingeschlossenem Lichtbogen.

Ad *α*). Die Reinkohlenbogenlampen mit offenem Lichtbogen werden heute kaum noch gebaut. Sie finden aber nach wie vor noch in älteren photographischen Betrieben dort Verwendung, wo für Reproduktionszwecke Aufnahmen mit farbenunempfindlichen Platten gemacht werden. Ihre aktinische Wirkung auf die Chlorbromsilberplatte — und entsprechend auch auf die Jodsilberkollodiumplatte — ist nach H. Lux (Tabelle 4) etwa dreimal so groß als die der Gasfüllungslampe, was auf den großen Reichtum von Strahlen im Blauen und Ultravioletten zurückzuführen ist. Es fällt dann das Aktinitätsmaximum mit dem Empfindlichkeitsmaximum der Platte bei etwa 440 $\mu\mu$ zusammen. Bei der Bromsilberplatte, deren Empfindlichkeitsmaximum bei etwa 480 $\mu\mu$ liegt, ist nach L. Bloch (Tabelle 4) die Reinkohlenbogenlampe immer noch zweimal aktinischer als die Gasfüllungslampe. Es liegt also für die photographische Reproduktionstechnik, die farbenunempfindliche Platten verarbeitet, zunächst noch kein Anlaß vor, die in der Bedienung allerdings wesentlich bequemere Gasfüllungslampe vorzuziehen.

Verwendet wird die Reinkohlenbogenlampe mit offenem Lichtbogen immer mit geeigneten Reflektoren — meist Zylinderreflektoren mit parabolischer Krümmung —, um den erzeugten Lichtstrom möglichst vollkommen ausnützen zu können. Da die gewöhnlichen Bogenlampen hängend am besten regulieren, werden sie gewöhnlich an Laufkatzen auf fest angebrachten Laufschienen angeordnet, oder sie werden an fahrbaren Gestellen aufgehängt. Zur Erzielung einer gleichmäßigen Beleuchtung kommen immer mehrere Bogenlampen gleichzeitig zur Anwendung, die hintereinander geschaltet werden, um die Netzspannung vorteilhaft ausnützen zu können.

In der Form der Scheinwerfer mit horizontalen Kohlen findet die Reinkohlenbogenlampe in der Kinoaufnahmetechnik eine ausgedehnte Anwendung. Diese Scheinwerfer werden für 40 . . . 60 Amp. gebaut, für besondere Zwecke werden aber auch Scheinwerfer von 100 Amp. und darüber benutzt. Die Scheinwerfer sind ebenso wie die bekannten Marinescheinwerfer mit geschliffenen oder aus einzelnen Plättchen zusammengesetzten Parabolspiegeln ausgerüstet. Um eine möglichst gleichmäßige Beleuchtung der Aufnahmegegenstände zu erzielen, besteht die vordere Abschlußschale aus zwei rechtwinklig zueinander orientierten Systemen paralleler Zylinderlinsen.

Die Verwendung dieser Reinkohlenscheinwerfer in der Kinoaufnahmetechnik ist eine arge Stromverschwendung. Ihre Lichtbogenspannung beträgt nicht mehr als 45 Volt. Im Interesse einer guten Regulierung müssen die Scheinwerfer einzeln an das Netz angeschlossen werden, die überschüssige Netzspannung wird also in Vorschaltwiderständen nutzlos vernichtet oder es sind besondere Spannungsumformer anzuwenden. In Wechselstromnetzen muß für die Scheinwerfer überhaupt eine Umformung auf Gleichstrom erfolgen, weil Wechselstromscheinwerfer, ebenso wie die gewöhnlichen Wechselstrom-Reinkohlenbogenlampen, unbrauchbar sind. Eine weitere Stromvergeudung ergibt sich dadurch, daß sich die Scheinwerferbogenlampen mindestens eine halbe Stunde lang einbrennen müssen, ehe sie zuverlässig regulieren. Da bei Kinoaufnahmen sensibilisiertes photographisches Material zur Anwendung kommt, hat die Reinkohlenbogenlampe an und für sich schon keinen Sinn, sie ist für dieses Aufnahmematerial (Tabelle 4) anderen Lichtquellen eher unter- als überlegen. Nur der einzige Umstand rechtfertigt hier die Anwendung von Reinkohlen-Scheinwerfern, daß sich mit ihnen gewaltige totale Aktinitäten wirksam machen lassen. Die Vergeudung von Quantitäten muß hier eben den Mangel an Qualität wettmachen. Aber mit den modernen Gasfüllungslampen lassen sich auch enorme Quantitäten an Aktinität erzeugen. Sie lassen sich leicht in Scheinwerfern unterbringen und hinsichtlich der relativen Aktinität P/W sind sie bei Verwendung gelb und grün empfindlichen Aufnahmematerials dem Reinkohlenlichtbogen zum mindesten gleichwertig. Der Reinkohlenbogenlampe außerordentlich überlegen sind sie durch ihre stete Betriebsbereitschaft, durch die Bequemlichkeit ihrer Anwendung, durch ihre Anpassungsfähigkeit an jede Netzspannung und vor allem dadurch, daß sie bei Wechselstrom ebenso günstig arbeiten wie bei Gleichstrom.

Ad β). Die Reinkohlenbogenlampe mit eingeschlossenem Lichtbogen kann im photographischen Gewerbe mit Vorteil überall dort die gewöhnliche Reinkohlenbogenlampe ersetzen, wo farbenunempfindliches Material verarbeitet wird, weil ihre relative Aktinität P/W der der Reinkohlenbogenlampe mit offenem Lichtbogen weit überlegen ist. Die Anwendung der Bogenlampen mit eingeschlossenem Lichtbogen, auch Dauerbrandlampen genannt, ist zudem auch bequemer als die der gewöhnlichen Bogenlampen, weil sie wegen ihrer höheren Lichtbogenspannung einzeln an das Stadtnetz angeschlossen werden können. Bei einer Brenndauer der Kohlenstifte von 80 bis 160 Stunden ist der Kohlenersatz nur in größeren Zwischenräumen erforderlich.

Die äußere Montierung der Dauerbrandlampe ist die gleiche wie die der Bogenlampe mit offenem Lichtbogen. In Lichtpausanstalten, für das Kopieren von Negativen auf Auskopierpapier, ist die Dauerbrandlampe Alleinherrscherin. Die Herstellung von Lichtpausen geschieht meist in der Weise, daß um einen Glaszylinder die zu pausende Zeichnung und darüber das lichtempfindliche Papier gelegt wird. In der Achse des Glaszylinders bewegt sich automatisch eine Dauerbrandlampe auf und nieder. Natürlich kann die Anordnung auch in mannigfacher anderer Weise erfolgen. Für kleinere Betriebe eignen sich besonders die auf fahrbarem Gestell angeordneten Dauerbrandlampen mit Parabol-Reflektor, die eine Fläche von etwa 1 qm gut ausleuchten.

Für die erforderliche Belichtungszeit in Minuten gibt L. Bloch (l. c.) die nachstehende Formel an:

$$T = \frac{c \cdot h^2}{a \cdot z \cdot W}$$

c ist eine von der Art des verarbeiteten Materials abhängige Konstante, h ist der Abstand in Zentimetern zwischen Lichtquelle und Kopierrahmen, z ist die benutzte Lampenzahl, W ihre Leistungsaufnahme in Watt und $a = P/W$ die relative Aktinität. Für die Konstante c gibt L. Bloch die folgenden Werte an:

Originale	Blaupausen und Braunpausen	Weißpausen
Original auf Pausleinwand	$c = 60 \ldots 80$	$c = 400 \ldots 500$
„ „ dünnem Zeichenpapier	$c = 90 \ldots 120$	$c = 600 \ldots 800$

Für Celloidinpapier sollen ähnliche Werte gelten wie für Weißpausen von Pausleinwand.

Nicht selten findet man Dauerbrandlampen auch in Ateliers, in denen sensibilisiertes Material verarbeitet wird. Wie aus Tabelle 5, 7. Spalte, hervorgeht, ist ihre relative Aktinität P/W auch hier noch recht beträchtlich, aber das ist nur deshalb der Fall, weil auch die sensibilisierte Platte noch eine sehr beträchtliche Blauempfindlichkeit aufweist. Die Einwirkung der Dauerbrandlampe auf den gelb- und grünempfindlichen Teil dieser Platte ist aber ganz minimal, wie sich aus den Aktinitätswerten für gefiltertes Licht (Tabelle 5, 8. Spalte) ergibt. Das heißt mit anderen Worten, daß die Dauerbrandlampe es nicht gestattet, von farbigen Gegenständen farbtonrichtige Aufnahmen zu machen. Die Anwendung von Reinkohlen-Dauerbrandlampen in Kinoateliers bei Benützung sensibilisierter Filme ist also ganz sinnlos.

Dauerbrandbogenlampen werden in Deutschland hauptsächlich von Körting & Mathiesen A.-G., Leipzig-Leutzsch, der Allgemeinen Elektrizitätsgesellschaft, Berlin, K. Weinert, Berlin, hergestellt.

Ad γ). Die Effektbogenlampe mit offenem Flammenbogen ist ihrer aktinischen Eigenart wegen für Aufnahmen auf farbenempfindlichem Material gut geeignet; mit Ausnahme der Jupiterlampe der Firma Kersten & Brasch, Frankfurt a. M. und Berlin, ist sie für photographische Zwecke aber doch wenig ausgenützt worden, weil die für Leuchtzwecke günstige Anordnung langer nach unten schräg gestellter Kohlenstifte für photographische Zwecke ungünstig war. Die Jupiterlampe dagegen ist von vornherein für photographische Aufnahmezwecke durchkonstruiert worden. Sie weist in einem um eine horizontale Achse drehbar gelagerten Zylinderreflektor, der seinerseits auf einem der Höhe nach verstellbaren Dreifuß angeordnet ist, zwei Paare schräg gegeneinander gestellte Effektkohlen auf, die durch ein einfaches, aber zuverlässiges Regelwerk betätigt werden. Bei einer Elektrodenspannung von rund 74 Volt für beide Flammenbögen werden die Jupiterlampen für Stromstärken bis 20 und 25 Amp. gebaut. Die Leuchtsalze, mit denen die Effektkohlen getränkt sind, liefern nach spektralphotometrischen Untersuchungen von H. Lux ein rein weißes, dem diffusen Tageslichte sehr ähnliches Licht. Wegen dieser Lichtfarbe und der sehr hohen relativen Aktinität P/W wird die Jupiterlampe mit Recht in Aufnahmeateliers bevorzugt, wo es sich um farbtonrichtige Aufnahmen auf sensibilisiertem Material handelt; aus dem gleichen Grunde ist sie auch eine vorzügliche Kinoaufnahmelampe. Für Porträtateliers wird die Jupiterlampe in große, diffus reflektierende Reflektoren eingebaut und zwischen Lampe und Aufnahmegegenstand wird noch eine große Fläche diffus streuenden Papieres eingeschaltet. Es resultiert dann eine Beleuchtung mit weicher Körperschattierung und weichen Schlagschatten, wie sie für die Bildnisphotographie erwünscht ist.

Für Aufnahmen in kleineren Ateliers oder im eigenen Heim ist eine kleine Jupiterlampe auf einem ganz leichten, zusammenklappbaren Stativ in den Verkehr gebracht worden, die mit rund 10 Amp. in zwei hintereinander geschalteten Flammenbögen arbeitet. (Mit Eisenkohlen besteckt, eignet sich diese Lampe auch für ärztliche Bestrahlungszwecke.) Die Brenndauer der Elektroden ist zwar verhältnismäßig kurz, aber für alle praktischen Zwecke ausreichend lang, zumal das Bestecken mit neuen Kohlenstiften sehr rasch vor sich geht.

Der Vorschaltwiderstand für die größeren Jupiterlampen wird gesondert aufgestellt, bei den kleinen Typen ist er in die Lampe, die für 110 und 220 Volt umschaltbar ist, eingebaut.

Für Amateur-, aber auch für Berufsphotographen sind in den letzten Jahren kleine, tragbare Bogenlampen mit Effektkohlen konstruiert worden, die in der Tasche transportiert und bei einer Stromaufnahme von zirka 6 Amp. an jede Steckdose angeschlossen werden können. Die Elektroden sind wie bei der Jablochkoffschen Kerze parallel angeordnet. Die Einschaltung geschieht durch momentanen Kurzschluß der Elektroden mit einem Kohlenstift, die Ausschaltung wird durch einfaches Ausblasen des Flammenbogens bewirkt.

Da bei Benützung nur einer einzigen Lampe dieser Art eine stark kontrastreiche Beleuchtung mit harten Schlagschatten erfolgt, ist man gezwungen, die Lampe während der Aufnahme zu bewegen, mit dem Lichtstrahle also die ganze Aufnahmefläche systematisch zu bestreichen.

Ad δ). Die Effektbogenlampe mit eingeschlossenem Lichtbogen. Bis zum Auftauchen der Gasfüllungslampe gab es mehrere Vertreter dieser Lampenart. Gegenwärtig ist in Deutschland nur noch die Dia-Carbone-Lampe auf dem Markte. Bei dieser Lampe ist die Hauptschwierigkeit beim Betriebe aller Effektbogenlampen mit eingeschlossenem Lichtbogen, nämlich die rasche Absetzung eines starken Beschlages auf der Innenseite der Glocke, durch ihren Erfinder, den verstorbenen Tito Livio Carbone, in ausgezeichneter Weise überwunden worden. Die freiwerdenden Aschenbestandteile der Effektkohlen werden durch die Bewegung des Gasinhaltes in den Glocken von dem Ausstrahlungsbereiche des Flammenbogens ferngehalten und gezwungen, sich in einem besonderen Wulste der Glocke und in einem langen unteren Ansatze niederzuschlagen, indem diese Teile der Glocke kühl gehalten werden, während der für die Lichtausstrahlung benötigte Glockenteil sehr heiß wird. Die Brenndauer eines Kohlenpaares beträgt 120 bis 160 Stunden. Die Aktinitätsdaten der Dia-Carbone-Lampe sind der Tabelle 5 zu entnehmen. Diese Zahlen zeigen, daß in der Dia-Carbone-Lampe die aktinischeste Bogenlampe für Aufnahmen auf orthochromatischem Materiale vorliegt. Die von der Firma Koerting & Mathiesen A. G., Leipzig-Leutzsch, fabrizierte Dia-Carbone-Lampe ist deshalb hervorragend für die Bildnisphotographie und für Kinoaufnahmen geeignet. Bedauerlicherweise ist es bisher noch nicht gelungen, die Dia-Carbone-Lampe für photographische Zwecke nutzbar zu machen.

c) Die Quecksilberdampflampen. Es befinden sich zwei Typen auf dem Markte: eine Niederdrucklampe, bei der der Quecksilberlichtbogen in einem langen Glasrohre erzeugt wird, und eine Hochdrucklampe mit kurzem Rohre aus geschmolzenem Quarz, in dem sich der Lichtbogen bildet.

Bemerkenswerterweise hat nur die Quecksilberniederdrucklampe Eingang in die photographische Praxis gefunden, und zwar vornehmlich in Kinoaufnahmeateliers. Sie wird hier in Batterien aus 10 bis 20 parallel gestellten Röhren hauptsächlich zu dem Zwecke benutzt, um als großflächige Lichtquelle harte Körperschattierungen und Schlagschatten aufzuhellen. Aber nur hierfür ist die Niederdruck-Quecksilberdampflampe geeignet. Der gleiche Effekt mit wahrscheinlich besserer photographischer Wirkung ließe sich durch großflächige, sekundäre Lichtquellen erzielen, also etwa durch intensiv ausgeleuchtete, diffus reflektierende Flächen, die mit Barytweiß oder Magnesia oder Zinkoxyd usw. angestrichen sind.

Ganz merkwürdigerweise hat die Quecksilberquarzlampe, also die Hochdruck-Quecksilberdampflampe, noch so gut wie gar keine Anwendung in der photographischen Praxis gefunden, obwohl sie sowohl für die farbenunempfindliche, als auch für die sensibilisierte Platte außerordentlich hohe relative Aktinität (P/W) aufweist, was sich zwanglos aus der spektralen Zusammensetzung ihrer Strahlung erklärt. Der Reichtum an ultravioletten Strahlen spielt für die gewöhnliche Photographie eine geringere Rolle, weil ja durchwegs optische Systeme aus Glas für die Aufnahmen benutzt werden. Hauptsächlich wirksam werden die violetten und blauen und die sehr intensiven grünen und gelben Spektrallinien, die ja für das Licht der Quecksilberdampflampe charakteristisch sind; d. h. es wird sowohl der blauempfindliche Teil als auch der für Grün und Gelb sensibilisierte stark beeinflußt, weil die Strahlungsmaxima der Lampe mit den beiden Gipfelpunkten der Empfindlichkeitskurven zusammenfallen. Die Quecksilberquarzlampe wäre deshalb auch die ideale Lichtquelle für photographische Aufnahmen, wenn sie nicht einige recht beachtliche Übelstände aufwiese. Der größte Übelstand beruht in ihrer grünblauen Lichtfarbe, die es außerordentlich erschwert, ein bestimmtes Arrangement der Raumdekorationen, Toiletten, gärtnerischen Schmuck u. dgl. durch den bloßen Augenschein auf ihre bildmäßige Wirkung in der Photographie zu beurteilen, weil für das Auge die Farbwerte vollständig gefälscht werden. Dazu kommt dann noch die stark ultraviolette Strahlung. Ihre direkte photographische Wirkung wird zwar durch das Glasobjektiv des Aufnahmeapparates stark herabgesetzt, nicht aber ihre indirekte Wirkung, die sich übrigens auch bei anderen Lichtquellen mit einem hohen Gehalt an ultravioletten Strahlen äußert, wie beispielsweise bei der Bogenlampe mit eingeschlossenem Lichtbogen. Die kurzen Wellen dieser hochaktinischen Lichtquellen bringen nämlich bei Porträtaufnahmen — im

Bildnis- oder im Kinoatelier — in der unter der Hautoberfläche liegenden Pigmentschicht Fluoreszenzerscheinungen hervor, die sich auf der photographischen Platte in unangenehmer Weise bemerkbar machen. Auch Sommersprossen, Pusteln der Haut usw. treten bei der Photographie mit künstlichem Lichte von hohem Ultraviolettgehalt sehr deutlich hervor. Die zweite Wirkung besteht in der direkt schädigenden Wirkung der ultravioletten Strahlen auf die Haut und das Auge. Bei Aufnahmen mit einem solchen Licht muß man die Haut mit einer Schutzschicht, etwa mit Eosinschminke, gegen die ultravioletten Strahlen abdecken. Die letztgenannten Übelstände ließen sich bei Verwendung einer Quecksilberdampflampe für rein weißes Licht vermeiden, wenn man nach dem Vorschlage von Wolfke an Stelle des Quecksilbers Cadmiumamalgam mit 3 bis 10% Quecksilber verwendet. Das Licht dieser Lampe ist weiß und ihr Wirkungsgrad entspricht auch durchaus dem der Quecksilberquarzlampe. Leider ist diese Kadmiumamalgamlampe noch nicht betriebssicher herzustellen und die sehr erfolgversprechenden Versuche, wirkliche Betriebssicherheit herbeizuführen, erscheinen nicht lohnend, da die Gasfüllungslampe in der Beleuchtungstechnik wie auch für Porträtaufnahmen eine schwer zu übertreffende Lichtquelle darstellt.

Tabelle 6. Bezeichnungen und Einheiten lichttechnischer Größen

I. Bezeichnungen

Bezeichnung	Zeichen	Erklärung
Lichtstrom	Φ	Der Lichtstrom einer Lichtquelle ist die von ihr ausgestrahlte, photometrisch bewertete Leistung.
Lichtstärke	J	Die Lichtstärke einer punktförmigen Lichtquelle in einer bestimmten Richtung ist der Quotient aus dem Lichtstrom in dieser Richtung und dem durchstrahlten Raumwinkel (Raumwinkel-Lichtstromdichte). Ausgedehnte Lichtquellen lassen sich für ihre Wirkung in hinreichend große Entfernung als punktförmig ansehen.
Beleuchtungsstärke	E	Die Beleuchtungsstärke einer Fläche ist der Quotient aus dem auf diese Fläche fallenden Lichtstrom und der Größe der Fläche (Flächen-Lichtstromdichte).
Leuchtdichte	B	Die Leuchtdichte (früher Flächenhelle) einer Fläche in einer bestimmten Richtung ist der Quotient aus der Lichtstärke der Fläche in dieser Richtung und der senkrechten Projektion der Fläche auf eine zu dieser Richtung senkrechte Ebene.
Lichtmenge	Φt	Die Lichtmenge ist das Produkt aus Lichtstrom und Zeit. Sie hat die Dimension einer Arbeitsgröße.
(Belichtung)[1]	$E t$	Die Belichtung ist das Produkt aus Beleuchtungsstärke und Zeit.

[1] Die Belichtung ist unter den lichttechnischen Größen nicht aufgenommen.

II. Einheiten

Bezeichnung	Einheit	Zeichen	Erklärung
Lichtstärke	Hefner-Kerze	HK	Eine Hefner-Kerze ist die Lichtstärke, mit der die unter Normalbedingungen brennende Hefner-Lampe in horizontaler Richtung leuchtet.
Lichtstrom	Lumen	Lm	Der Lichtstrom 1 Lumen wird erhalten, wenn eine Lichtquelle die Lichtstärke 1 Hefner-Kerze gleichmäßig in die Einheit des Raumwinkels strahlt.
Beleuchtungsstärke	Lux	Lx	Die Beleuchtungsstärke 1 Lux wird erhalten, wenn der Lichtstrom 1 Lumen auf die Fläche 1 qm aufgestrahlt wird.
Leuchtdichte	Stilb	Sb	Die Leuchtdichte 1 Stilb wird erhalten, wenn die Lichtstärke 1 Hefner-Kerze von einer ebenen Fläche von 1 qcm in senkrechter Richtung abgestrahlt wird.

III. Beziehungen zwischen den verschiedenen Größen und Einheiten.

Zwischen den verschiedenen lichttechnischen Größen und Einheiten bestehen folgende Beziehungen:

Bezeichnung	Zeichen	Einheit	Zeichen	Bezeichnung	Zeichen	Einheit	Zeichen
Lichtstrom	Φ	Lumen	Lm	Beleuchtungsstärke	$E = \frac{\Phi}{F}$	Lux	Lx
Lichtstärke	$J = \frac{\Phi}{\omega}$	Hefner-Kerze	HK	Leuchtdichte	$B = \frac{J_\varepsilon}{f \cos \varepsilon}$	Stilb	Sb

Es bedeuten: F eine Fläche in m^2
f eine Fläche in cm^2
ε den Ausstrahlungswinkel (Emissionswinkel)
ω den Raumwinkel

Das Magnesium als künstliche Lichtquelle in der Photographie

Von

M. Andresen, Berlin

Mit 20 Abbildungen

1. Einleitende Betrachtungen. Bei der Verbrennung des Magnesiums zu Magnesiumoxyd nach der Gleichung:

$$2\,Mg + O_2 = 2\,MgO$$

treten bestimmte chemische und physikalische Eigenschaften der reagierenden Stoffe derart günstig in Erscheinung, daß in einem Mindestmaß an Zeit ein Höchstmaß an Lichtenergie erhalten wird.

Um diese Verhältnisse näher zu erklären, ist darauf hinzuweisen:

a) daß das Magnesium sich an der Luft bereits wenig über seinem Schmelzpunkt, der bei 633^0 C liegt, nämlich bei 800^0 C entzündet und mit bläulichweißer Flamme verbrennt. Von ganz fundamentaler Bedeutung für die Eignung des Magnesiums zur Entfaltung hoher Lichtenergien ist

b) der Umstand, daß das Magnesium sich bereits bei 1100^0 C in Dampf verwandelt, der in Berührung mit der Luft oder anderen Sauerstoffquellen eine Verbrennung in Bruchteilen von Sekunden ermöglicht.

c) Die Verbrennungswärme des Magnesiums ist sehr groß; bei dem vorstehend formulierten chemischen Vorgange werden nicht weniger als zweimal 144 = 288 Kalorien entwickelt.

d) Diese bedeutende Wärmemenge vermag sich weitgehend in Licht umzusetzen, weil das gebildete Magnesiumoxyd als Träger der Strahlung nicht schmilzt und nicht verdampft und somit als fester Körper von geringer spezifischer Wärme eine äußerst hohe Temperatur anzunehmen imstande ist.

e) Völlig verständlich wird jedoch die überaus hohe Lichtemission erst dann — ein Gramm Magnesium entwickelt nach Versuchen von J. M. Eder rund 400.000 Sekunden-Meter-Kerzen —, wenn wir die Vorstellung zu Hilfe nehmen, daß nach dem Stefan-Boltzmannschen Gesetz, welches auch für weißglühendes Magnesium annähernd gilt, die ausgestrahlte Energie nicht einfach proportional der höheren Wärmeentwicklung wächst, sondern daß die total ausgestrahlte Energie mit der vierten Potenz der absoluten Temperatur und somit in einem viel höheren als dem proportionalen Verhältnis fortschreitet.

2. Vorkommen und Darstellung des Magnesiums. Das Magnesium ist ein weitverbreiteter, wesentlicher Bestandteil der festen Erdrinde. Seine Verbindungen beteiligen sich am Aufbau der Erdoberfläche mit etwa 2,5%. Olivin, Serpentin, Talk, Meerschaum und Asbest sind bekannte kieselsaure Salze des Magnesiums. Als Carbonat kommt das Magnesium in Form des Magnesit und in Kombination mit Calciumcarbonat in Form des Dolomit in den bekannten wildzerklüfteten Gebirgsbildungen der südlichen Alpen vor.

Für seine Darstellung kommen indes insbesondere seine Ablagerungen aus dem Meerwasser in Betracht. In diesem finden sich Magnesiumsalze meist in Verbindung mit Kalisalzen, z. B. als Carnalit $MgCl_2 . KCl . 6 H_2O$, als Kainit $KCl . MgSO_4 . 3 H_2O$. Der Kieserit $MgSO_4 . H_2O$ ist in den Staßfurter Salzlagern in Form starker Schichten vertreten.

Für die Bedeutung des Magnesiums als Lichtquelle in der Photographie ist es wesentlich, daß die chemische Industrie das Metall zu einem genügend niedrigen Preise zu liefern vermag. Über das im Großen benutzte Darstellungsverfahren liegen nähere Angaben nicht vor, bekannt ist indes, daß es sich um ein elektrolytisches Verfahren handelt, bei welchem geschmolzenes Magnesium-Kaliumchlorid (Carnalit) unter Zusatz eines Flußmittels (Flußspat) in eisernen, als Kathode dienenden Tiegeln durch den elektrischen Strom zerlegt wird. Als positive Elektrode dient hiebei Retortenkohle. Das Magnesium geht dabei als silberweißes, hämmerbares Metall hervor, das sich, trocken aufbewahrt, nicht verändert. In feuchten Räumen der Luft ausgesetzt, findet nach und nach eine oberflächliche Oxydation statt. Die Verwendbarkeit eines oberflächlich oxydierten, glanzlosen Magnesiums als Lichtquelle ist namentlich in der Form des Magnesiumpulvers (Feilspäne) nachweisbar herabgesetzt. Man bewahre daher Magnesium jeder Form, wie auch daraus hergestellte Präparate, möglichst derart in trockenen Räumen auf, daß die vorstehend erwähnte Veränderung auf ein Minimum beschränkt bleibt.

3. Das Magnesiumoxyd. Das Verbrennungsprodukt des Magnesiums ist das Magnesiumoxyd. 24 Teile Magnesium ergeben 40 Teile Magnesiumoxyd. Wenn somit für eine Aufnahme 1 Gramm Magnesium verbrannt wird, so werden 1,66 Gramm Magnesiumoxyd erzeugt und in die umgebende Luft zerstäubt. Dies gilt insbesondere für Aufnahmen mit Magnesiumpustlicht und Magnesiumblitzlicht, während beim Verbrennen von Magnesiumband ein größerer Teil des gebildeten Oxyds als weiße Asche zurückbleibt.

Die Zerstäubung des bei der Verbrennung von Magnesium gebildeten Magnesiumoxyds in die umgebende Luft findet selbstverständlich auch in vollem Umfang bei den sogenannten rauchschwachen Blitzlichtpulvern statt, jedoch mit dem Unterschied, daß der erzeugte Rauch bei rauchschwachen Mischungen eine weniger in die Augen fallende Form annimmt.

4. Magnesiumlicht und elektrisches Licht. Es erscheint angebracht, schon an dieser Stelle die Frage zu erörtern, wie sich die Verwendung beider Lichtarten in der Photographie voraussichtlich weiterhin gestalten wird. Wir stellen zu diesem Zwecke Vor- und Nachteile beider Lichtquellen einander gegenüber.

A. Das Magnesiumlicht

Vorteile: a) Das Magnesiumlicht ist eine bequem bereitbare, billige und höchst ausgiebige Lichtquelle.

b) Das Magnesiumlicht gestattet noch an Orten und unter Umständen zu photographieren, wo jede andere Möglichkeit einer Aufnahme ausgeschlossen wäre.

c) Seine Verwendung erfordert keine kostspieligen Einrichtungen; außer einigen einfachen Schirmen, die sich jeder selber herstellen kann, und gegebenenfalls einer Blitzlampe bedarf es keiner weiteren Einrichtungen.

Nachteile: a) Für photographische Arbeiten, die lange Expositionen erfordern, ist das Magnesium aus mehreren Gründen weniger geeignet.

b) Der Umstand, daß die Verbrennungsprodukte des Magnesiums bzw. seiner Mischungen von der umgebenden Luft aufgenommen werden, wird in vielen Fällen mit Recht als erheblicher Nachteil empfunden.

B. Das elektrische Licht

Vorteile: a) Wo die Mittel vorhanden sind, kann die Intensität der Lichtquelle, wie auch die Dauer ihrer Anwendung außerordentlich gesteigert werden.

b) Das elektrische Licht ist sehr ausgiebig und, sofern es an die üblichen Hausleitungen angeschlossen werden kann, billig und auch bequem. Es wird von Fachphotographen und Amateuren in dieser Form (insbesondere für den Positivprozeß, für Vergrößerungen usw.) mit großem Vorteil verwendet.

Nachteile: a) Für die Erzeugung des elektrischen Stromes und seine Fortleitung sind komplizierte und kostspielige Anlagen erforderlich. Man hat das elektrische Licht daher keineswegs immer zur Verfügung, wo es gebraucht werden könnte.

b) Auch die für Aufnahmen bei elektrischem Licht erforderlichen Einrichtungen sind verhältnismäßig kostspielig, was namentlich den Amateur von ihrer Anschaffung vielfach abhält. Größere Unternehmungen, wie photographische Ateliers, Filmateliers, wissenschaftliche Institute und Industrieunternehmungen bedienen sich des elektrischen Lichtes sowohl für den Negativ- als auch für den Positivprozeß.

Stellt man Vorteile und Nachteile beider Lichtarten einander gegenüber, so ergibt sich, daß ihre Anwendungsgebiete voneinander getrennt liegen. Es ist nicht zu erwarten, daß sie sich gegenseitig verdrängen werden. Insbesondere ist in bezug auf das Magnesiumlicht hervorzuheben, daß es für viele Arbeiten der angewandten Photographie durch etwas anderes nicht ersetzt werden kann.

5. Verwendungsarten des Magnesiums. Das Magnesium kommt in Form von Band in Breiten von 2 bis 5 mm und mehr, als Draht mit Durchmessern von 0,5 bis 2 mm, ferner in Form von Dreh- und Feilspänen sowie als Pulver in verschiedenen Feinheitsgraden in den Handel. Außerdem wird es in Form von Barren, Stangen und Blech geliefert. Für photographische Zwecke kommen indes nur die Bandform, Magnesiumfeile und Magnesiumpulver in Frage. Die Bandform dient für etwas längere Belichtung; Magnesiumfeile und Magnesiumpulver werden für Magnesiumpustlicht sowie für Magnesiumblitzlicht und Magnesiumzeitlicht verwendet.

A. Magnesiumband als Lichtquelle

Wird ein Stück Magnesiumband in eine heiße Flamme (am besten Spirituslampe oder Bunsenbrenner) eingeführt, so beginnt es zunächst zu glühen, entzündet sich hierauf und verbrennt mit blendend weißer Flamme unter Ausstoßen eines weißen Rauches (Magnesiumoxyd), wobei meist ein Teil des gebildeten Magnesiumoxyds unter Beibehaltung der Bandform am Verbrennungsorte zurückbleibt.

Um bei etwas längeren Belichtungen ein gleichmäßiges Licht zu erzeugen, ist es notwendig, eine besonders konstruierte Lampe für das Abbrennen zu verwenden. Alle besseren Konstruktionen der Lampe sind derart eingerichtet, daß das Band im Brennpunkt eines Reflektors zur Verbrennung gelangt und durch ein Uhrwerk vortransportiert wird.

Der bei längeren Belichtungen erzeugte weiße Rauch wirkt natürlich unter

Umständen störend und muß gegebenenfalls entweder durch ausgiebige Lüftung oder durch Anordnung besonderer Abzugsvorrichtungen beseitigt werden.

Man hat insbesondere versucht, das Licht des brennenden Magnesiumbandes zum Vergrößern von Negativen und in der Mikrophotographie zu verwenden. Störend wirkt dabei, daß die Flamme nicht genau im Brennpunkt des Reflektors verbleibt, sondern die Neigung hat, hin und her bzw. auf und ab zu schwanken. Diese Unannehmlichkeit und die Raucherzeugung haben dazu geführt, daß man für länger andauernde Belichtungen überall, wo elektrisches Licht zur Verfügung steht, zu diesem greift.

B. Magnesiumpustlicht

Die Verwendung von Magnesiumpulver in der Form des sogenannten Pustlichtes ist zeitlich erst in Verwendung gekommen, nachdem die photographische Welt durch GAEDICKE und MIETHE im Jahre 1887 mit dem Magnesiumblitzlicht bekannt gemacht worden war. Wir wollen indes aus Gründen, die hier nicht näher erörtert zu werden brauchen, zunächst nähere Mitteilungen über das Magnesiumpustlicht machen.

Es wird erzeugt, indem Magnesiumpulver (ohne alle Zusätze) in eine Flamme hineingeblasen wird. Das eingeführte Magnesium entzündet sich unter Vergasung und liefert eine breite und hohe Flamme von großer Lichtstärke. Dabei ist es vorteilhaft, wenn das Magnesium in der Längsrichtung der Flamme eingeführt wird und die Flamme, welche eine Spiritus-, Benzin- oder Leuchtgasflamme sein kann, eine solche Form und Größe hat, daß möglichst kein Magnesium unverbrannt die Flamme verläßt. Es leuchtet ein, daß sich diese Bedingungen nur bei Benutzung einer zweckmäßig konstruierten Lampe erfüllen lassen.

Magnesiumpustlampen sind im Laufe der Jahre in großer Anzahl vorgeschlagen und in den Handel gebracht worden. Wir können eine erschöpfende Beschreibung der vielen Konstruktionen um so eher unterlassen, als das Magnesiumpustlicht nach zeitweiliger Bevorzugung neuerdings nicht entfernt in demselben Umfange Verwendung findet, wie das Magnesiumblitzlicht. Dieser Rückgang in seiner Benutzung hat mehrere Gründe:

a) Es können jedesmal nur beschränkte Mengen Magnesium als Pustlicht verbrannt werden. Bei größerem Lichtbedarf (Gruppenaufnahmen usw.) sind daher mehrere Lampen aufzustellen. Dagegen bietet es keine Schwierigkeit, Lampen für Magnesiumblitzlicht in solchen Dimensionen herzustellen, daß sehr bedeutende Mengen davon abgebrannt werden können.

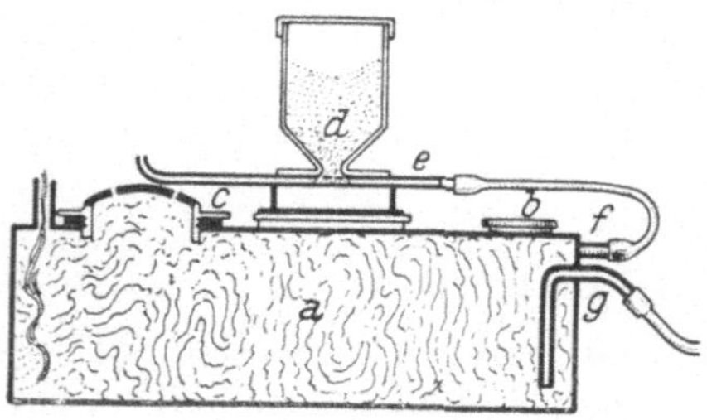

Abb. 1. Lampe für Magnesiumpustlicht nach SCHIRM

b) Die Verbrennung von Magnesium als Pustlicht ist ohne eine gute Lampe nicht durchführbar. Anders ist es beim Magnesiumblitzlicht. Hier sind es kleine, dosierte Blitzlichtpackungen, die von verschiedenen Firmen in den Handel gebracht und ohne eine Lampe gezündet werden; sie haben die Blitzlichtphotographie namentlich in Amateurkreisen außerordentlich gefördert.

c) Die guten sogenannten raucharmen Blitzlichtmischungen geben beim Abbrennen weniger Rauch als entsprechende Mengen Magnesium, die als Pustlicht verbrannt werden.

Um das Prinzip der als Pustlicht benutzten Lampen zu erläutern, möge die nach dem erloschenen D. R. P. 54.423 von SCHIRM in Breslau angegebene Konstruktion, sowie eine nach einem etwas anderen Prinzip von R. LECHNER in Wien gebaute Lampe beschrieben und an Zeichnungen erläutert werden (Abb. 1 und 2).

Das Gefäß *a* (Abb. 1) ist angefüllt mit einem Material, das (wie etwa Watte, Schwamm oder Werg) eine größere Menge Benzin aufzusaugen vermag, ohne daß sich flüssiges Benzin am Boden ansammelt. Das Gefäß hat bei *b* einen kurzen Einfüllstutzen, bei *c* den aufschraubbaren Brennerstutzen, der am Rande eines gewölbten Deckels einen Ring mit feinen Öffnungen besitzt. Unmittelbar neben dem Brennerstutzen ist das Zündflämmchen angeordnet. Über der Mitte des Behälters *a* befindet sich das Vorratsgefäß für Magnesiumpulver. Durch seine untere Öffnung *d* fällt eine gewisse Menge Magnesiumpulver in das Rohr *e*, das bei *f* an das Gefäß *a* angeschlossen ist. Ein Rohr *g* führt zu einem Druckapparat, welcher gestattet, einen kräftigen Luftstoß in das Gefäß *a* zu treiben. Er ist mit zwei Ventilen derart ausgerüstet, daß ein Zurücksaugen aus der Flamme vermieden wird. Wird nun der Druckapparat betätigt, so wird der mit Benzindampf gesättigte Luftinhalt von *a* durch die feinen Öffnungen des Brennerstutzens getrieben, entzündet sich an dem Zündflämmchen und liefert eine lange Stichflamme. Andererseits wird gleichzeitig die im Rohre *e* befindliche Dosis Magnesium in die Stichflamme geschleudert, wo seine Verbrennung sehr vollständig vor sich geht.

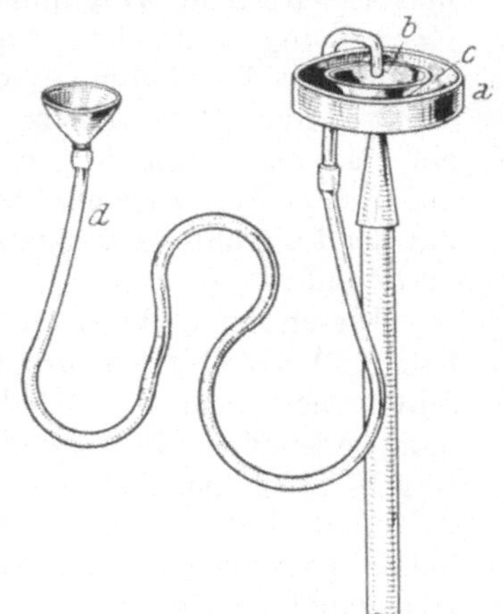

Abb. 2. LECHNERS Lampe für Magnesiumpustlicht

LECHNERS kleine Blitzlichtlampe (Abb. 2) hat eine weit einfachere Konstruktion. *a* ist ein kleines, tellerförmiges Gefäß, das in seiner Mitte eine kleine Eisenschale *b* zur Aufnahme des Magnesiumpulvers besitzt. Die dadurch gebildete ringförmige Rinne *c* wird mit Docht- oder Asbestwolle ausgelegt; diese wird mit Benzin getränkt. Bei der Aufnahme wird die Eisenschale mit Magnesium beschickt, die Flamme entzündet und das Ganze an einem Stock hochgehalten. Durch Hineinblasen in die mit einem Mundstück versehene Schlauchverbindung *d* wird das Magnesium in den Flammenring geschleudert und gelangt dort zur Verbrennung.

Erwähnt zu werden verdienen an dieser Stelle die Bestrebungen von A. MIETHE[1] und O. HRUZA[2], der Pustlichtflamme eine flache, fächerförmige Form zu geben. Das hat den Vorteil, daß die Lichtverluste, die durch Absorption der aus dem Innern der Flamme kommenden Lichtanteile entstehen, auf ein Mindestmaß herabgedrückt werden. Wird nun die breite Fläche der Flamme dem zu beleuchtenden Objekt zugekehrt, so ergibt sich eine merklich höhere Ausnutzung des verbrannten Magnesiums. MIETHE erreichte diesen Zweck, indem er die Flamme und das eingeblasene Magnesium in einem Winkel von 45° gegen ein rundes Kupferblech anschlagen ließ. HRUZA ging in der Weise vor, daß er nach dem gleichen Prinzip, nach welchem später die bekannten Acetylenbrenner konstruiert wurden, aus zwei mit Magnesium gefüllten, in einem Winkel von zirka 90° gegeneinander geneigten Röhren zwei Magnesiumströme gegeneinander prallen ließ. Auch hiebei nimmt die Flamme die gewünschte fächerförmige Gestalt an.

[1] J. M. EDER, Phot. Wochenbl., Dezember 1890.
[2] EDERS Jahrb. f. Phot. 1890, S. 83 ff.

C. Magnesiumblitzlicht

Wird ein Häufchen reinen Magnesiumpulvers angezündet, so findet je nach dem Feinheitsgrade seiner Körnung entweder nur ein Verglimmen statt oder es tritt kurze Entflammung und partielle Verbrennung unter Ausstoßen großflockigen Rauches ein. In beiden Fällen verbleibt nach dem Verlöschen der glimmenden, gesinterten Masse ein Rückstand, der noch magnesiumhaltig ist und erneut zum Verglimmen gebracht werden kann. Ganz anders ist die Erscheinung, wenn dem Magnesium eine feinpulverisierte, anorganische, sauerstoffhaltige Verbindung zugemischt wird, die ihren Sauerstoff in der Hitze leicht abgibt. Dann tritt bei der Entzündung alsbald eine so energische Reaktion ein, daß das Magnesium explosionsartig in Dampf verwandelt wird und teils auf Kosten des zugemischten Sauerstoffträgers, teils infolge der Vermischung mit der Luft unter Erzeugung großer Lichtmengen in Bruchteilen einer Sekunde verbrennt.

Die anorganische Chemie stellt uns zwar eine sehr große Anzahl sauerstoffhaltiger Verbindungen zur Verfügung, die mit Magnesium blitzartig abbrennende Mischungen ergeben; da jedoch die Eigenschaften solcher Mischungen und des damit erzeugten Lichtes weitgehend von der Natur des zugemischten Sauerstoffträgers abhängig sind und andererseits von der photograpischen Praxis ganz bestimmte Forderungen an Blitzlichtmischungen und Licht gestellt werden, so hat es sich erwiesen, daß die Zahl wirklich brauchbarer Blitzlichtmischungen eine recht beschränkte ist. An einem Blitzlichtpräparat interessiert uns in erster Linie folgendes:

a) der photochemische Effekt nach seiner Größe und spektralen Beschaffenheit;
b) die Schnelligkeit der Flammenentfaltung bei Blitzlichtgemischen;
c) die Dichte des entwickelten Rauches;
d) der Grad seiner Schädlichkeit beim Einatmen;
e) der Grad der Gefahrlosigkeit des fertig gemischten Pulvers.

Es ist notwendig, jeden dieser fünf Punkte für die Einschätzung einer Blitzlichtmischung zu untersuchen, um dann in der anorganischen Chemie unter den Sauerstoffverbindungen Umschau halten und entscheiden zu können, welche von ihnen den gestellten Forderungen am weitgehendsten entsprechen.

Ad a). Der photochemische Effekt nach seiner Größe und spektralen Beschaffenheit.

α) Messung der photochemischen Helligkeit (Aktinität). Der photochemische Effekt kann, wenn auch nicht nach seinem absoluten, so doch nach seinem relativen Betrag gemessen werden. Es bedarf hierzu einer genügend konstanten Lichtquelle, die als photometrische Einheit angenommen wird. In Deutschland hat man sich auf die Amylacetatlampe von Hefner-Alteneck, die Hefner-Lampe, geeinigt. (Siehe Bd. 3 und 4 dieses Handbuches, Artikel Photochemie bzw. Sensitometrie.) Die spektrale Zusammensetzung des Hefner-Lichtes entspricht keineswegs demjenigen des Tageslichts und des in der Photographie ebenfalls viel benutzten elektrischen Bogenlichtes, indem seine langwelligen Anteile (Grün, Gelb, Rot) stark überwiegen. Eine viel günstigere und dem Tageslicht besser entsprechende Verteilung auf die verschiedenen Spektralbezirke zeigt das Licht des reinen Magnesiums. Eine Normallichtquelle unter Zugrundelegung des Magnesiums, deren Wirkung auf reine Bromsilbergelatine für praktische Zwecke genügend genau mit dem Hefner-Licht übereinstimmt, ergibt sich, wenn man 2 mg Magnesiumband unter bestimmten Vorsichtsmaßregeln an der Flamme eines Spiritus- oder Bunsenbrenners entzündet und in

3 m Entfernung von der lichtempfindlichen Schicht zur Wirkung gelangen läßt.

Die Zahlenangaben der weiter unten angeführten Tabellen basieren auf der Anwendung des Magnesiumnormallichtes und des EDER-HECHTschen Graukeil-Sensitometers mit der Keilkonstante 0,401.

Die Flamme der meisten Blitzlichtarten ist reich an gelben Strahlen, auf deren Ausnützung bei Blitzlichtaufnahmen zweckmäßig nicht verzichtet werden kann. Ich habe mich daher für die weiter unten mitgeteilten Versuche und Nachprüfungen einer sogenannten orthochromatischen Platte, nämlich der durch gute Konstanz aller ihrer Eigenschaften bekannten Chromoplatte der AGFA, bedient. Die bei den Versuchen verwendete, in 14 m Entfernung vom Sensitometer abgebrannte Blitzpulvermenge entsprach in allen Fällen 1 g reinen Magnesiums. Entwickelt wurde stets mit Rodinal 1 : 20 bei 18° C während 5 Minuten.

β) Die Verteilung der Lichtenergie im Spektrum des Blitzlichtes. Das Licht des reinen Magnesiums zeigt ähnlich wie das Sonnenlicht ein fast kontinuierliches Spektrum. Es erstreckt sich indes weiter ins Ultraviolett hinein als dieses, was begreiflich erscheint, weil beträchtliche Mengen der ultravioletten Anteile des Sonnenlichtes beim Passieren der Erdatmosphäre absorbiert werden. Wird das Magnesium in Form des Blitzlichtes verbrannt, so beobachtet man allgemein ein Zurücktreten der ultravioletten Anteile und eine Wanderung der Lichtenergie nach den weniger brechbaren Teilen des Spektrums derart, daß bald im Blau und Violett eine Steigerung der Aktinität eintritt, häufiger jedoch, daß die weniger brechbaren Bezirke des Gelb und Rot eine sehr bedeutende Vermehrung ihrer Energie erfahren. Dies kommt auch in sehr überzeugender Weise zum Ausdruck, wenn man das EDER-HECHTsche Sensitometer mit seiner vierteiligen Farbenskala für die Prüfung zugrunde legt. Die nachstehende Tabelle erläutert dies. Die darin erwähnte panchromatische Platte ist die AGFA-phototechnische Platte B, panchromatisch, die sich bei meinen Versuchen durch zweckentsprechende Sensibilisierung, hohe Klarheit und Haltbarkeit auszeichnete.

Tabelle 1. Erhöhte Steigerung der Aktinität des Blitzlichtes gegen das langwellige Ende des Spektrums hin

Versuch	Lichtquelle	Plattensorte	Sensitometergrade EDER-HECHT					Relative Lichtwirkung				
			frei	rot	gelb	grün	blau	frei	rot	gelb	grün	blau
a	Magnesium-Normallicht	Chromoplatte	76		54		56	445,7		58,3		70,2
b	1 g Mg + 3/4 g Calciumsulfat	Chromoplatte	106		98		78	7130		3404		536
c	Magnesium-Normallicht	Panchromat. Platte	72	42	58	34	50	308	19,3	84,4	9,19	40,3
d	1 g Mg + 3/4 g Calciumsulfat	Panchromat. Platte	104	88	98	70	72	5926	1351	3404	256	308

$$\text{Vielfaches von } b \text{ gegen } a \text{ im Gelb} = \frac{3404}{58,3} = \mathbf{58,4}$$

$$\text{,, \quad ,, } b \text{ ,, } a \text{ ,, Blau} = \frac{536}{70,2} = \mathbf{7,6}$$

Vielfaches von d gegen c im Rot $= \frac{1351}{19,3} = \mathbf{70,6}$

„ „ d „ c „ Gelb $= \frac{3404}{84,4} = \mathbf{40,3}$

„ „ d „ c „ Grün $= \frac{256}{9,19} = \mathbf{27,8}$

„ „ d „ c „ Blau $= \frac{308}{40,3} = \mathbf{7,6}$

Die Tatsache einer solchen Wanderung der Lichtenergie nach dem weniger brechbaren Ende des sichtbaren Spektrums hat sich insbesondere für die farbige Abbildung mittels des Blitzlichtes auf Farbrasterplatten (Autochromplatte, AGFA-Farbenplatte [s. Bd. 8 dieses Handbuchs]) als äußerst vorteilhaft erwiesen. Wir kommen weiter unten darauf zurück.

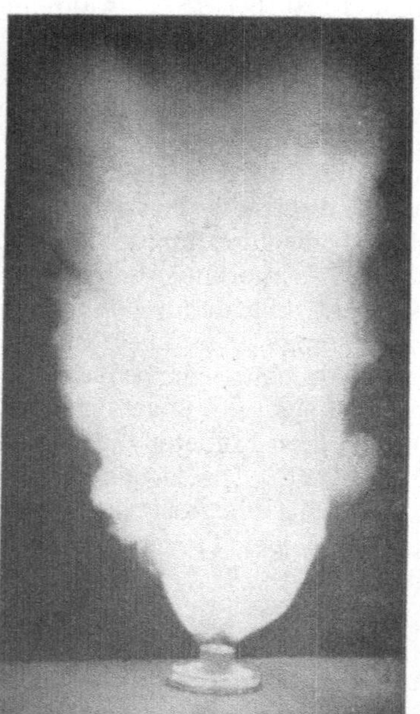

Abb. 3. Pustlicht mit $^1/_2$ g Mg

γ) Beziehung zwischen der photochemischen Helligkeit von brennendem Magnesiumband, Pust- und Blitzlicht gegenüber Bromsilbergelatine. Der Flamme des brennenden Magnesiumbandes entsteigt das Verbrennungsprodukt des Magnesiums, das Magnesiumoxyd, in Form eines weißen Rauches, der auch die Flamme einhüllt und deren Aktinität herabsetzt. Nach Mitteilungen von CHRISTOMANOS[1] entweichen gewisse Mengen Magnesiumdampf aus dem Innern der Flamme mit dem abziehenden Rauch. Der Vorgang ist durchaus vergleichbar dem Russen der Flamme eines Kohlenwasserstoffes (z. B. Petroleum). Die Größe dieser Fehlerquelle wird stark abhängen von den Ausmaßen des Magnesiumbandes und bei dünnerem Band geringer sein als bei dickerem. Wo die Fehlerquelle merklich auftritt, ist natürlich die Aktinität der Flamme entsprechend kleiner. Auf diese Art ist das Ergebnis der photometrischen Untersuchung von J. M. EDER verständlich, daß in Bandform verbranntes Magnesium durchschnittlich etwas weniger Licht ausstrahlt als in Form von Pustlicht verbranntes, bei welchem ein Mangel an Sauerstoff nicht eintreten kann.

Mit Bezug auf das Verhältnis der Aktinität des Magnesiumpustlichtes zu der des Magnesiumblitzlichtes fand EDER für die hauptsächlich blauempfindliche Bromsilbergelatine, daß das Pustlicht bis 1,9 mal so kräftig wirkt als das nach MÜLLERS Vorschrift bereitete Blitzlicht aus Chlorat und Perchlorat.[2]

Das Verhältnis der Lichtstärken von Pust- und Blitzlicht ist je nach der Zusammensetzung der Blitzlichtmischung größeren Schwankungen unterworfen. Es bleibt indes die Tatsache bestehen, daß dem Pustlicht die größere Aktinität für Bromsilbergelatine (gewöhnliche Trockenplatten) zugesprochen werden muß. Bei einem Vergleich von Pustlicht gegen Magnesium + Cernitrat, den der Ver-

[1] Berichte Dtsch. Chem. Ges. 36, S. 2076.

[2] MÜLLER, Bedeutung und Verwendung des Magnesiumlichtes in der Photographie. Weimar 1889.

fasser ausführte, ergab sich für die Gesamtaktinität eine 1,7 fache Überlegenheit des Pustlichtes. Genau entgegengesetzt liegen nun die Verhältnisse, wenn man keine gewöhnliche Trockenplatte, sondern eine sogenannte panchromatische für alle Strahlen des Spektrums sensibilisierte Platte verwendet. Die folgende Zusammenstellung enthält das Ergebnis eines solchen Vergleiches.

Tabelle 2. Vergleich von Mg als Pustlicht und Mg + Cernitrat

Lichtquelle	Plattensorte	Sensitometergrade nach EDER-HECHT					Relative Lichtwirkung				
		frei	Lichtfilter				frei	Lichtfilter			
			rot	gelb	grün	blau		rot	gelb	grün	blau
0,5 g Mg als Pustlicht	Panchromatische Platte	106	78	94	72	84	7130	536	2352	308	934
0,5 g Mg 0,5 g Cernitrat	Panchromatische Platte	110	86	100	74	82	10320	1123	4094	370	776

Die Gesamtenergie ist bei dem Blitzlichtgemisch um 30% höher als bei dem Pustlicht, die Rot- und Gelbwirkung ist sogar um rund 100% höher.

Die photographische Aufnahme der beim Abbrennen entwickelten Flamme beider Lichtarten hatte ergeben, daß die Pustlichtflamme mindestens den doppelten Umfang hat wie die Blitzlichtflamme (Abb. 3 und 4).

Abb. 4. Blitzlicht mit $^1/_2$ g Mg + $^1/_2$ g Cernitrat

Es unterliegt nach allem keinem Zweifel, daß die Flammentemperatur beim Blitzlicht wesentlich höher liegt als beim Pustlicht. Obwohl nach dem BOLTZMANNschen Gesetz, nach welchem das Produkt aus Temperatur und Wellenlänge konstant ist, normalerweise eine Zunahme der Energie der kurzwelligen Strahlung bei erhöhter Temperatur hätte eintreten müssen, bewirkt die Gegenwart des Cernitrats, daß eine erhöhte Energie im langwelligen Teile des sichtbaren Spektrums in Erscheinung tritt.

Für photographische Aufnahmen bei Blitzlicht wird vielfach eine orthochromatische, also für Grün und Gelb sensibilisierte Platte vorgezogen. Es unterliegt indes keinem Zweifel, daß eine panchromatische Platte nicht nur wegen ihrer höheren Gesamtempfindlichkeit für Blitzlicht, sondern besonders wegen des korrekten Wiedergabevermögens aller Farbtöne noch besser verwendbar wäre als die gewöhnliche, für Rot nicht empfindliche, orthochromatische Platte. Es ist indes noch zu wenig bekannt, daß sich panchromatische Platten im Handel befinden, die bei großer Klarheit und Haltbarkeit eine geschlossene Empfindlichkeit für alle Farben des Spektrums zeigen und diese gerade bei Blitzlichtaufnahmen ohne irgendwelche Filter hervorragend zur Geltung bringen.

δ) Abhängigkeit der Aktinität und der Verbrennungsdauer von dem Mengenverhältnis von Magnesium und Sauerstoffträger. Es ist schon aus den frühesten Tagen der Blitzlichtphotographie bekannt, daß es bei der Bereitung von Blitzlichtmischungen meist nicht zweckmäßig ist, äquivalente Mengen von Magnesium und Sauerstoffträger zu vermengen. Gewöhnlich werden die Mengenverhältnisse derart gewählt, daß ein mehr oder weniger erheblicher Überschuß von Magnesium vorhanden ist. Die atmosphärische Luft übernimmt dann für den überschüssigen Teil des Magnesiums die Rolle der Sauerstoffquelle. Es sind für die Wahl dieser Verhältnisse keineswegs Sparsamkeitsrücksichten maßgebend gewesen, man hatte vielmehr erkannt, daß bei einem Überschuß an Magnesium eine höhere Aktinität erzielt wird. Genaue Messungen der Aktinität für Bromsilbergelatine und der Verbrennungsdauer hat F. NOVAK veröffentlicht.[1] Die für die vorliegende Frage interessierenden Ergebnisse seiner Arbeit sind in nachstehender Tabelle **3** zusammengestellt.

Tabelle 3. Aktinität und Verbrennungsgeschwindigkeit von Magnesium-Sauerstoffträger-Gemischen

Gemisch von 1 g Magnesium mit folgenden, vollkommen trockenen Präparaten	Relative chemische Leuchtkraft in bezug auf Bromsilbergelatine in Meter-Sekunden-Kerzen	Verbrennungsgeschwindigkeit in Sekunden
1,00 g Thoriumnitrat....	281000	0,220
0,75 g „	332000	0,230
0,50 g „	358000	0,240
1,00 g Zinknitrat	173000	0,250
0,50 g „	282000	0,270

Die in der ersten Spalte mitgeteilten Zahlen geben somit die Lichtmengen in Meter-Sekunden-Kerzen (HEFNER-Kerzen) an, die das Gemisch entwickeln würde, wenn es eine volle Sekunde einwirken könnte. Man erkennt, daß die Aktinität bei Verringerung der Menge des Sauerstoffträgers erheblich ansteigt und gleichzeitig die Verbrennungsgeschwindigkeit eine gewisse Einbuße erleidet.

Mit Bezug auf das Kaliumchlorat war HAUBERRISSER[2] zu abweichenden Ergebnissen gelangt. Er hatte auch beobachtet, daß die theoretische Menge Kaliumchlorat ohne Nachteil beträchtlich vermindert werden kann und empfahl als günstiges Verhältnis einen Teil Magnesium auf einen Teil Kaliumchlorat. Bei einem Verhältnis von einem Teil Magnesium und 0,47 Teilen Kaliumchlorat war bereits eine Abnahme der Lichtintensität eingetreten. Ich habe diese Frage erneut aufgegriffen und bei vielen Sauerstoffträgern nachgewiesen, daß die tatsächlich entwickelte Lichtmenge oft erheblich ansteigt, wenn man mit dem Gewicht des Sauerstoffträgers wesentlich unter die äquivalente Menge heruntergeht. In Tabelle 4 will ich nur an ein paar Beispielen zeigen, wie ungefähr die Verhältnisse liegen, während die vollständige Zusammenstellung aller in dieser Richtung unternommenen Versuche weiter unten erfolgt.

Zu Grunde gelegt ist das EDER-HECHTsche Sensitometer in Verbindung mit der Chromoplatte der AGFA in 14 m Entfernung von der Lichtquelle.

Wir erkennen auf den ersten Blick, daß die mitgeteilten Tatsachen unser volles Interesse verdienen; wir sollen daher versuchen, sie zu verstehen.

Bei vielen Blitzlichtmischungen, z. B. bei den aus annähernd äquivalenten Mengen von Magnesium und Kaliumperchlorat bereiteten Gemischen, spielt sich der Verbrennungsakt in einer außerordentlich kurzen Zeit ab. Das zu einem Häufchen lose ausgebreitete explosive Blitzlichtgemisch wird nur an

[1] Phot. Korr., August 1907.

[2] EDERS Jahrb. f. Phot. 1901, S. 71.

Tabelle 4. Relative Lichtmenge und Verbrennungsgeschwindigkeit verschiedener Magnesium-Sauerstoffträger-Gemische

Gemisch von 1 g Magnesium mit	Tatsächlich entwickelte relative Lichtmenge in HEFNER-Kerzen		Verbrennungsgeschwindigkeit in Sekunden	Äquivalentverhältnis
	hinter Gelbfilter	hinter Blaufilter		
2,00 g Kaliumperchlorat .	7899	3763	0,04	4 Mg : $KClO_4$
0,25 g „ .	23971	13759	0,18	= 1 : 1,44
2,00 g Calciumsulfat	3175	1035	—	4 Mg : $CaSO_4$
0,75 g „	11427	1490	0,10	= 1 : 1,42
0,50 g „	13759	2607	0,15	
0,25 g „	16562	3763	0,31	
1,50 g Ferriammonalaun .	3175	1767	—	8 Mg : $FeNH_4$
1,00 g „ .	6566	3763	—	$(SO_4)_2 \cdot 12\,H_2O$
0,50 g „ .	11427	5449	0,18	= 1 : 2,5
0,25 g „ .	13759	7899	0,30	

einer Seite gezündet. Hier setzt also der heftige Explosionsstoß ein. Da erscheint es wahrscheinlich, daß ein Teil der Mischung unverbrannt fortgeschleudert wird. Die im nächsten Abschnitt mitgeteilten Versuche zeigen jedoch, daß ein solches Verspritzen in einem irgendwie erheblichen Grade nicht eintritt. Zur Erklärung der bedeutenden Aktinitätssteigerung bei verminderter Menge des

Abb. 5. Blitzlicht mit 1 g Mg + + 1,7 g $KClO_3$

Abb. 6. Blitzlicht mit 1 g Mg + 0,50 g $KClO_3$

Sauerstoffträgers haben wir uns somit nach anderen Gründen umzusehen: Nach Versuchen von EDER und den vom Verfasser auf S. 40 u. 41 mitgeteilten Resultaten übertrifft das Pustlicht das Blitzlicht für die blauen Anteile des Spektrums nicht unerheblich. Es nähern sich aber bei stark verminderter Menge der Sauerstoffquelle die Verhältnisse denjenigen, wie sie beim Pustlicht vorliegen. Die Flamme des Pustlichtes ist bekanntlich erheblich ausgedehnter als die Blitzlichtflamme (Abb. 3 und 4). In der Blitzlichtflamme stark explosiver Mischungen ist die ausgelöste Energie auf einen zu kleinen Raum eingeengt und kann nicht voll zur Ausstrahlung gelangen. Macht man die Mischung durch sukzessive Verminderung der Menge des Sauerstoffträgers weniger explosiv, so kommt man zu einem Punkt, bei dem die Flamme Zeit gewinnt, ihre größte Ausdehnung und damit die günstigsten Bedingungen zur Ausstrahlung eines Lichtmaximums anzunehmen. Flammenaufnahmen von zwei Chloratmischungen bestätigten die Richtigkeit der Überlegungen (Abb. 5 und 6). Wir erkennen nunmehr auch klarer die Funktion des Sauerstoffträgers. Er hat offenbar in erster Linie die Aufgabe, bei der Zündung eine so energische Wärmeentwicklung zu vermitteln, daß das Magnesium unter Vergasung restlos hochgeschleudert wird, um nun auf Kosten des Luftsauerstoffs zu verbrennen. Zum Hochtreiben des Magnesiums genügen oft erstaunlich kleine Mengen der Sauerstoffverbindungen. Die erforderliche Menge wechselt begreiflicherweise mit der Natur der verwendeten Substanz. Aktinität und Brenndauer sind Funktionen derselben und lassen sich in Form von Kurven darstellen (vgl. Abb. 13). Liegen solche Kurven vor, so kann ihnen ohne weiteres die jeweils günstigste Zusammensetzung der Blitzlichtmischung entnommen werden. Man geht dabei oft am besten in der Weise vor, daß man von einer bestimmten Brenndauer ausgeht und diese nicht höher wählt, als für die geplante Aufnahme erforderlich ist. Der gewählten Brenndauer entspricht alsdann einerseits eine geringste Menge des Sauerstoffträgers, andererseits gibt der korrespondierende Punkt der Aktinitätskurve die unter den gewählten Umständen größtmögliche Helligkeit an.

ε) Einfluß der Art der Ausbreitung des Blitzlichtgemisches auf Aktinität und Verbrennungsdauer. In der Literatur begegnen wir immer wieder der Angabe, daß die photochemische Helligkeit einer Blitzlichtmischung wächst, wenn man sie nicht in der Form eines runden Häufchens, sondern in der Form eines gestreckten Walles abbrennt. Bei einer Nachprüfung unter Verwendung von Kaliumchlorat und Cernitrat konnte Verfasser diese Angabe nicht bestätigt finden. Die folgende Tabelle enthält die gewonnenen Zahlen.

Tabelle 5. Relative Lichtmengen verschiedener Blitzlichtgemische bei verschiedener Art der Ausbreitung

Gemisch von 1 g Magnesium mit	Art der Ausbreitung der Mischung	Tatsächlich entwickelte, relative Lichtmenge in Hefner-Kerzen auf Chromoplatte		Verbrennungsdauer in Sekunden
		hinter Gelbfilter	hinter Blaufilter	
1,70 g Kaliumchlorat	Runder Haufen	9506	3136	0,037
1,70 g ,,	Wall von 10 cm Länge	7899	2607	0,066
1,70 g ,,	Wall von 30 cm Länge	9506	2607	0,145
1,00 g Cernitrat	Runder Haufen	23971	7899	0,17
1,00 g ,,	Wall von 30 cm Länge	19914	6566	0,66

In Widerspruch mit den Angaben der Literatur wird bei einer wallartigen Ausbreitung des Blitzlichtgemisches nicht nur keine Zunahme der photochemischen Helligkeit erzielt, sondern es ist im Gegenteil eine kleine Abnahme zu verzeichnen. Diese ist indes nur gering und fällt für die Praxis nicht ins Gewicht. Wohl aber hat die Abnahme der Verbrennungsgeschwindigkeit, die bei wallartiger Ausbreitung eintritt, ein praktisches Interesse. Bei stark explosiven Blitzpulvern, wie z. B. der Chloratmischung, kann man sie benutzen, um den Verpuffungsstoß zu mildern, ohne dabei wesentlich an photochemischer Helligkeit einzubüßen. Die Tatsache, daß bei wallartiger Ausbreitung des Blitzlichtpulvers die erwartete größere photochemische Helligkeit nicht eintritt, dürfte darauf zurückzuführen sein, daß die bei der Reaktion entwickelte Wärmemenge gleichzeitig stärker zerstreut bzw. auseinandergezogen wird, worunter naturgemäß die Lichtemission leidet.

Wir wollen bei dieser Gelegenheit die Frage erörtern, ob ein Verspritzen unverbrannten Materials beim Abbrennen von Blitzlichtmischungen anzunehmen ist. Dabei dürfen wir davon ausgehen, daß ein Substanzverlust durch Verspritzen unverbrannten Materials nur bei hochexplosiven Mischungen in Frage kommt, bei ruhig abbrennenden Blitzpulvern, wie z. B. einer Magnesiumcernitratmischung, aber von vornherein ausgeschlossen ist. Blitzlichtmischungen, die, in Häufchenform verbrannt, explosiven Charakter besitzen, verlieren diesen, wenn die Mischung zu einem langen Wall ausgezogen wird. Bei dieser Art des Verbrennens darf angenommen werden, daß sonst explosive Mischungen ebenfalls kein unverbranntes Material fortschleudern. Nun beobachteten wir, daß die Cernitratmischung die gleiche Aktinität ergibt, ob sie nun in Form eines Häufchens oder in Form eines 30 cm langen Walles verbrannt wird. Diese Beobachtung machten wir aber auch bei der explosiven Chloratmischung. Das berechtigt zu dem Schluss, daß auch diese Mischung nicht nur in der Form eines langen Walls, sondern auch in der Form eines runden Häufchens kein unverbranntes Material fortschleudert.

Ad b). Die Schnelligkeit der Flammenentfaltung bei Blitzlichtgemischen.

Sie ist außerordentlich verschieden und richtet sich

α) nach der Natur des verwendeten Sauerstoffträgers,

β) nach dem Feinheitsgrad der Pulverisierung beider Bestandteile,

γ) nach ihrem Mengenverhältnis,

δ) nach dem wirklichen Gewicht der zur Verbrennung gelangenden Mischung,

ε) nach der Art der Ausbreitung der Mischung.

Dagegen hat die Art der Zündung auf die Verbrennungsdauer keinen wesentlichen Einfluß, außer in dem Falle, daß sie unter gewissen, weiter unten näher erläuterten Umständen statt zu ruhiger Verbrennung oder einer sonst harmlosen Verpuffung zu einer Detonation führt.

Die Verbrennungsdauer ist somit von zahlreichen Bedingungen abhängig. Da es für viele Aufnahmen wünschenswert ist, sie zu kennen, so bedürfen wir eines Instrumentes, das sie zu messen gestattet. Diesem Bedürfnis ist von verschiedenen Seiten Rechnung getragen worden. Mit Recht ist der von J. Rheden konstruierte, von der Firma R. Lechner in Wien seinerzeit hergestellte Apparat[1] für die Bestimmung der Dauer sehr kurzer Lichtwirkungen bevorzugt worden. Neben dem Apparat von Rheden sind in der Folge noch zahlreiche andere, teilweise recht einfache Apparate zur Messung der Verbrennungsgeschwindigkeit von Blitzlichtgemischen benutzt worden. Sie beruhen übereinstimmend darauf, daß man eine glänzende, das Licht reflektierende Kugel unter Einhaltung bestimmter Zeiteinheiten (meist einer Sekunde) eine Kreisbewegung vor einem schwarzen Hintergrund ausführen läßt und bei geöffneter Kamera das zu prüfende Blitzlicht im Dunkeln abbrennt. Erfolgt die Rotation der Kugel vor einer Kreisteilung, so kann man den Weg, den die Kugel während der Belichtung ausführt und auf dem Negativ eingezeichnet hat, unmittelbar ablesen und auswerten. Andernfalls läßt sich beim Fehlen einer Kreisteilung der Winkel, der dem bogenförmigen Strich auf dem Negativ entspricht, durch eine einfache Rechnung ermitteln. Man mißt auf dem Negativ mit Zirkel und Maßstab die Länge der Sehne $ab = s$ (Abb. 7) und des Radius $bc = r$. Dann ist

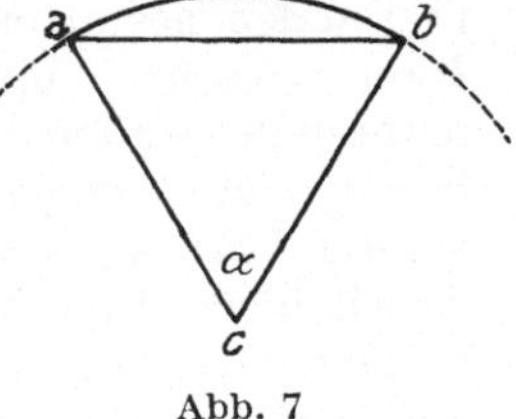

Abb. 7

$$\sin\frac{\alpha}{2} = \frac{s}{2r}.$$

[1] Eders Jahrb. f. Phot. 1903, S. 112.

Hieraus ergibt sich α. Bezeichnet t die Anzahl der Umdrehungen der Kugel pro Sekunde, so ist

$$\frac{\alpha}{360 \cdot t}$$

die gesuchte Verbrennungsdauer. Gewöhnlich wird $t = 1$ angenommen, d. h. die Kugel macht eine Umdrehung in der Sekunde, was durch das Ertönen einer kleinen Glocke bei jeder Umdrehung und das Ticken eines Metronoms leicht kontrolliert werden kann; dann ist $\frac{\alpha}{360}$ die Verbrennungsdauer in Sekunden.

Bei einem Blitzlichtgemisch aus 1 g Magnesium und 1,7 g Kaliumchlorat betrug der Winkel $\alpha = 13^0\,16'$. Die Verbrennungsdauer ist dann

$$\frac{13^0\,16'}{360} = \frac{13{,}26^0}{360} = 0{,}037 \text{ Sek.}$$

Erwähnt zu werden verdient auch eine von R. STEINHEIL[1] angegebene Methode, die auf der Verwendung einer in Vibration versetzten Stimmgabel beruht und in der GRAPHISCHEN LEHR- UND VERSUCHSANSTALT in Wien eine Zeitlang in Anwendung war. STEINHEIL brachte am Ende einer Zinke einer mattgeschwärzten Stimmgabel eine kleine glänzende Kugel an, die das auffallende Licht punktförmig reflektierte und die Schwingungen der Stimmgabel mitmachte. (Er hatte seine Methode in erster Linie zur Bestimmung der Expositionszeit von Momentverschlüssen ausgearbeitet, es lag indes nahe, sich der Methode auch zur Ermittlung der Brenndauer von Blitzlichtmischungen zu bedienen.) Dabei wird die Stimmgabel in einem verdunkelten Raume auf einem Schlitten senkrecht zur optischen Achse der mit einem Negativmaterial versehenen, geöffneten Kamera bewegt. Den Abstand der Stimmgabel von der lichtempfindlichen Schicht macht man zweckmäßig gleich vier Brennweiten, so daß die Vibrationen sich in natürlicher Größe abbilden und noch gut gezählt werden können. Man erhält dann beim Entwickeln eine nur wenig gedämpfte Sinuskurve, deren Wellen gezählt werden. Ist die Schwingungszahl S der Stimmgabel bekannt und sind n Wellenlängen abgebildet worden, so bezeichnet der echte Bruch n/S die Brenndauer der Mischung in Sekunden.

O. HRUZA[2] in Wien konstruierte im Jahre 1891 eine Vorrichtung, die mit einer einzigen Belichtung Verbrennungsdauer und Lichtintensität derart zu bestimmen gestattet, daß die auf die Zeit bezogenen Intensitäten durch eine Intensitätskurve und die Gesamtwirkung durch ein ausmeßbares Diagramm dargestellt werden können. HRUZAs Apparat ist bedauerlicherweise von vornherein nicht genügend gewürdigt worden und später völlig in Vergessenheit geraten. So ist es verständlich, daß neuerdings H. BECK und J. EGGERT[3] ihre Arbeit über „Eine Methode zur zeitlichen photometrischen Verfolgung des Verbrennungsvorganges von Blitzlicht" aufnehmen und beendigen konnten, ohne von der Existenz der Arbeit von HRUZA zu wissen.

HRUZA hat auf eine rechnerische Auswertung seiner Versuche und auf quantitative Intensitätsmessungen verzichtet. BECK und EGGERT entwickeln für ihre im Photochemischen Laboratorium der AGFA (I. G. Farbenindustrie A. G., Berlin) geschaffene Apparatur in sehr gründlicher Weise die rechnerischen Grundlagen und zeigen, wie sich aus einem einzigen Versuch die Intensität des Blitzes zu jedem beliebigen Zeitpunkt, die Gesamtenergie des emittierten Lichtes und die Brenndauer des Blitzes ermitteln lassen. Da die Arbeit es ver-

[1] EDERS Jahrb. f. Phot. 1894, S. 317.
[2] EDERS Jahrb. f. Phot. 1891, S. 76.
[3] ZS. f. wiss. Phot., 24, 1927.

dient, weiteren Kreisen zugänglich gemacht zu werden, seien ihre wichtigsten Teile wörtlich mitgeteilt.

Apparatur

„Der Apparat (Abb. 8) besteht aus einer Walze von 16,5 cm Durchmesser, die in einem lichtdichten Kasten eingeschlossen ist und durch einen Motor in meßbare, gleichmäßige Umdrehungen versetzt werden kann. Sie bewegt sich an einem in der Stirnseite des Kastens angebrachten schmalen Schlitz von 10 cm Länge und 0,5 cm Breite vorbei. Der Schlitz ist in 11 Felder (0,7 × 0,5 cm) geteilt und ist 2 cm tief; die nach der Walze gerichtete Seite des Schlitzes ist an den Rändern mit einem auf der Schicht schleifenden Sammetband zur Erzielung eines lichtdichten Abschlusses versehen. Das erste von den 11 Feldern läßt man unbedeckt, so daß das Licht ungeschwächt zur Schicht hindurchgeht, die folgenden Felder versieht man an den Außenseiten mit Dämpfungsfiltern aus Stücken von geschwärztem Film, deren gemessene Opazität in geometrischer Reihe ansteigt. Den Faktor der Reihe wählt man je nach der Stärke der zu untersuchenden Lichtquelle.

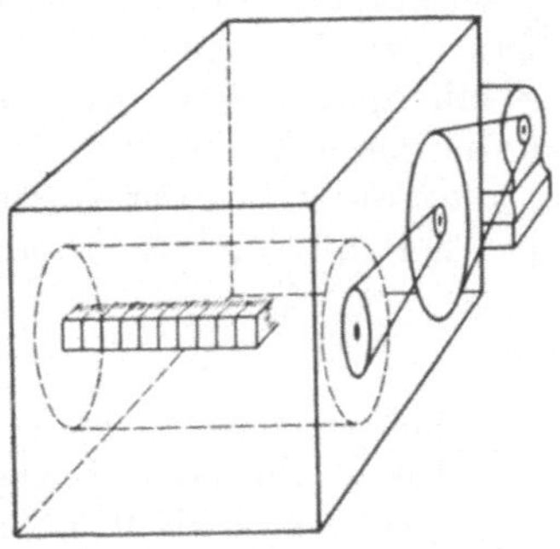

Abb. 8. Apparat zum Studium des Verbrennungsvorganges von Blitzlicht (schematisch)

Für Blitzlicht hat sich zunächst folgende Skala der Schwärzungsfilter für den Schlitz als geeignet erwiesen:

$$\log \frac{J_0}{J} = d = 0{,}0 \quad 0{,}6 \quad 1{,}2 \quad 1{,}8 \quad 2{,}4 \quad 3{,}0 \quad 3{,}6 \quad 4{,}2 \quad 4{,}8 \quad 5{,}4 \quad 6{,}0.$$

Die Dichte nimmt also in einer arithmetrischen Reihe mit der Differenz 0,6 zu, entsprechend dem Faktor 4 in der Opazität.

Die Walze wird mit einem Streifen Bromsilberpapier oder noch besser mit Negativfilm bespannt. Beim Abbrennen des Blitzpulvers wird die an dem Schlitz vorbeistreichende Schicht je nach der Stärke der vorgelegten Filter verschieden stark belichtet. Nach Entwicklung der belichteten Schicht, die das in Abb. 9 wiedergegebene Aussehen zeigt, kann man aus der Verteilung und der Größe der Schwärzung einen Rückschluß auf die Stärke der angewandten Lichtquelle und auf den Verlauf des Brennvorganges ziehen. Die Empfindlichkeit der zur Messung benutzten photographischen Registrierschicht muß natürlich durch eine Eichung mit einer Normalkerze nach Hefner-Alteneck bestimmt werden.

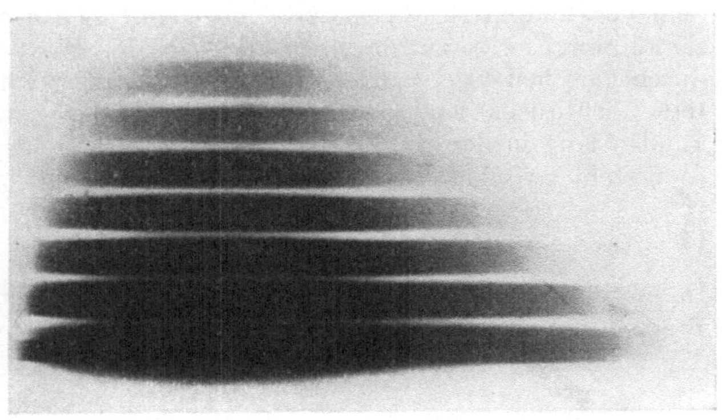

Abb. 9. Registrierphotogramm einer Blitzlichtflamme, hergestellt mit Apparatur nach Abb. 8

Zeitmessung

Wir unterscheiden: 1. die totale Brenndauer des Blitzlichtes, das ist die

Zeit, die vom ersten Aufglimmen bis zum vollständigen Verlöschen des Blitzes verstreicht, und 2. die praktische Brenndauer, das ist die Zeit, die für die photographische Belichtung hauptsächlich ausgenutzt wird. Wir beschäftigen uns zunächst mit der totalen Brenndauer. Durch das erste Feld des Schlitzes fällt das Licht vom ersten Aufflammen bis zum Verglimmen des Blitzlichtes auf die Schicht; man braucht also nur die Länge des hinter diesem Feld entstandenen geschwärzten Streifens (unterster Streifen in Abb. 9) abzumessen, um die Brenndauer zu berechnen, wobei von der gemessenen Länge noch die Breite des Schlitzes abzuziehen ist. Bezeichnet s die Länge des geschwärzten ersten Feldes, b die Schlitzbreite, u den Umfang der Walze (alle drei Werte in Zentimetern), τ die Tourenzahl der Walze pro Sekunde, so ist $u\,\tau$ die Schichtgeschwindigkeit pro Sekunde und die totale Brenndauer t_1 des Blitzlichtes (in Sekunden):

$$t_1 = \frac{s_1 - b}{u\,\tau}. \tag{1}$$

Beispiel: Es wurden fünfmal nacheinander je 1 g AGFA-Blitzpulver in $e = 1{,}0$ m Entfernung abgebrannt. Aus den Größen $s_1^1 = 15{,}0$ cm, $s_1^2 = 14{,}5$ cm, $s_1^3 = 15{,}0$ cm, $s_1^4 = 14{,}0$ cm, $s_1^5 = 15{,}5$ cm, $b = 0{,}5$ cm, $u = 51$ cm, $\tau = 1{,}54\ \text{sek}^{-1}$ berechnen sich dann für die Brenndauer folgende Werte:

Versuch	1	2	3	4	5
Sekunden	0,185	0,180	0,185	0,172	0,192

Als Mittelwert für die totale Brenndauer von 1 g AGFA-Blitzpulver ergibt sich dann

$$t_1 = 0{,}183 \text{ sek.}$$

Intensitätsmessung

Zur Bestimmung der Intensität, d. h. der Kerzenstärke des Blitzpulvers in HEFNER-Kerzen (HK) müssen wir folgende Betrachtung anstellen: Die Lichtmenge in Meter-Sekunden-Kerzen (MSK), die notwendig ist, um auf dem verwandten Negativmaterial eben eine sichtbare Schwärzung (Schwellenschwärzung) hervorzurufen, betrage J_1 MSK. Wird diese Schwellenschwärzung durch eine beliebige, zunächst als mit konstanter Intensität brennend betrachtete Lichtquelle von der Kerzenstärke L HK erzeugt, wenn diese t Sekunden lang in der Entfernung e (in Meter) auf das Negativmaterial einwirkt, so besteht zwischen diesen Größen die Beziehung

$$J_1 = \frac{L \cdot t}{e^2}. \tag{2}$$

In unserem Falle, bei dem das Negativmaterial hinter dem Schlitz von der Breite b mit der Geschwindigkeit $u\,\tau$ vorbei bewegt wird, beträgt

$$t = \frac{b}{u\,\tau},$$

also ist

$$J_1 = \frac{L \cdot b}{e^2\,u\,\tau}. \tag{3}$$

Hiebei ist angenommen, daß sich noch kein Dämpfungsfilter vor dem Negativmaterial befindet; die Gleichung gilt also für das erste Feld. Für das zweite Feld ist natürlich die Lichtmenge J_1, die für die Schwellenschwärzung erforderlich ist, die gleiche wie im ersten Felde. Da aber vor dem zweiten Feld ein Dämpfungsfilter mit der Opazität 4 liegt, besteht hier für die Lichtmenge J_2, die nötig ist, um wieder die Schwelle zu erreichen, und für die unter gleichen Bedingungen hiefür erforderliche Lichtintensität L die Beziehung

$$J_2 = 4\,J_1 = \frac{L \,.\, b}{e^2 u \tau}. \tag{4}$$

Entsprechend ändert sich diese Formel für die weiteren Felder jeweils um den Faktor 4, so daß sich für das n-te Feld die Gleichung ergibt

$$J_n = 4^{n-1} \,.\, J_1 = \frac{L \,.\, b}{e^2 u \tau}. \tag{5}$$

Für die Intensität L des Blitzlichtes in HK folgt somit allgemein

$$L = \frac{4^{n-1} \,.\, J_1 e^2 \,.\, u \tau}{b}. \tag{6}$$

Zur zahlenmäßigen Bestimmung von L ist zunächst die Kenntnis der Größe J_1 erforderlich. Zum Zwecke dieser Bestimmung wurde bei ruhender Walze eine (dauernd auf gleichmäßiges und richtiges Brennen beobachtete) HEFNER-Lampe vor den Apparat gestellt. Es ergab sich als Mittel aus verschiedenen Versuchsbedingungen (Entfernung, Belichtungszeit) für J_1, die Energie, die zur Erreichung der Schwellenschwärzung des verwendeten Registrierfilms erforderlich ist, der Wert

$$J_1 = 2{,}0 \text{ MSK}.$$

Mit Hilfe dieses Wertes läßt sich jetzt die Registrieraufnahme (Abb. 9) hinsichtlich der Intensität des Blitzlichtes auswerten. Beispiel: Beim Abbrennen von Blitzpulver vor dem Apparat wird zuerst die Schwellenschwärzung des ersten Feldes erreicht. Nach Gleichung (6) beträgt (für $n = 1$) unter Benutzung der schon genannten Zahlenwerte

$$L = \frac{J_1 e^2 \,.\, u \tau}{b} = \frac{2 \,.\, 1^2 \,.\, 51 \,.\, 1{,}54}{0{,}5} = 310 \text{ HK}.$$

Beim weiteren Aufflammen des Blitzes beginnt kurze Zeit später auch die Schwellenschwärzung der Registrierschicht in der zweiten, dritten, n-ten Schicht aufzutreten, woraus für L ein Anwachsen auf die Werte $1{,}2 \,.\, 10^3$; $4{,}8 \,.\, 10^3$, ... HK folgt. Der Maximalwert liegt bei allen fünf Versuchen im siebenten Felde. Das Blitzlicht besitzt also eine Höchstintensität von

$$L_{\text{max}} = 1{,}2 \,.\, 10^6 \text{ HK}.$$

Nach Durchschreiten des Höchstwertes fällt die Intensität des Blitzlichtes wieder ab, so daß das n-te Feld am kürzesten, das erste am längsten belichtet wird. Das Auftreten der Schwellenschwärzung in den verschiedenen Feldern entspricht also (wohl gemerkt unter den genannten experimentellen Bedingungen wie Tourenzahl, Walzenumfang usw.) den folgenden Lichtintensitäten:

erstes	Feld	....	$3{,}1 \,.\, 10^2$	HK
zweites	,,	....	$1{,}2 \,.\, 10^3$	,,
drittes	,,	....	$4{,}8 \,.\, 10^3$	,,
viertes	,,	....	$1{,}9 \,.\, 10^4$	,,
fünftes	,,	....	$7{,}6 \,.\, 10^4$	,,
sechstes	,,	....	$3{,}0 \,.\, 10^5$	,,
siebentes	,,	....	$1{,}2 \,.\, 10^6$	,,
achtes	,,	....	$4{,}8 \,.\, 10^6$	,, usw.

Zugleich kann man aber aus der Registrieraufnahme erkennen, in welchem **Zeitpunkt** die betreffende Kerzenstärke erreicht wurde, denn da bei den gegebenen Größen u und τ jeweils 7,9 mm Streifenlänge 0,01 sek entsprechen, kann man jeden beobachteten Intensitätswert einem bestimmten Zeitwert zuordnen oder umgekehrt. Trägt man in ein Koordinatensystem als Abszisse die so ermittelten Zeiten in 0,01 sek, die Kerzenstärken in log HK ein und verbindet die Punkte durch eine Kurve, so erhält man das in Abb. 10 dargestellte Bild. Die Aufzeichnung in log HK und nicht in HK selbst, auf die wir noch später zu sprechen kommen werden, geschieht zunächst deshalb, weil sie sich am engsten an das Aussehen der Registrieraufnahme (Abb. 9) anlehnt.

Messung der Gesamtlichtmenge

Aus Abb. 9 oder Abb. 10 läßt sich nun ferner die Gesamtlichtmenge E in MSK ableiten, die beim Abbrennen von Blitzpulver erzeugt wird. Zu diesem Zwecke stellt man sich den Vorgang so vor, als habe er sich in Teilen abgespielt, d. h. so, als hätten die von den verschiedenen Feldern angegebenen Intensitäten in den aus der Länge der Streifen ablesbaren Zeiten voneinander getrennt gewirkt. Die Integration der Kurve von Abb. 10 wird also durch eine Summation ersetzt. Wir beginnen mit der höchsten Intensität im n-ten Felde, die nach der Gleichung (6) den Wert

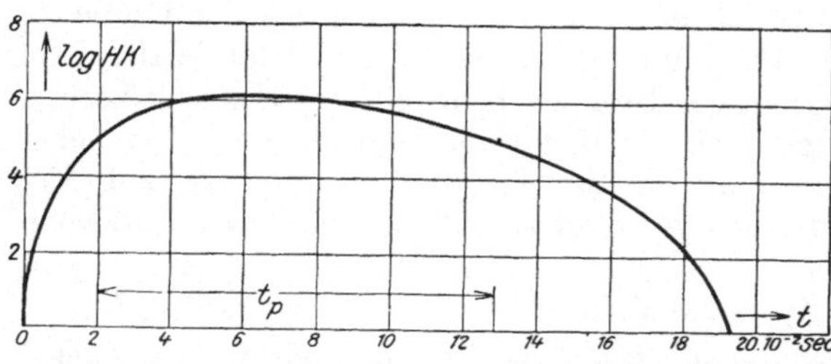

Abb. 10. Der Logarithmus der Intensität des Blitzlichtes (in HK) als Funktion der Zeit (in 10^{-2} sek)

$$L = \frac{4^{n-1} J_1 e^2 \cdot u\tau}{b} \text{ HK}$$

besitzt. Entsprechend Gleichung (1) hat diese Intensität

$$t_n = \frac{s_n - b}{u\tau} \text{ sek}$$

lang gewirkt; hierbei wurde also von der Lichtquelle die Lichtmenge

$$E_n = \frac{4^{n-1} \cdot J_1 \cdot e^2 \cdot (s_n - b)}{b} \text{ MSK}$$

abgegeben. Im nächstkleineren (n—1)-ten Feld hat entsprechend die Intensität

$$L = \frac{4^{n-2} \cdot J_1 \cdot e^2 \cdot u\tau}{b} \text{ HK}$$

gewirkt, jedoch nur so lange, als dieser Streifen den vorangehenden zeitlich übertrifft. Es ist somit

$$t_{n-1} = \frac{s_{n-1} - s_n}{u\tau}$$

und die zugehörige Lichtmenge

$$E_{n-1} = \frac{4^{n-2} \cdot J_1 \cdot e^2 \cdot (s_{n-1} - s_n)}{b} \text{ MSK.}$$

Im gleichen Sinne setzt sich die Betrachtung fort, bis

$$E_2 = \frac{4 \cdot J_1 e^2 \cdot (s_2 - s_3)}{b}$$

und endlich

$$E_1 = \frac{J_1 \cdot e^2 \cdot (s_1 - s_2)}{b}.$$

Die Gesamtenergie E des Blitzlichtes setzt sich nun additiv aus den abgeleiteten Einzelenergien zusammen (MKS).

$$E = \frac{J_1 e^2 . (s_1 - s_2)}{b} + \frac{4 J_1 e^2 . (s_2 - s_3)}{b} + \ldots\ldots + \frac{4^{n-2} J_1 e^2 (s_{n-1} - s_n)}{b} +$$

$$+ \frac{4^{n-1} J e^2 (s_n - b)}{b} = \frac{J_1 e^2}{b} . \Big\{ (s_1 - s_2) + 4 (s_2 - s_3) + 4^2 (s_3 - s_4) \ldots\ldots +$$

$$+ 4^{n-2} (s_{n-1} - s_n) + 4^{n-1} . (s_n - b) \Big\} .$$

Beispiel: Setzt man hierin $s_1 = 15$ cm, $s_2 = 14$ cm, $s_3 = 12{,}5$ cm, $s_4 = 11$ cm, $s_5 = 9$ cm, $s_6 = 6{,}5$ cm, $s_7 = 4{,}5$ cm, die übrigen Größen wie zuvor, dann folgt

$$E = 7{,}6 . 10^4 \text{ MSK},$$

die andern vier Messungen ergeben

$$8{,}5 . 10^4;\ 6{,}7 . 10^4;\ 5{,}6 . 10^4;\ 6{,}0 . 10^4 \text{ MSK}.$$

Als Mittelwert erhält man somit für die von 1 g Agfa-Blitzpulver emittierte Gesamtenergie

$$E = 6{,}9 . 10^4 \text{ MSK}.$$

Dieser Wert stimmt befriedigend mit den Zahlen überein, die Novak für verschiedene Blitzpulversorten erhalten hat.[1] Will man die Gesamtenergie noch genauer bestimmen, als es bisher geschah, so ist die Verbrennungskurve (Abb. 11) zu planimetrieren. Im Gegensatz zu Abb. 10 ist in diesem Diagramm die Intensität in HK und nicht in log HK als Funktion der Zeit (wieder in 0,01 sek angegeben) aufgetragen. Diese Methode ist dann besonders am Platz, wenn das oberste Feld nicht nur die Schwellenschwärzung aufweist, sondern eine stärkere Dichte besitzt, da ja die Energiemenge sehr stark von der Spitzenhelligkeit abhängt. Um diese genau zu ermitteln, kann man die Entfernung der Lichtquelle variieren, man kann die Steigerung der Opazität der Dämpfungsfilter in kleineren Intervallen als mit dem Faktor 4 vornehmen oder man kann schließlich bei stillstehender Walze die Gesamtintensität feststellen und aus der Differenz dieser Zahl mit der bei rotierender Walze ermittelten die erreichte Spitzenhelligkeit errechnen. Bei letzterem Verfahren, das wir bereits bei der Eichung des Registriermaterials anwendeten, dient der Apparat gewissermaßen als Kopiersensitometer mit Grauleiter.

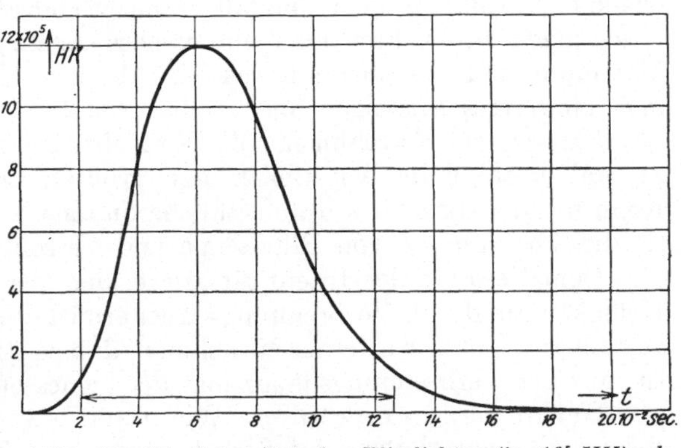

Abb. 11. Die Intensität des Blitzlichtes (in 10^5 HK) als Funktion der Zeit (in 10^{-2} sek)

Praktische Brenndauer

Als Brenndauer war bisher die Zeit betrachtet, die vom ersten Aufflammen bis zum vollständigen Verlöschen des Blitzlichtes verstreicht.

Dieser Wert ist jedoch für die Praxis unzutreffend. Dies geht besonders

[1] Phot. Korr., 44, 388. 1907.

klar aus Abb. 11 hervor. Man erkennt, daß die niedrigsten Intensitätswerte zu Beginn und am Schlusse des Blitzes neben den hohen Intensitäten während der stärksten Flammenentwicklung gar nicht in Betracht kommen. Für die praktische Verwendung des Blitzlichtes ist daher diejenige Zeit als Brenndauer zu betrachten, die während der Emission der größten Lichtmenge verstreicht. Als größte Lichtmenge sind dabei 99% der Gesamtenergie zu verstehen. Ein Beispiel zur Erläuterung: Stellt man eine Porträtaufnahme mit Blitzlicht her, so ist das Schließen der Augen auf dem Negativ nur dann sichtbar, wenn diese Bewegung noch in die wesentlich hellen Teile des Blitzes fällt. Wann diese auftreten, geht aus Abb. 11 hervor. Aus der angegebenen Pfeilstrecke ersieht man, daß die praktische Brenndauer t (vgl. auch Abb. 10) nach der getroffenen Definition $t = 0{,}108$ sek, für die übrigen vier Versuche 0,122, 0,102, 0,096, 0,102 sek, im Mittel also

$$t = 0{,}106 \text{ sek}$$

beträgt. Dieser Wert, der also für die praktische Aufnahme von bewegten Objekten maßgebend ist, muß noch verringert werden, wenn die Aufnahme nicht auf einer Porträtschicht, sondern auf einem steiler arbeitenden Negativmaterial gemacht wird. Bei solchen Schichten fällt nämlich schon mehr als 1% der Gesamtenergie nicht mehr ins Gewicht, so daß ein noch größerer Teil des energiearmen Abklingungsastes von Abb. 11 fortfällt. Bezogen auf steileres Negativmaterial, ist somit die praktische Brenndauer noch kürzer anzusetzen."

Das Verfahren von Hruza bzw. Beck-Eggert hat hauptsächlich deshalb ein besonderes Interesse, weil wir mit einer einzigen Belichtung die auf die Zeit bezogene Intensitätskurve gewinnen. Ihr Aussehen wechselt in weiten Grenzen. Bei stark explosiven Blitzlichtmischungen steigt die Lichtintensität rasch zu einem hohen Maximum an und fällt rasch wieder ab. Bei gewissen „langsameren" Mischungen beobachtet man ein rasches Ansteigen, ein Verharren bei einem Maximum und ein ebenfalls rasches Abfallen. Bei dem Pustlicht beobachtet man langsames Ansteigen und rasches Abfallen.

Für schnelle Aufnahmen mit Blitzlicht, bei welchen ein schnell arbeitender Zentralverschluß im Augenblick der größten Lichtentfaltung arbeitet, ist die Kenntnis der Lage des Intensitätsmaximums von besonderem Interesse, weil sie die Abstimmung von Blitzlampe und Verschluß erleichtert.

Dem Verlaufe der Intensitätskurve, der uns zeigt, daß die photochemische Helligkeit auf die als Verbrennungsdauer ermittelte Zeit keineswegs gleichmäßig verteilt ist, sollten wir ferner entnehmen, daß es streng genommen nicht angängig ist, aus der Verbrennungsdauer und der gemessenen Lichtwirkung die Leistung pro Sekunde zu errechnen. Wie wenig brauchbar die auf die Sekunde bezogenen Zahlenangaben der Lichtwirkung sein können, lehrt überzeugend die Tabelle 4. Dort ist ersichtlich, daß 1 g Magnesium mit 2 g Kaliumperchlorat in 0,04 Sekunden hinter dem Blaufilter eine Lichtwirkung von 3763 HK und 1 g Magnesium mit 0,25 g Kaliumperchlorat in 0,18 Sekunden die weit höhere Lichtwirkung von 13759 HK ergeben haben. Für die erstere Mischung errechnet sich daraus eine Sekundenwirkung von 94075 HK, für die zweite eine solche von nur 76440 HK. Hienach erscheint also die Mischung mit viel Perchlorat als die lichtstärkere, obwohl in Wirklichkeit die Mischung mit wenig Perchlorat drei- bis viermal so lichtstark ist als jene.

Ad c) und d). Die Dichte des entwickelten Rauches und der Grad seiner Schädlichkeit beim Einatmen

Es wurde bereits ausgeführt, daß 1 g als Pustlicht verbranntes Magnesium 1,66 g Magnesiumoxyd erzeugt, das in Form eines weißen Rauches in die Luft geschleudert wird. Bei Blitzlichtgemischen erfährt diese Rauchmenge dem Gewichte nach eine Vermehrung durch die Restbestandteile des verwendeten Sauerstoffträgers. Es sei ausdrücklich betont: dem Gewichte nach, denn dem Augenschein nach tritt bei den sogenannten rauchschwachen Mischungen der interessante Fall ein, daß sich weniger Rauch bemerkbar macht, als dem verwendeten Magnesium entspricht.

Magnesiumoxyd greift die Schleimhäute der Atmungswege und des Magens wenig an und wird bei Vergiftungen mit Mineralsäuren (Salzsäure, Schwefelsäure) als Gegengift verwendet. Für die Blitzlichtphotographie kann es daher als harmlos bezeichnet werden. Das gleiche gilt indes keineswegs immer für die Restbestandteile des verwendeten Sauerstoffträgers. Barium-, Quecksilber-, Blei-, Kupfer-, Chrom-, Arsen- und auch Antimonpräparate scheiden von vornherein aus, weil durch das Einatmen ihrer Dämpfe organische Störungen bzw. Vergiftungen zu erwarten sind. Allein auch solche Alkalisalze, welche bei Benutzung als Sauerstoffträger Alkalioxyde (K_2O, Na_2O) bilden, wie z. B. die Alkalinitrate, können nicht als harmlos angesehen werden, weil bei einem ausgedehnten Gebrauche solcher Salze in geschlossenen Räumen zweifellos eine starke Reizung der Atmungsschleimhäute eintritt.

Bei der weiter unten folgenden systematischen Einteilung und Bewertung der Sauerstoffträger wird in den Tabellen außer auf Aktinität und Verbrennungsdauer auch auf die Dichte des entwickelten Rauches und den Grad seiner Schädlichkeit beim Einatmen Bezug genommen. Es sind hier zwei extreme Fälle zu unterscheiden:

α) der Rauch ist dünn und harmlos;

β) der Rauch ist dicht und schädlich.

Zwischen diesen Grenzfällen gibt es viele Varianten und Übergänge, insbesondere

γ) der Rauch ist dünn und schädlich, und

δ) der Rauch ist dicht und harmlos.

Die Erfahrung hat gelehrt, daß die Fälle β und δ weit häufiger vorliegen als α und γ. Da die Rauchbeschaffenheit α) (dünn und harmlos) somit verhältnismäßig selten angetroffen wird, von einem guten Blitzlichtpulver jedoch verlangt werden muß, so scheitert die Auffindung neuer einwandfreier Blitzlichtmischungen sehr oft gerade an der Rauchfrage.

Es ließe sich voraussichtlich eine Methode finden, die Rauchdichte zu messen. Wer indes hintereinander eine große Reihe von Blitzlichtbestimmungen (Aktinität, Verbrennungsdauer) unter denselben räumlichen Umständen ausführt, sieht sich bald in der Lage, die Rauchdichte mit einiger Sicherheit zu schätzen.

Ad e) Der Grad der Gefahrlosigkeit des fertig gemischten Pulvers

Jedes Blitzpulver besitzt die Eigenschaft, schon durch einen glühenden Körper gezündet zu werden; eine eigentliche Flamme ist hiezu nicht erforderlich. Die Zündung überträgt sich mit wechselnder, aber stets nach Bruchteilen von Sekunden zählender Geschwindigkeit auf die ganze Masse des Pulvers; die erzeugte Flamme ist sehr heiß und im Verhältnis zu der verwendeten, meist nur wenige Gramm betragenden Menge Blitzpulver sehr groß (s. Abb. 12). Es folgt daraus, daß wir Gesicht und Hände sowie brennbare Gegenstände bei der Zündung dem Bereich der Flamme gewissenhaft fernhalten sollen. Es ist nicht angängig, daß mit einem in der Hand gehaltenen Streichholz gezündet wird. Die geeignetesten Mittel zur Zündung sollen weiter unten in einem besonderen Abschnitt besprochen werden.

Blitzlichtmischungen jeder Art sind vom Postversand ausgeschlossen;

die Ingredienzien werden daher getrennt verpackt. Das Vermischen nimmt erst der Verbraucher vor. Ist die Mischung bereitet, so haben wir ein Material in Händen, daß mindestens so subtil behandelt werden muß wie Schießpulver. Man hebe die Mischung feuersicher auf und verschließe das Aufbewahrungsgefäß stets sofort und zuverlässig nach der Entnahme des für eine Aufnahme er-

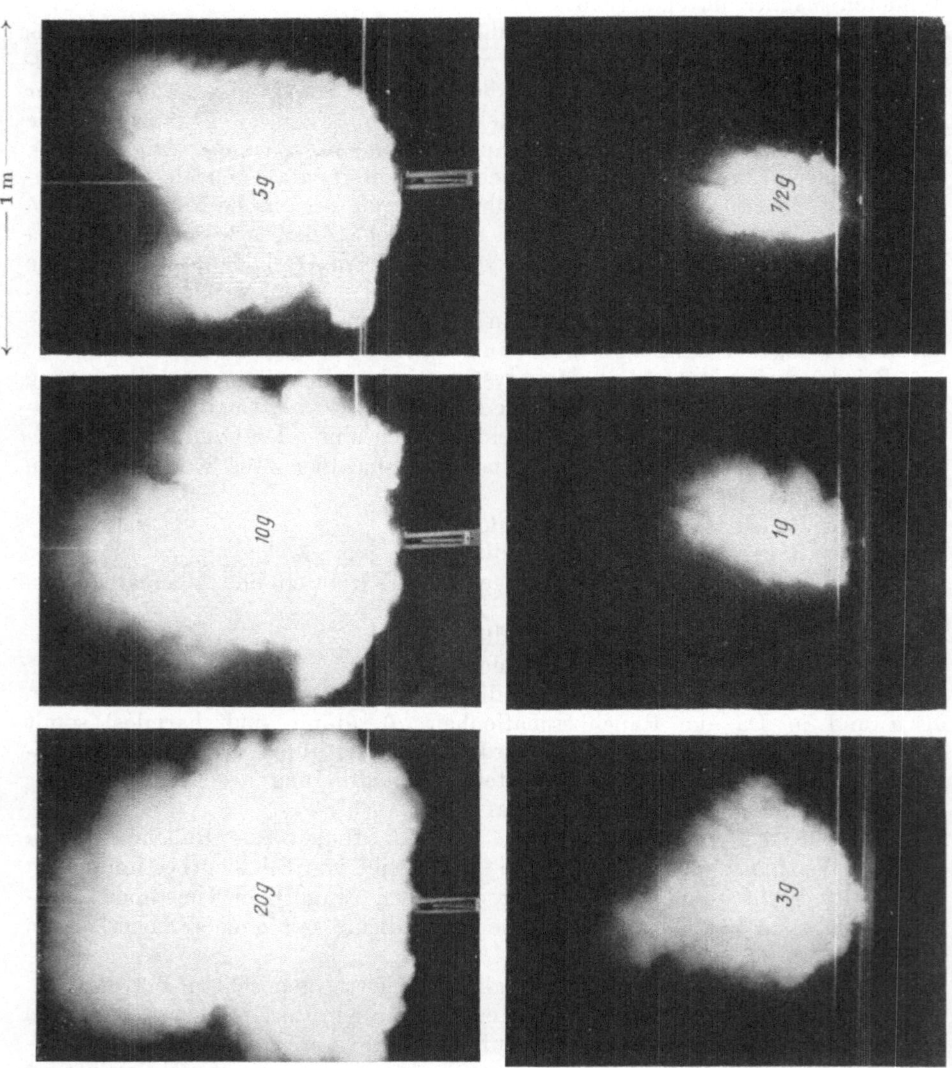

Abb. 12. Die Ausdehnung der Flamme bei Verwendung verschiedener Mengen Blitzlicht

forderlichen Quantums. Blitzlichtpulver dürfen niemals in der Form des Pustlichtes verbraucht werden. Gegen diese Regel ist in der ersten Zeit der Blitzlicht- und Pustlichtphotographie verstoßen worden, was schwere Verbrennungen zur Folge hatte. Der erste im Jahre 1898 in Wien abgehaltene Kongreß für angewandte Chemie beschloß in seiner photographischen Abteilung, dahin zu wirken, daß alle Unternehmungen, die sich mit dem Vertrieb von Magnesium und Magnesiumpräparaten befassen, Magnesium für Pustlicht als „Magnesiumpulver“, dagegen Mischungen von Magnesium mit Sauerstoffträgern als „Blitzlichtpulver" verkaufen. Die Maßnahme hat offenbar die beabsichtigte Wirkung gehabt, weil in der Folge Unglücksfälle nicht bekannt geworden sind.

Bei sachgemäßer Handhabung bedeuten Blitzlichtmischungen somit keine Gefahrenquelle für den Verbraucher. Immerhin wollen wir an dieser Stelle nicht unerwähnt lassen, daß es Blitzlichtmischungen gibt, deren Zündung gewissen Einschränkungen unterworfen ist. Das bezieht sich in erster Linie auf Mischungen von Magnesium mit solchen Sauerstoffträgern, die, wie die Nitrate und Chlorate, den Sauerstoff endotherm aufgenommen haben und daher nur lose gebunden enthalten. Werden freiliegende Mischungen dieser Art in der üblichen Weise, also z. B. durch Salpeterpapier gezündet, so findet ein schichtenweises Fortschreiten der Zündung statt, was wir als Abbrennen bzw. Verpuffen bezeichnen. Der Verbrennungsvorgang nimmt dann den erwünschten Verlauf; die in diesem Falle vorliegende Art der Zündung wird die thermische Zündung genannt.

Eine davon abweichende Form nimmt der Verbrennungsvorgang an, wenn die Mischung eingeschlossen gezündet wird. Die Ausdehnung der entwickelten Gase ist nun gehemmt und die freiwerdende Wärme von vornherein sehr groß. Es stellt sich alsbald ein bedeutender Druck ein, unter dessen Einfluß Temperatur- und Reaktionsgeschwindigkeit schnell anwachsen, so daß es zu einer Erscheinung kommt, die wir Explosion nennen. Man hat nun beobachtet, daß es bei frei zu einem Haufen geformten Chloratblitzpulver zu ähnlichen Erscheinungen kommen kann wie die eben geschilderte, und zwar dann, wenn die Menge des verwendeten Pulvers eine gewisse Grenze überschreitet. So sollen Mengen von 30 bis 100 g bereits zu schweren Explosionen geführt haben. Die zuerst als thermische Zündung einsetzende Verbrennung geht unter dem Einfluß der enormen Hitze und der die Hitze begleitenden Drucksteigerung in die sogenannte dynamische oder Stoßzündung über.

Die letztere Art der Zündung können wir von vornherein herbeiführen, wenn wir uns der mit Knallquecksilber oder Bleiacid geladenen Initiierungsmittel (Zündkapseln) bedienen. Bei diesen Zündmitteln geht die anfangs thermische Zündung äußerst schnell in die Stoßzündung über, welche ihrerseits die Eigenschaft hat, sich auf andere der Initiierung fähige Mischungen zu übertragen. Die Blitzlichtmischung tritt damit in die Reihe der Sprengkörper ein, deren Detonationsgeschwindigkeit oft mehrere Tausende von Meter-Sekunden beträgt. Die auch für Blitzlichtpulver vorgeschlagene Perkussionszündung (Zündblättchen) ist daher nicht allgemein verwendbar und muß mit Vorsicht gehandhabt werden.

Der Verfasser hatte unmittelbar nach der Einführung des Blitzlichtes durch Gaedicke und Miethe (im Jahre 1887) 2 g Chloratgemisch in den Lauf einer kleinen Pistole lose eingefüllt und bei einer Porträtaufnahme im Zimmer statt mit einer Lunte mit einer Zündkapsel gezündet. Die Wirkung war ungeheuer. Es erfolgte ein ohrenbetäubender Knall. Der Lauf der Pistole hielt stand, aber von der Wanduhr fielen größere Teile zur Erde. Das Aufnahmeobjekt, eine Frau, machte auf der wohlgelungenen Photographie ein vergnügtes Gesicht, ein Beweis dafür, daß die Detonationsgeschwindigkeit ihr keine Zeit gelassen hatte, ihren Gesichtsausdruck auf die neue Situation einzustellen.

Wie Perkussionszündung wirken auch jähe Überhitzung oder ein starker Schlag, die bei Magnesiumblitzpulvern ebenfalls die dynamische Zündung einleiten und Detonationen herbeiführen können.

Selbstentzündungen von Magnesiumblitzpulvern kommen im allgemeinen nicht vor, sofern reine und trockene Materialien als Sauerstoffquelle verwendet werden. Sie sind indes ganz vereinzelt bei Benutzung hygroskopischer Nitrate beobachtet worden. Für das Cadmiumnitrat stellte F. Novak[1] fest, daß die Selbstentzündung ausbleibt, wenn das Nitrat vor der Verwendung neutralisiert wird. Immerhin mahnt die Hygroskopizität vieler Nitrate zur Vorsicht, namentlich in solchen Fällen, wo das Nitrat eine Kombination der Salpetersäure mit einer schwachen Base ist, weil dann bei der Wasseraufnahme eine hydrolytische Spaltung unter Bildung freier Salpetersäure eingeleitet wird. Solche Mischungen können, in geschlossene Gefäße eingefüllt, zu gefährlichen Explosionen führen.

6. Einteilung und Bewertung der Oxydationsmittel für Magnesiumblitzlicht- und Zeitlichtgemische. Zunächst einiges über die sogenannten indifferenten Substanzen. Da das Magnesium bei höheren Temperaturen fast auf alle Oxyde reduzierend einwirkt, so kann von indifferenten Substanzen[2] nur insofern gesprochen werden, als beim Abbrennen der Mischungen von Magnesium mit den meisten der als indifferent bezeichneten Substanzen (Borsäure, Kieselsäure usw.) die entwickelte Energie nicht ausreicht, eine genügend schnelle Verdampfung des Magnesiums herbeizuführen. Sowohl Borsäure wie Kieselsäure werden durch Magnesium reduziert, aber die Reaktion verläuft träge und es hat den Anschein, als hätte man es mit einer indifferenten Substanz zu tun.

Als einzige, zuverlässig indifferente Sauerstoffverbindung werden wir das eigene Verbrennungsprodukt des Magnesiums, das Magnesiumoxyd MgO, zu betrachten haben. Mischt man 1 g Mg mit 1 g MgO und entzündet diese Mischung, so brennt sie deutlich schneller ab, als wenn 1 g Mg für sich verbrannt wird. Der entstehende Rauch ist wesentlich feiner verteilt und der unbedeutende Rückstand frei von unverbranntem Magnesium. Es hat somit ganz den Anschein, als hätte das MgO als Sauerstoffquelle gewirkt. Da wir indes annehmen müssen, daß dies nicht der Fall ist, so kann die beobachtete Wirkung nur dadurch zustande gekommen sein, daß das zugefügte MgO das Zusammensintern des Mg verhinderte, so daß nunmehr eine lebhafte und vollständige Verdampfung und Verbrennung an der Luft möglich war. In ähnlicher Weise wie MgO wirken die im D. R. P. Nr. 101528 genannten beiden Carbonate $CaCO_3$ und $MgCO_3$. Sämtliche andere Substanzen des Patents (Borax, Kalialaun, schwefelsaurer Baryt, Bor- und Kieselsäure) sind dagegen als nicht indifferente Sauerstoffverbindungen anzusprechen. Sie wirken teilweise nur träge und wir lernen daraus, daß sich keineswegs jede Sauerstoffverbindung zur Bereitung von Blitzlichtgemischen eignet.

Als allgemeine Regel kann festgelegt werden, daß sich für die Erzeugung von Blitzlicht nur solche Mischungen von Mg mit Sauerstoffverbindungen eignen, die einer ausgeprägt exothermen, d. h. unter starker Wärmeentwicklung verlaufenden Reaktion fähig sind. Wir wollen die Mischungen nunmehr näher kennenlernen.

A. Vermischung von Magnesium mit Oxyden der Metalloide

Stickstoff. Die physikalischen und chemischen Eigenschaften der Oxyde des Stickstoffes schließen eine Verwendung zur Bereitung von Blitzpulvern von vornherein aus.

Schwefel. Das gleiche gilt von den beiden Hauptoxyden des Schwefels, dem Schwefeldioxyd und dem Schwefeltrioxyd.

Selen. Dagegen verdient schon ein Homologes des Schwefels, das Selen, in seinem Dioxyd SeO_2 Interesse (s. Tab. 8 am Schluß). Das SeO_2 gehört zweifellos zu den wenigen Sauerstoffträgern, die sehr schnell abbrennende, hoch-

[1] Phot. Korr. 1907, S. 388.
[2] D. R. P. Nr. 101528.

aktinische Blitzlichtmischungen liefern. Leider ist die Rauchdichte ebenfalls groß. Es konnte festgestellt werden, daß die Reaktion in zwei Phasen verläuft:

1. $2\,Mg + SeO_2 = 2\,MgO + Se$;
2. $Se + O_2 = SeO_2$.

Phosphor. Auch bei dem Phosphor sind die physikalischen und chemischen Eigenschaften seiner Oxyde so beschaffen, daß eine Verwendung für Blitzpulver nicht in Frage kommt.

Arsen. Die Oxyde des Arsens sind wegen ihrer Giftigkeit ebenfalls nicht verwendbar. Der Verfasser stellte fest, daß Arsentrioxyd ein schnell abbrennendes, starken weißen Rauch erzeugendes Blitzpulver liefert.

Antimon. Von den Oxyden des Antimons wurde das Antimonsäureanhydrid auf Verwendbarkeit geprüft (s. Tab. 8); die Rauchdichte ist auch hier bedeutend.

Kohlenstoff. Ein Gemisch von Mg mit Kohlensäureschnee verbrennt bekanntlich unter Abscheidung von schwarzer Kohle mit hellem Licht, wenn die Mischung mit brennendem Magnesiumband gezündet wird. Für die photographische Praxis hat die Mischung natürlich keine Bedeutung. Im übrigen sei daran erinnert, daß der Kohlenstoff das Mg an kalorischer Wirkung übertrifft, indem 1 kg Mg rund 6000 Kal., 1 kg Kohlenstoff dagegen rund 8100 Kal. liefert. Damit im Zusammenhang steht die Tatsache, daß die Metallcarbonate bei ihrer Prüfung auf Verwendbarkeit für Blitzlichtmischungen meist noch etwas geringere Aktinität ergeben als die zugehörigen Metalloxyde. Die Kohlensäure wird dabei von dem Mg nicht reduziert, sondern entweicht als Kohlensäure. Man benutzt daher die indifferente Natur der Metallcarbonate mit Vorteil zum Dämpfen der Reaktion bei der Bereitung von Zeitlichtmischungen.

Silicium. Obwohl das Silicium eine höhere kalorische Wirkung liefert als das Mg, so wird dennoch fein verteiltes Siliciumdioxyd SiO_2 in Mischung mit Mg zu Silicium reduziert, da dieses flüchtig ist:

$$SiO_2 + 2\,Mg = Si + 2\,MgO.$$

Das verdampfende Silicium entzündet sich an der Luft und verbrennt:

$$Si + O_2 = SiO_2.$$

Der Gesamtgewinn an Energie bei beiden Prozessen ist indes nicht bedeutend genug, um ein für die Blitzlichtphotographie brauchbares Gemisch zu liefern (s. Tab. 8). Der einzige Vorteil, den Mischungen von Mg mit Siliciumdioxyd, z. B. Kieselgur, besitzen, ist, daß nur wenig Rauch entsteht, indem das regenerierte Siliciumdioxyd das gebildete MgO zu Magnesiumsilicat bindet.

Bor. Dieses Element wird bekanntlich aus Borsäureanhydrid, B_2O_3, durch Erhitzen mit Mg-Pulver erhalten. Obwohl die Reaktion unter starker Wärmeentwicklung vor sich geht, ist der photochemische Effekt, den Mischungen von Mg mit B_2O_3 ergeben, recht gering (s. Tab. 8). Das gleiche gilt für die Borate; sie sind zur Darstellung von Blitzlichtgemischen nicht brauchbar.

B. Vermischung von Mg mit Oxyden und Superoxyden der Metalle

Die Oxyde CaO, ZnO, Al_2O_3, CdO, ThO_2, UO_2 brennen in Mischung mit Mg langsam, und zwar in einer nach mehreren Sekunden zählenden Zeit ab. Kurze Brenndauer kommt den Mischungen mit Fe_2O_3, Cr_2O_3, NiO, MnO, MnO_2, BaO_2, PbO_2 zu. Etwas für die Blitzlichtphotographie voll Brauchbares kommt mit den Oxyden und Superoxyden der Metalle nicht zustande. Am besten bewährten sich noch Fe_2O_3 und das von Meydenbauer schon 1887 vorgeschlagene MnO_2. Das erstere ist, wie die Tabelle zeigt, etwas langsam, das letztere nicht genügend aktinisch. In den später zu besprechenden Verbindungen des Eisenoxyds mit anorganischen Säuren, insbesondere der Schwefelsäure, tritt die Tatsache, daß der Sauerstoff des Eisenoxyds bereits in hohem Grad disponibel ist, erneut zutage. Es verdient außerdem hervorgehoben zu werden, daß die Mischungen von Magnesium mit Fe_2O_3 und MnO_2 als unbegrenzt haltbar angesehen werden und gegen Reibung und Schlag einen hohen Grad von Unempfindlichkeit besitzen. Mischungen von Mg mit Fe_2O_3 würden somit für die Blitzlichtphotographie von Bedeutung sein, wenn ihre Brenndauer auch nur etwa um die Hälfte kürzer wäre. Nicht jedes Eisenoxyd ist brauchbar. Es ist ein feinkörniges, lockeres Eisenoxyd erforderlich, wie es z. B. durch Fällen von Ferrioxalat erhalten werden kann.

C. Vermischung von Mg mit Salzen der Metalle

In Übereinstimmung mit dem Verhalten von SiO_2 und B_2O_3 hat sich ergeben, daß auch in den Silicaten und den Boraten (s. Tab. 8) kein genügend disponibler Sauerstoff vorliegt. Dasselbe gilt, wie schon erwähnt, auch für die Carbonate. Ferner erwies sich in den Phosphaten der Sauerstoff so fest gebunden, daß brauchbare Blitzlichtmischungen nicht zustande kommen.

a) Mischungen von Mg mit Sulfaten (Tab. 8). In den Sulfaten ist der Sauerstoff genügend disponibel, um schnelle und lichtstarke Blitzlichtmischungen mit Mg zu ergeben. Vorgeschlagen und zum Teil auch in größerem Ausmaß praktisch verwendet wurden die Sulfate der alkalischen Erden,[1] sowie (von G. KREBS) die Alaune, und zwar insbesondere der Chromalaun.[2] Was die Sulfatmischungen besonders auszeichnet, ist die geringe Rauchdichte, die wir beim Abbrennen solcher Mischungen beobachten. Nur die Alkalisulfate geben eine unzulässige Rauchdichte, wie es denn als feststehende Regel angesehen werden kann, daß die mit Alkalisalzen gewonnenen Blitzpulver ein Höchstmaß der Rauchdichte ergeben. Wie die in der Tabelle 8 verzeichneten Zahlen zeigen, wechseln Aktinität und Verbrennungsdauer nicht nur mit der dem Sulfat zugrunde liegenden Base, sondern vor allem auch mit der Menge des verwendeten Oxydationsmittels. In der Tabelle 8 ist diese interessante Tatsache bei dem Calciumsulfat, dem Ferrisulfat, dem Ferriammonsulfat und dem Kobaltsulfat festzustellen. Besonders bemerkenswert ist die hohe Gelbaktinität der mit Calciumsulfat gewonnenen Mischungen sowie die hohe Allgemeinaktinität der mit geringen Mengen von Ferriammonsulfat erhaltenen Blitzpulver.

Ferriammonsulfat und Nickelsulfat sind mit ihrem vollen Kristallwassergehalt zur Anwendung gekommen. Beide haben den sehr hohen Kristallwassergehalt von 44,8%. Nach dem Ergebnis der Aktinitätsbestimmung unterliegt es daher keinem Zweifel, daß das Wasser bei der Hitze der Mg-Flamme zerlegt worden ist und als Sauerstoffquelle gedient hat. Somit findet die bekannte Reaktion

$$Mg + H_2O = MgO + H_2 + 86 \text{ Kal.}$$

auf den vorliegenden Fall Anwendung. Der bei der Reaktion freiwerdende Wasserstoff verbrennt an der Luft und trägt in hohem Grade zur Steigerung der Temperatur bei. Nach einer Privatmitteilung von G. OLLENDORF sind Mischungen von Mg mit Kristallwasser enthaltenden Oxydationsmitteln indes nicht lange haltbar. Wo daher eine längere Haltbarkeit gefordert wird, tut man besser daran, Mischungen von Mg mit von Kristallwasser freien bzw. entwässerten Oxydationsmitteln herzustellen, wobei der Bereitung zustatten kommt,

[1] D. R. P. Nr. 111155 von YORK SCHWARZ.
[2] EDERS Jahrb. f. Phot. 1907, S. 330.

daß entwässerte Sulfate meist nicht entfernt in dem Maße hygroskopisch sind, wie z. B. die in der Blitzlichtphotographie auch verwendeten Nitrate.

Das für die Blitzlichtmischung verwendete Sulfat wird beim Abbrennen der Mischung bis zur Erschöpfung seines Sauerstoffgehaltes reduziert. Der Verbrennungsvorgang spielt sich daher in seiner ersten Phase ab nach der Gleichung:

$$4\,Mg + R_2SO_4 = 4\,MgO + R_2S;\ R_2 = K_2,\ \text{Ca usw.}$$

In welchem Umfange das bei der Reaktion gebildete Schwefelmetall wieder einer Oxydation an der Luft unterliegt, entzieht sich vorläufig unserer Beurteilung. Auf jeden Fall aber sind wir berechtigt, die an die Luft abgegebene schwache Rauchwolke als nicht ausgesprochen schädlich für die Gesundheit anzusehen. Was die von Mg-Blitzpulvern entwickelte Rauchmenge betrifft, so können wir eine plausible Erklärung für die Erscheinung, daß die von sogenannten rauchschwachen Blitzlichtmischungen ausgestoßene Rauchmenge sich dem Auge geringfügiger darstellt, als dem verbrannten Magnesium entspricht, vorläufig n i c h t geben. Wir müssen annehmen, daß das feinflockige, das Licht stark reflektierende MgO bei sogenannten rauchschwachen Blitzlichtpulvern, wie sie z. B. mit vielen Sulfaten und den Nitraten der seltenen Erden erhalten werden, mit dem Verbrennungsrückstand des Sauerstoffträgers zu einem wesentlich dichteren, vom Auge schwerer wahrnehmbaren Aggregat vereinigt wird.

b) Mischungen von Mg mit Sulfiten (Tab. 8). Wie zu erwarten war, ist auch der Sauerstoff in den Salzen der schwefligen Säure für Mg-Blitzlichtmischungen disponibel. Die entwickelte Energie ist etwa die gleiche wie die der entsprechenden Sulfate (s. Tab. 8), jedenfalls nicht geringer. Auch hier findet eine vollständige Reduktion zu Schwefelmetall statt:

$$3\,Mg + R_2SO_3 = 3\,MgO + R_2S;\ R_2 = Na_2,\ \text{Ca usw.}$$

Auch Mischungen von Mg mit Natriumthiosulfat (Fixiernatron entwässert) und Kaliummetabisulfit brennen blitzartig ab (Nr. 42 und 43 der Tab. 6). Die Mischung mit Natriumthiosulfat ist sogar recht schnell und ergibt nur eine mittlere Rauchdichte.

c) Mischung von Mg mit Kaliumpersulfat (Tab. 8). Die Überschwefelsäure bzw. ihre Salze werden nach einem elektrolytischen Verfahren gewonnen, das technisch und wissenschaftlich außerordentlich interessant ist. Obwohl dabei die Schwefelsäure bzw. ihre sauren Salze das Ausgangsmaterial bilden, sind die Überschwefelsäure bzw. ihre Salze dennoch grundverschieden von der Schwefelsäure, indem in der Überschwefelsäure zwei Sulfogruppen SO_3H durch die Peroxydgruppe O — O zu dem Komplex $HO_3S — O — O — SO_3H$ vereinigt worden sind. Durch die Anwesenheit der Peroxydgruppe haben die überschwefelsauren Salze zum Teil endotherme Natur. Sie geben ihren Sauerstoff in Mischungen mit Mg mit Vehemenz ab und liefern sehr schnelle Blitzpulver. Ihre Verwendung in der Blitzlichtphotographie hat P. Janko[1] vorgeschlagen.

Eine Mischung von 1 Teil Mg mit 2 Teilen Kaliumpersulfat ist im Handel. Da Aktinität und Rauchbeschaffenheit indes zu wünschen übrig lassen, ist nicht zu erwarten, daß die Alkalipersulfate sich als Sauerstoffträger in der Blitzlichtphotographie durchsetzen werden. Das Ammonpersulfat ist stark hygroskopisch. Salze der Überschwefelsäure mit Erdalkalimetallen (Calcium, Strontium) oder Schwermetallen, insbesondere den Elementen der Eisengruppe oder den Metallen der seltenen Erden (Cerium und Thorium), sind nicht versucht worden. Sie standen dem Verfasser nicht zur Verfügung. Eine Untersuchung in dieser

[1] Phot. Rundschau 1896, S. 28.

Richtung verspricht indes Erfolg, da zu erwarten ist, daß Aktinität und Rauchbeschaffenheit eine wesentliche Aufbesserung erfahren, wenn an die Stelle der Alkalimetalle Metalle der genannten Gruppen treten.

d) Mischungen von Mg mit Nitraten (Tab. 7). Mit den Nitraten ist in der Blitzlichtphotographie viel experimentiert worden. Sie sind mit ihrem zwar endotherm, aber dennoch nicht übermäßig lose gebundenen Sauerstoff für die Verwendung in Blitzlichtpulvern gewissermaßen prädestiniert. Leider sind die meisten Nitrate stark hygroskopisch. Stark hygroskopische Nitrate dürfen zur Bereitung von Blitzlichtpulvern nicht verwendet werden, weil solche Blitzlichtpulver bei der Wasseraufnahme verderben und dann entweder nicht zünden oder aber in einem gewissen Stadium der hydrolytischen Spaltung des Nitrats (in Base und Salpetersäure) Selbstentzündung und Explosionsgefahr heraufbeschwören.

Die wenigen, genügend luftbeständigen Nitrate haben eine sehr unterschiedliche Brauchbarkeit für die Bereitung von Blitzpulvern. Die Alkalinitrate müssen als wenig brauchbar bezeichnet werden. Der Natronsalpeter ist hygroskopisch. Der von MEYDENBAUER zuerst vorgeschlagene Kalisalpeter (Tab. 8) kommt für die Bereitung von Blitzlichtmischungen ebenfalls nicht in Frage, weil:

α) die Aktinität der damit bereiteten Pulver nicht ausreicht,

β) diese Blitzpulver einen sehr dichten Rauch erzeugen und

γ) dieser Rauch für die Atmungsorgane nicht unschädlich ist.

Die Verbrennung der Mischungen von Mg mit Nitraten verläuft sehr wahrscheinlich unter intermediärer Bildung von Nitriden, die an der Luft unter Eliminierung von Stickstoff verbrennen, z. B.:

$$4\,Mg + KNO_3 = 3\,MgO + KNMg;$$
$$2\,KNMg + 3\,O = K_2O + 2\,MgO + N_2.$$

Es entsteht daher bei Verwendung von Kalisalzen das für die Atmungsorgane zum mindesten lästige Ätzalkali (K_2O).

Von den Nitraten der alkalischen Erden wurde das nicht hygroskopische Strontiumnitrat schon im Jahre 1887 von MEYDENBAUER für die Blitzlichtbereitung vorgeschlagen.[1] Mischungen von Mg mit den Nitraten der anderen alkalischen Erden sind auch versucht worden.[2] F. NOVAK[3] hat neben anderen Nitraten auch Barium- und Strontiumnitrat auf Aktinität und Verbrennungsdauer untersucht. Er fand, daß beide bei gesteigerter Verbrennungsgeschwindigkeit eine mittlere (die des Kalisalpeters übertreffende) Aktinität entfalten. Auch nach Versuchen des Verfassers liefert das Strontiumnitrat eine höhere Aktinität als das Kaliumnitrat (Nr. 46 der Tab. 8). Die Rauchdichte der Mg-Strontiummischung ist indes noch zu bedeutend. Das Strontiumnitrat liefert zwar ein kontinuierliches Spektrum, ist aber für Aufnahmen auf panchromatischen Platten, z. B. für Aufnahmen auf Farbrasterplatten, nicht ohne weiteres brauchbar.

Auf zwei sehr hohe Aktinität liefernde Nitrate machte F. NOVAK in seiner Veröffentlichung vom Jahre 1907 aufmerksam: das Cadmiumnitrat und das Zinknitrat. F. NOVAK stellte ferner fest, daß man die wegen der Hygroskopizität des Cadmiumnitrates zur Selbstentzündung neigende Mischung mit Mg stabilisieren kann, wenn man das Cadmiumnitrat schwach basisch macht.

Blitzlichtmischungen, die bei hoher Aktinität und ausreichender Ver-

[1] EDERS Jahrb. f. Phot. 1889, S. 378.

[2] D. R. P. Nr. 133690.

[3] Phot. Korr. 1907, S. 388.

brennungsgeschwindigkeit ein Minimum an Rauch ergeben, stellte zuerst G. Ollendorf mit Hilfe der Nitrate der seltenen Erden dar[1] (Tab. 8).

Diese Nitrate ergeben ebenfalls ein kontinuierliches Spektrum und sind, wie J. M. Eder zuerst feststellte und F. Novak weiter ausführte, für Aufnahmen farbiger Gegenstände, insbesondere auf Farbrasterplatten (Autochromplatte, Agfa-Farbenplatte) ausgezeichnet verwendbar. Bei Benutzung der Agfa-Farbenplatte bedarf es nur der Verwendung eines Äskulinfilters, dessen Funktion dabei darin besteht, einen Rest ultravioletten Lichtes zu absorbieren. Wir werden uns mit solchen Aufnahmen weiter unten ausführlich beschäftigen.

e) Mischungen von Mg mit Nitriten (Tab. 8). Die Salze der salpetrigen Säure (Nitrite) sind bisher, weil sauerstoffärmer als die Nitrate, neben diesen in der Blitzlichtphotographie nicht beachtet worden. Nun ist bekannt, daß die Nitrite eine wesentlich geringere Bildungswärme und daher einen labileren Bau haben als die Nitrate. Infolge dieser ungesättigten Natur sind die Nitrite insbesondere bei höheren Temperaturen befähigt, ihren Sauerstoff mit größter Vehemenz abzugeben. Die Überlegenheit der Nitrite gegenüber den Nitraten hinsichtlich ihrer Oxydationswirkung tritt auch bei gewöhnlicher Temperatur in zahlreichen Reaktionen zutage. Wir wissen, daß die salpetrige Säure im Gegensatz zur Salpetersäure Jodwasserstoff sofort oxydiert:

$$HNO_2 + HJ = J + H_2O + NO$$

und daß Ferroverbindungen in saurer Lösung schon in der Kälte und bei großer Verdünnung zu Ferriverbindungen oxydiert werden.

Damit in Übereinstimmung liefern Mischungen von Mg mit den Nitriten ein Höchstmaß an Aktinität (Tab. 8).

Wie die Nitrate sind auch die Nitrite meist stark hygroskopisch. Bei dem Natriumnitrit und dem Silbernitrit tritt diese üble Eigenschaft indes soweit zurück, daß mit diesen Nitriten gut gearbeitet werden kann. Ein besonderes Interesse verdient das in der Teerfarbenindustrie in so bedeutenden Mengen verbrauchte Natriumnitrit. Die Gelbaktinität seiner Mischungen mit Mg wird von keiner anderen zurzeit bekannten Blitzlichtmischung erreicht. Leider läßt die Rauchbeschaffenheit zu wünschen übrig, indem, wie beim Kalisalpeter, ein dichter Rauch auftritt, der die Schleimhäute angreift.

Für Aufnahmen auf Farbrasterplatten (Autochromplatte, Agfa-Farbenplatte) haben die Magnesium-Nitritmischungen den großen Vorteil, daß ohne irgendwelche Filter Bilder mit richtiger Farbenverteilung erzielt werden können. Bei einer Abblendung der Linse auf 1:9 ermöglichten 2 g der Mischung, in 2 bis 3 m Entfernung vom Objekt abgebrannt, Normalexpcsition.

Mischungen von 1 g Mg mit 1 g Natriumnitrit, auf dem Aluminiumblech erhitzt, verpuffen erst bei beginnender Rotglut. Durch Schlag (Eisen auf Eisen) zündete die Mischung in einzelnen Fällen; meist konnte sie jedoch zu einer glänzenden Platte breitgeschlagen werden, ohne zu zünden.

f) Mischungen von Mg mit Chloraten und Perchloraten (Tab. 8). Während die neuzeitliche Chemie Mittel und Wege gefunden hat, elementaren Stickstoff und Sauerstoff zu einer niederen Stickstoff-Sauerstoffverbindung, dem Stickoxyd NO, zu vereinigen und von dieser aus die höheren Stickstoff-Sauerstoffverbindungen bis zur salpetrigen Säure und zur Salpetersäure aufzubauen, ist es bis jetzt nicht gelungen, elementares Chlor mit elementarem Sauerstoff zu verbinden. Die endothermische Vereinigung erfolgt auf einem Umweg, bei dem ein hochexotherm verlaufender Prozeß gewissermaßen als Vorspann dient. Dieses Verhalten läßt uns die Spannung ermessen, die in diesem niedrigen Oxyd

[1] D. R. P. Nr. 158215.

des Chlors aufgespeichert ist. Zum Glück wächst diese Spannung nicht mit dem Eintritt weiterer Sauerstoffatome, vielmehr ist das Gegenteil der Fall; wir sehen, daß ganz so wie bei den höheren Sauerstoffverbindungen des Stickstoffes die Beständigkeit der Chlorsauerstoffverbindungen mit steigendem Sauerstoffgehalt zunimmt und in den Salzen und Hydraten der Perchlorsäure $HClO_4$ ein Höchstmaß erreicht.

Die Blitzlichtphotographie operierte anfangs nicht mit diesen beständigen Verbindungen, sondern bediente sich des viel labileren Kaliumchlorats $KClO_3$ und suchte obendrein dessen Energie noch durch Zugabe von Schwefelantimon und sogar rotem Phosphor zu vergrößern. Diese explosiven Mischungen hat man indes bald verlassen müssen, weil sie sich als zu gefährlich erwiesen und zu Unglücksfällen führten. Weit weniger gefährlich ist schon die Mischung aus Magnesium mit Kaliumchlorat ohne die erwähnten Zusätze und noch harmloser ist die Mischung mit Kaliumperchlorat, dessen Einführung im Jahre 1889 wir MÜLLER[1] verdanken. Das Mg reagiert bei der Verbrennung mit Kaliumchlorat und Kaliumperchlorat nach den Gleichungen:

1. $3\,Mg + KClO_3 = 3\,MgO + KCl$;
2. $4\,Mg + KClO_4 = 4\,MgO + KCl$.

Die Umsetzung erfolgt unter kräftigen Puffen und die Rauchdichte ist sehr bedeutend. Der entstandene Rauch ist, da er aus Magnesiumoxyd und dem ebenfalls harmlosen Chlorkalium besteht, für die Atmungsorgane unschädlich.

Bei der Bereitung der Mischungen wird die abgewogene Menge des Chlorates bzw. Perchlorates im Mörser auf den gewünschten Feinheitsgrad zerrieben, auf ein Stück Papier geschüttet und mit dem Magnesium sorgfältig vermischt. Das geschieht am besten mit dem Finger. Unter diesen Umständen ist jede Gefahr gebannt. Man beachte im übrigen die auf S. 53 bis 55 mitgeteilten Vorsichtsmaßregeln und mache es sich zur Regel, beim Hantieren mit Blitzlichtmischungen **niemals zu rauchen**.

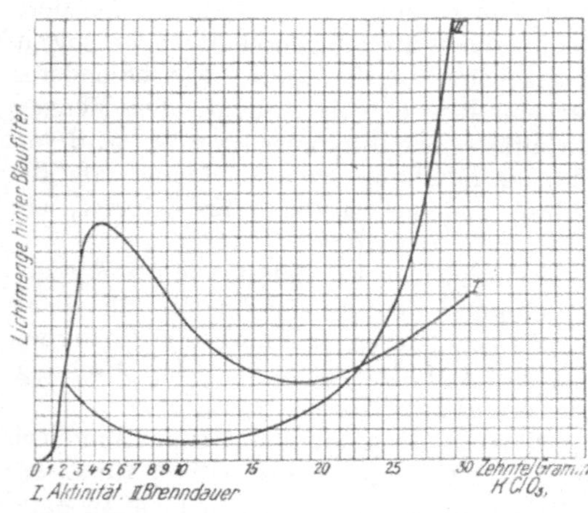

Abb. 13. Beziehung zwischen der Aktinität und der Brenndauer von Mg-Chloratmischungen

Sollen größere Mengen (über 10 g) der Mischung verbrannt werden, so bilde man aus dem Pulver einen langen Wall. Über die beste Art der Zündung werden wir noch hören. Es möge hier nochmals betont werden, daß Chlorat- oder Perchloratmischungen durch die sogenannte Perkussionszündung (Zündblättchen usw.) zur Explosion gebracht werden können. Man vermeide daher die Perkussionszündung. Gefahrlos ist die Zündung mit Salpeterpapier, die elektrische Zündung und die Zündung vermittelst des Sprühfunkens pyrophorer Metalle.

Da Unklarheiten darüber vorliegen, in welchem Zusammenhang Aktinität, Brenndauer und Flammenbeschaffenheit stehen und wie diese charakteristischen Merkmale jeder Blitzlichtflamme sich ändern, wenn man den Prozentgehalt der

[1] MÜLLER, Bedeutung und Verwendung des Magnesiumlichtes in der Photographie, Weimar 1889.

Mischung an dem Sauerstoffträger sukzessive ändert, so sollen diese Verhältnisse an einem Beispiel gezeigt werden. Hiezu eignet sich besonders gut das Chloratgemisch (Tab. 8).

Den gewonnenen Zahlen und dem Kurvenbild in Abb. 13 entnehmen wir, daß schon verhältnismäßig sehr geringe Mengen Chlorat genügen, der Flamme eine bedeutende photochemische Helligkeit zu erteilen, so daß diese bei etwa 0,5 g Chlorat bereits ein Höchstmaß erreicht. Wir beobachten weiter, daß die photochemische Helligkeit nunmehr langsam abfällt und zwischen 1,5 und 2 g Chlorat, also gerade da, wo nach der Formel

$$3\,Mg + KClO_3 = 3\,MgO + KCl$$

äquivalente Mengen von Magnesium und Chlorat aufeinander einwirken, ein Minimum erreicht, um bei weiterer Steigerung der Chloratmenge nochmals etwas anzuwachsen. Bei Chloratmengen von 0 bis 0,30 g bleibt ein Rückstand, der noch unverbranntes Magnesium enthält. Dieser Rückstand bildet bei den Bestimmungen Tabelle 8 Nr. 61 bis 63 einen kompakten Haufen. Hier findet im Moment der Zündung nur an der Oberfläche des Häufchens eine Vergasung des Magnesiums unter Flammenbildung statt, der Rest glimmt kurze Zeit nach und erlischt dann. Bei den Bestimmungen Tabelle 8 Nr. 64 bis 67 findet dagegen bereits eine energische Vergasung des Magnesiums statt, die immer noch unvollständig ist, so daß zusammengesinterte Partikelchen des Gemisches verspritzt werden. Von der Chloratmenge 0,35 g an ist die Verbrennung des Magnesiums vollständig.

Bei den Mischungen mit kleinen Chloratmengen ist auch die Bestimmung der Brenndauer unsicher. Es findet hier ein kurzes Aufblitzen an der Oberfläche statt, dessen Dauer wechselt. Erst von der Chloratmenge 0,20 g an ist das Ergebnis konstant. Wir bemerken ferner, daß die kürzeste Brenndauer keineswegs mit der größten photochemischen Helligkeit zusammenfällt. Als das für die photographische Praxis günstigste Ergebnis haben wir eine Chloratmenge von 0,5 g auf 1 g Mg anzusehen, indem hier ein Höchstmaß an photochemischer Helligkeit bei einer Brenndauer von 0,116 Sekunden vorliegt, die für die meisten photographischen Aufnahmen ausreicht.

Lehrreich und wichtig für das Studium der Blitzlichtreaktion sind photographische Aufnahmen der erzeugten Flamme, indem das Flammenbild die aus den Bestimmungen der photochemischen Helligkeit und der Brenndauer gewonnenen Ergebnisse sehr oft ergänzt und wichtige Schlüsse für die photographische Praxis vermittelt. Hierauf hat schon J. M. Eder wiederholt hingewiesen. Die Betrachtung der gewonnenen Flammenbilder, deren Abbildung hier zu viel Raum einnehmen würde, ergibt, daß bei den Mischungen mit einem Chloratgehalt unter 0,35 g ein Verspritzen brennender Teilchen stattfindet. Diese Erscheinung ist für die photographische Praxis natürlich nicht erwünscht. Die Flammenaufnahmen zeigen, daß photochemische Helligkeit und Flammengröße korrespondieren; sie zeigen ferner, daß die Flamme mit wachsender Schnelligkeit der Mischung an Umfang abnimmt, um schließlich bei den größeren Chloratmengen von 2 g an die gestreckte Form der Zeitlichtflamme anzunehmen.

Die Bestimmungen von Nr. 76 bis 80 (Tab. 8) lassen vermuten, daß bei dem Kaliumperchlorat $KClO_4$ ganz ähnliche Zusammenhänge bestehen wie bei dem Kaliumchlorat. In der photographischen Praxis sind von verschiedenen Seiten Mischungen von 1 Teil Mg mit 2 Teilen Kaliumperchlorat vorgeschlagen worden. Das ist deshalb nicht recht verständlich, weil diese Mischung (Nr. 76 der Tab. 8) bei einer Brenndauer von nur 0,04 Sekunden die Luft in so hohem Maße erschüttert, daß etwas nervöse Menschen eine Wiederholung der Aufnahme ablehnen. Verringert man die Menge des Perchlorats, so nimmt die Intensität des Knalles mit zunehmender Brenndauer ab. Dabei wächst die Aktinität der Mischung in so hohem Maße, daß wir bei dem Verhältnis von 0,25 g $KClO_4$ auf 1 g Mg etwa die dreifache Gelb- und nahezu die vierfache Blauaktinität erzielen.

Unter den von mir ausgeführten Versuchen hat das Mischungsverhältnis von 0,25 g Kaliumperchlorat auf 1 g Mg die höchste Blauaktinität von 13759 HK ergeben. Das Ergebnis ist demjenigen des Versuches Nr. 55 (Tab. 8) an die Seite zu stellen, wo eine Mischung von 0,25 g Natriumnitrit auf 1 g Mg die höchste Gelbaktinität von 60388 HK ergeben hatte.

g) Mischung von Magnesium mit Salzen der Übermangansäure (Kaliumpermanganat; Tab. 8). Kaliumpermanganat und noch mehr Calciumpermanganat sind Sauerstoffträger von außerordentlich hohem Oxydationspotential. Das Kaliumpermanganat hat eine ziemlich ausgedehnte Anwendung gefunden, da es lichtstarke, schnelle und unempfindliche Mischungen mit Mg ergibt. Nach J. M. EDER und E. VALENTA[1] resultieren als Verbrennungsprodukte Ätzkali, Manganoxyd und MgO. Der entstehende Rauch ist daher dicht, bräunlich gefärbt und für die Atmung nicht unschädlich. Diese üblen Eigenschaften haben die Wirkung gehabt, daß man neuerdings vom Permanganatgemisch überall da, wo die Rauchfrage berücksichtigt werden muß, mehr und mehr abkommt.

h) Mischung von Magnesium mit Chromaten, Wolframaten und Molybdaten (Tab. 6). Die Salze der sogenannten säurebildenden Metalle Chrom, Molybdän und Wolfram sind keine geeigneten Sauerstoffträger. Chromate und Bichromate kommen schon deswegen nicht in Betracht, weil es nicht angängig ist, Chromverbindungen in einem Raum zu zerstäuben, in welchem Menschen atmen müssen, da bekanntlich alle Chromverbindungen, durch die Nase eingeatmet, die Nasenscheidewand und bei fortdauernder Wirkung auch die tieferliegenden Organe zerstören. Ihre Mischungen mit Magnesium sind außerdem weder genügend lichtstark noch ausreichend schnell.

D. Verwendung des Magnesiums in der Form des Zeitlichtes

Zeitlichtmischungen haben nicht die gleiche allgemeine Anwendung gefunden wie Blitzlichtmischungen. Das ist wohl verständlich, da sie für Personenaufnahmen, dem weitaus größten Anwendungsgebiet der Magnesiumlichtquelle, nicht im gleichen Maße brauchbar sind wie Blitzlichtgemische. Nichtsdestoweniger weist die photographische Praxis zahlreiche Fälle auf, wo die Verwendung eines Zeitlichtes durchaus am Platze ist. Ihre Bereitung läuft im wesentlichen auf eine geeignete Dosierung zwischen dem Mg und einem Sauerstoffträger, bzw. einem Sauerstoffträger und einem Verdünnungsmittel für diesen hinaus. Auch Aluminiumpulver fand für die Herstellung von Zeitlichtgemischen Verwendung. So stellte F. NOVAK in einem Zeitlichtpulver der Fa. G. KREBS in Offenbach a. M., die als erste diesen Weg zur Bereitung einer langsam und ruhig abbrennenden, hochaktinischen Lichtquelle beschritt, folgende Bestandteile fest:[2]

Aluminium	20,7%
Magnesium	2,1%
Strontiumnitrat	50,0%
Strontiumcarbonat	27,0%
Amorpher Phosphor	0,5%

[1] EDERS Jahrb. f. Phot. 1892, S. 372.
[2] EDERS Jahrb. f. Phot. 1903, S. 221.

Die Carbonate eignen sich als Verdünnungsmittel. Der Phosphor befördert ein gleichmäßiges Abbrennen der Mischung. Er ist indes entbehrlich, wenn man für die richtige Wahl und Dosierung der übrigen Bestandteile und ihre völlig trockene Beschaffenheit und gleichmäßige Pulverisierung Sorge trägt.

F. NOVAK stellte phosphorfreie, explosionssichere und raucharme Zeitlichtgemische durch Mischung von Mg mit Cer- bzw. Strontiumnitrat und Calcium- bzw. Strontiumcarbonat her[1] und veröffentlichte folgende Tabelle über die Ergebnisse seiner Versuche (s. Tab. 6): Sauerstoffträger wie Verdünnungs-

Tabelle 6. Zeitlichtgemische

Zeitlichtgemische nach F. NOVAK	Relative chemische Leuchtkraft in bezug auf Bromsilbergelatine in Meter-Sekunden-Kerzen (MSK) von Gemengen mit 1 g Magnesium	Verbrennungsgeschwindigkeit in Sekunden von 5 g Zeitlichtgemisch
1,0 g Magnesium 0,7 g Cernitrat 0,3 g Strontiumcarbonat	160000	5,5
1,0 g Magnesium 0,6 g Cernitrat 0,4 g Strontiumcarbonat	140000	4,5
1,0 g Magnesium 0,5 g Cernitrat 0,5 g Strontiumcarbonat	125500	4,8
1,0 g Magnesium 0,6 g Strontiumnitrat 0,4 g Strontiumcarbonat	140000	1,3
1,0 g Magnesium 0,4 g Strontiumnitrat 0,6 g Strontiumcarbonat	130000	4,3
1,0 g Magnesium 1,0 g Magnesiumcarbonat	86500	11,2
1,0 g Magnesium 1,0 g Calciumcarbonat	67000	25,0

mittel haben wie beim Blitzpulver auf die spektrale Beschaffenheit des erzeugten Zeitlichtes einen ausschlaggebenden Einfluß. Soll daher eine für den langwelligen Teil des sichtbaren Spektrums sensibilisierte Platte verwendet werden, so ist es zweckmäßig, das Zeitlicht entsprechend abzustimmen. Dies kann durch kombinierte Verwendung bzw. Zugabe von Salzen des Natriums, Calciums und Strontiums geschehen. Hiedurch gelingt es unschwer, mit Hilfe einer guten panchromatischen Platte alle Helligkeitswerte des Bildes in ihrer richtigen Abstufung wiederzugeben. Solche panchromatischen Zeitlichtmischungen brachte die oben erwähnte Firma G. KREBS in Offenbach a. M. in den Handel.

7. Behelfe und Anordnungen zur praktischen Ausübung der Blitzlichtphotographie. Dem Blitzlicht haften zwei Eigenschaften an, auf die wir immer wieder Rücksicht nehmen müssen: seine Feuergefährlichkeit und die unvermeidbare Raucherzeugung. Diese Nachteile lassen sich nicht beseitigen, nur vermindern, indem wir alle anderen Maßnahmen bei der Aufnahme so treffen,

[1] EDERS Jahrb. f. Phot. 1908, S. 145.

daß wir mit einer Mindestmenge an Blitzpulver auskommen. Durch die Wahl eines lichtstarken Objektivs läßt sich gegebenenfalls nur bei der Aufnahme von Porträts etwas erreichen. In den weitaus meisten Fällen bedingt die Natur der für Blitzlichtaufnahmen geeigneten Objekte, daß eine ziemlich weitgehende Abblendung des Objektivs durchgeführt werden muß. Diese Lage der Dinge führt somit dahin, daß wir für Blitzlichtaufnahmen ein höchstempfindliches Negativmaterial (Platte oder Film) fordern.

Die Blitzlichtflamme wirkt zwar nicht punktförmig, hat aber im Vergleich zur Tageslichtbeleuchtung durch ein oder mehrere Fenster eine so geringe Ausdehnung, daß stets eine sehr kontrastreiche Beleuchtung vorliegt. Um diese zu bewältigen, brauchen wir ein Negativmaterial, dessen Gradationskurve einen mehr flachen als steilen Verlauf hat und in ihrem geraden für die Aufnahme maßgebenden Teile genügend lang ist, so daß ein ausgedehnter Belichtungsspielraum vorliegt. Wir brauchen somit für die Blitzlichtphotographie ein hochempfindliches Negativmaterial (Platte oder Film) mit langer, eher flach als steil verlaufender Gradationskurve. Unsere großen Trockenplattenfabriken bringen geeignetes Negativmaterial in den Handel.

Wir können und müssen indes noch einen Schritt weiter tun und darauf Bedacht nehmen, daß die Blitzlichtflamme nicht nur reich an kurzwelligen blauen, violetten und ultravioletten Strahlen ist, sondern auch, je nach der Natur des angewandten Sauerstoffträgers, große Mengen grünen, gelben und roten Lichts aussendet. Um uns diese Strahlen dienstbar zu machen, brauchen wir naturgemäß eine Bromsilberemulsion, die außer ihrer Eigenempfindlichkeit für kurzwelliges Licht eine ausreichende Empfindlichkeit für die optisch helleren Bestandteile der Blitzlichtflamme aufweist. Wir können damit zweierlei erreichen:

a) eine weitaus bessere Ausnutzung der Blitzlichtflamme und somit, was immer im Vordergrund des Interesses steht, eine Verminderung der Pulvermenge und

b) daß sich die Objekte der Aufnahme nach ihren Helligkeitswerten richtig abbilden.

Es hat recht lange gedauert, bis sich H. W. VOGELS bahnbrechende Erfindung der Sensibilisierung von Halogensilberschichten für langwelliges Licht ausgewirkt hat. Die wichtige Erfindung war lange Zeit nicht genügend beachtet worden. Auch bot die fabrikmäßige Herstellung solcher Schichten erhebliche Schwierigkeiten. Heute verfügen wir über ein vortreffliches orthochromatisches Negativmaterial, und zwar nicht nur über ein solches, das außer für Blau für Grün und Gelb empfindlich ist (gewöhnliche farbenempfindliche Schichten), sondern auch über ein solches, das alle Bezirke des sichtbaren Spektrums gleichmäßig getreu zur Wirkung gelangen läßt (panchromatische Schichten). Hierzu haben die nach KÖNIGS Arbeiten von den HÖCHSTER FARBENFABRIKEN gelieferten vortrefflichen Sensibilisatoren wesentlich beigetragen. Der Verfasser vertritt den Standpunkt, daß panchromatische Schichten in der Blitzlichtphotographie sehr viel mehr verwendet werden sollten, als dies bisher geschehen ist. Ihre Verwendung bietet in der Tat große Vorteile und macht bei etwas Praxis nicht mehr Schwierigkeiten als jede gewöhnliche Platte. In welcher Vollendung die Trockenplattenindustrie diese panchromatischen Platten heute herstellt, wird uns besonders klar werden, wenn wir in einem späteren Kapitel die Aufnahme von Objekten in natürlichen Farben nach dem Farbrasterverfahren besprechen werden.

A. Der Aufnahmeapparat

An die eigentliche Kamera werden besondere Anforderungen nicht gestellt. Von dem Objektiv muß verlangt werden, daß es korrekt zeichnet und bei größerer

Öffnung scharfe Bilder liefert. Je wertvoller das Objektiv, um so besser ist es auch für Blitzlichtaufnahmen geeignet. Da der Ort, an dem das Blitzpulver abgebrannt wird, nur ausnahmsweise zwischen Kamera und Aufnahmeobjekt, sondern fast immer ein wenig hinter der Kamera liegt und andererseits die Wirkung des erzeugten Blitzes mit dem Quadrate seiner Entfernung vom Aufnahmeobjekt abnimmt, so wird man Blitzlichtaufnahmen zweckmäßig nicht in großen Formaten machen und vor allen Dingen die Brennweite des Objektivs nicht größer wählen, als sie nach den Forderungen einer richtigen Perspektive zu sein braucht. Die Brennweite sollte demnach nicht wesentlich größer gewählt werden als die Diagonale des verwendeten Plattenformats. Für viele Aufnahmen ist ein Objektivverschluß entbehrlich. Ist die Einstellung des Bildes besorgt, so öffnet man in der Dunkelheit oder bei schwacher Allgemeinbeleuchtung den Objektivdeckel und zündet die Blitzlichtmischung. Handelt es sich jedoch um die Aufnahme von Porträts, von kleineren oder größeren Gruppen, so wird man auf diesem Wege nur ausnahmsweise befriedigende Resultate erhalten. Der starre und schreckhafte Gesichtsausdruck, den die Personen auf mangelhaft vorbereiteten Blitzlichtaufnahmen zeigen, ist genügend bekannt. Es gibt nur einen Weg, den gequälten, unnatürlichen und darum auch unkünstlerischen Eindruck zu vermeiden: dieser Weg besteht darin, daß man die Aufnahme bei heller Allgemeinbeleuchtung, am besten sogar bei Tageslicht, vornimmt, auf ein Stillhalten der Person verzichtet, ihr vielmehr eine gewisse Bewegungsfreiheit einräumt und auf diese Weise die unnatürliche Spannung vor dem Aufleuchten der Blitzlichtflamme nicht aufkommen läßt. Wenn man es versteht, bei Erwachsenen durch Erzählen, bei Kindern durch ein Spiel Geist und Körper des Aufzunehmenden zu entspannen, so daß die Absicht der Aufnahme in Vergessenheit gerät, so gelingt es unschwer, den geeignetesten Moment für die Aufnahme zu erkennen und auszunützen.

Die für derartige Aufnahmen erforderlichen Hilfsmittel sind recht einfacher Natur. Es handelt sich einerseits um einen Objektivverschluß, der sich pneumatisch oder durch Drahtauslösung im Moment des Aufblitzens öffnen und unmittelbar nachher schließen läßt. Die meisten Handkameras besitzen einen solchen Verschluß. Anderseits ist eine Blitzlichtlampe erforderlich, deren Betätigung ebenfalls pneumatisch oder durch Drahtauslösung erfolgt. Bedient man sich eines Doppelauslösers, wie solche im Handel sind, so kann man Verschluß und Lampe gemeinsam auslösen und die Aufnahme sogar bei voller Tagesbeleuchtung im günstigsten Augenblick bewirken.

B. Aufhellungs- und Zerstreuungsschirm

Die bereits früher erwähnte Eigenart der Blitzlichtflamme, eine sehr kontrastreiche Beleuchtung zu liefern, bedingt, daß namentlich bei Porträts und kleinen Gruppen Vorkehrungen getroffen werden müssen, die Beleuchtung zu mildern. Von der Verwendung von mehr als einer Lampe bzw. von so viel Lampen, daß wenigstens eine auf der Schattenseite zur Aufstellung kommen kann, ist man aus mehreren Gründen abgekommen. Man hat gefunden, daß eine Milderung der Kontraste viel einfacher und vollständiger erreicht werden kann, indem man erstens auf der Schattenseite des Aufnahmeobjekts (Porträt oder Gruppe) einen Aufhellungsschirm aus einem weißen Stoff an der Wand anbringt und zweitens der Blitzlichtflamme ihre Punktförmigkeit dadurch nimmt, daß man in etwa 60 cm Entfernung vor der Flamme einen sogenannten Zerstreuungsschirm anordnet.

Der Aufhellungsschirm darf nicht zu klein gewählt werden und kann ge-

5*

gebenenfalls durch ein Bettlaken ersetzt werden, das man mit einigen Reißstiften an der Wand befestigt.

Dem Zerstreuungsschirm gibt man eine Größe von 1 m im Quadrat und fertigt ihn aus einem Material an — es wird Paus-, Öl- oder Seidenpapier verwendet —, das keinen allzu beträchtlichen Teil des von der Flamme gelieferten Lichtes verschluckt. Auf diesen Lichtverlust, der bis zu 30% betragen kann, ist dann natürlich bei der Bemessung der Blitzpulvermenge Bedacht zu nehmen. Der Schirm wird derart auf einem Stativ angeordnet, daß sein Mittelpunkt sich nur wenig tiefer als die Flammenmitte befindet. Die Benutzung eines Stativs für diesen Zweck läßt sich oft umgehen, indem man in genügender Höhe einen Faden durch das Zimmer spannt und an diesem das zur Zerstreuung des Lichtes bestimmte Papier befestigt.

C. Die Blitzlichtmischung

a) In einem früheren Kapitel ist bereits ausgeführt worden, daß die Natur des zugefügten Sauerstoffträgers einen weitgehenden Einfluß auf die spektrale Zusammensetzung des emittierten Lichtes hat. So lassen sich Blitzlichtmischungen herstellen, in denen das Blau, und wieder andere, in denen Gelb und Rot dominieren. Die in der Tabelle 8 für die Gelb- und Blauaktinität mitgeteilten Zahlen geben die nötigen Anhaltspunkte für die Auswahl solcher Mischungen. Wer Platten und Filme mit gewöhnlicher nicht für Grün, Gelb und Rot sensibilisierter, also im wesentlichen blauempfindlicher Schicht für seine Blitzlichtaufnahmen verwendet, würde mit einer rauchschwachen, genügend rapiden, wesentlich blauaktinischen Mischung sein Auskommen finden, wie solche z. B. mit den Sulfaten der Eisengruppe (Tab. 9 Nr. 26, 30, 32, 33) bereitet werden können. Bei Benutzung orthochromatischer Schichten geben solche Mischungen indes nur unter Verwendung eines kräftigen Gelbfilters die erwarteten Resultate; für Aufnahmen auf Farbrasterplatten sind sie wegen des Fehlens genügender Rotaktinität nicht verwendbar.

Da nun gerade die Verwendung eines orthochromatischen bzw. panchromatischen Negativmaterials für Blitzlichtaufnahmen durchaus befürwortet werden muß, so bedürfen wir auf der anderen Seite einer Blitzlichtmischung von möglichst vielseitiger Verwendbarkeit. Unter den vielen von mir geprüften Sauerstoffträgern haben nur die Nitrate der seltenen Erden (Cernitrat) Mischungen mit Magnesium ergeben, die bei geringer Rauchdichte und ausreichender Rapidität eine so ausgeglichene Allgemeinaktinität besitzen, daß sie sowohl für gewöhnliche wie auch für orthochromatische und panchromatische Schichten mit vollem Erfolg verwendet werden können.

b) Die für eine Aufnahme erforderliche Menge des Blitzpulvers ist abhängig:

α) von der chemischen Natur des dem Magnesium beigemischten Sauerstoffträgers;

β) von dem Abstande der Lichtquelle vom Aufnahmeobjekt;

γ) von der relativen Öffnung, mit der das Objektiv benutzt wird;

δ) von der Empfindlichkeit des benutzten Negativmaterials;

ε) von dem Abstand des Apparates vom Aufnahmeobjekt (Abbildungsgröße);

ζ) von der Tiefenerstreckung des Aufnahmeobjekts;

η) von der Größe des Aufnahmeraumes und dem Reflexionsvermögen seiner Wände.

Die für eine Aufnahme erforderliche Menge eines Blitzpulvers ist somit von sehr vielen Umständen abhängig. Es können daher leicht so bedeutende Irrtümer vorkommen, daß die Aufnahme mißlingt. Nur ausnahmsweise wird man in der Lage sein, durch Probebelichtungen das für eine Aufnahme gerade richtige Quantum vorher zu ermitteln. Es ist daher notwendig, die aufgeführten sieben Faktoren auf ihre Bedeutung für die vorliegende Frage zu untersuchen und einzuschätzen.

Die Faktoren α, δ und η können wir konstant halten, indem wir uns für ein bestimmtes Blitzpulver (α) und für eine bestimmte Plattensorte (δ) entscheiden und die Aufnahmen immer möglichst unter den gleichen räumlichen Verhältnissen durchführen (η).

Die Faktoren β, γ, ε und ζ sind variable Größen.

Die Aktinität der Blitzlichtflamme nimmt theoretisch mit dem Quadrate ihrer Entfernung vom Aufnahmeobjekt ab. In der Praxis wird oft der Fall eintreten, daß reflektierende Flächen eine etwas geringere Abnahme als die quadratische bewirken (β).

Die Helligkeit des Kamerabildes ändert sich mit dem Quadrat der wirksamen Blendenöffnung (γ).

Der Abstand der Kamera vom Aufnahmeobjekt (ε) erlangt Bedeutung, sobald man, wie z. B. bei Reproduktionen, bei der Abbildung von Blumen, Stilleben oder Gegenständen des Kunstgewerbes mit der Kamera sehr nahe an das Aufnahmeobjekt herangehen muß. Bei der Aufnahme von Porträts oder Gruppen spielt der Faktor ε keine wesentliche Rolle.

Faktor ζ, der die Tiefenerstreckung des Aufnahmeobjekts zum Gegenstand hat, kann die Bemessung der für eine Aufnahme erforderlichen Blitzpulvermenge gegebenenfalls wesentlich beeinflussen. Ist die Tiefenerstreckung des Objekts, wie z. B. bei großen Gruppen, bedeutend, so ist als Abstand des Aufnahmeobjekts von der Lichtquelle eine mittlere Entfernung einzusetzen und das Objektiv entsprechend stärker abzublenden, damit eine gleichmäßige Schärfe der Abbildung in allen Teilen der Gruppe erzielt wird. Diese beiden Umstände bedingen eine entsprechende Vermehrung der Blitzpulvermenge.

Die Faktoren ε und ζ sind der zahlenmäßigen Erfassung weniger zugänglich als die Faktoren β und γ und bringen einige Unsicherheit in die Bemessung der Pulvermenge. Da nun reichlich exponierte Aufnahmen sich bekanntlich stets leichter zu guten Bildern hervorrufen lassen als knapp belichtete oder gar unterbelichtete, so beherzige man die alte Regel: In allen Fällen, wo Unsicherheiten bezüglich der erforderlichen Menge des Blitzpulvers bestehen, nehme man lieber etwas zu viel als etwas zu wenig.

Die unter β (Abstand der Lichtquelle) und γ (relative Öffnung des Objektivs) angeführten variablen Größen lassen sich zusammen mit δ (Empfindlichkeit des benutzten Negativmaterials) nach dem Vorgange der Agfa derart in einer aus zwei Teilen bestehenden Belichtungstabelle vereinigen, daß durch einmalige Verschiebung ihrer beiden Teile gegeneinander die jeweils erforderliche Blitzpulvermenge abgelesen werden kann (Agfa-Blitzlichttabelle).

D. Placierung und Zündung des Blitzpulvers

Über die Placierung der kleinen dosierten Blitzlichtpackungen, die der Photohandel zur Verfügung stellt, geben die den Packungen beigelegten Gebrauchsanweisungen erschöpfend Auskunft. Fast immer wird man gut tun, die Lichtquelle seitwärts hinter der Kamera in einer solchen Höhe zur Wirkung gelangen zu lassen, daß die Schlagschatten des Aufnahmeobjekts möglichst nicht sichtbar sind und nicht in gleicher Höhe auf dem Hintergrund abgebildet werden. Auch achte man gewissenhaft darauf, daß sich keine brennbaren Gegenstände (Zerstreuungsschirm, Gardinen usw.) im Bereich der Flamme befinden.

Die Zündung der dosierten Blitzlichtpackungen des Handels erfolgt mittels Salpeterpapiers, das den Packungen beigegeben ist. Das von STOLZE und MEYDENBAUER bereits im Jahre 1887 eingeführte Salpeterpapier ist auch für loses Blitzlichtpulver viel verwendet worden, da die Zündung damit in einfachster Weise bewirkt werden kann und durchaus zuverlässig und gefahrlos ist. Zu seiner Bereitung werden 8 bis 10 cm breite Streifen von starkem Fließpapier (Filtrierpapier) durch eine warme Lösung von 1 Teil Kalisalpeter in 2 Teilen Wasser gezogen und zum Trocknen aufgehängt. Man schneidet daraus alsdann Streifen von etwa 1 cm Breite. Bei einer Zündung wird ein solcher Streifen dachförmig gefaltet und in das auf einer unverbrennlichen Unterlage (Asbestpappe, Blech) aufgehäufte Blitzlichtpulver ein wenig hineingeschoben. Es ragt dann ein längeres Stück Salpeterpapier aus der Mischung heraus, dessen freies Ende man mit Hilfe eines brennenden Streichholzes zum Glimmen bringt.

Wird die Salpeterlösung nicht in der oben angegebenen Konzentration 1 : 2, sondern dünner gehalten, so brennt das damit bereitete Salpeterpapier langsamer und geräuschloser ab.

Es ist einleuchtend, daß man den Moment der Zündung bei Benutzung von Salpeterpapier nicht völlig in der Hand hat. Bei Personenaufnahmen muß dem Modell dabei zugemutet werden, daß es in Erwartung des grellen Blitzes einige Sekunden in einer bestimmten Pose verharrt. Die Spannung, die sich des Modells dabei fast immer bemächtigt, wird durch ein leises Zischen des glimmenden Salpeterpapiers vergrößert. Man hat bald eingesehen, daß die Zündung mittels Salpeterpapiers für die Aufnahme lebender Modelle nicht ausreicht und daß hiefür eine Zündvorrichtung erforderlich ist, die den Moment der Zündung ganz dem Ermessen des Aufnehmenden unterstellt.

Man kann zur Konstruktion genügend prompt wirkender Zündvorrichtungen den elektrischen Strom in der Weise benutzen, daß ein feiner „Zünddraht" mit dem Blitzpulver überhäuft und durch Stromschluß zum Glühen gebracht wird. Viele Blitzpulver werden dabei ohne weiteres gezündet. Wo die Zündung nicht genügend zuverlässig ist, kann man eine Zwischenzündung anordnen, indem man den Zünddraht mit einem Faden aus Schießbaumwolle umwickelt. Die elektrische Zündung erfordert naturgemäß eine besondere Apparatur. Dabei ist insbesondere darauf Bedacht zu nehmen, daß unbeabsichtigte Zündungen durch eine vollkommen sichere Unterbrechung des Stromkreises ausgeschaltet sind.

Die bequemste und zuverlässigste Zündung gewährleistet zweifellos diejenige mittels des Sprühfunkens eines pyrophoren Metalls, wie sie bei der AGFA-Blitzlampe benutzt wird. Bei den Lampen dieser Art wird eine Legierung von Cer und Eisen verwendet, welche die Eigenschaft hat, beim Reiben auf einer scharfen Stahlkante sehr heiße Funken zu geben. Das Funkenbündel entzündet nicht nur leicht brennbare Gase (Benzindampf, Leuchtgas), sondern auch Blitzlichtgemische mit großer Zuverlässigkeit.

Die AGFA-Blitzlampe kommt in zwei Ausführungen in den Handel: in einer kleineren, die bis zu 3 g Blitzpulver aus der Hand abzubrennen gestattet, und in einer größeren, mittels welcher bis zu 25 g Blitzpulver gefahrlos abgebrannt werden können.

Vor der Beschickung der Lampe ist eine Feder zu spannen, deren Auslösung (durch Fingerdruck oder Drahtauslösung) die Lampe betätigt. Beide Ausführungen der Lampe werden auch mit Fuß geliefert und können in bequemer Weise mit dem Objektivverschluß derart gekoppelt werden, daß ein Doppelauslöser Lampe und Verschluß gleichzeitig betätigt. Eine genaue Gebrauchsanweisung wird jeder Lampe beigefügt.

E. Die Rauchbeseitigung

Wir haben die Rauchfrage bereits mehrfach erörtert und in den Tabellen darauf Bezug genommen. Da die Rauchentwicklung sich nicht vermeiden läßt, so werden wir uns jeweils bemühen, den bei der Aufnahme entstehenden Rauch zu beseitigen. Der einfachste Weg hierzu ist naturgemäß der, daß wir Fenster und Türen öffnen und den Rauch durch Zugluft ins Freie befördern. Wo indes nacheinander eine Reihe von Aufnahmen ausgeführt werden muß, ist dieser Weg nicht gangbar; man war daher schon früh darauf bedacht, Vorrichtungen zu konstruieren, die den Rauch auffangen und sich nachher zwecks Entleerung ins Freie tragen lassen. Unter den vielen Vorrichtungen, die im Laufe der Zeit vorgeschlagen worden sind, halte ich den von der AGFA (O. BECKER) eingeschlagenen Weg[1] für so zweckentsprechend, daß er hier mitgeteilt zu werden verdient:

„Man nehme ein altes Regenschirmgestell; den Stock verlängere man durch ein passendes Rohr aus Eisen oder Messing auf etwa 2 m. Auf dem Gestell oder dem Stativ, welches die Lampe trägt, befestige man ein kurzes Stück Rohr, in welches das Stock- bzw. Rohrende des Schirmes, leicht abnehmbar, hineinpaßt.

Über das ganze Gestell wird lose ein großer Sack aus weißem Schirting gehängt, welcher nach folgendem Rezept feuersicher imprägniert wird:

Warmes Wasser	1	Liter
Borsäure	10	g
Ammoniumphosphat	100	„
Gelatine	15	„

Der ganze Schirm wird gleichmäßig mit der etwa 40 bis 50° C warmen Lösung getränkt und möglichst schnell unter häufigem Wechseln der Hängelage getrocknet.

Es ist nicht ratsam, den Rauchfänger anzufeuchten, da dies zu großer Unsauberkeit führt und auch das Blitzpulver ungünstig beeinflußt.

Die Erfahrung hat gelehrt, daß es vorteilhaft ist, den Schirm mit seinem unteren Rande etwa $^1/_4$ m höher zu stellen als die Blitzlampe. Man hat dann den Vorteil, mit weniger Blitzpulver auszukommen, da das Blitzlicht alsdann zu einem größeren Teile noch direkt auf das Objekt fällt. Der darüber schwebende, von innen hell erleuchtete Schirm sorgt dann für die entsprechende Weichheit der Beleuchtung. Immer bleibt es aber wichtig, die Aufnahme in einem Raume zu machen, welcher helle, reflektierende Wände, zum mindesten aber eine helle Decke hat.

Der Rauchsack hat unten einen Zug und wird nach einer oder einigen Aufnahmen zusammengezogen, abgenommen und ins Freie entleert. Hierbei kommt uns wieder zugute, daß der Schirm frei über der Lampe schwebt und so über dieser leicht zusammengezogen und abgenommen werden kann, ohne daß die Lampe im Weg ist.

Auch für die Entleerung erweist sich die Schirmform als äußerst bequem. Man schließt den Schirm wie einen Regenschirm, faßt ihn an der Spitze und streicht den Inhalt nach unten restlos heraus."

8. Die Blitzlichtaufnahme. Wenn wir uns in diesem Kapitel auch im wesentlichen nur mit der technischen Seite der Aufnahme zu befassen haben, so möge doch betont werden, daß man sich auch bei Blitzlichtaufnahmen stets bemühen soll, künstlerisch Anerkennenswertes zu leisten. Vor jeder Aufnahme, ja, noch bevor man die technischen Vorbereitungen dafür trifft, versuche man daher,

[1] AGFA-Photo-Handbuch, 31.—50. Tausend, S. 131.

das zu schaffende Lichtbild nicht nur nach seiner technischen, sondern auch nach seiner künstlerischen Seite hin klar zu erfassen.

Bei der Aufnahme von Porträts verbinde man tunlichst Objektivverschluß und Blitzlampe zu gemeinsamer Betätigung mit einem Doppelauslöser und mache die Aufnahme bei heller Allgemeinbeleuchtung, am besten bei Tageslicht. Die allgemeine Anordnung bei der Aufnahme veranschaulicht die Raumskizze Abb. 14.

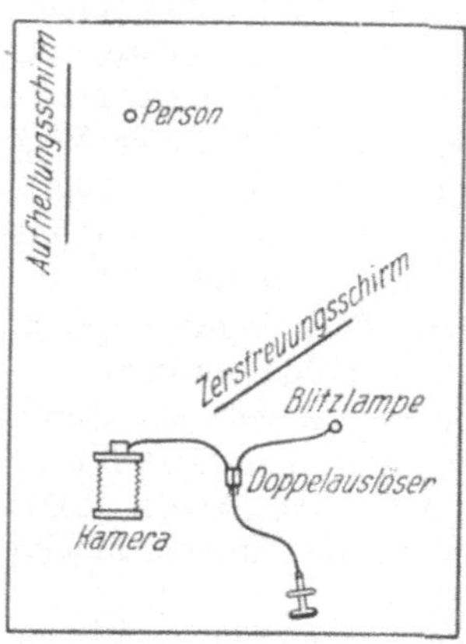

Abb. 14. Raumskizze für Blitzlichtaufnahmen

Damit etwaige Reflexbewegungen des Modells (Schließen der Augen, Zucken der Arme usw.) nicht abgebildet werden, ist es notwendig, daß die Verbrennungsdauer der Blitzlichtmischung einen bestimmten Grenzwert nicht überschreitet. Die Erfahrung hat gelehrt, daß dieser Grenzwert etwa 0,20 Sekunden beträgt. Dieser Forderung werden die Blitzlichtmischungen des Handels gerecht. Geschlossene Augen und verwackelte Gliedmaßen können daher mit Sicherheit vermieden werden, wenn man die Blitzlampe pneumatisch oder mittels Drahtauslösung betätigt; die Salpeterpapierzündung gewährleistet einen natürlichen Ausdruck der Augen selbst bei Benutzung ganz rapider Blitzlichtmischungen nicht.

Abb. 15. Anordnung von Kamera, Blitzlampe und Rauchfänger bei Blitzlichtaufnahmen

Kleine Gruppen werden wie Porträts aufgenommen. Man wird auch hier den Aufhellungsschirm nur dann entbehren wollen, wenn der Aufnahmeraum sehr helle Wände besitzt. Ist der Aufnahmeraum verhältnismäßig groß und sind seine Wände in einem dunklen Tone gehalten, so helfen sich insbesondere Berufsphotographen wohl in der Weise, daß sie innerhalb des Raumes einen kleineren Aufnahmeraum durch Anordnung weißer Vorhänge nach den Seiten und nach der Decke hin abtrennen.

Bei großen Gruppen hat ein seitlich aufgestellter Aufhellungsschirm nicht die gewünschte Wirkung. Er kann indes auch entbehrt werden, sofern Wände und Hintergrund von heller, aktinischer Farbe sind. Man placiere die Gruppe nicht zu nahe der Hinterwand, stelle die Kamera vor der Mitte der Gruppe auf und brenne die Blitzlichtmischung aus größerer Höhe, z. B. von einer

Leiter aus, ab. Ein einen Meter hinter der Leiter angebrachter großer Zerstreuungsschirm gibt dem Bilde die nötige Weichheit. Auch kombiniertes Magnesiumblitzlicht und Tageslicht ist mit Erfolg sowohl bei Porträtaufnahmen wie auch bei der Aufnahme kleiner und großer Gruppen verwendet worden. Das Tageslicht dient alsdann als schwächere Lichtquelle zur Aufhellung der Schatten.

Von der Benutzung mehrerer Blitzlampen, z. B. einer oder zweier Lampen als Hauptlichtquelle und einer Lampe zur Aufhellung der Schatten, müssen wir abraten, da es meist nicht ganz leicht ist, die Auslösung von Objektivverschluß und Blitzlampe so zu regulieren, daß alle Entzündungen untereinander und mit dem Öffnen des Objektivs zusammenfallen.

Abb. 16. Anordnung für schnellste Momentaufnahmen mit Blitzlicht

Auch zur Aufnahme von Stilleben und Gegenständen des Kunstgewerbes ist das Magnesiumblitzlicht sehr geeignet. Da es sich hierbei häufig um Abbildungen in natürlicher oder wenig davon abweichender Größe handelt, so ist hierauf bei der Bemessung der Blitzpulvermenge Rücksicht zu nehmen. Einen Anhaltspunkt bietet dabei die Tatsache, daß eine Abbildung in gleicher Größe etwa viermal so viel Licht erfordert, als ein aus größerer Entfernung aufgenommenes Bild. Die Blitzpulvermenge braucht trotzdem nicht allzu groß zu werden, da man ja diesfalls mit der Kamera näher — bei der Abbildung in gleicher Größe auf die doppelte Brennweite — an das Aufnahmeobjekt heranrückt und mit dem Blitzlicht folgen kann.

Auch zur Reproduktion von Gemälden und Bildern in Schwarz-Weiß sowie von Strichzeichnungen kann das Blitzlicht mit Vorteil benutzt werden. Bei Gemälden und Bildern unter Glas empfiehlt es sich, rechts und links von der Kamera ein entsprechendes Quantum Blitzlichtpulver abzubrennen. Gemälde erfordern die Benutzung einer guten panchromatischen Platte, die bei sachgemäßer Wahl der Blitzlichtmischung ohne Gelbscheibe Aufnahmen mit richtig abgestuften Helligkeitswerten ergeben muß.

Zur Reproduktion von Strichzeichnungen bei Blitzlicht verwende man eine sogenannte „Kontrastplatte“, die zwar weniger empfindlich ist als eine gewöhnliche Trockenplatte, wegen der vollendeten Wiedergabe von Schwarz und Weiß aber entschieden bevorzugt zu werden verdient.

Das Blitzlicht ist ferner für rein wissenschaftliche Aufnahmen in vielen Fällen mit Vorteil zu verwenden.

9. Schnellste Momentaufnahmen mit synchroner Auslösung von Blitz und Verschluß. Die Verbrennungsdauer selbst der rapidesten Blitzlichtmischung ist nicht kurz genug, um schnell verlaufende Bewegungen scharf abzubilden. Um dennoch auch mittels des Magnesiumblitzes kurze und kürzeste Momentaufnahmen gewinnen zu können, hat man die Menge des Blitzpulvers entsprechend vergrößert und die Flammenentfaltung mit einem schnell wirkenden Zentral- oder Schlitzverschluß derart gekoppelt, daß dieser in dem Moment betätigt wird, in dem die Intensitätskurve der jeweils verwendeten Blitzlichtmischung ihre höchste Amplitude erreicht.

Die Agfa hat dieser Art von Momentaufnahmen von jeher ein besonderes Interesse gewidmet und zu ihrer Blitzlampe ein Zusatzgerät geschaffen, das ebenso einfach in der Bedienung ist, wie bezüglich der Resultate Sicherheit gewährt. Der dafür herausgegebenen Gebrauchsanweisung entnehmen wir die folgenden Mitteilungen und Abbildungen.

Um mit Sicherheit den gewünschten Bildausschnitt zu erhalten, wird die Aufnahme zweckmäßig aus der Hand gemacht. Die Abb. 16 gibt einen Überblick über die Gesamtanordnung.

„Die eigentliche Auslösung des Kameraverschlusses erfolgt durch einen Flügel aus Leichtmetall in der Weise, daß durch das Aufflammen des Blitzpulvers der Flügel in die Höhe geschleudert wird. In dieser Stellung schließt er den Stromkreis einer Stromquelle und bewirkt so das Auslösen des Verschlusses.“

Abb. 17. Metallflügel mit Kontakt- und Steckvorrichtung zum Befestigen an der Agfa-Blitzlampe nach Abb. 19

Abb. 18. Auslösevorrichtung für den Kameraverschluß

Die höchste Amplitude der Intensitätskurve liegt nach den Abb. 9, 10 und 11 in ihrer ersten Hälfte. Der erwähnte Flügel kann bezüglich seiner Form und seines Gewichts unschwer so gestaltet werden, daß der Stromschluß in oder unmittelbar vor dem Moment erfolgt, in dem die Flammenaktinität ihr Maximum erreicht.

„Die Einrichtung, die den Besitz einer kleinen AGFA-Blitzlampe voraussetzt, besteht aus:

a) dem an die Blitzlampe ansteckbaren Metallflügel mit Kontakt- und Steckvorrichtung (Abb. 17);

b) der den Drahtauslöser des Kameraverschlusses auslösenden Vorrichtung (Abb. 18).

Der Apparat erfordert ferner eine elektrische Stromquelle von 4 Volt Spannung, z. B. eine gewöhnliche Taschenlampenbatterie. Der Kontaktflügel wird in einfachster Weise, wie Abb. 19 zeigt, an die AGFA-Blitzlampe angesteckt."

Die Handhabung der Auslösevorrichtung bietet keinerlei Schwierigkeiten und ist aus Abb. 20 ersichtlich. Zuerst wird (siehe Abb. 18 u. 20) der federnde Bolzen *b*, der den Druck gegen den Auslöser bewirkt, bis zum Einschnappen heruntergedrückt. Alsdann wir der Verschlußauslöser in die Vorrichtung eingeführt und mit Hilfe des Überwurfes *a* befestigt. Die an dem Bolzen befindliche Schraube *c* ist verstellbar, so daß sie der Länge jedes Auslösers angepaßt werden kann.

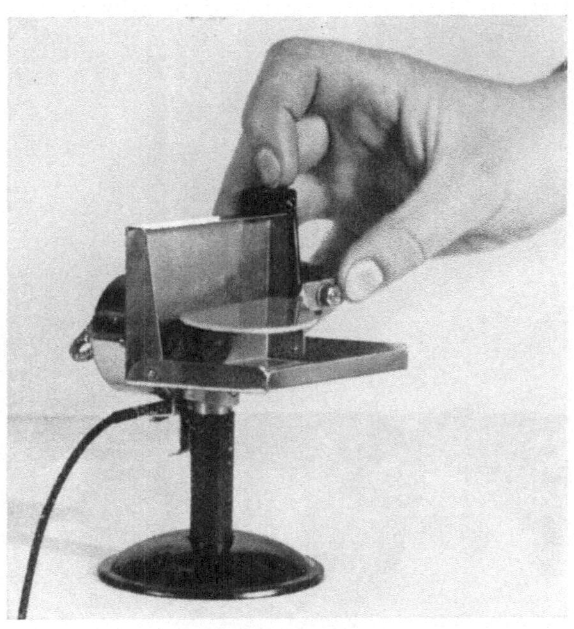

Abb. 19. AGFA-Blitzlampe mit Kontaktflügel

„Die an der Vorrichtung angebrachte Spiralfeder *d* dient dazu, die ganze Vorrichtung an der Kamera aufzuhängen. Hierdurch wird der durch die Auslösung entstehende Stoß aufgefangen, so daß er sich nicht auf die Kamera überträgt."

„Nachdem die Blitzlampe gespannt und das Pulver unter Anheben des Flügels auf die Lampe geschüttet ist, wird der Flügel bis zur horizontalen Lage auf das Pulver heruntergelegt und die beiden mit Stecker versehenen Enden der Leitungsschnur in die Steckvorrichtungen des Flügels eingeführt. Alsdann werden die beiden mit Polklemmen versehenen Enden der Leitungsschnur mit der Batterie verbunden."

„Die AGFA-Blitzlampe ist wie üblich mit Hilfe des Drahtauslösers in Tätigkeit zu setzen."

„Bei Bestimmung der für die Aufnahme erforderlichen Blitzpulvermenge ist zu berücksichtigen, daß mit Zunahme der Verschlußgeschwindigkeit ein immer geringerer Teil der Blitzdauer für die Aufnahme ausgenutzt wird. Bei Anwendung von AGFA-Blitzpulver (Cernitrat) sind hinsichtlich der in der AGFA-Blitzlichttabelle angegebenen Blitzpulvermengen für die verschiedenen Verschlußgeschwindigkeiten die nachstehenden Erhöhungen notwendig:"

„Für Aufnahmen bis $^1/_{25}$ Sek. genügt die in der Tabelle angegebene Menge,
„ „ „ $^1/_{50}$ „ „ „ 1½fache Menge AGFA-Blitzlicht,
„ „ „ $^1/_{100}$ „ „ „ 2 „ „ „ „ ,
„ „ „ $^1/_{300}$ „ „ „ 3 „ „ „ „ .

Diese Mengen gelten für mittelgroße, helle Räume. Für Aufnahmen in großen Sälen und Hallen oder in dunkel gehaltenen Räumen sind die Pulvermengen zu erhöhen.

10. Blitzlichtphotographie in natürlichen Farben auf Farbrasterplatten. Die Photographie in natürlichen Farben auf Farbrasterplatten (Autochromplatte, AGFA-Farbenplatte) hat sich einen ausgedehnten Freundeskreis erwerben können, obwohl die Expositionsdauer bei Tageslichtbeleuchtung etwa das 60fache derjenigen einer gewöhnlichen Trockenplatte beträgt. Diese den Verbrauch einschränkende geringere Empfindlichkeit tritt nun in einem sehr viel geringeren Grad in Erscheinung, wenn man die genannten Platten für Blitzlichtaufnahmen verwendet. Es benötigen z. B. Porträtaufnahmen auf Agfa-Farbenplatten mit der Objektivöffnung 1:9 bei einem Abstand der Flamme von 2,5 m nur etwa 3 g AGFA-Blitzlicht.

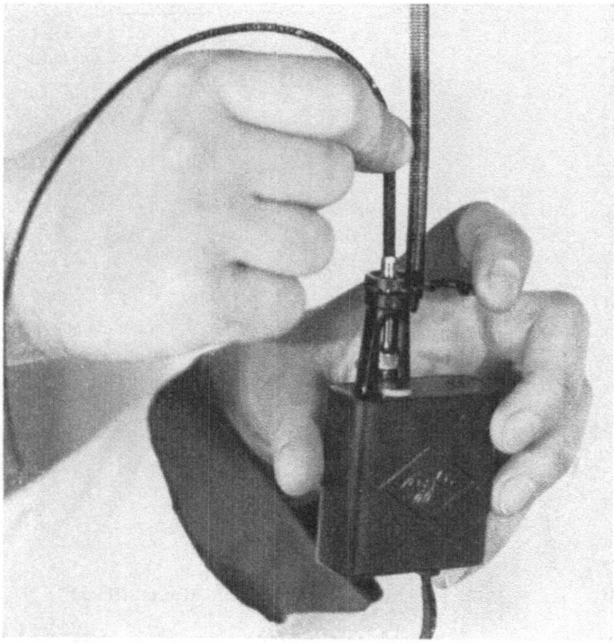

Abb. 20. Handhabung der Auslösevorrichtung

Auf eine Milderung der Kontraste durch Aufhellungs- und Zerstreuungsschirm kann man bei Aufnahmen mit Autochrom- oder AGFA-Farbenplatten verzichten, da die Schatten hier *durch ihre Farbe* natürlich wirken und nicht wie in der Schwarz-Weißphotographie so leicht den Eindruck übergroßer Härte hervorrufen.

Dagegen ist es notwendig, farbiges Reflexlicht, wie es durch Tapeten, Möbelbezüge und durch zur Dekoration verwendete Stoffe hervorgerufen werden kann, von dem Modell fernzuhalten, da sich sonst farbige Töne im Bilde zeigen, die unter Umständen deshalb störend wirken, weil ihr *Ursprung* oft nicht ohne weiteres erkennbar ist. Es empfiehlt sich gegebenenfalls dafür zu sorgen, daß nur weißes Licht auf das Modell fällt.

Über dieses schöne und doch so einfache Verfahren gibt die Broschüre: „Arbeitsvorschrift für die AGFA-Farbenplatte“ erschöpfende Auskunft.

Für den Erfolg der Blitzlichtaufnahme auf Farbrasterplatten ist die spektrale Beschaffenheit der Blitzlichtflamme von fundamentaler Bedeutung. Das AGFA-Blitzlicht (mit Cernitrat) entspricht in hohem Grade den zu stellenden Anforderungen, worauf J. M. EDER zuerst hinwies, da es bei seiner Verwendung nur eines Äsculinfilters, bzw. nach einer neueren Vorschrift der AGFA, eines ganz schwachen Gelbfilters (AGFA-Farbenfilter Nr. 29) bedarf, um völlige Naturtreue zu erzielen.

Da das vorgeschaltete schwache Filter angewendet wird, um einen Rest ultravioletten Lichtes zu absorbieren, so durfte erwartet werden, daß es gelingen würde, die spektrale Beschaffenheit des Blitzlichtes der Plattensensibilisierung so vollständig anzupassen, daß die Aufnahmen ganz ohne Filter zu farbengetreuen Bildern führen. Der Verfasser fand in der Mischung von 1 g Magnesium mit 1 g Natriumnitrit ein Blitzpulver, das diese Eigenschaft besitzt und sich gleichzeitig durch sehr hohe Allgemeinaktinität auszeichnet.

Um Blitzlichtmischungen auf ihre Eignung für Aufnahmen nach dem Farbrasterverfahren zu prüfen, kann man Spektrumaufnahmen zugrunde legen. Vorzüglich bewährte sich auch hier die Farbenskala des EDER-HECHTschen Sensitometers.

Die Tabelle 7 erläutert diese Verhältnisse näher: Zugrunde gelegt ist bei diesen Versuchen eine panchromatische Platte (phototechnische Platte B der AGFA) und eine Normalbelichtung der Platte im EDER-HECHTschen Sensitometer mit 2 mg Magnesiumband in 3 m Entfernung. Die Blitzlichtmischung wurde wie bei früheren Bestimmungen in 14 m Entfernung vom Sensitometer abgebrannt.

Tabelle 7. Eignung verschiedener Blitzlichtmischungen für Aufnahmen auf AGFA-Farbenplatten

Blitzlichtmischung aus 1 g Magnesium mit	Auf panchromatischer Platte wirksame relative Lichtmenge in HK				Verhältnis der Energiesteigerung gegenüber Normalbelichtung mit 2 mg Magnesiumband, wenn Blauwirkung = 1 gesetzt wird				Aufnahme auf AGFA-Farbenplatte mit Öffnung 1:9 und 2 g Blitzpulver in 2 m Entfernung
	Blau	Grün	Gelb	Rot	Blau	Grün	Gelb	Rot	
1,00 g Cernitrat	9506	23912	34698	49980	1	2,5	3,6	5,3	geringer Blaustich, etwas unterexp.
1,00 g Natriumnitrit ...	6566	23912	41748	49980	1	3,6	6,4	7,6	farbengetreu, richtig exponiert
0,75 g Ferriammonsulfat	3136	5449	6566	6566	1	1,7	2,1	2,1	himmelblau, unterexp.
1,00 g Calciumsulfat ..	1490	5449	7899	13720	1	3,7	5,3	9,2	dunkelrot, unterexp.
1,00 g Strontiumnitrat .	2607	5449	7899	13720	1	2,1	3,0	5,3	Blaustich, unterexp.

Bei der Betrachtung des in der Tabelle 7 Mitgeteilten erkennt man, daß Cernitrat und Strontiumnitrat sehr ähnliche Ergebnisse gezeitigt haben, wenn man davon absieht, daß das Cernitrat eine sehr viel höhere Aktinität für alle Bezirke des Spektrums ergibt. Tatsächlich haben auch die auf AGFA-Farbenplatten mit diesen beiden Sauerstoffträgern erhaltenen Aufnahmen einen sehr ähnlichen Charakter. Ferriammonsulfat und Calciumsulfat sind völlig unbrauchbar. Die Natriumnitritmischung allein hat eine einwandfreie, naturgetreue Aufnahme ergeben.

Für das weitere Studium von Blitzlichtmischungen wird man davon ausgehen können, daß eine Energiesteigerung für die verschiedenen Strahlengattungen erreicht werden muß, wie sie bei der Nitritmischung erzielt wurde, damit farbengetreue Aufnahmen auf der AGFA-Farbenplatte ohne Vorschaltung von Filtern gewonnen werden können.

Tabelle 8. Blitzlichtmischung von 1 g Magnesium mit verschiedenen Oxydationsmitteln

Laufende Nr.	g	Oxydationsmittel	Chemische Formel	Auf AGFA-Chromoplatte wirksame Lichtmenge in HK		Verbrennungsgeschwindigkeit in Sekunden	Rauch		Bemerkung
				hinter Gelbfilter	hinter Blaufilter		dünn dicht	unschädlich schädlich	
1	1,00	Selendioxyd	SeO_2	23971	11427	0,07	dicht	wahrsch. unsch.	
2	1,00	Antimonsäureanhydrid ..	Sb_2O_5	13759	6566	0,12	dicht	wahrscheinlich nicht unschädl.	
3	1,00	Siliciumdioxyd	SiO_2	341	411	—	dünn	unschädlich	Brennd. 1 Sek.
4	1,00	Borsäureanhydrid	B_2O_3	713	411	—	,,	,,	Brennd. 2 Sek.
5	1,00	Eisenoxyd	Fe_2O_3	16562	6566	0,37	,,	,,	
6	1,00	Mangansuperoxyd	MnO_2	6566	1490	0,14	mittl. Dichte	,,	
7	1,00	Calciumsilicat	$CaSiO_3$	235	235	—	dünn	,,	Brennd. etwa 2 Sek.
8	1,00	Strontiumsilicat	$SrSiO_3$	412	392	—	,,	,,	Brennd. etwa 2 Sek.
9	1,00	Borax	$Na_2B_4O_7$	706	196	—	dicht	,,	zündet schlecht
10	1,00	Aluminiumborat	—	—	—	—	—	—	zündet schlecht, verbrennt nur teilw.
11	1,00	Ferriphosphat	$FePO_4$	1490	1803	—	dünn	wahrscheinlich nicht unschädl.	verbrennt in einem Bruchteil einer Sek.
12	1,00	Magnesiumphosphat	$Mg_3(PO_4)_2$	—	—	—	—	—	Brennd. etwa 1½ Sek.
13	1,00	Calciumphosphat	$Ca_3(PO_4)_2$	—	—	—	—	—	Brennd. etwa 1 Sek.
14	1,00	Natriumsulfat	Na_2SO_4	7899	1803	—	dicht	wahrscheinlich nicht schädl.	Brennd. Bruchteil einer Sek.

15	2,00	Calciumsulfat	$CaSO_4$	3 175	1 035	—	dünn	wahrsch. unsch.	detto
16	0,75	„	„	11 427	1 490	0,10	„	„	
17	0,50	„	„	13 759	2 607	0,15	„	„	
18	0,25	„	„	16 562	3 763	0,31	„	„	
19	1,00	Aluminiumsulfat	$Al_2(SO_4)_3$	1 803	3 136	0,40	„	„	
20	1,00	Kalium-Aluminiumsulfat.	$KAl(SO_4)_2$	2 175	1 803	—	mittl. Dichte	„	detto
21	1,00	Thoriumsulfat	$Th(SO_4)_2$	2 606	2 175	—	dünn	„	detto
22	1,00	Zinksulfat	$ZnSO_4$	4 547	4 547	—	„	„	detto
23	1,00	Kupfersulfat	$CuSO_4$	2 606	1 490	—	„	wahrsch. schädl.	detto
24	1,00	Ferrosulfat	$FeSO_4$	1 803	862	—	„	wahrsch. unsch.	detto
25	1,50	Ferrisulfat	$Fe_2(SO_4)_3$	6 566	5 468	—	„	„	detto
26	0,75	„	„	16 562	5 448	0,14	„	„	
27	0,50	„	„	8 306	3 763	—	„	„	detto
28	1,50	Ferriammonsulfat	$FeNH_4(SO_4)_2 + 12\,H_2O$	3 175	1 767	—	„	„	detto
29	1,00	„	„	6 566	3 763	—	„	„	detto
30	0,50	„	„	11 427	5 449	0,18	„	„	
31	0,25	„	„	13 759	7 899	0,30	„	„	
32	1,00	Nickelsulfat	$NiSO_4 + 7\,H_2O$	7 899	3 136	0,18	„	„	
33	1,50	Kobaltsulfat	$CoSO_4$	2 607	862	—	„	„	detto
34	1,00	„	„	5 468	2 607	—	„	„	detto

Laufende Nr.	g	Oxydationsmittel	Chemische Formel	Auf AGFA-Chromoplatte wirksame Lichtmenge in HK		Verbrennungsgeschwindigkeit in Sekunden	Rauch		Bemerkung
				hinter Gelbfilter	hinter Blaufilter		dünn / dicht	unschädlich / schädlich	
35	0,75	Kobaltsulfat	$Co\,SO_4$	7899	3136	0,15	dünn	wahrsch.unsch.	
36	1,00	Natriumsulfit	Na_2SO_3	13759	1803	0,14	dicht	„	
37	1,00	Calciumsulfit	$CaSO_3$	6566	1235	0,17	dünn	„	
38	0,75	„	„	11446	1803	—	„	„	
39	0,50	„	„	11446	2170	0,25	„	„	
40	0,25	„	„	11446	4528	0,50	„	„	
41	1,00	Kupfersulfit	$CuSO_3$	5429	1490	—	mittl. Dichte	wahrscheinlich nicht unschädl.	Brennd. Bruchteil einer Sek.
42	1,00	Kaliumpyrosulfit (Kaliummetabisulfit)	$K_2S_2O_5$	2607	588	—	dicht	wahrsch. unsch.	detto
43	1,00	Natriumthiosulfat	$Na_2S_2O_3$	7899	1490	—	mittl. Dichte	„	detto
44	1,00	Kaliumpersulfat	$K_2S_2O_8$	5468	3763	0,04	mittl. Dichte	wahrscheinlich nicht unschädl.	
45	0,25	„	„	7899	4527	0,27	„	„	
46	1,00	Kaliumnitrat	KNO_3	6566	3136	0,05	dicht	nicht unschädl.	
47	1,00	Strontiumnitrat	$Sr(NO_3)_2$	13759	4547	0,05	mittl. Dichte	wahrsch. unsch.	
48	0,25	„	„	13759	5449	0,21	„	„	
49	1,00	Wismutnitrat (basisch) ..	$OBiNO_3$	9516	3136	0,09	dicht	„	

50	1,00	Silbernitrat	$AgNO_3$	13759	7899	0,07	mittl. Dichte	wahrsch. unsch.	
51	1,00	Cernitrat..............	$Ce(NO_3)_3$	23871	6566	0,17	dünn	unschädlich	
52	0,50	„	„	19914	6566	0,18	„	„	
53	0,25	„	„	16562	6566	0,30	„	„	
54	1,00	Natriumnitrit	$NaNO_2$	41728	6566	0,06	dicht	wahrscheinlich nicht unschädl.	
55	0,25	„	„	60388	7899	0,31	„	„	
56	0,10	„	„	13759	2607	0,60	„	„	
57	1,00	Kaliumnitrit	KNO_2	11427	3136	—	„	„	
58	1,00	Silbernitrit.............	$AgNO_2$	13759	5449	0,09	„	wahrsch. unsch.	
59	2,00	„	„	6566	2276	—	„	„	
60	1,00	Calciumnitrit	$Ca(NO_2)_2$	41728	4547	—	mittl. Dichte	„	
61	—	Kaliumchlorat..........	$KClO_3$	0	14,7	—			
62	0,05	„	„	37	45	—			
63	0,10	„	„	163	235	0,18	Rauchdichte bedeutend; sie nimmt mit steigendem Gehalt der Mischung an Chlorat zu	nicht schädlich	
64	0,15	„	„	2156	1803	0,25			
65	0,20	„	„	6566	4547	0,27			
66	0,25	„	„	7899	5449	0,21			
67	0,30	„	„	9506	5449	0,19			
68	0,35	„	„	13759	7899	0,186			

Laufende Nr.	g	Oxydationsmittel	Chemische Formel	Auf AGFA-Chromoplatte wirksame Lichtmenge in HK		Verbrennungsgeschwindigkeit in Sekunden	Rauch		Bemerkung
				hinter Gelbfilter	hinter Blaufilter		dünn dicht	unschädlich schädlich	
69	0,50	Kaliumchlorat	$KClO_3$	16562	7899	0,116	Rauchdichte bedeutend; sie nimmt mit steigendem Gehalt der Mischung an Chlorat zu	nicht schädlich	
70	0,75	„	„	13759	6586	0,07			
71	1,00	„	„	9506	4547	0,06			
72	1,50	„	„	9506	3136	0,10			
73	2,00	„	„	6566	2607	0,188			
74	2,50	„	„	7899	4547	0,75			
75	3,00	„	„	9506	5448	2,00			
76	2,00	Kaliumperchlorat	$KClO_4$	7899	3763	0,04	dicht	unschädlich	
77	1,00	„	„	16562	6566	—	„	„	
78	0,75	„	„	16562	6566	—	„	„	
79	0,25	„	„	23971	13759	0,18	„	„	
80	0,10	„	„	9506	6566	—	„	„	
81	1,00	Kaliumpermanganat	$KMnO_4$	13759	4528	—	„	nicht unschädl.	
82	0,75	„	„	—	—	0,07	„	„	
83	1,00	Calciumwolframat	$CaWO_4$	2607	862	2—3	dünn	wahrsch. unsch.	
84	1,00	Calciummolybdänat	$CaMoO_4$	2607	706	Bruchteil einer Sek.	„	„	

Die Sensitometrie

Von

F. Formstecher

Mit 58 Abbildungen

I. Die sensitometrische Apparatur

A. Die Lichtquellen

Man würde natürlich die Sonne, die wichtigste und uns am leichtesten zugängliche Lichtquelle als Normallichtquelle heranziehen, wenn sich bei der Benutzung des direkten Sonnenlichtes oder des diffusen Tageslichtes die an alle exakten Messungen in erster Linie zu stellende Anforderung der strengen Reproduzierbarkeit erfüllen ließe. Dies ist aber prinzipiell nicht möglich, da nicht nur der wechselnde Sonnenstand (der sich ja für jeden bestimmten Ort durch Angabe von Datum und Tageszeit präzisieren ließe) die Lichtstärke und Farbe der Sonnenstrahlung außerordentlich stark beeinflußt, sondern die genannten Faktoren auch durch die stark schwankende Absorption der Erdatmosphäre in ganz unregelmäßiger Weise verändert werden.

Im allgemeinen wird das diffuse Tageslicht an Tagen mit Sonnenschein als Farbenstandard für sensitometrische Zwecke gewählt. „Als mittleres Tageslicht ist die summierte Strahlung der Sonne und des blauen Himmels anzusehen, wie sie sich auf der Erde etwa in Meereshöhe findet; die Absorption in der Lufthülle ist also zu beobachten. Man kann annehmen, daß weiße Wolken oder eine im Freien aufgestellte Gipsfläche das mittlere Tageslicht am besten wiedergeben.[1]" R. Davis und F. M. Walters[2] empfehlen als Farbenstandard zur Eichung einer elektrischen Lampe wegen der größeren Konstanz nicht das diffuse Tageslicht, sondern das „mittlere Washingtoner direkte Mittagssonnenlicht". Das mittels Mattscheiben diffus gemachte direkte Himmelslicht kann auch als rein weißes Tageslicht betrachtet und unmittelbar als Normallicht benutzt werden.[3]

Bei Messungen, bei denen es sich nur um Feststellung des Bildcharakters (sei es im Positiv oder Negativ) oder um Bestimmung der relativen Empfindlichkeit eines photographischen Materials handelt, bei denen also z. B. keine Angabe der Schwellenwertexposition in absoluten Einheiten (Sekundenmeterkerzen oder korrekter ausgedrückt Lux × Sekunden) erforderlich ist, können wir das jeweils herrschende diffuse Tageslicht ohne weiteres benützen, wobei die mehr oder weniger erheblichen Schwankungen seiner Farbe unberück-

[1] H. Naumann, ZS. f. wiss. Phot., Bd. 23, S. 303, 1925.

[2] Scient. Pap. Bur. of Stand. U. S. A., Nr. 439, S. 17; 1922.

[3] A. Callier, Eders Jahrb. f. Phot., 1908, S. 84.

sichtigt bleiben dürfen. Unentbehrlich ist uns dagegen das oben definierte mittlere Tageslicht bei der Ermittlung der absoluten Empfindlichkeit von farbenempfindlichen Negativemulsionen, da es trotz aller darauf gerichteten Bemühungen noch nicht gelungen ist, ein Filter zu konstruieren, welches das Licht einer künstlichen Lichtquelle (z. B. das der jetzt meist benutzten Metallfaden-Glühlampe) in bezug auf die Farbe der photographisch wirksamen Strahlung dem „mittleren Tageslicht" vollständig gleich macht. (Näheres über Filter s. S. 89.)

Um das Tageslicht ohne umständliche Apparatur in abstufbarer Weise auf die jeweils erwünschte Intensität abzuschwächen, bedient man sich am besten einer Art „Röhrenphotometer", d. h. eines länglichen Kastens mit geschwärzten Wänden, an dessen Vorderseite sich eine durch Blenden verschiedenen Durchmessers ihrer Größe nach abstufbare Lichteintrittsöffnung befindet, während der skalenerzeugende Apparat (in der Regel eine Intensitätsskala) seine Aufstellung an der Hinterwand erhält.

Im Auskopierprozeß wendet man das diffuse Tageslicht stets ungeschwächt an. Als Normallicht ist hier das diffuse Tageslicht zu betrachten, wie es zur Mittagszeit in den Sommermonaten an sonnigen Tagen an der Nordseite eines Gebäudes herrscht; der Kopierrahmen wird dem Zenith zugekehrt. Ob weiße Wolken oder ein rein blauer Himmel vorhanden ist, macht im Auskopierprozeß sehr wenig aus; nur direktes Sonnenlicht ist stets zu vermeiden.

Von einer primären Normallichtquelle für sensitometrische Zwecke müssen außer der strengen Reproduzierbarkeit und der Lieferung einer in bezug auf Lichtstärke und Farbe passenden Emission noch folgende wichtige Bedingungen erfüllt werden:

1. Konstanz während einer möglichst langen Gebrauchsperiode.
2. Größtmögliche Unabhängigkeit von äußeren Faktoren (Luftdruck, Luftfeuchtigkeit u. dgl.).

Schon lange kennt man in der Photometrie visuelle Normallichtquellen, die aber sensitometrisch nur bedingt und in vielen Fällen gar nicht brauchbar sind. Bei der Photometrie ist nämlich die Farbenempfindlichkeit des Auges das allein maßgebende Kriterium und diese ist bei allen Beobachtern praktisch gleich, unter den photographischen Präparaten finden wir aber solche mit den verschiedensten Empfindlichkeiten für die einzelnen Spektralgebiete und je nach der Farbe der angewendeten Lichtquelle würden wir zu den widersprechendsten Angaben über die relative Empfindlichkeit der Präparate kommen, wenn wir nicht zunächst die Farbe der Normallichtquelle festlegten.

Handelt es sich ausschließlich um den Kopierprozeß (die Erzeugung des positiven Bildes nach einem neutralgrauen Negativ), so können wir ruhig mit einer Lichtquelle beliebiger Farbe arbeiten. Wichtig ist nur, daß wir alle zu vergleichenden Präparate bei der gleichen Lichtquelle untersuchen. Hier darf irgend eine visuelle Normallichtquelle benutzt werden; eine möglichst weiße ist natürlich auch hier vorzuziehen.

Bei Negativemulsionen ist dagegen die Farbe des Lichtes von einschneidender Bedeutung für das Resultat der Messung. Nur wenn die Farbe der Lichtquelle der Farbe des „mittleren Tageslichtes" möglichst nahe kommt, erhalten wir beim Vergleich von Emulsionen verschiedener Farbenempfindlichkeit ein Ergebnis, das praktisch verwertbar ist.

Als künstliche Lichtquelle kommen im wesentlichen nur Temperaturstrahler (thermaktine Lichtquellen nach WARBURG) in Betracht. Verwenden wir nun eine der gelblichen oder gar rötlichen Normallichtquellen, wie sie in der Photometrie üblich sind, so liefert eine orthochromatische (gelbempfindliche) Platte mit einer gewöhnlichen (blauempfindlichen) Platte verglichen ein viel zu günstiges Resultat, aus dem man keinen brauchbaren Schluß auf ihre praktische Verwertbarkeit bei Tageslicht ziehen kann. Als primäre sensitometrische Lichtquelle kommt (da kein Filter mit genügender Genauigkeit reproduzierbar ist) nur eine solche in Betracht, deren Farbe ohne Einschaltung eines Filters dem mittleren Tageslicht möglichst nahe kommt. Das beste Kriterium für die Farbe eines Temperaturstrahlers, d. h. eines glühenden Körpers mit kontinuierlichem Spektrum, ist die „schwarze Temperatur" (HOLBORN und KURLBAUM), von der fast allein die spektrale Verteilung der strahlenden Energie abhängt.[1] Es existiert nämlich (mit sehr großer Annäherung) für jeden festen Körper eine bestimmte Temperatur, bei der sein Emissionsspektrum dieselbe Form aufweist, wie das eines „schwarzen Körpers", d. h. eines Körpers ohne selektive Emission (auch Integralstrahler genannt), bei einer bestimmten anderen Temperatur. Diese letztere Temperatur bezeichnet man als „schwarze Temperatur" (auch als „äquivalente Farbentemperatur") der jeweiligen Lichtquelle. Man zählt sie in absoluter Temperaturskala und bezeichnet sie als °K (im Gegensatz zu der mit °A bezeichneten wahren absoluten Temperatur).

Folgende Tabelle enthält die Werte der schwarzen Temperatur für die wichtigsten Lichtquellen nach J. W. T. WALSH[2] und C. FABRY[3]:

Tabelle 1. Werte der schwarzen Temperatur für die wichtigsten Lichtquellen

Lichtquelle	Schwarze Temperatur nach J. W. T. WALSH °K	Schwarze Temperatur nach C. FABRY °K
Acetylenlampe	2360	2360
Wolframfadenlampe mit Vakuum	2360	2450 (gemessen b. normalem Regime)
Wolframfadenlampe mit Gasfüllung	2950	2700
Kohlenbogenlampe	zirka 3700	—
Sonne gegen Mittag bzw. mittleres Tageslicht	zirka 5000	5200
Direktes Sonnenlicht	—	6000

Die ideale sensitometrische primäre Normallichtquelle wäre also ein auf 5000 °A erhitzter „schwarzer Körper". Ein schwarzer Körper läßt sich nach folgendem Prinzip verwirklichen. Erhitzt man einen mit einer kleinen Öffnung versehenen Hohlraum auf eine überall gleichmäßige Temperatur, so ist die aus dieser Öffnung austretende Strahlung praktisch mit der des schwarzen Körpers identisch, also vollkommen frei von selektiver Absorption. Die Konstruktion eines schwarzen Körpers macht bei über 1800 °A schon große experimentelle Schwierigkeiten.[4] Über die Bestimmung der absoluten Temperatur vgl. A. HNATEK,[5] ferner H. E. IVES[6] und N. R. CAMPBELL und H. W. B. GARDINER.[7]

Immerhin ist es gelungen, schwarze Körper bis zu 2000 °A herzustellen,

[1] Vgl. S. E. SHEPPARD, Photochemie, Leipzig, 1916, S. 76.
[2] Phot. Journ., Bd. 65, S. 52, nach Sc. et Ind. phot. 1925, S. 53.
[3] Phot. Ind., 1925, S. 922.
[4] E. LIEBENTHAL, Praktische Photometrie, Braunschweig, 1907, S. 42, 139.
[5] ZS. f. wiss. Phot., Bd. 22, S. 92.
[6] Journ. Frankl. Inst., Bd. 197, S. 147, 359 nach Sc. et Ind. phot., 1924, S. 93.
[7] Journ. scient. Instr., Bd. 2, S. 177 nach Sc. et Ind. phot., 1925, S. 102.

und es besteht die Möglichkeit, bis auf 2360 °A zu kommen, so daß man mit einem solchen Strahler die meist verwendeten Metallfadenlampen (2360 °K) eichen könnte.[1]

Als praktische Lichtquelle für sensitometrische Zwecke kommt der schwarze Körper demnach nicht in Betracht. Er dient dagegen zur Schaffung einer absoluten Norm, und zur Definition der photographischen Lichteinheit (nach dem Vorschlage der OPTICAL SOCIETY OF AMERICA auf dem 6. Internationalen Kongreß für Phot. Paris 1925).[2] Diesem Vorschlage gemäß ist die Einheit der photographischen Lichtstärke eine visuelle Kerze, wobei die Strahlung der angewandten Lichtquelle derart reguliert wird, daß sie im Bereich von 350 $\mu\mu$ bis 700 $\mu\mu$ eine spektrale Zusammensetzung hat, die mit der eines auf 5000 °A erhitzten schwarzen Körpers identisch ist. Als „schwarze Temperatur" der Lichtquelle (ohne Filter) wählt man zweckmäßig 2360 °K, da nicht nur die Vakuum-Metallfaden-Glühlampe, sondern auch der besonders in Amerika übliche Acetylenbrenner diese schwarze Temperatur besitzt. Dieser Lichtquelle erteilt man durch Vorschaltung geeigneter Filter (s. S. 89) die Farbe des schwarzen Körpers von 5000 °A (für die Wellenlängen 350 $\mu\mu$ bis 700 $\mu\mu$) und bestimmt ihre Lichtstärke alsdann durch visuelle Eichung.

Über den Einfluß der schwarzen Temperatur der verschiedenen sensitometrischen Normallichtquellen auf die mit ihnen bestimmten Emulsionskonstanten hat insbesondere das EASTMAN-Kodak-Laboratorium zahlreiche Arbeiten veröffentlicht. Die grundlegende Untersuchung von L. A. JONES, M. B. HODGSON und E. HUSE[3] bewies bereits die stark abweichende photographische Wirksamkeit der einzelnen Lichtquellen. L. A. JONES und E. HUSE[4] benutzten später zu vergleichenden Versuchen eine geeichte Wolframfadenlampe, deren Stromverbrauch sie derart regelten, daß die „schwarze Temperatur" der Lampe mit der der zu prüfenden Lichtquellen übereinstimmte. Auf diesem Wege wurde speziell der Acetylenbrenner (2360 °K) mit dem Pentanbrenner (1920 °K) verglichen, und es wurden, insbesondere bei hochempfindlichem Porträtfilm, je nach dem angewandten Licht stark von einander abweichende Werte für die sensitometrischen Konstanten gefunden.

Besondere Beachtung verdient J. BAILLAUDS[5] Vorschlag, zur photographischen Sensitometrie nur monochromatisches Licht zu verwenden, da dieses mittels geeigneter Filterkombinationen genügend genau reproduzierbar sei. Er empfiehlt, die absolute Empfindlichkeit in violettem Licht von 425 $\mu\mu$ bis zu 475 $\mu\mu$ zu bestimmen und außerdem relative Messungen in einigen anderen Spektralgebieten auszuführen. Diese Methode dürfte sich besonders bei Materialien für den Dreifarbenprozeß empfehlen. Über Monochromatoren vgl. H. HUNTER,[6] P. C. AUSTIN,[7] P. H. v. CITTERT,[8] L. LONGCHAMBON,[9] G. ATHANASIU.[10]

M. LUCKIESH, L. L. HOLLADAY und A. H. TAYLOR[11] schlugen vor, die Empfind-

---

[1] P. FLEURY, Thèse de doctorat, Paris 1925, nach Sc. et Ind. phot., 1925, S. 139.

[2] Sc. et Ind. phot., 1925, S. 123.

[3] Trans. Ill. Eng. Soc., 1915, Bd. 10, S. 963, Commun. Nr. 30, EASTMAN Kodak Co., nach Kodak Abrid., Bd. 2, S. 66.

[4] Kodak Monthly Abstr., Bd. 11, S. 718 nach Sc. et Ind. phot. 1926, S. 61.

[5] Sc. et Ind. phot. 1925, Mém., S. 54 und Phot. Ind. 1925, S. 953.

[6] Journ. Chem. Soc., Bd. 125, S. 1401 nach Sc. et Ind. phot. 1924, S. 144.

[7] Journ. Chem. Soc., Bd. 127, S. 1752 nach Sc. et Ind. phot. 1925, S. 170.

[8] Rev. d'Opt., Bd. 2, S. 57 nach Sc. et Ind. phot. 1923, S. 97.

[9] Bull. Unions des Physiciens, Bd. 19, S. 97 nach Sc. et Ind. phot. 1925, S. 89.

[10] Rev. d'Opt., Bd. 4, S. 65 nach Sc. et Ind. phot. 1925, S. 101.

[11] Journ. Franklin Inst., Bd. 196, S. 353, 495 nach Sc. et Ind. phot. 1923, S. 182.

lichkeit einer Emulsion auf die Quecksilberlinie 436 $\mu\mu$ zu beziehen. Sie definieren die Aktinität einer Lichtquelle (Pseudoaktinität) als den reziproken Wert der Inertia (s. S. 155) einer bestimmten Emulsion in bezug auf diese Lichtquelle (ausgedrückt in Erg pro qcm), ferner die relative photographische Wirksamkeit (efficiency) der Lichtquelle in bezug auf eine bestimmte Strahlung als das Verhältnis der Inertia bei der Standardstrahlung (436 $\mu\mu$) zur Inertia bei der fraglichen Strahlung. Aus der „Pseudoaktinität" leiten sie ferner die relative Aktinität der Lichtquelle (in bezug auf eine bestimmte Emulsion) ab, wobei einer auf mittleres Tageslicht abgestimmten Wolframlampe (mit Gasfüllung) für 1000 Watt der Wert 100 beigelegt wird.

Über die Quecksilberdampflampe vgl. J. M. Eder,[1] L. Reeve,[2] R. G. Franklin, R. E. W. Madison und L. Reeve,[3] L. Dunoyer,[4] J. Valasek.[5] Über die Cadmiumdampflampe vgl. M. Hamy.[6]

1. Sensitometrische Normallichtquellen. Als primäre sensitometrische Normallichtquelle käme in erster Linie das elektrische Bogenlicht in Betracht, das mit zirka 3700 °K unter allen künstlichen Lichtquellen die günstigste spektrale Verteilung aufweist. Die Herstellung einer konstanten Bogenlampe ist aber schwierig und kostspielig. J. W. T. Walsh[7] empfiehlt zu diesem Zwecke die Forrestsche Bogenlampe. Diese enthält homogene Kohlen (Durchmesser 6 bis 8 mm) und wird bei einer Stromstärke von 5 Amp. benutzt, während die Spannung innerhalb weiter Grenzen schwanken darf. Die Lampe wird soweit abgeblendet, daß sie eine Flächenhelligkeit von 172 c. p. (= candle power) pro Quadratmillimeter besitzt. (Über die spektrale Verteilung des Lichtes der Bogenlampe siehe J. Vranek.)[8]

Unter den Flammenbrennern besitzt der Acetylenbrenner (2360 °K) die günstigste spektrale Verteilung (s. W. W. Coblentz,[9] 1916 bis 1920), er wurde daher schon 1905 auf dem Internationalen Kongreß für Photographie in Lüttich von Fouché als Standard vorgeschlagen. Er wurde sodann bei den wichtigen Untersuchungen von S. E. Sheppard und C. E. K. Mees,[10] ferner in technischen Laboratorien (Eastman Kodak Co.)[11] und in astronomischen Observatorien[12] benutzt. Da die Fouchésche Lampe in der einschlägigen deutschen Literatur[13] nur kurz erwähnt ist, sei hier auf die Beschreibung in Baillauds Arbeit hingewiesen. Baillaud verwendete eine Lichtstärke von 4,5 c. p. (1 candle power = = 1,1 Hefnerkerze). Neuere Untersuchungen von J. Baillaud und R. Jouaust[14] haben zwar gezeigt, daß der Acetylenbrenner ebenso wie andere Gasflammen als primärer Lichtstandard kaum geeignet erscheint, da er gegen atmosphärische Einflüsse äußerst empfindlich ist, daß man jedoch die Schwankungen

[1] Sitz. Ak. Wiss. Wien IIa, Bd. 131, S. 37 nach Sc. et Ind. phot. 1923, S. 105.

[2] Journ. of Phys. Chem., Bd. 29, S. 39 nach Sc. et Ind. phot. 1925, S. 45.

[3] Journ. of Phys. Chem., Bd. 29, S. 713 nach Sc. et Ind. phot. 1925, S. 145.

[4] Bull. Séances Soc. Fr. Phys., Nr. 244, S. 44 nach Sc. et Ind. phot. 1927, S. 92.

[5] Phys. Rev., Bd. 29, S. 817 nach Sc. et Ind. phot. 1927, S. 165.

[6] Rev. d'Opt., Bd. 3, S. 488 nach Sc. et Ind. phot. 1925, S. 45.

[7] Phot. Journ., Bd. 65, S. 52 und VI. Intern. Kongr. für Phot. Paris nach Sc. et Ind. phot. 1925, S. 53, 123.

[8] ZS. f. wiss. Phot., Bd. 16, 1916, S. 1.

[9] Sc. et Ind. phot., 1925, Mém., S. 57.

[10] Sheppard u. Mees, Untersuch. üb. d. Theorie d. phot. Proz., Halle 1912, S. 15.

[11] Vgl. L. A. Jones, Commun. Nr. 10, Eastman Kodak Co., Kodak Abrid., Bd. 1, S. 27.

[12] J. Baillaud seit 1909, Sc. et Ind. phot. 1925, Mém., S. 37.

[13] J. M. Eder, Ausf. Hdb. d. Phot., 1, 3 (1912), S. 87.

[14] Sc. et Ind. phot. 1925, S. 124.

seiner Farbe in den gleichen Grenzen halten kann, wie die einer Glühlampe von 110 Volt bei einem Spielraum von 1 Volt. Vor einer solchen Glühlampe hat der Acetylenbrenner den praktisch wichtigen Vorteil, daß er kein absorbierendes Medium (Glaswand) enthält, daß er leicht geeicht, daß er ohne kostspielige Hilfsinstrumente reguliert und überwacht werden kann und daß man an einem zum Brenner gehörigen Manometer sofort kontrollieren kann, ob er im jeweiligen Moment normal funktioniert. Er kann daher für praktische Zwecke als primäre sensitometrische Normallichtquelle betrachtet werden.

Die beste sekundäre sensitometrische Normallichtquelle stellt, vorausgesetzt, daß eine genügend starke Akkumulatorenbatterie zur Verfügung steht, die elektrische Metallfadenglühlampe dar. Kohlenfadenlampen können nicht stark genug belastet werden, um einen genügenden Betrag kurzwelliger Strahlung auszusenden. Sie haben bei gewöhnlichem Regime 2075 °K.[1] Die EDISONsche Glühlampe wurde übrigens schon von S. TH. STEIN[2] als sensitometrische Normallichtquelle benutzt.

Obwohl die Metallfadenlampe mit Gasfüllung dem „mittleren Tageslicht" näherkommt, ist ihr Gebrauch nicht zu empfehlen, da ihre Lichtstärke stark veränderlich ist. Man wendet daher in der praktischen Sensitometrie jetzt fast ausschließlich die Vakuumglühlampe[3] an. Über die spektrale Verteilung ihres Lichtes siehe J. VRANEK,[4] über den Zusammenhang zwischen Temperatur und photographischem Effekt vergleiche W. E. FORSYTHE und A. G. WORTHING.[5] Der Zwang zur Anwendung eines absorbierenden Mediums (der Glaswand) macht alle Glühlampen prinzipiell zu sekundären Normallichtquellen. C. FABRY[6] schlägt deshalb vor, sie nur als Farbenstandard zu betrachten und die Eichung in bezug auf Lichtstärke dem Benutzer zu überlassen, d. h. dem Verbraucher soll bei jeder Lampe genau vorgeschrieben werden, bei welcher Spannung und Stromstärke er die Lampe in Betrieb halten muß; es soll ihm selbst überlassen werden, die visuelle Lichtstärke zu messen. Als „schwarze Temperatur" empfiehlt C. FABRY 2360 °K (während die Vakuumglühlampe als praktische Lichtquelle in der Regel mit 2450 °K benutzt wird).

Die Royal Photographic Society[7] empfiehlt als geeigneten Lampentyp eine im Vakuum brennende Metallfadenlampe mit gitterförmigem Faden, zuverlässigen Kontakten und Zuleitungen von genügend großem Querschnitt. Die Spannung soll mindestens 100 Volt, die Lichtstärke 10 bis 20 c. p. [1 candle power = 1,1 Hefnerkerze (s. S. 90)] betragen.

Über die beste Form der Glühlampe für sensitometrische Zwecke machte R. JOUAUST[8] nähere Angaben. Über den Einfluß der Außentemperatur vgl. G. RIBAUD.[9] R. LUTHER[10] empfiehlt einen geeigneten Widerstand aus Eisendraht in einer Wasserstoffatmosphäre, ähnlich wie er bei NERNST-Lampen üblich ist. Über elektrische Glühlampen als sekundäre Normallichtquellen siehe ferner W. BARNETT[11] und B. P. DUDDING und G. T. WINCH.[12] Darauf, wie wichtig die

[1] C. FABRY, Sc. et Ind. phot. 1925, S. 121.
[2] Phot. Korr. 1886, S. 215.
[3] R. JOUAUST, Sc. et Ind. phot. 1925, S. 122.
[4] ZS. f. wiss. Phot., Bd. 16, 1916, S. 1.
[5] Astrophys. Journ., Bd. 61, S. 146 nach Sc. et Ind. phot. 1925, S. 106.
[6] Sc. et Ind. phot. 1925, S. 121.
[7] Phot. Journ., Bd. 65, 1925, Juni, übersetzt in Phot. Ind. 1925, S. 678 u. S. 953.
[8] Sc. et Ind. phot. 1925, S. 122.
[9] Bull. Séances Soc. Fr. Phys., Bd. 182, S. 625 nach Sc. et Ind. phot. 1926, S. 81.
[10] Phot. Journ., Bd. 65, S. 60 nach Sc. et Ind. phot. 1925, S. 54.
[11] Proceedings optical Convention, Bd. 1, S. 277, nach Sc. et Ind. phot. 1927 S. 47.
[12] Proceedings optical Convention, Bd. 1, S. 275 nach Sc. et Ind. phot. 1927, S. 47.

Erhaltung der konstanten Spannung ist, machte neuerdings eindrücklich A. ODENKRANTS[1] aufmerksam. Für den Zusammenhang zwischen der Lichtstärke J und der Spannung V gilt bekanntlich die Formel $J = k \cdot V^{a}$ (wo k und a Konstanten sind).[2] Nach A. ODENKRANTS hat a den Wert 4...5. Er empfiehlt eine Halbwattlampe für 10 Volt, die mit 9 Volt beansprucht wird. Ein Millivoltmeter ist zur Kontrolle des von einem Akkumulator gelieferten Stromes unbedingt erforderlich. Damit die Lichtstärke bis auf 1% konstant bleibt, darf die Spannung höchstens um 0,2% schwanken.

Um dem Licht der Metallfadenlampe (insbesondere zur Prüfung orthochromatischer Negativemulsionen) eine der Farbe des „mittleren Tageslichts" möglichst nahekommende Farbe zu geben, bleibt nur das Mittel übrig, Filter, also selektiv absorbierende Medien, einzuschalten. Vorausgesetzt, daß für jedes Filter die Kurve seiner spektralen Energieverteilung (in bezug auf einen bestimmten Lampentypus) bekannt und exakt nachgeprüft ist, kann die mit dem Filter versehene Lampe immer noch als Normallichtquelle betrachtet werden.

Flüssigkeitsfilter erfordern gewisse, oft übertriebene Vorsichtsmaßregeln. Die OPTICAL SOCIETY OF AMERICA[3] empfiehlt als geeignetes Filter zwei hintereinander geschaltete Küvetten von 1 cm lichter Weite, von denen die eine eine 3%ige Kupfersulfatlösung, die andere eine 0,58%ige Lösung von Kupfersulfat enthält, der so viel Ammoniak zugesetzt wurde, als nötig ist, um das Kupfersulfat in Cupriammoniumsulfat überzuführen. Die Absorptionsverhältnisse ähnlicher Filter haben CH. WINTHER und E. H. MYNSTER[4] untersucht.

Feste Filter sind mangels einer genügend genauen Reproduzierbarkeit wenig beliebt, aber sehr handlich. Ein gutes Resultat lieferte nach H. NAUMANN[5] folgendes Gelatinefilter:

Thioninblau	(Höchst)	0,175	g pro qm
Methylenblau	„	0,08	
Kristallviolett	„	0,12	
Echtrot D	„	0,03	
Rapidfilterrot I	„	0,04	
Orange II	„	0,14	
Tartrazin	„	0,03	

Über die Herstellung von monochromatischen Gelatinefiltern haben A. HNATEK,[6] A. HÜBL,[7] K. TSCHIBISSOF und D. TARASSENKOF,[8] K. TSCHIBISSOF und V. TSCHELTSOF[9] Untersuchungen veröffentlicht.

I. G. PRIEST[10] empfiehlt eine Quarzplatte zwischen 2 Nikols, um einer Lichtquelle von 2848 °A die Farbe des mittleren Sonnenlichtes zu geben.

[1] Phot. Journ., Bd. 65, S. 191 nach Sc. et Ind. phot. 1925, S. 94 u. 125.

[2] Vgl. S. E. SHEPPARD, Photochemie (Leipzig 1916), S. 99.

[3] Sc. et Ind. phot. 1925, S. 123, Brit. Journ. of Phot. 1925, S. 518, ferner Journ. opt. Soc. Amer., Bd. 12, S. 567 nach Sc. et Ind. phot. 1926, S. 163 sowie K. S. GIBSON, Journ. opt. Soc. Amer., Bd. 9, S. 113 nach Sc. et Ind. phot. 1924, S. 175, R. DAVIS und K. S. GIBSON, Journ. opt. Soc. Amer. 1927, Bd. 14, S. 135 nach Sc. et Ind. phot. 1927, S. 91, und J. GUILD, Trans. opt. Soc., Bd. 27, S. 122 nach Sc. et Ind. phot. 1926, S. 81.

[4] ZS. f. wiss. Phot., Bd. 24, S. 90.

[5] ZS. f. wiss. Phot., Bd. 23, S. 317.

[6] ZS. f. wiss. Phot., Bd. 15, S. 133.

[7] Die Lichtfilter, 2. Aufl., Halle 1921, S. 54ff.

[8] Sc. et Ind. phot. 1926, Mém. S. 4.

[9] Sc. et Ind. phot. 1927, Mém., S. 45, 55.

[10] Journ. opt. Soc. Amer., Bd. 12, S. 479 nach Sc. et Ind. phot. 1926, S. 142, vgl. auch Phot. Ind. 1927, S. 361.

2. Visuelle Normallichtquellen. Die englische Normalkerze[1] wurde bei den klassischen photographischen Untersuchungen von HURTER und DRIFFIELD[2] im Jahre 1890 benutzt, obwohl sie nicht einmal den an einen visuellen Lichtstandard zu stellenden Ansprüchen genügt.

Die beste primäre Normallichtquelle unter den visuellen ist zweifellos die HEFNERsche Amylacetatlampe (1884)[3]. Wegen Beseitigung des Flackerns vgl. M. DEBEIL.[4] Die HEFNER-Lampe wurde von W. DE W. ABNEY[5] und gelegentlich auch von J. M. EDER[6] benutzt. Sie besitzt ein ausgesprochen rötliches Licht (1830 °K nach C. FABRY)[7]. Zur englischen Kerze (c. p. = candle power) steht sie in der Beziehung

$$1 \text{ HK} = 0{,}9 \text{ c. p.}$$

Die HEFNER-Lampe ist zum Vergleich von Negativemulsionen verschiedener Farbenempfindlichkeit vollkommen ungeeignet, ist aber bei allen sonstigen Prüfungen wegen ihrer großen Konstanz empfehlenswert; auch bei Prüfung von Bromsilber- und Gaslichtpapieren (abgesehen von den allzu unempfindlichen Chlorsilberpapieren) kann sie benutzt werden. Weniger konstant ist die VERNON-HARCOURTsche Pentanlampe (1877).[8] Sie verdient aber deshalb hier erwähnt zu werden, weil sie bei den grundlegenden Untersuchungen von MEES und SHEPPARD[9] als Normallichtquelle gedient hat. Diese Forscher benutzten die Pentanlampe zur Eichung ihres Acetylenbrenners und erhielten eine befriedigende Genauigkeit. Die 10 c. p.-VERNON-HARCOURT-Lampe entspricht 10,95 HK. Ihre schwarze Temperatur beträgt 1920 °K.

Als sekundäre visuelle Lichtquelle wurde in der Sensitometrie auf Anregung von J. M. EDER[10] (seit 1899) die SCHEINERsche Benzinkerze (1894) längere Zeit benutzt. Ihre Verwendung war an eine ganz bestimmte Benzinsorte gebunden,[11] die jetzt nicht mehr im Handel ist. Ihre Lichtstärke ist durch die Beziehung

$$1 \text{ Benzin-„Kerze"} = 0{,}076 \text{ HK}$$

gegeben. In spektraler Beziehung kommt sie der HEFNER-Lampe ziemlich nahe. Die mit der Benzinlampe ermittelten sensitometrischen Angaben können also nach der angegebenen Formel ohne Schwierigkeiten in HEFNER-Kerzen umgerechnet werden. Sie hat daher dasselbe Anwendungsgebiet wie die HEFNER-Lampe, steht ihr aber an Konstanz weit nach, weil sowohl das Brennmaterial als auch die Lampenkonstruktion sehr viel zu wünschen übrig lassen.

3. Anwendung des Lichtes glühender Dämpfe und des Lumineszenzlichtes. Allaktine Lichtquellen (nach WARBURG). In allen bisher beschriebenen Lichtquellen leuchtete ein glühender, fester Körper, bei dem sich (mit praktisch

---

[1] E. LIEBENTHAL, Praktische Photometrie, Braunschweig 1907, S. 105.

[2] Vgl. SHEPPARD und MEES, Unters., S. 14.

[3] Vgl. E. LIEBENTHAL, Praktische Photometrie, Braunschweig 1907, S. 411. Neuere Literatur: A. BOLTZMANN u. A. BASCH, 1922, Sitz. Ak. Wiss. Wien, Bd. 131, S. 57 nach Sc. et Ind. phot. 1923, S. 105; E. LIEBENTHAL, ZS. f. Instr., Bd. 43, S. 209 nach Sc. et Ind. phot. 1923, S. 150.

[4] Sc. et Ind. phot. 1925, S. 125 u. Phot. Ind. 1925, S. 926.

[5] SHEPPARD und MEES, Unters., S. 14.

[6] Ausf. Hdb. d. Phot. Bd. 1, 3, 1912, S. 84, sowie Phot. Korr. 1919, S. 244.

[7] Phot. Ind. 1925, S. 922.

[8] Beschrieben in E. LIEBENTHAL, Praktische Photometrie, Braunschweig 1907, S. 122.

[9] SHEPPARD und MEES, Unters., S. 13.

[10] J. M. EDER, Ausf. Hdb. d. Phot., Bd. 1, 3, 1912, S. 90.

[11] J. M. EDER, Phot. Korr. 1899, S. 714.

genügender Annäherung) die Emission durch seine „schwarze Temperatur" definieren ließ.

Im folgenden sollen noch einige wegen ihrer bequemen Anwendbarkeit in der praktischen Sensitometrie gelegentlich benutzte Lichtquellen beschrieben werden, wenn sie auch als primäre Normallichtquellen ungeeignet sind.

Besonders brauchbar ist das Licht des verbrennenden Magnesiums (über Magnesiumlicht überhaupt vgl. E. Huse[1]), das zwar als glühender Dampf kein kontinuierliches Spektrum liefert, aber in bezug auf seine Totalemission dem Sonnenlicht sehr nahe kommt. J. M. Eder[2] bestimmte neuerdings (1927) seine relative Aktinität (unter bezug auf die Hefner-Lampe und gewöhnliche Bromsilbergelatineplatten) zu 15. Unter „relativer Aktinität" zweier Lichtquellen versteht Eder (nach K. Schwarzschild) das Verhältnis ihrer photographischen Helligkeiten, wenn sie auf gleiche visuelle Helligkeit gebracht werden. Fabrys „mittleres Tageslicht" entspricht einer relativen Aktinität 11.

Für sensitometrische Zwecke wurde das Magnesiumlicht zuerst 1896 von H. W. Vogel[3] vorgeschlagen. Schon 1903 erkannte J. M. Eder,[4] daß es als Normallichtquelle ungeeignet ist. Trotzdem schlug er es wegen seiner bequemen Anwendbarkeit später wieder vor.[5] Als sensitometrische Lichtquelle ist nur in freier Luft brennendes Magnesiumband brauchbar. Auch bei gleichem Gewicht schwankt die Lichtstärke je nach der Breite und Dicke des Bandes und der Art der Anzündung. Unter gewissen (l. c.) beschriebenen Vorsichtsmaßregeln erzeugen 2 mg Magnesium in 3 m Abstand von der lichtempfindlichen Schicht etwa denselben photographischen Effekt, wie die Hefner-Lampe bei 1 m Abstand in einer Minute. Nach Versuchen von K. Foige[6] liefern auch Magnesiumblättchen ungenaue Resultate und sind nur zur oberflächlichen Orientierung geeignet. Für einen besonders wesentlichen Fortschritt hält es Eder, daß neuerdings Magnesiumband in der Dimension 0,07 × 2 mm in den Handel kommt, das, mit einer Präzisionsmaschine geschnitten, Stücke von genügend konstantem Gewicht liefert. Nach Eder soll das Empfindlichkeitsverhältnis zweier Platten, im Magnesiumlicht bestimmt, praktisch gleich dem im Tageslicht (oder im Kohlenbogenlicht) bestimmten Verhältnis sein.[7]

Ein Verfahren zur Bestimmung der Brenndauer und der Lichtstärke (in HK) von Magnesiumlicht hat zuerst W. Urban[8] angegeben. Eine exakte Bestimmungsmethode haben H. Beck und J. Eggert[9] ausführlich beschrieben. Nach ihrer Angabe ist die Farbe des Magnesiumlichtes der einer Metallfadenlampe praktisch gleich.

Nur noch von historischem Interesse ist das von Warnerke[10] (1880) vorgeschlagene Phosphoreszenzlicht einer mit Balmainscher Leuchtfarbe überzogenen Platte. Es wurde schon 1889 vom Internationalen Kongreß für Photo-

---

[1] Brit. Journ. of Phot. 1923, S. 524.

[2] ZS. f. wiss. Phot., Bd. 24, S. 423.

[3] Eders Jahrb. f. Phot., 1896, S. 230.

[4] Sitz. Ak. Wiss. Wien, Bd. 112, April 1903 nach J. M. Eder und E. Valenta Beiträge zur Photochemie und Spektralanalyse, Wien 1904, II. Teil, S. 149.

[5] Phot. Korr. 1920, S. 1, ferner Phot. Ind. 1925, S. 703.

[6] Phot. Ind. 1926, S. 356, 529, 660.

[7] Vgl. auch M. Canals und R. Garriga, El Progreso fotogr., Bd. 7, S. 308 nach Sc. et Ind. phot. 1927, S. 6; El Progreso fotogr., Bd. 8, S. 151 nach Sc. et Ind. phot. 1927, S. 185.

[8] ZS. f. angew. Chem. 1926, S. 698.

[9] ZS. f. wiss. Phot., Bd. 24, S. 367.

[10] J. M. Eder, Ausf. Hdb. d. Phot., Bd. 1, 3, 1912, S. 97, 226.

graphie in Paris verworfen. Selbst wenn es gelänge, in der ganzen Fläche gleichmäßig leuchtende Platten herzustellen, ist die Leuchtplatte, abgesehen von ihrem ausgesprochen blauen Licht, als sensitometrische Lichtquelle deshalb vollkommen unbrauchbar, weil die Leuchtkraft der (vor jedem Gebrauch zu bestrahlenden) Platte rapid abnimmt. Nach L. Weber[1] ist die Lichtstärke bereits nach 1½ Minuten auf die Hälfte des Wertes gesunken, den sie nach einer Minute (der vorgeschriebenen Gebrauchszeit!) hatte. Diese Lichtquelle bleibt also nicht einmal bei kurzer Versuchsdauer konstant.

Auch neuerdings wird wieder Lumineszenzlicht empfohlen. T. Thorne Baker und W. A. Balmain[2] schlagen eine in Felder geteilte Leuchtplatte vor, die von Feld zu Feld wachsende Mengen eines radioaktiven Salzes enthält (z. B. Radiumbromid). Eine solche Leuchtplatte soll wegen der langen Lebensdauer des Radiums unbedingt konstant und praktisch unveränderlich sein und als Standard zur photographischen Eichung von Lichtquellen benutzt werden können.

B. Die Sensitographen

Als Sensitographen sollen hier nach dem Vorschlage von A. Odenkrants[3] die Apparate bezeichnet werden, mittels welcher eine Halbtonskala hergestellt wird, bei der die zu jeder einzelnen Schwärzungsstufe gehörige Exposition direkt ablesbar ist, während die Dichte dieser Stufe mittels eines Schwärzungsmessers (eines Densitometers) ermittelt werden muß.

Der idealste Sensitograph wird durch eine Massenskala dargestellt, wie sie sich in jüngster Zeit mit Hilfe radioaktiver Substanzen hat verwirklichen lassen. Wird nämlich ein radioaktives Salz in praktisch unendlich dünner Schicht auf eine Metallfläche aufgetragen, so ist die von der Flächeneinheit einer solchen Schicht ausgesandte Strahlung der Masse des radioaktiven Salzes direkt proportional. Auf diesem Prinzip beruht die bereits oben erwähnte Leuchtplatte von T. Thorne Baker und W. A. Balmain. Für die praktische Photographie kommt sie schon deshalb kaum in Betracht, weil die bei Radiumstrahlung entstehende charakteristische Kurve nicht mit der bei den üblichen Lichtquellen erhaltenen übereinstimmt (vgl. W. Meidinger).[4]

In der Praxis bedient man sich zur Erzeugung sämtlicher Tonstufen ein und derselben Lichtquelle. Variiert man nun bei gleichbleibender Beleuchtungsstärke die Expositionszeit, so entstehen Zeitskalen, variiert man dagegen bei gleichbleibender Belichtungszeit die Beleuchtungsstärke, so entstehen Intensitätsskalen. Durch eine zufällige Eigenschaft einer bei der Herstellung von Zeitskalen mit Vorliebe benutzten Apparatur sind wir genötigt, neben den echten Zeitskalen die intermittenten Zeitskalen getrennt zu besprechen, bei denen die Lichtzufuhr nicht kontinuierlich stattfindet, sondern in gesetzmäßiger Weise durch Pausen unterbrochen wird.

Durch Verbindung einer sensitographischen Apparatur mit dem Spektroskop erhält man schließlich einen Spektrosensitographen, mit dessen Hilfe der gesetzmäßige Zusammenhang zwischen der Wellenlänge und der Schwärzung einerseits, der Beleuchtungsstärke bzw. der Belichtungszeit andererseits untersucht werden kann.

---

[1] Vgl. H. W. Vogel, Eders Jahrb. 1896, S. 235.

[2] Brit. Journ. of Phot., Bd. 72, S. 624, 1925.

[3] ZS. f. wiss. Phot., Bd. 16, S. 70.

[4] ZS. f. angew. Chem., 1926, S. 628, sowie in E. Gehrcke, Hdb. d. physik. Optik, Leipzig 1927, Bd. 2, S. 52.

4. Zeitskalen. Nur des historischen Interesses wegen sei der von R. W. BUNSEN und H. E. ROSCOE (1862)[1] benutzte „Pendelapparat" kurz erwähnt. Bei dieser Vorrichtung schiebt sich während der Belichtung eine (mittels eines Pendels) in Bewegung gesetzte undurchsichtige Fläche (ein Glimmerblatt) stetig über das ruhende lichtempfindliche Material, das infolgedessen eine in leicht berechenbarer Weise ansteigende, gleichmäßig verlaufende Skala liefert.

Die in der Praxis benützten Zeitskalen zerfallen in zwei Gruppen:

a) Die ruhende, lichtempfindliche Schicht wird durch ruckweises Wegziehen eines undurchsichtigen Schiebers stufenweise belichtet — sogenannte Schieberapparate.

b) Die lichtempfindliche Schicht und eine mit verschieden großen Schlitzen versehene Platte werden im Lichtwege stetig aneinander vorbeigeführt, wobei entweder die Schlitzscheibe oder — seltener — die photographische Schicht bewegt wird. (Auf diese Weise lassen sich, je nach der Form der Ausschnitte der Schlitzplatte, sowohl gleichmäßig verlaufende, als auch stufenförmig abgesetzte Skalen erzielen.) — Diese Apparate sind sogenannte Schlitzapparate.

ad a) Schieberapparate. Die Schieberapparate haben zwar sämtlich den Nachteil, daß an die Konstanz der Lichtquelle sehr große Anforderungen gestellt werden (wegen des sukzessiven Beginns der Belichtung der einzelnen Felder), bieten aber andererseits den Vorteil, daß der Expositionsmechanismus äußerst einfach ist. Die einzige Schwierigkeit bei der Bedienung der Vorrichtung besteht darin, daß die Zeiten, in denen der Schieber weiter bewegt wird, sehr genau eingehalten werden müssen.

Für Versuche im Kleinen wird der Schieber am besten mit der Hand unter Zugrundelegung der Angaben einer genau gehenden Uhr abgezogen, wobei man bequem bis auf einen Zeitabstand von etwa zwei Sekunden zwischen den einzelnen Rucken heruntergehen kann. Man bedient sich hierbei zweckmäßig eines einseitig durchbrochenen Kopierrahmens, in dessen Schlitz sich ein Metallblech leicht verschieben läßt. Zwischen Schieber und lichtempfindliche Schicht kann man ein festliegendes, aus parallelen, senkrecht zur Verschiebungsrichtung angeordneten Drähten bestehendes Netz einschalten, wodurch die Abgrenzung der Felder erleichtert wird (ohne daß man genötigt ist, ein absorbierendes Medium in den Lichtweg zu bringen). Um die charakteristische Kurve so genau als möglich konstruieren zu können, wählt man als Faktor für je zwei aufeinanderfolgende Expositionszeiten am besten $\sqrt[3]{2}$ (entsprechend einer logarithmischen Differenz dieser Expositionen $= 0{,}1$). Während der Belichtung richtet man sich nach einer Tabelle, in der die Verschiebungszeiten genau verzeichnet sind. So erlaubt z. B. das untenstehende Schema die Herstellung von 23 Stufen: man kann also einen Umfang von Belichtungszeiten im Verhältnis $1 : \left(\sqrt[3]{2}\right)^{22} = 1 : 158$ erzielen, der für die meisten Zwecke ausreichen dürfte.

Vorrichtungen dieser Art sind schon lange bekannt.[2] Sie wurden angewendet von W. E. WILSON (1892)[3], H. EBERT,[4] M. WOLF[5] und RAE.[6] Auch im Graphoskop von E. O. LANGER wird teilweise dieses Prinzip[7] benützt. Da die Bedienung

---

[1] Ann. d. Phys., Bd. 117, S. 529, nach H. W. VOGEL, Hdb. d. Phot., Bd. 2, 1894, S. 36.

[2] Vgl. J. M. EDER, Ausf. Hdb. d. Phot., Bd. 1, 1, 1892, S. 297.

[3] Not. Roy. Astr. Soc., Bd. 52, S. 153 nach A. ODENKRANTS, ZS. f. wiss. Phot., Bd. 16, S. 90.

[4] EDERS Jahrb. 1894, S. 14.

[5] EDERS Jahrb. 1894, S. 298.

[6] EDERS Jahrb. 1899, S. 51.

[7] Phot. Rund. 1919, S. 209, 241.

einer solchen Apparatur eine äußerst zeitraubende und die Aufmerksamkeit sehr ermüdende Tätigkeit darstellt, kommt sie für die Anwendung im großen nicht in Betracht.

Belichtungsschema

Totalexposition in Sekunden	Verschiebungszeit	Totalexposition in Sekunden	Verschiebungszeit
1024 (Beg. d. Bel.)	12 Uhr 51 Min. 12 Sek.	64	1 Uhr 7 Min. 12 Sek.
813	12 „ 54 „ 53 „	51	1 „ 7 „ 25 „
645	12 „ 57 „ 31 „	40	1 „ 7 „ 36 „
512	12 „ 59 „ 44 „	32	1 „ 7 „ 44 „
406	1 „ 1 „ 30 „	25	1 „ 7 „ 51 „
323	1 „ 2 „ 53 „	20	1 „ 7 „ 56 „
256	1 „ 4 „ 0 „	16	1 „ 8 „ 0 „
203	1 „ 4 „ 54 „	13	1 „ 8 „ 3 „
161	1 „ 5 „ 35 „	10	1 „ 8 „ 6 „
128	1 „ 6 „ 8 „	8	1 „ 8 „ 8 „
102	1 „ 6 „ 34 „	6	1 „ 8 „ 10 „
81	1 „ 6 „ 55 „	Ende d. Bel.	1 „ 8 „ 16 „

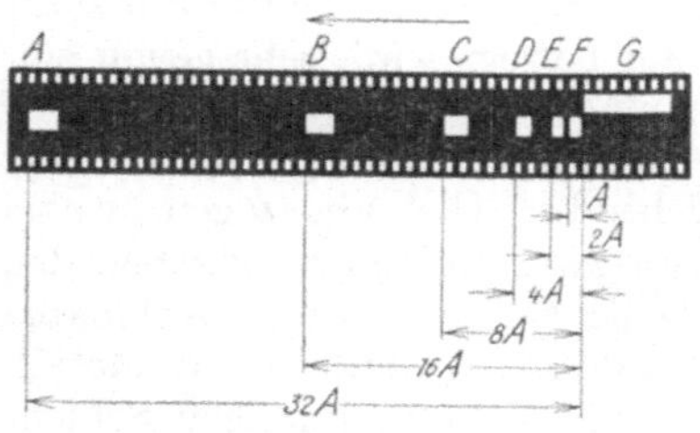

Abb. 1. Das Filmband für die Zeitdosierungsvorrichtung des non-intermittenten Sensitographen von L. A. JONES. In einem perforierten Zelluloidfilm sind die Löcher *A* bis G ausgestanzt. Die Richtung, in der das Band durch den Unterbrecher (Abb. 2) läuft, ist durch den Pfeil angedeutet. Die eingetragenen Maße gelten von Anfangskante zu Anfangskante eines jeden Loches. Der Einheitsabstand ist mit *A* bezeichnet. Das Modell liefert (abgerollt mit einer Geschwindigkeit von vier Perforationen pro Sekunde) Expositionen von

0,312 0,625 1,25 2,50 5,00 10,0 Sek.

entsprechend den Wegen

FG EG DG CG BG AG.

Das exzentrisch angebrachte Loch *G* betätigt einen Hilfskontakt, der die Exposition in richtigem Augenblick abbricht

Eine automatisch funktionierende Vorrichtung dieser Art hat L. A. JONES[1] konstruiert; sie wird seit 1916 von der EASTMAN Kodak Co. angewandt und soll nach JONES Angaben (1920) sehr befriedigend arbeiten (s. Abb. 1 und 2). Dieser Sensitograph besteht aus zwei Teilen:

1. der Zeitdosierungsvorrichtung, die den Strom, der die ruckweise Bewegung vermittelt (vgl. 2 β), im richtigen Zeitpunkt schließt;

2. der eigentlichen Expositionsvorrichtung, bestehend aus

α) der konstanten Lichtquelle, deren Verschluß von der Zeitdosierungsvorrichtung aus im richtigen Augenblicke geöffnet und geschlossen wird;

β) des mit der gleichen Zeitdosierungsvorrichtung gekuppelten Schiebers

γ) der in einer Schlittenführung laufenden Kassette mit dem lichtempfindlichen Präparat;

δ) den Schalthebeln für den von der Zeitdosierungsvorrichtung kommenden Antriebstrom.

Die Zeitdosierungsvorrichtung enthält einen in passenden Zwischenräumen durchlochten Filmstreifen. Die Zwischenräume zwischen dem Anfangsloch und den ihm folgenden Löchern sind so bemessen, daß diese Abstände eine geometrische Reihe mit dem Faktor 2 bilden. Die gleichmäßige Weiterbewegung des

[1] Commun. Nr. 64, EASTMAN Kodak Co., Kodak Abrid., Bd. 4, S. 7; Phot. Journ., Bd. 40, S. 80.

Films erfolgt, unbeschadet seiner eventuell ungleichmäßigen Dehnung, mittels der Randperforation. Der Filmstreifen läuft hiebei durch einen elektromagnetischen Unterbrecher. Jedesmal wenn ein Loch des Streifens an einem bestimmten Punkt des Unterbrechers vorbeikommt, wird ein Kontakt ausgelöst, der die Weiterrückung des Schiebers bewirkt. Wegen weiterer Angaben muß auf die zitierte Originalarbeit verwiesen werden.

ad b) Schlitzapparate. Der Hauptvorzug dieser Apparate besteht darin, daß die als Zeitdosierungsvorrichtung dienende Schlitzscheibe leicht mit genügender Präzision ausgeschnitten werden kann; ihr Hauptnachteil besteht darin, daß es äußerst schwer ist, diese Schlitzscheibe mit der erforderlichen Genauigkeit gleichmäßig weiterzubewegen. Die Bedienung der Apparatur setzt daher ein sehr sorgfältig arbeitendes Personal voraus. Die Schlitzapparate zerfallen in zwei Hauptgruppen:

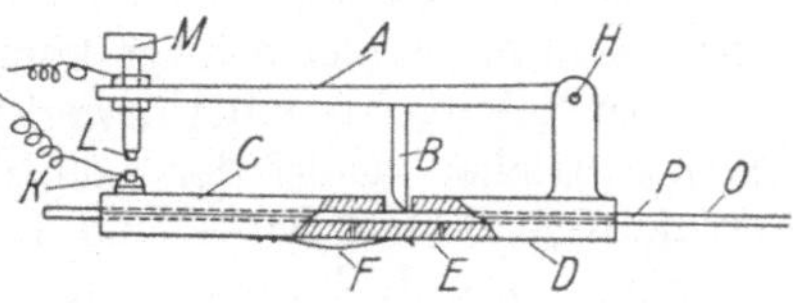

Abb. 2. Der Stromunterbrecher für die Zeitdosierungsvorrichtung des non-intermittenten Sensitographen von L. A. Jones (im Querschnitt). Das Filmband O (s. Abb. 1) liegt zwischen den beiden Metallplatten C und D, deren Zwischenraum doppelt so groß ist, als die Dicke des Films, damit Klebstellen im Film glatt durchgehen können. Der um den Punkt H drehbare Hebelarm A trägt an seinem anderen Ende eine Schraube M mit einer Platinkontaktstelle L an der unteren Spitze. Die dazu gehörige Gegenkontaktstelle K ist auf der Platte C befestigt. In einem Abstand von H, der einem Sechstel der ganzen Länge des Hebelarms A gleichkommt, ist ein Stahldorn B fest mit A verbunden, der durch eine in der Platte C angebrachte Öffnung in den Zwischenraum zwischen C und D hineinragt. Die unterste Schneide des Dorns B ruht auf der Oberfläche P des Filmbandes O und hält den Arm A in einer solchen Höhe fest, daß die Kontaktstellen L und K zirka 1 mm voneinander abstehen. Liegt ein Loch des Filmbandes gerade unter dem Dorn B, so senkt sich seine Schneide um die Dicke des Films (0,2 mm); gleichzeitig bewegt sich die Kontaktstelle L um den sechsfachen Betrag nach unten und schließt den Relaisstromkreis an den Kontaktstellen L und K. Die an ihrer oberen Oberfläche hochpolierte Hartstahlplatte E, die in eine Öffnung in der Platte D eingefügt ist, wird durch die Feder F gegen die unteren Oberfläche des Filmbandes gepreßt, so daß dieses dauernd gegen die untere Oberfläche der Platte C fest angedrückt wird

α) Schlitzapparate mit Schlittenführung: eine Platte mit verschieden langen parallelen Schlitzen und die Kassette mit dem lichtempfindlichen Präparat werden linear gegeneinander bewegt.

β) Sektorenräder: Eine mit verschieden großen Ausschnitten in Form von Sektoren (oder von Sektorringen) versehene kreisförmige Scheibe wird vor der ruhenden lichtempfindlichen Schicht vorbeigedreht (oder umgekehrt: das lichtempfindliche Präparat rotiert hinter einer ruhenden Sektorenplatte).

Wenn man echte Zeitskalen erzielen will, darf nur eine einzige Umdrehung während einer Exposition benutzt werden. Da es nun äußerst schwierig ist, das Sektorenrad mit genau gleichmäßiger Geschwindigkeit während einer einzigen Umdrehung weiterzubewegen, ist man in der photographischen Praxis dazu übergegangen, das Sektorenrad mit großer Geschwindigkeit rotieren zu lassen (400 bis 800 Touren pro Minute) und das Belichtungsresultat einer sehr großen Anzahl von Umdrehungen (nach Eder mindestens 600) als Skala zu verwenden. Man braucht dann keinen besonderen Präzisionsantrieb, da sich die bei den einzelnen Umdrehungen einstellenden Abweichungen von der mittleren Geschwindigkeit durch Summation aufheben. Ein weiterer Vorteil dieser Anwendungsart besteht darin, daß die Anzahl der Teilbelichtungen für jede Stufe die gleiche ist. Geringe Schwankungen der Lichtstärke während der Versuchsdauer sind daher (im Gegensatz zu den Verhältnissen bei der Herstellung echter Zeitskalen) ohne merklichen Einfluß auf das Resultat. Die so erhaltenen „Intermittenzskalen“ weichen allerdings von echten Zeitskalen mitunter erheblich ab, da die lichtempfindliche Schicht die Teilbelichtungen nicht exakt integriert (s. S. 191).

Ad α) Schlitzapparate mit Schlittenführung: Bei den Apparaten dieser Art suchte man früher die Schwere als alleinige Antriebskraft auszunutzen. Auf diesem Prinzip beruht A. CLAUDETS Photographometer[1] (1848), ferner die Apparate von A. COWAN[2] (1880), W. DE W. ABNEY,[3] C. F. BRUSH[4] (1910), E. J. WALL.[5] Bei derartigen Vorrichtungen ist eine gleichförmige Geschwindigkeit schwer zu erreichen, insbesondere lassen sich die durch die Beschleunigung der Schwerkraft verursachten Fehler schwer kompensieren.

Auch Apparate mit Uhrwerksantrieb arbeiten im allgemeinen nicht genügend genau. Hieher gehört der wohl älteste Sensitograph, den JORDAN[6] (1839) konstruierte und den HUNT und HERSCHEL[6] (1840) modifiziert haben, sowie die Apparate von J. JANSSEN[7] (1881) und J. C. SPURGE[8] (1894).

Wenn man dagegen die Schwere als Antriebskraft benutzt, ihre Wirkung aber gleichzeitig mit Hilfe eines Präzisionsuhrwerkes reguliert, läßt sich eine äußerst gleichmäßige Geschwindigkeit und dementsprechend eine hohe Genauigkeit erzielen.

Dieses Prinzip hat SÉBERT[9] (unter teilweiser Anlehnung an SPURGE) benutzt. Sein Apparat besteht aus einem durch eine Tür geschlossenen Kasten, in dessen Innerem sich mit gleichmäßiger Geschwindigkeit (oder exakter formuliert: in Rucken mit genau gleicher Pause) ein Schlitten vertikal abwärts bewegt, der das lichtempfindlicheMaterial trägt. In der Tür des Apparates befindet sich eine in einer dünnen Metallplatte treppenförmig eingeschnittene Öffnung, deren Stufen schräg von rechts nach links verlaufen, während sie an der unteren Horizontalkante und an einer Vertikalkante, die 17 mm hoch ist, geradlinig abschneidet. Diese Öffnung stellt die ruhende Schlitzplatte dar und dient als Eintrittsöffnung für das Licht. Die vertikale Abwärtsbewegung des Schlittens (in dem sich die Kassette mit dem lichtempfindlichen Material befindet), wird zwar durch die Schwerkraft unterhalten, aber durch ein (ähnlich wie bei dem Metronom ausgebildetes) Uhrwerk derart reguliert, daß eine gleichmäßige ruckweise Abwärtsbewegung entsprechend den Zacken der Öffnung stattfindet. Jeder Bewegungsabschnitt entspricht einer halben Pendelschwingung. Dabei rufen die 10 Treppenstufen der Schlitzplatte auf der lichtempfindlichen Schicht 10 vertikale (in sich gleichmäßig geschwärzte) Streifen von verschiedener Dichte hervor, deren Belichtungszeit von 1 bis 10 Sekunden gleichmäßig um je 1 Sekunde ansteigt. Um mehr als 10 Halbtöne auf dem gleichen Präparat zu erzielen, ersetzt man (nachdem man dem Licht den Zutritt verhindert hat) die Schlitzplatte durch eine Platte mit einer rechteckigen Öffnung, die ebenfalls 17 mm hoch ist, und läßt dann das Licht durch diese Öffnung 10 Sekunden lang einfallen, wodurch ein Horizontalstreifen der Schicht 10 Sekunden lang gleichmäßig belichtet wird (ein Vorgang, der beliebig oft wiederholt werden kann) und belichtet dann erst diesen Horizontalstreifen durch die Schlitzplatte hindurch. Das zu prüfende Präparat kann auf diese Weise sukzessive in sechs Horizontalzonen belichtet werden, deren jede zehn Felder enthält. Man erhält also im ganzen 60 Felder, deren Exposition regelmäßig um 1 Sekunde von einer Sekunde bis

[1] J. M. EDER, Ausf. Hdb. d. Phot., Bd. 1, 3, 1912, S. 164.
[2] Brit. Journ. of Phot. 1880, S. 430 nach SHEPPARD und MEES, Unters., S. 19.
[3] EDERS Jahrb. f. Phot., 1895, S. 131.
[4] Phys. Rev., Bd. 31, S. 241 nach A. ODENKRANTS, ZS. f. wiss. Phot., 16, S. 90.
[5] EDERS Jahrb. f. Phot., 1914, S. 129.
[6] Nach A. ODENKRANTS, ZS. f. wiss. Phot., Bd. 16, S. 71.
[7] J. M. EDERS Ausf. Hdb. d. Phot., Bd. 1, 3, 1912, S. 165.
[8] EDERS Jahrb. f. Phot., 1894, S. 366.
[9] EDERS Jahrb. f. Phot., 1902, S. 100.

zu 60 Sekunden ansteigt. (Da die Belichtung alle 10 Sekunden unterbrochen wird, sind allerdings — im schlimmsten Falle 5 — Intermittenzeffekte unvermeidlich.) Das Belichtungsintervall ist leider nur 1 : 60; die Abstufung in Form einer arithmetischen Reihe erschwert die Konstruktion der charakteristischen Kurve.

Einen im Prinzip ähnlichen, elektrisch angetriebenen Apparat mit Abstufung im Sinne einer geometrischen Reihe hat A. B. HITCHINS[1] angegeben.

P. SCHROTT[2] (1915) stellte mit Hilfe eines Schlitzapparates (wie ihn bereits 1893 W. DE W. ABNEY[3] angewandt hatte) intermittente Zeitskalen her. Er benutzte einen Hohlzylinder, dessen Inneres zur Aufnahme eines stillstehenden Plattenstreifens eingerichtet war, mit einem dreieckigen, parallel zur Rotationsachse angeordneten Längsschlitz und ließ den Zylinder während des Lichteinfalles schnell rotieren. Dieser Apparat scheint in der Praxis später keine Anwendung mehr gefunden zu haben.

Ad 2. Sektorenräder: Der älteste Apparat dieser Art ist A. CLAUDETs Dynaktinometer[4] (1850) zur Messung der Lichtstärke von Objektiven auf photographischem Wege. Später wandte E. MACH[5] (1865) einen Sektorapparat zur Ermittlung der Expositionszeit auf photographischem Wege an. Eine halbkreisförmige Scheibe, in der verschieden große Sektoren ausgeschnitten waren, steht still. Vor dieser Scheibe befindet sich eine um das gemeinsame Zentrum beider Scheiben drehbare massive halbkreisförmige Scheibe, die (mittels Uhrwerk) ruckweise derart abgezogen wird, daß sie zuerst den größten Sektor (Resultat: längste Belichtungszeit), zuletzt den kleinsten Sektor (Resultat: kürzeste Belichtungszeit) freigibt. Beim Photographieren dieses Systems gegen einen hellen Hintergrund erhält man ein Bild mit einer fortlaufenden Reihe von Schwärzungsstufen, die einerseits in ringförmigen Zonen (entsprechend der Zahl der Sektorausschnitte der ruhenden Scheibe), andererseits in sektorartigen Zonen (entsprechend der Anzahl der Rucke der beweglichen Scheibe) angeordnet sind. Die Belichtungszeit jeder einzelnen Stufe läßt sich aus der Größe des Sektorausschnittes und der Rotationsgeschwindigkeit der beweglichen Scheibe leicht berechnen. Leider bilden die einzelnen Schwärzungsstufen, da die Rucke der beweglichen Scheibe im Sinne einer arithmetischen Reihe fortschreiten, keine zur Konstruktion der charakteristischen Kurve geeignete Skala.

Das ursprünglich nur für visuell-photometrische Zwecke angewandte Sektorenrad hat für sensitometrische Zwecke, abgesehen von A. CLAUDET (s. oben) auch W. B. BOLTON[6] benutzt, aber erst durch die klassischen Untersuchungen von F. HURTER und V. C. DRIFFIELD[7] (seit 1876) wurde es zur jetzt noch beliebtesten Zeitskala. Das Sektorenrad von HURTER und DRIFFIELD hatte einen Durchmesser von 28 cm. Die Sektorringe waren derart ausgeschnitten, daß der größte mit einem in zwei Teilausschnitte zerlegten Gesamtwinkel von 180° zu innerst lag. An den einen dieser zwei Teilausschnitte schlossen sich nach außen 8 weitere Stufen von 90°, 45° ... bis zu 0,703° an. Man kann also

[1] Bull. Soc. Franç. phot., Serie 3, Bd. 8, S. 74 nach Sc. et Ind. phot. 1921, S. 57.

[2] ZS. f. wiss. Phot., Bd. 14, S. 224.

[3] EDERS Jahrb. f. Phot., 1894, S. 374 und 1895, S. 169.

[4] La Lumière, 1851, Bd. 1, S. 26 nach J. M. EDER, Ausf. Hdb. d. Phot., Bd. 1, 1, 1892, S. 445.

[5] Sitz. Ber. d. Akad. d. Wiss. Wien, Bd. 52 und 54 nach E. MACH, EDERS Jahrb. f. Phot., 1894, S. 154.

[6] Phot. Journ., 1889, S. 809 und 840 nach SHEPPARD und MEES, Unters., S. 20.

[7] Journ. Soc. Chem. Ind., 1890, Bd. 9, S. 455 nach SHEPPARD und MEES, Unters., S. 116.

mit diesem Rad ein Expositionsintervall im Verhältnis $1:2^8 = 1:256$ herstellen.

HOUDAILLES[1] Sensitograph enthielt 8 in HURTER und DRIFFIELDs Verhältnis 1 : 2 stehende Sektorringe von etwas größerem Winkelausschnitt, die einzeln angeordnet waren. Das Expositionsintervall beträgt daher $1:2^7 = 1:128$. Dieser Typus ist bei späteren Konstruktionen nicht mehr angewandt worden.

S. E. SHEPPARD und C. E. K. MEES[2] wiesen zuerst (1905) auf die Wichtigkeit der präzisen Ausführung der Sektorausschnitte hin und gaben exakte Methoden für die Kalibrierung derselben an. Außerdem bauten sie das Sektorenrad (nebst der Lichtquelle) in einen Schutzkasten lichtdicht ein. Dadurch wurden nicht nur die sehr störenden Reflexe des sich drehenden Rades beseitigt, sondern es wurde auch die Belichtung der Sensitometerproben in hellen Räumen ermöglicht.

J. SCHEINER[3] (1894) hielt eine im Verhältnis 1 : 2 ansteigende Skala (mit Rücksicht auf eine genaue Ablesung des Schwellenwertes) für zu steil und schlug einen kontinuierlich von 1° bis zu 100° wachsenden Ausschnitt vor, der in der Kassette durch ein über dem Präparat liegendes Gitter in Form von 20 Feldern geteilt wurde. So erhielt er als Mittelwert des Verhältnisses zweier benachbarter Felder $\sqrt[19]{100} = 1{,}274$ (bez. $\log 1{,}274 = 0{,}1052$).

J. M. EDER[4] behielt dieses Verhältnis bei, griff aber zum stufenförmigen Ausschnitt zurück. Als Scheibendurchmesser wählte J. M. EDER zunächst (1898) 21 cm, was einer Skalenlänge von 8 cm, also einer Feldbreite = 0,4 cm, entsprach. Er ging später zu einem größeren Modell über, das eine Skalenlänge von 18 cm lieferte, und erweiterte die Zahl der Ausschnitte auf 23 (also Feldbreite = zirka 0,8 cm), wodurch die Variationsmöglichkeit der Belichtungszeiten von 1 : 100 auf 1 : 207 stieg. Die drei größten Ausschnitte mußten dabei allerdings in je zwei Teilausschnitte zerlegt werden. Der viertgrößte Ausschnitt (der größte in SCHEINERs Sektorenrad!) besitzt 100° Winkelöffnung und dient als Ausgang für die Teilung (vgl. Abb. 3).

Abb. 3. Universalsensitometer nach SCHEINER-TÖPFER (Askaniawerke A. G., Berlin)

A. ODENKRANTS[5] (1916) ließ (um jede Möglichkeit eines Intermittenzeffektes zu vermeiden) die drei größten Ausschnitte wieder weg. Den äußersten kleinen Ausschnitt nahm er mit genau 1° als Ausgang der Teilung und brachte ihn 22,5 cm vom Zentrum entfernt an. Die Scheibe wurde dann auf einer Präzisionsdrehbank in Grade geteilt, die Ausschnitte wurden ausgestochen und auf 0,1 mm genau ausgefeilt.

E. ENGLISCH[6] (1899) wandte eine Skala an, deren Öffnungen um je 10° bis 90° anstiegen.

H. LUX[7] wendet eine rotierende Scheibe an, die in zwei einander gegenüber-

[1] EDERs Jahrb. f. Phot., 1904, S. 399.

[2] SHEPPARD und MEES. Unters., S. 20.

[3] ZS. f. Instr., Bd. 14, S. 201 nach EDERs Jahrb. f. Phot., 1895, S. 394.

[4] J. M. EDER Ausf. Hdb. d. Phot., Bd. 1, 3, 1912, S. 170.

[5] ZS. f. wiss. Phot., Bd. 16, S. 80.

[6] Arch. wiss. Phot., Bd. 1, S. 117 und Bd. 2, S. 131 nach A. ODENKRANTS, ZS. f. wiss. Phot., Bd. 16, S. 91.

[7] Phot. Korr., 1915, S. 307.

liegenden Quadranten mit zentral symmetrisch angeordneten Komplexen von Sektorringen versehen ist. Der größte Ausschnitt (90°) liegt der Achse zunächst Nach der Peripherie zu nehmen die Ausschnitte in Abständen von 5 zu 5 mm immer um 5° ab, bis am Rand der Peripherie zwei Ausschnitte von je 5° Öffnung den Schluß der Reihe bilden (es liegt hier also eine arithmetische Reihe vor, welche die Konstruktion der charakteristischen Kurve erschwert!). Durch Abdecken der Öffnungen des einen Quadranten kann das gesamte Belichtungsintervall von 1 : 18 auf 1 : 36 erweitert werden. LUX arbeitet mit 2000 Umdrehungen pro Minute.

K. KIESER[1] änderte die Anwendungsart des Sektorenprinzips insofern ab, als er eine stillstehende Sektorenplatte anwandte und hinter dieser Ausschnittplatte eine mit mehreren sektorartig angeordneten Kassetten beschickte Scheibe rotieren ließ. Nur bei ausgedehnten Lichtquellen (z. B. bei Tageslicht) darf man in diesem Falle die EDERsche Teilung der Ausschnitte beibehalten; bei punktförmigen Lichtquellen muß man dagegen die Lichtquelle in der Verlängerung der Rotationsachse (statt gegenüber der lichtempfindlichen Schicht) aufstellen und zwecks Erhaltung der gleichen Stufenskala (der SCHEINERschen Grade) die Dimensionen der Ausschnitte entsprechend abändern; eine Tabelle hiefür gibt K. KIESER (l. c.) an. Die Verwendung ausgedehnter Lichtquellen macht KIESER dadurch möglich, daß bei seinem Apparat der Abstand zwischen Sektorenplatte und Kassettenscheibe höchstens 1 mm beträgt. Der größte Sektorring ist 6,05 cm, der kleinste Sektorring 19,35 cm vom Drehungsmittelpunkte der Kassettenscheibe entfernt. Der Hauptvorzug des Apparates besteht darin, daß 8 Sensitometerproben gleichzeitig belichtet werden können.

R. DAVIS und F. M. WALTERS[2] benutzten ein Sektorenrad mit 9 Ausschnitten, wovon der größte in zwei Teile geteilt war. Sie fanden, daß der Intermittenzeffekt bei einer Tourenzahl 1 pro Sekunde und bei Benutzung von 16 Umdrehungen keinen nennenswerten Einfluß auf das Resultat ausübt.[3]

M. BRIEFER[4] multiplizierte im Interesse einer größeren Genauigkeit bei der Herstellung des Sektorenrades sämtliche Öffnungen des HURTER und DRIFFIELDschen Rades mit 1,428, so daß sie sich von 1° bis 256° abstufen. Er ist dadurch allerdings genötigt, die zweitgrößte Öffnung in zwei Teile, die größte sogar in drei Teile zu zerlegen. Die Skalenlänge beträgt 9 cm.

In industriellen Betrieben wird das Sektorenrad während der Exposition entweder mit der Hand oder mit Motorantrieb meist sehr rasch gedreht und man begnügt sich mit den so erhaltenen Intermittenzskalen, die das Resultat von mindestens 100 (bis höchstens 800) Umdrehungen darstellen.

Will man echte Zeitskalen erhalten, so darf man das Sektorenrad während der Exposition nur einmal rotieren lassen. Zu diesem Zwecke wurde das Sektorenrad von S. E. SHEPPARD und C. E. K. MEES in eine Art „Fokalschlitzverschlußkamera" verwandelt[5]. Der Antrieb des Rades erfolgte bei ihnen durch einen möglichst stark gebremsten Heißluftmotor. SHEPPARD und MEES konnten so durch Anwendung verschiedener Rotationsgeschwindigkeiten (von mindestens 30 Touren pro Minute aufwärts) ein Belichtungsintervall von 1 : 1024 verwirklichen. Allerdings mußten sie den durch den aus zwei Teilen bestehenden Sektor von 180° eingeschleppten Intermittenzfehler mit in Kauf nehmen.

---

[1] Phot. Korr., 1916, S. 149.

[2] Scient. Pap. Nr. 439, S. 18, Bur. of Stand., U. S. A., 1922.

[3] Vgl. Amer. Pat. Nr. 1 382 272.

[4] Trans. mot. Pict. Eng., 1925, S. 85 nach Sc. et Ind. phot., 1925, S. 181.

[5] SHEPPARD und MEES, Unters., S. 243.

A. ODENKRANTS[1] (1916) erteilte seinem oben beschriebenen Sektorenrad dadurch eine Umlaufzeit der gewünschten Größe, daß er die mittels Elektromotor angetriebene Welle stark bremste. Bei einer Belichtungszeit von höchstens 40 Sekunden waren kleine Schwankungen des von ihm als Antriebskraft benutzten Stromes und damit der Rotationsgeschwindigkeit ohne Einfluß auf das Resultat.

Während bei allen bisher beschriebenen Sektorenrädern die Sektorringe derart ausgeschnitten waren, daß der größte Ring dem Zentrum zunächst lag, ging L. A. JONES[2] (1922) dazu über, den größten Sektorring auf den äußersten Rand des Rades zu verlegen und die kleineren Sektorringe anstoßend nach innen anzuordnen (s. Abb. 4). Dadurch konnte er, ohne gezwungen zu sein, irgendeinen Sektorring in zwei Ausschnitte zu zerlegen, mit 10 Sektoren (im Verhältnis 1 : 2) ein Belichtungsintervall $1:2^9 = 1:512$ herstellen. Er verwandte eine kreisförmige Scheibe von 75 cm Durchmesser (3 mm dick). Die größte Öffnung beträgt 240⁰, die anderen bilden eine geometrische Reihe abwärts bis zu 0,469⁰. Die kleinste Öffnung verlangt einen Ausschnitt von 2,3 mm, der bis auf $^1/_{40}$ mm genau ausgefeilt werden konnte (Fehler also zirka 1%). Die größeren Öffnungen haben natürlich weit geringere prozentuelle Fehler. Durch Variierung der Rotationsgeschwindigkeit des Rades läßt sich zwischen dem größten Wert des Expositionsmaximums (also im Sektor 240⁰) und dem kleinsten Wert des Expositionsminimums (also im Sektor 0,5⁰) ein Verhältnis $= 1:268000000$ erzielen, also ein Expositionsspielraum, der für sämtliche praktischen Zwecke von den kürzesten Momentphotogrammen bis zu den am längsten belichteten astronomischen Aufnahmen alle in Betracht kommenden Möglichkeiten in sich schließt. Der Apparat besitzt eine in bezug auf Farbe und Lichtstärke streng konstante Lichtquelle und eine sehr genaue Zeitmeßvorrichtung. Wegen weiterer Einzelheiten muß auf die Originalarbeit verwiesen werden.

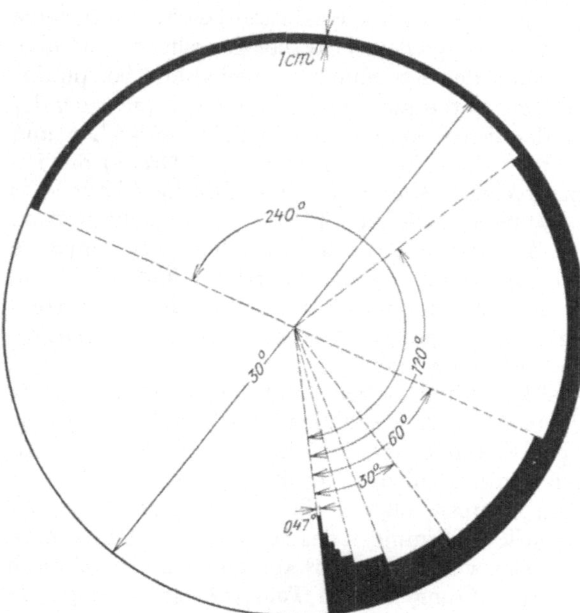

Abb. 4. Sektorrad des Sensitographen nach L. A. JONES

Eine sinnreiche Verbesserung dieses Sensitographen hat A. C. HARDY[3] angegeben. Sein Apparat erlaubt mit einem Versuch 15 Stufen, die im Verhältnis 1 : 2 ansteigen, also ein Belichtungsintervall $1:2^{14} = 1:16384$, herzustellen. Dies beruht darauf, daß auf einem großen Sektorenrade 9 Sektorringe (entsprechend den 9 längeren Expositionen), auf einem kleinen auf der gleichen

[1] ZS. f. wiss. Phot., Bd. 16, S. 72.

[2] Commun. Nr. 161, EASTMAN Kodak Co., Kodak Abrid., Bd. 6, S. 217 und Sc. et Ind. phot., 1923, S. 90.

[3] Journ. opt. Soc. Amer., Bd. 10, S. 149 nach Sc. et. Ind. phot., 1925, S. 79.

Achse montierten Sektorenrad weitere 6 Sektorringe (entsprechend den 6 kürzeren Expositionen) ausgeschnitten sind und daß beide Sektorenräder mit verschiedenen Geschwindigkeiten rotieren. Das große Rad dreht sich um so viel langsamer als das kleinere, daß unter Berücksichtigung der Rotationsgeschwindigkeit und der Ausschnittgröße die vom größeren Rad bewirkten 9 Expositionen und die vom kleineren Rad veranlaßten 6 Expositionen sich im geforderten Verhältnis genau aneinanderschließen. Infolgedessen müssen die Ausschnitte des kleineren Sektorenrades größer gemacht werden als in dem Fall, daß die entsprechenden Expositionen durch ein einziges Rad erzeugt werden sollen. Dies bringt aber den wichtigen Vorteil, daß auch die den kleinsten Expositionen entsprechenden Ausschnitte eine genügende Größe erhalten, um prozentuell ebenso genau ausgefeilt werden zu können, wie die den großen Expositionen entsprechenden Sektorringe. Obwohl das kleinere Rad bedeutend schneller rotiert als das größere, kann es während einer Umdrehung des letzteren doch nur einmal eine Belichtung bewirken, da das von dem kleineren Rad durchgelassene Licht eine genau berechnete sektorförmige Aussparung im großen Rad passieren muß, um die lichtempfindliche Schicht treffen zu können. Ein Elektromotor mit Präzisionsregulierung, der 1800 Touren pro Minute macht (mit einem Fehler von $\pm$ 1%), treibt einen Mechanismus, von dem aus die beiden Sektorenräder ähnlich wie der Stunden- und der Minutenzeiger einer Pendeluhr in Bewegung gesetzt werden. Ein automatischer Unterbrecher hält das große Rad nach einer Umdrehung und gleichzeitig das kleine Rad nach 32 Umdrehungen an. Da sich dieser Effekt während einer Umdrehung des großen Rades 31 mal wiederholt, könnten theoretisch 31 Sensitometerproben gleichzeitig belichtet werden. Bei dem von HARDY gewählten Abstand der Lichtquelle sinkt diese Zahl in der Praxis auf 3.

R. DAVIS[1] (1925) gab einen neuen Weg an, um die Zerlegung der größeren Sektorringe in Teilausschnitte zu vermeiden, ohne daß gleichzeitig die Stabilität des Sektorenrades erheblich vermindert wird. Zu diesem Zwecke bringt er sämtliche Sektorringe, symmetrisch aneinanderstoßend, auf den beiden Seiten eines und desselben Radius an. Das Sektorenrad hat 482 mm Durchmesser. Die Gesamthöhe der Ausschnittfläche beträgt dem Radius entlang gemessen 120 mm. Er benutzt verschiedene Sektorenräder, sämtlich mit je 13 Stufen, aber mit abweichendem Expositionsverhältnis für die einzelnen Stufen. Der größte Sektorring mißt bei allen Rädern 180° (er liegt zu innerst). Der kleinste Sektorring mißt bei dem Sektorenrad, dessen Stufen eine geometrische Reihe mit dem Faktor $\sqrt[3]{4}$ bilden (entsprechend einem Belichtungsintervall $1:4^{\frac{12}{3}}=1:256$) 0°42′10″. (s. Abb. 5). Um nun die Sektorenscheibe trotz ihrer Ausschnitte sowohl statisch als auch dynamisch im Gleichgewicht zu halten, bringt DAVIS an der Peripherie ein Gegengewicht an, dessen Form und Lage durch Probeversuche ermittelt wird. Die Genauigkeit dieses Gegengewichts ist ebenso wichtig, wie die präzise Herstellung der Ausschnitte. Wegen des Kopierrahmens, des Präzisionsmotors, der Lichtquelle und sonstiger

Abb. 5. Links: Das Sektorenrad von HURTER und DRIFFIELD (der 180°-Ausschnitt ist in zwei Sektoren von 90° zerlegt). Mitte: Das Sektorenrad von DAVIS mit symmetrisch zu einem Radius angeordneten Ausschnitten von 180° abwärts. Rechts: Eine für Sonderzwecke bestimmte Form des Sektorenrades von DAVIS

[1] Scient. Pap. Bur. of Stand., 1925, Bd. 20, Nr. 511, S. 345 nach Sc. et Ind. phot., 1926, S. 24.

Einzelheiten muß auf die Originalarbeit verwiesen werden. Der Apparat erlaubt, ein Belichtungsintervall von $^1/_8$ Sekunde bis 1024 Sekunden zu verwirklichen.

5. Intensitätsskalen. Vorausgesetzt, daß eine absolut konstante Lichtquelle zur Verfügung steht, bedient man sich zur Herabsetzung der Beleuchtungsstärke in exakt meßbarer Weise am besten einer der beiden folgenden Methoden.

a) Abstandsänderung zwischen Lichtquelle und lichtempfindlicher Schicht. Die Beleuchtungsstärke nimmt umgekehrt proportional dem Quadrat des Abstandes ab. Dies gilt natürlich streng nur für eine punktförmige Lichtquelle. Alles Reflexlicht muß vermieden werden; man arbeitet daher in einem Raum mit schwarzen Wänden und schaltet zwischen Lichtquelle und Schicht nötigenfalls geeignete Lichtschirme ein. Hierbei muß, schon um ein Belichtungsintervall im Verhältnis 1 : 256 herstellen zu können, da der geringste Abstand zwischen Schicht und Lichtquelle keinesfalls geringer als ½ m sein darf, eine optische Bank von mindestens 8 m Länge zur Verfügung stehen, eine Bedingung, die sich wohl nur in ausnehmend großen Laboratorien erfüllen läßt. Alle Expositionen müssen natürlich gleich lang dauern. Einen Abstandssensitograph, bei dem der Schwellenwert auf einer abgestufte Grautöne enthaltenden Kopie (unter Zuhilfenahme eines stereoskopischen Betrachtungsapparates) abgelesen wird, hat A. J. PRILESHAJEW[1] konstruiert.

b) Einschaltung von Blenden in den Lichtweg. Bei kreisförmigen Blenden ist (unter übrigens gleichen Umständen) die Beleuchtungsstärke dem Quadrat des Durchmessers proportional (über die Theorie der Blenden vgl. K. SCHAUM[2]). Zur gleichmäßigen Beleuchtung des Feldes ist bei künstlichen Lichtquellen stets die Einschaltung eines Diffusors (vor der Blendenöffnung) nötig. Als Diffusoren verwendet man am besten Mattglasscheiben, die das Licht relativ am wenigsten durch selektive Absorption in seiner Qualität verändern. Übrigens soll dieser Absorptionsfehler in der Regel so gut wie belanglos sein[3]; er ist es insbesonders dann, wenn man ihn bei allen Messungen durch Anwendung eines Glasplattensatzes von stets gleicher Schichtdicke konstant hält. Einen Apparat dieser Art hat L. A. JONES[4] konstruiert. Er benutzt ein System von 8 Blenden, deren größte eine Öffnung von 100 cm hat; die Öffnungen der 7 anderen sinken, nach einer geometrischen Reihe mit dem Faktor ½ abgestuft, bis zu 0,78 cm; dies entspricht einem Belichtungsintervall $1 : 2^7 = 1 : 128$. Da einer der angewandten Diffusoren, der aus geschliffenen Platten bestand, nicht genügte, um auf der Blendenöffnung eine gleichmäßige Flächenhelligkeit zu erzeugen, wurde in diesem Falle die in Rechnung zu stellende Beleuchtungsstärke empirisch auf visuell-photometrischem Wege bestimmt. Durch Anwendung verschiedener Abstände, verschiedener Diffusoren und verschieden starker Lichtquellen von genau gleicher Farbe konnte das Belichtungsintervall erforderlichenfalls bis auf 1 : 1000000 ausgedehnt werden, wobei der Fehler in den Maßzahlen der Beleuchtungsstärken höchstens 1% betrug. Um bei allen Versuchen eine genau gleiche Belichtungszeit anzuwenden, wurde ein sehr präzis funktionierender Verschluß benutzt, der Expositionen bis $^1/_{100}$ Sekunde abwärts bei voller Öffnung gestattete. Da eine solche Apparatur nicht nur sehr kostspielig ist, sondern auch große Geschick-

[1] Brit. Journ. of Phot., Bd. 73, S. 689; vgl. Phot. Ind., 1927, S. 72; Kinotechn., 1927, S. 42.

[2] K. SCHAUM, Photochemie und Photographie, Leipzig 1908, S. 108.

[3] Vgl. S. O. RAWLING, Phot. Journ., Bd. 65, S. 64 nach Sc. et Ind. phot., 1925, S. 56.

[4] Commun. Nr. 161, EASTMAN Kodak Co., Kodak Abrid., Bd. 6., S. 217 und Sc. et Ind. phot., 1923, S. 90.

lichkeit und Sorgfalt bei der Bedienung verlangt, kommt sie für Betriebszwecke nicht in Betracht. Hier müssen einfachere, aber trotzdem praktisch genügend genaue Vorrichtungen verwandt werden.

Nun haben die Intensitätsskalen vor den echten Zeitskalen den wichtigen Vorzug, daß, falls alle Belichtungsstufen gleichzeitig erzeugt werden und — das ist nur bei Intensitätsskalen durchführbar — kleine Schwankungen der Lichtstärke während der Versuchsdauer ohne Einfluß auf das Endergebnis sind. Daher sollen im folgenden nur solche Intensitätsskalen beschrieben werden, bei denen die ganze Skala gleichzeitig erzeugt wird. Die zu diesem Zwecke dienenden Apparate zerfallen in folgende Gruppen:

α) Verwendung eines verschiedenen Abstandes der Lichtquelle;

β) Verwendung verschieden großer Blenden;

γ) Verwendung anderer geometrisch-optischer Hilfsmittel (Linsen, Gitter, Nikols);

δ) Verwendung von reflektierenden Medien;

ε) Verwendung von absorbierenden Medien, und zwar von

1. Papierskalen,
2. mittels Druckverfahren hergestellter Skalen,
3. auf photographischem Wege hergestellten Skalen,
4. Graukeilen.

Ad α) Verwendung eines verschiedenen Abstandes der Lichtquelle. Hieher gehören die nur historisch interessanten Empfindlichkeitsmesser von F. Stolze[1] (1881 und 1891), bei denen eine sehr kurze lineare Lichtquelle (ein leuchtender Schlitz oder ein glühender Platindraht) benutzt wurde. Die Beleuchtungsstärke in jeder der Leuchtlinie parallelen Zone der belichteten Fläche ist dann konstant und aus dem Abstand von der Lichtquelle und dem Einfallswinkel des Lichtes leicht berechenbar.

Ad β) Verwendung verschieden großer Blenden. Diese Blendensensitographen, gewöhnlich „Röhrenphotometer" genannt, bestehen aus einer größeren Anzahl nebeneinander angebrachter Lochkameras, deren Wände zur Vermeidung aller Reflexe geschwärzt sein müssen. Da auch bei der größten Öffnung eine äußerst starke Lichtschwächung stattfindet, kommen sie für den Auskopierprozeß überhaupt nicht in Betracht; daß sie auch im Entwicklungsprozeß nur noch vereinzelt in der Praxis Anwendung finden, liegt wohl daran, daß die bekanntesten und meist benutzten Konstruktionen einen zu reichlichen und daher kostspieligen Verbrauch an lichtempfindlichem Material verlangen.

Diese Röhrenphotometer zerfallen in zwei Gruppen:

β_1) Die einzelnen Lochkameras erhalten ihr Licht durch eine verschieden große Anzahl (meist) gleich großer enger Löcher. Dieser Typus empfiehlt sich, weil solche Löcher leicht mit sehr großer Genauigkeit auf rein mechanischem Weg reproduziert werden können.

β_2) Der Lichtzutritt erfolgt durch kreisförmige Öffnungen von verschieden großem Durchmesser. Die Herstellung einer genauen Skala dieser Art ist ziemlich schwierig.

Ad β_1) Aus einer verschiedenen Anzahl gleich großer Löcher bestehende Lichtzutrittsöffnungen wurden zuerst von Taylor[2] (1869) angegeben. Sein Lochkamerasystem bedeckt eine Fläche von 124×20 mm bei einer Röhrenlänge von 30 mm. Die 10 Öffnungen enthalten eine von 3 bis 25 steigende Zahl von

---

[1] Phot. Nachr., 1891, S. 161 und 225 nach H. W. Vogel, Hdb. d. Phot., Bd. 2, 1894, S. 56; vgl. auch J. M. Eders Ausf. Hdb. d. Phot., Bd. 1, 3, 1912, S. 187.

[2] J. M. Eder, Ausf. Hdb. d. Phot., Bd. 1, 3, 1912, S. 182.

Löchern entsprechend einem Belichtungsintervall $1 : 8^1/_3$. (Ein Apparat ähnlicher Art wurde von A. MALLOCK[1] benutzt.) Verbessert und in die photographische Praxis eingeführt wurde das Röhrenphotometer von H. W. VOGEL[2] (1883). Er wandte 24 Felder an, deren Lochzahl gleichmäßig von 1 bis 24 stieg. Der Lochdurchmesser betrug $^3/_4$ mm. VOGEL war der erste, der zwei genau gleiche Apparate dieser Art nebeneinander anbrachte, wodurch zwei lichtempfindliche Schichten (auch bei schwankender Beleuchtungsstärke, z. B. bei Tageslicht) unter simultaner Belichtung in bezug auf die Schwellenwertsempfindlichkeit genau miteinander verglichen werden konnten. Zur Erzielung einer homogenen Beleuchtung der Blendenplatte wurde der gleichmäßig bedeckte Himmel oder besser ein mit photographischem Rohpapier bespannter Reflexschirm benutzt, der in einer (durch Ausprobieren) bestimmten Entfernung von einem Fenster aufgestellt wurde. Vor der Kassette, in der sich das lichtempfindliche Material befand, waren die Röhren durch eine Kupferplatte abgedeckt, in die unterhalb jeder einzelnen Röhre eine, der Anzahl der Löcher entsprechende Zahl eingeschnitten war. Die relative Schwellenwertsempfindlichkeit beider Präparate ergab sich somit direkt als der Quotient der zwei kleinsten eben noch sichtbaren Lochzahlen in beiden Skalen. VOGELS Apparat hat den großen Nachteil, daß er ein viel zu geringes Belichtungsintervall bietet und daß die Skala in einer arithmetischen Reihe ansteigt, was die Konstruktion der charakteristischen Kurve erschwert.

J. M. EDER[3] gab daher im Jahre 1903 den Bohrlöchern, die er verschieden groß wählte, solche Dimensionen, daß die Lichteintrittsflächen in 20 Stufen im Verhältnis 1 : 1,27 in Form einer geometrischen Reihe anstiegen, also im selben Verhältnis wie die Ausschnitte seines Sektorenrades, und die sogenannten SCHEINER-Grade lieferten. So konnte er ebenso wie mit dem SCHEINERschen Sektorenrad ein Belichtungsintervall 1 : 100 herstellen. Die geringste Helligkeit wurde durch ein Loch von 0,5 mm Durchmesser, die größte Helligkeit durch 25 Löcher von 1 mm Durchmesser hervorgerufen. Die Röhrenlänge betrug 10 cm.

Wendet man statt Tageslicht eine künstliche Lichtquelle an, so ist VOGELS Papierschirm wegen zu starker Herabsetzung der Beleuchtungsstärke zur Erzielung einer gleichmäßigen Beleuchtung wenig geeignet. Man schaltet dann besser zwischen Lichtquelle und Blendenplatte einen Diffusor ein, der möglichst wenig selektive Absorption besitzt, u. z. entweder Mattglas oder, wegen des besseren Zerstreuungsvermögens, Milchglas, obwohl letzteres eine stärkere selektive Absorption besitzt.

EDER konstruierte auch einen Sensitographen für Dreifarbenphotographie, indem er drei Röhrenphotometer nebeneinander anordnete, die durch geeignete Lichtfilter hindurch gleichzeitig beleuchtet werden konnten (s. Abb. 6).

Ad β_2) Ein Sensitograph mit kreisförmigen Blenden wurde zuerst von H. E. ROSCOE[4] (1874) angewendet. Auf dem Boden von sechs hohlen mit verschieden großen Blenden versehenen Zylindern von 10 cm Durchmesser und 60 cm Länge, welche gegen den Zenith gerichtet wurden, wurde Auskopierpapier belichtet. Das Helligkeitsintervall betrug 1 : 11,95. Der Apparat diente zur Bestimmung der photographischen Helligkeit des Tageslichtes. Für sensitometrische Zwecke wurde eine Vorrichtung dieser Art zuerst von MUCKLOW und J. B. SPURGE[5] angewandt. Sie benutzen ein System von Kammern mit quadrati-

[1] EDERS Jahrb. f. Phot., 1895, S. 412.

[2] EDERS Jahrb. f. Phot., 1896, S. 230.

[3] Phot. Korr., 1903, S. 426.

[4] J. M. EDER, Ausf. Hdb. d. Phot., Bd. 1, 3, 1912, S. 138.

[5] Phot. Journ., 1881, S. 44 nach J. M. EDER, Ausf. Hdb. d. Phot., Bd. 1, 3, 1912, S. 183.

schem Querschnitt. Dieses System ist oben durch eine undurchsichtige Platte verschlossen, in die kreisförmige Öffnungen (über jeder Kammer eine) gebohrt sind. Diese Blendenplatte kann nach Bedarf durch einen Schieber geöffnet und geschlossen werden. An der unteren Seite des Systems befindet sich, ähnlich wie bei VOGEL (s. unter ad β_1) eine mit Ziffern versehene Platte, die auf dem lichtempfindlichen Material während der Belichtung der Felder mitkopiert wird. Röhrenphotometer dieses Typus wurden auch von R. LUTHER[1] (1900) sowie von K. SCHAUM und E. SCHLÖMANN (1903)[2] benutzt, die auf 16 im Sinne einer geometrischen Reihe ansteigenden Feldern ein Expositionsintervall von $1 : (\sqrt{2})^{15} = 1 : 181$ darstellten, sodann von J. A. PARKHURST und F. C. JORDAN[3] (1907), ferner (in Form einer 42 stufigen Skala) von E. KING[4], und von G. EBERHARD[5], der den ganzen Apparat während der Belichtung rotieren ließ, weil ihm die als Diffusoren angewandten Mattglasscheiben keine genügend gleichmäßige Flächenhelligkeit auf den Blendenöffnungen zu erzielen erlaubten.

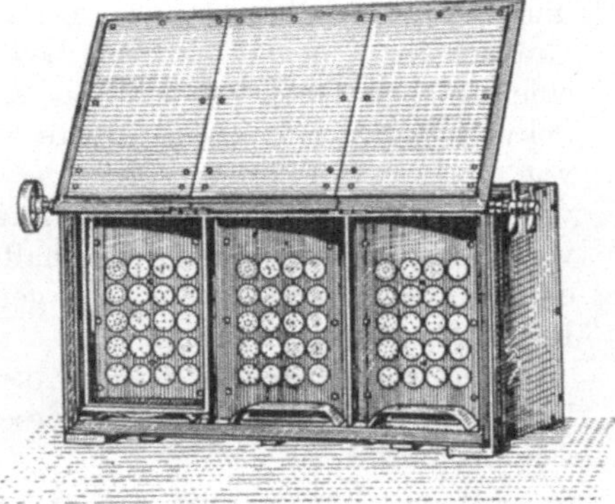

Abb. 6. Das dreiteilige Röhrenphotometer nach J. M. EDER

Eine vollkommen gleichmäßige Beleuchtung der Felder der Skala erzielte J. BAILLAUD[6] dadurch, daß er über den einzelnen Kammern vor den Blenden Linsen anbrachte. Sein Apparat ist ein Kästchen vom Querschnitt 16 × 16 cm, 80 cm lang und trägt an der vorderen offenen Seite die von der Lichtquelle beleuchtete Diffusorplatte. 60 cm von diesem Diffusor, 6 cm vom geschlossenen Ende entfernt, befinden sich in einer Ebene neun plankonvexe Linsen (Durchmesser 15 mm), die neun Bilder der beleuchteten Öffnung auf der photographischen Schicht liefern. Dicht hinter diesen neun Linsen befinden sich neun verschieden große Blenden, deren Öffnungen im Verhältnis 1 : 1,5 wachsen, also ein Belichtungsintervall $1 : 1{,}5^8 = 1 : 26$ erlauben. Der Diffusor besteht aus zwei auf einer Seite mattgeschliffenen Glasscheiben (mit einem Zwischenraum von 1 cm). Sie sind mit der matten Seite einander zugekehrt; die glatte Seite liegt zwecks leichter Reinigung außen. Dieser etwas primitive Diffusor reicht trotz seiner nicht ganz gleichmäßigen Oberflächenhelligkeit für einen Lichtkegel von 4°, innerhalb dessen die neun Linsen angeordnet sind, vollkommen aus. Man erhält so neun völlig gleichmäßig geschwärzte Felder, deren Mittelpunkte 17 mm voneinander entfernt sind. Bei BAILLAUDs Apparatur braucht man also bedeutend weniger lichtempfindliches Material, als bei den oben beschriebenen Vorrichtungen. BAILLAUD wendet eine Exposition von 30 Sekunden an, so daß der Verschluß bequem mit der Hand bedient werden kann.

---

[1] Arch. wiss. Phot., Bd. 2, S. 35 nach A. ODENKRANTS, ZS. f. wiss. Phot., Bd. 16, S. 90.

[2] ZS. f. wiss. Phot., Bd. 4, S. 201.

[3] Astrophys. Journ., Bd. 26, S. 244; Bd. 36, S. 169 nach A. ODENKRANTS, ZS. f. wiss. Phot., Bd. 16, S. 91.

[4] Ann. Harv. Coll. Obs., Bd. 50, Nr. 2 nach A. ODENKRANTS, ZS. f. wiss. Phot., Bd. 16, S. 91.

[5] EDERs Jahrb. f. Phot., 1911, S. 109.

[6] Sc. et Ind. phot., 1925, Mém. S. 40.

W. SCHEFFER[1] gab eine Methode an, nach der sich die kreisförmigen Blenden genauer als durch Bohrung herstellen lassen. Zu diesem Zwecke zeichnete er das System der kreisförmigen Blenden in großem Maßstab schwarz auf weißes Papier und stellte darnach durch Aufnahme mittels einer Kamera auf einer photographischen Platte ein System von durchsichtigen Kreisflächen auf undurchsichtigem Grund in der gewünschten Größe her. Bei Zugrundelegung des Faktors 1,5 konnte SCHEFFER mit 14 Feldern ein Belichtungsintervall $1 : 1{,}5^{13} = 1 : 195$ herstellen. Durch Benutzung zweier genau gleicher Apparate und Dämpfung des auf einen dieser Apparate einfallenden Lichtes mittels einer Grauscheibe (einer gleichmäßig belichteten und entwickelten Trockenplatte) von einer solchen Opazität, daß das erste Feld der zweiten Skala genau dieselbe Schwärzung zeigte, wie das letzte Feld der ersten Skala, konnte er ein Intervall von $1 : 1{,}5^{26} = 1 : 38000$ erzielen. Als Diffusor wurde eine Milchglasscheibe verwendet. SCHEFFERS Blendenplatte hat den Vorzug, daß nicht nur das Öffnungsverhältnis äußerst präzis eingehalten werden kann, sondern daß nach einer einzigen Zeichnung beliebig viel genau identische Exemplare der Blendenplatte hergestellt werden können.

Ferner sei hier auf K. SCHAUMS zur photographischen Spektrophotometrie bestimmte Apparatur (1925) verwiesen, die natürlich auch als Sensitograph benutzt werden kann.[2]

Ad γ). Verwendung anderer geometrisch-optischer Hilfsmittel. Bei den hieher gehörenden Apparaten muß das Licht auf seinem Weg von der Lichtquelle zur photographischen Schicht zwar meist auch ein anderes Medium als Luft durchdringen, aber dieses (geometrisch-optischen Zwecken dienende) Medium übt keine nennenswerte selektive Absorption aus, so daß seine Verwendung auch bei exakten Messungen zulässig erscheint.

Besonders zu visuell-photometrischen Zwecken sind wiederholt Gitter angewandt worden. Die Lichtschwächung durch ein Gitter aus vollkommen undurchsichtigen parallelen Stäben mit vollkommen durchsichtigen Zwischenräumen hängt nur vom Verhältnis der Summe der Stabbreiten zur Summe der Zwischenraumbreiten ab. Die Zwischenräume müssen mindestens so breit sein, daß die Beugung des Lichtes keine Rolle spielt. (Näheres s. H. KRÜSS.[3]) G. R. HARRISON und C. E. HESTHAL[4] wandten zur Sensitometrie im ultravioletten Bereich als Gitter „Drahtnetze" aus eng nebeneinander stehenden feinen Metallfäden — einfach oder übereinandergelegt — an. Da solche Drahtnetze — selbst beim Aufbewahren in verschlossenen Kästen — sich leicht verändern, müssen sie vor jedesmaligem Gebrauch photographisch ausphotometiert werden. Unter Vorschaltung solcher Drahtnetze, die ein Intensitätsintervall von 16 : 1000 herzustellen erlaubten, wurden durch sukzessive Exposition bei gleicher Zeit Intensitätsskalen hergestellt. Derartige Gittersensitographen sind zur gleichzeitigen Herstellung der ganzen Skala wenig geeignet.

Man kann aber auch Beugungsgitter anwenden; dann dienen als Felder der Intensitätsskala die einzelnen Beugungsspektren, deren Intensitätsverhältnis zum Zentralbild bekannt ist. Die hinter dem Gitter befindliche Lichtquelle wird durch ein Objektiv extrafokal aufgenommen. A. WILKENS[5] verwendete diese Methode unter Benutzung eines sensitometrisch bekannten Materials zur Bestimmung der Helligkeit von Sternen. Doch läßt sich natürlich

[1] EDERS Jahrb. f. Phot., 1910, S. 97 und 1913, S. 175.
[2] ZS. f. wiss. Phot., Bd. 23, S. 7; Bd. 24, S. 85.
[3] EDERS Jahrb. f. Phot., 1914, S. 60.
[4] Journ. opt. Soc. Amer., Bd. 8, S. 471 nach Sc. et Ind. phot., 1924, S. 91.
[5] EDERS Jahrb. f. Phot., 1906, S. 235.

auch unter Umkehrung des Verfahrens bei Anwendung punktförmiger Lichtquellen bekannter Helligkeit das sensitometrische Verhalten der photographischen Schicht untersuchen. [Vgl. auch E. HERTZSPRUNG[1] (1910.)]

Eigenartig ist eine Konstruktion von GUILLOZ[2] (1908), der eine Lichtlinie mittels einer willkürlich abgeblendeten Zylinderlinse zu einer Intensitätsskala ausbreitete. Eine Halbschattenmethode wurde von E. KING[3] und eine Kombination der beiden letzten Methoden von A. CALLIER[4] (1910) angewendet. Hierbei fällt das Licht eines von der Lichtquelle gleichmäßig beleuchteten Diffusors durch ein System von horizontalen Spalten gleicher Höhe, deren Länge im Sinne einer geometrischen Reihe von unten nach oben zunimmt. Von diesem Spaltensystem entwirft eine Zylinderlinse mit horizontaler (den Spalten parallel liegender) Achse auf der in ihrem anderen Brennpunkt befindlichen, lichtempfindlichen Schicht ein Bild mit horizontalen Graustufen, deren dunkelste zu unterst liegt. Die zu jeder dieser Graustufen gehörige Intensität ergibt sich aus den Dimensionen der jeweils wirksamen Spaltöffnung. Zur Erhöhung der Helligkeit gibt man auch dem Diffusor die Form einer Zylinderlinse (s. Abb. 7 u. 8).

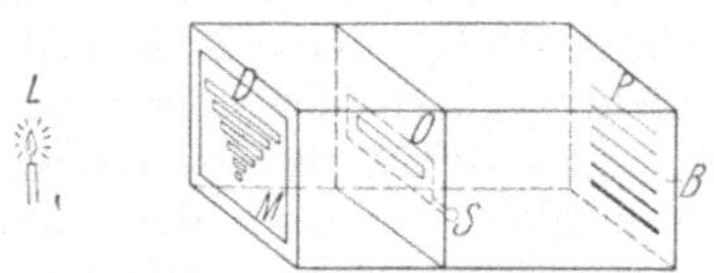

Abb. 7. Sensitograph von A. CALLIER. Die Lichtquelle L beleuchtet das beiderseits matt geschliffene Milchglas M. Hinter ihm befindet sich das Diaphragma D (s. Abb. 8). O ist die als Objektiv dienende Zylinderlinse, deren Zylinderachse horizontal liegt. S ist die Verschlußklappe. Auf der Platte P entsteht bei der Belichtung das deformierte Bild B der Blende D, bestehend aus horizontal liegenden parallelen Streifen, deren Expositionen einer geometrischen Reihe mit dem Faktor 2 entsprechen

Man könnte auch die Lichtschwächung durch Polarisation z. B. mittels zweier gekreuzter Nikols anwenden. Diese Methode ist jedoch unbequem und sowohl für geringe Lichtstärken als auch für kleine Wellenlängen ungenau (Literatur hierüber ist zitiert bei K. SCHAUM.[5])

Ad δ) Verwendung reflektierender Medien. Es wird ein das auffallende Licht verschieden stark reflektierendes Objekt mittels der Kamera photographisch aufgenommen. Da es sich hiebei um die gleiche Versuchsanordnung wie bei praktischen Aufnahmen handelt, stellt diese Methode den idealen Weg zur Sensitometrie der Negativmaterialien dar.

Ein Vorläufer der hieher gehörigen Apparate ist E. MACHs weißer, mit verschieden großen schwarzen Sektoren bemalter Schirm (1865), den er bei seinen ersten Versuchen zur Ermittlung der richtigen Expositionszeit benutzte (aber dann durch eine Ausschnittscheibe [vgl. unter Zeitskalen, S. 97] ersetzte).

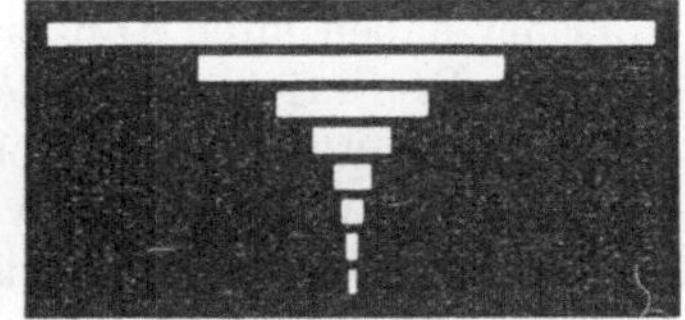

Abb. 8. Die Blende im Sensitographen von A. CALLIER (s. Abb. 7). Es enthält horizontal liegende Schlitze von gleicher Höhe, aber mit Längen, die im Verhältnis einer geometrischen Reihe mit dem Faktor 2 ansteigen

Einen primitiven, aber praktisch brauchbaren Apparat dieses Typus konstruierte zuerst W. DE W. ABNEY[6] (1874). Ein kreisförmiger

---

[1] Astr. Nachr., Bd. 186, S. 177 nach A. ODENKRANTS, ZS. f. wiss. Phot., Bd. 16, S. 90.

[2] C. R., Bd. 148, S. 164 nach A. ODENKRANTS, ZS. f. wiss. Phot., Bd. 16, S. 90. (Franz. Patent Nr. 399 779.)

[3] Ann. Harv. Coll. Obs., Bd. 59, S. 33 nach A. ODENKRANTS, ZS. f. wiss. Phot., Bd. 16, S. 90.

[4] Brit. Journ. of Phot., 1913, S. 972.

[5] ZS. f. wiss. Phot., Bd. 22, S. 162.

[6] J. M. EDER, Ausf. Hdb. d. Phot., Bd. 1, 1, 1892, S. 297.

Zylinder trägt auf seiner Oberfläche ein System von schmalen, gleichschenkeligen Dreiecken, deren Höhen parallel zur Drehungsachse liegen und die, eine endlose Zickzacklinie bildend, aneinanderstoßen. Diese dreieckigen Felder sind abwechselnd weiß (mit Zinkoxyd) und schwarz (mit Ruß) gestrichen. Wird der Zylinder in Rotation versetzt, so erscheint er als eine parallel zur Drehungsachse gleichmäßig von Weiß nach Schwarz ansteigende Grautonskala. Durch photographische Aufnahme des sich drehenden Zylinders erhält man eine stetig verlaufende Skalenkopie; das Intensitätsverhältnis der einzelnen Schwärzungsstufen wurde auf Grund der geometrischen Verteilung der Farben berechnet. Eine exakt meßbar abgestufte Intensitätsskala läßt sich auf diesem Wege nicht gewinnen, da weder Ruß vollkommen schwarz (also Reflexion gleich Null), noch Zinkoxyd vollkommen weiß (also Menge des reflektierten Lichtes gleich derjenigen des einfallenden Lichtes) ist.

Als diffus reflektierendes Medium wendet man am besten Mattglas oder Milchglas an. [Über den Einfluß der Oberflächenbeschaffenheit und der Aufstellungsart solcher Diffusoren auf die Lichtschwächung, vgl. S. Selig[1] (1923)] Einen auf diesem Prinzip beruhenden Sensitographen haben L. F. Davidson und W. A. Balmain[2] konstruiert. 8 Stückchen Opalglas sind auf je einem Ring verschiedener Größe befestigt. Alle Ringe sind nebeneinander auf der gleichen Welle derart montiert, daß jedem eine willkürliche Neigung zur Achse erteilt werden kann. Dieses System rotiert in einem Kasten mit geschwärzten Wänden und wird von vorn oben mittels einer Metallfadenlampe beleuchtet. An der Vorderseite des Kastens befindet sich ein Spalt, durch den gesehen die Opalglasfelder eine stufenförmige Intensitätsskala bilden. Durch passende Neigung der einzelnen Ringe wird die visuell-photometrisch kontrollierte Flächenhelligkeit der 8 Opalglasstücke derart abgestuft, daß diese Helligkeiten eine geometrische Reihe mit dem Faktor $\sqrt{2}$ bilden, also ein Belichtungsintervall $1:11{,}2$ erlauben. Während das Diffusorensystem rotiert, wird der Spalt photographisch aufgenommen. Dieser Apparat soll insbesondere zur Untersuchung des Verhaltens der Schicht bei geringen Lichtstärken gut geeignet sein (sogenannter Unterexpositionsteil der charakteristischen Kurve, s. S. 169). Die genannten Forscher haben ihren Apparat neuerdings derart modifiziert, daß er gleichzeitig mehrere Prüflinge herzustellen erlaubt.

Ad ε) Verwendung absorbierender Medien. ε_1) Papierskalen. Der erste Apparat dieses Typus war das von Lanet de Limencey und Secrétan[3] (1856) angegebene „Lucimeter“ zur visuellen bzw. photographischen Messung von Lichtstärken. Es bestand aus stufenförmig übereinandergelegten Papierstreifen. [Visuelle Eichung vorausgesetzt, kann ein derartiger Apparat wenigstens zur visuellen Messung der Lichtstärke unbedenklich verwandt werden, vgl. F. Hauser[4] (1922).]

Man macht in der Regel die unzulässige Annahme, daß die Lichtintensitäten unter solchen terrassenförmigen Streifensystemen eine geometrische Reihe bilden, derart, daß die Zahl der Schichten den jeweiligen Potenzexponenten liefert, mit anderen Worten, daß Papierskalen dem Lambert-Beerschen Absorptionsgesetz (s. S. 110) gehorchen. Darauf, daß dies nicht der Fall ist, wurde (abgesehen von einer kurzen Notiz in Phot. Arch. 1868, S. 188) zuerst durch W. de W. Ab-

[1] ZS. f. wiss. Phot., Bd. 22, S. 150.

[2] Phot. Journ., Bd. 65, S. 69 nach Sc. et Ind. phot., 1925, S. 57, ferner Phot. Journ., Bd. 67, S. 181 nach Sc. et Ind. phot., 1927, S. 119.

[3] Phot. Arch., 1868, S. 189, ferner Bull. Soc. franç. phot., Bd. 2, S. 79 nach J. M. Eder, Ausf. Hdb. d. Phot., Bd. 1, 1, 1892, S. 404.

[4] ZS. f. wiss. Phot., Bd. 21, S. 92; Phot. Rundsch., 1927, S. 467.

NEY[1] hingewiesen. Papier zeigt eine sehr starke selektive Absorption; dies lehrt schon die visuelle Prüfung: das Stufensystem erscheint nämlich im durchfallenden Licht um so röter, je größer die Schichtenzahl ist. Trotzdem wurden derartige Papierskalen lange in der photographischen Praxis angewandt, zuerst von L. BING[2], dann von H. W. VOGEL[3] (daher VOGELS „Photometer" genannt, verbessert durch ihn und SAWYER 1877), ferner von E. BERNHARD[4] und von vielen anderen, bis schließlich auch die Praktiker die Unzulänglichkeit des Instrumentes erkannten. Auf die Unbrauchbarkeit der Papierskalen für exakte Messung hat (mit Bezug auf die Sensitometrie der Auskopierpapiere) P. v. JANKO[5] schon vor langer Zeit nachdrücklich hingewiesen.

ε_2) Durch Druckverfahren hergestellte Skalen. W. B. WOODBURY[6] kam zuerst auf den Gedanken, nach einem (ähnlich wie bei E. BERNHARD l. c.) angeordnetem Stufensystem aus Kollodiumhäuten eines Abguß in Metall herzustellen. Von einer solchen Form können mittels des sogenannten WOODBURY-Druckes (mit Gelatinefarbe) auf Glasplatten beliebig viel identische Kopien hergestellt werden.

WARNERKE[7] griff diese Idee auf. Die von ihm fabrizierten Skalen kamen mit Ziffern versehen und gefirnißt in den Handel. Eine solche mittels Druckfarbe hergestellte Skala folgt aber auch zu wenig genau dem LAMBERT-BEERschen Gesetz (s. S. 110), als daß sich auf diesem Wege in Form einer geometrischen Reihe undurchsichtiger werdende Felder darstellen ließen. Der Apparat wäre nur dann zu exakten Messungen brauchbar, wenn jedes Feld (nötigenfalls in bezug auf das zu untersuchende Material) photographisch geeicht würde.

Derselbe Einwand trifft auch für JONES CHAPMANS ebenfalls mittels WOODBURY-Druckes hergestellten Plate Tester (Plattenprüfer)[8] zu, auf dessen erhebliche Fehler J. M. EDER[9] schon s. Z. hingewiesen hat.

Heutzutage sind durch Druckverfahren hergestellte Skalen aus der photographischen Praxis verschwunden.

ε_3) Auf phothographischem Wege hergestellte Skalen. Skalen auf photographischem Wege stellte zuerst BURTON[10] mittels (mit Tusche gefärbten) Pigmentpapiers her. Ein Silbernegativ (auf einer nassen Platte) wandte zu diesem Zwecke zuerst W. DE W. ABNEY[11] an. Er verstärkte das Silbernegativ nachträglich mit Platinchlorid, wodurch es (nach seiner Angabe) frei von selektiver Absorption wurde. Um eine gleichmäßig verlaufende Skala zu erhalten, photographierte er einen in der Mitte sternförmig durchstochenen schwarzen Karton und ließ das erhaltene Negativ um eine durch den Mittelpunkt des Bildes

---

[1] Phot. News, 1876, Nr. 909 nach J. M. EDER, Ausf. Hdb. d. Phot., Bd. 1, 1, 1892, S. 409.

[2] Abrid. of Spec. rel. to Phot., 2, 1860—1866, S. 149 nach J. M. EDER, Ausf. Hdb. d. Phot., Bd. 1, 1, 1892, S. 404.

[3] Phot. Korr., 1868, S. 36, 190 nach J. M. EDER, Ausf. Hdb. d. Phot., Bd. 1, 1, 1892, S. 405.

[4] Phot. Arch. 1868, S. 59.

[5] EDERS Jahrb. f. Phot., 1899, S. 30.

[6] Phot. Arch., 1868, S. 214.

[7] Phot. News, 1881, S. 92 nach J. M. EDER, Ausf. Hdb. d. Phot., Bd. 1, 1, 1892, S. 429.

[8] Phot. Korr., 1901, S. 430.

[9] Vgl. J. M. EDER, Ausf. Hdb. d. Phot., Bd. 1, 3, 1912, S. 222.

[10] Phot. News, 1874, S. 604 nach J. M. EDER, Ausf. Hdb. d. Phot., Bd. 1, 3, 1912, S. 158.

[11] Phot. News, 1876, S. 909 nach J. M. EDER, Ausf. Hdb. d. Phot., Bd. 1, 3, 1912, S. 158.

gehende Achse oberhalb der lichtempfindlichen Schicht rotieren. So erhielt er die Schwärzungsstufen in Form konzentrischer Kreise. Die intensivste Schwärzung lag in der Peripherie.

Gleichmäßig verlaufende Graufilter hat auch E. KING[1] angewandt. Er hat darauf aufmerksam gemacht, daß derartige Silbergelatineschichten lichtzerstreuend wirken. Sie dürfen daher nur mittels Kontaktdruck kopiert werden. Zur Prüfung von Positivmaterialien stellen sie, derartig angewandt, eine sehr geeignete Vorrichtung dar, da bei solchen Silbergelatineschichten das Licht optisch natürlich genau ebenso beeinflußt wird wie beim normalen Kopieren von Negativen.

Alle auf photographischem Wege hergestellten Grautonskalen müssen natürlich geeicht werden. Dies geschieht am einfachsten und mit einer für die Praxis meist ausreichenden Genauigkeit auf visuell-photometrischem Wege.[2]

Man wendet der leichteren Eichung halber statt der eben beschriebenen gleichmäßig verlaufenden Systeme besser Stufenplatten an, die man mit Hilfe eines Schieberapparates (s. S. 93) leicht in jeder gewünschten Abstufung herstellen kann. J. KIRCHGASSNER,[3] J. I. CRABTREE,[4] L. A. JONES, P. S. NUTTING und C. E. K. MEES[5] benutzten Stufenplatten mit dem Expositionsverhältnis $\sqrt{2}$ per Stufe. (Vgl. ferner L. A. JONES und J. I. CRABTREES Apparat zur Bestimmung der Expositionszeit[6] und J. I. CRABTREE und C. E. JVES' halbautomatischen Apparat zu diesem Zweck[7]).

Während eine solche Stufenplatte für Betriebslaboratorien den zweckmäßigsten Sensitographen für den Positivprozeß darstellt, erscheint ihre Anwendung für Präzisionsmessungen bedenklich, da es eben unmöglich ist, Trockenplatten absolut gleichmäßig herzustellen und zu entwickeln, weshalb die Stufen nie vollkommen einheitlich geschwärzt sind.

Auf die erheblichen Fehler der käuflichen Trockenplatten in dieser Beziehung haben hingewiesen J. HARTMANN[8], ferner R. W. WALLACE und H. B. LEMON[9] (1900), E. KRON[10] (1913) und K. SCHWARZSCHILD[11] (1906); neuerdings F. E. ROSS,[12] C. DAVIDSON,[13] H. T. STETSON und E. F. CARPENTER[14] und besonders J. CLAVIER.[15]

ε_4) Graukeile. Absorbierende Medien in Keilform bieten uns den wichtigen Vorteil, daß sie durch Wahl eines geeigneten Keilwinkels eine Lichtschwächung in jedem beliebigen Grad von Steilheit zu erzielen gestatten. Vorausgesetzt, daß das absorbierende Medium dem LAMBERT-BEERschen Gesetz gehorcht,

---

[1] Ann. Harvard Coll. Observat., Bd. 41, S. 237 nach EDERS Jahrb. f. Phot., 1904, S. 401.

[2] J. M. EDER, Ausf. Hdb. d. Phot., Bd. 1, 3, 1912, S. 159.

[3] Phot. Rund., 1918, S. 329.

[4] Brit. Journ. of Phot., 1922, S. 153.

[5] Commun. Nr. 21, EASTMAN Kodak Co. nach Sc. et Ind. phot., 1923, Mém. S. 37.

[6] Commun. Nr. 159, EASTMAN Kodak Co., Kodak Abrid., Bd. 6, S. 204.

[7] Commun. Nr. 206, EASTMAN Kodak Co., Kodak Abrid., Bd. 8, S. 94.

[8] EDERS Jahrb. f. Phot., 1906, S. 58.

[9] Astrophys. Journ., Bd. 29, S. 146.

[10] Ann. d. Phys., [4], Bd. 41, S. 75 nach A. ODENKRANTS, ZS. f. wiss. Phot., Bd. 16, S. 90.

[11] Vgl. A. ODENKRANTS, ZS. f. wiss. Phot., Bd. 16, S. 90.

[12] Astrophys. Journ., Bd. 57, S. 33 nach Sc. et Ind. phot., 1923, S. 70.

[13] Trans. opt. Soc., Bd. 24, S. 41 nach Sc. et Ind. phot., 1923, S. 127.

[14] Astrophys. Journ., Bd. 58, S. 36 nach Sc. et Ind. phot., 1923, S. 181.

[15] Sc. et Ind. phot., 1924, Mém. S. 9.

d. h. daß sein Absorptionsvermögen proportional der Konzentration der färbenden Substanz ist, läßt sich die unter jeder Graustufe des Keils (sämtliche Stufen verlaufen parallel der Keilkante) herrschende Beleuchtungsstärke aus der sogenannten Keilkonstante äußerst einfach berechnen. Unter Keilkonstante versteht man den Abfall der Dichte (d. h. des Logarithmus des Quotienten der Opazitäten) pro 1 cm Keillänge.

Die Bestimmung der Keilkonstante geschieht gewöhnlich auf visuell-photometrischem Wege; für sensitometrische Zwecke ist es empfehlenswerter, sie photographisch (am besten in bezug auf die Emulsionsart, zu der das zu prüfende Material gehört) zu bestimmen. Zu diesem Zwecke belichtet man mit einer streng konstanten Lichtquelle nacheinander gleich lange in zwei (genügend großen) Abständen durch den Keil hindurch eine geeignete lichtempfindliche Schicht. Man erhält so zwei Keilkopien, bei denen die einer bestimmten Exposition E entsprechende Graustufe auf der einen Kopie unter der Keildichte d, auf der anderen unter der Keildichte d' erscheint.

Sei die auf die Vorderseite des Keils einfallende Beleuchtung im 1. Fall J, im 2. Fall J', so folgt aus dem LAMBERT-BEERschen Gesetz

$$E = J \,.\, 10^{-d} \qquad E = J' \,.\, 10^{-d'} \qquad d - d' = \log \frac{J}{J'}$$

Bezeichnen wir nun den Abstand (in Zentimetern zwischen d und d' (wenn man beide Keilkopien parallel nebeneinander legt) mit l, so ist die Keilkonstante

$$K = \frac{d - d'}{l} = \frac{1}{l} \log \frac{J}{J'}$$

Die Größe $\frac{J}{J'}$ ist umgekehrt proportional dem Quadrat des Verhältnisses der angewandten Abstände; l wird durch Anlegen eines Maßstabes direkt abgelesen. (Diese Methode ist nicht ganz exakt, weil hiebei vorausgesetzt wird, daß Intensitätsskalen in bezug auf die Beleuchtungsstärke invariant sind.)

Eine ebenfalls leicht ausführbare, aber exaktere Methode zur Ermittlung der Keilkonstante hat F. FORMSTECHER[1] angegeben. Sie beruht auf dem Vergleich der mit dem Keil erhaltenen Kurve mit der mittels einer „Standard-Stufenplatte" erhaltenen Kurve.

Die für visuell-photometrische Zwecke gelegentlich angewandten Rauchglaskeile sind für sensitometrische Messungen ungeeignet. Ganz abgesehen von Unregelmäßigkeiten ihrer Struktur (Blasen, Schlieren) besitzen sie eine sehr störende selektive Absorption (für das Auge durch eine grünliche oder gelbliche Farbe meist schon ohne weiteres erkennbar), d. h. das Licht wird je nach der Schichtdicke in ganz verschiedener Farbe durchgelassen.

Trübe Mittel ohne selektive Absorption, z. B. eine Suspension von Ruß in Gelatine, sind als Keilmedien brauchbar. Sie haben zwar (ähnlich wie die oben erwähnten auf photographischem Wege hergestellten Stufenplatten) die Eigenschaft, das auffallende Licht diffus zu zerstreuen und geben daher, mit der Kamera aufgenommen, je nachdem sie mit parallelem oder diffusem Licht beleuchtet werden, Kopien von abweichendem Schwärzungsverlauf. Wenn man sie aber in direktem Kontakt mit der lichtempfindlichen Schicht belichtet, so erhält man einwandfrei reproduzierbare Resultate.

Solche Graukeile hat zuerst F. STOLZE[2] hergestellt. Er umgab zu diesem

---

[1] Phot. Ind., 1927, S. 1230.

[2] Phot. Wochenbl., 1883, S. 17 nach J. M. EDER, Ausf. Hdb. d. Phot., Bd. 1, 1, 1892, S. 304.

Zweck eine Kristallglasplatte mit einem Papierrand und legte sie mit der einen langen Kante auf eine genau nivellierte Unterlage direkt auf, während er die gegenüberliegende Kante durch ein untergeschobenes Klötzchen etwas hob. In den so gebildeten keilförmigen Raum goß er eine Suspension von fein geriebener Tusche in Gelatine (unter Zusatz von Zucker, um ein Abspringen der Gelatinehaut vom Glas nach dem Trocknen zu verhindern.) Die getrocknete Platte wurde mit einem Schutzüberzug von Rohkollodium versehen und in zwei genau gleiche Teile zerschnitten. Zur Prüfung von Positivmaterial empfahl STOLZE einen langsameren Abfall, zur Prüfung von Negativmaterialien einen steileren Abfall (d. h. eine größere Keilkonstante). Diese primitive Methode wird nicht mehr angewandt [vgl. hiezu WARNERKES Keile[1] (1886)].

Ein Präzisionsverfahren zur Herstellung von Graukeilen hat E. GOLDBERG[2] zuerst 1910 auf dem Internationalen Kongreß in Brüssel bekannt gegeben. Das Prinzip seiner Methode besteht darin, daß zwei Glasplatten derart aufeinandergelegt werden, daß sie sich mit einer Kante berühren, während die gegenüberliegenden Kanten durch ein dünnes Zwischenstück aus Glas voneinander getrennt werden. Die untere Platte ist mit einer besonders vorbehandelten Albuminlösung vorpräpariert. In den keilförmigen Zwischenraum beider Glasplatten wird eine mit Ruß versetzte Gelatinelösung eingegossen. Nach dem Erstarren wird die obere Platte mit der daran haftenden Keilschicht abgehoben, während der Albuminüberzug an der unteren Platte kleben bleibt (s. Abb. 9).

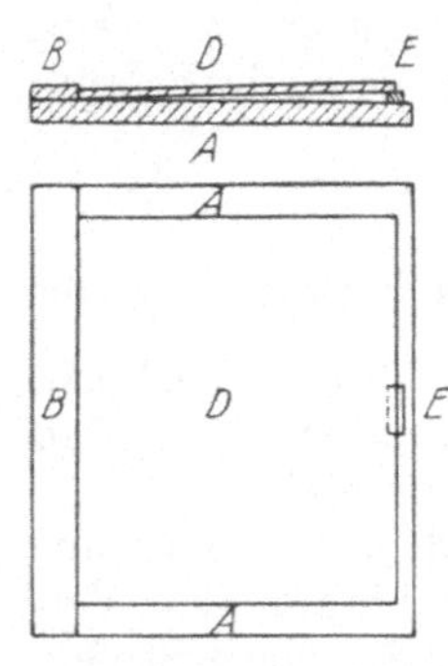

Abb. 9. Vorrichtung zur Herstellung neutralgrauer Keile nach E. GOLDBERG (in Auf- und Grundriß), zusammengesetzt aus Glasplatten. *A* Grundplatte, *B* Anlegeleiste, *D* Keilplatte, *E* Zwischenstück (zirka 1 mm stark)

Um Keile, die vollkommen frei von Lichtzerstreuung sind, herzustellen, muß man als Keilsubstanz statt einer Suspension eine echte Lösung verwenden, da aber vollkommen „echt lösliche" neutralgraue Stoffe leider nicht bekannt sind, muß man zu einem geeigneten Gemisch aus mehreren organischen Farbstoffen greifen.

Mischungsverhältnisse für die Keilsubstanz hat (außer E. GOLDBERG, l. c.) A. HÜBL veröffentlicht.[3]

Farbstoffkeile sind, worauf besonders A. ODENKRANTS[4] hinweist, zur Prüfung von Negativemulsionen sehr geeignet, da ihre Keilkonstante vollkommen unabhängig von der Form des auffallenden Strahlenbündels ist.

Später empfahl GOLDBERG (l. c.), den Ruß durch feinverteiltes Silberkorn, erhalten aus neutralgrau entwickelter Bromsilbergelatine, zu ersetzen. Dieses Silberkorn ist selbst im Ultraviolett nahezu frei von selektiver Absorption. Solche Keile sind, falls sie photographisch geeicht sind, da ihr optisches Verhalten vollkommen mit dem des Negativ-Silbers übereinstimmt, ein ideales Meßwerkzeug für den Positivprozeß: natürlich muß stets unter unmittelbarem Kontakt mit der lichtempfindlichen Schicht kopiert werden. Sie sind übrigens auch nicht frei von selektiver Absorption (s. u.) und dürfen daher nur für weißes Licht benutzt werden.

Nach E. GOLDBERGS Methode wird auch der seit 1919 im Handel befindliche

[1] Erwähnt in EDERS Jahrb. f. Phot., 1912, S. 469.

[2] ZS. f. wiss. Phot., Bd. 9, S. 323 sowie Bd. 10, S. 238, ferner Aufbau d. photogr. Bildes, 2. Aufl., Halle 1925, S. 94 (hier auch ein ausführliches Literaturverzeichnis von 1910 bis 1921).

[3] Phot. Korr., 1918, S. 43.

[4] Phot. Journ., Bd. 65, S. 191 nach Sc. et Ind. phot., 1925, S. 94.

EDER-HECHT-Keil[1] hergestellt. Es ist ein Farbstoffkeil, über dem sich ein mit Gradeinteilung versehenes Celluloidblatt befindet. Auf der Kopie erscheinen weiße Linien auf abgetöntem Grund, welche die Ablesung des Schwellenwertes erleichtern. A. HNATEK[2] (1927) hat nachgewiesen, daß der EBERHARD-Effekt (s. S. 148) die Resultate der Ablesung an mit Teilung versehenen Graukeilen stark verfälscht. Ein Farbstoffkeil ist auch der Hauptbestandteil des Graphoskops von E. O. LANGER,[3] der bemerkenswerte Vorschläge zur Wahl von Normalkonstanten machte (vgl. auch E. HENSCHKES abgestuften Keil,[4] D. R. P. 372032).

Auf den Hauptfehler der Farbstoffkeile, ihre selektive Reflexion, haben zuerst F. C. TOY und J. C. GOSH[5] (1920) hingewiesen. Von dem angewandten ILFORD-Keil wurden nur zwischen 550 und 430 $\mu\mu$ alle Strahlungen gleichmäßig absorbiert. Im Violett und Ultraviolett verlief die Absorption so unregelmäßig, daß das LAMBERT-BEERsche Gesetz nicht mehr zutraf. Auf die Mängel speziell der Keile von EDER-HECHT und von E. O. LANGER hat unter ausführlicher Begründung E. LEHMANN[6] (1922) aufmerksam gemacht. Er fand bei dem EDER-HECHT-Keil, bei dem der Fabrikant (HERLANGO A. G. Wien) als Konstante 0,401 angibt, als photographische Konstante bei Nachprüfung mit Bromsilberemulsion 0,430, mit Chlorsilberemulsion 0,502, während die visuelle Keilkonstante 0,350 betrug. LEHMANN empfiehlt, die übertriebene Unterteilung in Grade (je 1 mm) fallen zu lassen. Die Keilkonstante soll höchstens auf zwei Dezimalen angegeben werden, da schon die zweite Dezimale sehr unsicher ist. Als praktische (weil genügend leicht reproduzierbare) Keilkonstante empfiehlt er 0,75. Dieser steile Anstieg erleichtert die Ablesung und verringert den Einfluß aller lokalen und systematischen Fehler. J. M. EDER[7] hat später auch selbst Untersuchungen über die Veränderlichkeit der Konstante seines Keils im Ultraviolett angestellt und eine starke Zunahme der Konstante im U.-V. gefunden.

Eine vollkommene Beseitigung der selektiven Absorption ist selbst bei Mischung von Farbstoffen mit Ruß nicht zu erzielen. Die von LEHMANN ausgesprochene Hoffnung (l. c.), daß Silberkeile allen Anforderungen entsprechen dürften, hat sich bald als trügerisch erwiesen, denn auch das Silberkorn ist nicht frei von selektiver Absorption. Es zeigt ein Transparenzmaximum bei $\lambda = 3100$ Å. E. (s. C. FABRY und H. BUISSON[8]). C. FABRY empfiehlt zur Beseitigung dieses Übelstandes Verstärkung des Silberkorns mit Quecksilber. H. B. DORGELO[9] empfiehlt für Messungen im Ultraviolett platinierte Quarzplatten. Eine besonders gleichmäßige Absorption (im Gebiet von 5000 bis 6700 Å. E.) kann man durch Überdeckung von Silber mit Platin erzielen.[10]

Über störende Interferenzerscheinungen bei monochromatischer Beleuchtung vgl. F. C. TOY.[11]

---

[1] Phot. Korr., 1919, S. 244, 1920, S. 1.
[2] ZS. f. wiss. Phot., Bd. 24, S. 310.
[3] Phot. Rundsch., 1919, S. 209; 1924, S. 59.
[4] Phot. Ind., 1923, S. 563.
[5] Phil. Mag., Bd. 40, S. 775 nach Sc. et Ind. phot., 1925, S. 56.
[6] ZS. f. wiss. Phot., Bd. 21, S. 214.
[7] Sitz. Ber. d. Akad. Wiss. Wien, Bd. 131, S. 37 nach Sc. et Ind. phot., 1923, S. 105.
[8] Rev. d'Opt., Bd. 3, S. 1 nach Sc. et Ind. phot., 1924, S. 33.
[9] Phys. ZS., Bd. 26, S. 756 nach Sc. et Ind. phot., 1926, S. 28.
[10] F. ARTIGAS, Rev. Opt., Bd. 5, S. 217 nach Sc. et Ind. phot., 1926, S. 188; Franz. Patent, Nr. 614594.
[11] Phot. Journ., Bd. 62, S. 110 nach Sc. et Ind. phot., 1922, S. 29.

Über Fehlerquellen bei Benutzung der Sensitographen, soweit diese Fehler durch den Abstand von der Lichtquelle und deren Form bedingt sind, vgl. A. Odenkrants.[1]

6. Die Spektrosensitographen. Die in der photographischen Spektralphotometrie zur Auswertung von Emissions- und Absorptionsspektren angewandte Apparatur kann natürlich auch (bei bekannter spektraler Zusammensetzung der Lichtquelle) zur Bestimmung des Zusammenhanges zwischen Exposition (E), Dichte (D) und Wellenlänge (λ) bei photographischen Schichten benutzt werden.

Zur Erzielung einer normalen Wellenlängenskala kommen als Dispersionsmittel nur Beugungsgitter in Betracht. Solche Gitter sind den Prismen auch deshalb vorzuziehen, weil sie, im durchgelassenen Licht angewandt, eine geringere Absorption im Ultraviolett zeigen. J. M. Eder[2] hat die Anwendung von Konkavgittern empfohlen. Übrigens sind selbst solche Gitter nicht absolut frei von selektiver Reflexion.[3]

Das Prinzip der Herstellung eines Spektrosensitogrammes soll an der zuerst von J. M. Eder (l. c.) angewandten Zeitskala erläutert werden. Im Spektrographen wurde unmittelbar vor der photographischen Platte eine schmale horizontale (also in bezug auf den Spektrographenspalt senkrechte) Schlitzblende in Form eines schmalen Rechtecks angebracht. Die Kassette wurde nach jeder Belichtung um die Schlitzbreite verschoben und dann erneut belichtet, und zwar unter Anwendung von in geometrischer Reihe abgestuften Belichtungszeiten. Man erhält so ein System von übereinanderliegenden Elementarspektren. Das am stärksten belichtete wird in der Regel zu unterst angeordnet. Eder machte 12 bis 15 Aufnahmen hintereinander. Das 1. Elementarspektrum (Exposition E_1) weist bei den Wellenlängen λ_1, λ_2, λ_3 ... bzw. die Dichten D'_1, D'_2, D'_3 ... auf, das 2. Elementarspektrum (Exposition E_2) zeigt bei den Wellenlängen λ_1, λ_2, λ_3 ... bzw. die Dichten D''_1, D''_2, D''_3 ... usw.

Durch sensitometrische Auswertung der Dichten ist man also in der Lage, folgende drei Kurven zu konstruieren:

1. Die charakteristische Kurve (mit den Koordinaten log E, D) für jede Wellenlänge λ;

2. die Kurve der Empfindlichkeitsverteilung (mit den Koordinaten λ, D) für jede Exposition E;

3. die Kurve gleicher Schwärzung (mit den Koordinaten λ, log E) für jede Dichte D.

Die Schwellenwertskurve (d. h. die Kurve 3 für $D = 0$) läßt sich im Spektrosensitogramm meist direkt ablesen, so daß die Spektrosensitographen in der Regel auch Schwellenwerts-Spektrosensitometer sind, d. h. für die erwähnte Kurve keine densitometrische Auswertung erforderlich machen. Die unmittelbare Ablesung der Kurve 3 (ohne Densitometer) für jede beliebige Dichte erlaubt J. Baillauds Apparatur (s. u.). Bei allen anderen Verfahren muß das Spektrosensitogramm zu diesem Zweck mit Hilfe eines Densitometers (und zwar eines geeignet modifizierten Mikrophotometers) ausgewertet werden.

Für das sichtbare und ultraviolette Spektrum genügt der gewöhnliche Spektrograph. Für das infrarote Gebiet empfiehlt sich die Anwendung einer Thermosäule mit photographisch registrierendem Spiegelgalvanometer, ein sogenannter Spektrothermograph.[4]

[1] ZS. f. wiss. Phot., Bd. 16, S. 82.

[2] J. M. Eder, Ausf. Hdb. d. Phot., Bd. 3, 1903, S. 267.

[3] Vgl. H. Kayser, Handbuch der Spektroskopie, Bd. 1, S. 429.

[4] J. W. Ellis, Journ. of the opt. Soc. Amer., Bd. 11, S. 647 nach Sc. et Ind. phot., 1926, S. 55.

a) Zeitskalen. Die von J. M. EDER (s. o.) angegebene echte Zeitskala hat E. HERTZSPRUNG[1] (1905) zur photographischen Aufzeichnung von Schwellenwertskurven angewandt. Um die Schattengrenze deutlicher zu machen, kopierte er das im Spektrosensitographen erhaltene neutralgraue Bild auf ein möglichst kontrastreiches Papier. Dadurch wird der Verlauf der Kurve nicht geändert (vgl. auch R. LOHMEYER.[2])

Intermittente Zeitskalen, hergestellt mittels des Sektorenrades (s. S. 97), hat zuerst H. TH. SIMON für spektralphotometrische Zwecke angewandt.[3]

Als Lichtschwächungsmittel im Spektrosensitographen wurde sowohl das ursprüngliche Sektorenrad J. SCHEINERS mit kontinuierlich verlaufendem Ausschnitt, und zwar von E. BÉLIN,[4] als auch das zackig ausgeschnittene Rad J. M. EDERS, und zwar von A. CALLIER[5], mit Erfolg benutzt.

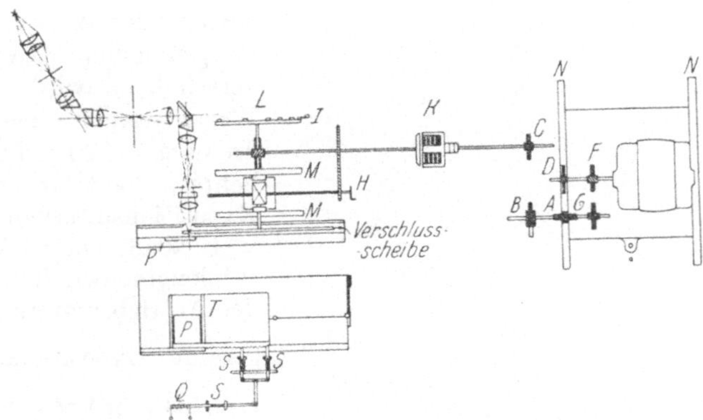

Abb. 10. Spektrosensitograph nach L. A. JONES und O. SANDVIK. (Schematischer Querschnitt, darunter der Plattenträger im Grundriß). Die rotierende Sektorscheibe, auf deren Oberfläche die Ausschnitte spiralig angeordnet sind, ist als „Verschlußscheibe" bezeichnet. Ihre Achse ruht an einem Ende in einem Gleitlager, das durch die Schraube H zwischen den Schienen M verschoben wird. Diese Schraube wird durch die gleiche Antriebswelle betätigt, die die Verschlußscheibe in Rotation versetzt. Am anderen Ende der Achse befindet sich eine Scheibe L mit 13 Nocken, die in bestimmten Zwischenräumen in I einen Stromkreis schließen, der das Solenoid Q betätigt. Das Solenoid Q verschiebt mittels einer elektromagnetischen Vorrichtung S den Plattenhalter T, und bringt die Platte P in die jeweils erforderliche Lage. Zum Antrieb dient der synchrone Motor A $D F G$ im Gehäuse N mit dem Vorgelege B,C, der durch die elektromagnetische Kuppelung K mit den Sensitographen verbunden ist

Der Intermittenz-Spektrosensitograph wurde besonders vervollkommnet von R. J. WALLACE.[6] Auch erwarb sich WALLACE dadurch ein großes Verdienst, daß er allen interessierten Forschern Gitterabzüge zur Verfügung stellte, wodurch erst die Herstellung von vollkommen untereinander vergleichbaren Spektrosensitogrammen ermöglicht wurde. WALLACES Gitter hat 15150 Linien pro englischem Zoll. Nur das Beugungsspektrum 1. Ordnung wird benutzt. Im Spektrosensitogramm kommen 61 Å. E. auf den Millimeter. WALLACE benutzte ein Sektorenrad mit kontinuierlich verlaufendem Ausschnitt und machte den Verlauf der Graustufen durch Verbreiterung des Schlitzes und extrafokale Ein-

[1] ZS. f. wiss. Phot., Bd. 3, S. 15.

[2] Diss. Marburg, 1907, nach A. ODENKRANTS, ZS. f. wiss. Phot., Bd. 16, S. 91.

[3] EDERS Jahrb. f. Phot., 1897, S. 38.

[4] Brit. Journ. of Phot., 1906, S. 630.

[5] EDERS Jahrb. f. Phot., 1908, S. 81.

[6] Astrophys. Journ., Bd. 25, S. 116, 1909, nach H. L. ALDEN, Brit. Journ. of Phot., 1913, S. 648.

stellung noch gleichmäßiger. Die Schwellenwertskurve kann sehr leicht abgelesen werden, ohne daß man einen Densitometer zu benutzen braucht.

Ähnlich konstruiert ist der Apparat von R. DAVIS und F. M. WALTERS.[1] Das Sektorenrad enthält zwei kontinuierlich verlaufende Schlitze von je 180° maximaler Öffnung, die in geometrischer Reihe abgestufte Expositionen liefern.

Eine nicht intermittente Zeitskala mittels eines Sektorenrades herzustellen, erlaubt der von L. A. JONES und O. SANDVIK angegebene Apparat.[2] Zu diesem Zwecke hat JONES sein oben (S. 100) beschriebenes Sektorenrad noch weiter vervollkommnet, indem er die Ausschnitte spiralig anordnete, wobei das Rad während seiner Rotation unter entsprechender Weiterbewegung des zu prüfenden Materials seitlich verschoben wird. Auf diese Weise werden (bei einer Umdrehung $= 720°$) 12 Felder belichtet, entsprechend einem Expositionsintervall $1 : 2^{11} = 1 : 2048$. Durch Änderung der Winkelgeschwindigkeit mittels des Antriebsmotors konnten insgesamt Expositionen von $\frac{1}{64}$ Sek. bis 26384 Sek. vorgenommen werden. Zur Beleuchtung dient ein aus Quarzlinsen zusammengesetztes Monochromatorsystem. Die austretende Energie wird mittels einer Thermosäule gemessen. Als Lichtquelle dient eine Metallfadenlampe, die mittels des optischen Systems aus Quarz auf dem Spalt abgebildet wird (s. Abb. 10 u. 11).

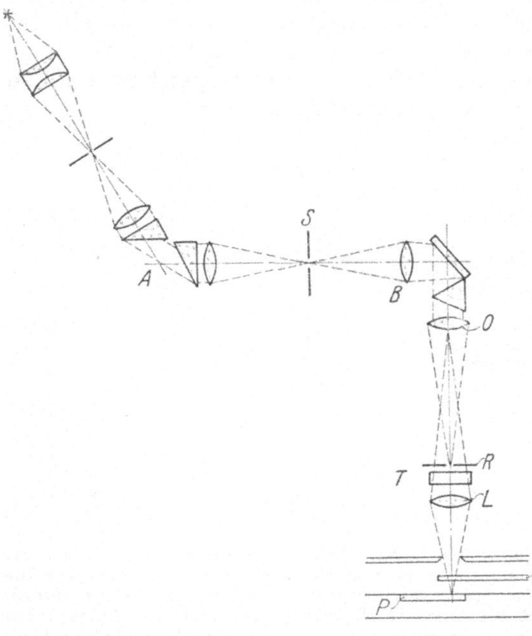

Abb. 11. Das optische System des Spektrosensitographen von L. A. JONES und O. SANDVIK (Schematischer Querschnitt; Darstellung eines Teils der Abb. 10 in vergrößertem Maßstab). Die Lichtquelle beleuchtet mittels Kondensors und Spalts 2 hintereinandergeschaltete Quarz-Monochromatoren derart, daß der Austrittsspalt *S* des Monochromators *A* gleichzeitig den Eintrittsspalt des Monochromators *B* bildet. Hinter den Austrittsspalt *R* liegt die Thermosäule *T* zur Messung der austretenden Energie. Die dahinter liegende Linse *L* bildet auf der Platte *P* das vom Objektiv *O* entworfene Spaltbild ab. *E* ist die Verschlußscheibe (vgl. Abb. 10)

b) Intensitätsskalen.

α) Lichtschwächung mittels Blenden und anderer geometrisch-optischer Hilfsmittel. Hier muß zunächst der älteste Spektrosensitograph erwähnt werden, den H. KRÜSS[3] unter Benutzung von H. W. VOGELS Spektrographen[4] (1875) konstruierte. Zur meßbaren Lichtschwächung dient ein (durch Drehung der einen Spaltschneide) unter verschiedenen Winkeln keilförmig einstellbarer Spektrographenspalt.

Halbschattenabblendung für spektrosensitographische Zwecke hat wohl zuerst M. SEDDIG[5] (1906) empfohlen. Den oben (s. S. 107) beschriebenen, auf

[1] Scient. Pap., Nr. 439, S. 23, Bur. of Stand., U. S. A., 1922.

[2] Commun. Nr. 256, EASTMAN Kodak Co., Kodak Abrid., Bd. 10, S. 32; Journ. of the opt. Soc. Amer., Bd. 12, S. 401 nach Sc. et Ind. phot., 1926, S. 127.

[3] EDERS Jahrb. f. Phot., 1889, S. 126.

[4] Ann. d. Phys., Bd. 156, S. 319.

[5] ZS. f. wiss. Phot., Bd. 4, S. 119.

einer Halbschattenmethode beruhenden Sensitographen verwandelte A. CALLIER[1] dadurch in einen Spektrosensitographen, daß er an die Stelle der Kassette mit der lichtempfindlichen Schicht den vertikal stehenden Spalt eines Spektrographen brachte. So erhielt er für jede Expositionsstufe an Stelle eines gleichmäßig geschwärzten Streifens ein Elementarspektrum. Dieser „spektrophotometrische Kondensator“ (durchkonstruiert von F. LÖWE in der optischen Werkstätte von C. ZEISS, Jena) wurde besonders für spektrophotometrische Messungen empfohlen, ist aber auch als Spektrosensitograph gut geeignet.

Besonders fruchtbar für die Spektrosensitographie hat sich eine zuerst von A. COTTON[2] 1902 angegebene Aufzeichnungsmethode der Elementarspektren erwiesen. Zur Erleichterung der photographischen Spektralphotometrie schlug er vor, das auszuwertende Spektrum und das Vergleichsspektrum (wie es ohne Einschaltung eines absorbierenden Mediums erhalten wird) in horizontalen Streifen (also senkrecht zur Richtung des Spektrographenspalts) auf der gleichen Schicht aufzunehmen. Zu diesem Zweck wird unmittelbar vor der Platte ein gitterförmig ausgeschnittener Schirm mit gleich breiten Gitterstäben und Zwischenräumen (z. B. 1 mm breit) mit der Stabrichtung senkrecht zum Spektrographenspalt eingelegt. Man nimmt zunächst das auszuwertende Absorptionsspektrum auf, dann verschiebt man das Gitter vor der Platte um 1 mm, so daß die bei der ersten Aufnahme durch die Gitterstäbe abgedeckten Stellen der lichtempfindlichen Schicht jetzt belichtet werden können, und nimmt nunmehr das Vergleichsspektrum mit der gleichen Expositionszeit unter meßbarer Schwächung der Intensität des Lichts auf. Auf dem entwickelten Bild hebt sich die Absorptionskurve, d. h. der Verlauf der Spektralbezirke, die bei beiden Aufnahmen die gleiche Schwärzung geliefert haben, deutlich ab.

Diese Vergleichsvorrichtung hat J. BAILLAUD[3] in seinem Spektrosensitographen derart nutzbar gemacht, daß man im erzielten Spektrosensitogramm (mit den Koordinaten λ und $\log E$) nicht nur die Schwellenwerts-Isoopake, sondern auch für jeden beliebig gewählten Wert der Dichte D die Kurve gleicher Schwärzung (mit den Koordinaten λ und $\log E$) direkt ablesen kann. Zu diesem Zweck kopiert er zunächst, wie oben beschrieben, mit vorgeschaltetem COTTONschen Gitter bei genau bekannter Exposition (unter Anwendung einer weiter unten beschriebenen Intensitätsskala) das Spektrum der Normallichtquelle auf die zu prüfende Schicht. Dann wird die Gittereinlage um eine Stabbreite verschoben und es werden die unbelichteten Zwischenräume mit einer gleichmäßigen, der Erzielung der beabsichtigten Dichte entsprechend gewählten Beleuchtung ebensolange exponiert. Man wählt zweckmäßig eine mittlere Dichte, z. B. $D = 1$. Die Ablesung dieser Isoopake kann weit genauer erfolgen, als die der Schwellenwertsisoopake.

J. BAILLAUD benutzte zur meßbaren Lichtschwächung eine Halbschattenmethode; er verfuhr also ähnlich wie A. CALLIER (siehe oben) und E. KING.[4] Das Licht der Normallichtquelle fällt auf einen aus zwei Linsen bestehenden Kondensor. In das parallele Stahlenbündel zwischen diesen Linsen ist eine Blende eingeschaltet, die oben und unten von Horizontallinien, rechts und links von symmetrischen, nach unten divergierenden Kurven eingefaßt ist. Diese Kurven sind so berechnet, daß die auf horizontale Streifen der lichtempfindlichen Schicht einwirkenden Beleuchtungsstärken von unten nach oben in einem logarithmischen

[1] Brit. Journ. of Phot., 1913, S. 973.

[2] Sc. et Ind. phot., 1925, Mém., S. 73.

[3] Sc. et Ind. phot., 1925, Mém., S. 41, 53.

[4] Ann. Harv. Coll. Obs., Bd. 59, S. 33, nach A. ODENKRANTS, ZS. f. wiss. Phot., Bd. 16, S. 90.

Verhältnis abnehmen. Das von dem beschriebenen Kondensor im Spektrographenspalt entworfene Bild der Lichtquelle dient nun als sekundäre Lichtquelle für den Spektrosensitographen. Zwischen dem Kollimator und dem Beugungsgitter befindet sich eine rechteckige Blende von gleicher Höhe, aber bedeutend größerer Breite, als die im Kondensor angeordnete Blende. Jedes auf eine horizontale Zone der Schicht auffallende Strahlenbündel erzeugt daher ein seiner Intensität entsprechend geschwärztes Elementarspektrum. Diese Anordnung liefert eine sehr große Helligkeit und erlaubt Spektrosensitogramme mit einem sehr großen Belichtungsintervall (bis 1 : 400) herzustellen.

L. A. JONES[1] benutzt in seinem Spektrophotometer gleichfalls einen COTTONschen Schirm mit gleich breiten Stäben und Zwischenräumen, der direkt vor der Platte aber derart eingelegt wird, daß die Gitterstäbe vertikal (d. h. parallel zum Spektrographenspalt) stehen. Zur meßbaren Schwächung des Lichtes benutzt er eine Blende mit einem von 0 bis 300^0 verstellbaren Sektor (vgl. S. 128), die vor dem Kollimator des Spektrographen aufgestellt wird. Die in L. A. JONES Apparat erzeugten Streifen verlaufen parallel der log E-Achse und stellen abwechselnd im entgegengesetzten Sinne angeordnete Intensitätsskalen dar, deren

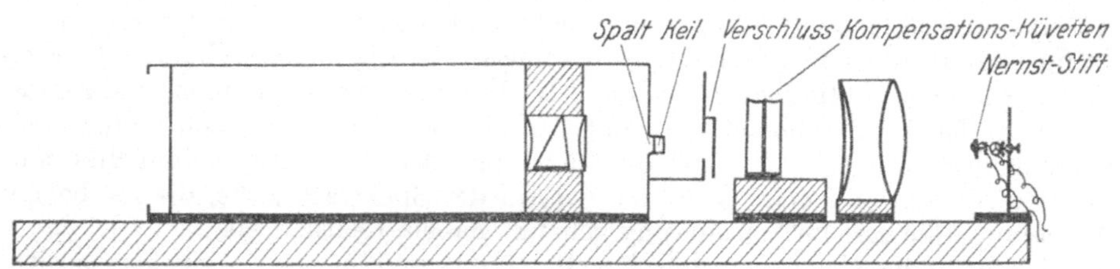

Abb. 12. Schematische Darstellung des Spektrosensitographen von C. E. K. MEES. Das Bild des NERNST-Stiftes wird mittels des Kondensors im horizontalen Spalt (der senkrecht zur Ebene der Zeichnung verläuft) entworfen. Vor diesem Spalt ist ein Rauchglaskeil angeordnet. (Die keilförmigen, sich zu einem planparallelen Trog ergänzenden Kompensationsküvetten dienen zur spektrophotometrischen Untersuchung von Flüssigkeiten)

jede einer bestimmten Wellenlänge entspricht. Die Ablesungs-Isoopake tritt bei seiner Anordnung anscheinend schärfer hervor als bei der von J. BAILLAUD gewählten. Um JONES Vorrichtung als Spektrosensitograph zu benutzen, müßte man eines der beiden Streifensysteme mittels des Spektrographenspaltes bei genau bekannter Intensität belichten, das andere (ohne Spektrographen) einer der gewünschten Dichte entsprechend abgestimmten gleichmäßigen Beleuchtung aussetzen. (Eine Vorrichtung, die in beiden Fällen genau gleiche Belichtungszeit sichert, hat JONES angegeben.) Man erhielte auf diesem Wege ein aus vertikalen Streifen bestehendes Spektrosensitogramm, in dem sich über jeder Wellenlänge die zu ihr gehörige Intensitätsskala abwechselnd mit einem gleichmäßig geschwärzten Streifen erhebt und das die Ablesung der Kurve mit den Koordinaten λ und log E für die jeweils gewählte Dichte unmittelbar erlaubt. Da die Breite der Stäbe des eingelegten Gitters nur $5 \mu\mu$ beträgt, kann diese Kurve sehr genau, und zwar zwischen 350 bis $750 \mu\mu$ ermittelt werden.

Zur Spektrosensitometrie im ultravioletten Gebiet wandten G. R. HARRISON und C. E. HESTHAL,[2] da sich ihnen andere Intensitätsskalen als unbrauchbar

[1] Journ. of the opt. Soc. Amer., Bd. 10, S. 561, nach Sc. et Ind. phot., 1925, S. 152; Comm. Nr. 221, EASTMAN Kodak Co., Kodak Abrid., Bd. 9, S. 21.

[2] Journ. of the opt. Soc. Amer., Bd. 8, S. 471, nach Sc. et Ind. phot., 1924, S. 91; Journ. of the opt. Soc. Amer., Bd. 11, S. 113, nach Sc. et Ind. phot., 1925, S. 167; Journ. of the opt. Soc. Amer., Bd. 11, S. 341, nach Sc. et Ind. phot., 1926, S. 1.

erwiesen, ihre auf S. 106 beschriebene Gitterapparatur in Verbindung mit einem FÉRYschen Quarz-Prismen-Spektrographen an. Untersucht wurden die Wellenlängen 214 bis 435 $\mu\mu$. Die photographischen Platten wurden sowohl direkt als auch (nach J. DUCLAUX und P. JEANTET[1]) mit einem fluoreszierenden Öl überzogen, belichtet und ausgewertet.

β) Lichtschwächung mittels absorbierender Medien. Da es keine vollkommen neutralgrauen absorbierenden Medien gibt, ist diese Art der Lichtschwächung nur da empfehlenswert, wo keine besonders hohe Genauigkeit gefordert wird. Man wendet in diesem Falle Keile aus Stoffen an, die möglichst frei von selektiver Absorption sind, und erhält so unmittelbar Spektrosensitogramme mit λ als Abszisse und log E als Ordinate. Wegen der unvermeidlichen Ungenauigkeit ist es zwecklos, die Ordinaten übermäßig hoch zu machen. Die Schwellenwertskurve läßt sich direkt ablesen.

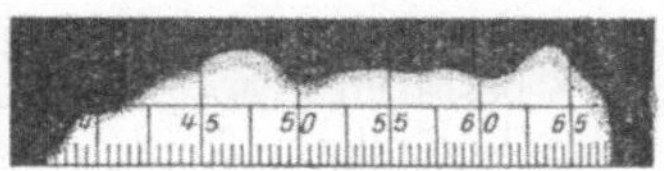

Abb. 13. Spektrosensitogramm nach C. E. K. MEES (WRATTEN Spectrum Panchromatic-Plate). Die Kurve (λ, log E) für $D = 0$ wird automatisch hergestellt. Als Abszissen sind Zahlen einkopiert, deren zehnfacher Wert gleich λ, gemessen in $\mu\mu$, ist

C. E. K. MEES[2] setzte zu diesem Zwecke vor den Spektrographenspalt einen neutralgrauen Rauchglaskeil, dessen nutzbarer Schwächungsbereich 1 : 400 betrug (s. Abb. 12 u. 13).

Ebenfalls ein Rauchglaskeil dient als Meßvorrichtung in dem von L. P. CLERC angegebenen, von JOBIN (Paris) durchkonstruierten Spektrophotometer.[3] Der Apparat erlaubt ein Belichtungsintervall 1 : 100 und liefert ein 22 cm langes Spektrum von 350 bis 800 $\mu\mu$. Ein Koordinatennetz wird direkt mit einphotographiert und erleichtert die numerische Auswertung der Schwellenwertskurve.

Eine ähnliche Apparatur, d. h. einen vor dem Spektrographenspalt angebrachten Rauchglaskeil (dessen Absorptionskonstante für jede Wellenlänge durch Ausphotometrierung ermittelt wird), benutzte J. K. ROBERTSON[3]. Aus der Absorptionskonstante des Keils und der Länge des Keilbildes läßt sich bei bekannter Intensität die Schwellenwertsempfindlichkeit der Schicht für jede Wellenlänge berechnen.

C. Die Densitometer

7. Die Definition der Dichte. Setzen wir für die auf ein photographisches (auf vollkommen durchsichtiger Unterlage befindliches) Bild auffallende Beleuchtung J, für die aus einer bestimmten Stelle der Bildschicht austretende Beleuchtung J', so wird die Größe $T = \frac{J'}{J}$ als Transparenz der fraglichen Stelle, die Größe $P = \frac{J}{J'}$ als Opazität der fraglichen Stelle, die Größe $D = \log \frac{J}{J'}$ als (optische) Dichte der fraglichen Stelle bezeichnet.

Die so definierte Dichte dient in der photographischen Photometrie als Maß für die Schwärzung. F. HURTER und V. C. DRIFFIELD[5] glaubten festgestellt zu haben, daß die Dichte der Silbermenge pro Flächeneinheit proportional ist. Diejenige Silbermenge, ausgedrückt in Gramm pro 100 cm², die der Dichte 1 entspricht, wurde als photometrische Konstante bezeichnet. HURTER und DRIFFIELD

---

[1] Rev. d'Opt., Bd. 2, S. 384, nach Sc. et Ind. phot., 1923, S. 183.

[2] Atlas of Absorption Spectra, Croydon, 1909, S. 5.

[3] Sc. et Ind. phot., 1924, A., S. 11.

[4] Journ. of the opt. soc. Amer., Bd. 7, S. 983, nach Sc. et Ind. phot., 1924, S. 38.

[5] Journ. Soc. chem. Ind., 1890, Bd. 9, S. 455, nach SHEPPARD und MEES, Unters., S. 116.

fanden hiefür den von späteren Forschern bestätigten Wert 0,0121, eine genaue Nachprüfung hat aber gezeigt, daß diese Konstante nicht nur von der Art der Emulsion und dem Grad der Exposition und Entwickelung[1], sondern auch von der Art der bei der Messung angewendeten Beleuchtung abhängig ist.

HURTER und DRIFFIELD hatten in annähernd parallelem Licht photometriert. W. DE W. ABNEY,[2] der ein Lichtbündel großer numerischer Apertur benutzte und die zu messende Schicht mit einem lichtzerstreuenden Medium in Kontakt brachte, fand für die gleichen Schwärzungsstufen bedeutend niedrigere Dichtewerte.

HURTER und DRIFFIELD[3] sahen sich daher (1891) genötigt, jeder Schwärzung zwei verschiedene Zahlenwerte beizulegen, die, je nachdem die Schicht im Kontakt kopiert oder zur Projektion benutzt wurde, ihr Verhalten charakterisierten. 1898 bestätigte CHAPMAN JONES[4] die schon von ABNEY gegebene Erklärung für diese Veränderlichkeit der Dichtenwerte. Die visuell photometrisch gemessene Dichte und desgleichen die beim Kopieren wirksame photographische Dichte sind abhängig von der Form des auffallenden Lichtbündels. Besonders eingehend hat A. CALLIER[5] (1909) diese Frage behandelt. Er bezeichnet mit $D_{||}$ die Dichte in einem parallelen Bündel, mit $D_{\#}$ die Dichte in einem diffusen Bündel und fand, daß die Größe $Q = \frac{D_{||}}{D_{\#}}$ in der Regel mit zunehmender Dichte abnimmt, Q kann aber oft als konstant betrachtet werden.[6]

Eine eingehende Untersuchung des Diffusionsvermögens von Negativen (mittels photographischer Meßmethoden) verdanken wir J. EGGERT und G. ARCHENHOLD.[7] Die Diffusion nimmt mit dem Abstand des Diffusors von der Lichtquelle bis zu einem charakteristischen Grenzwert zu. Für analoge Emulsionen ist dieser Grenzwert nahezu proportional der visuell gemessenen Dichte und somit für niedrige Werte additiv.

Daß $D_{|}$ ein geeignetes Maß für die beim Vergrößern mit Kondensor wirksame Kopierdichte (und desgleichen ein Maß für die Schwärzung von Projektionsbildern) darstellt, steht fest. Dagegen hat sich die Erwartung, daß $D_{\#}$ ein einheitliches, streng definierbares Maß für die photographische Kopierdichte darstellt, nicht einmal bei neutralgrauen Negativen erfüllt.

F. F. RENWICK überzeugte sich, daß man für $D_{\#}$ je nach der Güte des optischen Kontaktes zwischen dem Negativ und der (als Diffusor benutzten) Milchglasscheibe sehr verschiedene Werte erhält. Selbst bei vollkommenem optischen Kontakt (Ölimmersion) erhielt er für $D_{\#}$ keine zu $D_{||}$ proportionalen Werte, was er auf an der Außenseite des Negativs stattfindende Reflexe zurückführt.[8]

---

[1] SHEPPARD und MEES, Unters., S. 44; W. MEIDINGER, ZS. f. phys. Chem., 1924, Bd. 114, S. 89, nach Sc. et Ind. phot., 1925, S. 82, sowie S. E. SHEPPARD, Phot. Journ., 1926, S. 470, nach Sc. et Ind. phot., 1926, S. 197.

[2] Phot. Journ., 1887, S. 38, nach SHEPPARD und MEES, Unters., S. 30 und EDERS Jahrb. f. Phot., 1888, S. 462.

[3] Journ. Soc. Chem. Ind., 1891, S. 18, nach SHEPPARD und MEES, Unters., S. 30; vgl. auch E. KING, EDERS Jahrb. f. Phot., 1904, S. 401.

[4] Phot. Journ., Bd. 38, S. 102, nach Sc. et Ind. phot., 1923, Mém., S. 56.

[5] ZS. f. wiss. Phot., Bd. 7, S. 257.

[6] L. A. JONES, Sc. et Ind. phot., 1923, Mém., S. 57.

[7] ZS. f. phys. Chem., Bd. 110, S. 497, nach Sc. et Ind. phot., 1925, S. 16.

[8] Brit. Journ. of Phot., 1913, S. 611, Sc. et Ind. phot., 1923, Mém., S. 79, 85; Brit. Journ. of Phot., 1924, S. 65; Phot. Journ., Bd. 65, S. 188, nach Sc. et Ind. phot., 1925, 78; Phot. Journ., Bd. 65, S. 293, nach Sc. et Ind. phot., 1925, S. 106.

A. J. Bull und H. M. Cartwright[1] glaubten mit Hilfe ihres Integrationsphotometers (s. S. 126) unter Beleuchtung des Negativs mit einem senkrecht einfallenden parallelen Lichtbündel das gesamte aus der Schicht austretende diffuse Licht, also die wirksame Kopierdichte, einwandfrei messen zu können. Die so gemessenen Dichten verhielten sich angeblich wie streng additive Größen und jede einzelne Schwärzungsstufe ließ sich (bei Benutzung von Bromsilberpapier) durch eine der gemessenen Dichte entsprechend abgeschwächte frei einfallende Beleuchtung reproduzieren. Aber auch die so bestimmten Werte sind trügerisch; denn, wie Renwick betont, spielen die intermediären Reflexionen zwischen Negativ- und Positivschicht eine wesentliche Rolle und die wirkliche Kopierdichte läßt sich durch visuelle Photometrierung des Negativs prinzipiell nicht erfassen.[2] Da aber zweifellos das Bedürfnis nach einer einheitlichen Definition der Dichte besteht, und sich wenigstens die Größe $D_{||}$ visuell-photometrisch exakt bestimmen läßt, schlugen F. F. Renwick und O. Bloch 1916[3] vor, aus ihr mit Hilfe einer empirischen Formel einen Normalwert für die Größe $D_{\#}$, also für die Kopierdichte, abzuleiten. Sie setzen (für ein neutralgraues Negativ) $\log D_{\#} = a \log D_{||} + b$. Die Konstanten a und b sind nur von der Art der Emulsion und ihrer Entwicklung abhängig.

C. Tuttle[4] hat die diffuse Dichte mittels eines Kugelphotometers (Integrationsphotometers) gemessen und die Renwick-Blochsche Formel gut bestätigt gefunden. Allerdings müssen die Konstanten a und b selbst bei der gleichen Handelsmarke für jede Emulsion neu bestimmt werden.

L. Silberstein und C. Tuttle[5] haben auf Grund einfacher Annahmen auf deduktivem Weg eine mathematische Beziehung zwischen der Dichte in gerichtetem Licht $D_{||}$ und der (mittels Integrationsphotometers gemessenen) diffusen Dichte $D_{\#}$ aufgestellt.

Bezeichnet J_0 die Intensität des eintretenden Lichts, J die Intensität des austretenden regelmäßig durchgelassenen Lichtes, J_s die Intensität des austretenden diffus durchgelassenen Lichtes, dann gelten die Beziehungen

$$D_{\#} = \log \frac{J_0}{J + J_s} \qquad D_{||} = \log \frac{J_0}{J + \varepsilon J_s},$$

wo ε der Bruchteil des zerstreuten Lichtes ist, der in dem normal austretenden Lichtbündel enthalten ist. Daraus wird die gesuchte Beziehung in folgender Form abgeleitet:

$$10^{-D_{||}} = \varepsilon \,.\, 10^{-D_{\#}} + (1 - \varepsilon)\, 10^{-\beta \,.\, D_{\#}},$$

wo β eine von der Absorption der Schicht abhängige Materialkonstante ist. Im Grenzfall $\varepsilon = 0$ (wenn in dem normal austretenden Bündel kein zerstreutes Licht vorhanden ist) gilt die Beziehung $D_{||} = \beta D_{\#}$ (was gelegentlich beobachtet wurde, siehe oben Anm. 6 auf S. 120). Wenn die Zerstreuung des Lichtes gegenüber der Absorption verschwindet, wird $\beta = 1$ und $D_{||} = D_{\#}$. Der Wert der Größe ε nimmt im allgemeinen mit der Korngröße der Emulsion zu.

---

[1] Journ. scient. Instr., Bd. 1, S. 74, nach Sc. et Ind. phot., 1924, S. 36; Phot. Journ., Bd. 65, S. 177, nach Sc. et Ind. phot., 1925, S. 75.

[2] Brit. Journ. of Phot., 1924, S. 65.

[3] Phot. Journ., Bd. 56, S. 49, nach Sc. et Ind. phot., 1923, Mém., S. 45, Anm. 1.

[4] Comm. Nr. 258, Eastman Kodak Co., Kodak Abrid., Bd. 10, S. 50, sowie Journ. of the opt. Soc. Amer., Bd. 12, S. 559, nach Sc. et Ind. phot., 1926, S. 163.

[5] Comm. Nr. 297, Eastman Kodak Co., Kodak Abrid., Bd. 11, S. 97, Sc. et Ind. phot., 1927, Mém., S. 25; Phot. Ind., 1927, S. 672; Commun. Nr. 318, Eastman Kodak Co., Kodak Abrid., Bd. 11, S. 221, Sc. et Ind. phot., 1927, Mém., S. 74.

Die RENWICK-BLOCHsche Formel hat auch L. P. CLERC[1] unter Benutzung der Versuchsresultate von PATHÉ-CINÉMA[2] nachgeprüft und dabei keine befriedigende Übereinstimmung gefunden. Er schlägt daher vor, die visuelle Definition der Kopierdichte aufzugeben, zumal die in allen übrigen Fällen exakt meßbare Größe $D_{||}$ bei den neuerdings in der Praxis angewandten Negativschichten auf durchscheinender opalisierender Unterlage (z. B. mattiertem Glas oder Film) nicht eindeutig bestimmbar ist, und statt dessen eine rein photographische Dichtenmessung einzuführen, unter der Voraussetzung, daß als Kopiermaterial eine auf vollkommen transparenter Unterlage befindliche Diapositivemulsion benutzt wird, für die $D_{||}$ (visuell-photometrisch) einwandfrei ausgewertet werden kann.

Zur photographischen Dichtenmessung verfährt man nach C. FABRY[3] folgendermaßen. Die Schicht wird mit dem parallelen Licht einer künstlichen Lichtquelle unter Einhaltung stets gleicher Belichtungszeit (dies ist wichtig wegen des SCHWARZSCHILDexponenten (s. S. **184**) a) durch die zu messende Stelle des Negativs hindurch mit der Exposition E, b) ohne das Negativ mit einer Reihe von in bekannter Weise, z. B. durch Veränderung der Entfernung der Lichtquelle, abgestuften Intensitäten und zwar mit den Expositionen K_1E, K_2E bis K_nE belichtet. Die Kopien müssen gleichzeitig und gleich lange entwickelt werden, damit die zu vergleichenden Schwärzungen auf homologen Stücken der charakteristischen Kurve liegen. (Darauf hat zuerst L. A. JONES [1918] hingewiesen.[4]) In den erhaltenen Kopien mißt man mit einem Photometer die Dichten d_1, d_2, d_3 bis d_n und konstruiert aus der Versuchsreihe b) eine Kurve mit $\log K_nE$ (bzw. $\log K_n$) als Abszisse und d_n als Ordinate. In dieses Diagramm trägt man den aus Versuch a ermittelten Wert von d ein und sucht die zu ihm gehörige Abszisse $\log KE$ auf. Dann ist

$$(1) \qquad -D + \log E = \log KE$$
$$D = -\log K,$$

wo D die (zur visuellen Dichte d gehörige) Kopierdichte bezeichnet.

F. C. TOY,[5] der mit einem von ihm konstruierten Spezialapparat nach dem gleichen Prinzip gearbeitet hat, setzt willkürlich $KE = 1$, also $K = \frac{1}{E}$; dann folgt aus obiger Gleichung (1) $D = \log E$. Die so gefundene Größe wird als effektive Kopierdichte D_φ bezeichnet. TOYs Definition lautet: Die bei der Herstellung von Kontaktkopien wirksame Dichte eines Negativs ist der dekadische Logarithmus derjenigen Beleuchtung, die durch die betreffende Stelle des Negativs hindurch auf einer lichtempfindlichen, mit der Platte in Kontakt befindlichen Schicht bei gleicher Belichtungszeit und gleichen Entwicklungsbedingungen dieselbe Wirkung hervorbringt, wie die Einheit der Beleuchtung durch Glas allein hindurch.

Die oben angegebene Bestimmungsmethode von D_φ ist leider zu zeitraubend, um in der Praxis angewandt werden zu können; deshalb ist es zweckmäßig, die Größe $D_{\#}$ mit einem visuellen Densitometer zu messen und aus $D_{\#}$ mittels der Formel $D_\varphi = K \,.\, D_{\#}$ die Größe D_φ zu berechnen. Die Konstante

[1] Sc. et Ind. phot., 1925, S. 128; Phot. Ind., 1925, S. 957.

[2] Sc. et Ind. phot., 1925, S. 126; Phot. Ind., 1925, S. 980.

[3] Sc. et Ind. phot., 1925, S. 128; Phot. Ind., 1925, S. 957.

[4] Comm. Nr. 57, EASTMAN Kodak Co., Kodak Abrid., Bd. III, S. 33.

[5] Phot. Journ., Bd. 65, S. 164, nach Sc. et Ind. phot., 1925, S. 73 und Phot. Ind., 1925, S. 956; Phot. Journ., Bd. 65, S. 294, nach Sc. et Ind. phot., 1925, S. 107.

K dieser Formel bestimmte W. B. FERGUSON[1] zu 0,95. Auf diese Weise kann man bei Bestimmung von $D_{\#}$ von der Benutzung eines idealen Diffusors absehen. F. F. RENWICK schlug die genauere Korrektionsformel $D_{\varphi}{}^{p} = k\, D_{\#}$ vor.

TOY hat zwar behauptet, daß die als Kopiermaterial angewandte Schicht nur einen sehr geringen Einfluß auf das Resultat hat (er findet als größte Abweichung 2%), doch dürfte dies zufolge den Untersuchungen von H. J. CHANNON, F. F. RENWICK und B. V. STORR[2] nur in beschränktem Maße zutreffen. Es ist also zweckmäßig, stets das gleiche Kopiermaterial (eine neutralgrau zu entwickelnde Diapositivplatte) anzuwenden. Wie ohneweiters zu erwarten war, übt die gewählte Belichtungszeit überhaupt keinen Einfluß aus. Der absolute Wert der Beleuchtungsstärke ist innerhalb weiter Grenzen praktisch ohne Einfluß. Wichtig ist die Form des beleuchtenden Lichtbündels. C. FABRY[3] empfiehlt paralleles Licht. Übrigens hat das Laboratorium von PATHÉ-CINÉMA[4] nachgewiesen, daß bei Kontaktkopien stets die gleiche Gradation erhalten wird, einerlei ob man mit oder ohne Milchglas (also in Lichtbündeln von stark abweichender Form) arbeitet. Geringe Unterschiede in der Farbe der Lichtquelle sind (vorausgesetzt, daß das auszuwertende Negativ neutralgrau ist) praktisch bedeutungslos — wenigstens bei der Herstellung von Kopien. Beim visuellen Photometrieren läßt sich dagegen ein Einfluß der Farbe der Lichtquelle deutlich erkennen. W. SCHEFFER[5] hat gefunden, daß rotes Licht weniger streut als blaues; man muß also, wie es ja selbstverständlich ist, beim Photometrieren stets die gleiche, am besten eine rein weiße Lichtquelle verwenden.

Zur einheitlichen Bezeichnung der Schwärzung von Negativmaterialien am besten geeignet ist die von F. C. TOY definierte photographische Dichte D_{φ} (siehe S. 122). Bei Positivmaterialien unterscheidet man zweckmäßig zwei Gruppen:

a) Bei Durchsichtsbildern (Diapositiven) gibt man $D_{||}$ an, das wenigstens, solange die Unterlage vollkommen transparent ist, einen eindeutigen Sinn hat. $D_{||} = -\log T$ (T = Transparenz).

b) Bei Aufsichtsbildern ist die Dichte im reflektierten Licht D_r (nach F. F. RENWICK[6]) maßgebend. D_r ist der negative Logarithmus der Remission R, die der Transparenz T im obigen Falle entspricht, also $D_r = -\log R$. Die Größe von D_r wird beeinflußt: von den optischen Verhältnissen im Innern der Bildschicht, von der Remission ihrer Oberfläche und von der Unterlage. Streng genommen müßte die Schicht bei der Photometrierung mit vollkommen diffusem Lichte beleuchtet werden, man kann jedoch die vereinfachende Annahme machen, daß das von den einzelnen Schwärzungsstufen diffus reflektierte Licht denselben Gesetzen gehorcht, wenn die optische Beschaffenheit der äußeren Oberfläche unabhängig vom Pigmentgehalt (d. h. in praxi meist dem Silbergehalt) der Schicht ist, und wenn dafür gesorgt wird, daß Beleuchtung und Beobachtung stets unter ganz bestimmten Winkeln stattfinden, so daß bei allen Messungen ein konstanter Bruchteil des remittierten Lichtes wirksam ist. Zu diesem Zweck muß die Kopie unter einem Einfallswinkel von 45^0 beleuchtet werden, während der Photometerkopf genau senkrecht über der zu messenden Fläche angebracht wird.[7]

---

[1] Phot. Journ., 1926, S. 294, nach Sc. et Ind. phot., 1926, S. 141.

[2] Sc. et Ind. phot., 1923, Mém., S. 45, 53.

[3] Sc. et Ind. phot., 1925, S. 128.

[4] Sc. et Ind. phot., 1925, S. 126.

[5] Phot. Ind., 1925, S. 1093.

[6] EDERS Jahrb. f. Phot., 1914, S. 122, Sc. et Ind, phot., 1923, Mém., S. 79, 85.

[7] Vgl. E. GOLDBERG, Der Aufbau des photographischen Bildes, 2. Aufl., Halle 1925, S. 13, 64.

Bezeichnet D_∞^r die tiefstmögliche Schwärzung im auffallenden Licht, m die Silbermenge in Gramm pro Quadratzentimeter, so ist nach F. F. Renwick

$$D_r = D_\infty^r - \log\,[1 + C\,.\,10^{-km}],$$

wo C und k Emulsionskonstanten sind. m wurde durch Messung von $D_{\#}$ mit Ölkontakt in der abgezogenen Schicht unter solchen Versuchsbedingungen bestimmt, daß der Wert von $D_{\#}$ proportional (zu $D_{||}$ und demnach auch) zur Silbermenge pro Flächeneinheit war. Die beobachteten und die mit Hilfe der Formel berechneten Werte von D_r stimmten sehr gut miteinander überein.

8. Visuelle Densitometer. a) Photometer und Mikrophotometer. Wegen der Grundzüge der Photometrie sei insbesondere auf E. Liebenthal, Praktische Photometrie, Braunschweig 1907, verwiesen; auf dieses Werk ist bei den Zitaten stets sub „Liebenthal l. c." Bezug genommen. Hier sollen nur solche Photometer, die in der Sensitometrie praktische Anwendung gefunden haben, kurz beschrieben werden.

Abgesehen von den an jedes Photometer zu stellenden Anforderungen (die von Lummer und Brodhun[1] präzisiert worden sind), müssen für unseren speziellen Verwendungszweck insbesondere folgende zwei Bedingungen berücksichtigt werden.

1. Die Beleuchtung der zwei Vergleichsfelder muß durch zwei Strahlenbündel, die von einer einzigen Lichtquelle kommen, erfolgen, damit die Intensitätsschwankungen dieser Lichtquelle beide Felder gleichzeitig im gleichen Sinn beeinflussen (die oft empfohlene Anwendung zweier hintereinander bzw. parallel geschalteter Glühlampen erscheint bedenklich, da jede Lampe individuell verschieden auf Stromschwankungen reagiert).

2. Die Beleuchtung der beiden Vergleichsfelder soll bei allen Messungen innerhalb des für das Auge günstigsten Helligkeitsbereiches liegen, damit beim Beobachter weder Blendung noch Ermüdung eintritt (noch besser ist es, wenn alle Ablesungen bei stets gleicher Beleuchtungsstärke des Beobachtungsfeldes vorgenommen werden).

Mikrophotometer, d. h. Apparate, bei denen die Einstellung statt durch eine schwach vergrößernde Lupe durch ein Mikroskop erfolgt, sind wegen der Kleinheit der anvisierten Stelle der Schicht im allgemeinen nicht zu empfehlen, weil lokale Unregelmäßigkeiten in der Schwärzung in diesem Falle eine weitere Fehlerquelle schaffen; nur bei spektrosensitographischen Skalen ist ihre Anwendung am Platze. Sie sollen im Anschluß an die ihnen verwandten Photometer besprochen werden. Die auszumessende Skala soll der Kürze halber nach W. Scheffer[2] als Prüfling bezeichnet werden (man kann sie auch als Sensitogramm bezeichnen).

Die als Densitometer geeigneten Photometer lassen sich auf Grund der jeweils zur meßbaren Schwächung des Lichtes angewendeten Methode in folgende fünf Gruppen einteilen:

α) Photometer mit Abstandsänderung (Bank-Photometer);

β) Blendenphotometer;

γ) Keilphotometer;

δ) Polarisationsphotometer;

ε) Photometer mit auf elektrischem Weg regulierbarer Lichtquelle.

Daran schließt sich in unserer Darstellung anhangsweise die Schilderung der Methoden der heterochromen Photometrie.

Ad α. Photometer mit Abstandsänderung (Bankphotometer). Das von

---

[1] Liebenthal, l. c. S. 172.

[2] Phot. Ind., 1925, S. 1093.

HURTER und DRIFFIELD bei ihren klassischen Untersuchungen[1] angewendete R. W. BUNSENsche Fettfleckphotometer[2] ist wegen der unbequemen Art seiner Handhabung seitdem nur selten benutzt worden (so z. B. von D. CARNEGIE[3]).

Ein modifizierter LAMBERT-RUMFORDscher Schattenschirm[4] diente W. DE W. ABNEY (seit 1877) als Vergleichsvorrichtung[5] sowohl bei der Messung von Dichten im durchfallenden Lichte ($D_{\#}$) als im auffallenden Lichte (D_r).

Ein teilweise seines reflektierenden Silberbelages beraubter Spiegel wurde von D. E. BENSON, W. B. FERGUSON, und F. F. RENWICK[6] als Vergleichsvorrichtung benutzt. Vgl. auch die von FERGUSON später vorgeschlagene Modifikation des Apparats.[7] Dieses Photometer wurde von J. G. CAPSTAFF und N. B. GREEN[8] zur Messung der Kopierdichte von Kinofilmen zweckentsprechend umgebaut. Es erlaubt bei sehr großer Genauigkeit (der Fehler beträgt bei Dichten unter 2,0 nur $\pm$ 0,01), Flächen von $^1/_4$ qmm auszumessen. Das photometrische Gleichgewicht wird in der Nullstellung mittels eines Keils hergestellt. Nach Einlegung des Prüflings wird die Lampe längs einer Ableseskala so lange verschoben, bis die Vergleichsvorrichtung gleiche Helligkeit in beiden Feldern zeigt. Das Meßband erlaubt, die Dichtenwerte (von 0 bis 3,0) direkt abzulesen (s. Abb. 14).

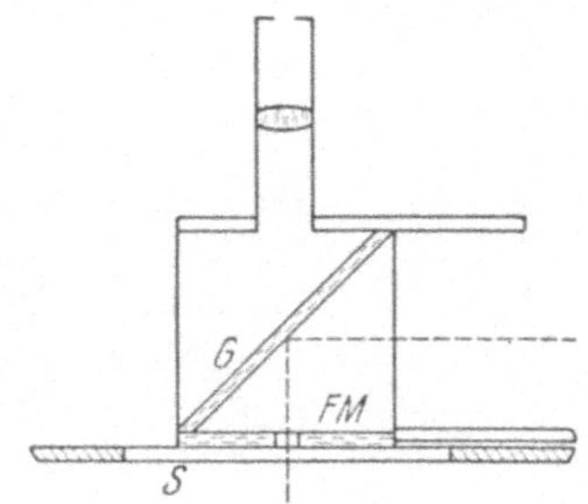

Abb. 14. Photometerkopf des Densitometers von J. G. CAPSTAFF und N. B. GREEN. Am Boden des Photometerkopfes liegt ein Planspiegel von quadratischem Grundriß FM, der sogenannte Feldspiegel, mit seiner versilberten Seite in optischem Kontakt mit der matt geschliffenen Seite des aus Opalglas bestehenden Diffusors S, unter den der Prüfling gelegt wird. Im Mittelpunkt des Spiegels ist auf einer kreisförmigen Fläche von $^1/_2$ mm Durchmesser der Silberbelag entfernt. Darüber ist eine ebene Glasscheibe unter einen Winkel von 45° angeordnet, die das durch das Spiegelsystem zugeführte Strahlenbündel der Lichtquelle nach dem Feldspiegel hin reflektiert. Das senkrecht über dem runden Fleck im Feldspiegel befindliche Auge des Beobachters sieht diesen Fleck direkt beleuchtet vom Diffusor S, umgeben von einem Vergleichsfeld, das Licht vom anderen Diffusor des Apparates empfängt. Das Beobachtungsfeld wird mittels eines schwach vergrößernden Okulars betrachtet

FERGUSONS[9] Photometer Nr. 5 (die früheren Photometer dieses Autors wurden 1911, 1912, 1914 und 1918 [s. o.] angegeben) benutzt als Vergleichsvorrichtung einen LUMMER-BRODHUNschen Würfel.[10] FERGUSON verwendet zwei parallelgeschaltete Lampen zur Beleuchtung der beiden Photometerfelder. Das sorgfältig geeichte Instrument erlaubt ohneweiters Ablesungen von $D = 0$ bis 2,5; das Intervall kann aber noch vergrößert werden: entweder durch Anwendung einer Lampe anderer Lichtstärke oder besser durch Einschaltung einer Hilfsdichte (d. h. einer Glasplatte von bekannter Schwärzung). Der Apparat ist derart lichtdicht eingebaut, daß die Messungen in einem hellen Raum erfolgen können. Ein Haupt-

---

[1] Journ. Soc. Chem. Ind., 1890, Bd. 9, S. 455, nach SHEPPARD und MEES, Unters., S. 116.

[2] Vgl. A. WÜLLNER, Experimental-Physik, 5. Aufl., Leipzig 1899, Bd. IV, S. 33.

[3] Brit. Journ. of Phot., 1909, S. 197.

[4] LIEBENTHAL, l. c. S. 160.

[5] W. de W. ABNEY, Instruction in Photography, 10. Aufl., London 1900, S. 134.

[6] Phot. Journ., 1918, Bd. 58, S. 155, nach Sc. et Ind. phot., 1924, A, S. 5.

[7] Phot. Journ., Bd. 64, S. 136, nach Sc. et Ind. phot., 1927, S. 71.

[8] Commun. Nr. 194, EASTMAN KODAK Co., Kodak Abrid., Bd. 8., S. 30; Sc. et Ind. phot., 1924, A, S. 5.

[9] Brit. Journ. of Phot., 1924, S. 19.

[10] Vgl. hierüber LIEBENTHAL, l. c. S. 127.

vorzug des Apparates ist, daß das Beobachtungsfeld bei allen Messungen die gleiche Beleuchtungsstärke zeigt.

Ad β. Blendenphotometer. Man kann in den Lichtweg entweder stillstehende Blenden (Irisblenden, Schlitzblenden, Sektorblenden) einschalten (die Helligkeit ist in diesem Fall proportional der Fläche der Blendenöffnung) oder eine rotierende Sektorscheibe (bzw. ein ein stillstehendes Sektorrad durchsetzendes rotierendes Lichtbündel) anwenden. Im letzteren Falle wird das TALBOTsche Gesetz, demzufolge das Auge intermittierend zugeführte Lichteindrücke integriert[1], als streng gültig angenommen. (Bei Sektorrädern ist die Helligkeit proportional der Winkelöffnung.)

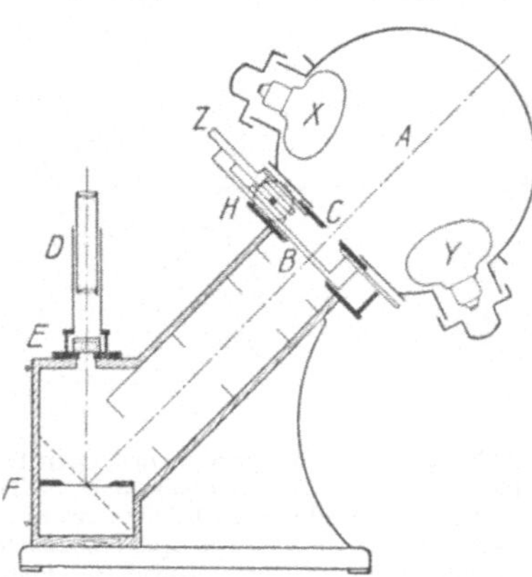

Abb. 15. Schematischer Querschnitt des Farbenmessers von L. BLOCH. Auf dem Boden F eines geschlossenen Holzkastens liegen nebeneinander (senkrecht zur Ebene der Zeichnung) der Prüfling und der Vergleichsstreifen. Beide werden von der Hohlkugel A aus, in der sich zwei 25kerzige Metallfadenglühlampen X und Y befinden, mit vollkommen diffusem Licht beleuchtet. Dieses Licht fällt durch eine viereckige Öffnung B in der Deckplatte H in stets gleicher Stärke auf den Prüfling. Auf den Vergleichsstreifen fällt das Licht durch eine mit Zahnstange und Trieb Z verstellbare Spaltöffnung C, deren Öffnungsweite an einer Skala (mit Nonius) abgelesen wird. Zur Beobachtung dient der Photometerkopf D, in dem mit Hilfe einer Prismenkombination E die beiden Vergleichsfelder in Form von zwei kleinen Halbkreisen nebeneinander erscheinen. Es wird mittels der Zahnstange auf gleiche Helligkeit der Vergleichsfelder eingestellt und die hierzu erforderliche Spaltweite an der Skala abgelesen

Eine verstellbare Blende besitzt der auch als Schwärzungsmesser verwendbare Farbenmesser von L. BLOCH[2] (ausgeführt von SCHMIDT & HAENSCH, Berlin) Vgl. Abb. 15.

Als Schlitzblende haben A. J. BULL und H. M. CARTWRIGHT[3] bei ihrem Kugelphotometer eine verstellbare dreieckige Öffnung angewendet. Der wesentlichste Teil des Instruments ist eine Hohlkugel aus Gips von 45 mm Durchmesser, in die das durch den Prüfling fallende Licht eintritt und in deren Innerem es als gleichmäßige Strahlung verteilt wird. Unter einem Winkel von 90° zu dieser Eintrittsöffnung befindet sich die Austrittsöffnung. Das austretende Licht fällt sodann durch den zentralen Teil eines (von DOWELL modifizierten) LUMMER-BRODHUN-Würfels, dessen peripherer Teil durch einen seitlich angebrachten kleinen Tubus von der gleichen Lichtquelle beleuchtet wird. Man stellt zunächst auf gleiche Helligkeit der beiden Vergleichsfelder ein, indem man bei enggestellter Schlitzblende einen vor dem Tubus angebrachten Keil entsprechend verschiebt. Nach Einlegen des Prüflings wird durch Verstellung der Schlitzblende auf Gleichheit der Photometerfelder eingestellt. Dieses Photometer bietet den großen Vorteil, daß alle Ablesungen bei gleicher Beleuchtungsstärke des Beobachtungsfeldes stattfinden. Man mißt mit diesem Photometer die gesamte bei senkrechtem Einfall auf den Prüfling aus diesem austretende Strahlung, erhält also einen exakten Werk für $D_{\#}$, der nahezu mit dem Wert der Kopierdichte D_{φ} übereinstimmt.

Ein Blendenphotometer zur Bestimmung der Aufsichtsdichte haben H. M. CARTWRIGHT und C. D. HALLAM[4] angegeben. Eine zerschnittene Linse entwirft ein Bild der beiden Photometerfelder auf den zwei anliegenden Seiten eines Prismas von rhombischem Querschnitt. Dicht hinter der Linse befindet sich eine Metall-

[1] LIEBENTHAL, l. c. S. 205.
[2] Phot. Korr., 1916, S. 390.
[3] Journ. scient. Instr., 1923, Bd. 1, S. 74, nach Sc. et Ind. phot., 1924, S. 16.
[4] Journ. scient. Instr., Bd. 3, S. 246, nach Sc. et Ind. phot., 1926, S. 141.

platte mit zwei Blenden von der Form eines gleichseitigen Dreiecks, deren Größe durch eine dünne Metallscheibe in meßbarer Weise verringert werden kann. Sowohl das Vergleichspapier als auch das jeweils anvisierte Feld des Prüflings werden durch die gleiche Lichtquelle derart beleuchtet, daß jede Spiegelung vermieden wird.

Eine präzis verstellbare, mit einer Ableseskala versehene, stillstehende Sektorblende ist die Meßvorrichtung in L. A. JONES' Photometer[1] zum Messen großer Dichten; diese Sektorblende wird durch Abstandsänderung geeicht und dient ihrerseits zur Eichung aller anderen in diesem Instrument (als Hilfsdichten angewandten) in den Linsensystemen angebrachten Einsteck- und Irisblenden sowie einer rotierenden Sektorblende, die je nach Bedarf in einen der beiden Lichtwege eingeschaltet werden kann. Als Vergleichsvorrichtung wird ein LUMMER-BRODHUN-Würfel benutzt. Als Photometerfelder dienen die von zwei von der gleichen Lichtquelle kommenden Strahlenbündeln mittels Linsensystemen entworfenen Bilder dieser Lichtquelle. Der Prüfling wird (je nach dem Verwendungszweck des Materials) mit einem parallelen oder einem diffusen Lichtbündel beleuchtet; das Vergleichsbild befindet sich stets auf einem Diffusor. Als Diffusoren dienen (mindestens 1 mm dicke) Opalglasplatten. Bei Messung geringer Dichten wird, um Blendung zu vermeiden, die Lichtstärke der Lampe durch Einschaltung eines Widerstandes entsprechender Größe herabgesetzt. Der Apparat erlaubt Dichten von 1 bis 10 zu messen, ist also besonders zur Auswertung von photomechanischen Platten und von Röntgenplatten geeignet (s. Abb. 16 u. 17).

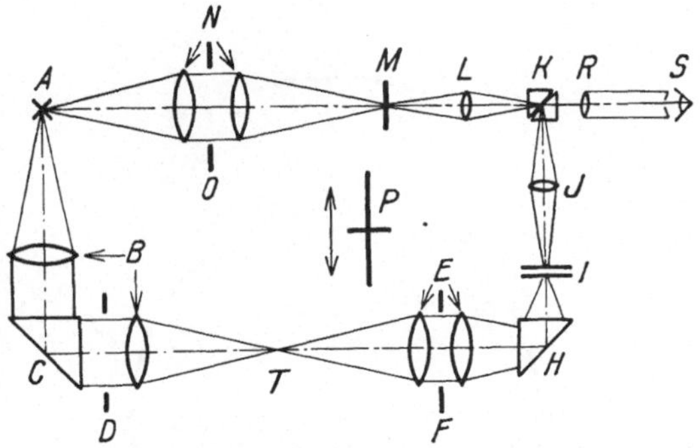

Abb. 16. Schematische Darstellung des Densitometers zur Messung hoher Dichten von L. A. JONES. Die Lichtquelle A ist eine Wolframfadenlampe (vom MAZDA-Typus). Das Bild des Glühfadens wird mittels des Objektivs *N* auf den Diffusor *M* projiziert, mit dem sich der Prüfling in optischem Kontakt befindet. Zwischen den zwei Linsen des Objektivs *N* ist Platz zum Einschalten von Einsteckblenden *O* vorgesehen. Das Objektiv *B* enthält zwischen seinen zwei Linsen das total reflektierende Prisma *C* und die Irisblende *D*. Das Objektiv *B* liefert bei *T* ein Bild des Glühfadens. Ein drittes Objektiv *E* überträgt dieses Bild auf den Diffusor *I*. Zwischen den zwei Linsen des Objektivs *E* befindet sich die verstellbare Blende *F* (näheres s. Abb. 17). Das durch das Objektiv *E* durchtretende Strahlenbündel wird durch das total reflektierende Prisma *H* nach dem Diffusor *I* reflektiert. Der Abstand der zwei Elemente des Diffusors *I* ist regulierbar; das dem Prisma *H* zunächst liegende Element ist zwecks Einstellung des Bildes beweglich, das andere Element ist fest. Die Linse *L* entwirft ein Bild des Diffusors *M* im Zentrum des Photometerwürfels *K*, die Linse *J* entwirft ein Bild des Diffusors *I* am gleichen Ort. Das Okular *R* dient zur Betrachtung des Beobachtungsfeldes (das Auge des Beobachters befindet sich bei *S*). — Das rotierende Sektorrad *P* enthält zwei einander gegenüberliegende Sektoren; es kann mittels eines Hebels sowohl in den Lichtweg *A M*, als auch in den Lichtweg *C H* eingeschaltet werden

Ein rotierendes Sektorrad als Meßvorrichtung[2] hat W. DE W. ABNEY[3] schon 1874 angewendet. Als Vergleichsvorrichtung benutzte er den von ihm modifizierten (schon oben [S. 125] erwähnten) LAMBERT-RUMFORDschen Schattenschirm.

P. G. NUTTINGS Photometer[4] (auch als Mikrophotometer mit schwacher

---

[1] Commun. Nr. 160, EASTMAN KODAK Co., Kodak Abrid., Bd. 6, S. 210, Sc. et Ind. phot., 1923, S. 92.

[2] Näheres über das Sektorrad als Meßvorrichtung s. LIEBENTHAL, l. c. S. 206.

[3] J. M. EDER, Ausf. Hdb. d. Phot., Bd. 1, 1, 1892, S. 298.

[4] Trans. Ill. eng. Soc., 1914, Bd. 9, S. 611, nach Sc. et Ind. phot., 1923, Mém., S. 36.

Vergrößerung brauchbar) zur Messung von Dichten in durchfallendem Licht macht ebenfalls von dem TALBOTschen Gesetz Gebrauch. Das aus einer stillstehenden Sektorblende austretende Licht wird durch eine rotierende Linse integriert. L. A. JONES, P. G. NUTTING und C. E. K. MEES[1] modifizierten dieses Instrument zur Messung von Dichten in auffallendem Licht. Als Vergleichsvorrichtung dient ein LUMMER-BRODHUN-Würfel. Feldergleichheit in der Nullstellung wird unter Anvisieren einer unbelichteten (aber eventuell verschleierten) Stelle des Prüflings durch Verschiebung eines Graukeils (bei maximal geöffneter Sektorblende) hergestellt. Dann wird für jede Stelle des Prüflings mit Hilfe der Sektorblende eingestellt, an deren Teilung das diffus reflektierte Licht direkt (in Prozenten) abgelesen werden kann.

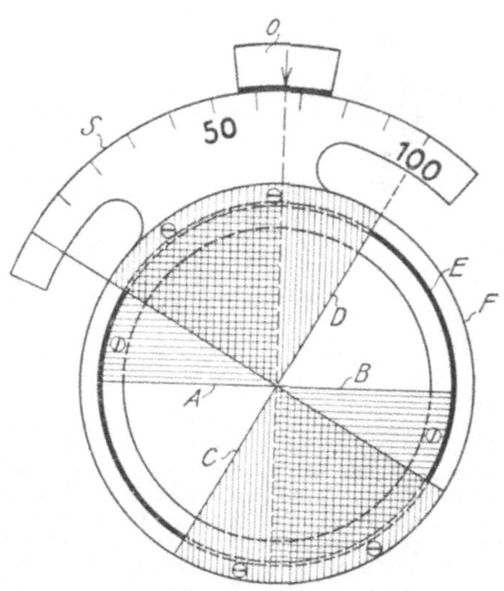

Abb. 17. Die stillstehende Sektorblende im Densitometer zur Messung hoher Dichten von L. A. JONES. Sie enthält zwei Plattensysteme; jedes ist aus zwei einander gegenüberliegenden Sektoren gebildet; der Sektorausschnitt entspricht einem Winkel von 90°. Das Plattensystem $A\ B$ (horizontal schraffiert) ist an dem Ring E angebracht, der mit dem Gehäuse des Instruments fest verbunden ist. Das andere Plattensystem $C\ D$ (vertikal schraffiert) ist am Ring F befestigt, der sich über den Ring E drehen läßt. Das drehbare Element trägt auch den Maßstab S, bestehend aus einem Kreisbogen von 90°, der in 100 gleiche Teile geteilt ist. Der Ableseindex O ist mit dem Gehäuse des Instruments fest verbunden. Durch Drehen des Ringes F kann die Öffnung vollständig verschlossen werden; in dieser Stellung zeigt der Index O auf Null. Dreht man den Ring F aus dieser Stellung um 90° heraus, so bedeckt das System $C\ D$ das System $A\ B$ derart, daß eine effektive Öffnung von 180° entsteht

Bei dem von H. LUX[2] angegebenen, von A. KRÜSS[3], Hamburg, durchkonstruierten Schwärzungsmesser dient als Meßvorrichtung ein BRODHUNscher Rotationsapparat[4] mit einer verstellbaren stillstehenden Sektorblende und einem rotierenden Lichtbündel. Als Vergleichsvorrichtung dient der LUMMER-BRODHUNsche Würfel. Zur Erhaltung der Nullstellung wird bei voll geöffneter Sektorblende durch Verschieben des Linsensystems (unter gleichzeitiger Regulierung einer Irisblende) Helligkeitsgleichheit im Beobachtungsfeld hergestellt. Die Einstellung auf gleiche Helligkeit in bezug auf die einzelnen Vergleichsfelder des Prüflings wird durch Verkleinerung der Sektorblende bewirkt. Der Durchmesser der ausgewerteten Stelle beträgt im allgemeinen 5 mm.

Ad γ. Keilphotometer. Auch hier muß W. DE W. ABNEY als der erste genannt werden, der einen Keil als Meßvorrichtung anwandte.[5] Er benutzte ein Prisma aus Rauchglas, das mit einem gleich großen farblosen Prisma zu einem rechtwinkligen Parallelepipedon verbunden war. Die Photometerfelder dienten unmittelbar als Vergleichsfelder. Die Dichte (im durchfallenden Licht) wurde an einer Gradteilung, die unter

[1] Comm. Nr. 21, EASTMAN Kodak Co., nach Sc. et Ind. phot., 1923, Mém., S. 36.
[2] Phot. Korr., 1915, S. 309.
[3] Phot. Korr., 1920, S. 13.
[4] LIEBENTHAL, l. c., S. 210.
[5] J. M. EDER, Ausf. Hdb. d. Phot., Bd. 1, 1, 1892, S. 298.

Annahme der Gültigkeit des LAMBERT-BEERschen Gesetzes hergestellt war, abgelesen.

Kreiskeile (aus Rußgelatine) hat für photometrische Zwecke wohl zuerst L. WARNERKE angewandt.[1] Diese Keile wurden mittels Abstandsänderung visuell ausphotometriert; erst durch die von E. GOLDBERG angegebenen Graukeile (1911) wurde die Konstruktion von genauen Keil-Densitometern möglich (vgl. E. GOLDBERGS Densograph, S. 135).

Ein leicht herstellbares Keildensitometer hat (unter Benutzung von A. HÜBLS Angaben) H. NAUMANN[2] 1922 beschrieben. Ein ⊥-förmiges Kästchen (25 cm lang) trägt an dem einen unteren Ende das runde Sehloch. Gegenüber am anderen unteren Ende befindet sich ein kleiner Spiegel, der das von einem (zirka 3 mm breiten) über ihm liegenden Spalt kommende Licht nach dem Sehloch reflektiert. Über diesem Spalt befinden sich die Führungsleisten für den als Meßvorrichtung dienenden Graukeil. Der obere Seitenarm des Instruments trägt einen (ebenfalls zirka 3 mm breiten) Spalt, auf den der Prüfling gelegt wird; das aus diesem Spalt austretende Licht wird durch einen zweiten unter ihm liegenden Spiegel nach dem Sehloch reflektiert. Die Spiegel müssen so angebracht werden, daß die Bilder der beiden Spalten dicht nebeneinander zu sehen sind. Da beide Lichteintrittsöffnungen auf derselben Seite liegen, kann die gleiche Lichtquelle zur Beleuchtung beider benutzt werden. Der Graukeil ($K = 0{,}58$) trägt auf seinem Klebrand eine Skala in Dichteneinheiten und erlaubt die Dichte bis auf 0,25 genau abzulesen.

E. J. WALL[3] schlägt vor, die beiden Spiegel unter einem Winkel von 45° hintereinander aufzustellen. Die Versilberung des vorderen Spiegels soll auf einer kleinen Fläche ausgekratzt werden (vgl. oben S. 125 bei BENSON, FERGUSON und RENWICK, ferner S. 131 bei CALLIER), wodurch eine zweckmäßigere Vergleichsvorrichtung entsteht. Die Lichteintrittsstellen sollen mit Opalglasplatten derart bedeckt sein, daß ihre matt geschliffene Seite außen liegt und die glatte Seite die Schichtseite des Prüflings berührt. Ferner empfiehlt E. J. WALL (eine zweifelhafte Verbesserung!) jede der Lichteintrittsöffnungen durch eine besondere Glühlampe (beide natürlich in Serie geschaltet), zu beleuchten. Dies bietet den Vorteil, durch geeignete Wahl des Abstandes der Lampen leicht die Nullstellung des Keiles für eine Dichte gleich Null herbeiführen zu können, doch ist dies in der photographischen Densitometrie, wo es sich in der Regel um Differenzmessungen handelt, vollkommen überflüssig.

Ein auf dem gleichen Prinzip beruhendes Densitometer bringt die Firma Filmograph, Paris, in den Handel.[4]

Von grundlegender Bedeutung für die modernen Keil-Mikrodensitometer war J. HARTMANNS Mikrophotometer,[5] das J. M. EDER bei seinen bekannten sensitometrischen Untersuchungen benutzt hat. Als Vergleichsvorrichtung dient hiebei ein LUMMER-BRODHUN-Würfel, der in ein gebrochenes Mikroskop derart eingelegt ist, daß das periphere Feld das aus dem Hauptobjektiv kommende horizontale Strahlenbündel durchläßt, das zentrale total reflektierende Feld dagegen sein Licht durch das in dem seitlichen Tubus befindliche Objektiv erhält, unter dem sich der Prüfling befindet. Vor dem Hauptobjektiv ist in einem Schieber ein mittels Zahntriebs verstellbarer Keil angebracht, der mittels des

---

[1] W. de W. ABNEY, Instruction in Photography, London 1900, S. 139.

[2] ZS. f. wiss. Phot., Bd. 21, S. 113.

[3] Amer. Phot., 1922, Bd. 16, S. 724, nach Sc. et Ind. phot., 1923, S. 4.

[4] Sc. et Ind. phot., 1927, A, S. 24.

[5] EDERS Jahrb. f. Phot., 1899, S. 106.

älteren (kontinuierlichen) SCHEINERschen Sektorenrades (s. S. 98) auf photographischem Weg hergestellt und mittels des L. WEBERschen Universalphotometers[1] visuell geeicht wird: dieser Keil bildet die Meßvorrichtung. Als Lichtquelle dient eine einzige Lampe, deren Entfernung vom LUMMER-BRODHUN-Würfel auf beiden Strahlenwegen die gleiche ist, so daß absolute Messungen vorgenommen werden können (s. Abb. 18).

Dieser Apparat gestattet zwar die Ausmessung sehr kleiner Flächen, hat aber den Nachteil, daß beide Photometerfelder nicht als gleichmäßige strukturlose Flächen erscheinen, sondern ein scharfes Bild des Plattenkornes zeigen. Erst C. FABRY und H. BUISSON[2], J. BAILLAUD[3] und H. CHRÉTIEN haben dadurch, daß bei diesem Mikrophotometer das reelle Bild der Lichtquelle mittels Linsen an der gleichen Stelle wie die Bilder der beiden Photometerfelder in einer sehr engen Beobachtungsblende entworfen wird, den Erfolg erzielt, daß das Beobachtungsfeld vollkommen strukturfrei erscheint.

Abb. 18. Mikrophotometer nach J. HARTMANN. (Ausgeführt von Askaniawerke A. G., Berlin)

Bei C. FABRYS und H. BUISSONS[4] Mikrophotometer tritt das Licht der Lichtquelle durch eine kleine im Brennpunkt einer Sammellinse befindliche Blende ein. Die eine Hälfte des aus diesem Kollimator austretenden Strahlenbündels wird mittels totalreflektierender Prismen erst senkrecht abgelenkt, dann zur ursprünglichen Richtung parallel weiter geleitet und hierauf mittels einer weiteren Linse in deren Brennpunkt, an welcher Stelle sich der Meßkeil befindet, vereinigt. Dann durchsetzt dieses Lichtbündel eine ganz gleiche Linse und wird, nachdem es den durchlässigen Teil eines LUMMER-BRODHUN-Würfels passiert hat, in der Beobachtungsblende wieder zu einem reellen Bilde vereinigt. Die zweite Hälfte des Lichtbündels durchsetzt hinter dem Kollimator ein Objektiv von gleicher Art wie die soeben erwähnte Linse und entwirft, nach totaler Reflexion (in einem Prisma) senkrecht zur ursprünglichen Richtung weitergeleitet, auf dem Prüfling ein reelles Bild der Lichtquelle. Das von diesem Bild ausgehende Lichtstrahlenbündel durchsetzt abermals ein gleichartiges Objektiv, wird an dem total reflektierenden Teil des LUMMER-BRODHUN-Würfels wieder in die ursprüngliche

[1] LIEBENTHAL, l. c., S. 184.

[2] C. R. Ac. Sc., 1913, Bd. 156, S. 389, nach EDERS Jahrb. f. Phot., 1913, S. 384, ferner Journ. de Phys., 1915, Bd. 2, S. 37 und 1919, Bd. 9, S. 37.

[3] Ann. de Phys., 1916. Bd. 5, S. 131.

[4] Sc. et Ind. phot., 1923, A, S. 1.

Richtung abgelenkt und entwirft in der Beobachtungsblende ein Bild der Lichtquelle, das sich genau über das Bild, das von dem ersten Strahlenbündel herrührt, lagert. Das Auge des Beobachters befindet sich unmittelbar hinter dieser sehr kleinen Blende; man stellt auf Helligkeitsgleichheit der beiden Vergleichsfelder für jede einzelne Stelle des Prüflings durch Verschiebung des Meßkeils ein. Da das Instrument nur zu Differenzmessungen benutzt wird, ist es ohne Bedeutung, daß die beiden Hälften des beleuchtenden Strahlenbündels eine verschiedene Lichtschwächung erlitten haben. Man kann Stellen des Prüflings bis zu 0,1 mm Seitenlänge abwärts auswerten. Wenn Prüfling und Meßkeil vollkommen gleiche optische Eigenschaften zeigen (also gleiches Material gleichartig entwickelt vorliegt), so kann man in weißem Lichte arbeiten; andernfalls ist der Gebrauch von monochromatischem Lichtes (über Monochromatoren vgl. S. 86) vorzuziehen.

Dieses Mikrophotometer hat L. C. Martin[1] wesentlich vereinfacht. Wir haben hier wieder, wie bei Hartmann, ein gebrochenes Mikroskop, an dessen Verzweigungsstelle sich im Strahlenweg ein Lummer-Brodhun-Würfel befindet. Das eine Strahlenbündel beleuchtet den unmittelbar hinter einer Blende liegenden Meßkeil, tritt in den seitlichen Tubus des Mikroskops ein, wird im peripheren Teil des Lummer-Brodhun-Würfels reflektiert und in der Beobachtungsblende, die 1 mm Durchmesser hat, zu einem reellen Bild vereinigt. Das zweite Strahlenbündel entwirft nach Passieren eines Kondensors ein Bild der Lichtquelle auf der anvisierten Prüflingsstelle. Das von dieser ausgehende Strahlenbündel tritt in das Hauptobjektiv des Mikroskops ein, durchsetzt den zentralen Teil des Lummer-Brodhun-Würfels und wird in der Beobachtungsblende an der gleichen Stelle wie das erste Strahlenbündel zu einem reellen Bilde vereinigt. Ein dicht vor der Beobachtungsblende angebrachtes Okular erlaubt, nach Wegklappen der zu äußerst liegenden Blende das wahre Bild der anvisierten Prüflingsstelle zu sehen und so ihre genaue Lage festzustellen.

A. Calliers Mikrophotometer[2] bietet den Vorteil, daß das Beobachtungsfeld bei allen Messungen stets die gleiche Helligkeit zeigt. Dies wird dadurch erreicht, daß Prüfling und Meßkeil in der gleichen Hälfte des beleuchtenden Strahlenbündels angeordnet sind. Die Zerlegung dieses Bündels in zwei Hälften erfolgt durch einen teilweise seines Belages beraubten Spiegel. Als Vergleichsvorrichtung dient, wie bei Hartmann, ein Lummer-Brodhun-Würfel.

Ein Keildensitometer zur Messung von Dichten im auffallenden Licht hat L. P. Clerc[3] angegeben. Der Apparat wurde von Jobin und Ivon (Paris) durchkonstruiert. Der Strahlengang ist ähnlich wie bei Fabry und Buissons Photometer (s. oben). Der Hauptunterschied besteht darin, daß der Prüfling, unter einem Einfallswinkel von 45^0 beleuchtet, das von ihm in senkrechter Richtung diffus reflektierte Licht dem durchlässigen Teil des Lummer-Brodhun-Würfels zusendet. Clerc empfiehlt zum Ausgleich der Farbe der Vergleichsfelder ein monochromatisches Grünfilter (bei Clercs Apparatur wird Fabrys Instrument als Photometer, nicht als Mikrophotometer benutzt).

Einen Papierschwärzungsmesser mittels Keil haben auch C. Winther und E. H. Mynster[4] angegeben. Ein besonderer Vorzug des Apparates ist die Beleuchtung des Prüflings mittels eines belegten Glasspiegels, dessen nicht belegte Vorderseite gerade so stark matt geschliffen ist, daß die spiegelnde Reflexion eben verschwunden ist. Ein solcher Spiegel erzeugt ein weit stärkeres diffuses Licht, als die bisher zu diesem Zweck benutzten reflektierenden Flächen. Das

[1] Trans. opt. Soc., 1925, Bd. 26, S. 109, nach Sc. et Ind. phot., 1925, S. 151.
[2] Brit. Journ. of Phot., 1913, S. 952.
[3] Sc. et Ind. phot., 1925, A, S. 28; Phot. Ind., 1925, S. 493.
[4] ZS. f. wiss. Phot., Bd. 24, S. 298.

Instrument erlaubt ebenso genaue Messungen wie das MARTENSsche Polarisationsphotometer in GOLDBERGs Anordnung (S. 133), ist aber weit übersichtlicher und einfacher in der Konstruktion.

Das Keildensitometer von SANGER-SHEPHERD hat W. B. FERGUSON[1] derart verbessert, daß mit ihm die diffuse Dichte ($D_{+\!\!+}$) mit einem Fehler von höchstens 6% ermittelt werden kann (s. Abb. 19). Nach Eichung des Instruments mit Hilfe einer Standarddichte, kann aus der abgelesenen diffusen die effektive Dichte mittels eines Proportionalitätsfaktors abgeleitet werden (vgl. S. 123). Eine genaue Beschreibung dieses nunmehr weiter verbesserten und fabrikmäßig hergestellten Schwärzungsmessers befindet sich im Brit. Journ. of Phot. 1927, S. 355. Das Instrument wird auf Grund des FERGUSON-RENWICK-BENSONschen Photometers (s. S. 125) geeicht.

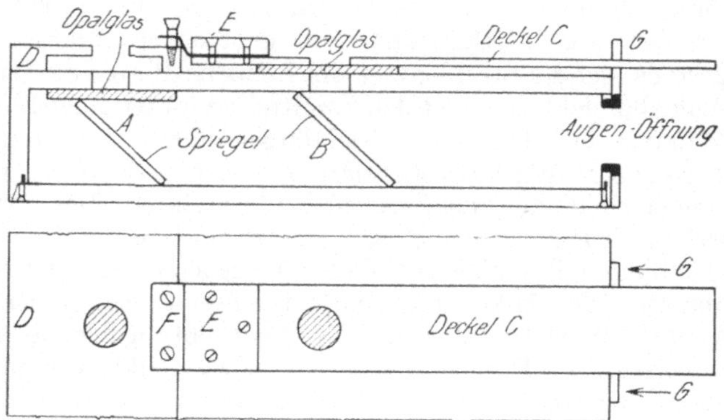

Abb. 19. Keildensitometer (von SANGER-SHEPHERD & Co., London) zur Messung von diffusen Dichten, umkonstruiert von W. B. FERGUSON. Die obere Figur ist ein Querschnitt durch den Kasten des Photometers, die untere Figur zeigt den Kastendeckel in der Draufsicht. *A* und *B* sind die Spiegel zur Erzeugung der Vergleichsfelder. *C* ist der mittels Scharniers abhebbare Deckel, unter den der Prüfling (Schicht nach oben) und zwar unter das an diesem Deckel angekittete Opalglas geschoben wird. *D* ist die Führung für den Vergleichskeil. *F* und *E* sind die zur Befestigung des Scharniers dienenden Schrauben. *G* sind Führungsklötze zur Sicherung der Lage des Deckels *C*

Ad δ. Polarisationsphotometer. In diese Gruppe fällt das in der photographischen Praxis am meisten angewandte Densitometer, der F.F. MARTENSsche Schwärzungsmesser.[2] Von einer vor einem seitlichen Tubus des Apparates stehenden Lichtquelle gehen zwei Strahlenbündel aus, die mittels total reflektierender Prismen nach den beiden Photometerfeldern geleitet werden. Als Vergleichsvorrichtung dient ein Zwillingsprisma, das von den zwei Photometerfeldern je zwei Bilder, also im ganzen vier, entwirft, von denen aber in der Beobachtungsblende nur zwei (von jedem Photometerfeld eines) gesehen werden können. Als Polarisator dient ein WOLLASTON-Prisma. Gleiche Helligkeit der Vergleichsfelder wird durch Drehen des Analysatornikols hergestellt, der Drehungswinkel wird am stillstehenden Teilkreis mittels des beweglichen Index abgelesen. Sei φ_0 der Winkel für die Nullstellung, d. h. für die unbelichtete, aber eventuell verschleierte Stelle des Prüflings, φ der der Dichte D entsprechende Winkel, so ist die Dichte $D = \pm$ (log tang$^2 \varphi_0$ — log tang$^2 \varphi$) mit positivem Vorzeichen. Man benutzt in der Regel eine Tabelle, die die entsprechenden Werte für φ und log tang$^2 \varphi$ enthält. J. M. EDERs[3] frühere Tabelle ist von 0° bis 19° fehlerhaft. Fehlerfrei ist dagegen die von W. SCHEFFER berechnete, von SCHMIDT und HAENSCH (Berlin) dem Instru-

[1] Brit. Journ. of Phot., 1926, S. 258.

[2] Phot. Korr., 1901, S. 528; LIEBENTHAL, l. c., S. 190, 219.

[3] J. M. EDER, Ausf. Hdb. d. Phot. Bd. 1, 3, 1912, S. 202.

ment beigegebene Tabelle, sowie die Tabelle in J. M. EDER, Rezepte, Tabellen und Arbeitsvorschriften, Halle 1927, S. 250. Noch genauere Werte enthält die Tabelle von A. ODENKRANTS[1]. Bequemer ist die Benutzung eines von E. STENGER und G. v. KUJAWA[2] 1924 angegebenen Rechenschiebers mit drei Skalen; wenn die eine auf den Wert von φ_0 ein für allemal eingestellt ist und die zweite bei jeder Messung auf den jeweiligen Wert von φ eingestellt wird, so liefert die dritte unmittelbar den Wert von D. Mit dem MARTENSschen Densitometer stimmt im Prinzip MONPILLARDS „Opacimètre Comparateur" überein.[3]

Bei der Originalkonstruktion von MARTENS macht die Messung hoher Dichten wegen der geringen Helligkeit des Beobachtungsfeldes große Schwierigkeiten, besonders wenn man in das Strahlenbündel des Vergleichsfeldes, wie MARTENS (l. c.) empfiehlt, noch Hilfsdichten einschaltet, also bei künstlich verringerter Helligkeit arbeitet.

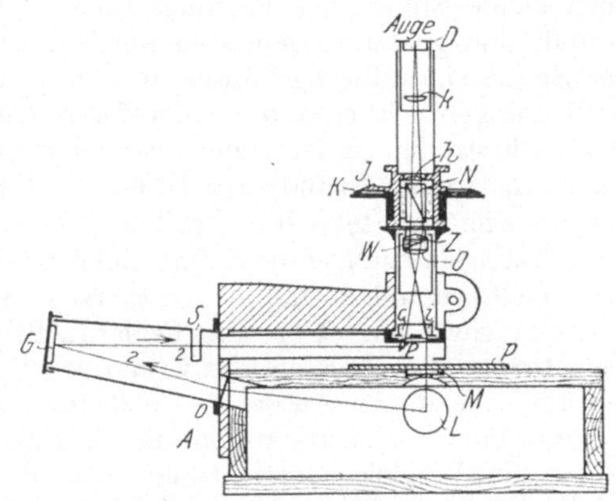

Abb. 20. MARTENSsches Polarisationsphotometer, umkonstruiert von E. GOLDBERG zur Messung der Durchsichtsdichte im diffusen Licht. D Diaphragma, k Augenlinse und h Feldlinse des RAMSDEN-Okulars, K Teilkreis mit J Index, N Analysatornikol, Z Zwillingsprisma, W WOLLASTON-Prisma, O Objektiv, i Eintrittsöffnung für Strahlengang 1, c Eintrittsöffnung für Strahlengang 2, P Prisma (mit versilberter Hypotenusenfläche), p Prüfling (Platte oder Film), M Milchglasplatte, L Lampe (elektrische Glühlampe), A Rohr für Strahlengang 2, o Prisma im Strahlengang 2, G Gipsschirm im Rohrstutzen, S Spalt zum Einschieben von Hilfsdichten

S. MAXIMOWITSCH[4] empfahl daher, sowohl den Prüfling als auch das Vergleichsfeld mittels je einer von zwei in Serie geschalteten Glühlampen direkt zu beleuchten. Dadurch wurde das Beobachtungsfeld so hell, daß auch die dunkelsten Stellen des Prüflings mit Leichtigkeit ausgemessen werden konnten.

Da nun die Anwendung zweier Lichtquellen für exakte Messungen nicht zulässig ist, andererseits aber der MARTENSsche Schwärzungsmesser sehr verbreitet ist, empfahl E. GOLDBERG[5] eine für jeden Besitzer des MARTENSschen Densitometers leicht ausführbare Umkonstruktion, wodurch dieses Photometer zum „Densitometer für große Dichten" wird (s. Abb. 20). Das im Innern des Holzkastens befindliche Prisma wird entfernt und an dessen Stelle eine 6-Volt-Lampe (mit 25 bzw. 50 Kerzen) eingebaut, die den Prüfling vertikal nach oben durch ein Milchglas hindurch direkt beleuchtet, während das in den Seitenstutzen fallende Lichtbündel, durch einen Gipsschirm diffus reflektiert, das Vergleichsfeld trifft. Da sich der Glühfaden sehr nahe am Milchglas befindet, ist die Beleuchtung vollkommen diffus und erlaubt Dichten ($D_{\#}$) bis 3,0 bequem zu messen. Boden und Seitenwände des Kastens müssen mit zirka 15 mm großen Löchern versehen werden, um durch Luftzirkulation einer zu starken Erwärmung der Apparatur vorzubeugen. Einer Anregung von F. WEIGERT folgend, machte E. GOLDBERG den ganzen Photometerkopf mittels Scharnier abhebbar, so daß es möglich ist,

[1] ZS. f. wiss. Phot., Bd. 16, S. 128.

[2] ZS. f. wiss. Phot., Bd. 23, S. 80.

[3] Bull. Soc. Fr. phot., 1903, S. 298, nach J. M. EDER, Ausf. Hdb. d. Phot., Bd. 3, 1, 1912, S. 204.

[4] Phot. Korr., 1909, S. 379.

[5] Phot. Korr., 1917, S. 322.

jede beliebige Stelle des Prüflings vor der Anvisierung genau in das Meßfeld zu bringen. Zur Messung der Dichte im parallelen Lichtbündel ($D_{||}$) ist natürlich nur die Originalform des Apparates brauchbar.[1]

Zur Beobachtung der Dichte im auffallenden Lichte hat den MARTENSschen Schwärzungsmesser zuerst K. KIESER angewendet.[2] Näheres über die Meßtechnik im auffallenden Licht hat F. FORMSTECHER angegeben.[3]

E. GOLDBERG[4] hat die von KIESER (l. c.) vorgeschlagene Vorrichtung verbessert. Er bringt am unteren Ende des Photometerkopfes eine Linse an, die die Bilder der anvisierten Felder auf dem Zwillingsprisma entwirft. Dadurch können auch kleine Stellen des Prüflings (dies ist wichtig bei Keilkopien!) scharf eingestellt und genau ausgemessen werden. Der Photometerkopf befindet sich an der Spitze eines Blechgehäuses, in dem zwei 100kerzige mattierte Glühlampen seitlich angebracht sind, die den auf der Grundplatte liegenden Prüfling und den Vergleichsstreifen unter einem Einfallswinkel von 45° von beiden Seiten beleuchten. Auf der Grundplatte ist eine Millimeterteilung angebracht, um die Lage der anvisierten Stelle des Prüflings genau ablesen zu können. Darauf, daß Schwärzungsmessungen im auffallenden Licht mit einem Polarisationsphotometer prinzipiell bedenklich sind, haben zuerst L. A. JONES, P. G. NUTTING und C. E. K. MEES hingewiesen.[5] Über die Fehlerquellen bei Benutzung des MARTENSschen Densitometers vgl. K. SCHAUM und W. STOESS.[6] Der durchschnittliche Fehler beträgt nach diesen Autoren $\pm$ 0,25 (in Dichteeinheiten).

Ein Polarisationsmikrophotometer unter Benutzung des SAVARTschen Polariskops als Vergleichsvorrichtung[7] hat J. KÖNIGSBERGER[8] 1901 angegeben. S. E. SHEPPARD[9] bezweifelt die behauptete größere Empfindlichkeit dieser Vergleichsvorrichtung. Dieses Meßprinzip ist neuerdings (1925) wieder in A. DANJONS[10] Differential-Mikrophotometer, bei dem zwei Stellen des Prüflings gleichzeitig anvisiert werden, angewendet worden. Als Polarisator wird ein WOLLASTON-prisma, als Analysator ein Glasplattensatz benutzt, dessen an einem Teilkreis abgelesener Drehungswinkel die Dichtendifferenz auszuwerten gestattet. Das Instrument erlaubt Dichtedifferenzen von $^1/_{1000}$ abzulesen. Die Distanz der beiden anvisierten Stellen ist willkürlich regulierbar. Der Apparat wird von seinem Erfinder besonders zur visuellen Eichung von Keilen in Abständen von 1 mm empfohlen.

Ad ε. Photometer mit auf elektrischem Weg regulierbarer Lichtquelle. Hierher gehört das speziell für spektrosensitographische Messungen geeignete Mikrophotometer von W. E. MEGGERS und P. D. FOOTE,[11] bei dem die Helligkeitsabstimmung des durch das anvisierte Feld des Prüflings hindurchgelassenen Lichts durch meßbare Stromänderung der elektrischen Photometerlampe erfolgt. Das Instrument ist so geeicht, daß der Strom der Lampe direkt als Temperaturgrad abgelesen werden kann. Als Bezugsfeld dient eine (unbelichtete, aber bei der Ent-

[1] Vgl. W. SCHEFFER, Phot. Ind., 1925, S. 1093.

[2] EDERS Jahrb. f. Phot., 1913, S. 105.

[3] Phot. Ind., 1926, S. 1301.

[4] Der Aufbau des phot. Bildes, 1. Aufl., Halle 1922, S. 55.

[5] Sc. et Ind. phot., 1923, Mém., S. 24.

[6] ZS. f. wiss. Phot., Bd. 23, S. 52.

[7] LIEBENTHAL, l. c., S. 217, bei der Beschreibung von WILDS Photometer.

[8] ZS. f. Instr., Bd. 21, S. 129.

[9] Lehrb. d. Photochemie, Leipzig 1916, S. 48.

[10] Bull. Séances Soc. Fr. Phys., Nr. 215, S. 53, nach Sc. et Ind. phot., 1925, S. 108.

[11] Vgl. den Auszug in Phot. Korr., 1922, S. 41 aus Scient. Papers of Bureau of Standards, Nr. 385, S. 299, 1920.

wicklung verschleierte) dem anvisierten Feld benachbarte Stelle der photographischen Schicht. Aus den in beiden Fällen abgelesenen Temperaturen und der Wellenlänge des bei der Beobachtung angewandten Lichts läßt sich nach einer a. a. O. angegebenen Formel die Dichte berechnen.

Heterochrome Photometer[1]. Alle bisher beschriebenen Photometer erlauben nur bei einer aus neutralgrauem Silber bestehenden Bildsubstanz eine genaue Gleichheitseinstellung der Vergleichsfelder. Um Platten und insbesondere Papierbilder, die eine ausgesprochene Färbung besitzen, mit solchen Schwärzungsmessern exakt auszuwerten, empfiehlt E. GOLDBERG[2] ein Gelbfilter auf das Okular aufzusetzen (vgl. auch unter CLERC, S. 131). Noch exakter ist natürlich die Anwendung eines Monochromators (s. oben, S. 86).

Von speziellen Photometern für heterochrome Photometrie sei erwähnt SIMMANCEs und ABADYs Flimmerphotometer,[3] auf dessen Verwendungsmöglichkeit schon SHEPPARD und MEES[4] im Jahre 1906 hingewiesen haben. L. A. JONES und C. W. GIBBS[5] wandten ein integrierendes Flimmerphotometer zur Ausmessung von getonten und gefärbten Kinofilmen an. (Über die Einrichtung der zur Erzielung einer gleichmäßigen Strahlung dienenden Hohlkugel vgl. bei BULL und CARTWRIGHT, S. 126.) Die Meßvorrichtung besteht aus einem mit variabler Geschwindigkeit drehbaren Sektorenrad, beleuchtet durch eine Lampe in meßbar verstellbarem Abstand. Die Vergleichsvorrichtung besteht aus einer ringförmigen, von der gleichen Lampe direkt beleuchteten Scheibe, in deren durchbrochenem Mittelfeld das auszumessende Flimmerfeld erscheint. Die Nullstellung wird durch Einschieben neutraler Graukeile auf den drei Lichtwegen hergestellt.

Ferner sei hingewiesen auf C. PULFRICHs, auf einem stereoskopischen Effekt beruhendes Photometer.[6]

Bei der Bestimmung der Kopierdichte ($D\varphi$) einer gefärbten Schicht läßt sich die Anwendung der heterochromen Densitometrie umgehen, wenn man nach A. SCHULLER[7] aus dem zu untersuchenden Material (mittels irgend einer Skala) einen Prüfling herstellt und mit ein und derselben Lichtquelle sowohl diesen Prüfling als auch eine neutralgraue Intensitätsskala, für die man $D\varphi = D_{\#}$ visuell annehmen kann, auf ein bestimmtes Material kopiert. Dann werden mit Hilfe eines visuellen Vergleichsapparates auf beiden Kopien die Stellen gleicher Dichte ermittelt. Da nun die photographische Dichte irgend zweier Schichten definitionsgemäß gleich ist, wenn eine unter ihnen kopierte Bezugsschicht in beiden Fällen die gleiche visuelle Dichte liefert, erhalten wir aus dem bekannten Wert der Dichte der neutralgrauen Intensitätsskala den gesuchten Wert der photographischen Dichte des Prüflings (in bezug auf die angewendete Bezugsschicht).

b) Registrierende Photometer und Mikrophotometer. Als Vorbild dieser Apparate ist der heute am meisten benutzte Densograph E. GOLDBERGS[8] zu betrachten (s. Abb. 21). Als Grundlage dieses Apparates dient ein Keildensitometer (vgl. oben, S. 129), das als Vergleichsvorrichtung einen LUMMER-

---

[1] LIEBENTHAL, l. c., S, 229.
[2] Der Aufbau des photographischen Bildes, 2. Aufl., Halle 1925, S. 104.
[3] LIEBENTHAL, l. c., S. 247.
[4] Unters., S. 31.
[5] Trans. Mot. Pict. Eng., 1921, S. 85, nach Sc. et Ind. phot., 192, S. 6.
[6] Die Naturwiss., 1922, S. 553ff., nach Sc. et Ind. phot., 1923, S. 134.
[7] Phot. Rundsch., 1911, S. 143.
[8] EDERS Jahrb. d. Phot., 1910, S. 226 (damals wurde noch ein Rauchglaskeil benutzt, erst später wurde dieser durch einen Rußgelatinekeil ersetzt); E. GOLDBERG, Der Aufbau des photographischen Bildes, 2. Aufl., Halle 1925, S. 100.

BRODHUN-Würfel besitzt. Um dem Beobachter die Arbeit der jedesmaligen Ablesung und Umrechnung des abgelesenen Wertes (behufs graphischer Darstellung des Versuchsresultates) zu ersparen, ist mit dem Keil ein kleiner Tisch, auf dem ein Papierblatt unverschiebbar aufliegt, fest verbunden. Anderseits ist am Träger des Prüflings ein Markierstift befestigt, der auf dem erwähnten Blatt beim Aufdrücken einen Punkt erzeugt. Für jede Stelle des Prüflings wird durch Verschiebung des Keils (und damit auch des Papierblattes) eingestellt und dann auf dem Papierblatt mit dem Stift, dessen jeweilige Lage der anvisierten Stelle des Prüflings entspricht, eine Marke gemacht. Man stellt zirka 20 Marken her und erhält bei Verbindung der einzelnen Punkte durch einen Linienzug direkt die charakteristische Kurve des Prüflings, da der als Sensitograph und der als

Abb. 21. Densograph nach E. GOLDBERG. (Ausgeführt von Zeiß-Ikon-A. G., Dresden)

Meßkeil angewandte Graukeil die gleiche Konstante besitzen. Der Maßstab des Diagramms ergibt sich aus der Keilkonstanten.

Zur Beleuchtung wendet E. GOLDBERG zwei parallel geschaltete Glühlampen (3,5 Volt, 0,3 Ampere), wodurch, wie er selbst früher[1] betont hat, leicht ein Fehler entsteht.

E. STENGER und G. v. KUJAWA[2] haben durch genaue Nachprüfung in der Tat gefunden, daß die dem Densographen entnommene Kurve nie genau mit der mittels des MARTENSschen Schwärzungsmessers erhaltenen Kurve übereinstimmt, und daß hiebei auch nicht von einem systematischen Fehler gesprochen werden kann. Die Anwendung des Densographen ist daher bei präzisen Messungen nicht angebracht.

Der Densograph ist sowohl für Durchsichts- als auch für Aufsichtsbeleuchtung verwendbar; im letzteren Falle läßt man das Licht von der Lichtquelle auf zwei kleine Spiegel fallen, die den Prüfling von beiden Seiten unter einem Einfallswinkel von 45° beleuchten. GOLDBERG empfiehlt eine Keilkonstante $K = 0{,}5$, die bei einer Meßlänge des Keils = 9 cm Dichten von 0 bis 4,5 auszuwerten gestattet und auch bei flauen Platten ein genügend langes Stück der Kurve

[1] Phot. Korr., 1917, S. 321.

[2] ZS. f. wiss. Phot., Bd. 23, S. 80.

liefert. Nach GOLDBERG braucht man bei Anwendung des Densographen zur Herstellung der charakteristischen Kurve nur etwa zwei Minuten.

Auf dem gleichen Prinzip wie der Densograph beruht LOBELS „sensitophotomètre enregistreur",[1] hergestellt von der Firma FILMOGRAPH in Paris.

Ein dem Densographen analoger Apparat ist P. SCHROTTs Dichtezeichner.[2] Als Grundlage benutzt SCHROTT ein Blendenphotometer; er entnimmt die zur Beleuchtung der beiden Photometerfelder erforderlichen Strahlenbündel ein und derselben Lichtquelle. Als Meßvorrichtung dient ein verschiebbarer, keilförmiger Schlitz (also kein absorbierendes Medium), als Vergleichsvorrichtung ein teilweise seines reflektierenden Belages beraubter Spiegel (vgl. oben, S. 125). Dieser Apparat hat in der Praxis später anscheinend keine Anwendung gefunden.

Ein registrierendes Mikrophotometer hat A. CALLIER[3] angegeben, indem er sein oben (S. 131) beschriebenes Mikrophotometer mit einer Registriervorrichtung ausrüstete, die im Prinzip mit der von GOLDBERG angewendeten identisch ist.

9. Elektrische Densitometer. Diese Instrumente wurden bisher fast ausschließlich zur Messung von Dichten im durchfallenden Licht angewendet. Nur E. R. DAVIES (s. S. 142) benutzte ein derartiges Densitometer zur Messung von Aufsichtsdichten.

Während die visuellen Photometer auf einem subjektiven (physiologischen) Meßprinzip aufgebaut sind, haben wir bei den elektrischen Photometern eine objektive (physikalische) Meßgrundlage; bei ihrer Benutzung ist man daher in der Regel nicht auf eine Nullmethode (unter Verwendung einer getrennten Vergleichs- und Meßvorrichtung) angewiesen, sondern kann aus dem beobachteten Galvanometerausschlag direkt die Beleuchtungsstärke mittels eines physikalischen (empirisch verifizierten) Gesetzes ableiten. Das Galvanometer erlaubt uns auch durch sogenannte Spiegelablesung, d. i. Projizierung eines Lichtflecks auf eine gleichzeitig mit dem Prüfling weiterbewegte lichtempfindliche photographische Schicht, die gefundenen Werte unmittelbar in Kurvenform zu registrieren. Die elektrischen Photometer sind ferner als Mikrophotometer konstruierbar und stellen dann die besten Registrierphotometer zur Auswertung von Spektrosensitogrammen dar. Ihr Urbild ist P. P. KOCHs photoelektrisches Mikrophotometer [vgl. unter b].

a) Thermoelektrische Photometer. Als Meßvorrichtung dient eine Thermosäule, in deren Stromkreis sich ein Galvanometer befindet. Die durch die aufgenommene Wärmestrahlung erzeugte elektromotorische Kraft ist der strahlenden Energie direkt proportional. Diese Beziehung trifft für praktische Zwecke genügend genau zu. Die Thermosäule ist fast trägheitslos; die Ruhepause zwischen zwei aufeinanderfolgenden Einstellungen kann bis auf 3 Sekunden herabgedrückt werden. Die Lebensdauer einer Thermosäule ist sehr groß, da sie weder durch zu starke Beleuchtung noch durch den spezifischen Einfluß irgend einer Wellenlänge der angewandten Strahlung geschädigt werden kann; auch verlangt sie keine besondere aufmerksame Behandlung (vorausgesetzt, daß es sich nicht um eine Vakuumthermosäule handelt).

G. R. HARRISON[4] hat ein registrierendes thermoelektrisches Mikrophotometer zur präzisen Dichtenmessung konstruiert. Er benutzte eine Wismuth-Silber-Thermokette (nach COBLENTZ). Der Prüfling wird dicht hinter einem engen

---

[1] Sc. et Ind. phot., 1926, A, S. 12 und 46.

[2] Phot. Korr., 1918, S. 294.

[3] Brit. Journ. of Phot., 1913, S. 952.

[4] Journ. opt. Soc. Amer., Bd. 7, S. 999, nach Sc. et Ind. phot., 1924, S. 34 und Journ. opt. Soc. Amer., Bd. 10, S. 157, nach Sc. et Ind. phot., 1925, S. 80.

Spalt von einem Strahlenbündel durchsetzt. Eine vor der Lampe im Winkel von 45° aufgestellte Glasplatte verhindert Wärmezufuhr durch Konvektion. Die Ablesung erfolgt durch ein ARSONVALsches Galvanometer. Die Spaltbreite kann

Abb. 22. Registrierendes thermoelektrisches Mikrophotometer nach W. J. H. MOLL durchkonstruiert von KIPP & ZONEN in Delft

bis auf 0,1 mm verringert werden. Es konnten (bei Röntgenplatten) Dichten bis 7,0 genau gemessen werden.

E. ALBRECHT und M. DORNEICH[1] benutzten eine W. J. H. MOLLsche Thermosäule[2] (Constantan-Manganin). Diese ist an Stelle des Okulars in einem Mikroskop angebracht, dessen Objektiv auf den Prüfling eingestellt ist, der von der Lichtquelle durch einen Kondensor hindurch beleuchtet wird (s. Abb. 22 u. 23).

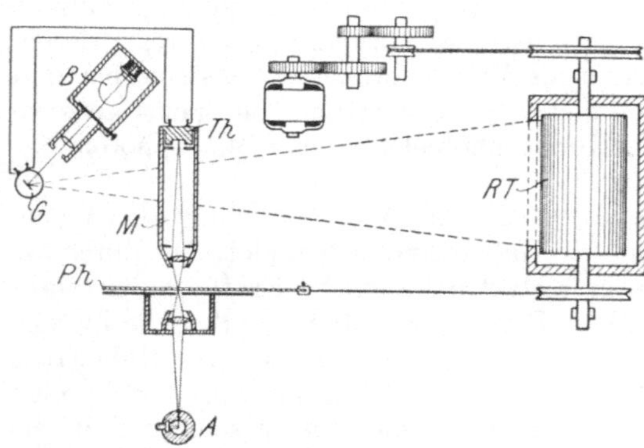

Abb. 23. Registrierendes thermoelektrisches Mikrophotometer nach ALBRECHT und DORNEICH (Phys. ZS., Bd. 26, 1925). M Mikroskop, *Th* Thermosäule, *Ph* Photographische Platte bzw. Film, *G* Spiegelgalvanometer, *RT* Registriertrommel, *A* Lampe zur Beleuchtung des Meßfeldes, *B* Lampe zur Beleuchtung des Ablesespiegels

E. PETTIT und S. B. NICHOLSON[3] benutzten eine von LEBEDEW 1895 angegebene Vakuumthermosäule (Eisen-Constantan). Sie konnten die ungewöhnlich hohe Empfindlichkeit von 8×10^{-5} (100teiligen) Graden pro Millimeter des Galvanometerausschlages erzielen. Ein zweites von der gleichen Lichtquelle ausgehendes Strahlenbündel registriert (mittels einer zweiten Thermosäule) auf der gleichen photographischen Schicht die Schwankungen der Lichtquelle: daher ist bei diesem registrierenden Mikrodensitometer die Anwendung des Sonnenlichtes zulässig. Um die vom Plattenkorn und sonstigen lokalen Unregelmäßigkeiten der Schicht herrührenden Fehler zu be-

[1] Phys. ZS., Bd. 26, S. 514, nach Sc. et Ind. phot., 1925, S. 181.

[2] Proc. Phys. Soc., Bd. 33, S. 207, nach Sc. et Ind. phot., 1921, S. 105; Proc. Phys. Soc., Bd. 35, S. 257, nach Sc. et Ind. phot., 1923, S. 181.

[3] Astrophys. Journ., Bd. 56, S. 295, nach Sc. et Ind, phot., 1923, S. 25.

seitigen, wird ein größerer Teil des Strahlenbündels optisch integriert und erst dann durch den Spalt auf die Thermosäule geleitet. (Vgl. auch E. PETTITs verbessertes Mikrophotometer[1]).

Auch M. SIEGBAHN[2] benutzt bei seinem registrierenden Mikrodensitometer im Prinzip die gleiche Anordnung. Es gelang ihm, auf äußerst kleine Stellen des Prüflings (und zwar auf eine Fläche von 0,02 × 1,5 mm) scharf einzustellen. Um die vom Plattenkorn herrührenden Fehler zu eliminieren, wurde nacheinander in vier verschiedenen Teilen des gleichen Strahlenbündels gemessen und das Mittel genommen. Die Aufzeichnung der Kurve nahm nur zirka 5 Minuten in Anspruch.

b) Photoelektrische Photometer. Diese Photometer benutzen entweder die Leitfähigkeitsänderungen fester Körper unter dem Einfluß des Lichtes (z. B. einer Selenzelle) oder die Entstehung elektromotorischer Kräfte bei der Bestrahlung (z. B. einer Kaliumzelle), wie das bereits oben erwähnte Vorbild aller elektrischen Photometer, P. P. KOCHs registrierendes Mikrophotometer,[3] bei dem zwei Kaliumzellen benutzt werden, von denen die eine direkt, die andere durch den Prüfling hindurch von der gleichen Lichtquelle beleuchtet wird. Der Galvanometerausschlag beider Zellen wird selbsttätig aufgezeichnet. Vgl. ferner H. BEUTLER[4] und G. HANSEN[5].

Die photoelektrischen Zellen im engeren Sinne (wie die Kaliumzelle) sind trägheitslos und hochempfindlich, aber auch von sehr geringer Lebensdauer und leicht verletzlich. Da bei ihrer Benutzung der Galvanometerausschlag in keiner einfachen Beziehung zu der Beleuchtungsstärke steht und auch von der Wellenlänge abhängt, sind sie für direkte Messungen weniger geeignet als Thermosäulen; sie geben dagegen bei Nullmethoden die größtmögliche Präzision. Die weniger handlichen und weniger empfindlichen Selen- und Thalofidzellen bieten zwar den Vorzug der Anwendbarkeit einer größeren elektromotorischen Kraft, aber da ihre Empfindlichkeit von der Temperatur abhängt, erlaubt ihre Benutzung nur bei geringen Ansprüchen an die Genauigkeit eine direkte Messung der Beleuchtungsstärke; es kommt daher im allgemeinen nur die Anwendung einer Nullmethode in Betracht. Außerdem besitzen sie eine größere Trägheit als die eigentlichen photoelektrischen Zellen. Über das Verhältnis der spektralen Empfindlichkeit der Selen- und der Kaliumzelle zu der des Auges und der der photographischen Schicht hat J. O. C. VICK[6] eingehende Untersuchungen angestellt, aus denen hervorgeht, daß die Kaliumzelle der photographischen Schicht am nächsten kommt. Daher kommt, insbesondere bei gefärbtem Negativsilber, zur Bestimmung der Kopierdichte nur die Kaliumzelle in Betracht.

Durch eine besonders einfache Apparatur zeichnet sich LEUMANNs[7] Photometer zum Messen der Dichte von Negativen aus. Die Lichtstrahlen fallen nach Durchsetzen des Prüflings auf eine vor der Selenzelle angeordnete regulierbare Blende. Die Dichtebestimmung erfolgt durch Ablesung der zur Konstanthaltung des durchgelassenen Lichtes erforderlichen Abblendung mittels einer an der Blende angebrachten Skala. Die Konstanz der Beleuchtung wird durch den Stillstand der Nadel eines mit der Selenzelle verbundenen Galvanometers an einer bestimmten Stelle festgestellt.

---

[1] Journ. Opt. Soc. Amer., Bd. 12, S. 477, nach Sc. et Ind, phot., 1926, S. 142.

[2] Phil. Mag., Bd. 48, S. 217, nach Sc. et Ind. phot., 1924, S. 141.

[3] Ann. Phys., (4), Bd. 30, S. 84; Bd. 39, S. 705, Bd. 41, S. 115; Bd. 42, S. 1, vgl. E. GEHRCKE, Hdb. d. physik. Optik, Leipzig 1927, Bd. 1, S. 67.

[4] ZS. f. Instr., Bd. 47, S. 61, nach Phot. Ind., 1927, S. 1232.

[5] ZS. f. Instr., Bd. 47, S. 71, nach Sc. et Ind. phot., 1927, S. 71.

[6] Phot. Journ., Bd. 67, S. 324, nach Sc. et Ind. phot., 1927, S. 163.

[7] Phot. Ind., 1913, S. 498.

Die auf dem gleichen Prinzip wie die Selenzelle beruhende sich aber durch größere Empfindlichkeit und Lebensdauer vor ihr auszeichnende Thalofidzelle von T. W. Case, die aus Schwefelthallium besteht,[1] wurde von A. L. Schön[2] zur Konstruktion eines Densitometers für kleine Dichten benutzt, und zwar auf Grund einer Nullmethode (s. Abb. 24). Zur gesetzmäßigen Schwächung der Beleuchtung wandte Schön Abstandsänderung der Lichtquelle an. Die Thalofidzelle befand sich im gleichen Stromkreis, wie die Batterie und das Galvanometer. Letzteres war außerdem in einem Nebenstromkreis eingeschaltet, um die Galvanometernadel in die Nullstellung bringen zu können. Durch Vorversuche wurde festgestellt, daß das Optimum für die stromliefernde Batterie bei < 40 V lag, das Optimum der Beleuchtung der Zelle bei 0,3 „foot-candles“. Mit Rücksicht auf die Trägheit der Zelle wurde diese schon 10 bis 15 Minuten vor den Messungen der Beleuchtung ausgesetzt. Dann wurde ein unbelichteter (aber verschleierter) Streifen auf die Zelle gelegt und auf 0 eingestellt. Hierauf wurde die zu messende Stelle des Prüflings auf die Zelle gelegt und die Lampe auf einer optischen Bank der Zelle so weit genähert, bis das Galvanometer wieder auf 0 zeigte. Dies wurde für jede Stelle des Prüfling wiederholt. So konnten Dichten bis auf 0,005 abwärts mit einem erheblichen Genauigkeitsgrad bestimmt werden.

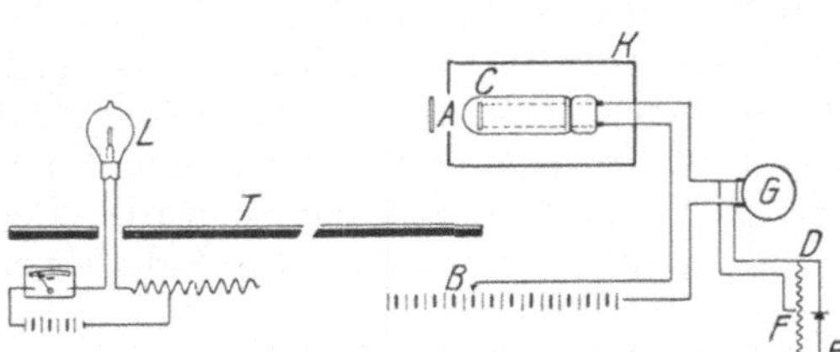

Abb. 24. Schematische Darstellung des photoelektrischen Densitometers von A. L. Schoen. Die in ein lichtdichtes Gehäuse *K*, das bei *A* ein kleines Fenster besitzt, eingebaute Thalofidzelle *C* die Batterie *B* und das Galvanometer *G* sind hintereinandergeschaltet. Der das Galvanometer *G* kurzschließende Nebenstromkreis *DEF* dient zur Kompensierung des Dunkelstroms der Zelle und zur Einstellung des Galvanometers auf Null. Eine von einer Batterie gespeiste kleine Automobillampe *L* dient als Lichtquelle und läßt sich entlang der Meßleiste *T* der optischen Bank verschieben. Der Prüfling wird vor das Fenster *A* gebracht

C. B. Bazzoni, R. W. Duncan und W. S. Mathews[3] wandten die Thalofidzelle als direktes Meßorgan in ihrem Mikrophotometer an. Das durch ein Rotfilter (die für Ultrarot äußerst empfindliche Zelle arbeitet bei weißem Licht schlechter) eintretende Lichtbündel wirkt jedesmal nur $^1/_{25}$ Sekunde ein; so können die einzelnen Messungen (10 bis 20) in Abständen von zirka 30 Sekunden einander folgen, ohne daß erhebliche Fehler eintreten. Der mittels Kondensor beleuchtete Prüfling liegt auf dem horizontal und vertikal verschiebbaren Mikroskoptisch unter dem (durch Betätigung eines photographischen Momentverschlusses sich öffnenden) Objektiv. Das an die an der Stelle des Okulars befindliche Thalofidzelle angeschlossene Galvanometer dient als Meßvorrichtung.

Eine ähnliche Apparatur hat J. O. Perrine[4] beschrieben. Er wendet als Meßorgan eine photoelektrische Zelle von Kunz[5] an. Vgl. auch das von F. Goos angegebene, von A. Krüss (Hamburg) durchkonstruierte registrierende Mikrophotometer (mit Kaliumzelle[6]). Auch im Photometer von E. A. Baker[7] dient eine photoelektrische Zelle, die dem Ohmschen Gesetz gehorcht, als Meßorgan. R. Jouaust

[1] Phys. Rev., Bd. 15, S. 289, 1920.

[2] Commun. Nr. 171, Eastman Kodak Co., Kodak Abrid., Bd. 7, S. 19, Sc. et Ind. phot., 1923, S. 165.

[3] Journ. opt. Soc. Amer., Bd. 7, S. 1003, nach Sc. et Ind. phot., 1924, S. 38.

[4] Journ. opt. Soc. Amer., Bd. 8, S. 381, nach Sc. et Ind. phot., 1924, S. 90.

[5] Phys. Rev., 1916, Bd. 7, S. 282.

[6] Phys. ZS., Bd. 22, S. 648; ZS. f. Instr., Bd. 41, S. 313; nach Sc. et Ind. phot., 1922, S. 21, 46.

[7] Journ. scient. Instr., Bd. 1, S. 345, nach Sc. et Ind. phot. 1924, S. 173.

und P. VAGUET[1] benutzen ebenfalls eine photoelektrische Zelle (mit Kaliumhydrid). Nachdem sie das Verhältnis des photoelektrischen Stroms zur Beleuchtungsstärke für die von ihnen benutzte Lampe und Zelle empirisch festgelegt hatten, konnten sie einen Prüfling angeblich innerhalb einer Fehlergrenze von 1% leicht und einfach auswerten. Besonders empfohlen wird von C. FABRY[2] das Mikrophotometer von P. LAMBERT und D. CHALONGE.[3]

Genaue Messungen photoelektrischer Dichten liegen mittels des photoelektrischen Flimmerphotometers vor. Dieses Instrument wurde zuerst von G. M. B. DOBSON[4] angegeben. Zwei von der gleichen Lichtquelle kommende, getrennt weiterlaufende Strahlenbündel treffen auf die gleiche photoelektrische Zelle; das eine, nachdem es den Prüfling, das andere, nachdem es einen Meßkeil durchsetzt hat. Eine rotierende Verschlußklappe verdeckt abwechselnd je eines der beiden Strahlenbündel. Daher schwingt das mit der Zelle verbundene Galvanometer im allgemeinen beständig hin und her. Man stellt nun Feldergleichheit dadurch her, daß man den Keil so lange verschiebt, bis die Oszillationen des Galvanometers aufhören; dann wird an einer mit dem Keil verbundenen Skala die gesuchte Dichte abgelesen. Die Nullstellung des Instrumentes wird mittels eines Hilfskeiles hergestellt. Das Resultat ist unabhängig von allen Schwankungen der Lichtquelle und der Zelle. Der wahrscheinliche Fehler der Messungen beträgt anscheinend höchstens 0,1%.

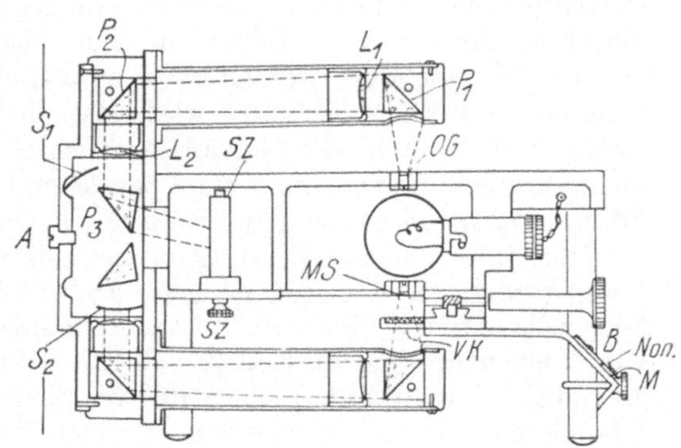

Abb. 25. Photoelektrisches Densitometer von F. C. TOY u. S. O. RAWLING (Vertikalschnitt durch die Symmetrieebene des Apparats). Das Licht der Lampe fällt auf das Opalglas *OG* und auf die Mattscheibe *MS*, die als sekundäre Lichtquellen dienen. Das bei *OG* austretende Strahlenbündel durchsetzt den Prüfling und wird von den Prismen P_1, P_2 und P_3 reflektiert. Die Linse L_1 entwirft ein Bild von *OG*, die Linse L_2 entwirft auf der Zelle *SZ* ein Bild dieses Bildes. Das durch die Mattscheibe *MS* austretende Strahlenbündel hat einen symmetrischen Strahlengang, nur mit dem Unterschied, daß es den neutralgrauen Vergleichskeil *VK* passiert. Man erhält auf der Zelle *SZ* zwei gleichmäßig beleuchtete kreisförmige, dicht aneinander stoßende Lichtflecken. Dicht vor der Linse L_2 und der zu ihr symmetrischen Linse sind zwei Verschlußblenden S_1 und S_2 an den Enden eines sich in Zapfen drehenden Arms derart angebracht, daß bei ihrer Verschiebung ein Strahlenbündel verdeckt und gleichzeitig dem anderen der Weg geöffnet wird. Die durch Herausnehmen der Schraube *A* entstehende Öffnung erlaubt das Zentrieren des Beobachtungsfeldes. Ein vor dem Maßstab *M* beweglicher Nonius Non ist fest verbunden mit dem Vergleichskeil *VK*, der mittels der Stellschraube *B* senkrecht zur Ebene der Zeichnung verschoben werden kann.

Dieses photoelektrische Flimmer-Densitometer wurde von F. C. TOY und S. O. RAWLING[5] wesentlich verbessert und sodann von WATSON & SON, London, durchkonstruiert (s. Abb. 25). TOY und RAWLING wandten statt einer eigentlichen photoelektrischen Zelle eine Selenzelle an, und zwar sowohl wegen ihrer größeren mechanischen Widerstandsfähigkeit als auch wegen der Anwendbarkeit einer größeren Stromstärke, was die Benutzung eines weniger empfindlichen Galvanometers er-

[1] C. R. Ac. Sc., Bd. 180, S. 59, nach Phot. Korr., 1925, Nr. 4, S. 22.

[2] Sc. et Ind. phot., 1926, Mém., S. 56.

[3] C. R. Ac. Sc., Bd. 180, S. 924, nach Sc. et Ind. phot., 1925, S. 94, sowie Rev. Opt., Bd. 5, S. 404, nach Sc. et Ind. phot., 1927, S. 6.

[4] Proc. Roy. Soc., Bd. 104 A, S. 248, nach Sc. et Ind. phot., 1923, S. 182.

[5] Phot. Journ., Bd. 64, S. 189, nach Sc. et Ind. phot., 1924, S. 89; Journ. scient. Instr., Bd. 1, S. 362, nach Sc. et Ind. phot., 1924, S. 173.

laubt. Von der Lichtquelle gehen zwei durch je einen Spiegel reflektierte Strahlen bündel aus, die, durch je einen Kondensor gesammelt, sowohl auf dem Prüfling als auch auf dem Meßkeil ein reelles Bild der Lichtquelle entwerfen. Dicht hinter dem Prüfling liegt ein Hilfskeil, mit dem man zunächst die Null-Lage einstellt. Sowohl die jeweils beleuchtete Stelle des Prüflings als auch die des Meßkeils entwerfen dann mittels je eines weiteren Kondensors (von geeigneter Form der Öffnung) zwei sich direkt berührende reelle Bilder auf einer Selenzelle (nach Thirring), die rasch hin und her geschoben werden kann, so daß sie abwechselnd von dem einen und vom anderen Bild beleuchtet wird. Ist die Beleuchtungsstärke beider Felder gleich groß, so steht die Galvanometernadel still. Die beschriebene Anordnung dient zur Messung von Dichten im parallelen Licht. Zur Messung von Dichten im diffusen Licht wird vor dem Prüfling ein Opalglas in den Strahlengang eingeschaltet. Das aus dem Prüfling austretende Licht durchsetzt dann ein Doppellinsensystem, das ein geeignet geformtes Bild der zu messenden Stelle auf der Selenzelle entwirft. Wesentlich ist eine genaue Eichung des Meßkeils. Verwendet wurde ein neutralgrauer Keil ($k = 0{,}437$ mit einem Fehler von zirka 0,5%). Bei Messungen im diffusen Licht wird die photoelektrische Dichte des Opalglases besonders bestimmt, um von den einzelnen Messungen in Abzug gebracht werden zu können. Wichtig ist ferner — selbst bei visuell vollkommen transparentem Glas (dem Träger der photographischen Schicht) — die Bestimmung seiner relativ großen photoelektrischen Dichte, um die Emulsionen verschiedener Plattensorten einwandfrei miteinander vergleichen zu können.

Da die Selenzelle ihr Empfindlichkeitsmaximum im Ultrarot hat, erhält man (selbst einen vollkommen neutralgrauen Meßkeil vorausgesetzt) von der visuellen Dichte stark abweichende Werte, weil die Absorption des Silberniederschlages von Grün (Lage des visuellen Maximums) nach Rot stark zunimmt. Toy und Rawling stellten folgende allgemeine Beziehungen fest. Die mit dem Instrument im parallelen Lichtbündel erhaltene Dichte $D_{\parallel}$ (Selen) ist gleich dem (visuell erhaltenen Wert) $D_{\parallel}$ dividiert durch 0,75. Ferner ist $\frac{D_{\#} \text{(visuell)}}{D_{\parallel} \text{(Selen)}} = 0{,}50$ bis 0,52 (gefunden bei drei sehr verschiedenen Emulsionen). Da man für die Inertia (s. S. 155) visuell und photoelektrisch den gleichen Wert erhält, bekommt man einen ziemlich genauen Wert von γ (visuell) im diffusen Licht, indem man γ (photoelektrisch im parallelen Licht) mit 0,5 multipliziert. Die angegebene Beziehung gilt zwar ziemlich genau für hohe Dichten (bis $D_{\#}$ [visuell] $= 2{,}8$), ist aber bei kleinen Dichten ($D_{\#}$ [visuell] $< 0{,}4$) nicht mehr zutreffend.[1] Die bei diesen Vergleichsversuchen zugrunde gelegten visuellen Dichten wurden mittels des Photometers von Ferguson, Renwick und Benson (s. S. 125) gemessen.

E. R. Davies hat dieses photoelektrische Flimmer-Densitometer derart modifiziert, daß es zur Messung von Aufsichtsdichten benutzt werden kann.[2] Das Papierblatt wird dabei von nahezu parallelem Licht unter einem Einfallswinkel von 45° beleuchtet. Das Instrument zeichnet mittels einer ähnlichen Vorrichtung, wie wir sie von Goldbergs Densographen her (s. S. 135) kennen, die charakteristische Kurve automatisch auf.

Neuerdings verwendet F. C. Toy statt der Selenzelle aus den schon oben (S. 130) angeführten Gründen eine photoelektrische Zelle.[3]

10. Photographische Densitometer. Diese Vorrichtungen, die man zweckmäßig als „Sensitometer" bezeichnen könnte, wenn sich dieser Name nicht leider schon seit Jahrzehnten für die von uns als Sensitographen geschilderten Instru-

[1] Phot. Journ., Bd. 65, S. 179, nach Sc. et Ind. phot., 1925, S. 76.

[2] Phot. Journ., Bd. 67, S. 178, nach Sc. et Ind. phot., 1927, S. 119.

[3] Phot. Journ., Bd. 67, S. 176, nach Sc. et Ind. phot., 1927, S. 163.

mente eingebürgert hätte, erlauben uns auf dem zu prüfenden Material durch rein photographische Mittel den Zusammenhang von Beleuchtungsstärke E und Schwärzung D in Kurvenform darzustellen. Wir haben hier eine Kombination von Intensitätssensitograph und Densitometer vor uns.

Es kann entweder die charakteristische Kurve selbst (mit den Koordinaten $\log E$ und D) aufgezeichnet werden (sogenannte LUTHER-WEIGERT-Methode), oder es wird deren Ableitungskurve mit den Koordinaten $\log E$ und $\frac{dD}{d\log E}$ (bzw. einer bestimmten Funktion dieser letzteren Größe) mittels der sogenannten Detailplatte GOLDBERGs im Bild festgehalten.

a) Die LUTHER-WEIGERT-Methode. Das unter diesem Namen bekannt gewordene Verfahren wurde 1911 von E. GOLDBERG, R. LUTHER und E. WEIGERT[1] gemeinsam veröffentlicht, nachdem R. LUTHER 1909 und F. WEIGERT 1910 das Prinzip der Methode schon vorher an anderen Stellen (s. l. c.) mitgeteilt hatten. Während sowohl LUTHER als auch WEIGERT ihren Versuchen eine Papierskala (s. S. 108) zugrunde legten, hat erst E. GOLDBERG bei der Apparatur den von ihm angegebenen neutralgrauen Keil (s. S. 112) benutzt und dadurch das Verfahren so weit verbessert, daß es auch bei exakten Messungen oft mit Vorteil angewendet werden kann. Vor der visuell photometrischen Auswertung eines Prüflings hat es den Vorzug, daß auch große Dichten (> 3) ohneweiters und mit dem gleichen Genauigkeitsgrad wie kleine ausgewertet werden können. Das Verfahren wurde auch von J. M. EDER[2] empfohlen.

Diese Methode zur automatischen Aufzeichnung der charakteristischen Kurve (s. Abb. 26) beruht darauf, daß man die mittels eines neutralgrauen Keils erzeugte Kopie, die im folgenden als primäres Bild bezeichnet werden soll, senkrecht gekreuzt mit diesem Keil photographiert. Handelt es sich um Bestimmung der photographischen Kopierdichte $D\varphi$ von Negativmaterialien auf transparenter Unterlage, so kann man das aus Keil und primärem Bild bestehende System unmittelbar im Kontakt auf irgend ein Papier kopieren, handelt es sich dagegen um Bestimmung der Aufsichtsdichte D_r von Papieren für den Positivprozeß, so ist es nötig, das primäre Bild auf einem (genügend hochempfindlichen) Papier mittels einer Kamera durch den in der Kassette vorgeschalteten Keil hindurch photographisch aufzunehmen; H. BÄCKSTRÖM (1922)[3] hat dies praktisch durchgeführt. Nur bei neutralgrauer Farbe des primären Bildes kann natürlich das nach dieser Methode bestimmte D_r (photographisch) dem gesuchten D_r (visuell) gleichgesetzt werden.

Die bei der zweiten Operation erhaltene Kontaktkopie (bzw. Kameraaufnahme) soll als sekundäres Bild bezeichnet werden. In ihm sind alle identischen Schwärzungen in homolog zueinander verlaufenden Kurven angeordnet. Diese Kurven werden zweckmäßig als Isoopaken[4] (R. LUTHER [l. c.] sagt „Isopaken") bezeichnet. Daß diese Isoopaken homolog der charakteristischen Kurve sind, läßt sich wie folgt beweisen, wobei wir zur Vereinfachung der Ableitung zunächst annehmen, daß kein kontinuierlicher Keil, sondern ein aus (natürlich neutralgrauen) Lagen bestehendes Stufensystem als Apparatur benutzt wird.

Greifen wir eine bestimmte Isoopake heraus, so hat an allen Stellen dieser Kurve die gleiche Lichtmenge eingewirkt. Die konstante Opazität des darüber liegenden Systemteils sei K. Diese Opazität K setzt sich nun an jeder einzelnen Stelle dieser Isoopake zusammen aus der unbekannten Opazität P der betreffen-

[1] ZS. f. wiss. Phot., Bd. 9, S. 323.

[2] Phot. Korr., 1919, S. 248, und 1920, S. 8.

[3] Nordisk Tids. Foto, Bd. 6, S. 121.

[4] J. M. EDER, Phot. Korr., 1919, S. 248.

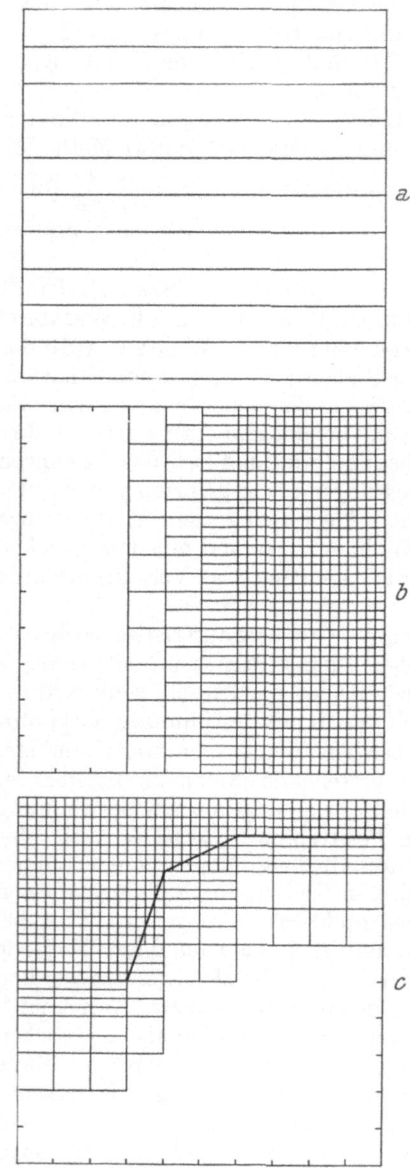

Abb. 26. Schematische Darstellung der LUTHER-WEIGERTschen Methode. Das zu prüfende Material wird unter einem quadratischen Stufensystem (Abb. 26a; die Pfeile zeigen die Richtung an, in der die Zahl der Stufen zunimmt) exponiert und entwickelt. Das so hergestellte primäre Bild wird in der in Abb. 26b dargestellten Lage gleichzeitig mit dem Originalstufensystem, das in der in Abb. 26a dargestellten Lage darübergelegt wird, auf irgend ein Material kopiert. Das durch Superposition der Teilbilder des Stufensystems und des primären Bildes auf diesem Material entstehende sekundäre Bild zeigt durch seine Schattengrenze (Abb. 26c) den Verlauf der charakteristischen Kurve an

den Stelle des primären Bildes und der rechnerisch leicht zu ermittelnden Opazität des Stufensystems an der fraglichen Stelle. Sei m die Absorptionskonstante pro Lage, N die Zahl der Lagen des Stufensystems, so ist die Opazität des Stufensystems $\doteq m^N$. Es muß also sein:

$$K = P \,.\, m^N;\ \text{nun ist } D = \log P,$$
$$\text{daher } D = \log K - N \log m.$$

Um den Wert der Konstante K festzulegen, setzen wir D dort $= 0$, wo eine (der Dichtenachse parallele) Vertikale des Diagramms durch die Schwellenwertzone des primären Bildes und eine (der Expositionsachse parallele) Horizontale des Diagramms durch diejenige Stufe der Skala, die den Schwellenwert erzeugt hat, sich schneiden. Diese Stelle der Skala habe die Nummer N_0; dann ist

$$0 = \log K - N_0 \log m$$
$$\log K = N_0 \log m;$$

die gesuchte Dichte ist also gegeben durch

$$D = (N_0 - N) \log m]$$

oder auch, wenn

$\log m = k$ (Keilkonstante pro Zentimeter),

$N_0 - N = d$ (Abstand der beiden Punkte des Keils in Zentimetern)

eingeführt wird, $D = d\,.\,k$. Der Anfangspunkt der Kurve ($D = 0$) ist im sekundären Bild durch den Knick gekennzeichnet, in dem die zur Ablesung benutzte, die Schattengrenze bildende Isoopake aus einer horizontalen Geraden in eine krumme Linie übergeht. Man kann ihn genau an einer beim primären Bild im Schwellenwert eingekratzten und im sekundären Bild einkopierten Marke ablesen.

Wie man die Schattengrenze möglichst scharf macht, haben für den Fall, daß man Entwicklungsmaterialien für das sekundäre Bild verwendet, GOLDBERG, LUTHER und WEIGERT (l. c.) beschrieben. Weitere Arbeitsvorschriften hat G. I. HIGSON[1] gegeben. Für den Fall, daß zur Anfertigung des sekundären Bildes

[1] Phot. Journ., Bd. 61, S. 93, nach Sc. et Ind. phot., 1921, S. 21.

Auskopierpapier angewendet werden soll, sei auf F. FORMSTECHER[1] verwiesen. Dort ist auch angegeben, wie man das primäre Bild, falls es sich um Bilder auf Papier handelt, transparent macht. Die in dieser Arbeit (ebenso wie vorher von LUTHER und WEIGERT) empfohlene Anwendung einer Papierskala hat sich später als prinzipiell unzulässig erwiesen, da die Isoopaken in diesem Falle gar nicht homolog zueinander verlaufen. Doch wird die Isoopake der maximalen Schwärzung (die Schattengrenze) relativ am wenigsten abgelenkt, so daß die mittels Papierskala gefundenen Werte (wenigstens teilweise) annähernd richtig sind.

Die LUTHER-WEIGERT-Methode verlangt in ihrer ursprünglichen Form ein quadratisches Stück des zu prüfenden Materials, das mindestens 9 × 9 cm Fläche haben soll. Um nun auch Kinofilme (die nur 3,5 cm breit sind) untersuchen zu können, schlägt L. LOBEL[2] vor, den Prüfling mittels eines 10 cm langen Keils mit der Konstante 0,4 (die Länge wird im Sinne der Dichtenzunahme gemessen!) herzustellen. Das sekundäre Bild wird dagegen durch Auflegen eines Keils (3,5 cm lang, 10 cm breit) mit der Konstante 1,0 hergestellt. Man erhält so eine Kurve, in der die Ordinaten (die Dichten) zwar in reduziertem Maßstabe wiedergegeben werden, aber immer noch gut ablesbar sind.

Handelt es sich nicht um die Ermittlung des totalen Verlaufs der charakteristischen Kurve, sondern nur um die Bestimmung des Anstieges im gradlinigen Teil, des Gammas (s. S. 155), so genügt die Anwendung einer der von F. F. RENWICK[3] angegebenen Methoden, bei denen man die Anfertigung eines sekundären Bildes erspart. Die erste Methode beruht darauf, daß man den Keil und seine Kopie wie bei der LUTHER-WEIGERT-Methode gekreuzt übereinander legt und dieses System, während es gedreht wird, durch einen engen Schlitz beobachtet. Sobald dieser Schlitz gleichmäßig hell erscheint, liest man den Drehungswinkel ϑ, den der Schlitz mit der transparenten Kante des Keils bildet, ab. Es ist dann $\gamma = \operatorname{tang} \vartheta$. Genauer ist die zweite Methode, deren Prinzip zuerst A. WATKINS (1911) angegeben hat. Keil und Keilkopie werden im gleichen Sinn wie beim Kopieren, übereinander gelegt. Auf der flacher ansteigenden Skala wird alles bis auf einen schmalen Schlitz, der senkrecht zu den Zonen gleicher Schwärzung verläuft, verdeckt. Dann wird die eine Skala an der anderen vorbeigedreht, bis der Schlitz gleichmäßig grau erscheint. Sei α der Drehungswinkel, gemessen von der Ruhelage aus, so ist, wenn die Keilkopie die flachere Skala darstellt, das gesuchte $\gamma = \cos \alpha$; ist dagegen der Keil die flachere Skala, dann ist: $\gamma = \frac{1}{\cos \alpha}$.

Diese beiden Methoden haben den Vorzug, daß sie überhaupt keine Kenntnis der Keilkonstante voraussetzen. Die dritte Methode beruht auf folgendem Prinzip: Steht ein Satz von Keilen zur Verfügung, bei denen man (zufolge ihrer Herstellung) wenigstens das Verhältnis ihrer Konstanten kennt, so bringt man sukzessive die Keilkopien mit den einzelnen Keilen zur Deckung, bis optischer Ausgleich eintritt. Dann findet man das Gamma nach der Formel

$\gamma =$ (Konstante des zum Ausgleich erforderlichen Keils) dividiert durch (Konstante des beim Kopieren benutzten Keils).

b) GOLDBERGS Detailplatte. E. GOLDBERG[4] hat zuerst (1911) auf die automatische Aufzeichnung der „Detailkurve" hingewiesen und bereits damals darauf aufmerksam gemacht, daß sie bei Aufsichtsbildern (also bei der Sensitometrie der photographischen Papiere und der photomechanischen Verfahren)

[1] Phot. Korr., 1920, S. 191.
[2] Sc. et Ind. phot., 1923, A. S. 120.
[3] Brit. Journ. of Phot., 1912, S. 45 und 62.
[4] ZS. f. wiss. Phot., Bd. 9, S. 313.

das beste Verfahren zur Ermittlung des Zusammenhanges zwischen Beleuchtungsstärke E und Dichte D_r darstellt. Während er anfangs eine mit einer geeigneten Zeichnung versehene rotierende Scheibe (vgl. E. MACH[1] und A. HNATEK[2]) in der Durchsicht mittels einer Kamera photographisch aufnahm oder sie, als Maske im Lichtweg eingeschaltet, direkt kopierte, ging er später zu einem Kopierverfahren über, das auf der Anwendung der (von ihm zuerst für exakte Messungen brauchbar hergestellten) neutralgrauen Keile beruht. Über einem normalen gleichmäßig verlaufenden Graukeil liegt in senkrecht gekreuzter Richtung ein zweiter, eventuell nach einem anderen Modell hergestellter Graukeil, der räumlich voneinander getrennte (in Form von kleinen Quadraten angeordnete) Stellen steigender Schwärzung aufweist. Durch den Einfluß dieses zweiten Keils, des sogenannten „Detailkeils" werden unter jeder Schwärzungsstufe des ersten Keils, der die Abszissen (log E) der Detailkurve liefert, einzelne Stellen länger bzw. kürzer belichtet als die Zwischenräume dieser Stellen. Wir erhalten also zu jeder Abszisse (log E) eine Ordinate, die dunkle Flecke auf hellerem Grund (bzw. hellere Flecken auf dunklem Grunde) zeigt, bis ihr Verlauf allmählich ununterscheidbar wird, d. h. bis sie in das normale Keilbild übergeht. Ihr Endpunkt stellt also das bei dieser Exposition gerade noch unterscheidbare „Minimal-Detail" dar. (Unter Helligkeitsdetail versteht GOLDBERG den Logarithmus des Verhältnisses der beiden Helligkeiten, die vom Auge als Helligkeitsstufe wahrgenommen werden. Näheres s. S. 202). Durch Verbindung aller Punkte, bei denen die Ordinate gerade unsichtbar wird, erhält man die Detailkurve, die unabhängig von jeder Theorie das visuelle Verhalten des Aufsichtsbildes charakterisiert. Die Ordinate dieser Kurve ist eine eindeutige Funktion der Größe $G = \frac{d D}{d \log E}$. In welchem Verhältnis das so gemessene Minimaldetail zu dieser Größe steht, soll später (S. 204) erläutert werden.

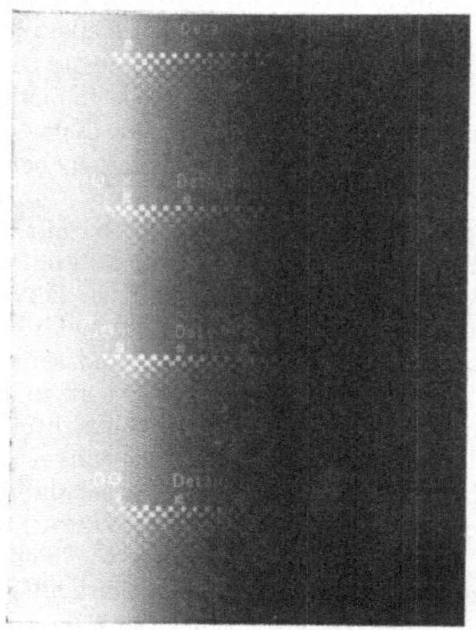

Abb. 27. Kopie der GOLDBERGschen Detailplatte (ZEISS-IKON A. G., Dresden)

Die Konstruktion der Detailplatte hat E. GOLDBERG[3] später vervollkommnet. Die Helligkeitswerte werden auf der Abszissenachse, die Detailwerte auf der Ordinatenachse mit einkopiert. Da entlang einer der beiden Längskanten eine normale Keilkopie entsteht, kann diese Fläche zur Ermittlung der charakteristischen Kurve (mittels des Densographen) benutzt werden. Der gleiche Prüfling liefert also die Detailkurve und die charakteristische Kurve (s. Abb. 27). Vgl. das D. R. G. M. (der Ica) 809422[4], das D. R. P. (der Ica) Nr. 318747 sowie das D. R. P. Nr. 343088.

[1] EDERs Jahrb. f. Phot., 1894, S. 154.
[2] ZS. f. wiss. Phot. Bd. 16, S. 323.
[3] Der Aufbau des phot. Bildes, 2. Aufl., 1925, S. 106.
[4] Ref. Phot. Ind., 1922, S. 461.

II. Die sensitometrische Praxis

A. Die Fertigstellung des Sensitogrammes

Die im Sensitographen erhaltene Kopie, das Sensitogramm, muß, wie jede photographische Kopie, einer Reihe weiterer Operationen unterworfen werden, um das mittels des Densitometers auszuwertende Bild zu liefern. Da bislang nur im Aufnahme- und im Kopierverfahren mit Silbersalzen spezielle für sensitometrische Zwecke ausgearbeitete Standardmethoden bekannt geworden sind, soll auch hier ausschließlich auf das Entwicklungs- und das Auskopierverfahren mit Silbersalzen näher eingegangen werden. Für alle sonstigen photographischen Prozesse, — die nur als Kopierverfahren in Betracht kommen — empfiehlt es sich, die in der Praxis des Photographen herkömmliche Arbeitsweise sinngemäß anzuwenden.

11. Der Entwicklungsprozeß. Während die Temperatur der lichtempfindlichen Schicht während der Exposition keinen nennenswerten Einfluß auf die Empfindlichkeit ausübt (vgl. insbesondere H. Schmidt;[1] genaueres s. S. 175), ist es allgemein bekannt, daß die Empfindlichkeit der Bromsilbergelatine mit steigendem Feuchtigkeitsgehalt erheblich abnimmt. Besonders bei astronomischen Aufnahmen muß wegen der hier erforderlichen langen Expositionsdauer auf strenge Einhaltung eines bestimmten Wassergehaltes der Schicht geachtet werden[2]. Darauf, daß diese Erscheinung auch bei Kinofilmen (sowohl Negativ- als auch Positivmaterial) oft sehr störend auftritt, hat zuerst F. F. Renwick[3] hingewiesen. Wenn er das Prüfungsmaterial vor der Aufnahme 24 Stunden lang in verschiedenen Atmosphären von konstanter Feuchtigkeit, und zwar in solcher von 20, 40 und 80⁰/₀, lagerte, erhielt er deutlich voneinander abweichende Werte für die charakteristischen Konstanten.

Zur Beleuchtung des Sensitographen ist, soweit möglich, diffuses Licht anzuwenden. Die Verwandlung des parallelen Lichts der Lichtquelle in diffuses Licht ist bei Verwendung von „trüben Medien" (insbesondere von Silberkeilen und Silberstufenplatten) als Intensitätsskalen praktisch entbehrlich.[4]

Wegen des Abklingens des latenten Bildes ist es bei präzisen Messungen unbedingt nötig, zwischen Exposition und Entwicklung stets eine Pause gleicher Länge einzuhalten. Darauf haben schon früher Colson[5] und C. E. K. Mees[6], später J. Baillaud[7] aufmerksam gemacht. Letzterer fand unter Umständen einen maximalen Fehler bis zu 10%, der allerdings bei längerer Exposition und langsamer Entwicklung geringer ausfiel.

Darüber, ob man die Emulsionsschicht vor dem Entwickeln erst vollkommen mit Wasser durchtränken soll oder nicht, sind die Meinungen noch immer geteilt.

S. E. Sheppard und C. E. K. Mees[8] empfehlen, das Waschen vor der Entwicklung, das bei der theoretischen Untersuchung von Entwicklungsproblemen

---

[1] Phot. Ind., 1915, S. 332.

[2] Vgl. L. A. Jones und E. Huse, Journ. opt. Soc. Amer., Bd. 7, S. 1079, nach Sc. et Ind. phot., 1924, S. 50; R. J. Wallace, Bull. Soc. Fr. phot., Bd. 14, S. 103, nach E. Schlömann, ZS. f. wiss. Phot., Bd. 17, S. 228 (1918).

[3] Trans. Soc. Mot. Pict. Eng., 1924, S. 69, nach Sc. et Ind. phot., 1924, S. 189.

[4] Vgl. N. B. Strong, Kodak Abstracts, Bd. 11, S. 219, nach Sc. et Ind. phot., 1925, S. 107; Pathé-Cinéma, 6. Int. Kongr. f. Photogr., Paris, nach Phot. Ind., 1925, S. 980, Sc. et Ind. phot., 1925, S. 126.

[5] La plaque photographique, Paris 1897, S. 27.

[6] Photography (London) 1915 nach Sc. et. Ind. phot., 1924, Mém. S. 75.

[7] Bull. astron., Bd. 4, S. 275, nach Sc. et Ind. phot., 1925, S. 16.

[8] Sheppard und Mees, Unters., S. 315.

unerläßlich ist, in der praktischen Sensitometrie zu vermeiden, denn sie erhielten hiedurch bei hochempfindlichen Platten stets vermehrten Entwicklungsschleier.

W. Clark[1] hält dies Waschen zur Erzielung einer gleichmäßig geschwärzten Schicht für unerläßlich; ebenso verfahren D. N. Harrison und G. M. B. Dobson[2], die ein 5 Minuten langes Einweichen der Schicht empfehlen. Die Royal Photographic Society[3] verwirft dagegen noch immer das Waschen und empfiehlt unmittelbares Eintauchen der Schicht in den Entwickler.

Das Entwickeln kann entweder mit horizontal liegender (Schalen-) oder mit vertikal stehender Platte (Standentwicklung) vorgenommen werden. Beide Methoden können auch bei Filmen und Papieren angewandt werden.

a) Schalenentwicklung. Der Entwickler soll die Platte in zirka 1 cm hoher Schicht bedecken. Als Standardtemperatur empfiehlt die Royal Phot. Society (l. c.) 18° C. Zur Konstanthaltung dieser Temperatur benutzt man, wie es schon V. C. Driffield[4] getan hat, Wasserbäder, in denen die Entwicklungsschalen stehen; die Temperatur kann mit einem rechtwinklig umgebogenen Thermometer abgelesen werden. Gewissenhaftes Schaukeln der Schale ist unbedingt nötig. Empfehlenswert ist Durchleitung eines Gasstromes[5]; statt Luft würde man zweckmäßiger Stickstoff wählen. (Da die Platte hierbei durch das heftige Schütteln der Schale teilweise aufgedeckt werden kann, so empfiehlt sich zur Verhütung des Luftschleiers die Anwendung eines Desensibilisators.) Callier (l. c.) weist besonders auf die Vermeidung ungleichmäßiger Entwicklererschöpfung hin — die Sensitogrammfelder sollen daher gleichmäßige Größe haben (Eberhard-Effekt oder Nachbareffekt)[6] und dürfen, damit Lichthofbildung verhindert wird, nicht zu klein sein.[7]

Es ist ohneweiters klar, daß das Hin- und Herbewegen des Entwicklers mit der Hand nicht exakt reproduzierbar ist und keine genügend rasche Erneuerung des erschöpften Entwicklers (insbesondere an den Rändern der Platte) herbeizuführen vermag. Deshalb empfahl zuerst O. Bloch[8], dicht über der Platte, doch ohne Druck, einen mit langhaarigem Samt überzogenen Schieber abwechselnd in zwei zueinander senkrechten Richtungen hin und her zu bewegen. W. Clark[9] griff diese Idee auf und fuhr mit einer breiten Dachshaarbürste über die Plattenoberfläche hin und her. Während der maximale Fehler beim Schaukeln der Schale 5,6% betrug, ging er bei der Bürstenmethode auf 1,2% herunter. Außerdem erhält man in gleicher Zeit stets höhere Dichtenwerte, erreicht also das Endresultat viel schneller und gewinnt auch bei partieller Entwicklung gut reproduzierbare Werte. Deshalb wurde diese Methode von der Royal Phot. Society dem 6. Intern. Kongreß für Photographie in Paris 1925 als Standardmethode vorgeschlagen.[10]

[1] Phot. Journ., Bd. 65, S. 76, nach Sc. et Ind. phot., 1925, S. 59.

[2] Phot. Journ., Bd. 65, S. 89, nach Sc. et Ind. phot., 1925, S. 61.

[3] Phot. Journ., Juni 1925; Phot. Ind., 1925, S. 678.

[4] Phot. Journ., 1903, nach S. E. Sheppard und C. E. K. Mees, Unters., S. 24.

[5] A. Callier, Brit. Journ. of Phot., 1913, S. 953.

[6] G. Eberhard, Eders Jahrb. f. Phot., 1912, S. 467, und Phot. Korr., 1922, S. 15.

[7] Über Lichthöfe s. insbesondere W. Scheffer, Eders Jahrb., 1911, S. 242. Über nähere Einzelheiten vgl. G. Eberhard, Publ. des astrophys. Observ. Potsdam, Nr. 84, Bd. 26, nach Phot. Korr., 1926, S. 207.

[8] Phot. Journ., Bd. 57, S. 51, nach Sc. et Ind. phot., 1926, Mém. S. 13; Phot. Journ., Bd. 61, S. 425, nach Sc. et Ind. phot., 1922, S. 6.

[9] Phot. Journ., Bd. 65, S. 76, nach Sc. et Ind., 1925, S. 59; Brit. Journ. of Phot., 1925, S. 412, Phot. Ind., 1925, S. 785.

[10] Phot. Journ., Bd. 65, 1925, Phot. Ind., 1925, S. 679.

b) Standentwicklung. Diese Methode wurde zuerst bei den klassischen Untersuchungen von S. E. SHEPPARD und C. E. K. MEES benutzt.[1] Sie allein ermöglicht die Anwendung eines Thermostaten, d. h. eines Apparates zur absoluten Konstanthaltung der Temperatur.

Über neuere Thermostatkonstruktionen vgl. K. C. D. HICKMAN.[2] G. F. SMITH und E. E. HOLLISTER,[3] J. BENCOWITZ und H. T. HOTCHKISS,[4] J. R. ROEBUCK.[5]

Die Platten werden vertikal in einen Standentwicklungstrog eingesetzt. T. OTASHIROS Vorschlag,[6] die Platten ruhig im Entwickler stehen zu lassen, ist wegen der Ausbildung von Konvektionsströmungen längs der Schicht nicht durchführbar.[7]

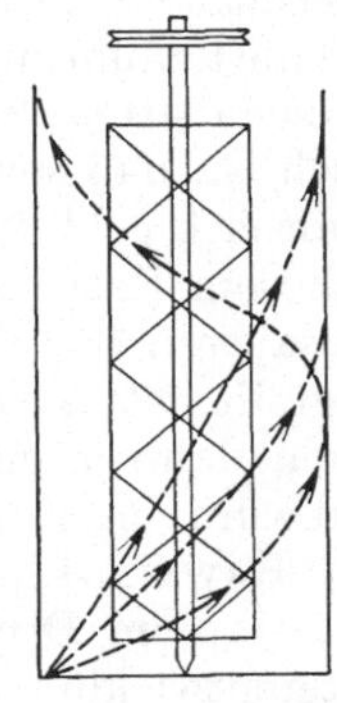

Abb. 28. Schematische Darstellung der Strömungen in der Entwicklungsdose von S. E. SHEPPARD und F. A. ELLIOT. Die Abbildung enthält ausgezogen die Konturen der Dose, des Rührers und der ihn umgebenden Trommel mit dem daraufgewickelten Film. Die Strömungslinien sind gestrichelt. In der Ecke unten links beginnend, entspricht die oberste Linie einer Tourenzahl = 240 pro Minute, die mittlere Linie einer Tourenzahl = 120 pro Minute und die unterste Linie einer Tourenzahl = 360 pro Minute. Der Weg eines Flüssigkeitsteilchens ändert also seine Form derart, daß die Schraubenlinien von einer bestimmten Geschwindigkeit an mit zunehmender Tourenzahl eine geringere Ganghöhe und eine größere Frequenz zeigen

Bei der Anordnung von S. E. SHEPPARD und C. E. K. MEES wurden zwei Platten (Rückseite gegen Rückseite) in einem Rahmen, der um seine vertikale Mittellinie gedreht wurde, in den stillstehenden Entwicklungstrog eingeführt. Hiebei machen sich (praktisch nur bei sehr langen Plattenstreifen störende) Unregelmäßigkeiten in vertikaler Richtung bemerkbar. Die benutzte Rotationsgeschwindigkeit war allerdings sehr gering. Sie betrug nur 30 Umdrehungen in der Minute.

A. H. NIETZ[8] zog es vor, den als Entwicklungsgefäß dienenden Glastrog (samt dem Thermostaten) während der Entwicklung mit der Hand zu schütteln, unter gleichzeitiger Hin- und Herbewegung des Rahmens, in dem die Platten eingesetzt waren.

S. E. SHEPPARD und E. A. ELLIOT[9] wandten die Standentwicklungsmethode auf Filme an (s. Abb. 28). Die Filme werden auf der Oberfläche eines Holzzylinders befestigt, der auf drei Füßen im Innern des (von einem Warmwassermantel umgebenen) zylindrischen Entwicklungstroges steht. Ein zum Filmträger und zum Entwicklungstrog konzentrisch angeordneter Rührer, bestehend aus einer in Form einer Schraubenlinie aufsteigenden dünnen Metallplatte, erlaubt die Flüssigkeit in vertikaler Richtung derart durcheinanderzumischen, daß eine schraubenförmig aufsteigende Strömung entsteht, deren Geschwindigkeit durch die Tourenzahl des Rührers

---

[1] SHEPPARD und MEES, Unters., S. 25.
[2] Journ. chem. Soc., Bd. 123, S. 3416, nach Sc. et Ind. phot., 1924, S. 64.
[3] Ind. and Eng. Chem., Bd. 16, S. 1162, nach Sc. et Ind. phot., 1925, S. 10.
[4] Ind. and Eng. Chem., Bd. 16, S. 1193, nach Sc. et Ind. phot., 1925, S. 10.
[5] Journ. opt. Soc. Amer., Bd. 10, S. 679, nach Sc. et Ind. phot., 1925, S. 155.
[6] Bull. Kiryu Techn. Coll., 1921, nach Sc. et Ind. phot., 1922, S. 41.
[7] Vgl. hiezu E. R. BULLOCK, Commun. Nr. 133 der EASTMAN KODAK Co., Kodak Abrid. Bd. 6, S. 15 (1922).
[8] The Theory of Development, New York 1922, Kap. 1, nach Sc. et Ind. phot., 1923, S. 21.
[9] Commun. Nr. 157, EASTMAN KODAK Co., Kodak Abrid., Bd. 6, S. 185; Sc. et Ind. phot., 1923, S. 58.

willkürlich festgelegt werden kann. So entsprach z. B. einer Tourenzahl von 360 Touren pro Minute eine Strömungsgeschwindigkeit von 4 cm pro Sekunde. Diese Anordnung erlaubt, die bei der maschinellen Entwicklung von Kinofilmen stattfindenden Vorgänge sensitometrisch zu verfolgen.

Wichtiger für die Sensitometrie der normalen Entwicklungsart von Platten ist die von D. N. Harrison und G. M. B. Dobson[1] vorgeschlagene Apparatur. Hiebei werden die Platten in Falzen dicht vor den zwei größeren Seitenflächen des Entwicklungstroges derart eingeschoben, daß sie oben und unten an unpräparierte Glasplatten anstoßen. Zwischen ihnen wird ein stempelartiger Taucher mittels Schlittenführung mit großer Geschwindigkeit auf- und abbewegt. Dadurch werden die Platten in ihrer vertikalen Ausdehnung gleichmäßig entwickelt. Wesentlich ist, daß sowohl die Füllung als auch die Entleerung des Troges sehr schnell vor sich geht, damit alle Horizontalzonen gleich lang entwickelt werden.

Nach dem Entwickeln werden die Platten in der Regel kurz abgespült und in einem saueren Bad fixiert. Da ein solches Bad[2] zweifellos die zarten Halbtöne stark angreift, ist es vorzuziehen, ein saures Unterbrecherbad anzuwenden und die Platten dann in einem zusatzfreien Fixierbad zu fixieren. (Ein alkalisches Fixierbad wurde im Entwicklungsprozeß zuerst von Chapman Jones[3] empfohlen.)

S. O. Rawling[4] hat gefunden, daß ein Abspülen mit kaltem Wasser allein, selbst bei starkem Druck — insbesondere bei unvollständiger Entwicklung — eine Weiterentwicklung nur unvollkommen verhindert. Er empfiehlt daher, entweder ein saures Alaunbad einzuschalten oder direkt in folgendem saurem Fixierbad zu fixieren:

100 g Natriumsulfit, krist.,
75 ccm Eisessig,
100 g Kalialaun, aufgefüllt mit Wasser auf 1 l. Hiezu kommen
8 l 40%ige Natriumthiosulfatlösung.

Er beobachtete (wenigstens bei Dichten $\gg$ 0,7) keine lösende Wirkung des Bades auf das Bildsilber.

Große Sorgfalt muß beim Trocknen der (vollständig ausgewaschenen) Platten angewandt werden.[5] W. Clark[6] empfiehlt, die Negative nach oberflächlichem Trockenwerden horizontal, Schicht nach oben, in unbewegter Luft (also möglichst langsam) bei konstanter Temperatur und Luftfeuchtigkeit vollkommen austrocknen zu lassen. Die Royal Photographic Society[7] empfiehlt dagegen, die Platten in ein 80%iges Alkoholbad einzulegen und dann (also relativ schnell) trocknen zu lassen.

Um vertikal stehende Platten gleichmäßig zu trocknen, verwendet K. C. D. Hickman[8] bei seinem Trockengestell eine Ablaufrinne, die mit in kurzen Abständen angeordneten Löchern von 7 mm Durchmesser durchbohrt ist, durch die über die ganze Rinne hinweg einzelne Dochte (aus entfetteter Baumwolle) eingeführt werden. Dadurch ist rasches und gleichmäßiges Trocknen unter gleichzeitiger raschester Entfernung der im Waschwasser gelösten Salze möglich.

[1] Phot. Journ., Bd. 65, S. 89, nach Sc. et Ind. phot., 1925, S. 61.

[2] Vgl. E. Stenger und R. Kern, Bull. Soc. Fr. Phot. (3), Bd. 4, S. 381, nach Sc. et Ind. phot., 1924, Mém. S. 76.

[3] Eders Jahrb. f. Phot., 1895, S. 9.

[4] Phot. Journ., Bd. 66, S. 187, nach Sc. et Ind. phot., 1926, S. 81.

[5] Über die Änderung der Dichte beim Trocknen vgl. insbesondere K. Schaum und W. Stoess, ZS. f. wiss. Phot., Bd. 23, S. 52.

[6] Phot. Journ., Bd. 65, S. 76, nach Sc. et Ind. phot., 1925, S. 59.

[7] Phot. Journ., Bd. 65, 1925, nach Phot. Ind. 1925, S. 678.

[8] Brit. Journ. of Phot., 1924, S. 732.

c) Standardentwickler. Während für praktische Zwecke am besten der in der Gebrauchsanweisung seitens des Fabrikanten jeweils angegebene Entwickler (in Deutschland in der Regel Metol-Hydrochinon) benutzt wird, ist für wissenschaftliche Arbeiten die Anwendung eines einheitlichen Entwicklers bei allen Untersuchungen unbedingt empfehlenswert. Selbst wenn man die Temperatur des Hervorrufungsbades konstant hält, empfiehlt es sich für Präzisionsmessungen auf alle Fälle als Standardentwickler einen Entwickler mit möglichst geringem Temperaturkoeffizienten zu wählen. Diesem Zweck dient am besten der schon von F. Hurter und V. C. Driffield (1890) benutzte Pyrogallolentwickler, aber in etwas stärkerer Verdünnung als er damals angewandt wurde. Die Royal Photographic Society[1] empfiehlt folgendes Rezept:

6 g Pyrogallol,
11 g Natriumcarbonat (wasserfrei),
15 g Natriumsulfit (wasserfrei).

Das Ganze wird mit Wasser auf einen Liter aufgefüllt.

S. E. Sheppard[2] wendet außer Pyrogallol auch Paramidophenol als entwickelnde Substanz an. Im letzteren Falle lautet das Entwicklerrezept folgendermaßen:

7,7 g Paramidophenolchlorhydrat,
50,0 g Natriumsulfit (wasserfrei),
50,0 g Natriumcarbonat (wasserfrei).

Das Ganze wird mit Wasser auf einen Liter aufgefüllt.

A. und L. Lumière und A. Seyewetz[3] empfehlen das von ihnen in den Handel gebrachte Metochinon, das den besonderen Vorzug besitzen soll, durch Bromkalium bedeutend weniger beeinflußt zu werden als die meist gebrauchten Entwickler, wenigstens soweit die relative Entwicklungsdauer bei verschiedenen Temperaturen in Betracht kommt. Der Einfluß der Temperatur auf die Gradation ist bei diesem Entwickler noch nicht exakt untersucht worden.

Originell ist der Vorschlag von A. Odenkrants[4], die Platte zuerst mit einer Mischung von Entwicklersubstanz und Sulfit zu tränken, um so auch den tiefsten Lagen der Schicht nicht erschöpften Entwickler zuzuführen, und die Platte nach 2 Minuten in ein Sodabad zu bringen, in dem sie unter ständiger Bewegung entwickelt wird. Hierauf gelangt die Platte in ein Eisessigbad und schließlich in ein alaunhaltiges Fixierbad.

Will man den Nachbareffekt vollständig vermeiden, so darf man nur den Eisenoxalatentwickler anwenden.[5]

12. Der Auskopierprozeß. Hierüber liegt nur eine Untersuchung von F. Formstecher[6] vor, aus der hier das wichtigste wiedergegeben sei. Wegen der hohen Feuchtigkeitsempfindlichkeit vieler Auskopierpapiere ist es sehr wesentlich, stets Papier mit gleichem Wassergehalt zu verwenden. Daher dürfen nur solche Papiere benutzt werden, die längere Zeit (falls die Blätter einzeln ausgelegt werden — mindestens 24 Stunden) bei einer relativen Luftfeuchtigkeit von 30 bis 50% aufbewahrt worden sind. Eine erhebliche Änderung im Feuchtigkeitsgehalt der Schicht während des Kopierens findet nicht statt, vorausgesetzt, daß

---

[1] Phot. Journ., Bd. 65, 1925, nach Phot. Ind. 1925, S. 678.

[2] Sc. et Ind. phot., 1926, Mém. S. 19.

[3] 6. Intern. Kongr. Phot., Paris, nach Sc. et Ind. phot., 1925, S. 126.

[4] Nordisk Tids. Foto, 1922, Bd. 6, S. 49, und Phot. Journ., Bd. 65, S. 191, nach Sc. et Ind. phot., 1925, S. 94.

[5] G. Eberhard, Phot. Korr., 1922, S. 15.

[6] Phot. Ind., 1923, S. 612.

man durch Anwendung einer genügend hellen Beleuchtung dafür sorgt, daß der Kopierprozeß keinesfalls die Dauer einer Stunde überschreitet.

Beim Tonen und Fixieren muß der dem jeweiligen Papier entsprechende Arbeitsgang unter streng gleichen Bedingungen eingehalten werden. Da der Tonungsprozeß stets durch die Temperatur wesentlich beeinflußt wird, darf man (wenn man ohne Thermostaten arbeitet) keinesfalls nach Zeit tonen, sondern auf Grund der Beobachtung der Tonungsfarbe, indem man gleichzeitig mit dem zu prüfenden Papier ein als gut bekanntes Vergleichspapier mit verarbeitet. Als Vergleichstonfarbe wird diejenige gewählt, die das schwerer tonende Papier (also im allgemeinen das zu prüfende Papier) nach 15 Minuten annimmt. (Dies Verfahren erlaubt auch eine zahlenmäßige Festlegung der relativen Tonfähigkeit.)

Um die charakteristische Kurve des fertigen Bildes zu erhalten, schließt man sich dem für das jeweilige Papier üblichen Arbeitsgang an und verwendet ein zusatzfreies Fixierbad. Will man dagegen die charakteristische Kurve der unmittelbar erhaltenen Kopie (ohne Rückgang) auswerten, so empfiehlt sich eine direkte Fixierung der Kopie in einem Natriumsulfitbad (91 g wasserfreies Natriumsulfit in 1 l Wasser); in diesem Bad findet nämlich kein Rückgang der Kopie statt.[1] Die densitometrische Auswertung des Sensitogramms wird wesentlich erleichtert, wenn man (durch Anwendung von Edelmetalltonung) für Erreichung eines möglichst neutral schwarzen Tons sorgt. Unfixierte Kopien von stark abweichender Farbe dürfen nicht miteinander verglichen werden. Solche Abzüge dürfen nur zur Ablesung des Schwellenwertes (die, falls es sich um Keilkopien handelt, an und für sich keine große Präzision erlaubt) benutzt werden.

B. Die Auswertung der Resultate

13. Durchsichtsbilder. Wegen der prinzipiellen Unterschiede in der Definition der Schwärzung bei Durchsichts- und bei Aufsichtsbildern (s. S. 119) muß auch die Auswertung der Resultate bei diesen zwei Hauptgruppen von Bildern von abweichenden Gesichtspunkten aus vorgenommen werden. Unberücksichtigt kann dagegen vorläufig der Verwendungszweck des Durchsichtsbildes bleiben; es ist in physikalischer Beziehung natürlich einerlei, ob es sich um ein Negativ- oder um ein Diapositivmaterial handelt.

a) Prüfung ohne Rücksicht auf Farbenempfindlichkeit. Am längsten umstritten und immer noch nicht vereinheitlicht ist die Art der Empfindlichkeitsbezeichnung. Als Maß der absoluten Empfindlichkeit gilt in der Regel die Schwellenwertsexposition, obwohl diese Größe eigentlich nur bei astronomischen Aufnahmen eine entscheidende Rolle spielt, während es bei der Erzeugung von Halbtonbildern — und das ist das Hauptanwendungsgebiet der Photographie — weit mehr auf die Detailwiedergabe in den bildwichtigen tieferen Tonstufen ankommt.

Während die Angabe der Schwellenwertsempfindlichkeit auf Grund der Skalen von L. WARNERKE[2] und CHAPMAN JONES[3] schon längst wieder in Vergessenheit geraten ist, und daher an dieser Stelle nicht beschrieben zu werden braucht, haben sich die von J. M. EDER[4] (1894) eingeführten SCHEINERgrade besonders in Deutschland als in der Industrie allgemein übliche Bezeichnung bis heute erhalten. Dieser Skala liegt das S. 98 beschriebene Sektorenrad zugrunde.

[1] F. FORMSTECHER, ZS. f. wiss. Phot., Bd. 23, S. 419.
[2] Phot. Korr., 1883, S. 257.
[3] Phot. Korr., 1901, S. 430.
[4] Phot. Korr., 1898, S. 469.

Erscheint der Schwellenwert auf dem Prüfling bei 1 m Abstand von SCHEINERS Benzinkerze und bei einer Belichtungszeit von 1 Minute unter dem Sektor von 100° Winkelöffnung (bei dem von EDER l. c. angegebenen Entwicklungsmodus), so besitzt das Material eine Empfindlichkeit von 1° SCHEINER = 1° Sch. Erscheint der Schwellenwert unter den kleineren Sektoren, so beträgt die Empfindlichkeit 2°, 3° bzw. 20° Sch.; nötigenfalls können der Skala noch 3 Grade unter 1° hinzugefügt werden, die EDER als *a*, *b*, *c*, bezeichnet.

Rationeller ist zweifellos die Angabe der Schwellenwertsexposition in Sekundenmeterkerzen (richtiger: Lux-Sekunden) bei Benutzung einer HEFNER-Lampe als Lichtquelle (s. S. 90). Schon R. LUTHER[1] definierte die absolute Empfindlichkeit als den reziproken Wert des in dieser Einheit gemessenen Schwellenwertes. Daß sich diese Empfindlichkeitsdefinition trotz ihrer präzisen Fassung nicht einbürgern konnte, lag hauptsächlich an der mangelhaften Eignung der HEFNER-Lampe (s. S. 90). Die praktischste sensitometrische Lichtquelle, die Metallfadenlampe (s. S. 88), muß wegen ihrer Inkonstanz kurz vor jeder Benutzung auf Grund der HEFNER-Lampe visuell geeicht werden, wenn man überhaupt Angaben in Lux-Sekunden machen will. Das ist den meisten Verbrauchern zu umständlich, sollte aber mindestens in industriellen Laboratorien stets geschehen. Allerdings hat auch dann die Angabe keinen allgemein gültigen Wert, da man in der Regel eine Metallfadenlampe mit Licht von unbekannter spektraler Zusammensetzung anwendet. Aber da in der Praxis ein Fehler von ± 1° Sch. (= ± 27%) wegen der schwankenden Empfindlichkeit verschiedener Emulsionsnummern der gleichen Handelsmarke keine Rolle spielt, so wäre eine derartige seitens der Fabrikanten gemachte Empfindlichkeitsangabe immerhin für den Konsumenten sehr wertvoll. Außer der Angabe der Lux-Sekunden müßte aber auch stets ein Hinweis auf die absolute Größe der Belichtungsdauer mit Rücksicht auf den SCHWARZSCHILD-Exponenten (s. S. 184) gemacht werden, also z. B. „Schwellenwertsexposition = 0,03 Lux-Sekunden (1 Sekunde, elektrisch)"[2]. Eine Umrechnung der Lux-Sekunden in SCHEINER-Grade kann, falls dies notwendig ist, mit Hilfe der von J. M. EDER[3] berechneten Tabelle vorgenommen werden.

Als Intensitätsskala wird jetzt meist ein Graukeil angewandt; benutzt man den EDER-HECHT-Keil (s. S. 113), so kann man auf der einkopierten Skala den Schwellenwert direkt in EDER-HECHT-Graden ablesen. Als EDER-HECHT-Grad bezeichnet man nämlich die Zahl der Skala, bei welcher der Schwellenwert erscheint, wenn man den Prüfling 1 Minute lang im Abstand von 1 m von der HEFNER-Lampe unter einem EDER-HECHT-Keil (Konstante = 0,401) belichtet und nach J. M. EDERS Angaben[4] entwickelt.

Leider herrscht auch keine Einheitlichkeit hinsichtlich der Art der Ablesung des Schwellenwertes. Meist wird er in der Aufsicht bestimmt, indem man die Platte bei schräg einfallender Beleuchtung (unter Vermeidung gespiegelten Lichtes) vor einen dunklen Hintergrund hält oder indem man die Platte mit der Schicht auf weißes Papier oder Porzellan legt; im letzteren Falle erhält man etwas höhere Zahlen für die Empfindlichkeit. Auch in der Durchsicht (vor einem hellen Hintergrund, z. B. gegen den Himmel) kann der Schwellenwert bestimmt werden; der gleiche Silberbelag zeigt eine größere Dichte im auffallenden Licht als im durchfallenden Licht (vgl. S. 123, Anm. 6).

---

[1] Phot. Ind., 1909, S. 180.

[2] F. FORMSTECHER, Phot. Ind., 1926, S. 1146.

[3] Phot. Ind., 1925, S. 704.

[4] Phot. Korr., 1920, S. 2.

Originell ist der Vorschlag von A. J. PRILESCHAJEW,[1] den Schwellenwert mittels einer stereoskopischen Vergleichsvorrichtung abzulesen.

Am meisten empfiehlt sich die von K. TSCHIBISSOF und V. TCHELTSOF[2] vorgeschlagenen Ablesungsart in der Durchsicht: der Prüfling wird auf eine horizontale, von unten mittels Diffusors beleuchtete Platte gelegt; dann wird aus einer bestimmten Entfernung in bestimmter Zeit (4 Sekunden) von zwei Beobachtern nacheinander der Schwellenwert abgelesen und eventuell aus beiden Ablesungen das Mittel gebildet. Die genannten Autoren haben auch den Versuch gemacht, einen gesetzmäßigen Zusammenhang zwischen dem Schwellenwert und der Inertia von HURTER und DRIFFIELD (s. S. 155) herzustellen, weisen aber dabei selbst auf die prinzipielle Unlösbarkeit dieses Problems hin.

Da es auf alle Fälle feststeht, daß der Schwellenwert keinen Schluß auf die praktische Empfindlichkeit gestattet, empfahl schon der Internationale Photographische Kongreß in Paris 1889 die zur Erzielung eines als Standard gewählten Normaltons erforderliche Exposition der Empfindlichkeitsbezeichnung zugrunde zu legen.

J. M. EDER[3] stellte durch Vergleich dieses Normaltons, der durch eine vor einem schwarzen Hintergrund rotierende weiße Scheibe hergestellt wurde, mit einer auf photographischem Wege hergestellten Dichte fest, daß er einer Schwärzung (wohl $D_{\|}$) $= 0{,}35$ entsprach. Auch eine solche Empfindlichkeitsbezeichnung ist natürlich wertlos, wenn man nicht außerdem den Schleier in der unbelichteten Schicht (der stets kleiner als 0,35 sein soll!) mißt. Durch gleichzeitige Angabe des Schleiers und der Exposition für $D = 0{,}35$ erhält man aber, besonders wenn außerdem noch die Schwellenwertsexposition bestimmt wird, wertvollen Aufschluß über das Verhalten des Negativmaterials gegenüber den Schatten des Objektes. Hierauf gründete F. NOVAK[4] seine Empfindlichkeitstabellen. Er setzte die relative Empfindlichkeit $= 1$ für eine Platte, die bei einer 1 Minute dauernden Belichtung in 1 m Abstand von SCHEINERS Benzinkerze (5 Minuten lang mit Metol-Hydrochinon entwickelt) in den Feldern 5^0, 6^0, 7^0 Sch. eine Schwärzung ($D_{\#}$?) $= 0{,}51$ bzw. 0,40 bzw. 0,34 liefert. Dadurch wird gleichzeitig der homologe Verlauf der charakteristischen Kurve im Meßabschnitt kontrolliert.

O. BLOCH[5] empfiehlt, statt des Schwellenwertes eine Dichte, die um 0,2 über dem Schleier liegt und das geringste kopierfähige Detail darstellt, der absoluten Empfindlichkeitsbezeichnung zugrunde zu legen. F. FORMSTECHER[6] definiert den „praktischen Schwellenwert“ durch die Dichte 0,1 (abzüglich des Schleiers).[7] Für die weitere Kennzeichnung der Empfindlichkeit (in dem so wichtigen Unterexpositionsabschnitt) schlägt BLOCH[8] vor, die bei einer Exposition von 0,0125 Sekundenmeterkerzen erreichte Dichte zu messen, deren reziproken Wert er als „Empfindlichkeit ε“ bezeichnet und die bei einigermaßen homologen Kurven als charakteristische Emulsionskonstante betrachtet werden kann.

Die Unzulänglichkeit aller auf der Bestimmung des Schwellenwertes aufgebauten Empfindlichkeitsbezeichnungen wurde schon frühzeitig erkannt. Man ging daher insbesondere in England dazu über, die korrekte Exposition für ein

[1] Brit. Journ. of Phot., 1926, S. 689.
[2] Sc. et Ind. phot., 1927, Mém. S. 62.
[3] J. M. EDER, Ausf. Hdb. d. Phot., Bd. 3, 1902, S. 224.
[4] Phot. Korr., 1910, S. 240, 280, 325.
[5] Trans. Faraday Soc., Bd. 19, S. 327, nach Sc. et Ind. phot., 1924, S. 41.
[6] Phot. Ind., 1927, S. 1354.
[7] Vgl. J. M. EDER, Camera, Bd. 6, S. 30.
[8] Phot. Journ., Bd. 64, S. 183, nach Sc. et Ind. phot. 1924, S. 90.

gutes Negativ als Ausgangspunkt zu wählen. Da aber eine exakte Formulierung des Begriffes „Normalnegativ" prinzipiell unmöglich ist, waren die darauf gegründeten Empfindlichkeitsbezeichnungen („sensibility speed") von A. WATKINS (1890) und G. F. WYNNE (1893) von vornherein verfehlt und selbst zur annähernden Orientierung unzulänglich, wie man besonders daran sieht, daß das Verhältnis der WATKINS- bzw. der WYNNE-Grade zur Schwellenwertsempfindlichkeit in Lux-Sekunden bei jeder Veränderung des Charakters der Negativemulsionen neu festgelegt werden mußte. Eine den in den Jahren um 1910 in England anerkannten Zahlen entsprechende Umrechnungstabelle hat E. J. WALL[1] angegeben.

Ebenso ungeeignet zur Grundlage einer einheitlichen Empfindlichkeitsbezeichnung ist die Aufnahme eines Standardobjekts und Fertigstellung des Bildes unter konstanten Versuchsbedingungen. Diese Methode eignet sich allenfalls zur Betriebskontrolle in einer Fabrik; insofern ein und derselbe geübte Praktiker alle Operationen selbst ausführt, kann er aus den erhaltenen Negativen Anhaltspunkte für die charakteristischen Emulsionskonstanten (Empfindlichkeit, Kontrast und Belichtungsspielraum) ableiten, aber er findet selbst im günstigsten Fall nur Ordnungs- und keine Maßzahlen.

Mehr Beachtung verdient eine von E. STENGER[2] vorgeschlagene Methode, die allerdings auch keine Maßzahlen liefert, aber die densitometrische Auswertung des Prüflings entbehrlich macht und sich durch ihren systematischen Gang vor einer rein empirischen Prüfung auszeichnet. Bei diesem Verfahren wird der Einfluß des Schleiers in der unbelichteten Schicht selbsttätig eliminiert; es ist daher auch bei nur teilweise durchsichtigen Negativmaterialien anwendbar. Der Empfindlichkeitsbezeichnung wird hier die Kopierdichte eines dunklen Halbtons im Negativ (der also den Spitzlichtern des Objektes entspricht) zugrunde gelegt. Der im Sensitographen erhaltene Prüfling jeder einzelnen der miteinander zu vergleichenden Sorten wird einige Male (mit wachsenden Belichtungszeiten) auf Entwicklungspapier kopiert. Aus den so erhaltenen Kopien wird eine solche herausgesucht, welche die tiefste Schwärzung des Entwicklungspapieres (entsprechend dem Schleier des Negatives) gerade an einer Kante der Skala zeigt. Die so ausgewählten sekundären Prüflinge der einzelnen Sorten werden nun derart nebeneinander gelegt, daß die auf der entgegengesetzten Kante der Skala befindlichen relativ hellsten Felder eine Graustufenreihe zunehmender Schwärzung bilden. Die so erhaltene Reihe entspricht vollkommen der Reihenfolge der „praktischen Empfindlichkeit" der untersuchten Materialien.

Zur exakten Vergleichung des sensitometrischen Verhaltens ist nur die vollständige Aufzeichnung der charakteristischen Kurve, die zuerst von F. HURTER und V. C. DRIFFIELD[3] (1890) angegeben wurde, geeignet. Diese Kurve erhält man, indem man die Logarithmen der Exposition als Abszissen, die Dichten als Ordinaten aufträgt. Die Tangente des geradlinigen Teiles dieser Kurve — exakter ausgedrückt die Wendepunktstangente — schneidet die Abszissenachse unter einem bestimmten Winkel, dessen trigonometrische Tangente als Entwicklungsfaktor oder Gamma (γ) bezeichnet wird, in einem bestimmten Punkt. Ist $\gamma = 1$, so wird die Abszisse dieses Punktes $= \log i$ gesetzt, wo i die sogenannte „Inertia", d. h. Unempfindlichkeit, bezeichnet, der die in HURTER und DRIFFIELD-Graden ausgedrückte Empfindlichkeit umgekehrt proportional ist. Besser

[1] EDERS Jahrb. f. Phot., 1910, S. 41.

[2] EDERS Jahrb. f. Phot., 1914, S. 112.

[3] Vgl. die übersichtliche Darstellung von G. E. B., Brit. Journ. of Phot., 1921, S. 335, 354, 372, 386, 401, 415, übersetzt in Sc. et Ind. phot., 1923, Mém. S. 4, 71, 30, 41.

wäre es, der Größe i die Benennung Expositionsfaktor beizulegen. Hurter und Driffield glaubten gefunden zu haben, daß sämtlichen Entwicklungsfaktoren γ derselbe Wert des Expositionsfaktors i gemeinsam ist. Spätere Untersuchungen haben gezeigt, daß das nicht allgemein der Fall ist. Über die Theorie der charakteristischen Kurve s. S. 168. Der unter konstanten Bedingungen erhaltene Wert von i für $\gamma = 1$ ist eine in den meisten Fällen eindeutig feststellbare Größe; die daraus abgeleitete Größe $\frac{34}{i}$ bezeichnet man als den Grad Hurter und Driffield (^0H u. D). Über den Grund der Wahl der Zahl 34 s. W. B. Ferguson.[1]

Soweit die Kurve nur einen Wendepunkt hat, liefert die Methode mit aller Strenge eindeutig reproduzierbare Werte. Eine Schwierigkeit bildet nur die Ermittlung der für $\gamma = 1$ nötigen Entwicklungszeit. Diese Arbeit wird zwar durch eine ganze Anzahl von Formeln, Tabellen und graphischen Methoden, die auf mehr oder weniger gut begründeten theoretischen Unterlagen basieren, erleichtert. Über Näheres vgl. Sheppard und Mees,[2] F. F. Renwick,[3] W. B. Ferguson,[4] W. A. Heydecker[5] (bei den beiden letzten Autoren wird auch die Temperatur des Entwicklers berücksichtigt). Auch W. B. Stokes[6] gibt eine graphische Methode zur Ablesung der zur Erzielung eines bestimmten Gamma bei verschiedenen Temperaturen erforderlichen Entwicklungsdauer. (Vgl. hiezu ferner A. Watkins.[7]) Man zieht es aber in der Praxis zumeist vor, die Kurven für mindestens drei (willkürlich ein für allemal) gewählte Entwicklungszeiten aufzuzeichnen und aus dem Mittel der aus diesen Kurven abgelesenen i-Werte (wo i die Abszisse des Schnittpunktes der jeweiligen Wendepunktstangente mit der Abszissenachse bezeichnet), die Empfindlichkeitsangabe abzuleiten. So verfahren R. Davis und F. E. Walters[8], welche die durch die Formel $\frac{10}{i}$ definierte Größe als „Bureau of Standards Speed" („Empfindlichkeit B. S.") bezeichnen. $\frac{10}{i}$ wurde statt $\frac{1}{i}$ gewählt, um stets, auch bei photomechanischen und Diapositivplatten, ganze Zahlen (ohne Bruchteile) angeben zu können. A. H. Nietz,[9] der damals die Ansicht vertrat, daß die den verschiedenen Entwicklungsgraden entsprechenden Wendepunktstangenten stets einen gemeinsamen Schnittpunkt hätten, bezeichnet die Koordinaten dieses Schnittpunktes mit a und b und leitet daraus die Empfindlichkeit H mittels der Formel $\log H = \log k - a + \frac{b}{\gamma}$ ab, wo k eine Konstante bezeichnet (Näheres s. S. 177). Diese Empfindlichkeitsbezeichnung hat wegen ihres (trotz ihrer Kompliziertheit) nur beschränkten Anwendungsbereiches keine Aussicht auf allgemeine Annahme.

E. Goldberg schlägt folgenden Weg zur Bestimmung des effektiven Schwellenwertes ein. Hat man mit Hilfe von Goldbergs Detailplatte die Detail-

---

[1] Phot. Journ., Bd. 66, S. 514, nach Sc. et Ind. phot., 1927, S. 3, und Brit. Journ. of Phot., 1926, S. 662.

[2] Sheppard und Mees, Unters., S. 324.

[3] Phot. Journ. 1911, S. 213; 1914, S. 165; 1917, S. 60; 1923, S. 331, nach Sc. et Ind. phot., 1923, Mém., S. 73.

[4] Sc. et Ind. phot., 1923, Mém., S. 89 und 104.

[5] Sc. et Ind. phot., 1925, Mém., S. 21.

[6] Brit. Journ. of Phot., 1921, S. 97.

[7] Brit. Journ. of. Phot., 1921, S. 383.

[8] Bureau of Stand. U. S. A. Scient. Paper Nr. 439, S. 13.

[9] Comm. Nr. 100, Eastman Kodak Co., Kodak Abridged, Bd. 4, S. 215; Sc. et Ind. phot., 1923, S. 21, 23, 39, 60, 61.

kurve (s. S. 146) aufgezeichnet, so sucht man die Stelle, wo ein Objektdetail (s. S. 202) von 6% ($Dt = 0{,}0025$) noch gut wiedergegeben wird, und erhält so die die „Empfindlichkeit" charakterisierende Exposition. Dieser Punkt liegt[1] meist bei $D = 0{,}1$ und $\frac{dD}{d \log E} = \text{tang } 7\frac{1}{2}^0$.

Als Normalkurve würde sich am ehesten die γ_∞-Kurve, d. h. die Kurve für Ausentwicklung, eignen; sie ist gleichzeitig diejenige, die dem Maximalwert von γ entspricht, sofern kein merklicher Schleier auftritt. Diese Kurve ist ziemlich leicht rein experimentell, also ohne irgendwelche theoretische Voraussetzungen machen zu müssen, zu erhalten. Man braucht zu diesem Zweck nur eine Kurvenschar mit steigenden Entwicklungszeiten aufzuzeichnen. Man wird dann stets finden, daß von einer bestimmten Entwicklungszeit an die Kurve ihre Form nicht mehr verändert. Die kürzeste Entwicklungszeit (für Zwecke der Praxis genügen 12 bis 16 Minuten) für den von diesem Moment ab konstant bleibenden Entwicklungsfaktor γ_∞ liefert eindeutig die γ_∞-Kurve (inklusive Schleier). Aus dieser Kurve läßt sich, vorausgesetzt, daß sie nur einen einzigen Wendepunkt hat, ein eindeutiger Wert für i entnehmen. Hierbei muß allerdings zugegeben werden, daß, falls das Negativmaterial praktisch nur entsprechend Kurven mit $\gamma < \gamma_\infty$ (z. B. mit $\gamma = 1$) ausgenutzt wird, die an sich exakte Angabe des Werts von i für γ_∞ dem Konsumenten nichts hilft, aber sie stellt wenigstens ein Identitätsmerkmal des zu prüfenden Materials dar. (Vgl. auch K. Foiges Vorschläge zur Standard-Sensitometrie.[2])

Unter den zahlreichen Versuchen zur Beschaffung einer praktisch brauchbaren Empfindlichkeitsbezeichnung verdient eine von F. F. Renwick[3] ausgearbeitete Methode am meisten Beachtung. Er verbindet den Punkt der schwächsten kopierfähigen Dichte (z. B. $D = 0{,}1$) mit dem Punkt der Kurve, der einer 32- oder 64fach größeren Exposition entspricht (also $\triangle \log E = 1{,}5$ bis 1,8) und bezeichnet die trigonometrische Tangente des Winkels, in welchem diese Gerade die Abszissenachse schneidet, als „Gamma". (Dieser Wert entspricht etwa dem φ von L. A. Jones., s. S. 162.) Der Wert dieser Größe soll z. B. bei Porträts zirka 0,7, bei Landschaften zirka 1,0 betragen. Man ermittelt nun durch Probieren, welche Entwicklungszeit nötig ist, um diesen ‚γ' Wert zu erreichen. Die mit dieser Entwicklungszeit erhaltene Kurve erlaubt dann, für das zu prüfende Material den Zusammenhang zwischen Exposition und Dichte im Normalnegativ zu ermitteln.

Weitere Vorschläge haben T. Thorne Baker,[4] F. W. T. Krohn, W. Clark, H. W. Greenwood und K. C. D. Hickman[5] gemacht.

Da bei den modernen Porträtemulsionen die Unterexpositionskurve die wichtigste Rolle spielt, die Hurter und Driffieldsche Darstellung mit log E als Abszisse aber bei sehr kleinen Expositionen ($\log 0 = -\infty$!) ein verzerrtes und schwer lesbares Bild liefert, empfiehlt es sich hier, E und D als Koordinaten zu wählen. Zur vollständigen Charakterisierung eines Negativmaterials gehören also

1. mindestens drei ($\log E, D$) Kurven des ganzen Bereichs, etwa für ‚γ' $= 0{,}7$, ‚γ' $= 1{,}0$, ‚γ' $= 1{,}2$ (‚γ' im Sinne Renwicks);
2. die drei entsprechenden (E, D) Kurven des Unterexpositionsabschnittes;

[1] E. Goldberg, Der Aufbau des photographischen Bildes, 2. Aufl., Halle 1925, S. 85.
[2] Atel. d. Phot., 1927, S. 16.
[3] Phot. Journ. Bd. 65, S. 188, nach Sc. et Ind. phot., 1925, S. 78.
[4] Phot. Journ., Bd. 65, S. 181, nach Sc. et Ind. phot., 1925, S. 77.
[5] Phot. Journ., Bd. 65, S. 189, nach Sc. et Ind. phot., 1925, S. 79.

3. die (log E, D) Kurven des ganzen Bereichs für maximale Entwicklung.

Für die meisten praktischen Zwecke genügt es, die sub 1 erwähnten drei Kurven für 3, 6 und 12 Minuten Entwicklungszeit aufzuzeichnen. Da die 12-Minuten-Kurve sich mit der γ_∞-Kurve fast vollständig deckt, erübrigt sich die besondere Herstellung des für die sub 3 erwähnte Kurve erforderlichen Prüflings.

b) Prüfung farbenempfindlicher Negativmaterialien. Die Gesamtempfindlichkeit muß entsprechend dem Verwendungszweck, also bei orthochromatischen Platten in bezug auf Tageslicht (natürliches oder künstliches, s. S. 83), bei Reproduktionsplatten (für Dreifarbendruck) in bezug auf die jeweils angewendete Lichtquelle bestimmt werden.

Um sich bei Benutzung des natürlichen Tageslichtes von dessen Intensitätsschwankungen unabhängig zu machen, belichtet man nach J. M. EDER[1] das zu prüfende Material gleichzeitig mit einer gewöhnlichen (schleierlosen) Trockenplatte, deren Empfindlichkeitszahl man nach einer der in Abschnitt a) angegebenen Methoden in absolutem Maß bestimmt hat. Das Resultat wird nach EDER unter Zugrundelegung des Schwellenwertes in folgender Weise formuliert: „Die orthochromatische Platte braucht bei Tageslicht dieselbe Expositionszeit wie eine gewöhnliche Platte von x⁰ SCHEINER." Hiebei werden allerdings wegen Anwendung verschieden großer Expositionszeiten (bei Wiederholung der Bestimmung bei abweichender Beleuchtungsstärke) nicht streng reproduzierbare Werte erhalten, falls der SCHWARZSCHILD-Exponent des Materials beträchtlich von 1 abweicht.

Die genaue Messung der Farbenempfindlichkeit in bezug auf die einzelnen Wellenlängen ist naturgemäß nur mittels der auf S. 114 beschriebenen Spektrosensitographen möglich. Doch lohnt sich diese äußerst umständliche und mit meist nur schwer zugänglichen Apparaten ausführbare Prüfungsart nur bei theoretischen Untersuchungen (s. S. 193), allenfalls auch zwecks Identifizierung einer bestimmten Sorte eines Negativmaterials.

Praktische Schlußfolgerungen lassen sich, selbst wenn man den funktionellen Zusammenhang zwischen Wellenlänge, Beleuchtungsstärke und Schwärzung exakt festgestellt hat, nur in beschränktem Maße ableiten. Jeder Beleuchtungsstärke entspricht nämlich eine andere relative Farbenempfindlichkeit. Dies ist eine Folge des zuerst von A. MIETHE[2] beobachteten und von J. M. EDER (l. c.) bestätigten „photographischen PURKINJE-Effekts". Infolgedessen bietet dem Praktiker ein exakt hergestelltes und ausgewertetes Spektrosensitogramm keinen besseren Aufschluß über die Art und Ausbreitung der Sensibilisierung, als die visuelle Beurteilung der den einzelnen Wellenlängen entsprechenden Schwärzungen eines bei passend gewählter Exposition hergestellten Spektrogramms. (W. DE W. ABNEY.[3])

Der Praktiker, dem kein Spektrograph zur Verfügung steht, kann zur Bestimmung der relativen Farbenempfindlichkeit mit einer für ihn vollkommen ausreichenden Genauigkeit Lichtfilter benutzen. Weniger empfehlenswert, wenn auch wegen ihrer Handlichkeit sehr beliebt, sind Farbentafeln. Nur bei genauen Messungen ist der Einfluß der jeweiligen Farbe des Tageslichts zu berücksichtigen.[4]

α) Farbenfilter. Flüssigkeitsfilter sind zwar sehr exakt reproduzierbar, aber

---

[1] Phot. Korr., 1903, S. 426.

[2] Aktinometrie astronomisch-photographischer Fixsternaufnahmen, Rostock 1890, S. 53, nach J. M. EDER, Ausf. Hdb. d. Phot., Bd. 1, 3, 1912, S. 80.

[3] Phot. Journ., 1882, Mai, nach SHEPPARD und MEES, Unters., S. 339.

[4] Vgl. J. RHEDEN, Phot. Rundschau, 1926, S. 489.

ziemlich umständlich zu handhaben. Es sei hier vor allem auf die grundlegenden Untersuchungen von J. M. EDER[1] hingewiesen, die S. E. SHEPPARD und C. E. K. MEES[2] und A. CALLIER[3] fortgesetzt haben.

Für rasch auszuführende Untersuchungen kommen nur feste Lichtfilter (Trockenfilter) in Betracht. W. DE W. ABNEY empfahl (seit 1894)[4] zu diesem Zweck ein System von gefärbten Gläsern, die durch Zusammenkitten mit passenden Graufiltern auf gleiche Helligkeit (visuell gemessen) gebracht wurden. Statt gefärbter Gläser wendet man wegen ihrer leichteren Reproduzierbarkeit besser mit farbstoffhaltiger Gelatine überzogene Glasplatten an. Nach diesem Prinzip hat CHAPMAN JONES[5] seinen Plate Tester (Plattenprüfer) hergestellt, und auch der EDER-HECHT-Graukeil[6] enthält ein derartiges System von Farbenfiltern. (Vgl. auch das D. R. G. M. 155306 vom 18. Jan. 1921.) Besondere Verdienste um die Herstellung spektroskopisch möglichst genau definierter Lichtfilter hat sich A. HÜBL[7] erworben. Ihm verdanken wir die einfachste Methode zur Prüfung orthochromatischer Platten, die auf ihrer Schwellenwertsempfindlichkeit in bezug auf die einzelnen Farben begründet ist.[8] Sie sei hier im Auszug wiedergegeben. Da das Tageslicht fast ausschließlich aus roten, blauen und grünen Strahlen besteht, so genügt eine Prüfung bezüglich dieser drei Farben. Als „relative Farbenempfindlichkeit" (richtiger wäre „relative Schwellenwertexposition für die betreffende Farbe in bezug auf Blau") wird die Zahl bezeichnet, die angibt, in welchem Verhältnis man die Intensität der roten und grünen Strahlen steigern muß, um unter einem Graukeil die gleiche Wirkung, wie mit den blauen Strahlen zu erreichen. Bei der Berechnung der „relativen Farbenempfindlichkeit" ist natürlich die Transparenz des Lichtfilters zu berücksichtigen, was die Einführung eines Farbenfaktors bedingt, der seinerseits visuell bestimmt werden muß. Bezeichnet man mit:

v_r die relative Rotempfindlichkeit in bezug auf Blau,

v_g die relative Grünempfindlichkeit in bezug auf Blau,

so ist (bei einer panchromatischen Platte) die relative Gelbempfindlichkeit

$$v = \frac{v_r \, . \, v_g}{v_r + v_g}$$

Man kann auch die „Gelbempfindlichkeit" durch simultane Belichtung unter einem Gelb- und einem Weißfilter bestimmen; man erhält auf diese Art ungefähr den gleichen Wert wie nach obiger Formel.

Den Versuch, ein vollständiges Spektrogramm mittels monochromatischer Lichtfilter zu erhalten, hat P. V. NEUGEBAUER[9] unternommen. Er nimmt besonders darauf Rücksicht, den Fehler zu eliminieren, der durch die verschiedene Empfindlichkeit der miteinander zu vergleichenden Materialien in bezug auf die willkürlich gewählte Normalfarbe (z. B. „Tiefgrün" 520 $\mu\mu$, die bei seinem System die photographisch hellste Farbe war) entsteht.

[1] Phot. Korr., 1898, S. 476; 1899, S. 535, 648. 713; 1903, S. 426; EDERS Jahrb. f. Phot., 1901, S. 215.

[2] SHEPPARD und MEES, Unters., S. 349.

[3] EDERS Jahrb. f. Phot., 1908, S. 84.

[4] Instruction in Photography, London 1900, S. 334.

[5] Phot. Korr., 1901, S. 430.

[6] Phot. Korr., 1919, S. 244; 1920, S. 304; Phot. Ind. 1926, S. 967; 1927, S. 915.

[7] A. HÜBL, Die Lichtfilter, 3. Aufl., Halle 1927.

[8] Phot. Korr., 1918, S. 40; Phot. Rund., 1925, S. 198; Phot. Chronik, 1926, S. 370.

[9] Phot. Rundschau, 1923, S. 12.

Er berechnet

$$E = \frac{\text{Photometerzahl in der untersuchten Farbe}}{\text{Photometerzahl in der Normalfarbe}} \times \text{Farbenfaktor}$$

ferner

$$f = \frac{\text{Photometerzahl in der Normalfarbe}}{\text{Photometerzahl in der Normalfarbe bei } A},$$

wo „Photometerzahl" die dem Schwellenwert entsprechende relative Empfindlichkeit (Neugebauer benutzt einen Eder-Hecht-Keil, $k = 0{,}41$) und A die Platte bezeichnet, die unter der Normalfarbe die kleinste Photometerzahl ergibt. Er trägt den Wert $E \times f$ als Ordinate gegen λ als Abszisse auf; aus der so erhaltenen Kurve ergibt sich ein vollständiges Bild der relativen Farbenempfindlichkeiten für jede bestimmte Wellenlänge, aus denen sich allerdings nicht oder nur schwierig Schlüsse auf die wirkliche, d. h. praktisch in Frage kommende „Farbenempfindlichkeit" ziehen lassen.[1]

β) Farbentafeln. Im reflektierten Licht aufgenommene farbige Flächen kommen weniger zur Prüfung von Negativmaterialien für direkte Aufnahmen, als von solchen für die Reproduktionstechnik in Frage,[2] also zur Untersuchung des Wiedergabevermögens in bezug auf Körperfarben. Eine einfache Totalaufnahme farbiger Flächen ermöglicht nur einen ungefähren Überblick; man nimmt daher diese Flächen am besten sensitographisch auf.

Über die (seit 1892) jahrzehntelang fortgesetzten Versuche W. de W. Abneys mit rotierenden Farbscheiben vgl. W. de W. Abney[3] und J. M. Eder.[4]

Für den praktischen Photographen kommen natürlich nur Farbentafeln in Betracht, wie sie zuerst H. W. Vogel[5] (1890) angegeben hat. Die Farbentafel wurde verbessert von A. Miethe[6] und J. M. Eder.[7] Erwähnt sei auch die von der I. G. Farbenindustrie, Agfa herausgegebene Tafel.

Besonders bewährt hat sich A. Hübls zweite Farbentafel (die erste hat er schon 1892 angegeben), die Hübl hauptsächlich zur Überprüfung seiner Lichtfilter empfiehlt,[8] die aber auch zwecks praktischer Prüfung farbenempfindlicher Materialien mit Erfolg angewandt werden kann. Sie enthält symmetrisch im Farbenkreis liegende Farbstoffe von gleicher Sättigung und Reinheit. Das rote, grüne und blaue Feld reflektieren gleiche Mengen gleich reiner Strahlen und ihre Farben entsprechen den drei Bestandteilen des weißen Lichtes. Das zum Blau komplementäre Gelb repräsentiert die additive Vereinigung gleicher Mengen dieser roten und grünen Strahlen und das Grau den allen vier Farben fast gleichen Schwarzgehalt. Die Prüfung mittels dieser Farbentafel beruht darauf, daß die im fertigen Dreifarbendruck erzielten Farbflächen bei gleichem Farbton dasselbe Helligkeitsverhältnis zeigen müssen, wie die entsprechenden Felder der Farbentafel.

Kurz hingewiesen sei noch auf K. Foiges „Zielfahne",[9] bei der man durch Aufnahme einer geeigneten Farbentafel an einem gleichmäßigen Grauton des

---

[1] Vgl. A. Hübl, Phot. Chron., 1926, S. 437.

[2] Vgl. insbesondere A. Hübl, Die Dreifarbenphotographie, 3. Aufl., Halle 1912, S. 82ff.

[3] Instruction in Photography, London 1900, S. 337.

[4] Eders Jahrb. f. Phot., 1901, S. 217.

[5] Vogels Hdb. d. Phot., Bd. 2, 1894, S. 254.

[6] Eders Jahrb. f. Phot., 1902, S. 532.

[7] J. M. Eder, Ausf. Hdb. d. Phot., Bd. 3, 1903, S. 667.

[8] A. Hübl, Die Dreifarbenphotographie, Halle 1912, S. 143.

[9] Phot. Chron., 1926, S. 155 und Phot. Rundsch., 1926, S. 309.

Bildes sofort erkennen kann, ob das angewandte Material isochromatisch ist oder nicht.

Zum Schluß dieses Abschnittes sei auf das vorhandene statistische Material hingewiesen, wenn auch der Wert der von den einzelnen Autoren angegebenen Zahlen mangels einer einheitlichen Prüfungsmethode nur problematisch ist. Es seien erwähnt: Betreffend Bromsilber- und Chlorsilbergelatineschichten M. WOLF,[1] A. CALLIER,[2] F. NOVAK,[3] A. MIETHE und E. STENGER,[4] F. W. FRERK.[5] S. v. JASIENSKI,[6] P. V. NEUGEBAUER,[7] C. EMMERMANN,[8] A. HÜBL;[9] betreffend Jodsilbergelatineschichten H. FRIESER.[10]

Besondere Beachtung verdient eine von R. DAVIS und F. E. WALTERS[11] aufgestellte Statistik sämtlicher 1921 in den Vereinigten Staaten hergestellter Platten und Filme (ohne Angabe der Handelsmarken). Für jedes Fabrikat wurde eine Karte angelegt, die das Spektrosensitogramm, drei Diagramme (s. unten) und verschiedene Zahlenangaben enthält. Die drei Diagramme entsprechen folgenden Kurven:

1. Ein Diagramm mit log E als Abszisse, D als Ordinate: es enthält drei charakteristische Kurven entsprechend den Entwicklungszeiten von 3, 6 und 12 Minuten. Entwickelt wurde mit einem (jeweils angegebenen) Pyro-Entwickler bei 20° C (bei einer Umdrehungszahl des Rührers von 40 Touren pro Minute). Jede Kurve stellt den graphisch bestimmten Mittelwert der Messungen von drei Prüflingen dar. Die neun (im Verhältnis 1 : 2 ansteigenden) Belichtungszeiten der Skalenfelder umfassen im allgemeinen das Intervall von $^1/_{32}$ bis 8 Sekunden. Die Beleuchtungsstärke beträgt 1 (engl.) Meterkerze; E ist in (engl.) Metersekundenkerzen (C. M. S.) angegeben.

2. In diesem Diagramm sind die aus dem Diagramm 1 entnommenen Werte von Gamma als Ordinate gegen die Entwicklungszeit als Abszisse aufgetragen. Man kann also die zur Erzielung eines gewünschten Kontrastes erforderliche Entwicklungsdauer unmittelbar ablesen.

3. In diesem Diagramm sind die Werte des Entwicklungsschleiers (in der unbelichteten Schicht) als Ordinaten gegen den der zugehörigen Entwicklungszeit entsprechenden (aus Diagramm 2 entnommenen) Wert von Gamma als Abszisse aufgetragen. Diese Kurve erlaubt zu beurteilen, welchen Kontrast man, ohne störenden Schleier zu erhalten, gerade noch ausnutzen kann.

In Zahlen sind auf der Karte angegeben:

1. Die „Empfindlichkeit B. S.“ (s. S. 156);
2. die „Skala“, d. h. die Abszissenlänge des geradlinigen Teils der Kurve;
3. die Verlängerungsfaktoren für eine Anzahl im Handel erhältlicher Trockenfiltern.
4. Das Auflösungsvermögen. Darunter wird hier der kleinste deutlich wiedergegebene Abstand zweier Linien auf einem teilweise aus parallelen und teilweise aus gekreuzten Linien zusammengesetzten Testobjekt, gemessen von Mittelachse

---

[1] EDERS Jahrb. f. Phot., 1894, S. 298.
[2] EDERS Jahrb. f. Phot., 1908, S. 85.
[3] Phot. Korr., 1910, S. 240, 280, 325.
[4] Atel. d. Phot., 1914, S. 26.
[5] Phot. Ind., 1921, S. 24.
[6] Camera, Bd. 1, S. 77, 104.
[7] Photowoche, Bd. 16, S. 236, 573.
[8] Phot. Rundsch., 1926, Kinotechn. Rundsch., S. 13.
[9] Phot. Chron., 1926, S. 437.
[10] Phot. Ind., 1927, S. 520.
[11] Bur. of Stand., U. S. A., Scient. Pap. Nr. 439.

zu Mittelachse der Linien mit einem 100- bis 300fach vergrößernden Mikroskop, verstanden. (Die Angabe dieser Größe ist von zweifelhaftem Wert, da die Meßmethode noch nicht hinreichend vervollkommnet ist, um genügend genau reproduzierbare Zahlen zu liefern.)

K. KIESER[1] empfiehlt eine Systematik der Negativmaterialien unter Zugrundelegung ihres Gammas bei Ausentwicklung. Die nachstehend angegebenen γ_∞-Werte sind auf Grund der in seiner Arbeit mitgeteilten Messungen berechnet; flau: $< 1{,}2$, normal 1,2, kräftig 1,7, sehr kräftig 2,7, Reproduktion (photomechanisch) 4,0.

15. Aufsichtsbilder. a) Der Entwicklungsprozeß. Noch weniger vereinheitlicht als die Sensitometrie der Negativmaterialien ist die der für den Positivprozeß bestimmten Entwicklungspapiere. Ursprünglich begnügte man sich mit der Bestimmung der relativen Schwellenwertsempfindlichkeit des zu prüfenden Papiers, bezogen auf ein bekanntes Papier. Als man die praktische Wertlosigkeit dieser Angabe erkannte, suchte man, mit meist ungeeigneten Hilfsmitteln (z. B. dem Papierskalen-Sensitographen), die Gradation zu bestimmen; dabei überzeugte man sich aber, daß einige Probebelichtungen hinter einem entsprechenden Negativ viel sicherer das zu ermitteln gestatteten, was man zu wissen wünschte.

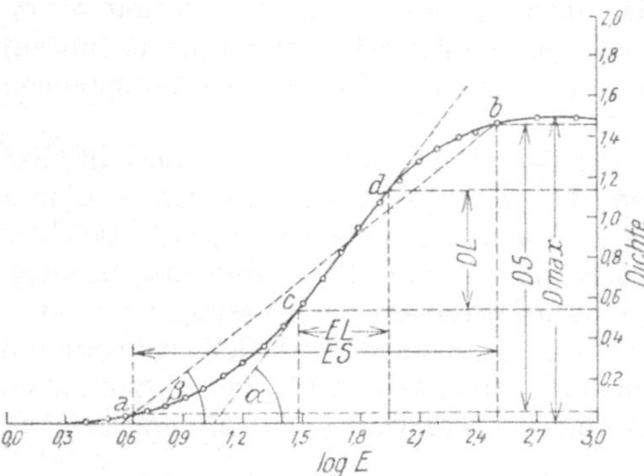

Abb. 29. Die sensitometrischen Konstanten nach L. A. JONES. $DS = D_b - D_a$ Nutzbarer Dichteumfang, $DL = D_d - D_c$ Dichte„spielraum“, $ES = \log E_b - \log E_a$ Nutzbarer Expositionsumfang (Kopierumfang), $EL = \log E_d - \log E_c$ Expositions„spielraum“, D_{max} maximale Dichte, $\gamma = \tan \alpha$ Gamma, maximaler Gradient, $\varphi = \tan \beta$ (Phi), mittlerer Gradient

Deshalb schlug auch B. T. J. GLOVER[2] neuerdings wieder vor, der Fabrikant solle von jeder Sorte der von ihm gelieferten Entwicklungspapiere je eine Kopie nach ein und demselben Standardnegativ herstellen und diese Kopien ihrem Bildcharakter nach in einer Reihe anordnen. Vorausgesetzt, daß es sich um Kopien von gleichem Kopiergrad (also annähernd gleicher Schwärzung in den tiefsten Schatten) handelt, kann das Auge dann ohneweiters erkennen, welches Papier die jeweils gewünschte „Härte“ oder „Weichheit“ hat. Um reproduzierbare Resultate zu erhalten, müssen die Bilder natürlich alle derart belichtet sein, daß sie bei Ausentwicklung unter der hellsten Stelle des Negativs die tiefste Schwärzung des Kopierpapieres zeigen.

Mag eine solch rohe Prüfungsmethode für die Verbraucher genügen, so sollte wenigstens der Hersteller sich genauerer Messungen bedienen, um den Kopiercharakter der einzelnen Papiere festzulegen. K. KIESER[3] war der erste, der eine exakte Methode zur Prüfung der Entwicklungspapiere vorgeschlagen hat. Er lehnte sich an EDERS System an, d. h. er benutzte die Intermittenzskala des SCHEINERschen Sektorenrades, bediente sich aber (unter Anlehnung an die Praxis) als Lichtquelle einer OSRAMlampe und gab Normen für die Auswertung des Prüf-

[1] Phot. Ind., 1920, S. 424.

[2] Brit. Journ. of Phot., 1922, S. 158; vgl. ferner R. RENGER-PATZSCH, Phot. Ind., 1920, S. 564 und 583, sowie E. LÖNING, Phot. Ind., 1922, S. 995.

[3] EDERS Jahrb. f. Phot., 1908, S. 21, 1913; S. 105; Phot. Ind., 1920, S. 424.

lings. Schwellenwert und tiefste Schwärzung lassen sich auf der erhaltenen Stufenskala viel genauer mit dem Auge direkt als mit dem Schwärzungsmesser ablesen. [Bei kontinuierlich verlaufenden Skalen, z. B. den modernen Graukeilen, ist es zwecks unmittelbarer Ablesung unbedingt nötig, Details einzukopieren, und zwar erkennt man den Schwellenwert am leichtesten bei hellen Linien auf dunklerem Grunde (z. B. bei Anwendung der Eder - Hecht - Zwischenlage), den Eintritt der tiefsten Schwärzung dagegen besser bei dunklen Linien auf hellerem Grunde!]

Kieser konstruierte auch die charakteristischen Kurven der untersuchten Papiere mit log E als Abszisse und D (in der Aufsicht gemessen) als Ordinate. Auf Grund seiner Angaben lassen sich die Entwicklungspapiere des Handels nach Maßgabe ihres γ_∞ folgendermaßen charakterisieren: weich $< 1,2$; normal 1,2; kräftig 1,7; hart 2,7; sehr hart 4,0; extrahart 6,0.

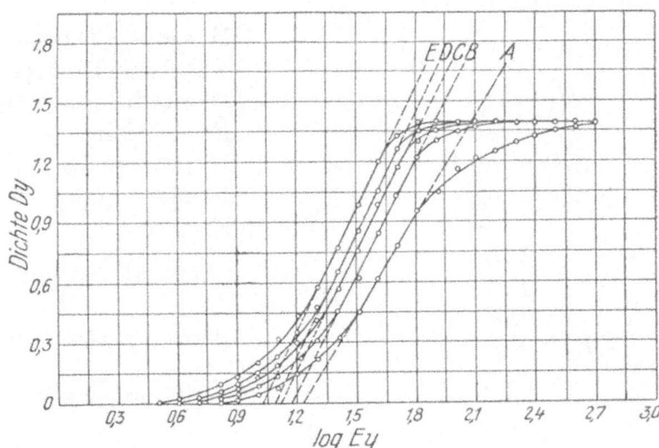

Abb. 30. Kurvenschar eines Entwicklungspapiers nach L. A. Jones (Azo E).
Ey Exposition Dy Dichte
Die Kurven .... A B C D E
entsprechen Entwicklungszeiten von 0,5 0,75 1,0 2,0 3,0
Minuten. Die Kurven C, D, E entsprechen identischen Bildern.

Die systematische Sensitometrie der Entwicklungspapiere wurde von L. A. Jones, P. G. Nutting und C. E. K. Mees[1] seit 1914 am ausführlichsten behandelt.

L. A. Jones trägt in das gleiche Koordinatennetz

1. die charakteristische Kurve (log E, D),
2. die auf Grund dieser Kurve ermittelten Ableitungskurven

$$\left(\log E,\ \mathfrak{S};\ \text{wo}\ \mathfrak{S} = \frac{dD}{d\log E}\right)$$

ein. Aus dem Punkt m im aufsteigenden Ast der Ableitungskurve, der die Ordinate $\mathfrak{S} = 0,2$ hat, wird der entsprechende Punkt a der charakteristischen Kurve als deren unterer Grenz-

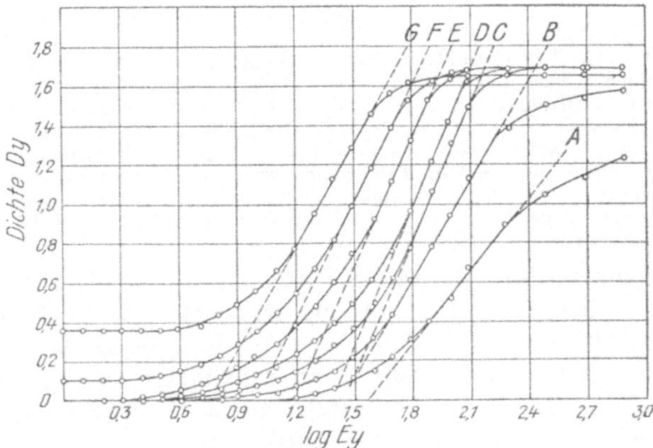

Abb. 31. Kurvenschar eines Entwicklungspapiers nach L. A. Jones (Veloxpapier)
Ey Exposition, Dy Dichte
Die Kurven .... A B C D E F G
entsprechen Entwicklungszeiten von 0,25 0,5 0,75 1 2 6 12
Minuten. Die Kurven C, D, E entsprechen identischen Bildern. Die Kurven F und G zeigen so starken Schleier, daß diese Entwicklungszeiten für bildmäßige Zwecke unbrauchbar sind

[2] Comm. Nr. 21, Eastman Kodak Co., Sc. et Ind. phot., 1923, Mém. S. 36, und Comm. Nr. 264, Eastman Kodak Co., Kodak Abrid., Bd. 10, S. 81, auch Sc. et Ind. phot., 1927, S. 7.

wert ermittelt. Aus dem durch $\mathfrak{G} = 0{,}2$ charakterisierten Punkt n im absteigenden Ast der Ableitungskurve wird analog der Punkt b als oberer Grenzwert der charakteristischen Kurve ermittelt. Die Endpunkte des geradlinigen Teils der charakteristischen Kurve werden mit c und d bezeichnet. JONES benutzt folgende Definitionen:

$D_{\max}$	Maximale Dichte (im günstigsten Fall $= 2$);
$DS = D_b - D_a$	NutzbarerDichtenumfang;
$DL = D_d - D_c$	Dichtedifferenz für die Periode der korrekten Exposition;
$ES = \log E_b - \log E_a$	Nutzbarer Kopierumfang.
$EL = \log E_d - \log E_c$	Kopierumfang für die Periode der korrekten Exposition.
$\gamma = \frac{DL}{EL}$	Gradient des geradlinigen Teils (= Gamma).
$\varphi = \frac{DS}{DL}$	Mittlerer Gradient (= Phi).
$E_S = 100\,E_a$	Normale Exposition.

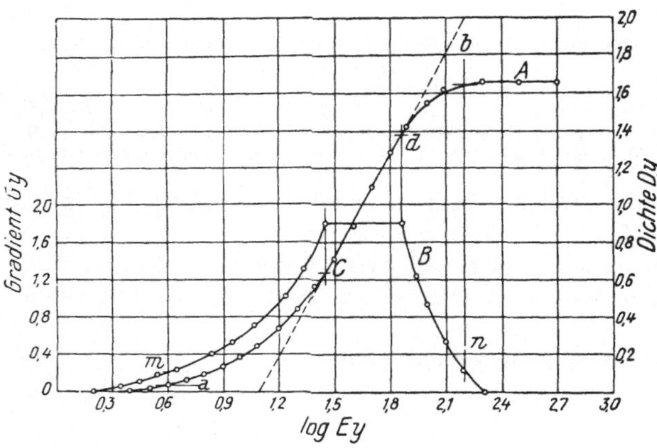

Abb. 32. Die charakteristische Kurve A und ihre Ableitungskurve B nach L. A. JONES. Als Abszissenskala ist aufgetragen der Logarithmus der Exposition: $\log E_y$. Die rechte Ordinatenskala gehört zur Kurve A und gibt die Dichte D_y an. Die linke Ordinatenskala gehört zur Kurve B und gibt den Gradienten $\mathfrak{G}_y$ an. c und d sind die Endpunkte des geradlinigen Stücks der Kurve A. Die Punkte a und b der Kurve A, bzw. die Punkte m und n der Kurve B entsprechen dem Grenzgradienten 0,2

Die Werte von E_a staffeln sich von 0,5 C. M. S. (Metersekundenkerzen) [bei Bromsilber rapid] bis 1500 C. M. S. [bei Gaslicht hart]. D_a ist praktisch konstant (= 0,04), desgleichen $D_{\max} - D_b$ (= 0,02); daraus ergibt sich die Beziehung DS (annähernd) $= D_{\max} - 0{,}06$ (vgl. auch S. 207) (s. Abb. 29, 30, 31 und 32).

B. T. J. GLOVER[1] macht mit Recht darauf aufmerksam, daß von JONES Konstanten nur zwei, nämlich das „Gamma unendlich" (vgl. oben bei KIESER) und die totale Skala hohe praktische Bedeutung haben. Die Kenntnis der tiefsten Schwärzung ist weniger wichtig.

Gerade die Bestimmung der totalen Skala macht erhebliche Schwierigkeiten. Wählt man zu diesem Zwecke die absolute Gradation, d. h. die Abszissendifferenz zwischen Schwellenwert und maximaler Dichte,[2] so hat man zwar eine leicht (ohne Zuhilfenahme eines Schwärzungsmessers!) am Prüfling ablesbare Größe, aber sie sagt wenig über den ausnutzbaren Tonumfang des Papiers. Man kommt dem praktisch interessierenden Wert der totalen Skala schon näher, wenn man, wie es zuerst wohl A. HÜBL[3] getan hat, die Abszissendifferenz zwischen der Dichte 0,1 und der maximalen Dichte aus der Kurve abliest. Diese Größe

[1] Brit. Journ. of Phot., 1922, S. 158.

[2] F. FORMSTECHER, 1922, ZS. f. wiss. Phot., Bd. 22, S. 21.

[3] Phot. Korr., 1919, S. 364.

hat F. FORMSTECHER[1] als effektive Gradation bezeichnet. Doch auch hier ist mindestens der untere Wert willkürlich gewählt.

Ohne theoretische Voraussetzungen abgeleitete, praktisch brauchbare Werte lassen sich nur mittels der GOLDBERGschen Detailplatte (vgl. S. 145) erhalten. E. GOLDBERG fand auf statistischem Weg,[2] daß in den Lichtern eine Detailwiedergabe von mindestens 10% erforderlich ist. Der Punkt der Detailkurve, wo dieser Wert ($Dt = 0{,}04$) erreicht ist, bezeichnet somit den Anfang der nutzbaren Gradation und ist ein Maß für die absolute Lichtempfindlichkeit des Papiers. Die Schwärzung in diesem Punkte soll nicht größer als 0,1 sein; nur wenn diese Bedingung nicht durchführbar ist, also bei unvollkommen abgestuften Papieren, begnügt man sich mit einer geringeren Detailwiedergabe und wählt als Bildbeginn die Abszisse für $D = 0{,}1$, verfährt also wie A. HÜBL (der keine Rücksicht auf den Wert der Detailwiedergabe nahm). In den tiefsten Schwärzen ($D_{r\max}$) soll die Detailwiedergabe mindestens 25% ($Dt = 0{,}01$) betragen. Diese Bedingung liefert uns den oberen Endpunkt der totalen Skala. Außerdem definiert GOLDBERG als „Kopierumfang" die Abszissendifferenz zwischen dem (oben festgelegten) Empfindlichkeitspunkt ($Dt = 0{,}04$ und $D_r \leqq 0{,}1$) und dem Punkt der praktisch mindestens nötigen tiefsten Schwärzung ($D_r = 0{,}9$), unter der Voraussetzung einer Mindestdetailwiedergabe von 25%, also $Dt \leqq 0{,}1$).

Wir haben also Kopierumfang:

$$\text{K. U.} = \Big|_{D_r \leqq 0{,}1,\ Dt = 0{,}04}^{D_r = 0{,}9,\ Dt \leqq 0{,}1} \log E$$

und totale Skala

$$\log G = \Big|_{D_r \leqq 0{,}1,\ Dt = 0{,}04}^{D_{r\max} \text{ für } Dt = 0{,}1} \log E.$$

Die Differenz dieser beiden Größen, also

$$\log G - K.\,U$$

bezeichnet GOLDBERG als Anpassungsfähigkeit. Er beobachtete z. B. bei Bromsilberpapieren

K. U. = 1,4 bis 1,5 $\qquad$ log G = 1,8 bis 1,9

und bei Gaslichtpapieren

K. U. = 0,7 bis 1,3 $\qquad$ log G = 1,1 bis 2,1.

Der Kopierumfang steigt bei Braunentwicklung, insbesondere wenn nicht ausentwickelt wird.[3] Diese Erscheinung erklärt sich dadurch, daß eine bestimmte Menge braunen Silbers heller erscheint als die gleiche Menge schwarzen Silbers, weshalb bei braunen Bildern die Tiefen weniger leicht zugehen (F. FORMSTECHER[4]).

Statistisches Material findet man bei L. A. JONES, P. G. NUTTING und C. E. K. MEES,[5] ferner bei L. A. JONES,[6] die von der KODAK Co. hergestellten

---

[1] Phot. Ind., 1923, S. 613.

[2] E. GOLDBERG, Der Aufbau des photographischen Bildes, 1. Aufl., Halle 1922, S. 62.

[3] K. WENSKE, Atel. d. Phot., 1927, S. 55.

[4] Phot. Rundsch., 1927, S. 222.

[5] Sc. et Ind. phot., 1923, Mém., S. 45.

[6] Journ. Frankl. Inst., Bd. 202, S. 177, 469, 589, 693, nach Sc. et Ind. phot., 1926, S. 218 und 1927, S. 7; Comm. Nr. 264, EASTMAN KODAK Co., Kodak Abrid., Bd. 10. S. 81.

Papiere betreffend; bei A. Hübl,[1] betreffend einige deutsche und belgische Fabrikate und bei R. Mauge,[2] einige französische Fabrikate betreffend.

b) Der Auskopierprozeß. Hierüber liegt eine ausführliche Arbeit von F. Formstecher[3] vor, aus der hier das wichtigste wiedergegeben sei. Bezeichnet man die absolute Gradation (über ihre Definition s. S. 164) vor der Tonung mit $G_{(vor)}$, den Wert dieser Größe im fertigen Bild mit $G_{(nach)}$, bezeichnet man ferner den Rückgang im Schwellenwert mit R_0, den Rückgang in der tiefsten Schwärzung mit R_T, so gilt die Identität

$$\frac{G_{(vor)}}{G_{(nach)}} \equiv \frac{R_0}{R_T} \text{ oder, da meist } R_T = 1,\ G_{(vor)} = G_{(nach)} \cdot R_0$$

Man braucht also zur Bestimmung von $G_{(vor)}$ die direkte Kopie nicht auszuwerten, es genügt vielmehr, in ihr den Schwellenwert durch einen Strich zu markieren. Im fertigen Prüfling liest man dann wieder den Schwellenwert ab (so erhält man R_0), ferner die absolute Gradation $G_{(nach)}$ und kann aus diesen beiden Daten $G_{(vor)}$ berechnen. Die obere Grenze von $G_{(nach)}$ ist im Auskopierprozeß meist dadurch charakterisiert, daß sie mit der Bronzegrenze zusammenfällt; sie ist also insbesondere bei Stufenskalen sehr scharf ablesbar. Die effektive Gradation umfaßt den Umfang von der Bronzegrenze abwärts bis zur Dichte $D = 0{,}1$. In der folgenden Tabelle bezeichnet S die relative Schwellenwertempfindlichkeit (bezogen auf glänzendes Celloidinpapier). G_{eff} die effektive Gradation, $D_{r\max}$ die maximale Schwärzung.

Schwellenwertempfindlichkeit, effektive Gradation und maximale Schwärzung verschiedener Papiersorten

Papiersorten	S	$\log G_{eff}$	$D_{r\max}$
Glänzend für Tonfixierbad	1	1,6	1,9
Matt für Tonfixierbad	1	1,5	1,6
Matt für Platintonung	$\frac{1}{2}$	1,8	2,0
Hart arbeitend glänzend	$\frac{1}{10}$	1,0	1,9
Hart arbeitend matt	$\frac{1}{10}$	1,0	1,6

In bezug auf Aristopapier (Chlorsilbergelatineauskopierpapier) liegt eine Untersuchung des Soliopapiers der Eastman Kodak Co. durch L. A. Jones vor.[4] Dieser Forscher fand als größte Dichte $D_{r\max} = 2{,}00$, als Anstieg im geradlinigen Teil der Kurve $\gamma = 1{,}50$, als ganze Gradationslänge 1,80, als Abszissendifferenz für den geradlinigen Teil der Kurve 0,60.

E. Goldberg fand (über die Definition der von ihm eingeführten Größen s. oben) folgende Zahlenwerte

[1] Phot. Korr., 1919, S. 364.

[2] Sc. et Ind. phot., 1926, A., S. 12.

[3] Phot. Ind., 1923, S. 612; 1924, S. 550.

[4] Phot. Journ., Bd. 54, S. 342, nach Sc. et Ind. phot., 1923, Mém., S. 45.

Kopierumfang und Anpassungsfähigkeit verschiedener Papiere

Papiersorte	totale Skala	Kopierumfang	Anpassungsfähigkeit
Celloidinpapier glänzend	1,9	1,2	0,7
Celloidinpapier matt	1,8	1,3	0,5
Albuminpapiere matt	2,2	1,7	0,5

Es sei auch auf die Angaben J. M. EDERS[1] betreffend die Schwellenwertsempfindlichkeit einiger Handelsmarken verwiesen.[2]

Ein reichliches Kurvenmaterial bietet A. SCHULLER.[3] Leider trägt er als Ordinate nicht D_r, sondern D_φ (mit Bezug auf Bromsilberpapier, vgl. S. 135) auf, so daß seine Kurven für die Beurteilung des Kopiercharakters nur von problematischem Wert sind. Er hat speziell auch die hartkopierenden Celloidinpapiere (von HRDLIČZKA und SCHERING) untersucht.

c) Sonstige Kopierpapiere. Das auf der Lichtempfindlichkeit der Eisensalze beruhende Lichtpauspapier (Blaupauspapier) ist von L. BLOCH[4] untersucht worden. Es zeichnete die Kurve (Exposition, Opazität) auf, wobei die Halbtöne, falls in rotem Licht gemessen wird, natürlich stärker ansteigen, als falls in grünem oder gar in blauem Licht gemessen wird.

Das ebenfalls auf der Lichtempfindlichkeit der Eisensalze beruhende Platinpapier ist von L. A. JONES[5] sensitometrisch untersucht worden. Er fand als tiefste Schwärzung $(D_{r\max}) \doteq 1{,}20$, als Anstieg im geradlinigen Teil der Kurve $(\gamma) = 1{,}10$, als totale Gradationslänge 2,00, als Abszisse des geradlinigen Teils der Kurve 0,62.

Das Pigmentpapier oder Kohlepapier, das auf der Lichtempfindlichkeit der chromathaltigen Gelatine aufgebaut ist, ist sensitometrisch wiederholt untersucht worden. Schon F. F. RENWICK[6] weist darauf hin, daß hier die Bestimmung der Dichte im auffallenden Lichte mit besonderen Schwierigkeiten verbunden ist, da in den einzelnen Bildteilen nicht nur der Farbstoffgehalt, sondern auch die Menge des Bindemittels von 0 bis zu einem Maximum variiert. Das wechselnde Reflexionsvermögen der Schichtoberfläche macht mithin eine eindeutige Bestimmung von D_r äußerst schwierig. (So erklären sich wohl zum Teil die stark abweichenden Werte für den SCHWARZSCHILD-Exponenten p [über diesen s. S. 184], die einerseits A. HÜBL,[7] anderseits V. RICHTER[8] gefunden haben.)

Der Verlauf der charakteristischen Kurve ist sowohl nach V. RICHTER (l. c.) als nach A. SCHULLER[9] vollkommen geradlinig; ein Umbiegen der Kurven bei Überexposition wurde überhaupt nicht beobachtet. Dabei hat allerdings SCHULLER $D\varphi$ (vgl. oben) zugrunde gelegt, RICHTER D_r photoelektrisch (mittels Kaliumzelle gemessen); in beiden Fällen wurden also die Dichten im durchfallenden Licht

[1] Phot. Korr., 1919, S. 264.

[2] Vgl. auch J. M. EDER, Rez., Tab. und Arbeitsvorschriften, 12. bis 13. Aufl., Halle 1927, S. 298.

[3] Phot. Rundschau, 1913, S. 279.

[4] Phot. Korr., 1917, S.1.

[5] Phot. Journ., Bd. 54, S. 342, nach Sc. et Ind. phot., 1923, Mém., S. 45.

[6] Phot. Journ., Bd. 58, S. 140, nach Sc. et Ind. phot., 1923, Mém., S. 80.

[7] Phot. Korr., 1918, S. 47: $p = 0{,}84$.

[8] ZS. f. wiss. Phot., Bd. 23, S. 61: $p = 1{,}24$.

[9] ZS. f. wiss. Phot., Bd. 11, S. 284.

bestimmt. Die Ergebnisse kommen daher zur Charakterisierung von Aufsichtsbildern nicht in Betracht.

L. A. JONES[1] fand dagegen (bei Bestimmung der Aufsichtsdichte) eine normale Kurvenform, die sich sogar viel stärker als bei den meisten silberhaltigen Papieren von der geraden Linie entfernt. Er bestimmt als größte Dichte ($D_{r\max}$) $= 1{,}2$, als Anstieg der Wendepunktstangente (γ) $= 1{,}10$ (wie bei Platinpapier). Auch für die totale Gradation und die dem geradlinigen Teil der Kurve entsprechende Abszisse fand er ähnliche Werte wie bei Platinpapier (vgl. oben).

E. GOLDBERG[2] fand die gesamte Skala wesentlich größer, nämlich $= 3{,}0$. (L. A. JONES hatte nur 2,0 gefunden.) GOLDBERG gibt als Kopierumfang 2,2, als Anpassungsfähigkeit 0,8 an. Aus der von ihm mitgeteilten Kurve folgt $\gamma = 0{,}3$ (ein unwahrscheinlich niedriger Wert).

Die Sensitometrie selbst des schwarzen Pigmentpapiers ist also noch nicht als befriedigend aufgeklärt zu betrachten. Hier muß vor allen Dingen eine neue Norm zur einheitlichen Bestimmung von D_r festgelegt werden.

Die Sensitometrie von mittels des Pigmentprozesses hergestellten Durchsichtsbildern (Negativen und Diapositiven) hat zuerst wohl J. M. EDER[3] behandelt. Seine Resultate wurden von E. STENGER[4] bestätigt.

Über die Farbenempfindlichkeit von Chromatgelatineschichten s. J. M. EDER,[5] ferner J. PLOTNIKOW und M. KARSULIN[6] und J. M. EDERS Entgegnung.[7]

Vgl. auch H. MAYER, „Über eine elektrische Methode zur Messung der durch Belichtung in Chromatgelatineschichten verursachten Änderungen".[8]

III. Theoretische Sensitometrie

In diesem Kapitel wird im allgemeinen ausschließlich von mit Silbersalzentwicklungsemulsionen präparierten Materialien die Rede sein, da nur für diese allgemeingültige Resultate bekannt geworden sind. Vereinzelte hierhergehörige Befunde an Silbersalzauskopierpapieren werden an geeigneter Stelle erwähnt.

A. Physikalisch-chemischer Teil

16. Das Schwärzungsgesetz für weißes Licht. a) Die charakteristische Kurve. Wenn man von der Farbe des Lichtes und der Herstellungsart der Skala absieht, ist das Schwärzungsgesetz eine Funktion mit zwei Veränderlichen. Die eine derselben, die S. 119 definierte Dichte, wählt man stets als abhängige Veränderliche und trägt sie als Ordinate auf. Als unabhängige Veränderliche bleibt also die Exposition, deren absoluter Betrag in Lux-Sekunden angegeben werden kann. Würde man die Exposition E selbst im genannten Maß oder in einem (in bezug auf die Einheit) gleichmäßig reduzierten Maßstab als Abszisse auftragen, so erhielte man ein in der Richtung der Expositionsachse unbequem in die Länge gezogenes Diagramm. Es ist deshalb als eine überaus glück-

[1] Phot. Journ., Bd. 54, S. 342ff., nach Sc. et Ind. phot., 1923, Mém., S. 45.

[2] E. GOLDBERG, Der Aufbau des phot. Bildes, 1. Aufl., Halle 1922, S. 56, 65.

[3] Phot. Korr., 1900, S. 560.

[4] Phot. Rundsch., 1910, S. 29, 41.

[5] Sitzungsber. d. Akad. d. Wiss. Wien, Bd. 128, S. 507 (1919), nach J. M. EDER, Ausf. Hdb. d. Phot., Bd. 4, 2, 1926, S. 508.

[6] ZS. f. Phys., Bd. 36, S. 277, nach Sc. et Ind. phot., 1926, S. 169.

[7] ZS. f. Phys., Bd. 37, S. 235, nach Sc. et Ind. phot., 1926, S. 170.

[8] Kolloidchem. Beihefte, Bd. 1, S. 58.

liche Lösung des Problems zu betrachten, daß F. HURTER und V. C. DRIFFIELD (1890) den Logarithmus der Exposition zur Abszisse wählten, wodurch das Diagramm des praktisch in Betracht kommenden Teils der charakteristischen Kurve auf einem annähernd quadratischen Blatt dargestellt werden kann.

Diese Darstellung bietet noch einen weiteren Vorteil. Wenn man von dem bei dieser Aufzeichnungsart stets gekrümmten Anfangsabschnitt, der Periode der Unterexposition, absieht, verläuft der größte Teil des für die Praxis in Betracht kommenden Expositionsbereiches mehr oder weniger geradlinig. Dieser Teil der Kurve wurde von HURTER und DRIFFIELD aus jetzt nicht mehr ganz zutreffenden Gründen als Periode der korrekten Exposition bezeichnet. Am oberen Ende dieses Abschnittes biegt die Kurve wieder um und nähert sich einer Parallelen zur Abszissenachse — wir sind in der Periode der Überexposition. Der sich bei noch stärkerer Überbelichtung hier anschließende Abschnitt der Bildumkehrung (Solarisation) kommt bei der Behandlung unseres Problems nicht in Betracht. Der an seiner gekrümmten Form ohneweiters erkennbare Überexpositionsabschnitt gibt uns ein einfaches Kriterium dafür, bei welcher Exposition wir mit der Herstellung und Auswertung weiterer Schwärzungsstufen aufhören dürfen. Dieser Vorteil würde vollkommen verlorengehen, wenn wir — zwecks Aufzeichnung der Kurve auf einem annähernd quadratischen Blatt — die Opazität P als Ordinate gegen die Exposition E als Abszisse auftragen würden. Bei dieser Darstellungsart entsteht nämlich kein geradliniger Abschnitt, ist also der Beginn des Überexpositionsabschnittes nicht direkt erkennbar.

Die charakteristische Kurve hat in den weitaus meisten Fällen eine S-Form mit einem Wendepunkt, an den sich nach beiden Seiten ein mehr oder weniger langer geradliniger Teil anschließt, für den die Gleichung

$$D = \gamma\,(\log E - \log i)$$

gilt. Hier bezeichnet i einen Emulsionsparameter, den Expositionsfaktor, γ den der jeweiligen Entwicklungsdauer entsprechenden Entwicklungsfaktor (vgl. S. 155). Diese Formel stellt das wichtige von HURTER und DRIFFIELD gefundene Gesetz der konstanten Dichteverhältnisse dar: Die Verhältnisse der Dichten sind für verschiedene Expositionen bei Benutzung eines Entwicklers ohne Bromid von der Entwicklungsdauer unabhängig.[1] (Über die physikalische Bedeutung der Funktion $\frac{dD}{d\log E}$, die jetzt meist als Gradient bezeichnet wird, s. F. F. RENWICK.[2])

HURTER und DRIFFIELD versuchten (1890) auch auf Grund allerdings ziemlich anfechtbarer Unterlagen[3] ein allgemeines Schwärzungsgesetz für alle drei Abschnitte der Kurve abzuleiten:

$$D = \gamma \log\left(P - [P - 1]\,\beta^{\frac{E}{i}}\right)$$

wo P die visuelle Opazität der unbelichteten Platte bezeichnet, ferner $\beta = e^{-\frac{1}{P}}$ ist. (Bei SHEPPARD und MEES[4] findet sich eine Angabe, aus der $\beta = e^{+\frac{1}{P}}$ folgen würde; W. DE W. ABNEY[5] gibt ebenfalls $\beta = e^{+\frac{1}{P}}$ an!).

---

[1] Vgl. SHEPPARD und MEES, Unters., S. 68.

[2] Phot. Journ., Bd. 61, S. 10, nach Sc. et Ind. phot., 1921, S. 18.

[3] Vgl. SHEPPARD und MEES, Unters., S. 234, sowie ZS. f. wiss. Phot., Bd. 3, S. 111.

[4] SHEPPARD und MEES, Unters., S. 234.

[5] EDERS Jahrb. f. Phot., 1894, S. 45.

Schon vorher hatte W. DE W. ABNEY[1] (vgl. auch H. M. ELDER[2]) auf Grund des GAUSSschen Fehlergesetzes die Beziehung

$$D = \mu' \log^{2} \frac{E}{i}$$

abgeleitet (μ' bedeutet eine Konstante), eine Formel, die sich nach ABNEYS Ansicht mit HURTER und DRIFFIELDS Versuchsresultaten ebenso gut deckt, wie deren rationell abgeleitete oben angeführte Formel. Auch H. J. CHANNON hat 1906 eine allgemeine Formel aufgestellt.

Während der Überexpositionsabschnitt, weil ohne praktische Bedeutung, von HURTER und DRIFFIELD und ihren Nachfolgern mit Recht vernachlässigt worden ist, hat man wiederholt versucht, den Unterexpositionsabschnitt mathematisch zu formulieren.

HURTER und DRIFFIELD hatten für diesen Teil der Kurve auf Grund spärlichen Versuchsmaterials die Gleichung

$$D = u\, E$$

aufgestellt. Doch schon F. F. RENWICK[3] hat erkannt, daß dann die verschiedenen Entwicklungsgraden entsprechenden Unterexpositionsabschnitte zur Deckung gebracht werden könnten, also in bezug auf Bildwirkung völlig identisch wären, was in der Praxis meist nicht der Fall ist. Er schlug daher die Gleichung $D = u \,.\, E - c$ vor, wo u den Entwicklungsfaktor der Unterexpositionskurve bezeichnet, c (vom engl. cut = Abschnitt) einen für die Spitzlichter charakteristischen Emulsionsparameter. Diese Gleichung hat sich besonders in ihrer Anwendung auf Papieremulsionen (Positivmaterialien) gut bewährt. Zwischen den vier Emulsionsparametern für totale Entwicklung (γ_∞), also den Größen i, c, γ_∞, u_∞ besteht die Beziehung[4]

$$\frac{\gamma_\infty}{u_\infty \,.\, i} \,.\, 10^{\frac{c}{\gamma_\infty}} = \frac{e}{\log e}$$

Doch hat FORMSTECHER bereits damals erkannt, daß die von RENWICK aus seinem Unterexpositionsgesetz abgeleitete Schlußfolgerung

$$\frac{E_T}{E_0} = 1 + \frac{1}{c}$$

(E_0 Schwellenwertexposition, E_T korrekte Exposition, entsprechend $D_T = 1$) in Worten: „ein Entwicklungspapier hat eine um so kleinere absolute Gradation, je größer seine Fähigkeit ist, Spitzlichter wiederzugeben", nicht bei allen Entwicklungspapieren zutrifft.

Der Wert der Größe c schwankt nach O. BLOCH[5] zwischen 0,01 und 0,10.

Die Größe u_∞ als Maß der Empfindlichkeit einzuführen, wie RENWICK vorgeschlagen hat, wäre unzweckmäßig, da, wie die Gleichung

$$u_\infty = \frac{D_T + c}{E_T}$$

lehrt, die korrekte Exposition E_T selbst für konstantes $D_T = 1$ der Größe u_∞ nicht umgekehrt proportional ist, sondern auch von dem gegen 1 nicht immer verschwindenden Wert von c abhängt.

---

[1] EDERS Jahrb. f. Phot., 1894, S. 36.
[2] EDERS Jahrb. f. Phot., 1894, S. 23.
[3] EDERS Jahrb. f. Phot., 1913, S. 117.
[4] Vgl. F. FORMSTECHER, Atel. d. Phot., 1918, S. 78, 85, 95.
[5] Phot. Journ., Bd. 64, S. 183, nach Sc. et Ind. phot., 1924, S. 90.

G. J. HIGSON[1] hat auf Grund theoretischer Betrachtungen über den Zusammenhang zwischen Korngröße und Empfindlichkeit[2] für den Unterexpositionsbereich folgende zwei Formeln abgeleitet:

1. $D = D_m \,.\, K_1 \,.\, \mathrm{J}$. ($D_m$ = maximale Dichte)
2. $D = D_m \,.\, K_2 \,.\, \mathrm{J}^2$.

Die erste (im Prinzip mit HURTER und DRIFFIELDS Formel identische) Gleichung gilt nur für sehr kleine Expositionszeiten. Bei den in der Praxis meist üblichen Expositionszeiten ($> {}^1/_{100}$ Sekunde) stimmt die zweite Formel angeblich besser als die Formel RENWICKS. Die dieser Formel entsprechende Kurve besitzt einen Wendepunkt, dessen Tangente mit der Abszissenachse einen Winkel bildet, dessen trigonometrische Tangente $u = 0{,}857\, D_m \sqrt{K_2}$ ist, und zwar schneidet diese Tangente die Abszissenachse im Abstand $\lambda = 0{,}247/\sqrt{K_2}$ vom Nullpunkt. Zwischen den Größen λ und u einerseits, der Inertia i und dem Entwicklungsfaktor γ des geradlinigen Teils der Kurve anderseits bestehen die Beziehungen:

$$\frac{i}{\lambda} = 1{,}71 \qquad \frac{u}{\gamma} = 0{,}503 \sqrt{K_2}$$

λ ist, analog i, unabhängig vom Entwicklungsgrad, und kann zur Charakterisierung der Empfindlichkeit benutzt werden; man erhält Zahlen gleicher Größenordnung, wie im HURTER und DRIFFIELD-System, wenn man die Empfindlichkeit durch den Ausdruck $\frac{20}{\lambda}$ definiert.

R. LUTHER,[3] der sich seit 1910 mit der Aufstellung eines allgemeinen Schwärzungsgesetzes beschäftigte, ist es gelungen, eine durch ausgedehnte Versuche gut verifizierte, wenigstens teilweise theoretisch begründete Formel für den unteren Teil der charakteristischen Kurve abzuleiten. Als Näherungsformel empfiehlt er die auf rein empirischem Wege gefundene Funktion

$$D = \frac{\gamma}{h} \cdot \frac{1}{2{,}3\,e} \cdot 10^{h \log \frac{E}{i}} \quad (e \text{ Basis der nat. Log.}),$$

wo h als der „Härtefaktor" der Emulsion bezeichnet wird. Dieser Formel zufolge wären die Kurven der einzelnen Entwicklungsgrade zwar nicht identisch, aber affin. Seiner theoretisch begründeten Ableitung legt LUTHER folgende Annahmen zugrunde: a) Alle Handelsemulsionen bestehen aus einer zufälligen oder absichtlichen Mischung von Emulsionen verschiedenen Empfindlichkeitsgrades; b) die charakteristische Kurve der gemischten Emulsionen setzt sich additiv aus den Kurven der Teilemulsionen zusammen; c) die charakteristische Kurve jeder (gleichkörnigen) Primäremulsion ist genau geradlinig;[4] d) der Gehalt der Gebrauchsemulsion an den einzelnen Primäremulsionen entspricht dem GAUSSschen Fehlergesetz; e) für die gemischte Emulsion gilt HURTER und DRIFFIELDS Gesetz der konstanten Dichtenverhältnisse (s. oben). LUTHER gelangt auf diesem Wege zu der Gleichung

$$D \,.\, h = \frac{\gamma \Sigma}{2} \left[(1 + \Phi_\xi)\, \xi + \frac{1}{2} \Phi'_\xi \right]$$

$$\text{wo } \xi = \frac{E}{i} h, \; \Phi_\xi = \frac{2}{\sqrt{\pi}} \int\limits_{x=0}^{x=\xi} e^{-x^2}\, dx, \; \Phi'_\xi = \frac{2}{\sqrt{\pi}} \,.\, e^{-\xi^2}$$

[1] Phot. Journ., Bd. 61, S. 144, nach Sc. et Ind. phot., 1921, S. 33.
[2] Phot. Journ., Bd. 61, S. 35, nach Sc. et Ind. phot., 1921, S. 22.
[3] Trans. Faraday Soc., Bd. 19, 1923, Sc. et Ind. phot., 1924, Mém., S. 1.
[4] Vgl. A. SCHULLER, ZS. f. wiss. Phot., 1912, Bd. 11, S. 277.

$x = \log \frac{i_x}{i_0}$ (x ist die Ordnungszahl der betreffenden Primäremulsion) und γ_Σ die Summe der Gammas aller Primäremulsionen bezeichnet. Diese Formel läßt erkennen, daß die zu verschiedenen Entwicklungsgraden gehörigen Kurven zwar nicht affin sind, die Abweichung jedoch so gering ist, daß die eiznelnen Unterexpositionskurven als praktisch affin, ja sogar als nahezu homolog bezeichnet werden können. Sie entsprechen daher Bildern gleicher Tonabstufung (vgl. S. 201). Diese Gesetzmäßigkeit gilt natürlich nicht für Aufsichtsbilder, da annähernd gleichen Werten von $D_{\#}$ stark voneinander abweichende Werte von D_r entsprechen.

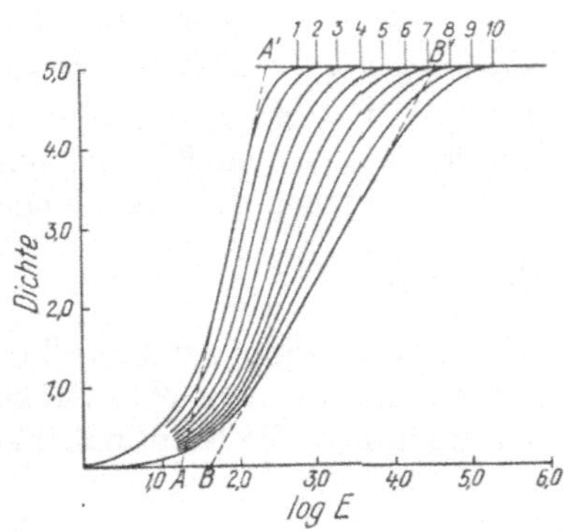

Abb. 33. Eine Schar von charakteristischen Kurven, konstruiert nach der Gleichung von F. E. Ross unter Einsetzung von $r = 1/2$ und $D_m = 5$ für die Werte von $n = 1$ bis $n = 10$. Die Kurve für jeden beliebigen anderen Wert von D_m kann durch Multiplikation der einzelnen Ordinaten mit $\frac{D_m}{5}$ erhalten werden. Als Umfang der korrekten Exposition (range) bezeichnet Ross den Numerus der Projektion der Wendepunktstangente auf die log E-Achse. AA' ist die Wendepunktstangente für $n = 1$, BB' ist die Wendepunktstangente für $n = 10$. Man erhält

n	Umfang	n	Umfang
1	15	6	90
2	17	7	160
3	25	8	290
4	35	9	530
5	55	10	1000

Abb. 34. Ableitungskurven, konstruiert nach der Gleichung von F. E. Ross. Als Abszissen sind die Logarithmen der Exposition aufgetragen, als Ordinaten die Gradienten (d. h. die Werte von $\frac{dD}{d \log E}$). Die größte Ordinate jeder Kurve stellt somit das Gamma dar. Das Flacherwerden der Kurven bei wachsendem Wert von n zeigt, wie mit zunehmender Verschiedenheit der Kornempfindlichkeit der totale Umfang der Emulsion wächst und ihr Gamma abnimmt.

F. E. Ross[1] leitete 1920 auf Grund folgender möglichst einfacher Annahmen ein Schwärzungsgesetz ab:

1. Alle Körner einer Emulsion lassen sich in n Gruppen einteilen; jede Gruppe gehorcht dem Massenwirkungsgesetz.
2. Die Silbermasse ist für alle Gruppen die gleiche.
3. Der Empfindlichkeitsfaktor K steigt für die einzelnen Gruppen im Sinne einer geometrischen Reihe mit dem Faktor r an (K ist mit der Wellenlänge veränderlich).

Bezeichnet ferner D_m die maximale Dichte, s die Ordnungszahl einer einzelnen Gruppe, so ergibt sich die Gleichung

$$D = D_m \left[1 - \frac{1}{n} \sum_{s=0}^{s=n-1} . e^{-K r^s J . t} \right]$$

Besonders die Kurven von Emulsionen mit ausgeprägtem Unterexpositionsabschnitt passen sich gut dieser Formel an (s. Abb. 33, 34 u. 35).

Ein eigenartiges Unterexpositionsgesetz hat E. A. Baker[2] aufgestellt. Es autet in seiner allgemeinen Form:

[1] Comm. Nr. 93, Eastman Kodak Co., Kodak Abrid., Bd. 4, S. 161.

[2] Proc. Roy. Soc. Edinburgh, Bd. 45, S. 166, nach Sc. et Ind. phot., 1925, S. 151.

$$\log \frac{J}{J_0} = \Theta\,(D) + b\,T + 0{,}5\,e\,T^2 \qquad (1)$$

wo $T = \frac{\log\,(\text{Expositionszeit in Sek.})}{30}$, J die Beleuchtungsstärke ist; J_0 ist ein Emulsionsparameter (abhängig von der Wellenlänge); die Form der Funktion Θ hängt ebenfalls von Emulsion und Wellenlänge, nicht aber von der Entwicklung ab; b (unabhängig von der Wellenlänge) hängt von Emulsion und Entwicklung ab; e ist nur von der Wellenlänge abhängig. Annähernd gilt

$$\Theta\,(D) = 0{,}5\,(10^D - 1).$$

Falls T konstant ist, folgt aus obiger Formel (1):

$$D = \log\,(1 + K\,J^2),$$

wo K von Emulsion und Entwicklung abhängt.

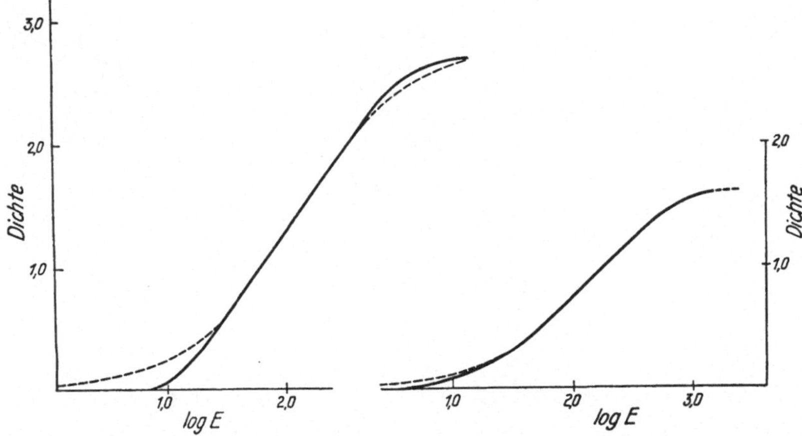

Abb. 35. Charakteristische Kurven (nach F. E. Ross) Links ist eine Emulsion mit sehr kurzem Unterexpositionsabschnitt (Typus A) dargestellt, rechts eine Emulsion mit sehr ausgedehntem Unterexpositionsabschnitt (Typus B). Die ausgezogenen Kurven sind auf Grund der direkten Messung konstruiert; die gestrichelten Kurven wurden wie folgt aufgetragen. Aus der experimentell ermittelten Kurve wurden die Werte von γ und D_m entnommen, und daraus $\frac{\gamma}{D_m}$ berechnet. Mittels einer Kurve, die den Zusammenhang zwischen $\frac{\gamma}{D_m}$ und n im Sinne der Rossschen Formel (S. 172) graphisch darstellt, wurde der zu dem berechneten Wert von $\frac{\gamma}{D_m}$ gehörige Wert von n abgeleitet. Es ergab sich für die Emulsion vom A-Typus $n = 6$, für die Emulsion vom B-Typus $n = 4$. Dann wurden die Ordinaten der diesem n-Wert entsprechenden charakteristischen Kurve der für $D_m = 5$ berechneten Rossschen Kurvenschar (Abb. 33) mit $\frac{D_m}{5}$ multipliziert und die so erhaltenen Werte als Ordinaten der theoretischen Kurve eingetragen. Die so gefundene Kurve der Emulsion vom Typus B zeigt sehr gute Übereinstimmung mit der empirischen Kurve.

Eine sensitometrische Klassifikation der modernen Negativemulsionen, die auf alle Materialien für Durchsichtsbilder ausdehnbar ist, hat S. E. Sheppard[1] zu geben versucht. Er definiert als orthophotisch sämtliche Emulsionen, bei denen alle Wendepunktstangenten in einem Punkt zusammenstoßen (s. Abb. 36). In diese Gruppe gehören demnach:

1. Alle Emulsionen, bei denen der Konvergenzpunkt auf der Abszissenachse liegt, die also eine Inertia im Sinne Hurter und Driffields besitzen;

[1] Comm. Nr. 261, Eastman Kodak Co., Kodak Abrid., Bd. 1, S. 60, Sc. et Ind. phot., 1926, Mém., S. 13; Phot. Ind., 1926, S. 832.

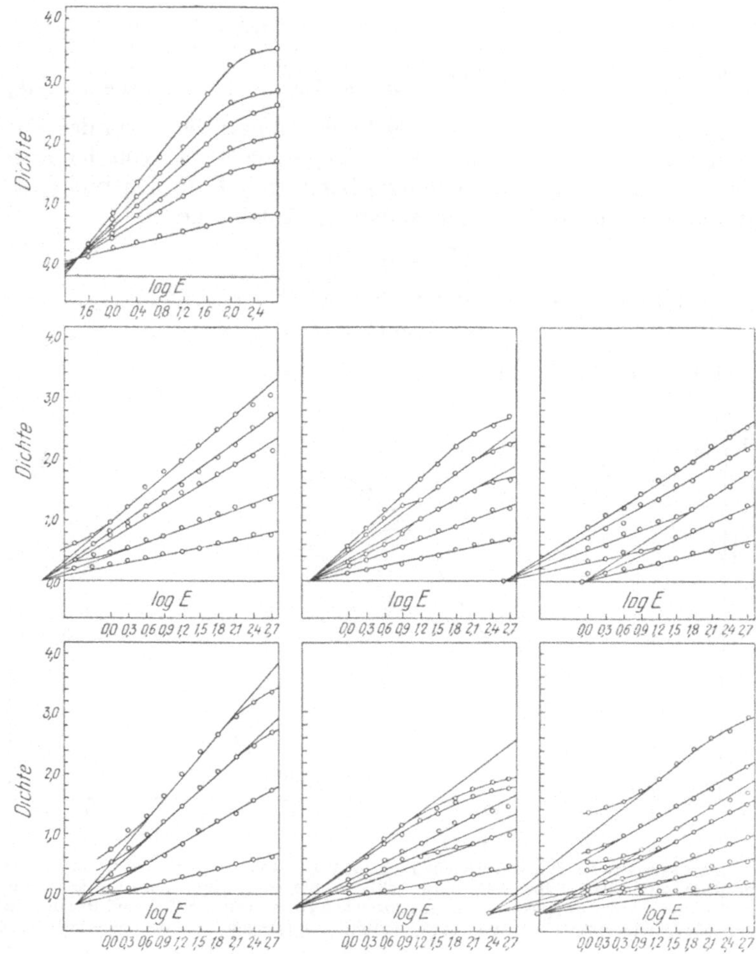

Abb. 36. Einige Kurvenscharen als Beispiele zur Klassifikation der Negativemulsionen nach S. E. SHEPPARD. In der ersten Vertikalreihe sind 3 Arten orthophotischer Emulsionen dargestellt. Das mittlere Feld zeigt den normalen HURTER und DRIFFIELDschen Typus; das obere Feld zeigt BLOCHS Typus (der Konvergenzpunkt liegt oberhalb der log E-Achse); das untere Feld zeigt den Typus von NIETZ (der Konvergenzpunkt liegt unterhalb der log E-Achse). Die zweite Vertikalreihe zeigt 2 Arten orthophotischer Emulsionen, deren Kurven zwar zwei getrennte geradlinige Abschnitte haben, aber trotzdem einen einzigen Knotenpunkt besitzen. Dieser Knotenpunkt kann auf oder unter der log E-Achse liegen. Die dritte Vertikalreihe zeigt zwei Arten anorthophotischer Emulsionen mit binodaler Kurvenschar. Die beiden Knotenpunkte liegen in gleicher Höhe entweder auf oder unter der Achse (THORNE BAKERS Typus)

2. die zuerst von A. H. NIETZ[1] beschriebenen Emulsionen, bei denen der Konvergenzpunkt unterhalb der Abszissenachse liegt;

3. die zuerst von O. BLOCH[2] beschriebenen Emulsionen, bei denen der Konvergenzpunkt oberhalb der Achse liegt.

Unter den übrigen als anorthophotisch bezeichneten Emulsionen unterscheidet SHEPPARD zwei Hauptgruppen:

I. Die charakteristische Kurve hat zwei annähernd geradlinige Teile. Greift

---

[1] Comm. Nr. 100, EASTMAN KODAK Co., Kodak Abrid., Bd. 4, S. 215.

[2] Phot. Journ., Bd. 57, S. 51, nach Sc. et Ind. phot., 1926, Mém., S. 13.

man eine einer bestimmten Entwicklungszeit entsprechende Kurve heraus und konstruiert den Schnittpunkt ihrer zwei Wendepunktstangenten, so ist dieser Punkt gemeinsamer Konvergenzpunkt (Knotenpunkt) aller den einzelnen Entwicklungszeiten entsprechenden Kurvenabschnitte. Dieser Fall ist nur dann deutlich nachweisbar, wenn der Knotenpunkt auf oder nur wenig unter der Achse liegt.

II. Die Wendepunktstangenten aller unteren und analog die aller oberen Teile der den einzelnen Entwicklungszeiten entsprechenden charakteristischen Kurven treffen sich in je einem Konvergenzpunkt. Wir erhalten also eine binodale Kurvenschar. Dieser Emulsionstyp ist zuerst von T. THORNE BAKER[1] festgestellt worden und soll nach diesem Autor bei Porträtplatten die Regel sein. Er empfiehlt bei solchen Emulsionen zwei HURTER und DRIFFIELD-Empfindlichkeiten anzu-

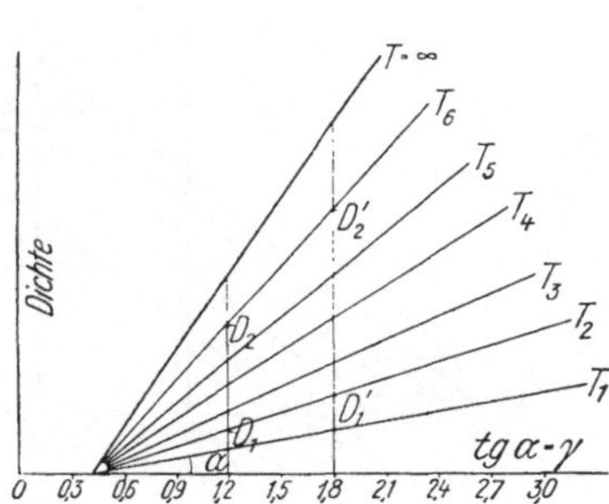

Abb. 37. Die Wendepunktstangenten einer Schar von charakteristischen Kurven für einen bromidfreien Entwickler nach A. H. NIETZ. Mit zunehmender Entwicklungszeit T_1, T_2,... T_∞ nimmt $\gamma = \operatorname{tg} \alpha$ zu. Die Dichte D_1 und D_1' (Entwicklungszeit T_2) steigen im gleichen Verhältnis auf D_2 und D_2' (Entwicklungszeit T_6)

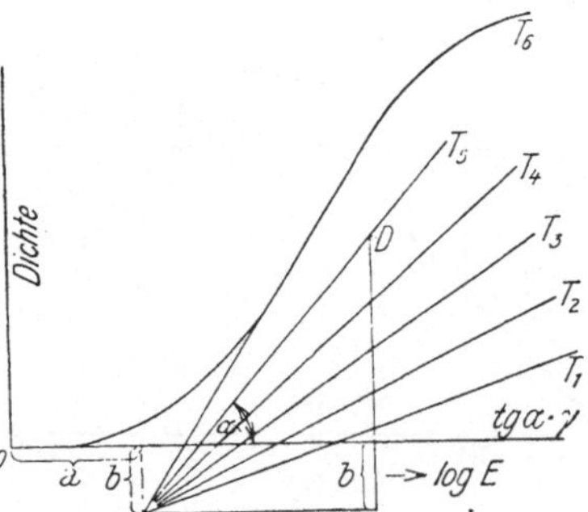

Abb. 38. Die Wendepunktstangenten einer Schar von charakteristischen Kurven für einen bromidhaltigen Entwickler nach A. H. NIETZ, entsprechend den Entwicklungszeiten T_1, T_2... T_6 Nur die T_6-Kurve ist selbst miteingezeichnet. a und b sind die Koordinaten des Konvergenzpunktes. Zum Punkt (log E, D) gehört der Wert $\gamma = \operatorname{tg} \alpha$.

geben, von denen die niedrigere für Porträte, die höhere für Landschaften gilt. Diese zwei Konvergenzpunkte können entweder auf der Achse oder (in gleicher Ordinatenhöhe) ein wenig unter der Achse liegen. Da aber die gleiche Handelsmarke in verschiedenen Typen vorkommen kann, da gelegentlich sogar trinodale oder noch kompliziertere Kurvenscharen beobachtet worden sind, dürfte diese Klassifikation für technische Materialien kaum durchführbar sein. Die für die Praxis wichtigste Schlußfolgerung von SHEPPARDS Untersuchungen lautet: Eine Emulsion ist um so leichter reproduzierbar, je weniger sie sich vom Typ einer orthophotischen entfernt. So erklärt es sich, daß die weitaus meisten im Handel befindlichen Fabrikate dem orthophotischen Emulsionstyp entsprechen.

Einflüsse auf das zu prüfende Material während der Exposition. Über den Einfluß des Feuchtigkeitsgehaltes der Schicht s. S. 147. Über den Einfluß der Temperatur hat G. v. DALECKI[2] eingehende Untersuchungen angestellt. Er beobachtete einen Temperaturkoeffizienten $= 1{,}05$ im Intervall $7^0 \ldots 64^0$ unabhängig von der Wellenlänge. Vgl. ferner JOLLYS Versuche in einem noch

---

[1] Phot. Journ., Bd. 65, S. 181, nach Sc. et Ind. phot., 1925, S. 77, vgl. auch Brit. Journ. of Phot., 1925, S. 350.

[2] ZS. f. wiss. Phot., Bd. 18, S. 233. Ältere Literaturangaben bei J. PLOTNIKOW, Allgemein. Photochemie, Berlin und Leipzig, 1920, S. 63.

größeren Temperaturintervall.[1] Eine einfache Formel zur Berechnung des Einflusses der Temperatur auf die Empfindlichkeit hat G. COLANGE[2] auf Grund von Versuchen zwischen +15° und 60° C aufgestellt. Sie lautet:

$$\frac{E}{E_0} = 10^{-a(t_0-t)},$$

wo E die der Temperatur t entsprechende Exposition ist. (Die Expositionszeit lag zwischen ½ und 3 Minuten). a ist von der Farbe des Lichtes abhängig und liegt zwischen 0,007 und 0,003.

Über den Einfluß vorausgehender Erhitzung s. W. RITZ,[3] E. STENGER[4], O. MASAKI,[5] und H. M. KELLNER.[6] Bezüglich des Temperaturkoeffizienten im Auskopierprozeß s. M. PADOA und MERVINI.[7]

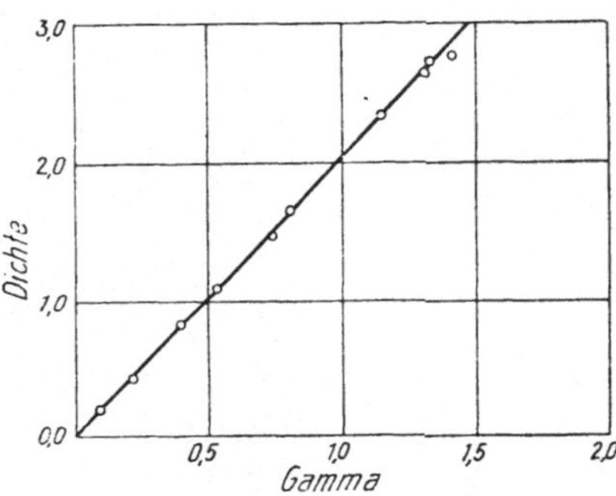

Abb. 39. Die (γ, D) Kurve für konstante Exposition nach A. H. NIETZ, eine gerade Linie. Im vorliegenden Fall ist $b = 0$.

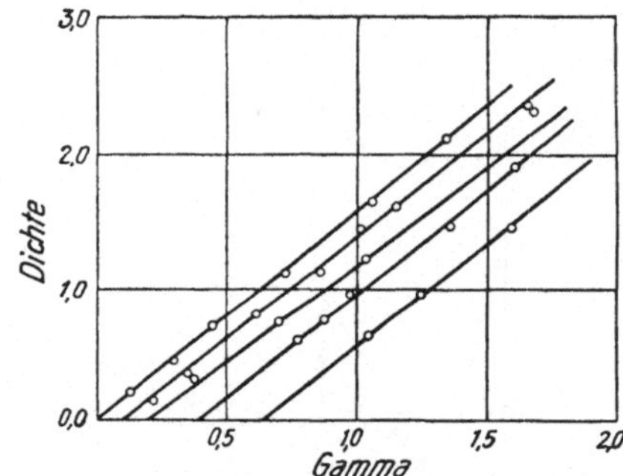

Abb. 40. Eine Schar von (γ, D) Kurven für konstante Exposition, entsprechend verschiedenen Bromidkonzentrationen; eine Schar von parallelen Geraden. Die einzelnen Geraden entsprechen, von oben anfangend, folgenden Konzentrationen in Molen pro Liter 0 · 0,01 0,04 0,08 0,32

Den Einfluß des Luftdrucks auf die Empfindlichkeit hat O. MASAKI untersucht.[8] Er fand insbesondere bei wenig empfindlichen Platten eine starke Zunahme der Dichte bei sinkendem Druck (ferner eine geringere Tendenz zur Schleierbildung).

Der Einfluß der Art der Entwicklung auf die Schwärzung. Abgesehen vom Reduktionsvermögen der Entwicklungssubstanz, einer Funktion seiner chemischen Konstitution, deren Besprechung nicht in den Rahmen dieses Kapitels fällt, sind das Reduktionspotential, die Geschwindigkeitskonstante und der Temperaturkoeffizient des Entwicklers ausschlaggebend (s. Abb. 37, 38, 39 u. 40).

Die Dynamik der Entwicklung ist nach den klassischen Vorarbeiten von F. HURTER und V. C. DRIFFIELD (1890 bis 1903) sowie von S. E. SHEPPARD und C. E. K. MEES,[9] insbesondere von H. A. NIETZ[10] sowie von H. A. NIETZ und

[1] Bull. Soc. Fr. Phot., Nr. 436, S. 743, nach Phot. Ind., 1916, S. 337.
[2] C. R. Ac. Sc., Bd. 184, S. 1167, nach Sc. et Ind. phot., 1927, S. 141.
[3] C. R. Ac. Sc., Bd. 143, S. 167.
[4] EDERS Jahrb. f. Phot., 1912, S. 478.
[5] Japan. Journ. Phys., Bd. 2, S. 163.
[6] ZS. f. wiss. Phot., Bd. 24, S. 63.
[7] Gaz. chim. ital., Bd. 47, S. 288, nach G. DALECKI, ZS. f. wiss. Phot., Bd. 18, S. 234.
[8] Mem. of the Kyoto Coll. of Sc., nach Brit. Journ. of Phot., 1926, S. 698.
[9] SHEPPARD und MEES, Unters., S. 49 ff.
[10] The Theory of Development, New York, 1922, nach Sc. et Ind. phot., 1923, S. 23, 39, 60, 61.

A. WHITAKER[1] eingehend studiert worden; der Einfluß der Entwicklungszeit, der Entwicklerkonzentration und der Zusätze zum Entwickler, insbesondere des Bromidzusatzes, ist graphisch und analytisch festgelegt worden. Das von HURTER und DRIFFIELD aufgestellte Gesetz der konstanten Dichteverhältnisse (s. S. 169) hat NIETZ derart erweitert, daß es auch auf einen außerhalb der Achse liegenden Konvergenzpunkt anwendbar ist. Bezeichnet man die Koordinaten dieses Punktes in Richtung der log E-Achse mit a und in Richtung der D-Achse mit b, so lautet das modifizierte Gesetz

$$D = \gamma (\log E - a) + b \;;$$

daraus leitet NIETZ für die Empfindlichkeit H die Beziehung ab:

$$\log H = \log k - a + \frac{b}{\gamma} \; (k \text{ setzt er } = 100).$$

Die Empfindlichkeit läßt sich also bei einem von 0 verschiedenen Wert von b, d. h. bei einer Depression des Konvergenzpunktes, nur für ein willkürlich festgelegtes γ eindeutig angeben. Wie stark die Empfindlichkeit H c. p. mit der Entwicklersubstanz schwankt, dafür sei angeführt, daß eine Emulsion, die mit p-Aminophenol-Chlorhydrat $H = 76$ lieferte, mit Pyrogallol $H = 760$ ergab.

Wird Bromkalium, wie in der Praxis üblich, dem Entwickler zugesetzt, so tritt eine Depression des Konvergenzpunktes ein, b erhält einen stets wachsenden negativen Wert; a bleibt konstant. Es besteht die Beziehung:

$$-b = m (\log C - \log C_0),$$

wo C die jeweilige Konzentration des Bromkaliums in Mol pro Liter, C_0 die dem Schnittpunkt der Kurve mit der Abszissenachse entsprechende Konzentration, m = zirka 0,5 eine (von Entwicklersubstanz und Emulsion unabhängige) Konstante bedeutet. Bestimmt man die Werte von C_0 für zwei verschiedene Entwickler, also C_0' und C_0'', so stellt die Größe

$$\frac{C_0'}{C_0''} = \pi_{Br}$$

ein relatives Maß für das Reduktionspotential des Entwicklers dar. Der Wert von π_{Br} (bezogen auf Hydrochinon als Standard) schwankt zwischen 0,3 (Ferrooxalat) und 40 (Diaminophenol).

Trägt man für eine bestimmte Exposition die Dichte D als Funktion der Zeit t auf, so findet man, daß die Kurve erst erheblich hinter dem Nullpunkt merkbar ansteigt (Induktionsperiode). Die Entwicklungsgeschwindigkeit $\frac{dD}{dt}$ nähert sich dann rasch einem Maximum und nimmt darauf wieder langsam ab, und zwar im gleichen Maße, wie die Masse des entwickelbaren Silbers sinkt. Für diesen Vorgang hatten schon HURTER und DRIFFIELD eine Formel aufgestellt, für die SHEPPARD und MEES[2] eine besser begründete Ableitung angegeben haben:

$$\frac{dD}{dt} = K (D_\infty - D) \quad \text{bzw.} \quad D = D_\infty (1 - e^{-Kt})$$

NIETZ hat nachgewiesen, daß diese Gleichung zwar die Entstehung des Entwicklungsschleiers gut wiedergibt, daß aber die Entwicklung des latenten Bildes sich viel genauer durch folgende Formel darstellen läßt:

$$\frac{dD}{dt} = \frac{K}{t} (D_\infty - D) \quad \text{bzw.} \quad D = D_\infty (1 - e^{-K.\log_e \frac{t}{t_0}})$$

[1] Brit. Journ. of Phot., Bd. 73, S. 630, 645, 660, 676; vgl. Sc. et Ind. phot., 1927, S. 14; Comm. Nr. 288, EASTMAN KODAK Co., Kodak Abrid., Bd. 10, S. 243.

[2] SHEPPARD und MEES, Unters., S. 59.

In diesen Ausdrücken bedeutet K die (von der Bromidkonzentration C unabhängige) Gleichgewichtskonstante und D_∞ die der angewandten Exposition entsprechende maximale Dichte.

Für letztere gilt die Beziehung:

$$D_\infty = -m (\log C - \log C_0').$$

C_0' bedeutet hier die Bromidkonzentration, die die Entwicklung vollkommen kompensiert. D_∞ nimmt also in bezug auf die Bromidkonzentration im gleichen Maße ab, wie b zunimmt; t_0 ist der Entwicklungs**verzug**, bestimmt durch die Gleichung

$$t_0 = K' C_0 + t_0',$$

wo t_0' den Wert von t_0 für einen bromidfreien Entwickler, K' eine weitere Konstante darstellt. Hat man nach der Formel von Nietz D_∞ ermittelt, so läßt sich daraus γ_∞ berechnen und zwar nach der Formel

$$\gamma_\infty = \frac{D_\infty - b}{\log E - a}.$$

Man erhält so für diese wichtige Konstante ein genaueres Resultat als bei Anwendung der Formeln und Tabellen von Sheppard und Mees.[1] Meist ist jedoch der experimentell erreichbare Wert von γ_∞ wegen des Schleiers weit geringer.

Bei starken Bromkaliumkonzentrationen ($>$ 0,64 Mol/Liter) ist die (D, γ)-Kurve keine gerade Linie mehr, wie es bei geringerem Bromidzusatz stets der Fall ist. Die Kurve nähert sich in diesem Falle in ihrer Form der charakteristischen Kurve gewisser Gaslicht-Entwicklungsemulsionen.

Jodkalium beeinflußt stark den Verlauf der Kurve. Die Größen a und k nehmen erst bis zu einem Minimum ab, dann wieder zu. Von den sonstigen Entwicklerzusätzen seien hier nur das Sulfit und das Carbonat erwähnt. Bei Sulfitzusatz bleiben die Größen a und γ_∞ nahezu konstant; D_∞ wächst im gleichen Sinn; K nimmt bis zu einem Maximum zu und dann wieder ab. Bei Carbonatzusatz schwankt γ_∞ unregelmäßig; a geht durch ein Minimum und nimmt dann schnell wieder ab; K ändert sich unregelmäßig.

Die oft ausgesprochene Behauptung eines spezifischen Unterschieds zwischen Soda und Pottasche entbehrt bei Anwendung äquivalenter Mengen und Ausentwicklung jeder Begründung. Dies haben bezüglich des Metol-Hydrochinon-Entwicklers S. E. Sheppard und P. A. Anderson[2] nachgewiesen.

Bei Steigerung der Hydrochinonkonzentration nimmt a rasch zu und geht durch ein Maximum, im gleichen Sinne wird t_0 beeinflußt. D_∞ geht durch ein Minimum und nimmt dann wieder zu. K nimmt ab, γ_∞ erreicht ein Maximum und nimmt dann wieder ab. Man nimmt gewöhnlich an, daß bei Verdünnung des Entwicklers das gleiche Resultat erhalten wird, wenn man das Produkt aus der Konzentration und der Entwicklungsdauer konstant hält. Dies ist nicht der Fall; konstruiert man die Kurve (Konzentration, Dichte), so sieht man, daß die Dichte bei einer bestimmten Konzentration ein Maximum erreicht und dann allmählich wieder sinkt (s. Abb. 41). Es handelt sich hier um sehr komplizierte Prozesse, deren vollständige Aufklärung noch nicht gefunden ist.

Zu mit dem Befund von Nietz teilweise übereinstimmenden Resultaten gelangte W. Meidinger.[3]

[1] Sheppard und Mees, Unters., S. 323.

[2] Comm. Nr. 232, Eastman Kodak Co., Kodak Abrid., Bd. 9, S. 94, Brit. Journ. of Phot., 1925, S. 232; vgl. hiezu auch Lüppo-Cramer, Phot. Rundsch., 1927, S. 202.

[3] ZS. f. phys. Chem., Bd. 114, S. 89, nach Sc. et Ind. phot., 1925, S. 82.

Der Einfluß der Bewegung des Entwicklers wurde untersucht von S. E. SHEPPARD und F. A. ELLIOT[1] sowie von H. A. NIETZ und A. WHITAKER (l. c.) Die bei diesen Versuchen angewandte Apparatur ist schon auf S. 149 geschildert worden. Bei bromidfreien Entwicklern von schwachem Reduktionspotential, wie Hydrochinon, wächst die Größe a mit zunehmender Rührgeschwindigkeit rasch bis zu einem Maximum, die Größe b strebt langsam dem Nullwert zu. Solche Entwickler verhalten sich also ohne Zusatz von Bromkalium (im unbewegten Zustand) so, wie sich starke Entwickler erst nach Bromkaliumzusatz verhalten. Die Größe γ strebt einem Maximum zu, das bei Hydrochinon wenig ausgeprägt ist, dagegen bei p-Aminophenolchlorhydrat sehr deutlich ist. Trägt man die verschiedenen Expositionen entsprechenden (t, D) Kurven auf, so findet man eine deutliche Induktionsperiode bei Hydrochinon, eine schwächere bei Pyrogallol und eine geringe bei p-Aminophenol, während Metol vollkommen frei davon ist. Die Tatsache, daß solche Unregelmäßigkeiten für die Praxis bedeutungslos sind, ist darauf zurückzuführen, daß man in der Regel gemischte Entwickler anwendet, denen eine von einer Induktionsperiode fast freie Durchschnittskurve zukommt.

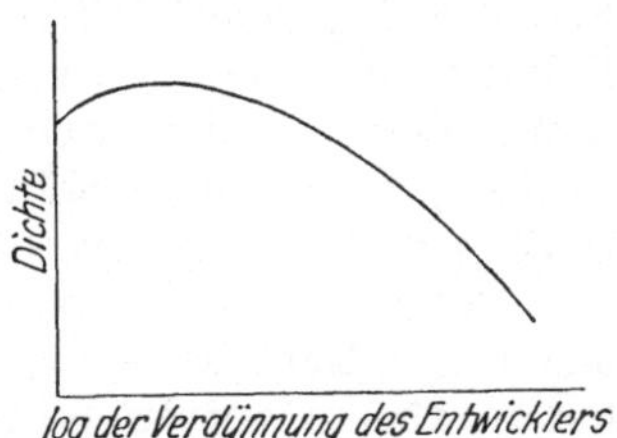

Abb. 41. Die Logarithmen der relativen Verdünnungen des Entwicklers sind als Abszissen aufgetragen, die entsprechenden Dichten für ein und dieselbe Exposition als Ordinaten. (Nach A. H. NIETZ und R. A. WHITAKER)

Den Einfluß der Entwicklungstemperatur hat zuerst W. B. FERGUSON[2] 1905, zum Teil in Verbindung mit B. F. HOWARD sowohl graphisch als auch analytisch studiert. Seinen Untersuchungen zufolge bleibt die Inertia ungeändert. Dagegen wächst Gamma mit steigender Temperatur. Konstruiert man für gleiche Entwicklungszeiten Kurven mit der Temperatur als Abszisse, mit Gamma als Ordinate, so läßt sich durch Interpolation für jede Temperatur der der Entwicklungszeit entsprechende Wert von Gamma im Diagramm ablesen. Noch praktischer ist es, den Temperaturkoeffizienten der Entwicklung und aus dieser Größe die für das gleiche Gamma bei einer bestimmten anderen Temperatur erforderliche Entwicklungsdauer zu berechnen.

Sei die Entwicklungsdauer bei $t^0 \ldots m$ Minuten, bei $(t + 10)^0 \ldots M$ Minuten, so ist $\frac{M}{m} = \frac{b^{t+x}}{b^t} = b^x$ und $\log b = \frac{\log M - \log m}{x}$ (b^{10} ist der Temperaturkoeffizient). Auf Grund zweier Vorversuche läßt sich also die Entwicklungsdauer für jede beliebige dazwischenliegende Temperatur ermitteln.

C. E. K. MEES (l. c.) schlug eine andere Formel vor, die für ein größeres Temperaturintervall anwendbar ist.

O. BLOCH[3] fand, daß die Koordinaten des Konvergenzpunktes sich mit der Temperatur ändern; dagegen behalten der Anfangspunkt und der unterste Teil (der Fuß) der charakteristischen Kurve ihre Lage bei. Der geradlinige Teil der Kurve verschiebt sich im Sinne der abnehmenden Expositionen. Zur eindeutigen Bestimmung der NIETZschen Empfindlichkeit H ist mithin die Angabe der Ver-

[1] Comm. Nr. 157 und 208, EASTMAN KODAK Co., Kodak Abrid., Bd. 6, S. 185 und Bd. 8, S. 104; Sc. et Ind. phot., 1923, S. 58 und 1924, Mém., S. 53, vgl. auch Trans. Faraday Soc., Bd. 19, S. 355, nach Sc. et Ind. phot., 1924, S. 57.

[2] Phot. Journ., Bd. 45, S. 118, Sc. et Ind. phot., 1923, Mém., S. 89; Phot. Journ., Bd. 46, S. 182, Sc. et Ind. phot., 1923, Mém., S. 104, und 1924, Mém., S. 6.

[3] Trans. Faraday Soc., Bd. 19, S. 327, nach Sc. et Ind. phot., 1924, S. 40.

suchstemperatur erforderlich (abgesehen davon, daß man auch Beleuchtungsstärke und Belichtungszeit getrennt angeben muß, s. S. 153).

Eine eingehende Untersuchung über den Einfluß des Entwicklers und der Entwicklungsbedingungen auf den Schwellenwert hat E. R. BULLOCK geliefert[1]. Es hat sich gezeigt, daß der Schwellenwert nur ausnahmsweise von den genannten Faktoren unabhängig ist. Dies ist insofern von Wichtigkeit, als man bei Bestimmung einer auf dem Schwellenwert basierenden Empfindlichkeitszahl bei allen Prüfungen den Entwickler und die Art der Entwicklung streng konstant halten muß (vgl. F. FORMSTECHER[2]).

Der Entwicklungsschleier. S. E. SHEPPARD und C. E. K. MEES[3] wiesen zuerst mit Nachdruck darauf hin, daß es, wie schon HURTER und DRIFFIELD erkannt, aber unzutreffend formuliert hatten, unzulässig ist, die im unexponierten Teil der Schicht gemessene Schleierdichte zwecks Erhaltung der Kurve ohne Schleier von allen gemessenen Dichten abzuziehen, obwohl dieser Modus ja in der sensitometrischen Praxis meist üblich ist und für den dort angestrebten Zweck genügt. Sei nämlich (in der belichteten Schicht) A das durch Licht veränderte, B das unveränderte Bromsilber, also $(A + B)$ die Gesamtmenge des Bromsilbers; es sei ferner die Entwicklungsgeschwindigkeit $= \frac{dD}{dt}$, so beträgt die Zunahme des Schleiers in der unbelichteten Schicht $(A + B)\,\frac{dD}{dt}$, die Zunahme der bildliefernden Schwärzung in der belichteten Schicht $A\,\frac{dD}{dt}$, also die Zunahme des Schleiers in der belichteten Schicht $B\frac{dD}{dt}$. Diese Größe ist aber um so kleiner, je höher die Exposition liegt, und ist $= 0$, falls $B = 0$. Bei der zur maximalen Dichte gehörigen Exposition, also bei Belichtung alles Bromsilbers, setzt man gewöhnlich die Schleierdichte $= 0$, was nach neueren Untersuchungen zweifelhaft ist. Auf alle Fälle ist aber der Anteil des Schleiers an der Gesamtdichte geringer als der Schleier in der unbelichteten Schicht.

O. BLOCH[4] hat versucht, durch Einkopieren opaker Scheibchen in die einzelnen Stufen einer Graukeilskala (an den — belichteten Stellen unmittelbar benachbarten — unbelichteten Stellen) die jedem Schwärzungsgrad entsprechende Schleierdichte der unbelichteten Schicht zu ermitteln. Wegen der dabei unvermeidlichen Lichthofbildung sind die so gefundenen Werte nicht ganz einwandfrei[5].

A. H. NIETZ[6] hat beobachtet, daß die Reaktionsgeschwindigkeit bei der Bildung des Schleiers genau der einer Reaktion 1. Ordnung entspricht, im Gegensatz zu der Entwicklungsgeschwindigkeit des Bildes. Die beiden Gleichungen sind schon oben, S. 177, angeführt worden. Er bezeichnet die Bilddichte mit D_i (i englisch $=$ image), die Schleierdichte mit D_f (f englisch $=$ fog), also die gesamte gemessene Dichte mit $D = D_i + D_f$, ferner die Schleierdichte im unbelichteten Teil mit F.

[1] Comm. Nr. 268, EASTMAN KODAK Co., Kodak Abrid., Bd. 10, S. 144, Sc. et Ind. phot., 1926, Mém., S. 33 und 41, und Sc. et Ind. Phot., 1927, Mém., S. 5, 9.

[2] Phot. Ind., 1926, S. 1146.

[3] SHEPPARD und MEES, Unters., S. 67.

[4] Trans. Farad. Soc., Bd. 19, S. 327, nach Sc. et Ind. phot., 1924, S. 40.

[5] Vgl. H. A. PRITCHARD, Sc. et Ind. phot., 1927, Mém., S. 77. Comm. Nr. 310, EASTMAN KODAK Co., Kodak Abrid., Bd. 11, S. 180

[6] Comm. Nr. 100, EASTMAN KODAK Co., Kodak Abrid., Bd. 4, S. 215, Sc. et Ind. phot., 1923, S. 60.

Es gilt annähernd die Beziehung $D_f = K(D_i - D_{i0})$ (K und D_{i0} sind Konstanten), die genau nur für den geradlinigen Teil der Kurve zutrifft.

Ordnet man die Entwickler auf Grund ihrer Schleierdichte F in der unbelichteten Schicht, so findet man eine ganz andere Reihenfolge als auf Grund ihres Reduktionspotentials (ermittelt aus π_{Br} bzw. D_∞, s. S. 177).

Die durch Thiocarbamidzusatz zum Entwickler verursachte Bildumkehrung läßt sich, ebenso wie der normale Schleier, durch Bromidzusatz unterdrücken und folgt denselben Gesetzen.

W. MEIDINGER[1] hat zuerst eine einfache Formel zur Berechnung der Schleierdichte für jede gemessene Dichte aufgestellt. Sie lautet unter Verwendung der NIETZschen Symbole

$$D_f = \frac{F(D_m - D)}{D_m - F}$$

R. B. WILSEY[2] hat darauf hingewiesen, daß man nicht, wie es MEIDINGER angibt, das noch nicht entwickelte Silber, vielmehr nur das vom Licht überhaupt nicht beeinflußte Silber als Schleiermaterial auffassen muß und formuliert diese Annahme wie folgt:

Hat man eine bestimmte Silbermenge als Schleierdichte F im nicht exponierten Teil der Schicht festgestellt, so ist der jeweilige Bruchteil dieser Größe, der als Schleierdichte D_f bei der der Dichte D entsprechenden Exposition E abgezogen werden muß, gleich dem Bruchteil der totalen Menge des Haloidsilbers, der durch die angewandte Exposition nicht verändert worden ist, also

$$\frac{D_f}{F} = \frac{D_m - D_\infty}{D_m}.$$

Diese Formel bezieht sich nur auf die totale Entwicklung γ_∞. Wenn man einen möglichst wenig schleiernden Entwickler benutzt, gibt diese Korrektionsformel fast einwandfreie Resultate. Die praktische Ermittlung der Kurve ohne Schleier gestaltet sich folgendermaßen. Man konstruiert aus den Werten einer 30 Minuten lang entwickelten Skala die Kurve ($\log E$, D_∞). Für den Anfangspunkt dieser Kurve ist die Korrektur selbstverständlich; er liegt bei ($\log E_0$, O). Für alle zwischen ihm und dem Endpunkt ($\log E_m$, D_m) liegenden Punkte berechnet man mittels obiger Formel den von jedem D_∞ abzuziehenden Wert von D_f und konstruiert daraus die 1. Annäherungskurve $(\log E, D_\infty)_1$. Man entnimmt sodann dem oberen Ende des geradlinigen Teils dieser korrigierten Kurve für eine bestimmte Exposition E den ersten Annäherungswert $D_{\infty 1}$. Nun bestimmt man für die gleiche Exposition E und verschiedene Entwicklungszeiten $t_1, t_2, t_3 \ldots$ die Dichten $D_1', D_2', D_3' \ldots$ zieht überall den z. B. nach MEIDINGERS Formel gefundenen Wert von D_f ab und erhält so die korrigierten Dichten D_1, D_2, D_3. Daraus konstruiert man eine (t, D) Kurve, die durch Extrapolation (z. B. mit der NIETZschen Formel, s. S. 177) einen Wert von D_∞ zu ermitteln erlaubt. Der so gefundene 2. Annäherungswert $D_{\infty 2}$ kommt der gesuchten wahren Bilddichte $D_{i\infty}$ meist schon praktisch genügend nahe. Nötigenfalls können diese beiden Korrektionen wiederholt werden. Um den ganzen Verlauf der korrigierten ($\log E$, D) Kurve zu erhalten, konstruiert man zunächst den geradlinigen Teil durch Verbindung des Punktes ($\log E$, $D_{\infty 2}$) und des aus der einmal korrigierten Kurve ermittelten Punktes der Inertia, während man den Unterexpositionsteil durch Ziehen einer zum entsprechenden Teil der einmal korrigierten Kurve affinen Kurve nach dem gleichen Anfangspunkt ($\log E_0$, O)

[1] ZS. f. phys. Chem. Bd. 114, S. 59 nach Sc. et Ind. phot. 1925, S. 82.

[2] Comm. Nr. 246, EASTMAN KODAK Co., Kodak Abrid. Bd. 9, S. 197, Sc. et Ind. phot. 1925, S. 165.

findet. Den Überexpositionsabschnitt erhält man ebenso durch Ziehen einer affinen Kurve vom Punkt ($\log E$, $D_{\infty 2}$) nach dem vom Anfang an genau bekannten Punkt ($\log E_m$, D_m).

Die Zuverlässigkeit dieser Methode wird insbesondere dadurch bestätigt, daß die wachsenden Entwicklungszeiten entsprechenden ($\log E$, D) Kurven nach der Korrektur für jede beliebige Exposition E wachsende Werte von D und γ zeigen, die sich den Grenzwerten D_∞ und γ_∞ nähern, ferner dadurch, daß sich die Wendepunktstangenten aller korrigierten Kurven in einem Konvergenzpunkte treffen.

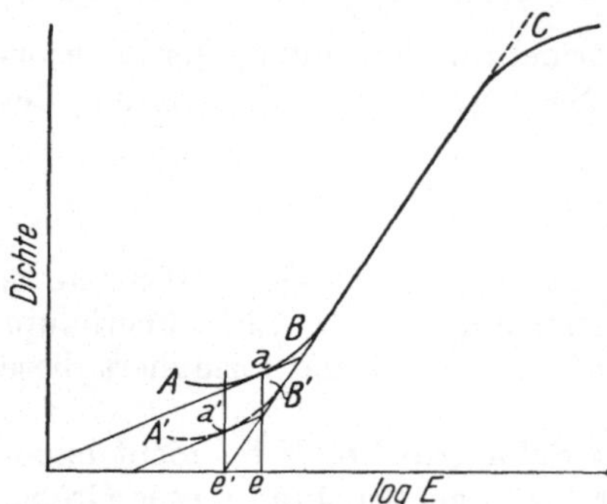

Abb. 42. Graphische Bestimmung der „nutzbaren Empfindlichkeit" nach S. E. SHEPPARD. $\overline{ABC}$ ist die auf Grund der Versuchsergebnisse konstruierte charakteristische Kurve. Die Verlängerung ihres geradlinigen Abschnittes schneidet die Abszissenachse im Punkt e' unter dem Neigungswinkel ϑ, also $\gamma = \operatorname{tg} \vartheta$. Man berechnet nun $\vartheta = \operatorname{arc} \operatorname{tg} \frac{\gamma}{2}$, zieht unter dem Neigungswinkel ϑ gegen die Abszissenachse eine Tangente an die Kurve $\overline{ABC}$, die diese Kurve im Punkt a berührt, und fällt vom Punkt a ein Lot auf die Abszissenachse, das diese im Punkt e trifft. Die Abszisse e stellt dann ein Maß für die nutzbare „Empfindlichkeit" dar. Die Kurve $\overline{A'B'C'}$ ist die hypothetische Kurve ohne Schleier; für sie ist im Punkt a' der Gradient $= \frac{\gamma}{2}$. (Warum dem Abstand $\overline{a'e}$, gerade dieser Wert beigelegt wurde, ist in der Originalarbeit nicht angegeben)

S. E. SHEPPARD[1] wies darauf hin, daß die von R. B. WILSEY gemachten Voraussetzungen nicht exakt zutreffen, da der Schleier auch eine Funktion des Entwicklungsgrades der belichteten Körner ist; die Anwendung von WILSEYS Formel führe zu einer Überkorrektur. SHEPPARD empfiehlt daher, lieber eine rein graphische Korrektur der Versuchsresultate vorzunehmen. Zur Bestimmung der Inertia der „Kurve ohne Schleier" (also der „nutzbaren Empfindlichkeit") benutzt er eine graphische Methode, die auf der von R. LUTHER[2] gefundenen Beziehung, derzufolge $\frac{dD}{d\log E}$ für $E = i$ ungefähr $= \frac{\gamma}{2}$ ist, aufgebaut ist. (s. Abb. 42).

H. A. PRITCHARD[3] benutzt die Tatsache, daß die Entwicklung des Bildes nach 30 Minuten praktisch beendet ist, während der Schleier noch nach mehreren Stunden zunimmt, zur Grundlage einer Korrektionsmethode. Aus der Entwicklungsgeschwindigkeit, d. h. der Zunahme der Gesamtdichte in dieser letzten Entwicklungsperiode, läßt sich der Anteil der Schleierdichte an der Gesamtdichte für jede Exposition berechnen.

Welche Schwierigkeiten unter Umständen schon die exakte Bestimmung des Schleiers der unbelichteten Schicht macht, lehrt eine Arbeit von E. R. BULLOCK.[4] Bei einer Diapositivplatte wurde nach 40 Minuten eine Schleierdichte $= 0{,}91$ erhalten. In diesem Stadium hatte die Platte ihren maximalen Tonumfang (gemessen vom Schwellenwert bis zur maximalen Dichte) erreicht. Bei weiter fortgesetzter Entwicklung nahm aber der Schleier ständig zu und der Ton-

[1] Comm. Nr. 272, EASTMAN KODAK Co., Kodak Abrid., Bd. 10, S. 168; Phot. Journ., Bd. 66, S. 399, nach Sc. et Ind. phot., 1926, S. 177, und Phot. Ind., 1926, S. 1199.

[2] Sc. et Ind. phot., 1924, Mém., S. 1.

[3] Comm. Nr. 310, EASTMAN KODAK Co., Kodak Abrid., Bd. 11, S. 180; Sc. et Ind. phot., 1927, Mém., S. 77.

[4] Comm. Nr. 268, EASTMAN KODAK Co., Kodak Abrid., Bd. 10, S. 144; Sc. et Ind. phot., 1926, Mém., S. 33 und 41.

umfang ständig ab, und zwar handelte es sich nicht um ein „Ertrinken“ des Bildes im Schleier, sondern um eine Art „Pseudosolarisation“[1]; die dem Schwellenwert benachbarten Bildstufen waren heller als der Schleier in der unbelichteten Schicht. Erst oberhalb 120 Minuten schien die Lage des Schwellenwertes und damit die Schleierdichte konstant geworden zu sein.

b) Zeit- und Intensitätsskalen. Auf die prinzipiellen Verschiedenheiten dieser beiden Arten von Skalen ist bereits auf S. 92 bei der Besprechung der zu ihrer Herstellung dienenden Sensitographen hingewiesen worden. Die Zeitskala stellt die charakteristische Kurve (log E, D) für konstante Belichtungsdauer dar, die Intensitätsskala die charakteristische Kurve (log E, D) für konstante Beleuchtungsstärke. Die Frage, welche Art der Gradation die richtige ist, d. h. der praktischen Empfindlichkeitsbestimmung zugrunde gelegt werden muß, läßt sich nicht eindeutig beantworten.[2] Über die Güte der Tonwiedergabe entscheidet ja zweifellos die Intensitätsskala: denn sowohl bei der Aufnahme als auch beim Kopierprozeß werden alle Bildteile gleich lange belichtet. Vergleicht man aber zwei Negativmaterialien hinsichtlich ihrer praktischen Empfindlichkeit, d. h. in bezug auf das Verhältnis, in dem bei gleichbleibender Beleuchtung die Belichtungszeit variiert werden muß, um in entsprechenden Bildteilen die gleiche Schwärzung zu erzielen, so muß man natürlich eine Zeitskala zugrunde legen. Glücklicherweise sind innerhalb des in der praktischen Photographie meist angewandten Helligkeitsgebiets Zeit und Intensitätsskalen nur wenig voneinander verschieden, so daß die oft, z. B. von A. Hübl,[3] geäußerten Bedenken in der Regel keine Rolle spielen.

Wegen einer ausführlichen Literaturübersicht (bis 1916) sei auf A. Odenkrants' systematische Zusammenstellung[4] verwiesen. Hier sollen nur die wichtigsten Arbeiten referiert oder wenigstens zitiert werden. Die erste hiehergehörige Beobachtung scheint Malaguti[5] (1839) gemacht zu haben.[6] In bezug auf die Daguerreotypie haben H. Fizeau und L. Foucault[7] (1844) erhebliche Abweichungen beider Skalen festgestellt. Aus Versuchen mit einem Chlorsilberbadepapier leiteten dagegen R. W. Bunsen und H. E. Roscoe[8] (1862) das nach ihnen benannte Reziprozitätsgesetz ab, demzufolge Zeit- und Intensitätsskalen identisch sein sollen:

$$J \, . \, t = \text{konst.}$$

Daß dieses Gesetz auch im Auskopierprozeß nicht allgemein zutrifft, hat zuerst wohl J. W. Swan[9] erkannt; F. Formstecher (s. S. 188) hat erst neuerdings diese Frage quantitativ untersucht.

Die ersten exakten Arbeiten über das Versagen des Reziprozitätsgesetzes im Entwicklungsprozeß verdanken wir W. de W. Abney.[10] Er hat zuerst festgestellt, daß für jede photographische Schicht eine bestimmte Lichtintensität existiert, welche bei gegebener Exposition (= Lichtintensität mal Belichtungs-

---

1 R. E. Liesegang, Phot. Korr., 1895, S. 536.

2 Vgl. E. Lehmann, Phot. Korr., 1921, S. 88.

3 Phot. Korr., 1919, S. 363.

4 ZS. f. wiss. Phot., Bd. 16, S. 199.

5 Nach J. Plotnikow, Lehrb. d. allg. Photochemie, Berlin und Leipzig 1920, S. 672.

6 Vgl. auch J. M, Eder, Ausf. Hdb. d. Phot., Bd. 1, 3, 1912, S. 131.

7 C. R. Ac. Sc., Bd. 18, S. 746, 860, nach A. Odenkrants, ZS. f. wiss. Phot., Bd. 16, S. 199.

8 Ann. d. Phys., Bd. 117, S. 529, nach A. Odenkrants, ZS. f. wiss. Phot., Bd. 16, S. 199.

9 Phot. Arch., 1866, S. 279.

10 Eders Jahrb. f. Phot., 1894, S. 373; 1895, S. 123, 149, 174.

dauer) einen Maximaleffekt, d. h. die relativ größte Schwärzung liefert, während sowohl bei kleineren als auch bei größeren Intensitäten der Nutzeffekt der Exposition ($E = J\,t$) geringer ist. Ferner erkannte bereits er, daß die Zeitskalen invariant sind, während die Intensitätsskalen eine Funktion des absoluten Wertes der Beleuchtungsstärke darstellen, d. h. man erhält je nach der Lage des Schwellenwertes (ausgedrückt in Lux) auf der log E-Achse im Anstieg voneinander abweichende Intensitätskurven, die im gewöhnlich angewandten Helligkeitsgebiet, d. h. für Intensitäten unterhalb J_0, stets steiler verlaufen als die Zeitkurve.

Den ersten Versuch zur mathematischen Formulierung, der bis heute die Grundlage aller diesbezüglichen Arbeiten geblieben ist, machte 1899 K. SCHWARZSCHILD.[1] Er setzt $D = F(\sigma)$, wo $\sigma = J^q\,t$ oder $J \,.\, t^p$ (σ kann als „latente Schwärzung" bezeichnet werden). SCHWARZSCHILD erkannte schon, daß p, der nach ihm benannte SCHWARZSCHILD-Exponent (stets kleiner als 1), kein absoluter Emulsionsparameter ist, sondern nur für einen begrenzten Helligkeitsabschnitt konstant bleibt. Während nun bei der gewöhnlichen Anwendung der Photographie, insbesondere bei Negativmaterialien, das Reziprozitätsgesetz annähernd gültig ist, trifft dies Gesetz für die bei Sternaufnahmen in Betracht kommenden langen Belichtungsdauern und geringen Intensitäten nicht mehr zu; hier muß das Reziprozitätsgesetz durch SCHWARZSCHILDs Gesetz ersetzt werden und für sehr geringe Intensitäten nähert sich p einem konstanten Grenzwert. Für große Intensitäten, also oberhalb J_0, und kleine Expositionszeiten weicht allerdings das SCHWARZSCHILDsche Gesetz noch mehr als das Reziprozitätsgesetz vom tatsächlichen Befund ab.

A. WERNER[2] fand (1908), daß der Exponent p sich sowohl bei steigender Temperatur des Entwicklers als bei zunehmender Entwicklungszeit immer mehr von 1 entfernt. Das Altern des Negativmaterials bewirkt Annäherung von p an 1. Der SCHWARZSCHILD-Exponent eines Präparates scheint überhaupt c. p. sich um so mehr dem Wert 1 zu nähern, je höher die Allgemeinempfindlichkeit des Präparats ist.

S. E. SHEPPARD und C. E. K. MEES[3] wählten eine geeignete graphische Darstellung, indem sie für eine gegebene Schwärzung D die Intensität log J als Abszisse, die Exposition log ($J \,.\, t$) als Ordinate auftrugen. Die so erhaltenen Kurven gleicher Schwärzung[4] verlaufen annähernd homolog. Soweit das Reziprozitätsgesetz gilt, erhält man eine Parallele zur Abszissenachse. Die Stellen, an denen der gekrümmte Teil der Kurve von dieser Geraden abweicht, sollen in Beziehung zur Inertia stehen.

J. STARK[5] stellte 1910 für das Normalschwärzungsgebiet (gleichbedeutend mit HURTER und DRIFFIELDs Periode der korrekten Exposition) das Schwärzungsgesetz

$$D = \log\,(k\,J^m \,.\, t^n)$$

auf. Er nahm an, daß (auch für beträchtliche Intensitätsunterschiede) m und n (und demnach auch $p = \frac{n}{m}$) innerhalb dieses Gebietes konstant sind, was sehr zweifelhaft wird, wenn man ein Intensitätsintervall 1 : 100 überschreitet.

---

[1] EDERs Jahrb. f. Phot., 1900, S. 161.

[2] ZS. f. wiss. Phot., Bd. 6, S. 28.

[3] SHEPPARD und MEES, Unters., S. 239.

[4] „Äquiopaken", nach M. GEIGER, 1912, Ann. d. Phys., [4] Bd. 37, S. 68, nach ODENKRANTS, ZS. f. wiss. Phot., Bd. 16, S. 199.

[5] Ann. d. Phys., [4] Bd. 33, S. 1449, nach ODENKRANTS, l. c.

1913 erschien die wichtige Arbeit von E. KRON.[1] Er stellte für die Äquiopaken das Gesetz auf

$$\log (J \,.\, t) = \log \eta + a \sqrt{1 + \log^2 \frac{J}{J_0}},$$

Er bezeichnet den bereits von W. DE W. ABNEY erkannten Parameter J_0 als optimale Intensität. Hält man η, also den Wert der einer bestimmten Schwärzung entsprechenden Funktion der Lichtzufuhr (diese Funktion kann zweckmäßig [nach BUNSEN und ROSCOE] als Insolation bezeichnet werden), konstant, so stellt die Kurve ($\log J$, $\log J \,.\, t$) eine Hyperbel dar, deren Scheiteltangente der Abszissenachse parallel verläuft. Im Scheitel ($\log J = \log J_0$) gilt das Reziprozitätsgesetz; im Bereich kleiner Intensitäten gilt das SCHWARZSCHILDsche Gesetz, wenn man in ihm statt $p \ldots \frac{1}{1+a}$ einsetzt, indem dann der Hyperbelast mit der Asymptote zusammenfällt. Für große Intensitäten gilt dagegen $p = \frac{1}{1-a}$. Das p würde also > 1 werden, was in guter Übereinstimmung mit den tatsächlichen Beobachtungen steht. Ebenso war KRON der erste, der die große Annäherung der Äquiopake an eine Kettenlinie (siehe unten) erkannte (s. Abb. 47).

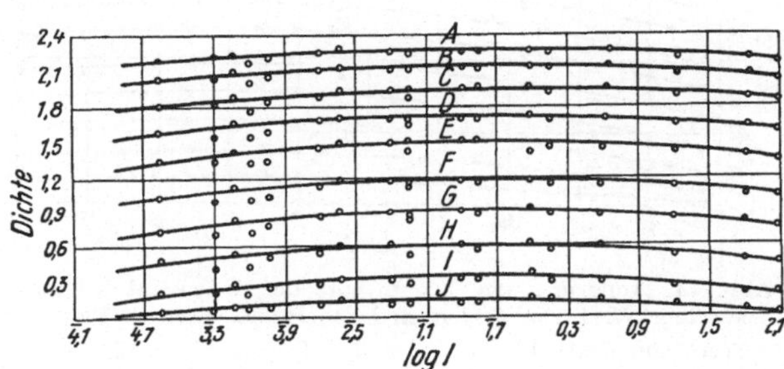

Abb. 43. Änderung der Dichte mit der Intensität bei konstantem Wert von $J \,.\, t$ nach L. A. JONES (Seed 23-Plate)

Wert von $J \,.\, t$	64	32	16	8	4	2	1	1/2	1/4	1/8
Kurve	A	B	C	D	E	F	G	H	I	J

Zitiert seien nur die neueren Untersuchungen von P. S. HELMICK,[2] R. A. MALLET,[3] F. E. ROSS[4] und F. F. RENWICK,[5] der zuerst, also schon vor ROSS, die Formel aufstellte:

$$p = \frac{\gamma_T}{\gamma_J}$$

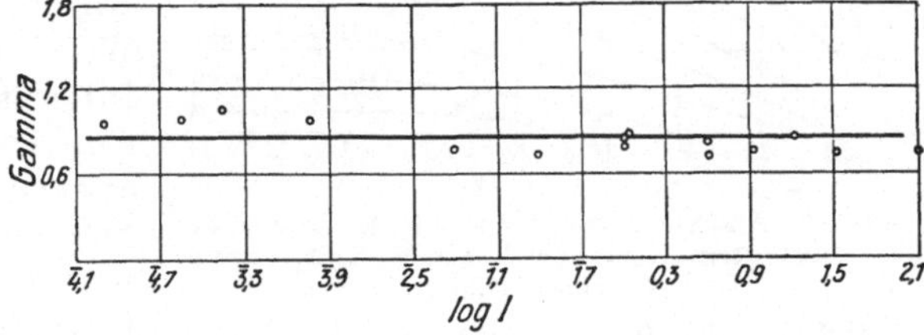

Abb. 44. Bei konstantem Wert von $J \,.\, t$ ist Gamma von der Intensität unabhängig [nach L. A. JONES] (Seed 30-Plate)

(γ_T bedeutet das γ im Wendepunkt der Zeitkurve, γ_J bedeutet das γ im Wendepunkt der Intensitätskurve), ein Gesetz, das aber, wie sich zeigte, auch nur für einen begrenzten Intensitätsbereich zutrifft (nämlich solange γ_J konstant bleibt).

Die gründlichste Untersuchung des Problems verdanken wir L. A. JONES und E. HUSE, teilweise in Gemeinschaft mit V. C. HALL und R. M. BRIGGS.[6] Als

---

[1] EDERS Jahrb. f. Phot., 1914, S. 7.

[2] Phys. Review, Bd. 11, S. 135, nach Sc. et Ind. phot., 1924, S. 92; Phys. Review, Bd. 17, S. 411, nach Sc. et Ind., 1921, S. 41.

[3] Sc. et Ind. phot., 1923, Mém., S. 1.

[4] Comm. Nr. 93, EASTMAN KODAK Co., Kodak Abrid., Bd. 4, S. 165.

[5] Phot. Journ., 1916, S. 11, nach L. A. JONES, Sc. et Ind. phot., 1924, S. 51.

[6] Comm. Nr. 193, EASTMAN KODAK Co., Kodak Abrid., Bd. 8, S. 22, Sc. et Ind. phot., 1924, S. 50; Comm. Nr. 233, EASTMAN KODAK Co., Kodak Abrid.,

experimentelle Grundlage dienten bei konstanten Intensitäten hergestellte echte Zeitskalen. Es wurden zunächst „Kurven gleicher Exposition" ($J \,.\, t$ = constans) mit log J als Abszisse und D als Ordinate aufgezeichnet (s. Abb. 43, 45, 46). Diese Kurven verlaufen, ebenso wie Geigers Äquiopaken (s. oben S. 184), nur im Bereich der Gültigkeit des Reziprozitätsgesetzes parallel zur Abszissenachse. Aus diesen Kurven ließ sich der mit J variable Wert von p und gleichzeitig der der jeweilig angewandten Intensität entsprechende Wert der Empfindlichkeit berechnen. (Er wird durch die Abszisse „a" nach H. A. Nietz [s. S. 177] ausgedrückt.) Bei gewöhnlichen Negativemulsionen erwies sich γ_J als konstant (s. Abb. 44), bei einer Kinonegativemulsion als stark schwankend; p ist im letzteren Falle nicht nur mit J, sondern auch mit der zum Vergleich benutzten Schwärzung D veränderlich, also nicht eindeutig bestimmbar. Bei orthochromatischen Negativemulsionen war γ_J nur schwach veränderlich, stark veränderlich war γ_J dagegen bei photomechanischen und bei Diapositivplatten. Es ist selbstverständlich, daß die Entwicklungsbedingungen stets konstant gehalten werden müssen: denn γ_J nimmt bei steigender Intensität um so mehr zu, je länger entwickelt wird. Der maximale Wert von γ_J, γ_{J_∞} wird (genügende Intensität vorausgesetzt) bei einer Entwicklungsdauer von 30 Minuten erreicht. Es existiert nicht nur ein Schwellenwert der Exposition ($J \,.\, t$), sondern auch ein Schwellenwert der Intensität (J), der mindestens vorhanden sein muß, wenn alles Silbersalz zu metallischem Silber reduziert werden soll (s. Abb. 52 — 54). Dieser Schwellenwert, also das erforderliche Intensitätsminimum ist anscheinend der Empfindlichkeit der Emulsion umgekehrt proportional. Die Tatsache der Abnahme von γ_J bei abnehmender Intensität hat (für monochromatisches Licht) auch J. Hrdlička nachgewiesen (vgl. Abb. 55).[1]

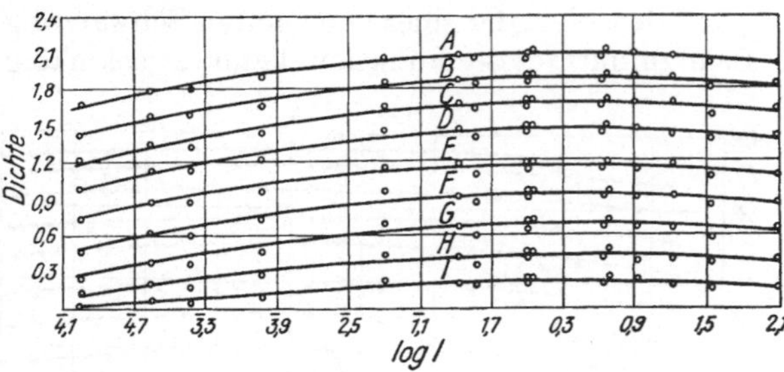

Abb. 45. Änderung der Dichte mit der Intensität bei konstantem Wert von $J \,.\, t$ nach L. A. Jones (Seed 30-Plate)

Wert von $J \,.\, t$	16	8	4	2	1	1/2	1/4	1/8	1/16
Kurve	*A*	*B*	*C*	*D*	*E*	*F*	*G*	*H*	*I*

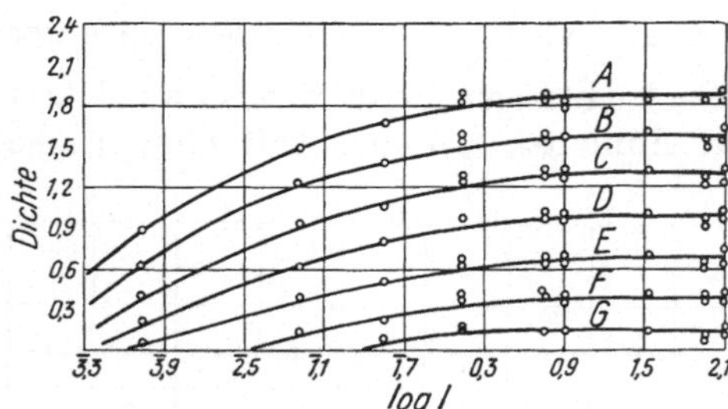

Abb. 46. Änderung der Dichte mit der Intensität bei konstantem Wert von $J \,.\, t$ nach L. A. Jones (Kinepositivfilm)

Wert von $J \,.\, t$	64	32	16	8	4	2	1
Kurve	*A*	*B*	*C*	*D*	*E*	*F*	*G*

Es sei daran erinnert, daß H. J. Channon[2] schon 1910/12 erkannt hatte, daß die bei verschieden großen Expositionen erzielbare maximale Dichte D_∞ eine Funktion der Lichtintensität ist und der Höchstwert der maximalen Dichte

Bd. 9, S. 97, Sc. et Ind. phot., 1925, Mém., S. 89; Comm. Nr. 253, Eastman Kodak Co., Kodak Abrid., Bd. 10, S. 18, Sc. et Ind. phot., 1926, S. 122; Comm. Nr. 266, Eastman Kodak Co., Kodak Abrid., Bd. 10, S. 136, Sc. et Ind. phot., 1927, S. 4; Comm. Nr. 292, Eastman Kodak Co., Kodak Abrid., Bd. 11, S. 79, Sc. et Ind. phot., 1927, S. 115.

[1] Casopis matem. a Fysiky, Bd. 55, S. 45, 1926, nach Sc. et Ind. phot., 1927, S. 3.

[2] Brit. Journ. of Phot., 1920, S. 375.

D_m überhaupt nur bei genügend großer Intensität erzielt werden kann.[1] F. C. Toy[2] hat durch Zählung der Keimzentren pro Korn diese Tatsache bestätigt; er formuliert sie folgendermaßen: dem Korn muß während der Exposition ein gewisser Minimalbetrag an strahlender Energie pro Zeiteinheit zugeführt werden, um es entwickelbar zu machen. Dieser Betrag ist unabhängig von der gesamten Expositionsdauer.

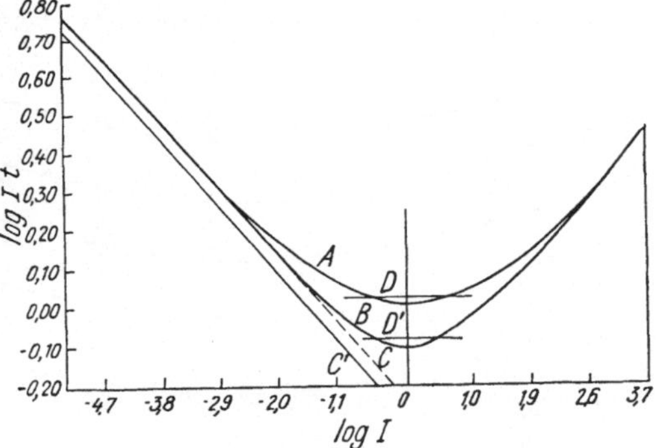

Abb. 47. Graphische Darstellung verschiedener Schwärzungsgesetze nach L. A. Jones. J = Intensität; $J \,.\, t$ = Intensität . Zeit, A Krons Kettenlinienformel, B Krons Hyperbelformel, C und C' Schwarzschilds Formel, D und D' Bunsen und Roscoes Reziprozitätsgesetz

L. A. Jones' Beobachtungen werden am besten durch eine von J. Halm[3] durch Modifikation von E. Krons Kettenlinienformel abgeleitete Gleichung dargestellt:

$$\log (J\,.\,t) = \log \frac{1}{2} \left\{ \left(\frac{J}{J_0} \right)^a + \left(\frac{J}{J_0} \right)^{-a} \right\} + \log (J_0\, t_0),$$

wo J_0 und t_0 sich auf den Punkt des maximalen („kritischen") Effektes beziehen, a einen weiteren Emulsionsparameter bezeichnet. Die so berechnete Kurve ($\log J$, $\log Jt$) fällt für kleine Intensitäten mit der Asymptote von Krons Hyperbel zusammen (hier gilt Schwarzschilds Gesetz) und differiert nur für sehr kleine Intensitäten von den Beobachtungsresultaten, gibt aber in der Nähe des Punktes [$\log J_0$, $\log (J_0\, t_0)$] und für große Intensitäten die Versuchsresultate weit genauer wieder als die Hyperbel Krons. Sie bewährte sich z. B. bei orthochromatischen Emulsionen in einem Intensitätsintervall 1 : 8000000. Ferner wurde der spezifische Einfluß der einzelnen Entwicklersubstanzen untersucht. Bei genügend langer Entwicklung ergab sich, daß die Emulsionsparameter J_0 und a unabhängig von der Entwicklersubstanz sind (s. Abb. 48 bis 51).

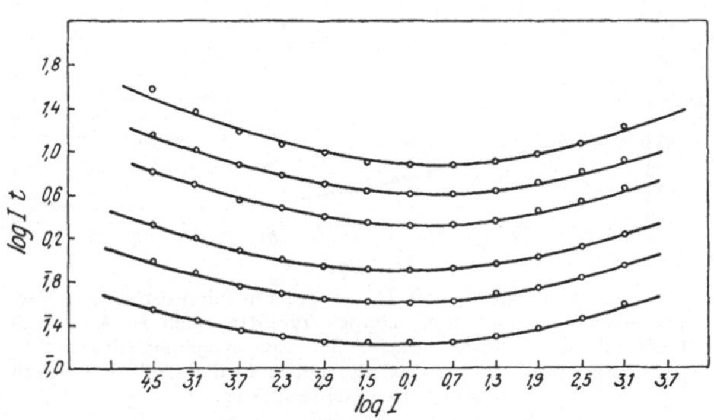

Abb. 48. Anwendung von Halms Kettenlinienformel auf Versuchsergebnisse an einer panchromatischen Platte nach L. A. (Wratten & Wainwright-Panchromatic-Plate)

In allen bisher beschriebenen Untersuchungen von Abney bis Jones wurden Durchsichtsbilder dem Experiment zugrunde gelegt. Doch auch bei Aufsichtsbildern zeigen sich analoge Unterschiede zwischen Intensitäts- und Zeitskalen.

In bezug auf Entwicklungspapiere hat A. Odenkrants[4] diese Frage studiert. Er fand, daß der Schwarzschild-Exponent p (hier nur schwach veränderlich

[1] Vgl. auch Brit. Journ. of Phot., 1926, S. 732; 1927, S. 340.

[2] Brit. Journ. of Phot., 1926, S. 704.

[3] Not. Roy. astron. Soc., Bd. 75, S. 109, und Bd. 82, S. 472, nach Sc. et Ind. phot., 1922, S. 105.

[4] ZS. f. wiss. Phot., Bd. 18, S. 220.

mit der Intensität) um so kleiner ist, je härter das betreffende Papier arbeitet. Möglicherweise lag das daran, daß als „harte Papiere" reine Chlorsilberschichten benutzt wurden und daß diese vielleicht allgemein einen kleineren Wert von p haben als Bromsilberschichten. Im Auskopierprozeß fand F. FORMSTECHER,[1] daß der SCHWARZSCHILD-Exponent bei Celloidinpapier erheblich kleiner als 1 ist. Auch beobachtete FORMSTECHER eine deutliche Abnahme von γ_J bei abnehmender Beleuchtungsstärke[2]. L. P. CLERC[3] beobachtete im Entwicklungsprozeß (bei Bromsilberpapier) eine erhebliche Abnahme von γ mit der Beleuchtungsstärke (die letztere wurde durch Anwendung verschiedener Keildichten modifiziert) und eine entsprechende Variabilität des SCHWARZSCHILD-Exponenten.

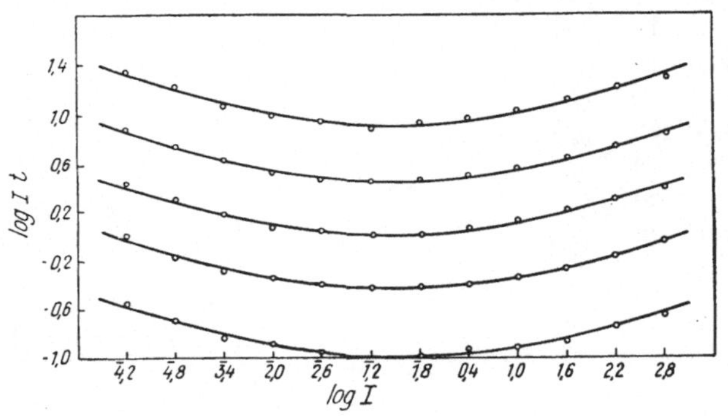

Abb. 49. Anwendung von HALMS Kettenlinienformel auf Versuchsergebnisse an einer orthochromatischen Platte nach L. A. JONES (EASTMAN Double Coated Orthochromatic Plate)

Die Bestimmung des SCHWARZSCHILD-Exponenten p erfolgt unter Zugrundelegung einer (gemessenen oder geschätzten) Vergleichsdichte nach der Formel

$$J_1\, t_1^p = J_2 \,.\, t_2^p,$$

also

$$p = \frac{\log J_1 - \log J_2}{\log t_2 - \log t_1},$$

wobei man das Intervall zwischen J_1 und J_2 nicht zu groß nehmen darf, damit p als konstant betrachtet werden kann. Zur meßbaren Variierung der Intensität benutzt man Abstandsänderung der Lichtquelle oder einen Graukeil.[4] Analog hat B. LINDBLAD[5] unter Benutzung von Sternen bekannter Helligkeit als Lichtquellen den Wert von p ermittelt.

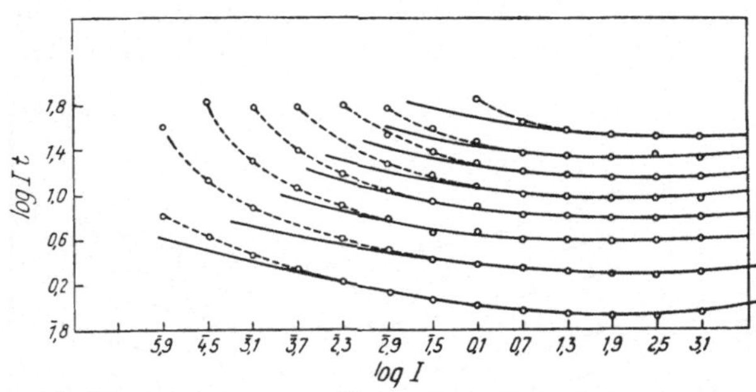

Abb. 50. Anwendung von HALMS Kettenlinienformel auf Versuchsergebnisse an einer Diapositivplatte nach L. A. JONES (EASTMAN Slow Lantern Plate). Die ausgezogenen Linien sind die berechneten Kurven, die gestrichelten Linien sind die Kurven aus den Beobachtungswerten

Man kann, worauf zuerst K. SCHWARZSCHILD[6] hingewiesen hat, aus dem Durchmesserfokal aufgenommener Photogramme von Sternen, falls der SCHWARZSCHILD-Exponent bekannt ist, die relative Helligkeit dieser Sterne berechnen,

[1] ZS. f. wiss. Phot., Bd. 22, S. 116.

[2] Phot. Ind., 1924, S. 673 und 1929, S. 608.

[3] Bull. Soc. Franç. phot., [3], Bd. 8, S. 63, nach Sc. et Ind. phot., 1921, S. 46.

[4] A. ODENKRANTS, ZS. f. wiss. Phot., Bd. 16, S. 111; A. HÜBL, Phot. Korr., 1919, S. 363.

[5] Astrophys. Journ., Bd. 55, S. 85, nach Sc. et Ind. phot., 1922, S. 70.

[6] EDERS Jahrb. f. Phot., 1900, S. 170.

und daher umgekehrt, wenn die Helligkeit der Sterne bekannt ist, daraus den SCHWARZSCHILD-Exponenten ableiten.[1]

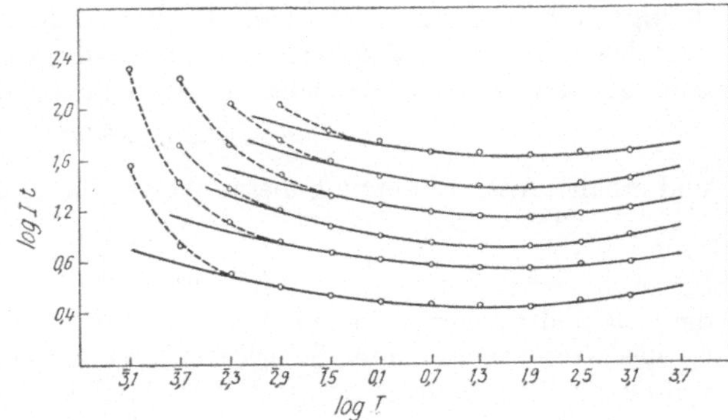

Abb. 51. Anwendung von HALMS Kettenlinienformel auf Versuchsergebnisse an einer photomechanischen Platte nach L. A. JONES (WRATTEN Process Ordinary Plate). Die ausgezogenen Linien sind die berechneten Kurven, die gestrichelten Linien sind die Kurven aus den Beobachtungswerten

Statistisches Material über den SCHWARZSCHILD-Exponenten findet man außer bei K. SCHWARZSCHILD[2] insbesondere bei A. WERNER,[3] E. KRON,[4] J. PLOTNIKOW,[5] A. HÜBL,[6] A. ODENKRANTS,[7] H. J. CHANNON.[8] Beim nassen Kollodiumprozeß ist der Exponent p nahezu $= 1$.[9]

Eine analoge Abhängigkeit von Intensität und Zeit wie die Dichte zeigt auch das von J. EGGERT und G. ARCHENHOLD definierte Diffusionsvermögen.[10]

Es ist klar, daß bei einer präzisen Formulierung des Schwärzungsgesetzes mindestens zwei unabhängig variable J und t nötig sind, um die Dichte D ein-

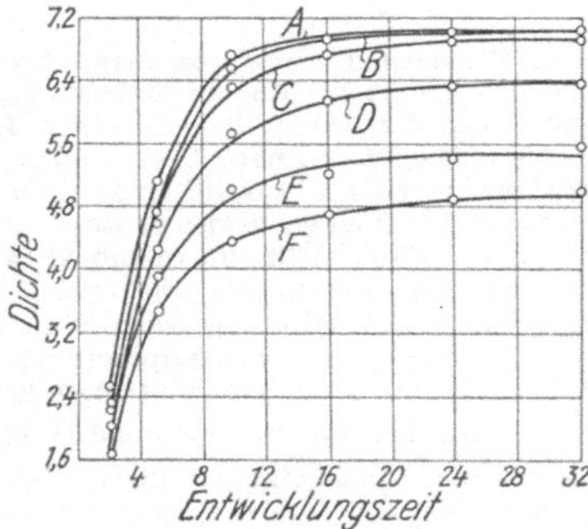

Abb. 52. Abhängigkeit der Entwicklungszeit-Dichte-Kurve von der Intensität nach L. A. JONES (gewöhnlicher Film, u. zw. EASTMAN Commercialfilm). Alle Kurven sind bei gleicher Exposition ($J . t = 2560$ Metersekundenkerzen) hergestellt. Bei jeder Kurve wurde eine andere Intensität angewandt, und zwar nehmen die Intensitäten von A nach F ab. Die Entwicklungszeit ist in Minuten angegeben. Die Dichte ist ohne Schleierkorrektur aufgetragen

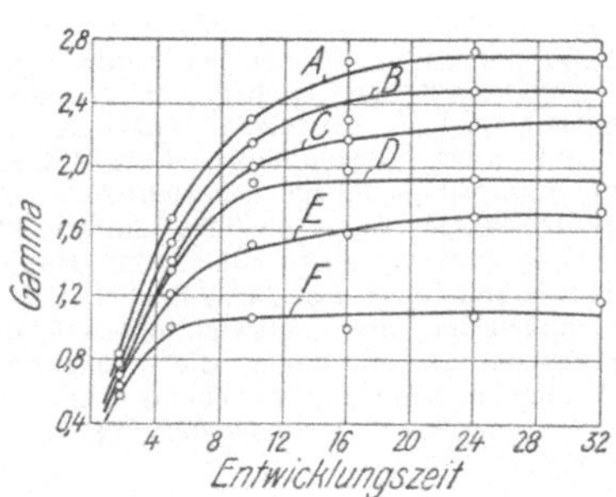

Abb. 53. Abhängigkeit der Entwicklungszeit-Gamma-Kurve von der Intensität nach L. A. JONES (gewöhnlicher Film, u. zw. EASTMAN Commercial Film). Alle Kurven sind bei gleicher Exposition $J . t$ hergestellt. Bei jeder Kurve wurde eine andere Intensität angewandt, u. zw. nehmen die Intensitäten von A nach F ab. Die Entwicklungszeit ist in Minuten angegeben

---

[1] Siehe F. E. ROSS, Comm. Nr. 90, EASTMAN KODAK Co., Kodak Abrid., Bd. 4, S. 136.

[2] EDERS Jahrb. f. Phot., 1900, S. 168.

[3] ZS. f. wiss. Phot., Bd. 6, S. 27.

[4] EDERS Jahrb. f. Phot., 1914, S. 7.

[5] Lehrbuch der allgemeinen Photochemie, Berlin und Leipzig 1920, S. 674.

[6] Phot. Korr., 1919, S. 364.

[7] ZS. f. wiss. Phot., Bd. 18, S. 220.

[8] Brit. Journ. of Phot., 1926, S. 732.

[9] L. P. CLERC, Bull. Soc. Franç. phot. [3], Bd. 9, S. 192, nach Sc. et Ind. phot., 1922, S. 73.

[10] ZS. f. phys. Chem., Bd. 110, S. 497, nach Sc. et Ind. phot., 1925, S. 16.

deutig zu bestimmen. Von dem SCHWARZSCHILDschen Gesetz als Grundlage ausgehend, hat H. M. KELLNER[1] auf empirischem Wege ein allgemeines Schwärzungsgesetz abzuleiten versucht. Er setzt zunächst:

$$p = a + b \,.\, e^{-c \log^2 (J t)}$$

und erhält (unter Einsetzung dieses Wertes für p) aus der Gleichung

$$D = m \,.\, e^{-\frac{g}{\sqrt[3]{J t^p}}}$$

die zu J und t gehörige Dichte. Von den fünf Emulsionsparametern bestimmen a, b, c das „Gesetz der latenten Schwärzung", m und g hängen von den Entwicklungsbedingungen ab. Zufolge obiger Formel erreicht die Größe p ein Minimum $= a$ für $\log (J t) = \pm \infty$, die Größe p ein Maximum $= a + b$ für $\log (J t) = 0$ (!)

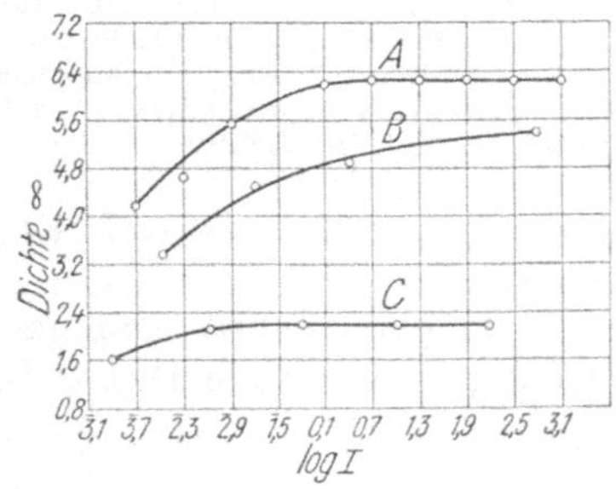

Abb. 54. Abhängigkeit der bei maximaler Entwicklung erhaltenen Dichte (D_∞) von der Intensität nach L. A. JONES. Kurve A bezieht sich auf einen gewöhnlichen Film (EASTMAN Commercial Film). Kurve B bezieht sich auf eine Diapositivplatte (EASTMAN Slow Lantern Plate). Kurve C bezieht sich auf einen Rapidfilm (EASTMAN Par Speed Portrait Film). Die Kurven sind abgeleitet aus Entwicklungszeit-Dichte-Kurvenscharen, von denen die Schar für den gewöhnlichen Film (entsprechend Kurve A) in Abb. 52 wiedergegeben ist.

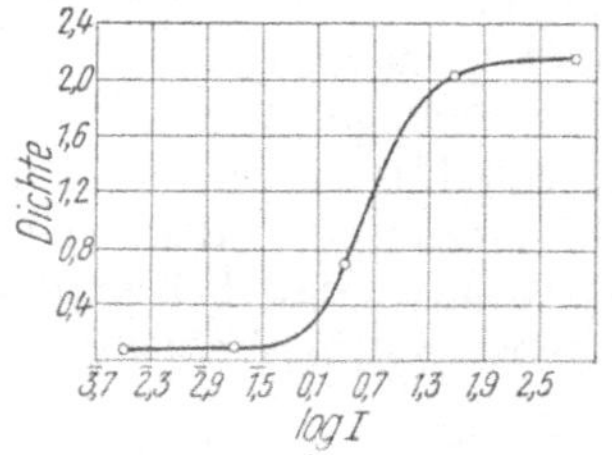

Abb. 55. Versagen des Reziprozitätsgesetzes bei einem nicht farbenempfindlichen Material (EASTMAN Par Speed Portrait Film) in rotem Licht (Filter WRATTEN Nr. 25) nach L. A. JONES. Angewandt wurde eine konstante Exposition von 320 Metersekundenkerzen (visuell ohne Filter gemessen; das Filter läßt annähernd 22% des auffallenden Lichtes durch) und einer Entwicklungszeit von 30 Minuten. Die Intensitäts-Dichte-Kurve zeigt, daß das Reziprozitätsgesetz oberhalb einer Intensität von 0,14 Meterkerzen ($\log J = \bar{1}, 15$) nicht zutrifft, während es unterhalb $\log J = \bar{1}, 15$ annähernd gültig ist. In diesem Abschnitt stellt die Kurve eine Parallele zur Abszissenachse dar

Schon diese Beispiele zeigen die unzweckmäßige Formulierung; denn $(J t)$ ist eine benannte (von der Wahl der Einheiten für J und t abhängige) Größe, während p eine unbenannte Größe ist! KELLNERS Gesetz kann in dieser Form den Tatsachen keinesfalls gerecht werden.

Von HURTERS und DRIFFIELDS (s. oben auf S. 169) angeführtem Schwärzungsgesetz ausgehend, hat P. S. HELMICK[2] eine empirische Formel mit fünf Parametern abgeleitet, die innerhalb eines sehr weiten Bereiches gut stimmende Resultate geben soll.

Er setzt

$$p = (B + C \, {}^{10}\log J)^{-1}$$

und

$$D = \frac{1}{a} \log_e \left[b - (b-1)^{-t \,.\, 10^{A + B \, {}^{10}\log J + C \, {}^{10}\log^2 J}} \right]$$

Auch hier ist nicht berücksichtigt worden, daß J eine benannte Größe ist.

Von den Beziehungen zwischen der Korngröße des Haloidsilbers und seinen sen-

[1] ZS. f. wiss. Phot., Bd. 24, S. 41.

[2] Phys. Rev., Bd. 17, S. 411, nach Sc. et Ind. phot., 1921, S. 41.

sitometrischen Eigenschaften ausgehend, hat G. I. HIGSON[1] einige Formeln aufgestellt, aus denen sich ableiten läßt, daß die SCHWARZSCHILDsche Konstante q auf alle Fälle zwischen 1 und 2 liegen und sich bei abnehmender Intensität der Einheit nähern muß. Vgl. ferner F. FORMSTECHER.[2] Über „Anomalien" des SCHWARZSCHILD-Effekts vgl. auch LÜPPO-CRAMER.[3]

c) Intermittenzskalen. Schon bei der Besprechung des SCHEINER-EDERschen Sektorenrades (s. S. 98) ist darauf hingewiesen worden, daß dieser Sensitograph keine echten Zeitskalen liefert. Trotzdem kann die mit diesem Apparat erhaltene Intermittenzskala zur Bestimmung der charakteristischen Kurve für praktische Zwecke meist unbedenklich benutzt werden.

Während nun das gegenseitige Verhältnis zwischen Zeit- und Intensitätsskalen ziemlich geklärt ist, ist es trotz zahlreicher Vorarbeiten immer noch nicht gelungen, das weit kompliziertere Verhältnis zwischen kontinuierlichen und intermittenten Zeitskalen allgemein darzustellen. Eine vollständige Literaturübersicht bis 1916 hat A. ODENKRANTS[4] gegeben. Seitdem sind weitere Arbeiten erschienen von H. E. HOWE[5] (1916) L. A. JONES[6] (1920) ferner von R. DAVIS und E. A. BAKER 1926 (s. S. 193).

Von den älteren Arbeiten seien hier nur die prinzipiell wichtigsten kurz erwähnt. Schon W. DE W. ABNEY[7] hat festgestellt, daß die Intermittenzschwächung mit der Länge der Belichtungspausen wächst und daß die Intensität diesen Effekt beeinflußt.

E. ENGLISCH[8] führte 1898 als Wirkungsgrad das Verhältnis der zur Erzielung gleicher Dichte erforderlichen kontinuierlichen und intermittenten Belichtungszeit bei gleicher Beleuchtungsstärke, $\frac{t_k}{t_i}$, ein und fand, daß der Wirkungsgrad abnimmt

1. mit abnehmender Intensität des wirkenden Lichtes;
2. mit der Zunahme der Länge der Pausen zwischen den Teilbelichtungen;
3. mit der Vermehrung der Teilbelichtungen bei konstanter Gesamtbelichtungszeit;
4. bei abnehmender Empfindlichkeit des Materials.

Diese Resultate wurden im wesentlichen bestätigt und erweitert durch K. SCHWARZSCHILD,[9] der das Ergebnis seiner Versuche wie folgt zusammenfaßte: Der Intermittenzeffekt hängt im wesentlichen ab:

1. von dem Verhältnis der Pause zur Dauer der Einzelbelichtung (je länger die Pause, um so stärker ist die Schwächung);
2. von der Exposition (Lichtintensität und Zeit) bei der Einzelbelichtung.

Ein bestimmtes Verhältnis der Pause zur Dauer der Einzelbelichtung schwächt den Intermittenzeffekt um so mehr, je weiter diese Einzelbelichtung unter dem Schwellenwert liegt. Ohne merklichen Einfluß sind die Schwärzung, die Gesamtbelichtungszeit und die Lichtintensität an und für sich (der letztgenannte Befund steht im Gegensatz zu dem ENGLISCHS).

---

[1] Phot. Journ., Bd. 61, S. 35, nach Sc. et Ind. phot., 1921, S. 22.

[2] Phot. Ind. 1928, S. 713.

[3] Phot. Ind., 1927, S. 835, ZS. f. wiss. Phot., Bd. 25, S. 61.

[4] ZS. f. wiss. Phot., Bd. 16, S. 200.

[5] Phys. Rev. [2], Bd. 8, S. 674, nach H. M. KELLNER, ZS. f. wiss. Phot., Bd. 24, S. 62.

[6] Comm. Nr. 64, EASTMAN KODAK Co., Kodak Abrid., Bd. 4, S. 7, sowie Trans. Faraday Soc., Bd. 19, S. 367, nach Sc. et Ind. phot., 1924, S. 49.

[7] EDERS Jahrb. f. Phot., 1895, S. 149.

[8] Arch. f. wiss. Phot., Bd. 1, S. 117, nach A. ODENKRANTS, ZS. f. wiss. Phot., Bd. 16, S. 200.

[9] Phot. Korr., 1899, S. 109, 171.

Was die Form der Intermittenzkurve betrifft, so zeichnet sie sich durch einen gut ausgeprägten geradlinigen Teil aus, was zuerst HURTER und DRIFFIELD erkannt haben und was A. ODENKRANTS[1] bestätigte. Die von SCHWARZSCHILD vertretene Ansicht, daß der Anstieg der Intermittenzkurve zwischen dem der Zeit- und dem der Intensitätskurve liegt, ist nach ODENKRANTS nicht zutreffend; nach seinen Beobachtungen verläuft die Intermittenzkurve stets noch steiler als die Intensitätskurve, die ihrerseits (im Gültigkeitsgebiet des SCHWARZSCHILDschen Gesetzes) stets steiler ansteigt als die Zeitkurve. Ferner fand ODENKRANTS, daß auch dann, wenn die Dauer der Teilbelichtung erheblich über dem Schwellenwert lag, eine mit der Intermittenz wachsende Schwächung eintrat. ODENKRANTS bestätigte auch ENGLISCHS Feststellung, derzufolge die Intermittenzschwächung bei abnehmender Intensität zunimmt. Demnach ist es durchaus unzulässig, bei exakten Untersuchungen die Intermittenzskala als Ersatz für die Intensitätsskala oder gar für die kontinuierliche Zeitskala zu verwenden.

Ein Schwärzungsgesetz, das die Dichte D als Funktion der Beleuchtungsstärke J, der Gesamtbelichtungszeit t, der Tourenzahl n pro Zeiteinheit, sowie der Gesamtversuchsdauer T, bzw. der gesamten, während des Versuches angewandten Drehungszahl $n\,T$ darstellt, ist noch nicht bekannt, doch läßt sich unter Benutzung und Fortbildung von H. M. KELLNERS[2] Gedankengang vielleicht wenigstens das Glied der latenten Schwärzung, also die Größe $\Sigma(J\,\tau^p)$, im allgemeinen Gesetz

$$D = f\,(\Sigma\,J\,\tau^p)$$

ableiten.[3] Hier bedeutet τ die Dauer der Teilbelichtung.

Es sei ferner α der Winkel des Ausschnittes in Gradmaß, also

$$\frac{t}{T} = \frac{\alpha}{360} \quad \text{und} \quad \tau = \frac{\alpha}{360} \cdot \frac{1}{n}, \quad \text{daher} \quad \tau = \frac{t}{n\,T}$$

Nun ist

$$\Sigma\,(J\,\tau^p) = J\,\Sigma\,\tau^p = J\,t^p\,(n\,T)^{1-p}$$

Nimmt man ferner an, daß die Größe p mittels einer kontinuierlichen Zeitskala festgelegt ist (so daß sie also nur von J und t abhängt), so läßt sich KELLNERS oben (s. S. 190) zitiertes Schwärzungsgesetz für den Fall intermittenter Lichtzufuhr folgendermaßen modifizieren:

$$D = m \,.\, e^{\frac{-g}{\sqrt[3]{J \,.\, t^p\,(n\,T)^{1-p}}}}$$

wo

$$p = a + b \,.\, e^{-c \log^2 (J\,t)}.$$

Hier bestimmen die Parameter a, b, c und $(n\,T)$ das Gesetz der latenten Schwärzung, während m und g auch von der Entwicklung abhängig sind.

Daß KELLNERS Gesetz auch in der so korrigierten Form kein allgemeiner Ausdruck des Schwärzungsgesetzes für intermittente Belichtung sein kann, geht — abgesehen von der auf S. 190 erwähnten Unkorrektheit in der Formel für p — schon daraus hervor, daß die Formel nur das Produkt $(n\,T)$ als Variable enthält, während, wie experimentell feststeht, der Effekt auch bei konstantem $(n\,.\,T)$ mit T allein variiert; denn von dem Verhältnis zwischen T und t hängt die äußerst wichtige Größe Pause/Belichtung ab. Es ist nämlich

---

[1] ZS. f. wiss. Phot., Bd. 16, S. 198.

[2] ZS. f. wiss. Phot., Bd. 24, S. 41.

[3] F. FORMSTECHER, Phot. Ind., 1927, S. 575.

$$\frac{\text{Pause}}{\text{Belichtung}} = \frac{360 - a}{a} = \frac{T}{t} - 1$$

Das vollständige Gesetz der latenten Schwärzung müßte etwa lauten:

$$D = f\,[\Sigma\,(J\,.\,\tau^{p}) + \Sigma\,(J\,v^{p})],$$

wo v die Dunkelpause $\frac{1}{n} - \tau = \frac{1}{n} - \frac{t}{n\,T}$ bezeichnet. Hieraus folgt

$$D = f\left[J\,.\,t^{p}\,(n\,T)^{1-p} + J\,.\,T\,.\,n^{1-p}\left(1 - \frac{t}{T}\right)^{p}\right],$$

wo p eine eindeutige Funktion von J und t darstellt; also ergibt sich D als eine Funktion von vier unabhängigen Variabeln J, t, T und n.

Aus einer neueren Untersuchung von R. Davis[1] geht hervor, daß man überhaupt nicht allgemein von Intermittenzschwächung reden darf, denn in vielen Fällen wurde bei gleicher Exposition durch intermittentes Licht ein größerer Effekt erzielt als durch kontinuierliche Belichtung. Der Dichtegewinn betrug allerdings nur 0,06 ... 0,16. Bei einer photomechanischen Platte wurde im Unterexpositionsabschnitt ein Dichteverlust, im Überexpositionsabschnitt ein Dichtegewinn festgestellt, wofür auch eine theoretische Erklärung gegeben wird; bezüglich dieser sei auf die Originalarbeit verwiesen.

E. A. Baker[2] formuliert analog dem Schwarzschildschen Gesetz

$$f\,(D) = J\,.\,t^{n},$$

wo n eine von der Tourenzahl pro Minute abhängige charakteristische Konstante bezeichnet, die nur in Ausnahmefällen (nach E. A. Bakers Ansicht nur eine Folge von Versuchsfehlern) größer als 1 ist, die dagegen bei geringer Tourenzahl (750 Touren pro Minute) regelmäßig kleiner als 1 ist und sich mit wachsender Tourenzahl (spätestens bei 45000 Touren pro Minute) der Einheit immer mehr nähert. Diese Konstante scheint wenigstens bei niedriger Tourenzahl in Beziehung zur Schwarzschild-Konstante p zu stehen; oberhalb 3000 Touren pro Minute hat p keinen Einfluß auf n. Bei genügend großer Tourenzahl scheint demnach das Talbotsche Gesetz auch für den photographischen Effekt des Lichts zu gelten.

17. Spektrale Kurven. a) Das Schwärzungsgesetz für farbiges Licht. Wenn wir bei der Formulierung des Schwärzungsgesetzes die Farbe der Beleuchtung mit berücksichtigen wollen, müssen wir mindestens drei unabhängig veränderliche Größen in die Rechnung einführen, nämlich die Wellenlänge λ, die Dichte D und die Exposition E (= Intensität × Zeit). Die Intensität darf hiebei nicht, wie es bisher zulässig war, in einer visuellen Einheit (Lux) angegeben werden, sondern muß in energetischem Maß (Erg bzw. Quantum pro Flächeneinheit) eingesetzt werden. Zur Darstellung des Zusammenhanges zwischen dem Gradienten $\frac{d\,D}{d \log E}$ und der Wellenlänge λ schließen wir uns am besten der von C. Fabry und H. Buisson[3] benutzten Formulierung dieser Beziehung an; es sei erwähnt, daß E. Hertzsprung[4] bereits einen ähnlichen Gedankengang eingeschlagen hat. H. Buisson und C. Fabry haben die schon früher vermutete Tatsache,[5] daß gleiche, aber durch Licht verschiedener Wellenlängen verursachte

[1] Scient. Pap. Bur. of Stand., Bd. 21, Nr. 528, S. 95, nach Sc. et Ind. phot., 1926, S. 179.

[2] Proc. opt. Conv., Bd. 1, S. 238, nach Sc. et Ind. phot., 1927, S. 42.

[3] Rev. d'Opt., Bd. 3, S. 1, nach Sc. et Ind. phot., 1924, S. 33.

[4] ZS. f. wiss. Phot., Bd. 2, S. 419.

[5] Vgl. z. B. L. Cazes, La Phot., 1897, S. 59, nach Sc. et Ind. phot., 1924, S. 45.

Schwärzungen sich durch die abweichende Tiefe des Silberniederschlags voneinander unterscheiden, mittels Mikrophotographie experimentell bestätigt, und zwar nimmt bei gleicher optischer Dichte der reduzierten Schicht ihre Dicke mit der Wellenlänge ab, bzw. ist ihre optische Dichte bei gleicher Dicke der reduzierten Schicht um so größer, je kleiner die einwirkende Wellenlänge ist.

Wird eine lichtempfindliche Schicht durch ein monochromatisches Strahlenbündel von der Intensität J_λ (λ = Wellenlänge) beleuchtet, so wirkt auf eine Elementarschicht in der Tiefe x nach dem Lambert-Beerschen Gesetz nur die Intensität

$$i_\lambda = J_\lambda \,.\, 10^{-m_\lambda \cdot x},$$

wo m_λ die optische Dichte der Dicke 1 der unveränderten Schicht in bezug auf die Strahlung λ bezeichnet. Nun besteht zwischen der Dichte der geschwärzten Schicht D_λ und ihrer Dicke x eine Beziehung folgender Form: $d\,D_\lambda = f\,(i_\lambda)\,d\,x$. Der Maximalwert von $f\,(i_\lambda)$, also die optische Dichte einer durch die Intensität J'_λ vollkommen geschwärzten Schicht der Dicke 1, sei $= s_\lambda$. Bezeichnet man mit a die ganze Schichtdicke der lichtempfindlichen Schicht, so ist

$$D_\lambda = \int\limits_{x=0}^{x=a} f\,(i)\,.\,d\,x = \int\limits_{x=0}^{x=a} f\,(J_\lambda \,.\, 10^{-m_\lambda \cdot x})\,d\,x.$$

Ersetzt man die Veränderliche x durch die Veränderliche i, so erhält man, weil

$$x = -\frac{1}{m_\lambda}\log i_\lambda + \frac{1}{m_\lambda}\log J_\lambda,\quad d\,x = -\frac{\log e}{m_\lambda}\cdot\frac{d\,i_\lambda}{i_\lambda}$$

$$D_\lambda = \int\limits_{i_\lambda=J}^{i_\lambda=0} f\,(i_\lambda)\,d\,x = \frac{\log e}{m_\lambda}\int\limits_{i_\lambda=0}^{i_\lambda=J}\frac{f\,(i_\lambda)}{i_\lambda}\,d\,i_\lambda$$

oder nach Zerlegung des Integrals in zwei Teile

$$D_\lambda = \frac{\log e}{m_\lambda}\left(\int\limits_0^{J'_\lambda}\frac{f\,(i_\lambda)}{i_\lambda}\,d\,i_\lambda + \int\limits_{J'_\lambda}^{J_\lambda}\frac{f\,(i_\lambda)}{i_\lambda}\,d\,i_\lambda\right)$$

Der erste Summand ist eine Konstante; im zweiten Summanden ist, da $f\,(i_\lambda)$ zwischen J'_λ und J_λ nicht mehr zunimmt, also konstant bleibt, $f\,(i_\lambda) = s_\lambda$, daher nach Umstellung

$$D_\lambda = \frac{\log e}{m_\lambda}\cdot\frac{s_\lambda}{\log e}\log i_\lambda + \text{const} = \frac{s_\lambda}{m_\lambda}\,.\,\log i_\lambda + \text{const}.$$

Nun gilt für den geradlinigen Teil der charakteristischen Kurve

$$D_\lambda = \gamma_\lambda \log i_\lambda + \text{const}.$$

Beide Konstanten können wir $= 0$ setzen, da hiedurch die entsprechenden Kurven nur parallel zur Abszissenachse verschoben werden. Daraus folgt

$$\gamma_\lambda = \frac{s_\lambda}{m_\lambda}.$$

Nun nimmt Fabry an, daß s_λ eine von λ unabhängige Konstante, also gleich dem im weißen Licht erhaltenen Wert dieser Größe ist. Dies würde bedeuten, daß die maximale Dichte D_m unabhängig von λ ist, was zwar nicht genau,[1] aber an-

[1] Vgl. F. E. Ross, Comm. Nr. 95, Eastman Kodak Co., 1920, Kodak Abrid., Bd. 4, S. 180, ferner G. R. Harrison und C. E. Hesthal, Journ. opt. Soc. Amer., Bd. 8, S. 471, nach Sc. et Ind. phot., 1924, S. 91.

nähernd zutrifft. Die Größe m_λ nimmt, wie oben erwähnt, mit abnehmender Wellenlänge zu, also muß γ_λ mit abnehmender Wellenlänge abnehmen, was auch BUISSON und FABRY für das Intervall 4000 bis 2500 Å.E. experimentell bestätigt haben.

Im sichtbaren Spektrum ist allerdings die Abnahme von γ so gering, daß wir uns nicht wundern dürfen, daß G. LEIMBACH[1] γ überhaupt und T. THORNE BAKER[2] wenigstens γ_∞ unabhängig von λ gefunden haben. Ein Überblick über die ältere Literatur findet sich bei S. E. SHEPPARD und C. E. K. MEES.[3] Darnach hat bereits CHAPMAN JONES erkannt, daß der Gradient $\frac{dD}{d\log E}$ im sichtbaren Spektrum im selben Sinn wie die Wellenlänge zunimmt, während W. DE W. ABNEY zu einem in bezug auf Ultraviolett abweichenden Resultat kam, das G. R. HARRISONS (s. unten) Untersuchungen zu bestätigen scheinen.

SHEPPARD und MEES stellten auf Grund eigener Versuche fest, daß zwar $\frac{dD}{d\log E}$ mit λ veränderlich ist,[4] daß aber γ und mithin auch γ_∞ konstant ist, wie es auch THORNE BAKER (l. c.) behauptet hat. Doch läßt sich dieser Befund auf Grund neuerer Arbeiten nicht mehr aufrechterhalten. So haben insbesondere L. A. JONES und O. SANDVIK[5] einen mit einer von 2 auf 20 Minuten zunehmenden Entwicklungszeit steigenden Einfluß von λ auf γ im Sinne von FABRYS Gesetz im Intervall 3000 bis 7500 Å.E. festgestellt. Für ein intermediäres Minimum bei 5000 Å.E., die sogenannte „Grünlücke", fehlt noch eine theoretische Erklärung. Die Geschwindigkeitskonstante $K = \frac{1}{t} \cdot \frac{\gamma}{\gamma_\infty - \gamma}$ ist im Gegensatz zu SHEPPARDS und MEES' seinerzeitiger Annahme[6] ebenfalls eine Funktion von λ und nimmt mit zunehmender Wellenlänge ab; auch das ist vermutlich eine Folge der verschiedenen Tiefe des sich jeweilig bildenden Silberniederschlags. Die aus der Inertia abgeleitete Empfindlichkeit zeigt ein Maximum im Ultraviolett und nicht, wie man bisher annahm, im Violett.

Das ultraviolette Gebiet wurde besonders studiert von G. R. HARRISON und C. H. HESTHAL.[7] Sie fanden eine starke Abnahme der Empfindlichkeit bei 2200 Å.E., unterhalb des im Ultraviolett gelegenen Maximums bei 2500 Å.E. Die Kurve (λ, D) für gleiche Exposition $(J \,.\, t)$ zeigt für eine mittlere Dichte (z. B. $D = 1$) zwischen 2500 und 4500 Å.E. einen annähernd zur Abszissenachse parallelen Verlauf, ist aber sowohl für höhere als für niedere Dichten deutlich gekrümmt. Die Kurve (λ, γ) zeigt unterhalb 3000 Å.E. wieder einen merklichen, mit zunehmender Entwicklungsdauer wachsenden Anstieg. Zwecks spektrophotometrischer Benutzung der Platten wurden diese nach J. DUCLAUX und P. JEANTET[8] mit fluoreszierenden Ölen überzogen. So wurde im ultravioletten Gebiet ein starker Anstieg von γ erzielt und die (λ, γ) Kurve verläuft bei einer derart vorbehandelten Platte innerhalb ihres ganzen Empfindlichkeitsbereiches annähernd geradlinig.

---

[1] ZS. f. wiss. Phot., Bd. 7, S. 157.

[2] Phot. Journ., Bd. 65, S. 60, nach Sc. et Ind. phot., 1925, S. 55.

[3] SHEPPARD und MEES, Unters., S. 328.

[4] Vgl. J. PRECHT und E. STENGER, ZS. f. wiss. Phot., Bd. 3, S. 67.

[5] Comm. Nr. 256, EASTMAN KODAK Co., Kodak Abrid., Bd. 10, S. 32, Sc. et Ind. phot., 1926, S. 129.

[6] SHEPPARD und MEES, Unters., S. 331.

[7] Journ. opt. Soc. Amer., Bd. 8, S. 471, nach Sc. et Ind. phot., 1924, S. 91; Journ. opt. Soc. Amer., Bd. 11, S. 113, nach Sc. et Ind. phot., 1925, S. 167; Journ. opt. Soc. Amer., Bd. 11, S. 341, nach Sc. et Ind. Phot., 1926, S. 1.

[8] Journ. de Phys. (6), Bd. 2, S. 156, nach Sc. et Ind. phot., 1921, S. 61.

A. HNATEK[1] untersuchte zwecks stellarphotometrischer Messungen die Beziehungen zwischen dem Gradienten und der Wellenlänge. Unterhalb des Wendepunktes läßt sich die charakteristische Kurve als Parabel betrachten. Er setzt daher, wenn m (Sterngrößenklasse) $= - 2{,}5 \log E$ als Abszisse eingeführt wird,

$$D = a + b\,m + c\,.\,m^2$$

$$\frac{dD}{dm} = b + 2\,c\,.\,m$$

Hier sind a, b, c Funktionen von λ. Als Vergleichsdichte wurde im allgemeinen $D = 0{,}6$ benutzt. Sofern dieser Wert auf dem mittleren fast geradlinigen Teil der Kurve liegt, ist der Gradient von der Schwärzung, also auch von der Exposition, unabhängig, d. h. $\frac{dD}{d\log E} = \gamma$. Beim Übergang auf immer schwächere Dichten (im Unterexpositionsbereich) wird aber $\frac{dD}{d\log E}$ von D abhängig. Das in bezug auf λ als Abszisse beobachtete Maximum des Gradienten, das an der Stelle der größten (in bezug auf die jeweils benutzte Lichtquelle!) „relativen Plattenempfindlichkeit" lag, wurde bei abnehmender Vergleichsdichte immer flacher, um bei starker Annäherung an den Schwellenwert in ein Gradientenminimum überzugehen. Bei orthochromatischen Platten zeigte sich, daß für den Wellenlängenbereich, bei dem die Empfindlichkeit durch die Sensibilisierung dem Wert der Empfindlichkeit für Blau genähert worden war, auch der Gradient einen ähnlichen Wert wie im blauen Gebiet angenommen hatte. Die Kurve $\left(\lambda, \frac{dD}{d\log E}\right)$ nähert sich also, abgesehen von der bekannten Grünlücke bei zirka 5250 Å.E. (vgl. oben bei JONES), einer geraden Linie.

Nur zitiert seien die Arbeiten über den gleichen Gegenstand von T. OTASHIRO,[2] W. J. BEEKMAN und F. OUDT,[3] P. CINQALBRES,[4] K. TCHIBISSOF und V. TCHELTSOF.[5]

Die Angabe der Empfindlichkeit im energetischen Maß (auch in bezug auf weißes Licht) ist bei wissenschaftlichen Untersuchungen von großer Bedeutung. Nach einem ersten primitiven Versuch von H. EBERT[6] zur Bestimmung dieser Größe fand G. LEIMBACH,[7] daß zur Erzielung der Dichte 1 (bei einer SCHLEUSSNER-Platte von 7° SCHEINER nach EDERS Nomenklatur) 1,44 Erg/qcm nötig waren. Für blaues Licht ($\lambda = 4500$ Å.E.) fand LEIMBACH 0,6 Erg/qcm bei der Dichte 1. L. A. JONES und A. L. SCHÖN[8] fanden bei der SEED-30-Platte (für $\lambda = 4400$ Å.E., $D = 1$ und $\gamma = 1$) 0,2 Erg/qcm, bzw. 40 Quanta/μ^2. Letzterer Wert wird bestätigt durch P. S. HELMICKS Messungen,[9] der für $\gamma = 3650$ Å.E. 34 ... 68 Quanta/μ^2 fand. W. LESZYNSKY[10] (1926) untersuchte die energetische Empfindlichkeit einer Emulsion vor und nach der Sensibilisierung für drei verschiedene Wellenlängen. Er fand für die unsensibilisierte Emulsion folgende Quantenzahlen pro Quadratzentimeter.

[1] ZS. f. wiss. Phot., Bd. 15, S. 271.
[2] Bull. Kiryu Techn. Coll., August 1923, nach Sc. et Ind. phot., 1924, S. 52.
[3] ZS. f. Phys., Bd. 29, S. 267, nach Sc. et Ind. phot., 1925, S. 83.
[4] Fac. Sc. Paris, Mém., Nr. 281, nach Sc. et Ind. phot., 1926, S. 61.
[5] Sc. et Ind. phot., 1927, Mém., S. 45, 55.
[6] EDERS Jahrb., 1894, S. 14.
[7] ZS. f. wiss. Phot., Bd. 7, S. 157.
[8] Comm. Nr. 166, EASTMAN KODAK Co., Kodak Abrid., Bd. 6, S. 235, Sc. et Ind. phot., 1923, Mém., S. 51.
[9] Journ. opt. Soc. Amer., Bd. 9, S. 521, nach Sc. et ind. phot., 1925, S. 14.
[10] ZS. f. wiss. Phot., Bd. 24, S. 261.

	Für die Schwelle	Für die Dichte 0,5	Für die Dichte 1
$\lambda = 4360$ Å.E.	$8 \cdot 10^{-9}$	$6 \cdot 10^{10}$	$2 \cdot 10^{11}$
$\lambda = 5500$ Å.E.	$1 \cdot 10^{-13}$	$25 \cdot 10^{13}$	$6 \cdot 10^{13}$
$\lambda = 6150$ Å.E.	$1{,}5 \cdot 10^{-15}$	$6 \cdot 10^{15}$	$3 \cdot 10^{16}$

Bezogen auf den Schwellenwert ergab sich eine 60fache Steigerung der Grünempfindlichkeit durch Erythrosin, eine 400fache Steigerung der Rotempfindlichkeit durch Pinachromviolett.

Über Plattenempfindlichkeit in absolutem Maß vgl. ferner H. Scheffers (1923)[1] sowie W. Meidinger (1925).[2]

Der Einfluß farbiger Beleuchtung im Entwicklungsprozeß wurde von F. Formstecher[3] an Aufsichtsbildern quantitativ untersucht; es wurde (bei einem bestimmten Bromsilberpapier) eine deutliche Zunahme von γ_∞ im Gelb beobachtet (also im Sinne von Fabrys Gesetz). Derselbe Autor untersuchte die Wirkung farbiger Beleuchtung im Auskopierprozeß.[4] Hier ergab sich ein Härterwerden der Kopien im gelben bzw. grünen Licht, ein Weicherwerden im violetten Licht. Besonders auffallend ist die Depression von γ unter einem Ponceau-Rot-Filter, das Grün stark absorbiert, während es Violett durchläßt, und daher wirksamer ist als ein Methylviolettfilter allein, das auch Grün durchläßt.[5]

M. Padoa und N. Vita[6] verglichen die Wirkung weißen Lichtes mit derjenigen seiner sukzessiv angewandten Komponenten. Im Auskopierprozeß waren die farbigen Lichter wirksamer als das weiße Licht, wenn das grüne Licht an erster Stelle benutzt wurde. Unter Anwendung der gleichen Lichtfilter wurde bei einem Entwicklungspapier mit weißem Licht ein stärkerer Effekt erzielt, als mit den einzelnen Komponenten in beliebiger Reihenfolge. Bei Anwendung ausgeblendeter Spektralzonen zeigte sich dagegen — je nach der Reihenfolge der Einwirkung der farbigen Lichter — einmal ein stärkerer, ein anderes Mal ein schwächerer Effekt als im unzerlegten Licht.

Einen Vergleich der Wirkung heterogenen Lichtes mit der seiner simultan angewandten Komponenten hat F. C. Toy vorgenommen[7] u. z. unter Benutzung eines von ihm konstruierten Monochromators.[8] Der photographische Effekt wurde durch Kornauszählung gemessen; auf diese Art wurde festgestellt, daß man mit einer aus 2 monochromatischen Komponenten von bestimmter Intensität bestehenden Strahlung die gleiche Schwärzung erzielt wie mit einer jeden dieser Teilstrahlungen, wenn man im letzteren Fall das Doppelte der im ersteren Fall jeweils benutzten Intensität anwendet. (Dieser Befund ist zweifelhaft [vgl. Tchibissofs weiter unten angeführte Versuche.])

Besonders eingehend haben K. Tchibissof und V. Tcheltsof[9] die Abhängigkeit der Empfindlichkeit von der Wellenlänge untersucht. Sie berechnen aus der spektrosensitographisch erhaltenen Kurve (λ, D) im Intervall $\lambda_0 \ldots \lambda_1$ die Dichte $S = \int_{\lambda_0}^{\lambda_1} D_\lambda \cdot d\lambda$ und konstruieren dann die Kurve ($\log E$, S), deren

---

1 ZS. f. Phys., Bd. 20, S. 109, nach Sc. et Ind. phot., 1924, S. 55.

2 ZS. f. phys. Chem., Bd. 114, S. 89, nach Sc. et Ind. phot., 1925, S. 82.

3 Phot. Ind., 1926, S. 183 und 458. 1929, S. 397 und S. 714.

4 Phot. Korr., 1926, S. 4.

5 Phot. Ind., 1927, S. 885, 1075.

6 Gazz. chim. Ital., Bd. 56, S. 164, nach Sc. et Ind. phot., 1926, S. 129.

7 Proc. Roy. Soc., Bd. 100 A, S. 109, nach Sc. et Ind. phot., 1922, S. 1.

8 Phot. Journ., Bd. 61, S. 176, nach Sc. et Ind. phot., 1921, S. 42.

9 Sc. et Ind. phot., 1927, Mém., S. 49.

Gradient $\frac{dS}{d\log E}$ (im geradlinigen Teil γ_s) erheblich von $\frac{dD}{d\log E}$, (bzw. γ) abweicht. Dies beruht darauf, daß die photochemische Gesamtwirkung des Lichtes sich nicht additiv aus den Wirkungen der einzelnen Wellenlängenzonen zusammensetzt.

Der bisher geschilderte Einfluß einer monochromatischen Strahlung auf die Schwärzung ist für die Aufnahme- und Kopierpraxis von geringem Interesse, weil es sich hier stets um Strahlungen handelt, die aus einer ganzen Reihe von monochromatischen Komponenten bestehen. Eine diesem praktisch wichtigen Fall angepaßte Terminologie der sensitometrischen Konstanten haben L. A. JONES und R. B. WILSEY[1] aufgestellt.

Sie bezeichnen mit

J_λ die Emission der Lichtquelle für die Wellenlänge λ;
T_λ die Transmission der lichtempfindlichen Schicht für die Wellenlänge λ;
B_λ die Transmission ihrer Unterlage für λ;
S_λ die Empfindlichkeit der photographischen Schicht für λ;
V_λ die Empfindlichkeit des Auges für λ.

Von diesen Größen werden T_λ und B_λ einfach durch das Verhältnis der durchgelassenen zur auffallenden Strahlung bestimmt. Bei S_λ und V_λ wird der Maximalwert der betreffenden Funktion als Einheit betrachtet und mit Bezug darauf ein relativer Wert für diese Größen berechnet. J_λ wird direkt in energetischem Maß eingesetzt.

Bezeichnet man nun mit

T_v die totale visuelle Transmission der photographischen Schicht,
T_p die totale photographische Transmission der photographischen Schicht,

so ist

$$T_v = \frac{\int_0^\infty J_\lambda \cdot V_\lambda \cdot T_\lambda \cdot d\lambda}{\int_0^\infty J_\lambda \cdot V_\lambda \cdot d\lambda}$$

und

$$T_p = \frac{\int_0^\infty J_\lambda \cdot S_\lambda \cdot B_\lambda \cdot T_\lambda \cdot d\lambda}{\int_0^\infty J_\lambda \cdot S_\lambda \cdot B_\lambda \cdot d\lambda}$$

Hieraus wird abgeleitet, daß $D_v = -\log T_v$ und $D_p = -\log T_p$; somit ist der visuelle Gradient $\mathfrak{G}_v = \frac{dD_v}{d\log E}$ und der photographische Gradient $\mathfrak{G}_p = \frac{dD_p}{d\log E}$.

a) Ist nun $\frac{\mathfrak{G}_p}{\mathfrak{G}_v}$ veränderlich mit E, dann wird $\frac{\mathfrak{G}_p}{\mathfrak{G}_v}$ als der spektrale Koeffizient des Gradienten φ bezeichnet.

b) Sind $\mathfrak{G}_p$ und $\mathfrak{G}_v$ veränderlich mit E, dagegen $\frac{\mathfrak{G}_p}{\mathfrak{G}_v}$ konstant in bezug auf E, so wird $\frac{\mathfrak{G}_p}{\mathfrak{G}_v}$ als der spektrale Koeffizient des Kontrastes $\varkappa$ bezeichnet.

c) Sind $\mathfrak{G}_p$, $\mathfrak{G}_v$ und mithin auch $\frac{\mathfrak{G}_p}{\mathfrak{G}_v}$ konstant in bezug auf E, so wird $\frac{\mathfrak{G}_p}{\mathfrak{G}_v} = \frac{\gamma_p}{\gamma_v}$ als der spektrale Koeffizient des Gammas, kurz als der „Farbenkoeffizient" χ, bezeichnet.

[1] Comm. Nr. 57, EASTMAN KODAK Co., Kodak Abrid., Bd. 3, S. 29.

Wird dieser Gedankengang auf den Kopierprozeß angewandt, so muß als J_λ (in den Formeln für T_p und T_v) die Intensität des vom Negativ-Silber durchgelassenen Lichtes der Wellenlänge λ eingesetzt werden. L. A. JONES hat sowohl eine analytische, als auch eine graphische Methode angegeben, die es ermöglichen, aus der charakteristischen Kurve des Negativs und der des Positivmaterials die resultierende Bildkurve abzuleiten und je nach der „Farbe" des Negativs das Kopiermaterial derart auszuwählen, daß der gewünschte (nämlich bildmäßige) Kontrast zustandekommt.

Bezeichnet $\gamma_{1,p}$ das Gamma der effektiven Kurve des Negativs ($\log E$, D_e),
$\gamma_{1,v}$ das Gamma der visuellen Kurve des Negativs ($\log E$, D),
γ_3 das Gamma der Kurve des Positivmaterials,
γ_2 das Gamma der Bildkurve,

so gilt, weil $\gamma_2 = \gamma_{1,p} \cdot \gamma_3$ (vgl. die analoge Formel, S. 210), für den Farbenkoeffizienten des Negativs die Gleichung

$$\chi = \frac{\gamma_{1,p}}{\gamma_{1,v}} = \frac{\gamma_2}{\gamma_3 \cdot \gamma_{1,v}}$$

Sind also χ und $\gamma_{1,v}$ bekannt, so kann man mittels dieser Formel das zur Erzielung des gewünschten γ_2 erforderliche γ_3 berechnen. Bei Verwendung von Pyrogallol ist χ für die meisten Papiere $= 1{,}20$ (L. A. JONES).

b) Spektrale Zeit- und Intensitätsskalen. Wegen einer vollständigen Literaturübersicht (bis 1916) sei auf die bereits auf S. 183 erwähnte Abhandlung von A. ODENKRANTS[1] verwiesen. Hier sollen von den älteren Arbeiten nur die wichtigsten kurz erwähnt werden.

Schon 1907 hatten A. BECKER und A. WERNER[2] festgestellt, daß der SCHWARZSCHILD-Exponent p, wenn überhaupt eine, so doch keine sehr bemerkbare Verschiedenheit für wechselnde Wellenlängen zeigt. G. LEIMBACH[3] fand (1908) p unabhängig von λ. Äußerst zweifelhaft, weil im Widerspruch mit allen anderen Autoren, ist das von H. LUX[4] gefundene Resultat, demzufolge p nur unterhalb 5600 Å.E. nahezu konstant ist, aber im Intervall 5600 bis 6500 Å.E. rapid bis zu 6,3 ansteigen soll.

Die gründlichste Arbeit über die Veränderung von p innerhalb des sichtbaren Spektrums 4400 bis 6600 Å.E. verdanken wir A. HNATEK,[5] der seine Resultate sowohl mit künstlichen Lichtquellen als auch auf stellarphotometrischem Wege sichergestellt hat. Seine Hauptergebnisse sind:

1. Der Wert des Exponenten p in SCHWARZSCHILDs Gesetz $D = f\,(J\,t^p)$ ist von der Wellenlänge stark abhängig. (Es gibt natürlich in Spezialfällen auch Emulsionen, bei denen p unabhängig von λ ist.)

2. Der für eine bestimmte Wellenlänge geltende Wert des Exponenten p_λ ist von der als Vergleichsdichte benutzten Schwärzung D unabhängig.

3. Der unter Verwendung weißen Lichtes erhaltene Wert p (ohne Filter) ist gleich dem arithmetischen Mittel aus allen für die einzelnen Wellenlängen beobachteten Werten von p_λ. Dieser Mittelwert wird mit p_m bezeichnet.

Im Bereich zwischen λ_1 und λ_2 gilt allgemein $p_m = \dfrac{\sum\limits_{\lambda_2}^{\lambda_1} J_\lambda \cdot p_\lambda}{\sum\limits_{\lambda_2}^{\lambda_1} J_\lambda}$.

---

[1] ZS. f. wiss. Phot., Bd. 16, S. 199.
[2] ZS. f. wiss. Phot., Bd. 5, S. 382.
[3] ZS. f. wiss. Phot., Bd. 7, S. 181.
[4] Phot. Korr., 1917, S. 425.
[5] ZS. f. wiss. Phot., Bd. 22, S. 177.

4. Für eine bestimmte Emulsion ist stets

$$\int_{\lambda_2}^{\lambda_1} p_\lambda \, . \, d\lambda = \text{const}$$

gleichgültig, ob man den zwischen λ_1 und λ_2 gelegenen Empfindlichkeitsbereich durch Sensibilisierung mehr oder weniger erweitert bzw. sein Maximum verschiebt.

Der Wert von p_λ erreicht stets an der Stelle größter mittlerer Empfindlichkeit der photographischen Schicht (in bezug auf die jeweils benutzte Lichtquelle) sein Maximum und fällt von dort nach beiden Seiten stetig ab. Dieses Maximum lag bei orthochromatischen Platten bei 4800 Å.E., und zwar war p_λ hier $= 0{,}950$, während der Mittelwert von p, $p_m = 0{,}838$ (p [ohne Filter] $= 0{,}830$) betrug. Bei panchromatischen Platten lag das Maximum von $p_\lambda = 0{,}860$ bei 5700 Å.E., während $p_m = 0{,}816$ (p [ohne Filter] $= 0{,}822$) war. Man sieht also, daß durch Sensibilisierung sowohl der Mittelwert als der Maximalwert von p stets gesenkt werden; die Stammemulsion hat als Maximalwert von p_λ den $p = 1$ am nächsten kommenden Wert. (Dies wurde allerdings nur durch Baden von Platten im Sensibilisator verifiziert!)

J. K. ROBERTSON[1] hat die Veränderlichkeit von p im Intervall 4471 ... 6678 Å.E. untersucht. Während A. HNATEK sich bei seinen Versuchen streng selektiver Farbenfilter bediente, wandte ROBERTSON seinen oben (S. 119) beschriebenen Spektrosensitographen an; er benutzte die Länge der Keilkopien für verschiedene Expositionszeiten zur Ableitung des SCHWARZSCHILD-Exponenten. ROBERTSON beobachtete eine sehr erhebliche Veränderlichkeit von p mit λ, aber keinen regelmäßigen Gang. Das von ihm untersuchte Material zeigte 2 Maxima von p, nämlich $p = 0{,}91$ für $\lambda = 5876$ Å.E. und $p = 0{,}87$ für $\lambda = 4713$ Å.E.

G. R. HARRISON und C. E. HESTHAL haben in einer Reihe von Arbeiten[2] das Verhältnis zwischen Zeit- und Intensitätsskalen im ultravioletten Gebiet untersucht. Sie stellten ihre Versuchsresultate durch Konstruktion von „charakteristischen Flächen" mit den Koordinaten log J, log t und Dichte D für einzelne Wellenlängen λ dar. Aus diesen Flächen ließen sich durch Schnitte die Kurven (log t, D) für konstantes J, (log J, D) für konstantes t und indirekt (log t, D) für konstantes (J . t) ableiten. Letztere Kurve zeigte (für jede Wellenlänge) ein bestimmtes Maximum für ein Wertepaar (J_0, t_0) (die optimale Intensität s. S. 185). Daraus ging hervor, daß für die fragliche Emulsion (einen panchromatischen Film) weder das Reziprozitätsgesetz noch das SCHWARZSCHILDsche Gesetz innerhalb des Versuchsbereichs verwendbar war. Die Intensitätsskalen (log J, D) für konstantes t verliefen annähernd geradlinig. Die Zeitskalen (log t, D) für konstantes J waren S-förmig gekrümmt. Bei einer photomechanischen Platte wurde unter Annahme der Gültigkeit des SCHWARZSCHILDschen Gesetzes p berechnet und die Kurve (p, λ) im Intervall 2500 ... 4500 Å.E. konstruiert. Es ergab sich eine der Abszissenachse annähernd parallele Gerade. Die Abweichung vom Reziprozitätsgesetz war also in diesem Fall (bei einem Spielraum der Expositionszeit von 1 ... 500 Sekunden) innerhalb des ultravioletten Gebietes auf alle Fälle äußerst gering.[3]

[1] Journ. opt. Soc. Amer., Bd. 7, S. 996, nach Sc. et Ind. phot., 1924, S. 39.

[2] Vgl. insbesondere Journ. opt. Soc. Amer., Bd. 8, S. 471, nach Sc. et Ind. phot., 1924, S. 91, und Journ. opt. Soc. Amer., Bd. 11, S. 341, nach Sc. et Ind. phot., 1926, S. 1.

[3] Vgl. auch E. A. BAKER, Proc. Roy. Soc. Edinburgh, Bd. 47, S. 34, nach Sc. et Ind. phot., 1927, S. 186.

B. Psychophysischer Teil

18. Theorie der Tonwiedergabe. a) Die physiologische und psychologische Wirkung optischer Eindrücke. In diesem Abschnitt soll kurz zusammengefaßt werden, welche Empfindungen und Vorstellungen durch die optischen Sinneseindrücke in uns hervorgerufen werden. Mit Rücksicht darauf, daß die in der Praxis angewandte Photographie — von der Farbenphotographie mittels Rasterverfahren soll hier abgesehen werden — nur monochromatische Bilder liefert, können wir uns darauf beschränken, die Empfindungen, die ein farbloses Objekt in uns hervorruft, zu charakterisieren. Alle für das Auge differenzierbaren Eindrücke beruhen in diesem Falle auf Helligkeitsunterschieden. Der Reiz ist durch die photometrisch gemessene Flächenhelligkeit (also bei Betrachtung von Gegenständen im auffallenden Licht durch das Produkt aus Beleuchtungsstärke und Reflexionsvermögen) eindeutig bestimmt. Die durch diesen Reiz hervorgerufene Empfindung läßt sich nach den in der Psychophysik allgemein üblichen Methoden durch eine Ordnungszahl kennzeichnen.

Zu jeder einzelnen Reizstärke gehört eine eben merkliche Reizänderung, die absolute Unterschiedsschwelle: sie sei $= \Delta B$ für den durch die Helligkeit B gemessenen Reiz; dann bezeichnet man die Größe $u = \frac{\Delta B}{B}$ als relative Unterschiedsschwelle. Der reziproke Wert der absoluten Unterschiedsschwelle wird als absolute Unterschiedsempfindlichkeit bezeichnet und kann dem Verhältnis der Zunahme der Ordnungszahl der Empfindung S zur Zunahme der diese Empfindung erzeugenden Helligkeit B gleichgesetzt werden. Wir erhalten also

$$\frac{dS}{dB} = \frac{1}{\Delta B},$$

mithin

$$S = \int_{B_0}^{B} \frac{1}{\Delta B}\, dB,$$

wo B_0 die Reizschwelle, d. h. die untere Helligkeitsgrenze des Totalbereichs der Gesichtsempfindung, bedeutet.

Die den einzelnen Helligkeiten B entsprechenden Werte von $u = \frac{\Delta B}{B}$ hat schon A. König (1889) ermittelt[1], doch ist erst später die Beziehung dieser von A. König bestimmten Werte auf eine absolute Helligkeitsskala gelungen.[2] Die Reizschwelle liegt bei zirka 10^{-5} Lux, die obere Grenze des Totalbereichs der Empfindungsskala (die sogenannte Reizhöhe), die durch den Beginn der Blendung gekennzeichnet wird, liegt bei zirka 10^7 Lux. Das Intervall der Gesichtsempfindung beträgt also im Maximum zirka 10^{12} Lux. Innerhalb eines weiten Helligkeitsbereichs, der nach Mees zwischen 32 und 2700 Lux liegt, können wir die relative Unterschiedsschwelle — wenigstens für den gleichen Beobachter — als konstant betrachten; individuell schwankt sie zwischen 0,008 und 0,02. Diese Konstanz der relativen Unterschiedsschwelle (zuerst von Bouguer beobachtet) ist ein Spezialfall in bezug auf die Gesichtsempfindung des E. H. Weberschen Gesetzes, aus dem sich durch Integration Fechners Fundamentalgesetz der Psychophysik ableiten läßt. Webers Gesetz läßt sich wie folgt formulieren:

$$\frac{\Delta B}{B} = \frac{1}{K}.$$

---

[1] Vgl. K. Schaum: Photochemie und Photographie, Leipzig 1908, S. 80.

[2] Vgl. darüber L. A. Jones, Comm. Nr. 88, Eastman Kodak Co., Kodak Abrid.,

Setzt man in der oben für die Empfindung

$$S = \int_{B_0}^{B} \frac{1}{\varDelta B}\, d\, B$$

abgeleiteten Formel für $\varDelta B \ldots \frac{B}{K}$ ein und löst das Integral auf, so wird

$$S = K \log B \Big|_{B_0}^{B}$$

Die Ordnungszahl der Empfindung ist also proportional dem Logarithmus des Reizes, mit anderen Worten, das Auge empfindet zwischen zwei Punkten den gleichen Kontrast, wenn das Verhältnis der Helligkeiten dieser zwei Punkte das gleiche ist.

Haben zwei benachbarte Stellen eines Objekts die Helligkeiten B und $B + \delta B$, so ist der Kontrast gegeben durch den Ausdruck

$$\log \frac{B + \delta B}{B} = \log \left(1 + \frac{\delta B}{B}\right).$$

(Über die Definition des Kontrastes bei einem Feld mit mehr als zwei Helligkeiten vgl. L. A. JONES.[1]) Die Größe $\log \left(1 + \frac{\delta B}{B}\right)$ bezeichnet E. GOLDBERG[2] als Detail. Sinkt der Helligkeitssprung auf seinen Minimalwert, die absolute Unterschiedsschwelle $\varDelta B$, so geht das Detail in das Minimaldetail $D t$ über. Es ist also

$$D t = \log (1 + u).$$

Für den von KÖNIG gefundenen Wert $u = 0{,}017$ erhalten wir $D t = 0{,}007$. Diese Zahl stellt einen nur unter optimalen Bedingungen verifizierbaren Wert von $D t$ dar. In praxi liegen die Werte von $D t$, die zur Unterscheidung von Helligkeitsstufen erforderlich sind, stets wesentlich höher. Nach GOLDBERG beträgt $D t$ in den hellen Stellen eines Naturobjekts 0,02, in den dunklen Stellen eines Naturobjektes 0,1. Bei Papierbildern genügt sogar $D t = 0{,}04$ in den Lichtern, während in den Schatten auch hier $D t = 0{,}1$ sein muß, wenn das Bild beim Betrachten einen einigermaßen natürlichen Eindruck machen soll. Auf Grund der angegebenen Minimalwerte für die Details ermittelte GOLDBERG an zahlreichen Naturgegenständen den subjektiven Objektumfang (S. O. U.), so genannt im Gegensatz zum rein photometrisch bestimmten wahren Objektumfang (W. O. U.). Als ausnutzbaren Objektumfang (A. O. U.) bezeichnet GOLDBERG den für Kameraaufnahmen in Betracht kommenden, durch die spezifischen Eigenschaften des Objektes eingeschränkten Teil des W. O. U. Alle diese Größen werden in logarithmischem Maß angegeben. Im allgemeinen gilt die Beziehung

$$\text{W. O. U.} > \text{S. O. U.} > \text{A. O. U.}$$

Nur selten (z. B. bei Reproduktion von Strichzeichnungen) erlaubt die Kameraaufnahme eine identische Wiedergabe des Objekts. Für das Durchschnittsobjekt ist nach GOLDBERG im Mittel S. O. U. $= 1{,}5$, eine Zahl gleicher Größenordnung, wie sie bereits F. HURTER und V. C. DRIFFIELD für den photographisch wirk-

Bd. 4, S. 99, und C. E. K. MEES, Comm. Nr. 224, EASTMAN KODAK Co., Kodak Abrid., Bd. 8, S. 146, Sc. et Ind. phot., 1925, Mém., S. 74.

[1] Comm. Nr. 264, EASTMAN KODAK Co., Kodak Abrid., Bd. 10, S. 81.

[2] Der Aufbau des phot. Bildes, 1. Aufl., Halle a. S. 1922, S. 2.

samen Objektumfang[1] gefunden hatten. (Vgl. hiezu ferner C. E. K. MEES[2] und F. F. RENWICK.[3])

Wie ein Papierbild beschaffen sein muß, um, da es ja im allgemeinen nicht die gleiche Empfindung hervorrufen kann wie der in ihm dargestellte Naturausschnitt, wenigstens eine adäquate Vorstellung von diesem Naturausschnitt zu liefern, hat GOLDBERG[4] auf statistischem Weg festgestellt. „Während bei der direkten Betrachtung eines Naturausschnittes mit dem Auge vor allem die Schattendetails reich sein müssen, um einen angenehmen Eindruck zu erwecken, und während hiebei die Lichter infolge der Blendung ohne unangenehme Störung des Gesichtsempfindens auch detaillos gesehen werden können, handelt es sich in der Photographie gerade darum, umgekehrt die Lichter detailreich zu gestalten, eventuell sogar auf Kosten der Schatteneinzelheiten." Insbesondere stören weiße detaillose Flächen, deren Durchmesser größer als 4 mm ist (außer im Himmel). Denn in diesem Falle erregt der psychologische Widerspruch zwischen der Vorstellung, die wir uns von einer blendend weißen Stelle machen, und der unmittelbaren Empfindung, die die hellste Stelle einer mittelstark beleuchteten Papierfläche selbst im günstigsten Falle hervorruft, ein unbefriedigendes Gefühl in uns. Im Gegensatz hiezu lassen wir uns detaillose dunkle Stellen auch in großer Ausdehnung gefallen.

Bilder, die zwischen dem hellsten Weiß und dem tiefsten Schwarz eine reiche Halbtonskala zeigen, nennt man weich; solche, bei denen die Halbtonskala kurz ist, nennt man hart. Extrem weiche Bilder bezeichnet der Photograph als „flau" oder als „sosig", falls sie außerdem belegte Weißen zeigen. Bilder mit „gut durchgearbeiteten Spitzlichtern" sind solche, bei denen die zarten Halbtöne in den Weißen sich deutlich vom Papiergrund abheben ($D\,t = 0{,}02 \ldots 0{,}04$). Bilder, bei denen einige Halbtonbereiche fehlen, andere einen zu großen Umfang einnehmen, nennt man unharmonisch.

Zur Messung der Detailsichtbarkeit an den einzelnen Punkten eines Naturobjektes hat GOLDBERG eine besondere Vorrichtung angegeben.[5] Zur Messung der Detailwiedergabe photographischer Bilder genügt die Herstellung einer Detailkopie mittels der auf S. 145 beschriebenen Detailplatte auf dem zur Herstellung des fraglichen Bildes angewandten lichtempfindlichen Material. In der so erhaltenen Detailkopie kann man das jeder Schwärzungsstufe entsprechende Detail an einer mitkopierten Skala ohneweiters ablesen.

b) Die Beziehung zwischen der Form der charakteristischen Kurve und der Güte der Tonwiedergabe. Nachdem als erster J. PRECHT[6] gelegentlich auf den Parallelismus zwischen dem Gradienten der charakteristischen Kurve und der Unterschiedsempfindlichkeit des Bildes hingewiesen hatte, hat E. GOLDBERG in seinen grundlegenden Studien über die Detailwiedergabe[7] zuerst mit Nachdruck betont, daß als Ausdruck für die Unterschiedsempfindlichkeit einer photographischen Schicht nicht der Differentialquotient $\frac{dD}{d\log E}$, sondern der Quotient der endlichen Inkremente $\frac{\Delta D}{\Delta \log E}$ zu betrachten ist, mit anderen Worten, daß die charakteristische Kurve streng genommen gar keine eindimensionale Linie, sondern ein zweidimensionaler Streifen ist (vgl. unten). In dem Ausdruck für den Gradienten dieses Gebildes

[1] EDERS Jahrb. f. Phot., 1894, S. 157.
[2] Brit. Journ. of Phot., 1914, S. 23.
[3] Brit. Journ. of Phot., 1916, S. 675, sowie Phot. Ind. 1917, S. 236.
[4] Der Aufbau d. phot. Bildes 1. Aufl., S. 57.
[5] Der Aufbau d. phot. Bildes, 1. Aufl., S. 6.
[6] ZS. f. wiss. Phot., Bd. 1, S. 267.
[7] ZS. f. wiss. Phot., Bd. 9, S. 313.

entspricht die Größe ΔD dem oben definierten visuellen Minimaldetail $D t$, während wir im Nenner zweckmäßig $\Delta_\varphi \log E = D t_\varphi$ schreiben, um auszudrücken, daß es sich hier um ein photographisches Minimaldetail handelt. Wir erhalten[1] also: $\mathfrak{G} = \frac{Dt}{Dt_\varphi}$. In der zitierten Arbeit GOLDBERGS findet man einen Hinweis darauf, daß LUTHER schon 1911 einen wenigstens im Prinzip gangbaren Weg zur Bestimmung der Größe $\Delta_\varphi \log E$ gezeigt hat. Konstruiert man nämlich aus einer möglichst großen Anzahl von Messungsreihen die charakteristische Kurve und faßt die äußersten Punkte des dabei erhaltenen Punktsystems durch Linienzüge ein, so erhält man eine Fläche, die man als „charakteristischen Streifen" bezeichnen kann. Die Dicke dieses Streifens, parallel zur $\log E$-Achse gemessen, liefert uns nun ein Maß für die der jeweiligen Dichte entsprechende photographische Unterschiedsempfindlichkeit. Diese Dicke ist $= 2 D t_\varphi$. Die Höhe des Streifens, parallel der D-Achse gemessen, ist $= 2 D t$, also bei optimalen Versuchsbedingungen sehr klein, relativ am größten $= 0{,}06$ in den Schatten.[2] Es dürfte daher auf diesem Weg ausgeschlossen sein, zuverlässige Werte für $D t_\varphi$ zu erhalten. Nun kann man, wie GOLDBERG später gezeigt hat,[3] die Güte der Detailwiedergabe durch das Produkt $K \,.\, \mathfrak{G}$ definieren. Die Größe K wurde daher von F. FORMSTECHER[4] GOLDBERG-Konstante genannt. Bezeichnet man das Detail im Objekt mit $D t_0$, das entsprechende Detail im Bild mit $D t_r$, so ist die Güte der Detailwiedergabe $\equiv \frac{D t_0}{D t_r} = K \frac{D t}{D t_\varphi}$, wo $\frac{D t}{D t_\varphi} = \mathfrak{G}$. Nun ist definitionsgemäß, wenn wir ein ideal abgestuftes Objekt (z. B. die Detailplatte) auf dem zu prüfenden Material abbilden, $D t \equiv D t_0$. Wir erhalten also $D t_r = \frac{1}{K} D t_\varphi$ und $D t_\varphi = K \,.\, D t_r$. Wir können somit $D t_\varphi$ berechnen, wenn K und $D t_r$ bekannt sind. Die GOLDBERG-Konstante K können wir mit Hilfe der Detailplatte (vgl. S. 145) experimentell ermitteln. Es ist nämlich

$$K = \frac{D t_0}{\mathfrak{G} \,.\, D t_r}.$$

$D t_r$ wird in der Detailkopie an einer miteinkopierten Skala unmittelbar abgelesen. $\mathfrak{G}$ wird aus der charakteristischen Kurve entnommen, für $D t_0$ wird 0,007 eingesetzt (vgl. S. 202). Die GOLDBERG-Konstante scheint stets erheblich kleiner als 1 zu sein[5]. Dies steht auch im Einklang mit A. HNATEKS analogen Beobachtungen[6].

Der nutzbare Kopierumfang liegt zwischen zwei bestimmten Punkten der charakteristischen Kurve, die durch ihre Gradienten gekennzeichnet sind. Statt des von L. A. JONES früher willkürlich angenommenen Wertes hiefür (0,2, s. S. 163) können wir auf Grund von GOLDBERGS Bestimmung der praktischen Werte von $D t_r$ in den Lichtern und Schatten des Bildes genauere Werte für diese Grenzgradienten ableiten.

Bezeichnen wir alle auf den Grenzgradienten Θ in den Lichtern bezüglichen

[1] F. FORMSTECHER, Phot. Ind., 1927, S. 286.

[2] Vgl. L. A. JONES, Comm. Nr. 264, EASTMAN KODAK Co., Kodak Abrid., Bd. 10, S. 81, Sc. et Ind. phot., 1927, S. 7.

[3] Der Aufbau des phot. Bildes, 1. Aufl., Halle a. S. 1922, S. 59.

[4] Phot. Ind. 1927, S. 286, 753, 943.

[5] F. FORMSTECHER, Phot. Ind. 1928, S. 1008, 1162; 1929, S. 8.

[6] ZS. f. wiss. Phot., Bd. 16, S. 323, vgl. ferner R. E. LIESEGANGS Bemerkungen hierzu, ZS. f. wiss. Phot., Bd. 17, S. 142.

Werte mit dem Index h (= high light), alle auf den Grenzgradienten in den Schatten bezüglichen Werte mit dem Index s (= shade), so ergibt sich

$$h\Theta = \frac{D\,t_h}{K\,.\,D\,t_{r_h}} \qquad\qquad s\Theta = \frac{D\,t_s}{K\,.\,D\,t_{r_s}}$$

Setzen wir nun ein

$D\,t_h = 0{,}007$,
$D\,t_s = 0{,}028$ (auf Grund der schon oben [vgl. S. 204, Anm. 2] zitierten Beobachtungen von JONES),
$D\,t_{r_h} = 0{,}04$ (nach GOLDBERG[1]),
$D\,t_{r_s} = 0{,}10$ (nach GOLDBERG[1]),

so wird

$$h\Theta = \frac{0{,}18}{K} \qquad\qquad s\Theta = \frac{0{,}28}{K}$$

also $a = \frac{s\Theta}{h\Theta} = 1{,}55$, in guter Übereinstimmung mit dem von JONES[2] statistisch gefundenen Mittelwert $a = 1{,}35$. Der von JONES statistisch ermittelte (in Schatten und Spitzlicht als gleich groß angenommene) Grenzgradient $e\,\Theta$ ist um so größer, je größer der Dichteumfang (also auch im allgemeinen je größer die maximale Dichte des Bildes) ist, was daher rührt, daß ein und dieselbe Dichtedifferenz ($\delta\,D$) auf dem Bild um so kleiner erscheint, je größer dessen totaler Dichteumfang ist. Ferner steigt der Grenzgradient $e\,\Theta$ mit zunehmendem Gamma.[3]

Die Kenntnis der GOLDBERG-Konstante erlaubt uns für jedes photographische Material anzugeben, in welchem Schwärzungsbereich die Tonwiedergabe in bezug auf Unterschiedsempfindlichkeit vollkommen exakt ist. Dies ist nämlich dann der Fall, wenn $K\,\mathfrak{G} = 1$, also $\mathfrak{G} = \frac{1}{K}$ ist. Nun ist die ideale Bildkurve eine mit $\mathfrak{G} = 1$ ansteigende Gerade (vgl. S. 209); irgend ein photographisches Material würde also ein ideal abgestuftes Objekt (z. B. die Detailplatte) nur dann vollkommen tonrichtig wiedergeben, wenn gleichzeitig die Bedingung $K\,G = 1$ erfüllt wäre (was sich — wenigstens mit den üblichen Materialien — in praxi im Bild nur partiell verifizieren läßt).

Bei der folgenden Ausführung über die ideale Form der charakteristischen Kurve soll zunächst eine GOLDBERG-Konstante = 1 angenommen werden, obwohl dieser Wert bei den bisher daraufhin untersuchten Papieren noch nie beobachtet wurde. Unter Anlehnung an LORD RAYLEIGHS klassische Arbeit[4] hat F. FORMSTECHER[5] dieses Problem deduktiv behandelt. Es wird hierbei vorerst die praktisch mit großer Annäherung zutreffende Voraussetzung gemacht, daß die charakteristische Kurve des Negativmaterials und die des Positivmaterials die gleiche Form haben, daß man also der Ableitung die Annahme zugrunde legen kann, daß das gleiche Material sowohl zur Anfertigung des Negativs als auch des Positivs angewandt wird.

---

[1] Der Aufbau d. phot. Bildes, 1. Aufl., S. 62.

[2] Comm. Nr. 264, EASTMAN KODAK Co., Kodak Abrid., Bd. 10, S. 81, Sc. et Ind. phot., 1927, S. 7.

[3] F. FORMSTECHER, Phot. Ind. 1929, S. 237.

[4] Brit. Journ. of Phot., 1911, S. 994.

[5] Phot. Ind., 1927, S. 91.

Wir setzen im Objekt die Transparenz $= T_0$.
,, ,, ,, Negativ ,, ,, $= T_N$, die Dichte D_N.
,, ,, ,, Positiv ,, ,, $= T_P$, ,, ,, D_P.

Dann ergibt sich, daß, wenn man $F(T_N, T_P) = 0$ schreibt, F eine symmetrische Funktion der beiden Variabeln sein muß. Als besonders einfache Fälle zur Festlegung der Form dieser Funktion kommen in Betracht:

1. Positiv und Negativ erscheinen, passend übereinandergelegt, im durchfallenden Licht als gleichmäßig helle Fläche (F. HURTER und V. C. DRIFFIELDS Kriterium für identische Tonwiedergabe[1]). Dann ist $T_N \cdot T_P =$ konst, also $D_N + D_P =$ konst, woraus, da $\log E = K - D_N$, $D_P = \log E + c$ folgt, also $\mathfrak{G} \equiv \gamma = 1$. Demnach müßte die ideale Form der Kurve des Materials eine unter einem Winkel von 45° ansteigende Gerade sein. Mit anderen Worten: man müßte in praxi sowohl für das Negativ als auch für das Positiv ausschließlich den geradlinigen Abschnitt zur Tonwiedergabe benutzen, ohne jede Rücksicht auf belegte Weißen im Positiv. Das ist natürlich nur bei Diapositiven durchführbar, nicht aber bei Aufsichtsbildern, für letztere hat daher die sogenannte Periode der korrekten Exposition (s. S. 169) keinerlei ausschlaggebende Bedeutung.

2. Positiv und Negativ liefern, von zwei gleich hellen Lichtquellen passend übereinanderprojiziert, eine gleichmäßig helle Fläche, die im idealen Grenzfalle die Transparenz bzw. Remission 1 besitzt. Dann ist

$$T_N + T_P = 1, \text{ also } D_P = -\log\left(1 - \frac{1}{10^{D_N}}\right);$$

da zufolge der beim Kopieren herrschenden Verhältnisse

$$D_N = \log\frac{K}{E},$$

ergibt sich

$$D_P = -\log\left(1 - \frac{E}{K}\right).$$

somit für kleine Werte von E $D_P \sim E$. Das ist aber die für den Unterexpositionsabschnitt (s. S. 170) annähernd geltende Formel. Die Photographen haben in der Tat von jeher die Tonskala des Objektes möglichst durch den Bereich der niedrigen Schwärzungen wiederzugeben versucht.[2] Obwohl in diesem Falle die Negativ- und die Positivkurve an entsprechenden Stellen ganz verschiedene Krümmungen aufweisen, heben sich diese Abweichungen von der genauen Tonwiedergabe im Endresultat wieder auf. Demnach stellt in bezug auf Aufsichtsbilder die Unterexpositionskurve die ideale Form der charakteristischen Kurve des Materials dar.

Um für den Fall der Verwendung von untereinander verschiedenen Materialien bei der Herstellung des Negativs und des Positivs (unabhängig von der Kenntnis des Schwärzungsgesetzes) eine allgemeine Bedingungsgleichung für identische Tonwiedergabe aufzustellen, gehen wir zweckmäßig von den Gradienten der Kurven aus. J sei die Helligkeit der Objektstelle, welche die Dichte D_N geliefert hat; E sei die Exposition, die durch die Dichte D_N hindurch die Dichte D_P liefert, also $D_N = \log\frac{K}{E}$, mithin $d\,D_N = -d\log E$. Nun ist im Negativ $\mathfrak{G}_N = \frac{d\,D_n}{d\log J}$, im Positiv $\mathfrak{G}_P = \frac{d\,D_P}{d\log E}$, also $\mathfrak{G}_N \cdot \mathfrak{G}_P = \frac{d\,D_N}{d\log E} \cdot \frac{d\,D_P}{d\log J} =$
$= -\frac{d\,D_P}{d\log J}$.

[1] EDERS Jahrb. f. Phot., 1893, S. 30.
[2] Vgl. F. E. RENWICK, EDERS Jahrb. f. Phot., 1912, S. 106.

Identische Reproduktion ist charakterisiert durch $J = 10^{-D_P}$, also $d\,D_P = -\,d \log J$, mithin ist $\mathfrak{G}_N \,.\, \mathfrak{G}_P = 1$ (L. A. JONES) die notwendige Bedingung für diesen Fall. Die Formel ist für den Spezialfall $\mathfrak{G} = \gamma$ zuerst von A. W. PORTER und R. E. SLADE[1] abgeleitet worden, unabhängig hievon auch von F. FORMSTECHER,[2] neuerdings wieder auf anderem Wege von G. HANSEN.[3]

Mit Rücksicht auf die GOLDBERG-Konstante K der angewandten Materialien muß diese Formel einen Korrektionsfaktor erhalten.

Die Güte der Detailwiedergabe im Negativ sei $\frac{D\,t}{D\,t_N}$, die Güte der Detailwiedergabe beim Kopieren sei $\frac{D\,t_N}{D\,t_P}$, also

$$\frac{D\,t}{D\,t_N} = K_N \,.\, \mathfrak{G}_N \qquad\qquad \frac{D\,t_N}{D\,t_P} = K_P \,.\, \mathfrak{G}_P,$$

wo K_N die GOLDBERG-Konstante des Negativmaterials, K_P die GOLDBERG-Konstante des Positivmaterials darstellt. Dann ist die Güte der Detailwiedergabe im Bild

$$\frac{D\,t}{D\,t_P} = \frac{D\,t}{D\,t_N} \cdot \frac{D\,t_N}{D\,t_P} = K_N \,.\, \mathfrak{G}_N \,.\, K_P\, \mathfrak{G}_P.$$

Identische Detailwiedergabe verlangt $D\,t = D\,t_P$, also

$$\mathfrak{G}_N \,.\, \mathfrak{G}_P = \frac{1}{K_N \,.\, K_P}.$$

Dies ist die allgemeine Bedingungsgleichung für bezüglich Unterschiedsempfindlichkeit identische Tonwiedergabe unter der Voraussetzung, daß sämtliche Helligkeiten des Objekts und des Bildes im Bereich der konstanten Unterschiedsempfindlichkeit des Auges liegen und mit gleich adaptiertem Auge betrachtet werden. Allerdings ist diese Gleichung, im Bild nur partiell verifizierbar. Übrigens erscheinen Aufsichtsbilder, die alle Objektdetails mit der gleichen Unterschiedsempfindlichkeit wiedergeben, wie in der Natur, dem Auge nicht naturgetreu. Liegt ein ideales Negativ $\mathfrak{G}_N = 1$ vor, so erlaubt im allgemeinen ein Papier mit $\mathfrak{G}_P =$ zirka 2 die harmonisch günstigste Kopie. Genau gilt diese Beziehung nur für $K_N = 1$, $K_P = 0{,}5$.[4]

L. A. JONES[5] ist jetzt überhaupt der Ansicht, daß keine die Güte der Tonwiedergabe kennzeichnende Beziehung zwischen dem Gradienten des optimalen Negativs und den sensitometrischen Konstanten des Kopiermaterials besteht. Ob eine Reproduktion korrekt erscheint, hängt nach ihm nur von der Form der Bildkurve ab, und zwar stehen der Grenzgradient $e\,\Theta_r$, der maximale Gradient $\mathfrak{G}_{r\,\max}$ und der Dichteumfang $D\,S_r$ (der praktisch meist der größten Dichte D_{m_r} gleich ist) untereinander in einer festen Beziehung.

Eine vollständige Charakterisierung des Kontrastes photographischer Bilder hat L. A. JONES gegeben.[6] Der Totalkontrast Ω hängt nicht nur vom Gradienten, sondern auch vom totalen nutzbaren Dichteumfang des Positivmaterials ab. Bezeichnet man letzteren mit $D_{\max} - D_{\min}$, ferner mit $\mathfrak{G}_D$ den mittleren

---

[1] Phil. Mag. 1919, Bd. 38, S. 187, nach Brit. Journ. Phot. 1920, S. 330.

[2] Phot. Korr., 1921, S. 151.

[3] Phot. Korr., 1927, S. 34.

[4] F. FORMSTECHER, ZS. f. angew. Chem. 1928, S. 1342.

[5] Comm. Nr. 264 E., EASTMAN KODAK Co., Kodak Abrid., Bd. 11, S. 8; Sc. et Ind. phot., 1927, S. 186.

[6] Journ. Franklin Inst., Bd. 202, S. 177, 469, 589 und 693, nach Sc. et Ind. phot., 1926, S. 218, und 1927, S. 7. Comm. Nr. 264, EASTMAN KODAK Co., Kodak Abrid., Bd. 10, S. 81.

Gradienten, der einem gleichmäßigen Dichtezuwachs entspricht, so ist

$$\Omega = \frac{(D_{\max} - D_{\min})\,\mathfrak{G}_D}{(\Delta D)^2},$$

wo $\Delta D = 0{,}007$ gesetzt werden kann. (ΔD ist das visuelle Minimaldetail, s. oben S. 202). Zwecks Bestimmung von $\mathfrak{G}_D$ muß der Gradient (innerhalb des durch die Grenzgradienten eingeschlossenen Intervalls) nach der Dichte integriert werden. Diese Integration wird am zweckmäßigsten durch graphische Auswertung der Fläche der Kurve (D, $\mathfrak{G}$) ausgeführt (s. Abb. **56**). Die numerischen Werte von Ω liegen in den von Jones angeführten Beispielen zwischen 14400 und 73800. Indem diese Werte durch 1000 dividiert werden und dann 14,4 = der Einheit gesetzt wird, erhält Jones 5 Kontrastklassen, die eine gute Übersicht über den Papiercharakter erlauben.

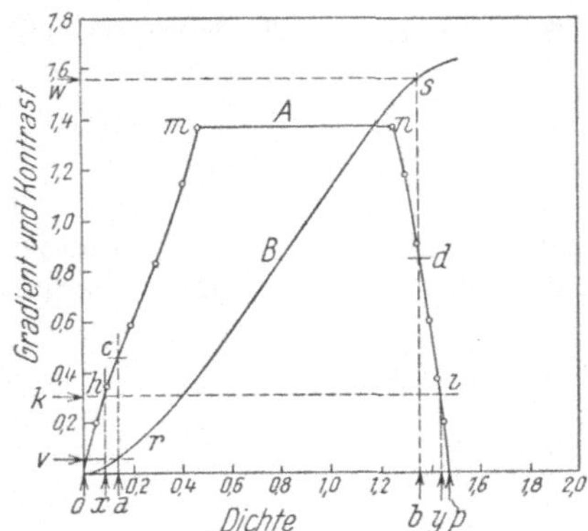

Abb. 56. Graphische Bestimmung des Kontrasts Ω nach L. A. Jones. Die Kurve B hat als Abszisse die Dichte, als Ordinate den Kontrast. Ihre Ableitungskurve, die Kurve A, hat als Abszisse die Dichte, als Ordinate den Gradienten. Kurve A wird auf Grund der Versuchsergebnisse gezeichnet und daraus Kurve B durch graphische Integration ermittelt. Die Fläche $\boxed{omnp}$ entspricht dem Produkt $(D_{\max}—D_{\min})\ G_D$; aus ihr ergibt sich der „totale Kontrast“ $\Omega = \boxed{omnp}/(0{,}007)^2$. Wählt man als Grenzgradienten 0,3, so muß man durch Punkt K eine Parallele zur Abszissenachse ziehen. Diese schneidet die Kurve A in den Punkten h und i, auf Grund deren man die korrespondierenden Dichten x und y findet. Daraus ergibt sich für den „nutzbaren Kontrast“ $\Omega = \boxed{xhmniy}/(0{,}007)^2$. Will man den Kontrast zwischen zwei beliebigen Tonstufen, deren Dichte a und b seien, bestimmen, so errichtet man Senkrechte in den Punkten a und b, die die Kurve A in den Punkten c und d, die Kurve B in den Punkten r und s schneiden. Den Punkten r und s entsprechen die Ordinaten v und w. Der gesuchte Kontrast ist also $\Omega = \boxed{acmndb}/(0{,}007)^2 = w - v$.

c) **Graphische Bestimmung der Güte der Tonwiedergabe** (s. Abb. 57). Bei dem im folgenden beschriebenen, von L. A. Jones[1] (1920) angegebenen Verfahren wird stets eine Goldberg-Konstante = 1 vorausgesetzt; es würde also eigentlich nur in diesem praktisch nie vorkommenden Falle in bezug auf die subjektive Reproduktion einwandfreie Resultate liefern. Seine Anwendung ist aber wegen der Eleganz der Methode trotzdem empfehlenswert, da es uns wenigstens in bezug auf die objektive Tonwiedergabe stets ein relatives Urteil über die Auswahl des Materials und seines Entwicklungsgrades zu fällen gestattet (s. Abb. 58). Die Achse XX' ist deshalb doppelt gezeichnet worden, um die einzelnen Bezeichnungen übersichtlicher eintragen zu können. Auf der OX-Achse sind die Logarithmen der Helligkeiten des Objektes $\log B_0$ aufgetragen. Die Kurve A im Quadranten II ist die charakteristische Kurve des Negativmaterials. Auf der Linie $\overline{Y'}$, $\overline{Y'X}$ sind die Logarithmen der Expositionen $\log E_x$, auf der Linie $\overline{X, Y'X}$ die zugehörigen Dichten D_N aufgetragen. Die Kurve des Negativmaterials ist dabei auf der $\log E$-Achse so weit verschoben worden, daß die geringste kopierfähige Dichte (Punkt a_N) der geringsten (mit Rücksicht auf den oberen Grenzgradienten des Positivs im Punkt a_P) wiederzugebenden Helligkeit des Objektes (Punkt a_0) entspricht. Die durch das Negativ hindurchgelassene Beleuchtungsstärke J_Y steht zur Dichte D_N in der Beziehung $\log J_Y = \log J_N - D_N$. ($J_N$ ist eine Konstante.) Die Kurve B im Quadranten III ist die charakteristische Kurve des Positivmaterials. Auf der

[1] Comm. Nr. 88, Eastman Kodak Co., Kodak Abrid., Bd. 4, S. 99.

log E_Y-Achse sind die Logarithmen der Expositionen, auf der D'_P-Achse die zugehörigen Dichten aufgetragen. Die Kurve ist auf der log E-Achse so weit verschoben worden, daß der dem unteren Grenzgradienten entsprechende Punkt c_P auf der gleichen Horizontalen wie der entsprechende Punkt c_N des Negativs, der seinerseits der größten wiederzugebenden Helligkeit des Objektes c_0 entspricht, liegt. Auf der unteren OX'-Achse sind die absoluten Reflexionswerte des Positivs log R_p aufgetragen, für welche die Beziehung $\log R_P = \log R_b - D'_P$ gilt. R_b ist der Reflexionskoeffizient einer unbelichteten Fläche. Auf der oberen OX'-Achse sind die Logarithmen der Helligkeiten der „materiellen Reproduktion" log B_{mr} aufgetragen, für welche die Beziehung $\log B_{mr} = \log R_P + \log J_P$ gilt, wo J_P die Beleuchtungsstärke bei Betrachtung des Positivs bezeichnet. Die vom Punkt 0 ausgehende, unter 45^0 ansteigende Gerade C im Quadranten IV ist eine Hilfslinie, dazu bestimmt, die log B_{mr}-Werte von der OX'-Achse auf die OY-Achse zu übertragen. Die Schnittpunkte der einzelnen Horizontalen durch die Punkte a_{mr}, b_{mr}, c_{mr} auf der OY-Achse mit den entsprechenden Vertikalen durch die Punkte a_0, b_0, c_0 liefern, durch einen Linienzug miteinander verbunden, die gesuchte Bildkurve D im Quadranten I.

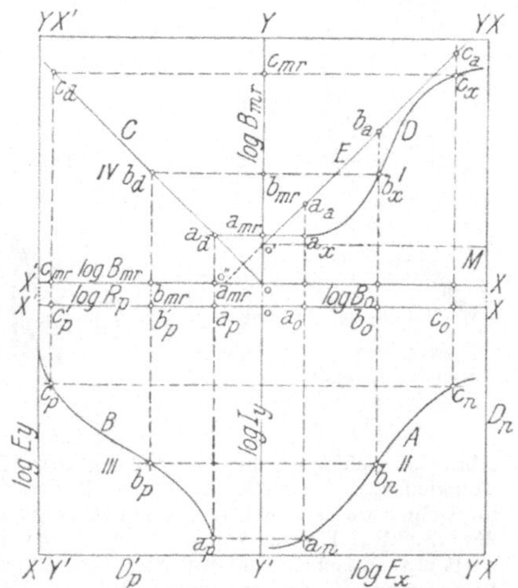

Abb. 57. Graphische Bestimmung der Güte der Tonwiedergabe nach L. A. Jones

Nun sucht man auf der OY-Achse den Punkt der log B_{mr}-Skala, für den log B_{mr} gleich dem Wert von log B_0 im Nullpunkt der OX-Achse ist, und zieht durch den so gefundenen Punkt O' die gestrichelte Horizontale $O'M$, die „absolute Expositionsachse".

Die vom Punkt O' unter 45^0 ansteigende Gerade stellt die ideale Bildkurve dar. Die Ordinatendifferenz dieser Sollkurve E und der Istkurve D erlaubt die Ablesung einer Maßzahl für die objektive Güte der Tonwiedergabe. Für diesen Abstand (log Δ B) gilt nämlich die Beziehung

$$\Delta B = \frac{B_0}{B_{mr}}$$

Diese graphische Darstellung gilt natürlich nur für die objektive Phase der Tonwiedergabe, d. h. es wird die gleiche Beleuchtungsstärke bei der Betrachtung des Objekts und des Bildes und ein gleich adaptiertes Auge vorausgesetzt. Nun wird aber das Bild in der Regel bei schwächerer Beleuchtung, als das in ihm dargestellte Naturobjekt betrachtet. Soll trotzdem ein adäquater Eindruck erzielt werden, so müssen die Kontraste im Bild stärker sein als im Objekt. An Stelle der Bedingung $\mathfrak{G}_{mr} = \mathfrak{G}_N \cdot \mathfrak{G}_P$ tritt die Bedingung $\mathfrak{G}_{sr} = \mathfrak{G}_N \cdot \mathfrak{G}_P \cdot \mathfrak{G}_Z$ ($_{sr}$ = subjektive Reproduktion), wo $\mathfrak{G}_Z$ den Gradienten einer zu diesem Zweck eingeführten „relativen subjektiven Kontrastfunktion" bezeichnet.

Für den Fall der subjektiv korrekten Tonwiedergabe muß die Bedingungsgleichung $\mathfrak{G}_N \cdot \mathfrak{G}_P \cdot \mathfrak{G}_Z = 1$ erfüllt sein und, da $\mathfrak{G}_Z$ in der Regel < 1 ist, ergibt sich $\mathfrak{G}_N \cdot \mathfrak{G}_P > 1$.

Für den Fall, daß man dieser Korrektur bei der graphischen Darstellung Genüge leisten will, muß man statt der Geraden C im Quadranten IV als Hilfslinie eine Kurve eintragen, deren Gradient (für jeden einzelnen Punkt) durch die Kontrastfunktion $\mathfrak{G}_Z$ bestimmt ist.

Falls die durchschnittliche Helligkeit des Objekts und die der materiellen Reproduktion zwischen 32 und 1660 Lux liegt, ist, wie aus FECHNERS Fundamentalgesetz hervorgeht, die subjektive Reproduktion mit der objektiven identisch. Es ist dann $\mathfrak{G}_Z = 1$ und eine Korrektur der oben gegebenen graphischen Ableitung wäre in diesem Falle überflüssig, wenn die GOLDBERG-Konstante der angewandten Materialien $= 1$ wäre, was, wie erwähnt, in praxi nie der Fall ist.

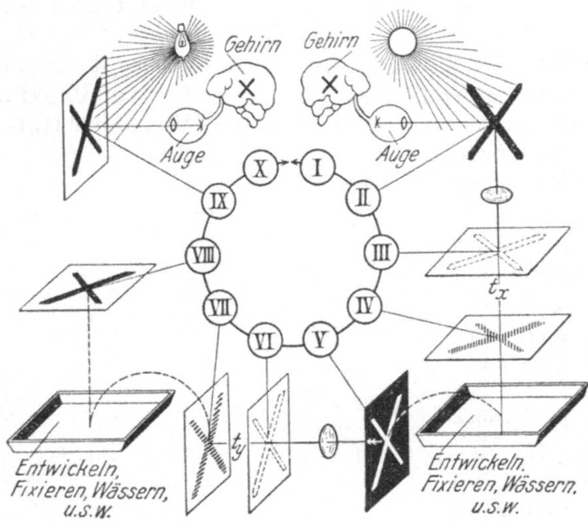

Abb. 58. Schematische Darstellung des Kreisprozesses der Tonwiedergabe nach L. A. JONES. I. Das subjektive Objekt im Gehirn des Betrachters, erzeugt durch das optische Bild des Objektes. II. Das von der Sonne beleuchtete Objekt entwirft ein optisches Bild im Auge des Betrachters. III. Die Linse entwirft ein optisches Bild des Objektes auf dem Negativmaterial. IV. Nach der Expositionszeit t_x entsteht ein latentes Bild auf dem Negativmaterial. V. Durch Entwickeln usw. erhält man das fertige Negativ. VI. Die Linse entwirft ein optisches Bild des Negativs auf dem Positivmaterial. VII, Nach der Expositionszeit t_y entsteht ein latentes Bild auf dem Positivmaterial. VIII. Durch Entwickeln usw. erhält man das fertige Positiv. IX. Das von der Glühlampe beleuchtete Positiv erzeugt ein optisches Bild im Auge des Betrachters — die materielle Reproduktion. X. Dieses optische Bild erzeugt im Gehirn des Betrachters die subjektive Reproduktion, die bei vollkommener Tonwiedergabe mit dem subjektiven Objekt identisch ist

19. Die Praxis der Tonwiedergabe. a) Die Wahl der Exposition und der Entwicklung. Wir wollen nunmehr prüfen, ob der in der Praxis bei der Herstellung photographischer Bilder angewandte Arbeitsgang auch der bestmögliche von dem oben dargelegten theoretischen Standpunkt aus ist. Betrachten wir zunächst den Negativprozeß.[1] Für den Fachphotographen gibt es nur eine richtige Exposition: es ist diejenige, die bei normalem Entwicklungsgrad (also einem Gamma ungefähr $= 1$) bei vollständiger Wiedergabe des Naturobjekts die tiefsten Schatten in Form einer glasklaren Fläche liefert. Verzichtet man aber auf diese (zwecks einer minimalen Kopierzeit vorgeschriebene) Bedingung, so erlaubt das Negativmaterial einen meist sehr erheblichen Expositionsspielraum. Nach F. HURTER und V. C. DRIFFIELD ist er durch die Länge des geradlinigen Teils der Kurve gegeben. Bezeichnet man mit E den diesem Abschnitt entsprechenden Expositionsumfang, mit J den Helligkeitsumfang des Objektes, so ist der Expositionsspielraum $Sp = \frac{E}{J}$. In Wirklichkeit ist er weit größer; nicht nur wegen der mangelhaften Fähigkeit des Auges, Dichteunterschiede zu beurteilen (HURTER und DRIFFIELD), sondern hauptsächlich deshalb, weil man den Unterexpositionsbereich (vgl. S. 169) zum nutzbaren Expositionsumfang hinzuzählen muß.

Im Positivprozße ist ein Expositionsspielraum dieser Art, also eine Variation der Exposition bei genau gleichem Entwicklungsgrad, durch die Anforderung

[1] Vgl. F. HURTER und V. C. DRIFFIELD, EDERS Jahrb. f. Phot., 1894, S. 157.

an reine Weißen im Aufsichtsbild ausgeschlossen. Die Exposition muß so geregelt werden, daß unter der größten differenzierbaren Dichte des Negativs die geringste differenzierbare Dichte des Positivs erscheint. Dieser Gedankengang ist ja auch der obigen graphischen Darstellung (s. S. 208) zugrunde gelegt worden. Und im Prinzip wird an dieser alten Regel auch durch die Beobachtung von L. A. JONES,[1] daß der höchstzulässige Schleier in der Weißen um so größer sein darf, je härter das Papier arbeitet, nichts geändert. Bei positiven Durchsichtsbildern sind belegte Weißen zulässig, doch kopiert man auch in diesem Falle, z. B. bei Kinopositiven, wie L. A. JONES statistisch festgestellt hat,[2] nur dann unter Verschleierung der Weißen erheblich über, wenn Negative mit allzu geringem Umfang genügend dunkle Positive liefern sollen. Zur Beurteilung der Kopierzeit ist stets genau so wie bei Aufsichtsbildern die den höchsten wiederzugebenden Lichtern entsprechende tiefste Negativdichte maßgebend (nicht etwa die mittlere Dichte des Negativs).

Da die meisten Entwicklungspapiere eine von der korrekten Exposition abweichende Exposition durch eine im geeigneten Sinne geänderte Entwicklung zu kompensieren gestatten, ergibt sich auch im Positivprozeß ein Spielraum.[3] Dabei müssen wir zwei Arten des Spielraumes unterscheiden:

1. Der exakte Spielraum gibt an, um wieviel länger man belichten kann, um bei entsprechend geringerem Entwicklungsgrad ein Bild von genau gleicher Tonabstufung zu erhalten. Bei den üblichen Handelspapieren ist dieser exakte Spielraum $= 2 \ldots 3$, wie WENSKE durch Ermittlung der Schwellenwertsdifferenz der Kurven festgestellt hat.

2. Der effektive Spielraum gibt an, wieviel länger man belichten darf, um bei entsprechend geringerem Entwicklungsgrad eine gerade noch bildmäßig wirkende Kopie zu erhalten. Für diesen Fall hat F. FORMSTECHER[4] unter Zugrundelegung von RENWICKS Formel $E = i \,.\, 10^{\frac{D}{\gamma}}$ (vgl. S. 169) eine allgemeine Regel abgeleitet.

Aus dieser Formel ergibt sich für die korrekte Exposition, d. h. die geringste Exposition, die bei Ausentwicklung ein brauchbares und zugleich das härtest mögliche Bild liefert, $E_T = i \,.\, 10^{\frac{1}{\gamma_\infty}}$, ferner für die längste zulässige Exposition, die bei entsprechend geringerem Entwicklungsgrad ein weiches, aber gerade noch befriedigendes Bild liefert

$$E_{\max} = i \,.\, 10^{\frac{1}{\gamma_{\min}}};$$

mithin ist der Spielraum

$$Sp = \frac{E_{\max}}{E_t} = 10^{\frac{1}{\gamma_{\min}} - \frac{1}{\gamma_\infty}}$$

Aus einer von K. KIESER[5] angegebenen Kurve leitet F. FORMSTECHER $\gamma_{\min} = 0{,}65$ ab.

Demnach ergibt sich für ein sehr hartes Papier des Handels ($\gamma_\infty = 3{,}5$) $Sp = 17{,}4$ in guter Übereinstimmung mit dem Ergebnis praktischer Versuche.

b) Die Auswahl der Materialien. Wenn man von den für die Reproduktionstechnik bestimmten photomechanischen Platten absieht, liefern alle

[1] Journ. Frankl. Inst., Bd. 202, S. 693, nach Sc. et Ind. phot., 1927, S. 7.

[2] Comm. Nr. 163, EASTMAN KODAK Co.; Sc. et Ind. phot., 1923, Mém., 57.

[3] K. WENSKE, Photographie, Stäfa, 1925, S. 91, und F. FORMSTECHER, Photographie, Stäfa, 1925, S. 186.

[4] Phot. Ind. 1918, S. 79.

[5] EDERS Jahrb. f. Phot., 1913, S. 106.

Negativmaterialien bei entsprechend abgestufter Entwicklung ungefähr die gleiche Kurvenschar. Der Unterschied der Aufnahmematerialien beruht im allgemeinen nur auf abweichender Allgemein- und Farbenempfindlichkeit. Vom Standpunkt der Tonwiedergabe kommt daher der Photograph bei neutralgrauen Objekten bequem mit einer Negativmaterialsorte aus.

Welche Schwärzungskurve in jedem Einzelfall die richtige ist und wie demnach der Entwicklungsgrad mit Rücksicht auf die Helligkeitsverteilung im Naturobjekt geregelt werden muß, hat E. GOLDBERG[1] eingehend beschrieben. Schwierigkeiten entstehen nur bei Objekten mit großem Umfang und GOLDBERG weist mit Recht darauf hin, daß gewisse Handelsplatten, die bei kurzer Entwicklungszeit flach, bei langer steil arbeiten, für die genannten Objekte ganz ungeeignet sind.

Mit Rücksicht auf den Negativumfang (N. U.) einerseits, das Durchschnittsgamma γ andererseits, lassen sich die erhaltenen Negative in Gruppen einteilen. F. FORMSTECHER[2] hat versucht, die in der photographischen Praxis üblichen Bezeichnungen auf diese Weise exakt festzulegen.[3]

N. U.	γ im Negativ		
	>1	$=1$	<1
$>$ 1,2 kontrastreich	brillant	kräftig	flach
$=$ 1,2 normal	hart	harmonisch	weich
$<$ 1,2 kontrastarm	glasig	zart	flau

Der Negativumfang läßt sich durch Messung der größten und der kleinsten kopierbaren Dichten exakt feststellen. Das Gamma läßt sich genau nur dadurch bestimmen, daß man gleichzeitig mit dem Negativ eine sensitographische Skala herstellt.[4]

Für praktische Zwecke, für welche diese Methode natürlich zu kompliziert wäre, genügt die versuchsweise Herstellung einiger Kopien. F. FORMSTECHER[5] hat hiefür folgenden systematischen Arbeitsgang empfohlen: Man benutzt als Ausgangsstelle stets ein und dasselbe Standardnegativ (ein Negativ von maximalem Umfang [$>$ 1,2] und harmonischer Abstufung), am besten ein Porträt, und bestimmt mit diesem auf einem seinem Charakter nach uns als normal bekannten Porträtgaslichtpapier die (unter den jeweiligen Laboratoriumsbedingungen erforderliche) korrekte Expositionszeit bei einer zweckmäßig gewählten Beleuchtungsstärke, die bei der ganzen Versuchsreihe konstant gehalten wird. Wir belichten das gleiche Porträtgaslichtpapier die gleiche Zeit unter dem uns vorgelegten Negativ. Liefert Ausentwicklung ein brauchbares Bild, so war das Negativ von normalem Umfang und harmonisch; ist das erhaltene Bild zu hart, liefert aber eine längere Expositionszeit bei verkürzter Entwicklung einen bildmäßigen Abzug, so war das Negativ entweder hart oder kontrastreich (brillant, bzw. kräftig, bzw. flach). Ist der so entstandene Abzug immer noch zu hart, so muß ein weich arbeitendes Papier als Kopiermaterial gewählt werden. Erhält man dagegen selbst bei Ausentwicklung ein zu weiches

[1] Der Aufbau des phot. Bildes, 1. Aufl., S. 71; 2. Aufl., S. 83.

[2] Phot. Ind., 1925, S. 12.

[3] Wegen einer Zusammenstellung der englischen Synonyma vgl. B. T. J. GLOVER, Brit. Journ. of Phot., 1920, S. 140.

[4] Vgl. L. A. JONES, Journ. Franklin Inst., Bd. 202, S. 469, nach Sc. et Ind. phot., 1926, S. 218.

[5] Phot. Ind., 1919, S. 438; Atel. d. Phot., 1924, S. 72.

Bild, so war das Negativ weich oder kontrastarm (glasig, bzw. zart, bzw. flau), und es muß jedenfalls ein hart arbeitendes Papier gewählt werden. Wie die meist üblichen Papiere des Handels bei einem Negativ-Durchschnittsgamma = 1 nach dem Negativumfang ausgewählt werden, gibt folgende Zusammenstellung an (in bezug auf fünf verschieden graduierte Papiere):

Gewünschter Abzug	Negativ (N. U.)		
	kontrastreich (N. U. > 1,2)	normalen Umfanges (N. U. = 1,2)	kontrastarm (N. U. < 1.2)
Weich	Bromsilberpapier für Vergrößerung	Bromsilberpapier für Kontakt	Porträtgaslichtpapier
Harmonisch	Bromsilberpapier für Kontakt	Porträtgaslichtpapier	Hartes Gaslichtpapier
Hart	Porträtgaslichtpapier	Hartes Gaslichtpapier	Sehr hartes Gaslichtpapier

Eine graphische Methode zur exakten Auswahl des Papiers je nach dem Charakter des Negativs hat R. LUTHER[1] angegeben. Diese Methode setzt allerdings voraus, daß man über die Arbeitsbedingungen, die zur Entstehung des Negativs geführt haben, vollkommen informiert ist, ist also nur bei selbst hergestellten Negativen anwendbar.

Allgemeine Richtlinien für den Kopierprozeß hat insbesondere C. E. K. MEES[2] aufgestellt.

Eine einfache Methode zur Berechnung der Expositionszeit aus dem Negativumfang hat G. LABUSSIÈRE[3] beschrieben. Er legt seinen Versuchen leider ein (aus Pauspapier hergestelltes) Skalenphotometer zugrunde, kommt aber durch Anwendung von Korrektionen zu einem nach seiner Angabe praktisch brauchbaren Resultat.

[1] Phot. Journ., Bd. 65, S. 185, nach Sc. et Ind. phot., 1925, S. 77.

[2] Comm. Nr. 224, EASTMAN KODAK Co., Sc. et Ind. phot., 1925, Mém., S. 88, Phot. Journ., 64, S. 312, im Auszug s. Kodak Abrid., Bd. 8, S. 146; Phot. Ind., 1926, S. 131.

[3] Bull. Soc. Fr. phot. (3), Bd. 14, S. 76, Sc. et Ind. phot., 1927, S. 151.

Die Fabrikation der photographischen Trockenplatten

Von

R. Jahr, Dresden

Mit 8 Abbildungen

1. Historisches und Allgemeines. Die in der photographischen Praxis verwendeten photographischen Trockenplatten sind Brom- oder Bromjod-Silber-Gelatine-Trockenplatten (gewöhnlich Gelatine-Trockenplatten genannt), d. h. Glasplatten, die mit einer lichtempfindlichen Schicht, bestehend aus Bromjodsilber in Gelatine feinst suspendiert, begossen sind.

Der erste Gedanke zur Herstellung einer Gelatine-Emulsion, d. h. einer Haloidsilbersuspension in Gelatine, rührt von GAUDIN her, der im Jahre 1853 ein Jodsalz zu einer Gelatinelösung fügte und dann Silbernitrat hinzutat.

Die entstandene Präparation, die er „Photogène" nannte, goß er auf Glasplatten und entwickelte die Platten in einer Tanninlösung.[1]

Im Jahre 1868 berichtete W. H. HARRISON über einen Versuch, Platten mit Bromsilber-Gelatine zu präparieren. Er hatte zu einer Gelatinelösung „von einer Viskosität ähnlich der des nassen Kollodiums" Bromcadmium und Jodcadmium und danach Silbernitrat getan und mit dieser Emulsion eine Platte begossen, die nach kurzer Entwicklungszeit in einem alkalischen Entwickler ein so kräftiges Bild ergab, „wie er es noch nie mit Kollodium erhalten hatte". Leider trocknete das Negativ aber so rauh und körnig auf, daß es unbrauchbar war. Er hatte eben im Verhältnis zum Silbersalz zu wenig Gelatine genommen; als er mehr Gelatine zufügte, erhielt er überhaupt kein Bild.

Dieses merkwürdige Resultat läßt sich vielleicht aus der Äußerung erklären, die HARRISON später getan haben soll, er habe in der Aufregung vergessen, dem Entwickler Pyrogallol zuzufügen. HARRISON wollte „eine Präparation haben, die man nur auf eine Glasplatte zu gießen brauchte, um nach dem Trocknen eine haltbare und gut empfindliche Trockenplatte zu erzielen." Die Empfindlichkeit scheint nach seinen Äußerungen genügend hoch gewesen zu sein. Die ideale Trockenplatte war damals eine solche, welche die guten Qualitäten der nassen Kollodiumplatte aufweisen, haltbar und mindestens ebenso empfindlich wie die nasse Platte sein sollte.

Im Jahre 1871 erschien im Brit. Journ. of Phot. eine Arbeit von L. MADDOX über einen Versuch zur Herstellung einer Emulsion mit Bromsilber-Gelatine:

---

[1] Später veröffentlichte GAUDIN auch eine Vorschrift für eine Positiv-Gelatine-Emulsion: er fügte zur Gelatinelösung ein Chlorsalz und dann Silbernitrat hinzu. (Vgl. SUTTON, Brit. Journ. of Phot. 1870.)

er tat zu einer Gelatinelösung, die 30 Teile NELSON-Gelatine enthielt, 6 Teile Bromcadmium und 2 Teile Aqua regia (Königswasser) und fügte im Dunkeln 15 Teile Silbernitrat, in Wasser gelöst, hinzu. Mit der entstandenen „sahnigen" Emulsion (die etwa 450 Teile Wasser enthielt) begoß er einige Platten, die glatt auftrockneten.

Unter einem dünnen Negativ exponierte er diese Platten bei trübem Licht 30 Sekunden bis $1\frac{1}{2}$ Minuten lang und erhielt, nachdem er die Platten mit Pyrogallol entwickelt und mit etwas Silberlösung verstärkt hatte, gute Diapositive mit zarten Details und von angenehmer Färbung.

Die Emulsion enthielt Silbernitrat im Überschuß sowie einen großen Prozentsatz Königswasser und war nicht gewaschen. Diese Emulsion wäre natürlich völlig untauglich gewesen, um damit brauchbare und haltbare Platten herzustellen.

MADDOX wird gewöhnlich als Erfinder der Bromsilber-Gelatine-Trockenplatte bezeichnet. Ob mit Recht? Ist in seiner Veröffentlichung irgend ein neuer Erfindungsgedanke oder eine neuartige Zusammenstellung schon veröffentlichter Erfindungsgedanken oder eine Verbesserung oder Erweiterung von schon bekannten Verfahren zu finden? Die Platten, die infolge der Art ihrer Herstellung in ganz kurzer Zeit verderben mußten, waren so unempfindlich, daß es sich gar nicht gelohnt hätte, sie überhaupt herzustellen.

Man wollte mit Trockenplatten doch wenigstens die Empfindlichkeit der nassen Platten erzielen. MADDOX hat übrigens in seiner Arbeit betont, daß er dessen bewußt sei, durchaus nichts Neues zu bringen. Seine Veröffentlichung gab auch gar keinen Anlaß, auf diesen Versuchen weiter zu bauen. Erst zwei Jahre später wurde in zwei Aufsätzen der oberwähnten Zeitschrift darauf hingewiesen, daß man bei Gelatine-Emulsionen durchaus mit einem Überschuß von Bromsalz arbeiten und, um die überschüssigen Salze und Umsetzungssalze zu entfernen, die Emulsion „waschen" müsse.

Nun erst war es möglich, die Herstellung wirklich brauchbarer und haltbarer Bromsilber-Gelatine-Trockenplatten in Angriff zu nehmen.

Als dann im Jahre 1878 der Amateur BENNETT zeigte, daß man durch tagelanges Warmhalten der Emulsion eine bis dahin für unmöglich gehaltene hohe Empfindlichkeit, welche die der nassen Platten weit übertraf, erzielen konnte, und gut durchexponierte Negative von wirklichen Momentaufnahmen vorzeigte, war der Sieg der Gelatine-Trockenplatte entschieden und die Fabrikation dieser Platten konnte beginnen.

Es ist wohl kaum eine einzelne Persönlichkeit als Erfinder der Gelatine-Trockenplatte anzusprechen, vielmehr wurde ihre Herstellung durch jahrelanges Zusammenarbeiten einer Anzahl Experimentatoren ermöglicht.

Man braucht zur Herstellung der Gelatine-Emulsion in der Hauptsache Wasser, Brom- und Jodsalze, Silbernitrat, Gelatine und Ammoniak.

Wasser: Man könnte gewöhnliches reines Wasser (z. B. aus der Wasserleitung) zum Ansetzen der Bromsalzlösungen nehmen, aber der Gleichmäßigkeit der Emulsionen zuliebe und, um unangenehme Überraschungen zu vermeiden, empfiehlt es sich, für alle verwendeten Lösungen nur destilliertes Wasser zu benutzen u. z. nur aus einer durchaus zuverlässigen Bezugsquelle; es ist auch nötig, genau darauf zu achten, daß die Gefäße (gewöhnlich Glasballons), in denen das Wasser aufbewahrt wird, durchaus sauber sind. Am besten ist es, das destillierte Wasser selbst herzustellen, wobei man die Sauberkeit der verwendeten Apparatur sorgfältig überwachen muß.

Von Bromsalzen verwendet man der Hauptsache nach Ammonium- und Kalium-Bromid. Es ist durchaus nicht gleichgültig, welches Salz man wählt:

die Empfindlichkeit und namentlich die Qualität der Platten ist davon in merkbarer Weise abhängig.[1]

Im übrigen ermöglicht die fertige photographische Emulsion die feinste Analyse, die wir kennen. Beimengungen oder Verunreinigungen so außerordentlich geringen Grades, daß sie für die gewöhnliche Analyse kaum zugänglich sind, machen sich bei der photographischen Prüfung deutlich bemerkbar. Aus diesem Grunde wird in der Fabrikation bei jeder neuen Sendung irgend eines der Ausgangsmaterialien eine Probeemulsion zugleich mit einer Emulsion aus altem bewährten Material hergestellt.

Bromammonium wird vielfach bei der sogenannten Kochmethode verwendet, da es infolge der Abspaltung von Bromwasserstoffsäure bei längerem Kochen die Emulsion sauer erhält und klarere Platten liefern soll.

Bromkalium findet vorzugsweise bei der „Ammoniak-Methode" Verwendung. Man nimmt auch nicht selten gleichzeitig Bromkalium und Bromammonium und erzielt dadurch bestimmte gewollte Qualitäten der Emulsion.

Von Jodsalzen wird hauptsächlich das Jodkalium benützt, das sich in weißen, glänzenden Kristallen vorfindet, die durchaus haltbar sind, während das Jodammonium sich in kurzer Zeit zersetzt.

Silbernitrat erhält man (jetzt wieder) in guter, gleichmäßiger Qualität, entweder in Stangen oder in Kristallen. Die weißen, glänzend durchscheinenden Kristalle dürfen durchaus nicht sauer riechen.

Die Herstellung dieses Silbersalzes aus reinem, namentlich kupfer- und bleifreiem Feinsilber muß sehr sorgfältig überwacht werden, damit nicht die geringsten, namentlich metallischen Verunreinigungen (auch kein Nitrit) beigemengt sind. Auch zur Prüfung des Silbernitrats ist das Ansetzen einer kleinen Probeemulsion die beste Analyse.

Von der einwandfreien, gleichmäßigen, guten Qualität des Silbernitrats hängt die zu erreichende Empfindlichkeit und gleichbleibende Qualität der Emulsion in hohem Maße ab. Dies wurde namentlich im Weltkrieg 1914 bis 1918 schmerzlich von den Trockenplattenfabriken empfunden, da man wegen der großen Materialknappheit das Silbernitrat von allen möglichen, auch nicht besonders zuverlässigen Quellen beziehen mußte.

Gelatine, ein Kolloid, spielt in der Trockenplattenfabrikation die allergrößte Rolle. Von der richtigen Auswahl der Gelatine für den jeweiligen Zweck hängt die jeweils gewünschte Qualität und Empfindlichkeit der Emulsion sowie schließlich das Gelingen der ganzen Fabrikation ab.

Wir können hier auf die Zusammensetzung und die Eigenschaften der sehr verschiedenen Gelatinesorten nicht näher eingehen. Es genügt, wenn wir anführen, daß man Prüfungen der Gelatine nach verschiedenen Richtungen hin anstellt, daß diese aber, da die Gelatine ein so außerordentlich veränderlicher Körper ist, durchaus keine absolut zuverlässige Entscheidung über die Eignung der Gelatine für die besonderen Emulsionen abgeben. Die maßgebende Prüfung, die vor Verwendung jeden neuen Sudes vorgenommen wird, besteht im Ansatze einer Probeemulsion und zwar in derselben Menge wie sie im Fabriksbetriebe regelmäßig hergestellt wird.

Bei Prüfung neuer noch nicht verwendeter Gelatinesorten setzt man

[1] Alle zur Herstellung der Emulsion verwendeten Chemikalien bezieht man am besten aus Fabriken, die für die Reinheit ihrer Produkte einstehen, und zwar in der Qualität: „chemisch rein" oder „purissimum". Man wird es dann kaum nötig haben, bei jedem neuen Bezug eine Prüfung auf Reinheit durchzuführen.

zunächst nur eine kleine Probeemulsion an; erst wenn diese das gewünschte Resultat ergeben hat, wird eine Emulsion in normaler Menge angesetzt, denn es ist wohl zu beachten, daß eine im kleinen hergestellte Emulsion durchaus nicht dasselbe Resultat ergeben muß wie die in größeren Mengen präparierte. Den Grund dafür werden wir später erfahren.

Man stellt folgende Prüfungen der Gelatine an: auf Viskosität, d. h. Schwer- oder Zähflüssigkeit einer Gelatinelösung von bestimmter Konzentration bei einer bestimmten Temperatur, über den Schmelz- und den Erstarrungspunkt einer Gelatinelösung von bestimmter Konzentration (man teilt darnach die Gelatinen in „harte" und „weiche" Gelatinen ein (22 bis 25° Erstarrungs- und 26 bis 30° Schmelzpunkt), über den Aschegehalt der Gelatine (dieser soll nicht über 1% betragen, es gibt aber Gelatinen vorzüglicher Qualität, bei denen man bis 2,5% Asche nachweisen kann), über das Quellungsvermögen, über die Gallertfestigkeit und endlich über das Vorkommen von freier schwefliger Säure oder von Schwefelsäure und etwaiger metallischer oder sonstiger Verunreinigungen.

Über eine weitere sehr wichtige Prüfung, nämlich über das Vorhandensein von Schwefelkörperchen in der Gelatine wird weiter unten einiges gesagt werden.

Das Ammoniak, das man gewöhnlich in der Stärke von 0,91 spez. Gew. bezieht — es enthält dann etwa 25% Ammoniak —, muß gleichmäßig stark und frei von Eisen und Pyridinbasen sein.

2. Herstellung der Gelatineemulsion. a) Das Ammoniakverfahren. Die Emulsionsverfahren lassen sich, je nach der Art und Weise, wie die Empfindlichkeitssteigerung, die „Reifung" des Bromsilbers, bewirkt wird, in zwei Hauptgruppen einteilen: das (saure) Kochverfahren und das Ammoniakverfahren, wobei natürlich Zwischenstufen und Kombinationen beider Verfahren existieren.

Zunächst wollen wir uns dem Ammoniakverfahren zuwenden und als Beispiel ein Rezept zur Herstellung einer Emulsion mittlerer Empfindlichkeit nach diesem Verfahren geben.

Es ist hier zu bemerken, daß die Ausgangsmaterialien von Emulsionen höchster und geringster Empfindlichkeit genau dieselben sind (mit einziger Ausnahme der Gelatine). Die unten angegebenen Mengen wurden gewählt, um den Verhältnissen der wirklichen Fabrikation einigermaßen nahe zu kommen (und weil man bei Teilung durch fünf leicht auf die von J. M. Eder gewählte Ausgangsmenge von 30 g Silbernitrat kommt):

Lösung B	120 g Bromkalium 3 g Jodkalium 50 g Gelatine 1200 ccm Wasser (destill.)
Lösung S	150 g Silbernitrat 600 ccm Wasser (destill.)

So viel Ammoniak, bis der entstehende Niederschlag sich gelöst hat (etwa 130 bis 135 ccm).

Die Gelatine wird in der Bromsalzlösung geweicht, durch Erwärmen gelöst; die Lösung wird auf 40 bis 45° C gebracht.

Das Silbernitrat in der Lösung S wird gelöst und das Ammoniak vorsichtig, zum Schlusse nur tropfenweise, hinzugefügt, um jeden Überschuß von Ammoniak zu vermeiden.

Die Lösung S wird bei 25 bis 30° verwendet. Man gießt sie ruhig und gleichmäßig unter stetem Rühren in Lösung B. Die entstandene Emulsion wird nun in ein Wasserbad, das bei 40° C erhalten wird, gebracht und ständig gerührt.

Im Fabrikationsbetriebe verwendet man sowohl zur Mischung als auch bei der Digestion (der Warmhaltung) der Emulsion Rührwerke.

Nach beendigter Erwärmung, „Reifung", die je nach der gewünschten Empfindlichkeit der Erfahrung nach 25 bis 40 Minuten andauern kann, werden in die Emulsion 100 bis 120 g Gelatine eingetragen. Diese Gelatine wurde vorher eine halbe Stunde lang in gewöhnlichem Wasser geweicht, von dem anhängenden Wasser möglichst befreit, gelöst und auf eine Temperatur von ungefähr 45° C gebracht. Das Zusetzen zur Emulsion muß unter stetigem, gleichmäßigem, aber gründlichem Rühren geschehen.

Nach ungefähr 10 Minuten bringt man die Emulsion in Eiswasser und rührt energisch, bis sie völlig erstarrt ist. Nun bleibt sie im Eiswasser oder im Kühlraum bei einer Temperatur von + 3 bis 8° C stehen, bis sie „gewaschen" wird.

Man hat früher viel Gewicht darauf gelegt, die Emulsion zum Erstarren in große, flache Schalen zu gießen, die in Eiswasser gestellt wurden. Beim Arbeiten in größerem Maßstab würde dies unbequem werden, man bringt die Emulsion daher in entsprechende Steingutgefäße und rührt sie ruhig, aber energisch in sehr tief gekühltem Wasser, bis die Emulsion völlig und fest erstarrt ist.

Es kommt eben darauf an, die Gelatine der Einwirkung des starken Ammoniaks bei höherer Temperatur möglichst schnell zu entziehen, sie also rasch in den gallertförmigen Zustand und auf sehr tiefe Temperatur zu bringen.

Das hier angegebene Verfahren kann nach mancher Richtung hin abgeändert werden. Will man nicht so hohe Empfindlichkeit oder will man den Charakter der Emulsion etwas „weicher" gestalten, so versetzt man nur etwa die Hälfte oder einen noch kleineren Teil der Silbernitratlösung mit Ammoniak bis zur Wiederauflösung, vermischt die ammoniakalische und die neutrale Silbernitratlösung miteinander, gießt sie zur B-Lösung und verfährt dann weiter wie oben. Oder man gießt zuerst die ammoniakalische Silbernitratlösung und dann die neutrale Silbernitratlösung zur B-Lösung. Die Mischung kann bei der oben angegebenen Temperatur erfolgen oder man kann auch die B-Lösung auf etwa 50° C erwärmen.

Macht man die B-Lösung etwas verdünnter und fügt mehr Ansatzgelatine hinzu, so erzielt man etwas unempfindlichere, sehr feinkörnige Emulsionen.

Schließlich kann man auch das Ammoniak zur B-Lösung tun und dann die neutrale S-Lösung bei 40° C (beider Lösungen) in die B-Lösung hineingießen. Man erreicht dadurch, daß die Emulsion gleich von Anfang an bei größerer Alkalität entsteht.

In obiger Rezeptur ist ein Bromkaliumüberschuß von etwa 12,5% über die zur Umsetzung des Silbernitrats erforderliche Menge (105 g) vorhanden, wobei natürlich das Jodkalium mit eingerechnet ist.

Gelatineemulsionen müssen stets mit Bromsalzüberschuß angesetzt werden, da bei Überwiegen des Silbersalzes beim Kochen oder bei der Wärmebehandlung der Emulsion in alkalischem Zustand Verbindungen von Gelatine und Silbernitrat entstehen, welche die Emulsion „verschleiern".

Beim Mischen von Brom-, Jod- und Chlorsalzlösungen mit Silbernitratlösungen wird zunächst das gesamte Jodsalz, sodann das Bromsalz und erst zuletzt das Chlorsalz umgesetzt.

Die Menge des Bromsalzüberschusses ist von großem Einfluß auf Qualität und Empfindlichkeit der Emulsion. Der in den verschiedenen veröffentlichten Rezepten angegebene Bromsalzüberschuß wechselt von etwa 4 bis 199%, gewiß ein ganz hübscher Spielraum.

Bei größerem Bromsalzüberschuß geht die „Reifung" der Emulsion schneller vor sich und die Emulsion bleibt auch bei längerer Erwärmung schleierfrei; man kann die Empfindlichkeit bedeutend höher treiben, ohne daß Qualität und Klarheit der Emulsion leiden.

Während des Kochens oder der Digestion der Emulsion in alkalischem Zustand löst sich eine gewisse Menge Bromsilber im Bromsalzüberschuß, die gebildeten Kriställchen wirken günstig auf Qualität und Empfindlichkeit der Emulsion. Bei größerem Bromsalzüberschuß, also bei stärkerer Konzentration der Bromsalzlösung, wird natürlich mehr Bromsilber gelöst.

Es gibt aber auch hier ein Optimum. Bei Vergrößerung des Bromsalzüberschusses über ein gewisses Maß hinaus, erhält man beim Siedeprozeß flaue oder gar schleirige Emulsionen (EDER). Die Anzahl der in der Bromsalzlösung gelösten Bromsilberteilchen wächst; die nunmehr ziemlich großen Kriställchen haben aber nur geringe Deckkraft. Das Bromsilberkorn vergröbert sich, ohne daß die Empfindlichkeit entsprechend wächst, und wird, da die kleinen Bromsilberkörnchen fehlen, gleichmäßiger; daraus ergibt sich Flauheit der Negative und das Fehlen der „Spitzlichter". Solche Emulsionen zeigen eine bemerkenswerte Neigung zur Bildumkehrung und Solarisation. Man hat beobachtet, daß bei übermäßig großem Bromsalzüberschuß das Korn ungefähr zwei- bis dreimal so groß ist, als bei normalem Bromsalzüberschuß (bei gleicher Empfindlichkeit der Emulsionen).

Bei Verwendung von Bromkalium in der Emulsion treten diese Nachteile bei weitem nicht in dem Maße in Erscheinung, wie beim Brom-Ammonium. Man darf also in Emulsionsrezepten die Bromsalze nicht beliebig vertauschen, ohne die Qualität der Emulsionen merklich zu ändern.

In der Praxis wird der Bromsalzüberschuß wohl von 7 bis 30% variieren, d. h. das Verhältnis von Bromkalium zum Silbernitrat von 3 : 4 bis 9 : 10.

Jodkalium. Wie schon früher bemerkt, zieht man das Kaliumsalz wegen seiner Stabilität dem Ammoniumsalz vor.

Man verwendet das Jodsalz in der Emulsion in Mengen von 1 bis 5% (vom Gewicht des Silbernitrats); nur in ganz speziellen Fällen wird man darüber hinausgehen.

Das Jodsilber verzögert die Kornvergrößerung und anfangs auch die „Reifung", wirkt aber schleierwidrig; man kann mit Jodsilber die Emulsion zu viel größerer Empfindlichkeit treiben, ohne daß die Klarheit beeinträchtigt und das Korn zu groß wird. (Das Korn einer sehr hochempfindlichen reinen Bromsilberemulsion ist zwei- bis dreimal größer als das einer gleich empfindlichen Bromjodsilberemulsion mit etwa 3% Jodsilbergehalt.)

Man erzielt bei Brom-Jodsilber-Emulsionen leichter Kraft und Kontrast in den Negativen und erhält eine bessere Gradation; die Lichthofbildung wird in beträchtlichem Grade vermindert, ebenso die Neigung zur Solarisation.

Man darf Jodbromsilber-Emulsionen nicht mit sehr gelatinearmen und auch nicht mit konzentrierten Lösungen ansetzen, da sonst das gebildete Jodsilber leicht ausfallen würde.

Auf die Art der Beimischung des Jodkaliums zur Emulsion kommt sehr viel an. Wir werden noch beim Abschnitt „Mischen der Emulsion" darauf zurückkommen.

Menge des Jodkaliums. Für Landschafts- oder Porträtemulsionen nimmt man gewöhnlich 1 bis 3% (des Silbernitratgewichtes), für Diapositivemulsionen etwa 1% Jodkalium oder läßt es auch ganz fort.

Emulsionen, bei denen es auf Erzielung sehr großer Kraft und hoher Kontraste ankommt, vertragen bis 6% Jodkalium. Überdies muß bemerkt werden, daß in einer hochempfindlichen Jod-Bromsilber-Emulsion die größeren

Körner unverhältnismäßig viel mehr Jodsilber enthalten als die kleineren (bei kleineren Körnern etwa 1,8%, bei größeren bis 5%).

Chlorsilber in der Emulsion. In den ersten Jahrzehnten der Trockenplattenfabrikation verwendete man neben Brom- und Jodsalzen auch Chlorsalz, und zwar entweder Chlorammonium oder Chlornatrium, fand aber, daß solche Platten nicht so haltbar sind und nach längerem Lagern leichter Flecken ergeben als Bromsilber- oder Jodbromsilberplatten. Deshalb ist man, ausgenommen bei Diapositiv- oder Positivemulsionen, von der Verwendung des Chlorsalzes abgekommen. Die Qualität der Brom-Jod-Chlorsilberplatten war eine sehr gute. Sie arbeiteten recht klar, ergaben selbst bei hochempfindlicher Emulsion sehr leicht Dichtigkeit und wiesen eine sehr gute Gradation auf. Eine Brom-Jod-Chlorsilbergelatine-Emulsion erhält man, wenn man als B-Lösung (s. S. 217) 75 g Bromammonium, 3,75 g Jodkalium, 7,5 g Chlorammonium nimmt.

Auf die Wichtigkeit der Verwendung ganz einwandfreien Wassers ist schon hingewiesen worden. Die Menge des zur Emulsionsherstellung verwendeten Wassers ist von größtem Einfluß auf den Charakter und die Empfindlichkeit der Emulsion. Bei gleichem Bromsalzüberschuß kann natürlich in konzentrierteren Lösungen eine größere Menge Bromsilber gelöst werden, was selbstverständlich die Empfindlichkeit erhöht. Ebenso wird bei Ammoniakemulsionen die Alkalität der Emulsion größer und es ergibt sich auch hierdurch ein schnelleres Reifen der Emulsion. Aber diesem Vorteil steht die leichtere Bildung gröberen Korns, oftmals sogar ein Ausfallen des Bromsilbers, besonders aber des Jodsilbers entgegen, wodurch die Qualität der Emulsion empfindlich leidet. Der geringste zulässige Wassergehalt einer Emulsion beträgt etwa das 8½- bis 9-fache des Gewichtes des verwendeten Silbernitrats, der höchste Wassergehalt (abgesehen von ganz speziellen Emulsionen, z. B. für das Lippmannsche Interferenz-Farbenverfahren [s. auch Bd. VIII dieses Handbuches] und besondere Versuche) etwa das 25-fache. Bei Emulsionen, bei denen es auf große Feinheit des Kornes ankommt, wie bei „photo-mechanischen" Platten und Diapositivplatten beträgt der Wassergehalt etwa das 18- bis 20-fache des Silbernitratgehaltes oder sogar noch etwas mehr.

Emulsionen höchster Empfindlichkeit setzt man mit etwas weniger Wasser an, als im Rezept auf S. 217 angegeben wurde.

Über die Gelatine, ihre Eigenschaften und ihre Auswahl, ist schon früher kurz gesprochen worden; wir werden noch einmal beim Kapitel der „Reifung" ausführlicher darauf zurückkommen.

Das Mischen der Emulsion kann auf sehr verschiedene Weise geschehen. Das Rezept auf S. 217 schreibt vor, das Silbernitrat in die Bromsalz-Gelatinelösung zu gießen.

Die Temperatur der Lösungen ist wichtig; auch das Verhältnis der Wassermenge in der B- bzw. S-Lösung und schließlich auch die Zeit, die das Mischen in Anspruch nimmt, spielt eine wichtige Rolle.

Bei Ammoniakemulsionen wird die Temperatur der B-Lösung wohl selten über 60° C gehen dürfen, während man die ammoniakalische S-Lösung bei keiner höheren Temperatur als 50° C verwendet. Es entsteht bei höheren Temperaturen, wenn nicht sehr viel Jodsilber vorhanden ist, leicht ein grobes Korn, die Emulsionen schleiern leicht und geben flaue Negative von ungenügender Tonabstufung.

Bei Kochemulsionen kann man, wenn die B-Lösung genügend stark angesäuert ist, auch mit der Temperatur etwas höher gehen; man hat die Temperatur sogar bis auf 90° C und höher getrieben. Diesfalls war die B-Lösung aber sehr verdünnt und die S-Lösung wurde in ganz dünnem Strahl mit einer Spritzflasche in die S-Lösung gebracht. Gewöhnlich geht man auch bei Kochemulsionen nicht über eine Temperatur von 60 bis 65° C der beiden Lösungen hinaus.

Das Verhältnis des Wassers in der B- und S-Lösung schwankt in weiten Grenzen, 8 : 1, 2 : 1, 3 : 2 oder 1 : 1; nur in seltenen Fällen ist das Volumen der S-Lösung größer als das der B-Lösung. Jede einzelne dieser Abänderungen ergibt ein bestimmtes Resultat und man darf, wenn man Gleichmäßigkeit in den Emulsionen erhalten will, nicht nach Belieben vom einmal gewählten Verhältnis abweichen.

Macht man Emulsionen in kleinerem Maßstabe, kann man wohl die S-Lösung in die B-Lösung gießen und das Rühren mit einem entsprechenden Rührer, einem breiten Glasstreifen, einer hölzernen Rührgabel usw. mit der Hand ausführen. In der Fabrikation und in größerem Maßstabe bedient man sich besser eines Rührwerkes zur Mischung.

Emulsionen von mittlerer und höherer Empfindlichkeit werden langsamer gemischt, so daß bei einer Emulsion mit beispielsweise 500 g Silbernitrat die Mischung 15 bis 25 Minuten dauern kann. Während einer solchen Mischungsdauer haben natürlich die zuerst entstandenen Bromsilberteilchen bei dem anfänglich sehr großen Bromsalzüberschuß und der Alkalität der Mischung beim Ammoniakverfahren oder der höheren Temperatur der Lösungen beim Kochverfahren genügend Gelegenheit zu einer Kornvergrößerung. Man hat gefunden, daß z. B. bei Siedeemulsionen das Korn der Emulsion schon nach dem Mischen vollständig ausgebildet war und sich durch das Kochen der Emulsion nicht vergrößerte, obwohl die Emulsion dadurch 12- bis 20-mal empfindlicher war als sofort nach dem Mischen.

Es kommt sehr viel darauf an, daß die Emulsion so gemischt wird, daß sie möglichst feines Korn auch bei hoher Empfindlichkeit behält. Von der Art des Mischens hängen Qualität und erreichbare Empfindlichkeit in hohem Maße ab.

Bei obiger Mischart, dem sogenannten „normalen Mischen", wird bei Brom-Jodsilber-Emulsionen das Jodsilber gleichzeitig mit dem Bromsilber erzeugt. Es entstehen hier wahrscheinlich Doppelverbindungen von Brom-Jodsilber.

Man kann aber auch die B-Lösung in die S-Lösung gießen oder das Jodsilber sich zuerst bilden lassen, schließlich auch einen Teil der S-Lösung in die reine Brom-Gelatinelösung, dann die Jodsalzlösung (ohne Gelatine) in die gebildete Bromsilber-Gelatinelösung gießen und zuletzt den Rest der S-Lösung zufügen.

Es seien hier zwei Beispiele aus der Praxis angeführt.

Zu einer Bromsalz-Gelatinelösung mit ungefähr 11% Bromsalzüberschuß und einer Gelatinemenge von ungefähr 30% des verwendeten Silbernitrats wurde die Hälfte der Silberlösung in sehr dünnem Strahle gegossen und die Emulsion mit einem Rührwerk gemischt. Dann wurde in diese Mischung Jodkaliumlösung eingetragen, wieder sehr langsam gemischt, und schließlich der Rest der Silberlösung hinzugefügt. Die Jodkaliummenge betrug etwas mehr als 1% vom Gewicht des Silbernitrats. Diese Emulsion wurde in schwach alkalischem Zustande bei ziemlich hoher Temperatur digeriert und ergab nach ihrer Fertigstellung eine Emulsion von hoher Empfindlichkeit, außerordentlich feinem Korn und vorzüglicher Gradation.

Eine andere Emulsion wurde (an anderem Orte und zu anderer Zeit) derartig hergestellt, daß zu einer ziemlich stark mit Salpetersäure angesäuerten Silbernitratlösung die Jodsalzlösung, die etwa die Hälfte der Ansatz-Gelatine enthielt, hinzugefügt wurde.

Hier bildete sich das Jodsilber in einem Silberüberschuß und in außerordentlich feiner Verteilung. Darauf wurde die Bromsalzlösung mit dem Rest der Gelatine zugefügt. Die Gesamtwassermenge betrug etwa das Elffache der Silbernitratmenge. Die Emulsion enthielt 3% Jodkalium und es waren zirka 25% Bromsalzüberschuß vorhanden. Auch diese Emulsion ergab nach dem Fertigstellen Platten von außerordentlich hoher Empfindlichkeit und recht feinem Korn, die sich leicht zu großer Dichtigkeit entwickeln ließen und absolut schleierfrei blieben, Eigenschaften, die damals bei sehr hoch empfindlichen Platten nicht allgemein zu finden waren. Der Charakter der Negative der beiden angeführten Emulsionen war aber voneinander sehr verschieden. Während die erste dazu neigte, sehr zarte, harmonische Negative zu liefern, arbeitete die zweite kräftiger, „brillanter", man konnte aber mit entsprechend angesetzten Entwicklern auch hier Negative von größter Zartheit erzielen; die gewünschten Resultate lassen sich also bei Emulsionen recht verschiedener Herstellungsart erreichen.

Schließlich sei noch einer Mischungsart nach ABNEY gedacht. Er tat Gelatine und Silbernitrat (bei etwa 50° C) zusammen und fügte dann drei Viertel der angesäuerten Bromsalzlösung hinzu. Zu dem Rest der Bromsalzlösung gab er das Jodkalium und goß sie in die Emulsion.

Bei diesem wie bei dem zweiten auf S. 221 angegebenen Verfahren wollte man möglichst feines Jodsilber dadurch erhalten, daß man das Jodkalium in die gebildete Bromsilberlösung hineintat, so daß das Jodsalz das gebildete Bromsilber umsetzen mußte.

Emulsionen geringerer Empfindlichkeit, die aber ein sehr feines, gleichmäßiges Korn enthalten sollen, mischt man sehr schnell, z. B. „photo-mechanische" Emulsionen und „Diapositiv"-Emulsionen.

Man kann dies auch unbeschadet der Feinheit des Kornes tun, da diese Emulsionen mit sehr viel Wasser und sehr viel Gelatine angesetzt werden, was zur Erzielung von feinem Korn beiträgt. Photomechanische Emulsionen sollen, wie wir später sehen werden, ein sehr hohes Auflösungsvermögen besitzen, müssen deshalb ein sehr gleichmäßiges und möglichst feines Korn haben.

Auch bei Diapositivemulsionen ist die Gleichmäßigkeit und geringe Größe des Kornes von Wichtigkeit, damit eine angenehme Färbung des feinen Silberniederschlags im Diapositiv mit Sicherheit erzielt werden kann.

Daß sich aber auch bei langsamer Mischung äußerst feinkörnige Emulsionen herstellen lassen, beweist z. B. die später angegebene Vorschrift zur Herstellung von „kornlosen" Platten nach dem Verfahren von LIPPMANN nach der Modifikation von H. LEHMANN, bei dem zur Silbernitrat-Gelatinelösung die Bromsilber-Gelatinelösung sehr langsam zugefügt wird. Dabei ergibt sich trotzdem eine ausgezeichnete Qualität der „kornlosen" Platte; LIPPMANN selbst stellte seine Emulsionen so her, daß er gepulvertes Silbernitrat auf einmal in die Bromsalz-Gelatinelösung hineinschüttete. Es konnten sich innerhalb der 3½ Minuten, die das Mischen nach LEHMANN bei 10 g Silbernitrat in Anspruch nahm, die zuerst gebildeten Bromsilberkörnchen wegen der übermäßigen Verdünnung, der großen Menge Gelatine und der niedrigen Mischtemperatur nicht vergrößern.

Es kommt also, wie man sieht, bei Herstellung von Emulsionen auf das Zusammenwirken aller einzelnen Faktoren an, um das gewünschte Resultat mit Sicherheit gleichmäßig zu erhalten.

Nach vollendeter Mischung wird die Emulsion durch längeres Warmerhalten bei einer bestimmten Temperatur zur Reifung gebracht.

Man bringt sie in ein Wasserbad von der gewünschten Temperatur (für eine Ammoniakemulsion mittlerer Empfindlichkeit etwa 40 bis 45° C). Durch ein Rührwerk wird die Emulsion in langsamer stetiger Bewegung erhalten.

Die Zeit des Digerierens richtet sich nach dem Grade der gewünschten Empfindlichkeit und hängt wesentlich auch von der verwendeten Gelatine ab.

Man nimmt an, daß die Reifung bei langsamem Mischen schon während des Mischens beginnt.

Das Bromsilberkorn vergrößert sich (damit wird auch natürlich die Lichtabsorption eine größere).

Sodann bewirkt die Gelatine eine spurenweise Reduktion des Bromsilbers, so daß sogenannte Empfindlichkeitskeime entstehen, die sich an die größeren Bromsilberkörnchen anlagern. Diese Keime bestehen nach heutiger Auffassung aus Schwefelsilber und reinen Silberkeimen.

Hier müssen wir auch auf eine sehr wichtige Eigenschaft der Gelatine eingehen. Im Jahre 1925 machte S. E. SHEPPARD darauf aufmerksam, daß in bestimmten Gelatinesorten, mit denen man erfahrungsgemäß leicht hohe Empfindlichkeiten der Emulsion erhalten konnte, gewisse Schwefelkörperchen vorhanden wären, die zur Entstehung von Silberkeimen Anlaß gäben; bei Gelatinen, die diese Körperchen nicht enthielten und unempfindliche Emulsionen ergaben, könne man durch Zusetzen außerordentlich geringer Mengen von Schwefelverbindungen, wie sie sich z. B. im Allyl-Senföl und im Thiosinamin vorfinden, zur Gelatine, diese befähigen, hochempfindliche Emulsionen zu geben.

Unabhängig von SHEPPARD und vor ihm hatte R. LUTHER dieselbe Beobachtung gemacht.

Er schreibt darüber (Phot. Industr. 1927, Heft 20):

„Vielen Fachgenossen wird bekannt sein, daß unabhängig von den Untersuchungen des KODAK-Laboratoriums über die Rolle der Schwefel-Silberbildung im Reifungsprozeß auch von mir schon vor längerer Zeit der Gedanke gefaßt wurde, daß der chemische Vorgang bei der Reifung von Silberhaloidgelatineemulsionen in einer geringfügigen, nur bis zur Bildung fester Lösungen von Schwefelsilber in Bromsilber gehenden Sulfurierung des Bromsilberkornes besteht. .... Durch Versuche (deren Veröffentlichung leider aus bestimmten Gründen unterblieb) wurde festgestellt, daß durch Zusatz sehr geringer Mengen gelöster Stoffe, die langsam Schwefelionen abscheiden, die Empfindlichkeit ohne Kornvergrößerung gesteigert werden kann. ....“

Um das Vorhandensein von Schwefelionen abspaltenden Substanzen in der Gelatine nachzuweisen, hat LUTHER die sogenannte Bleiprobe vorgeschlagen. Er schreibt weiter:

„Auch haben in der Tat in der Praxis an verschiedenen Stellen in großem Maßstab angestellte Versuche gezeigt, daß die Geschwindigkeit, mit der eine gegebene Gelatinesorte mit einer alkalischen Bleilösung den bekannten braunen Schwefel-Bleiniederschlag bildet, ausnahmslos parallel mit der Fähigkeit dieser Gelatinesorte zur Bildung hochempfindlicher Emulsionen geht.

Die praktische Ausführung der „Bleiprobe“ geschieht folgendermaßen: Man stellt sich aus 20 bis 25 g Ätznatron (in Stangen) und 100 ccm destilliertem Wasser eine konzentrierte Ätznatronlösung her, in der man 3 bis 4 g festes Bleinitrat löst. 1 Volum dieser alkalischen Bleinitratlösung wird mit 1 Volum einer etwa 15 bis 20%igen Lösung der zu prüfenden Gelatine gemischt und in einem Reagenzrohr in siedendes Wasser gestellt. Je nach der Bildungsgeschwindigkeit und der Menge des abspaltbaren Schwefelions färbt sich der sich stets bildende (calciumhaltige) farblose, flockige Niederschlag verschieden rasch bzw. verschieden stark dunkel. Aus der Geschwindigkeit und dem Betrage der Färbung kann man weitgehende Schlüsse auf den photographischen Charakter der Gelatine ziehen. Im allgemeinen eignen sich solche Gelatinen am besten, bei denen die Braunfärbung erst nach etwa einer halben Stunde entsteht und nach einer Stunde deutlich sichtbar ist. Es empfiehlt sich, diese Probe stets als Vergleichsprobe auszuführen, indem man mehrere Gelatinesorten, darunter mindestens eine von bekannten photographischen Eigenschaften, gleichzeitig und unter gleichen Umständen mit der alkalischen Bleinitratlösung behandelt."

Dieses Prüfungsverfahren ist für die gesamte Praxis der Emulsionsherstellung von großer Wichtigkeit, um von vornherein unbrauchbare oder weniger geeignete Gelatine ausscheiden zu können.

Die Menge der beim Mischen der Emulsion verwendeten Gelatine, der sogenannten Ansatzgelatine, ist für Qualität und Empfindlichkeit der Emulsionen ebenfalls von Bedeutung. Sie schwankt in der Praxis von 1% bis etwa 4% bei höherempfindlichen Emulsionen und bis etwa 10% und mehr bei unempfindlichen, feinkörnigen photo-mechanischen Emulsionen und Diapositiv-Emulsionen.

Die Gelatine übt eine bedeutsame „Schutzwirkung" auf das Haloidsilber aus. Ohne Zusatz von Gelatine würden Silber- und Brom-Jodsalzlösungen bei der Mischung ein Silbersalz ergeben, das sich mehr oder weniger schnell niederschlagen würde; mischt man die Lösungen aber in Gegenwart von Gelatine, so erhält man das feinsuspendierte Haloidsilber in der Gelatineemulsion.

Bei zu geringem Gelatinegehalt bildet sich sehr leicht grobkörniges Brom-Jodsilber, besonders fällt das Jodsilber sehr rasch und in bedeutender Menge aus. Nimmt man zu viel Gelatine, so wird die Emulsion zu dickflüssig; man erhält zwar ein sehr feinkörniges Silbersalz, aber die Schutzwirkung äußert sich dann in störender Weise insofern, als wohl das gebildete Brom-Jodsilberkorn sehr fein ist, aber die notwendige Vergrößerung des Kornes in schädlicher Weise gehemmt und dadurch das Entstehen der Reifungskeime beeinträchtigt wird.

Hier heißt es, auf Grund der Erfahrung für den jeweiligen Fall die bestgeeignete Gelatinemenge zu wählen, die aber nicht bei allen Sorten die gleiche ist. Einige Gelatinesorten geben schon in verhältnismäßig wenig konzentrierter Lösung ein sehr feines Korn und erlauben, einen hohen Grad von Empfindlichkeit zu erreichen, ohne daß die Emulsion zu grobkörnig würde, während bei anderen das Gegenteil der Fall ist.

Hier mag im allgemeinen bemerkt werden, daß viele Ergebnisse der neueren Untersuchungen über Emulsionen alten Praktikern aus ihrer jahrzehntelangen Erfahrung heraus bekannt waren. Man wußte wohl, daß gewisse Gelatinen bei gleicher Behandlungsweise viel empfindlichere Emulsionen ergaben als andere, daß die Feinkörnigkeit des zuerst gebildeten Silberkorns und auch der fertigen hochempfindlichen Emulsion nicht nur von der Konzentration der Gelatine, sondern auch von deren besonderen Qualität abhing, daß man auch die Art des Mischens der Emulsion und der Reifung der betreffenden Gelatine anpassen müsse.

Die „umgekehrte" Art des Mischens im Beispiel 2 auf S. 221 ließ sich mit Vorteil nur bei einer bestimmten Gelatinesorte durchführen und, als diese aus gewissen Gründen nicht mehr in derselben Qualität geliefert werden konnte, ergaben sich unbefriedigende Resultate, so daß das Rezept und die ganze Art der Herstellung geändert werden mußten.

Auch die Einwirkungen der einzelnen Bromsalze, des Bromsalzüberschusses, der Konzentration der Emulsion, der Menge und Art des Hinzufügens des Jodkaliums sind schon seit Jahrzehnten in der Praxis bekannt.

Ob „harte" oder „weiche" Gelatine zum Ansatz oder zum Zusatz zu wählen ist, ist nur durch Erfahrung bei jeder einzelnen Emulsion feststellbar, ebenso auch die Menge der Gelatine im Verhältnis zum verwendeten Silbernitrat.

Die Fabrikation von Gelatine-Trockenplatten ist eben zum sehr großen Teile eine Sache der Erfahrung.

Bei Herstellung hochempfindlicher Emulsionen wird man die Reifung durch Digerieren oder Kochen der Emulsion zweckmäßig nicht bis zu dem gewünschten

Grad der zu erzielenden Empfindlichkeit treiben, sondern vorher abbrechen und die sogenannte „Nachreifung" mit zu Hilfe nehmen. Die Reifung wird also in mehrere Teile zerlegt.

Ammoniakemulsionen werden nach dem Digerieren mit Ammoniak, Versetzen mit der Zusatzgelatine und schnellem, plötzlichem Erstarrenlassen einer ersten Nachreifung dadurch unterzogen, daß man die sehr feste Emulsion in geeigneter Temperatur (3 bis 8^0 C) mehrere Stunden oder Tage stehen läßt (je nach der gewünschten Qualität und Empfindlichkeit und je nach der Art der Emulsion und der verwendeten Gelatine). Dann erst wird sie gründlich gewaschen und darnach noch einer zweiten Nachreifung unterworfen, auf die wir später zu sprechen kommen.

Bei der Siedeemulsion folgt der eigentlichen Reifung eine erste Nachreifung der gut gewaschenen und gelösten Emulsion.

b) Das (saure) Siedeverfahren. Die Emulsion wird nach der für das Ammoniakverfahren gegebenen Vorschrift angesetzt.

Lösung B wird auf 60^0 C erwärmt.

Bei Lösung S fällt natürlich das Ammoniak fort. Auch diese Lösung wird auf 60^0 C erwärmt. Unmittelbar vor dem Mischen säuert man die B-Lösung mit 10 bis 20 ccm verdünnter Salzsäure (1 : 5) an.

Nun wird die S-Lösung in die B-Lösung eingetragen und die Emulsion auf die Güte der Mischung geprüft, indem man einen Tropfen der Emulsion auf Glas ausbreitet und ihn bei künstlichem Licht (Streichholz) in der Durchsicht betrachtet. Das Bromjodsilber muß tiefrot erscheinen. (Dieselbe Farbe ergibt sich auch unmittelbar nach der Mischung der Emulsion bei dem Ammoniakverfahren.) Die Emulsion wird in kochendes Wasser gebracht und — unter ständigem Rühren — je nach der gewünschten Empfindlichkeit $\frac{1}{2}$ bis 2 Stunden oder eventuell noch länger gekocht.

Die Farbe der Emulsion ändert sich von Rot zum Orange, wird blau, blaugrün und geht dann zum Gelb über. (Diese Farbenprobe gibt nur einen ungefähren Anhalt. Beim Ammoniakverfahren wechseln die Farben schneller und treten zuweilen nicht so intensiv auf. Es gibt auch Emulsionen, welche die rote oder rötliche Farbe länger behalten, trotzdem sie schon recht empfindlich sind, während Ammoniakemulsionen oft tiefblau bis blaugrün erscheinen, ohne eine hohe Empfindlichkeit zu besitzen.)

Nach beendetem Kochen, dessen Dauer man nach der Erfahrung bemessen muß, wird die Emulsion recht vorsichtig, um den entstandenen Bodensatz nicht aufzurühren, in ein anderes Gefäß gegossen.

Der Bodensatz besteht aus grobkörnigem Brom-Jodsilber, das bei Kochemulsionen selbst bei vorsichtigem Mischen immer in gewissen Mengen auftritt.

Bei weniger sorgfältigem, etwa zu schnellem Mischen, bei zu hoher Temperatur oder auch bei zu stark konzentrierten Lösungen wird der Bodensatz ziemlich groß, insbesondere fällt viel Jodsilber aus, so daß die Emulsion geschädigt wird. Sie neigt dann zur Flauheit, d. h. die Platten geben eine weniger gute Modulation.

Zur gekochten Emulsion gibt man, nachdem sie genügend abgekühlt ist (entweder von selbst oder durch Rühren in kaltem Wasser), etwa bei 50^0 C die Zusatz- oder Kochgelatine hinzu und zwar kann man dieselbe Menge wie bei der Ammoniakemulsion, also etwa 100 bis 120 g, verwenden. Die Gelatine muß genügend lange Zeit in kaltem Wasser geweicht und kräftig abgedrückt, d. h. vom überflüssigen Wasser befreit werden.

Wenn man diese gut gequollene Gelatine unter Rühren in die Emulsion einträgt, so wird sie sich in der warmen Emulsion sehr schnell und vollständig auflösen. Nachdem man noch einige Minuten gerührt hat, bringt man die Emulsion zum Erstarren. Auch hier ist ein schnelles Erstarren förderlich.

Man läßt die Emulsion einen oder einige Tage stehen. Eine wesentliche Nachreife vor dem Waschen wird bei sauren oder neutralen Emulsionen kaum erzielt. Die eigentliche Nachreife wird erst nach dem Waschen der Emulsion herbeigeführt.

Man kann die Kochemulsionen nach verschiedener Richtung hin abwandeln: z. B. kocht man die Emulsion nur die Hälfte oder drei Viertel der oben angegebenen Zeit und fügt ihr, nachdem die Zusatzgelatine sich vollständig gelöst hat, bei etwa 40 bis 45° C bis 2% Ammoniak (0,91 spez. Gew.), mit etwas Wasser verdünnt, hinzu und läßt sie dann so schnell als möglich erstarren.

Oder aber man fügt zur Emulsion, sofort nachdem sie in neutralem oder schwach saurem Zustande gemischt ist, etwa 10 bis 15% (vom Gewicht des Silbernitrats) kohlensaures Ammoniak, in Wasser gelöst, hinzu und kocht sie dann wie oben oder hält sie längere Zeit bei 80° C warm.

Man muß beim kohlensauren Ammoniak darauf sehen, daß man ihn in frischem, „glasigem“ Zustand erhält.

Es wurde auch eine Methode angegeben, die Emulsion bei sehr hoher Temperatur mit Ammoniak „im Entstehungszustande“ zu behandeln:

Die Emulsion, die entweder ganz oder teilweise mit Bromammonium angesetzt ist, wird nach dem Mischen mit kaustischem Kali (in Wasser gelöst) und zwar mit etwa 5 bis 7,5% vom Gewichte des Silbernitrats versetzt. Bromammonium und das kaustische Kali setzen sich zu Bromkalium, Ammoniak und Wasser um.

Man kann diese Emulsion eine gewisse Zeit lang kochen oder sonst bei hoher Temperatur behandeln, ohne Schleierbildung befürchten zu müssen.

Die Zusätze von kohlensaurem Ammoniak oder kaustischem Kali können auch vor dem Mischen der Emulsion zur B-Lösung hinzugefügt werden.

Alle diese etwas abgewandelten Emulsionen haben den Charakter der Siedeemulsionen und nicht den der zuerst angegebenen Ammoniakemulsionen und werden auch bei der Nachreife als Siedeemulsionen behandelt.

3. Das Waschen der Emulsion. Wie wir oben gesehen haben, enthält die Emulsion außer der Gelatine und dem Brom-Jodsilber auch die Umsetzungssalze, Ammonium- oder Kaliumnitrat, das überschüssige Brom-Jodsalz und bei Ammoniakemulsionen das Ammoniak.

Alle diese überschüssigen und schädlichen Beimengungen müssen entfernt werden; sie würden die Empfindlichkeit der Emulsion nicht zur Geltung kommen lassen, auskristallisieren und die Haltbarkeit der Platten beeinträchtigen. Die Entfernung geschieht durch Waschen der Emulsion in Wasser.

Man muß die Emulsion, damit das Wasser überall gehörigen Zugang hat, zerkleinern: man preßt sie in „Nudeln“.

Natürlich wäre es am besten, möglichst feine Nudeln, etwa 2 bis 3 mm stark, zu verwenden; das Auswaschen würde dann nur sehr kurze Zeit in Anspruch nehmen, aber solch feine Nudeln nahmen erfahrungsgemäß zu viel Wasser auf, das Volumen der gewaschenen Emulsion übersteigt das zulässige Maß. Deshalb arbeitet man in der Praxis mit Nudeln von 6 bis 8 mm Durchmesser.

Beim Arbeiten in kleinem Maßstab kann man die Zerkleinerung der Emulsion derart vornehmen, daß man die Emulsion in einen Beutel von Netzstoff der entsprechenden Maschenweite bringt und unter Wasser durch Drehen und leichten Druck aus den Maschen herauspreßt. In der Fabrikation verwendet man sogenannte „Nudelpressen“, die von Hand aus oder mit hydraulischem Druck betrieben werden. Eine solche Presse ist in Abb. 1 dargestellt.

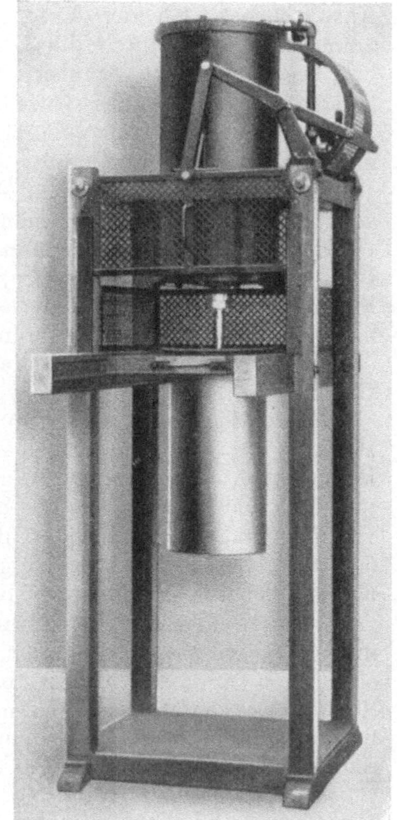

Abb. 1. Nudelquetscher

Diese hydraulischen Pressen bestehen aus einem stark versilberten Zylinder mit einem ebenfalls versilberten Schneidesieb mit Löchern oder Maschen vom gewünschten Durchmesser. Ein durch Wasserdruck angetriebener Stempel preßt die feste Gallerte durch die Öffnungen hindurch. Die Nudeln fallen in ein Gefäß mit kaltem Wasser und werden sofort gründlich durchgerührt, damit sie nicht zusammenballen, und sodann in die Waschvorrichtung (mit Rührwerk und periodischem Wasserwechsel) gebracht.

Andere Waschvorrichtungen bestehen aus weiten Sieben, die in äußeren Gefäßen stehen (s. Abb. 2). Das Wasser strömt regelmäßig in entsprechend geregeltem Maße zu und fließt aus dem äußeren Gefäß wieder ab. Die Nudeln werden indessen durch Rühren auseinandergehalten.

Man kann auch von Zeit zu Zeit das Wasser völlig ablassen, die Nudeln tüchtig durchrühren und dann wieder neues Wasser zuströmen lassen. Die DEUTSCHEN STEINZEUGWERKE, Charlottenburg, stellen einen Waschapparat her, bei dem das Wasser von unten einfließt, durch seinen Druck die Nudeln in Bewegung erhält und oben wieder abfließen kann.

Die Zeit des Auswaschens hängt natürlich von der Dicke der Nudeln ab. Es handelt sich darum, daß sie sich lange genug in genügend gewechseltem Wasser befinden. Feinzerteilte Nudeln müssen etwa $2\frac{1}{2}$ bis $3\frac{1}{2}$ Stunden, stärkere Nudeln dagegen 5 bis 7 Stunden lang gewaschen werden.

Abb. 2. Ein Emulsionswaschapparat, links das äußere Gefäß

Zu langes Waschen ist schädlich, da die Gelatine angegriffen wird. Auch wirken die Nudeln wie eine Art Filter und halten etwaige Unreinigkeiten im Wasser in der Emulsion zurück.

Die Qualität des Waschwassers ist von Bedeutung: zu weiches Wasser ist schädlich, da es die Festigkeit der Gelatine stark angreift. Mäßig hartes Wasser, etwas kohlensauren Kalk enthaltend, ist das beste. Gipshaltiges, hartes Wasser wirkt direkt schädlich und sollte nicht verwendet werden.

Nach der oben angegebenen Waschzeit wird man finden, daß die Emulsion genügend gut ausgewaschen ist, d. h. Brom- und Umsetzungssalze nicht mehr in schädlicher Menge enthält, und daß auch das Ammoniak genügend vollständig ausgewaschen ist.

Will man sehr vorsichtig vorgehen, so kann man sich von der Güte des

Auswaschens nach der Vollhardtschen Methode (Titrierung mit Rhodanammonium) und durch die Nesslersche Probe auf Ammoniak überzeugen.

Die gewaschene Emulsion wird nun möglichst gründlich vom noch anhängenden Waschwasser befreit, indem man sie auf großen, grobmaschigen Sieben längere Zeit abtropfen läßt oder das überflüssige Wasser durch mechanische Vorrichtungen abpreßt.

Sollte etwa bei warmem Wetter die Emulsion doch zu viel Wasser aufgenommen haben, so bringt man sie nach dem Abtropfen oder Abpressen in ein Gefäß, gießt so viel denaturierten Alkohol darüber, daß die Nudeln gerade bedeckt sind, läßt sie über Nacht stehen, gießt am nächsten Morgen die Emulsion in ein Sieb und läßt abtropfen. Da der Alkohol eine gewisse Menge Wasser aufgenommen haben wird, wird man das Volumen der Emulsion merklich verringert finden. (Der Alkohol übt gleichzeitig auch eine günstige härtende Wirkung auf die Gelatine aus.)

Zentrifugieren der Emulsion. Um sich das zeitraubende und lästige Waschen der Emulsion zu ersparen, hat man die Emulsionen nach dem ersten Reifen auch auszentrifugiert, gewaschen, mit der nötigen Gelatine versetzt und dann gelöst. In der Praxis hat sich diese Methode allerdings nicht bewährt. Qualität und Empfindlichkeit der Emulsion werden durch die Nachreife vor dem Waschen derartig günstig beeinflußt, daß man lieber bei der etwas umständlicheren Art des oben beschriebenen Waschens geblieben ist.

(Andere Versuche, bei Emulsionen, die mit sehr wenig Ansatzgelatine und in großer Verdünnung angesetzt, sehr lange gekocht und dann mit Ammoniak oder auch mit einer Säure behandelt wurden, das Bromsilber sich durch Stehen absetzen zu lassen, sie nachher zu waschen, Gelatine hinzuzufügen und weiter wie üblich zu behandeln, haben nicht zu zufriedenstellenden, praktischen Ergebnissen geführt.)

4. Schmelzen der Emulsion. Die gründlich abgetropften, von überflüssigem Wasser befreiten Emulsionsnudeln werden in ein Gefäß aus Steingut gebracht, in einem Wasserbad unter stetigem Rühren geschmolzen und mit einer gewissen Menge gelöster Gelatine versetzt, damit sie die notwendige Dickflüssigkeit (Viskosität) erhalten. Die Emulsion kann nun je nach Art der Herstellung und der Gelatine auf eine Temperatur von etwa 40 bis 45° C gebracht werden; einige Vorschriften geben sogar 50° C und darüber an.

Man vergießt die Emulsion gewöhnlich nicht sofort nach dem Schmelzen, sondern unterwirft sie der schon früher erwähnten Nachreifung, durch welche die Qualität und Empfindlichkeit der Emulsion wesentlich verbessert wird. Diese Reifung wird nun je nach dem Emulsionsverfahren in verschiedener Art durchgeführt.

Kochemulsionen werden nach dem Lösen und, nachdem Gelatine zugesetzt wurde, bei 40° C (oder etwas mehr) mit etwa ½ bis 3% (vom Gewicht des Silbernitrats) Ammoniak versetzt, das man mit etwas Wasser oder Alkohol verdünnt, und dann in einen Raum von bestimmter Temperatur (etwa 20 bis 22° C), der während aller Jahreszeiten möglichst gleich warm erhalten wird, gebracht.

Ammoniakalische Emulsionen werden — ohne Zusatz von Ammoniak — ein bis zwei Stunden, oder, wenn nötig noch längere Zeit, bei 40 bis 45° C warm gehalten und am nächsten Tage vergossen. Will man sie sofort vergießen, so kann man die Temperatur bis auf 48° C steigern.

Bei beiden Arten der Nachreifung hängt natürlich die Zeit der Nachreifung, die Höhe der Reifungstemperaturen (und bei ammoniakalischer Nachreifung selbstverständlich auch die Menge des geringen Ammoniakzusatzes) ganz von der Art der Herstellung der Emulsion und der verwendeten Gelatine und selbstverständlich auch von dem gewünschten Empfindlichkeitsgrad ab. Emulsionen, die sehr hohe Empfindlichkeit haben sollen, werden sogar mehrere Male erstarren gelassen und dann wieder gelöst.

Wie schon früher bemerkt, ist man bestrebt, die Emulsionen derartig zusammenzusetzen, zu mischen und reifen zu lassen, daß sie eine Nachreifung überhaupt vertragen und daß diese wirksam wird.

Man muß das Schleiern der Emulsion vermeiden und auch dafür sorgen, daß sie nicht zu grobkörnig und daher „flach arbeitend" wird.

Man kann hier, wie überhaupt beim ganzen Emulsionierungsprozeß keine festen Angaben machen, muß sich vielmehr von der Erfahrung leiten lassen und bemüht sein, bei jedem einzelnen Handgriff in jedem Stadium der Emulsionsherstellung mit größter Genauigkeit zu arbeiten.

Vor dem Vergießen der Emulsion erhält sie noch einige Zusätze.

Sollte die Emulsion, was bei warmem Wetter vorkommen kann, zu dünnflüssig sein, so muß man ihr noch etwas Gelatine zusetzen.

Die gußfertige Emulsion muß etwa 6 bis 7%, in gewissen Fällen auch nur 5% Gelatine enthalten.

Ferner muß der Emulsion ein Härtungszusatz, eine basische Chrom-Alaunlösung, die am besten einige Wochen vor der Verwendung angesetzt wird, beigefügt werden, da die Gelatine durch die verschiedenen Reifungs- und Nachreifungsverfahren usw. mehr oder weniger angegriffen ist.

Die Menge des Chrom-Alaunzusatzes richtet sich nach dem Emulsionsverfahren, der Menge und der Qualität der verwendeten Gelatine, die man entweder von mittlerer Härte nimmt oder aus harten und weichen Gelatinen zusammensetzt, sowie nach dem Zweck, dem die Platten dienen sollen. Als Minimum ist wohl die von J. M. Eder angegebene Menge von 3 ccm Chrom-Alaunlösung (1 : 50) je Liter fertiger Emulsion anzusehen.

Für Platten, die für die Tropen bestimmt sind, muß die Emulsion härter und gegen warme Lösungen widerstandsfähiger sein, erhält also bedeutend mehr Chrom-Alaunzusatz, dessen Menge durch die Erfahrung bestimmt wird.

Nicht orthochromatische Emulsionen erhalten, um die Haltbarkeit der Platten zu erhöhen, einen Zusatz von Bromsalz, u. z. etwa 3 bis 10 ccm Bromsalzlösung (1 : 50) je Liter der Emulsion.

Um die Oberflächenspannung der Emulsion, also ungleichmäßiges Gießen, Entstehen von Schlieren und dicken Rändern usw. zu vermeiden, hat man früher Zusätze von Saponin, Quillayarindeauszug u. dgl. gemacht. Jetzt nimmt man „Alburit", eine gallensaure Natriumverbindung, und zwar in einer nach Vorschrift der Fabrik abgestimmten Menge.

5. Mischen verschiedener Emulsionen. Wir haben oben gesehen, daß eine Emulsion von guter Gradation, die alle Tonwerte des Aufnahmeobjekts fein abgestuft richtig wiedergeben soll, aus kleineren, mittelgroßen und größeren Körnern zusammengesetzt sein muß.

Hat man die Emulsion derartig gemischt und das Reifen so zu leiten verstanden, daß trotz erreichter hoher Empfindlichkeit noch immer genügend feine und feinste Körner in der Emulsion vorhanden sind, so kann man diese Emulsion für sich vergießen.

In der Praxis wird man aber für mittelhoch empfindliche und höchst empfindliche Platten ein Zusammenmischen verschieden empfindlicher Emulsionen, die auch verschieden großes Korn besitzen und verschiedene Abstufung aufweisen, also „hart" oder „weicher" arbeiten, vielfach vorziehen.

Hochempfindliche, flau arbeitende Emulsionen mischt man in geeignetem Verhältnis mit kräftiger arbeitenden Emulsionen mittlerer oder noch geringerer

Empfindlichkeit; hart arbeitenden Emulsionen setzt man wenig gereifte, äußerst feinkörnige Emulsionen zu und kann auf diese Weise je nach Wahl der zu mischenden Emulsionen verschiedenen Charakters nach Belieben „brillant" oder „weich" arbeitende Emulsionen erhalten. Emulsionen, die kräftig arbeiten, aber nicht genügend empfindlich sind, lassen sich durch Zusatz sehr hoch empfindlicher, sehr weich arbeitender Emulsionen bedeutend verbessern.

Zusatz von sehr feinkörniger, dicht arbeitender Emulsion erhöht die „Deckkraft" hochempfindlicher Emulsionen bedeutend, ist also auch ökonomisch vorteilhaft.

Schließlich setzt man der Emulsion noch 5 bis 8% Alkohol zu. Dieser Zusatz verlangsamt etwas das Erstarren der Emulsion auf den Platten, begünstigt aber

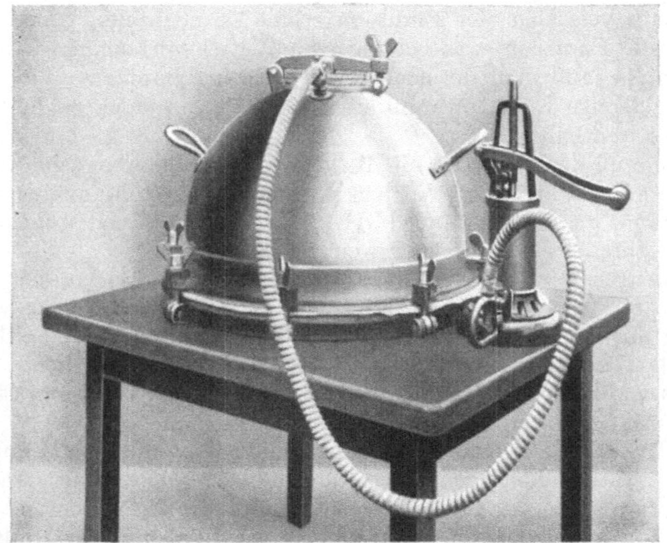

Abb. 3. Filter

die gleichmäßige Verteilung der Emulsion und hilft, z. B. dicke Ränder, Schlieren usw. vermeiden.

Vor dem Guß der Platten muß die Emulsion noch sehr sorgfältig filtriert werden.

Dies geschieht entweder durch lose über einen Rahmen gelegte Barchent- oder Flanelltücher, worüber man noch ein bis zwei Lagen feinen Battist legt, oder durch eine oder mehrere Schichten Waschleder unter Luftdruck oder Luftabsaugung. Abb. 3 und 4 zeigen solche Filter.

Um jede Spur von Verunreinigungen oder Luftbläschen mit Sicherheit zu vermeiden, empfiehlt sich ein nochmaliges Filtrieren.

Jetzt ist die Emulsion zur Auftragung auf sorgfältig gereinigte und präparierte Glasplatten bereit, nachdem man sie noch auf das als zweckmäßig befundene bestimmte Volumen (etwa 4 Liter) gebracht hat.

6. Auswahl, Reinigung und Vorpräparation der Glasplatten. Das zur Fabrikation photographischer Trockenplatten benutzte Glas — kurz Photoglas genannt — wird in besonders dafür eingerichteten Glashütten hergestellt, da es sich durch ganz besondere Eigenschaften vom gewöhnlichen Fenster- oder Tafelglas unterscheidet.

Bis gegen Ende des vorigen Jahrhunderts bezog man das „Photoglas" aus

Belgien oder aus England. Seit 1897 wird es auch in Deutschland hergestellt. Den langjährigen Bemühungen von K. MENZEL in Lommatzsch haben wir es zu verdanken, daß die deutschen Gläser heute bezüglich Qualität dem besten ausländischen Glas durchaus ebenbürtig sind.

Das Photoglas (sogenanntes „halbweißes" Glas) muß, nachdem es aus den Kisten zu 20 qm Inhalt ausgepackt worden ist, sorgfältig geprüft werden.

Es muß frei sein von Blasen, Schlieren, Knötchen sowie von Verunreinigungen jeder Art, muß genau im rechten Winkel geschnitten sein und darf keine Keilform aufweisen, muß vielmehr überall gleiche Stärke haben. Vor allen Dingen muß es aber gut gestreckt sein, d. h. flach aufliegen.

Für die am meisten verwendeten Formate beträgt die Dicke der Scheiben 1,3 bis 1,6 mm, für kleinere Formate 1 bis 1,2 mm, für Diapositivplatten 0,8 bis 1 mm (hiefür wird „weißes" Glas verwendet). Für die kleinsten Formate

Abb. 4. Filter

von $4\frac{1}{2} \times 6$ cm usw. verwendet man sogenanntes „extra dünnes" Glas in der Stärke von 0,6 bis 0,8 mm.

Die Scheiben werden gewöhnlich in der doppelten, vierfachen oder achtfachen Größe des Formats der Platten, für die sie bestimmt sind, begossen. Für 9×12 cm-Platten wird z. B. das Glas in Größen 18×24 oder 24×36 cm geliefert.

Größere Platten zu begießen, wäre unökonomisch, da Gläser großen Formats trotz sorgfältiger Streckung und Auswahl doch immer eine gewisse Krümmung aufweisen, was, da sie auf der hohlen Seite mit Emulsion begossen werden, unnötig viel Emulsion nötig machen würde. Fehlerhafte Gläser werden zurückgestellt oder aber, wenn angängig, in kleinere Formate zerschnitten. Größere Platten als die oben angegebenen werden auf stärkerem Glas gegossen. Maschinell hergestelltes, sog. „gezogenes" Glas in der für Photoglas geeigneten Dicke hat das „geblasene" Glas bisher noch nicht verdrängen können.

Platten für Präzisionsarbeiten, für photogrammetrische und astronomische Aufnahmen, sowie für photomechanische Zwecke werden auf Spiegelglas gegossen, das je nach der Größe der Platten 2 bis 6 mm oder noch stärker ist.

Für Reproduktionszwecke werden Platten bis zu den Größen von 80, 100 cm (oder mehr) Länge und entsprechender Breite regelmäßig verwendet.

Das Glas muß sehr sorgfältig gereinigt und vorpräpariert werden. Das geschah früher von Hand aus, wird aber jetzt im Fabriksbetriebe durch Maschinen, und zwar durch die sogenannten Wasch- und Untergußmaschinen bewirkt, die das Glas sorgfältig reinigen und dann sofort mit der Vorpräparation versehen. Eine solche Maschine von der Firma A. KOEBIG in Radebeul stellt Abb. 5 dar.

Die auf ihre Eignung noch einmal vorgeprüften Glasplatten werden derartig auf einen „Bock" gestellt, daß die Hohlseite stets nach vorn liegt, und von dort aus in die Waschmaschine gebracht.

Eine heiße Sodalösung reinigt die Platten schnell von allem Schmutz und Fett. Die Platten laufen unter einer Reihe rotierender Walzenbürsten. Wasserstrahlen von beiden Seiten reinigen die auf Walzen fortlaufenden Platten gründlich. Durch Walzendruck werden sie von überflüssigem Wasser befreit und kommen unter eine Vorrichtung, die sie mit einer sehr dünnen Schicht einer mit Chromalaun gehärteten Gelatinelösung versieht.

Nun gelangen sie in einen Trockenkanal, wo ihnen ein Strom heißer filtrierter Luft entgegenkommt; am Ausgangsende der Maschine werden die sauber gereinigten mit Unterguß versehenen getrockneten Platten entgegengenommen und wieder auf Böcke gestellt, die nach erfolgter Abkühlung der Platten in den Gießraum befördert werden.

Diese Reinigungs- und Vorpräparationsmaschinen sind derartig eingerichtet, daß sie auch zur Reinigung von Platten kleineren Formates, also von sogenanntem Abfallglas, eingerichtet sind. Solches Abfallglas mußte namentlich während des Weltkrieges 1914 bis 1918 öfters Verwendung finden. Bei dem damaligen Glasmangel wurden sogar alte Negative nach erfolgter Reinigung und Vorpräparieren wieder mit Emulsion begossen. Man hat damit aber recht schlechte Erfahrungen gemacht, da auf solchen Platten trotz gründlicher Reinigung nach Belichtung, Entwicklung und Fixierung zuweilen Spuren der früheren Negative sichtbar wurden.

Jetzt verfügt man wieder über genügend Glas und verwendet alte gereinigte Negative nicht wieder zum Neubeguß.

7. Das Begießen der Platten. Der Gießraum befinde sich tunlichst im selben Geschoß (am besten im ersten Untergeschoß) und unmittelbar neben dem Plattenreinigungsraum, damit die gereinigten Platten auf dem Transport nicht durch Staub und dergleichen leiden.

Der Gießraum befindet sich auf der gehörigen (während des ganzen Jahres möglichst gleichbleibenden) Temperatur, die Gefäße werden, wenn nötig, vorgewärmt, und die Emulsion gelangt, je nach Art und Gelatinegehalt, bei genau bestimmter, durch die Erfahrung festgestellter Temperatur in das aus Porzellan bestehende Gießgefäß der Plattengießmaschine (Abb. 6) (die Emulsion muß sehr sorgfältig eingegossen werden, damit keine Luftblasen entstehen), von hier aus in den sogenannten „Kaskadengießer" (Abb. 7) und wird dort gleichmäßig verteilt.

Die Platten laufen an einer Führung vorbei (zunächst auf Gummi-, dann auf sogenannten Messerwalzen) zur Gießvorrichtung.

Der Gießer ist der Höhe nach verstellbar (die Dicke der Emulsionsschicht kann auch hierdurch reguliert werden).

Nachdem die Platten mit der entsprechend dicken Emulsionsschicht überzogen sind, werden sie voneinander etwas, u. z. etwa 1 cm entfernt, und gelangen dann über Gummiwalzen, die in warmem Wasser laufen, um etwa auf die Rückseite der Platten gelangte Emulsionstropfen fortzuwischen, auf das Kühltuch, das zur stetigen Abkühlung in Eiswasser läuft.

Damit die Platten die nötige Emulsionsmenge erhalten, müssen vielerlei Bedingungen der Erfahrung nach sorgfältig eingehalten werden. Die Emulsion muß die richtige Temperatur haben und die nötige Gelatinemenge enthalten, um den passenden Grad der Dickflüssigkeit aufzuweisen; auch der Silbergehalt

Abb. 5. Wasch- und Untergußmaschine

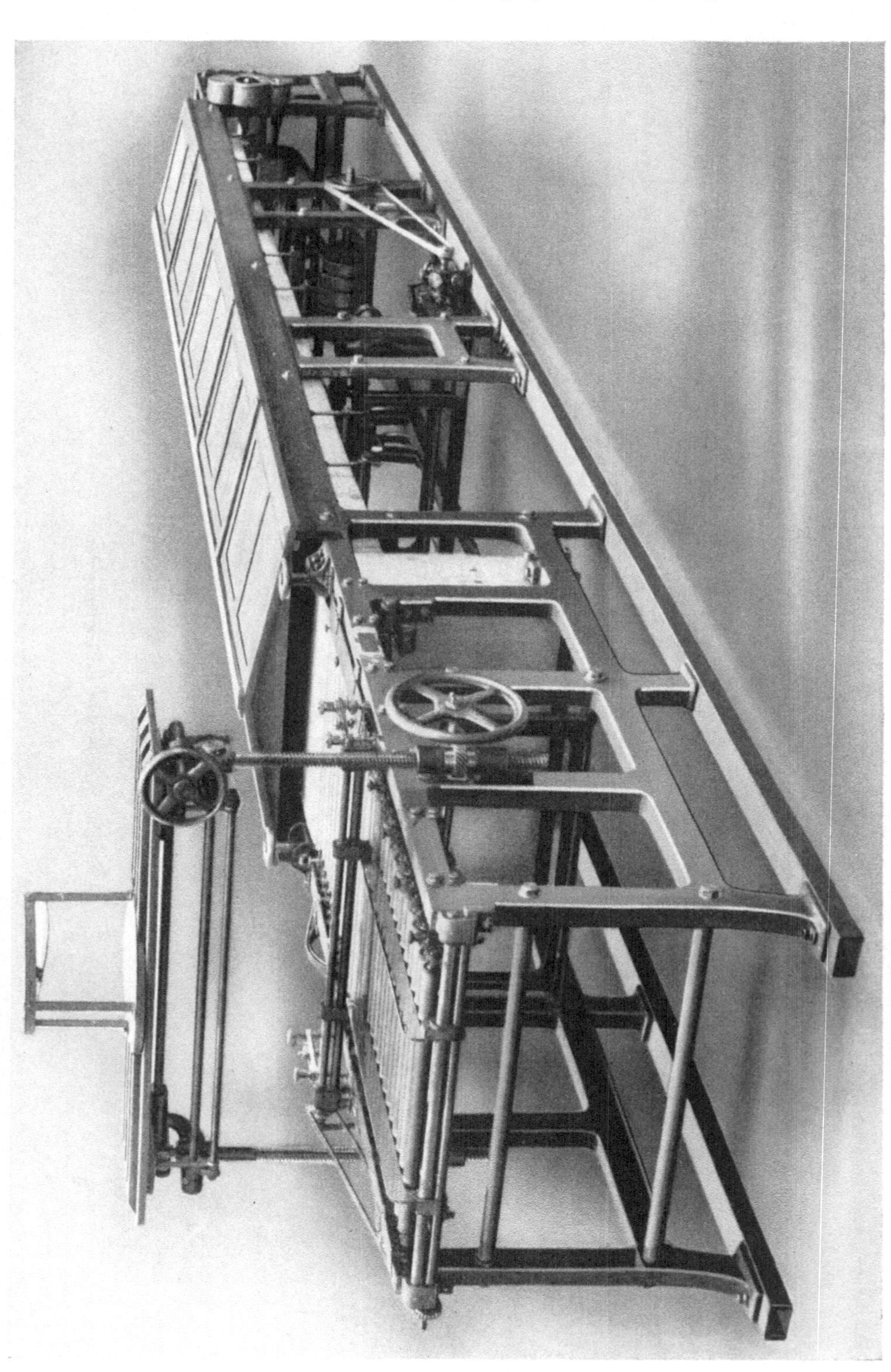

Abb. 6. Plattengießmaschine

muß ganz genau der Emulsion angepaßt sein. Wir wollen eine genügend starke deckfähige, aber nicht zu dick gegossene Platte herstellen, die uns beim Trocknen und nachherigen Verarbeiten keine unnötigen Schwierigkeiten macht und überdies aus ökonomischen Gründen nicht unnötig viel Silber verbraucht.

Um die Dicke der Emulsionsschicht zu prüfen, ist kurz hinter dem Gießer unter den Platten eine kleine (unaktinische) Lichtquelle angebracht, deren Form man durch die Emulsionsschicht hindurch gerade nicht mehr erkennen darf, wenn die Platte richtig begossen ist. Die Schichtdicke ist außer durch die Verstellbarkeit des Gießers auch durch die Geschwindigkeit, mit der die Platten durch die Maschine geführt werden, regulierbar.

Das Kühltuch, ein endloses, ganz besonders für diesen Zweck hergestelltes Gewebe, läuft, wie wir gesehen haben, im Eiswasser; es sind besondere Vorrichtungen vorgesehen, damit das Tuch parallel laufe und sich im Lauf nicht verziehe, da die Platten sonst durcheinanderkommen und sich gegenseitig beschädigen könnten.

Ein erfahrener Gießmeister ist ein wesentlicher Faktor in der Trockenplattenfabrikation.

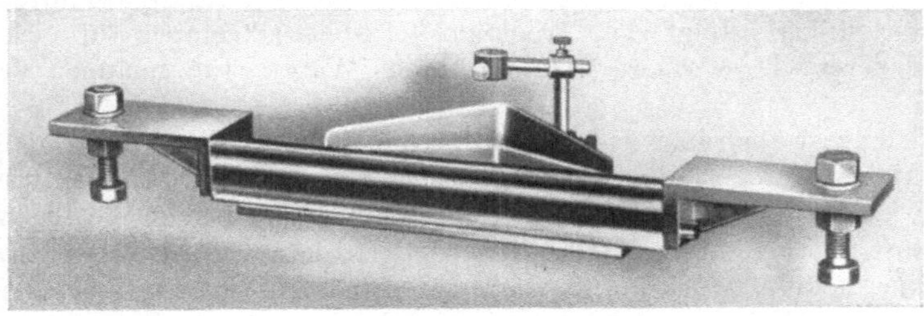

Abb. 7. Kaskadengießer

Um die Platten vor Licht und Staub zu schützen, ist die Maschine mit einem Zinkblechdeckel versehen, der bei hoher Außentemperatur eventuell durch eine Reihe von Eiskästen ersetzt werden kann.

Sobald die Schicht völlig erstarrt ist, werden die Platten herausgenommen und auf Plattengestelle gebracht, die dann in den Trockenraum wandern.

Der Plattengießsaal muß natürlich ganz besonders sauber gehalten werden; Boden, Decke und Wände sollen abwaschbar sein.

Beleuchtet, wenn man überhaupt so sagen darf, wird der ganze Raum durch einen von der Decke reflektierten roten oder blaugrünen, äußerst matten Lichtschimmer.

(Beim Gießen von panchromatischen Platten fällt natürlich die Allgemeinbeleuchtung fort; die Kontrolle über die richtige Schichtdicke wird nur ganz selten unter Verwendung eines äußerst schwachen, grünlichen Lichts aus jenem Spektralbezirk, für den diese Platten am wenigsten empfindlich sind, durchgeführt.)

Es ist erstaunlich, wie gut das Auge sich mit der Zeit an eine ganz schwache Beleuchtung (namentlich im Blaugrün) gewöhnt; dabei kann das Arbeiten mit einer gewissen Ruhe und Behaglichkeit vor sich gehen, da dieses Licht den Platten erfahrungsgemäß (während der kurzen Zeit, in der sie ihm ausgesetzt sind) nicht im geringsten schadet.

Auch hier kommen wieder Erfahrung und sorgfältigste Beobachtung auch der kleinsten Kleinigkeiten zur Geltung.

8. Das Trocknen der Platten. Das Trocknen der Platten erfolgt im allgemeinen in großen (in der kalten Jahreszeit gut erwärmten) und gut durchlüfteten Räumen, in denen die Platten auf hölzernen Gestellen aufgestellt werden. Die Außenluft wird zunächst gründlich filtriert, und zwar am besten durch die sogenannten Viscin-Filter, in denen mit einem sehr viskosen Material in äußerst dünner Schicht überzogene sogenannte RASCHIGsche Ringe liegen, die alle Staubteile und sonstige Verunreinigungen festhalten, so daß nur ganz reine Luft in den Trockenraum gelangen kann.

Nun wird die Luft — bei kühlem Wetter — durch die Erwärmungskörper gepreßt oder gesaugt und gelangt dann bei der durch Erfahrung festgestellten günstigsten Temperatur in die Trockenräume.

Über die günstigste Trockentemperatur ist man sich in der Praxis nicht einig. Man behauptete, daß bei 12° C Wärme die Platten, wenn auch etwas langsamer, so doch am günstigsten trocknen. Solche Platten waren sehr haltbar, bewährten sich gut in heißen Klimaten und ließen sich besonders leicht und schnell in den verschiedenen Entwicklungs- und Fixierungsbädern verarbeiten.

Anderseits wird behauptet, daß durch Trocknen in einem Raum von ungefähr 30° C bei entsprechend schnellem Luftwechsel die Temperatur der Emulsion auf den Platten der entnommenen Verdampfungswärme wegen durchaus nicht zu hoch, die Empfindlichkeit der Platten vielmehr vorteilhaft beeinflußt würde. Selbstverständlich erfolgt das Trocknen bei höherer Temperatur viel schneller als bei niederer, da wärmere Luft viel mehr Wasser aufzunehmen vermag als kältere.

Vielleicht ist auch hier das Innehalten der rechten Mitte angezeigt; nur muß das Trocknen so geregelt sein, daß es innerhalb sechs bis zehn Stunden beendigt ist.

Schwierigkeiten können auftreten bei heißem, schwülen Wetter, wenn die warme Luft mit Feuchtigkeit übersättigt ist und kaum mehr Wasser aufnehmen kann. Eine höhere Anwärmung wäre gefährlich; die Platten „laufen" dann, d. h. die warme Emulsion beginnt zu schmelzen.

Alle diese Übelstände kann man beseitigen und ein ganz gleichmäßiges Trocknen der Platten — unabhängig von Temperatur und Feuchtigkeitsgehalt der Luft — erzielen, wenn man die Außenluft zunächst in eine Kühlkammer gelangen läßt, wo ihr der größte Teil der Feuchtigkeit entzogen wird. Sie gelangt gut getrocknet in das Filter, wird darnach auf die entsprechende Temperatur gebracht, kann also bei genügend schnellem Wechsel die Platten in kurzer Zeit trocknen.

Es gibt auch Trockenanlagen, in denen dieselbe Luft immer wieder benutzt wird. Sie wird, nachdem sie genügend Feuchtigkeit aufgenommen hat, wieder in den Kühlraum geblasen, dort von der Feuchtigkeit befreit und der Kreislauf beginnt von neuem.

Drehgestelle, die man seit einigen Jahren mit Vorteil verwendet, erleichtern ein gleichmäßiges Trocknen in verhältnismäßig kurzer Zeit und gestatten in einem Raum von beschränkter Größe, eine große Anzahl von Platten zu trocknen (s. Abb. 8).

Einige Fabriken lassen nach beendigtem Trocknen die Platten einige Stunden lang ohne Ventilation in stark (bis über 50°) erwärmten Räumen stehen. So nachgetrocknete Platten sollen sehr haltbar und für die Tropen ausgezeichnet geeignet sein.

Die getrockneten Platten werden zu ungefähr 100 bis 200 Stück auf „Böcke" gesetzt, die in den Pack- und Schneideraum wandern und so aufgestellt werden, daß die Platten stets im Schatten der Prüfungslampen stehen. Die Lampen sind mit sorgfältig ausgewählten „unaktinischen" Filterscheiben versehen.

Die Platten werden sehr schnell vor der Lichtquelle vorübergeführt, um auf kleine Fehler, wie Luftbläschen, Kratzer, Stellen, die etwa nicht mit Emulsion begossen sind, usw. geprüft zu werden.

Abb. 8. Drehgestell

9. Das Schneiden der Platten. Man hat hiezu elektrisch angetriebene Schneidemaschinen konstruiert, die sich aber scheinbar nicht überall einbürgern können, so daß die Platten überwiegend mit der Hand geschnitten werden. Das geschieht auf Schneidebrettern von verschiedener Konstruktion.

Zum genauen Halbieren der Platten sind auf dem Schneidebrett verschiebbare Parallelogramme angebracht, welche die Platten ergreifen und in die richtige Lage bringen, so daß der Schnitt ganz genau die Mitte der Platte trifft.

Andere Schneidebretter sind mit eingelegten Maßstäben und solchen Einrichtungen versehen, daß der Schneidediamant genau an der richtigen Stelle an der Führungsleiste vorbeigeführt wird oder in einer Führung läuft; das Schneiden wird dadurch erleichtert, weil der Diamant seine richtige Stellung beibehält und diese nicht erst durch den Glasschneider jedesmal gefunden werden muß.

Zum Schneiden verwendet man Abfälle von Schmuckdiamanten oder solche Diamanten, die überhaupt als Schmuck nicht verwendbar sind, mit Vorliebe kleine gelbe Diamanten. Diese „Steine", wie der Glaser die Schneidediamanten nennt, sind um so geschätzter, je mehr sogenannte Schneidekanten sie besitzen, da sie dann mehrmals umgesetzt und daher länger verwendet werden können.

Die Platten werden auf der Glasseite geschnitten und ruhen dabei mit der Vorderseite auf einer leicht abgerundeten Holzkante, so daß sie nicht durch kleine Glassplitterchen oder dergleichen, die sich auf dem Schneidebrett befinden könnten, zerkratzt werden.

Sobald der Glasschneider den Schnitt geführt hat (ohne großen Druck), wird die Platte mit der Hand gebrochen, was ungemein leicht aussieht, aber dem weniger Erfahrenen erst nach langer Übung gelingt.

10. Das Packen der Platten. Die geschnittenen Platten werden nunmehr verpackt. Die Packerin fährt mit der Hand über den Plattenstoß und vergewissert sich, daß die Maße genau stimmen und nicht etwa eine Platte zu groß oder außer dem Winkel geschnitten ist.

Die Platten werden nun zu je sechs Stück in schwarzes Trockenplattenpapier gepackt, das vorher sorgfältig darauf geprüft wurde, ob es irgendwie schädigende, der Haltbarkeit der Platten nachteilige Stoffe enthält, und einige Zeit in dunklen, warmen, trockenen Räumen gelagert hatte.

Die Pakete zu je sechs Stück werden noch einmal in schwarzes Papier eingeschlagen und in die Plattenkästen gelegt, in die sie gut hineinpassen müssen. Die Plattenkästen werden nun ans Licht gebracht, mit Hilfe von Maschinen „gerändert" und mit Etiketten versehen, auf denen die Art der Platten, ihre Größe, die Gußnummer und der Empfindlichkeitsgrad verzeichnet sind.

Nun kommen die Platten auf das Lager, wo sie je nach Art, Größe usw. zusammen aufgestellt werden; von da gelangen sie in die Hände der Verkäufer und Verbraucher.

Vor dem Versenden werden die einzelnen Plattenpräparationen sorgfältig geprüft. Mit Hilfe eines Sensitometers wird zunächst die Empfindlichkeit zahlenmäßig festgestellt, dann werden die Platten gleichzeitig mit einer Normalplatte exponiert (Porträt oder Landschaft), entwickelt und fixiert, um ihre photographischen Eigenschaften bzw. etwaige Fehler in den Emulsionen festzustellen.

Die Prüfungsmethoden werden im Artikel „Sensitometrie" dieses Bandes eingehender besprochen.

Hier seien zusammenfassend einige Worte über Anlage und Einrichtung von Trockenplattenfabriken eingefügt.

Man wird die Fabriken möglichst derart anlegen, daß die Herstellung der Platten sich als „Fließarbeit" vollzieht.

Vom Glaslager kommen die Glasplatten nach dem Auspacken aus den etwa 20 qm Glas enthaltenden Kisten direkt in die Wasch- und Untergußmaschine, von dort in die Gießmaschine, dann in den Trockenraum. Von dort aus gelangen sie in die Prüfungs- und Schneideräume, werden dann im anschließenden Packraum in schwarzes Papier und in die Plattenkästen verpackt, diese werden gerändert, mit

Etiketten versehen und in die Lagerräume gebracht, um von dort möglichst schnell in die Hände der Verkäufer und schließlich der Verbraucher zu gelangen.

Auch die Herstellung der Emulsion wird auf ähnliche Weise durchgeführt: aus den Aufbewahrungsräumen der Gelatine und der sonstigen Chemikalien gelangen die Ausgangsmaterialien in die Ansatz- und Abwiegeräume; von dort in die Misch- und „Koch“-Laboratorien, von da in die Kühlräume zum Erstarren und zur Aufbewahrung bei niederer Temperatur, von dort anschließend zum Waschen, Lösen, Filtrieren und schließlich zur Gießmaschine.

Die Wasch-, Gieß- und Kühlräume wird man füglich in das Untergeschoß verlegen. Alle Räume sind mit abwaschbaren Fußböden, Decken und Wänden versehen, die Dunkelräume je nach der Art der in ihnen vorgenommenen Arbeiten orangerot oder hell- bis dunkelbraun gestrichen und mit Ausnahme der Trockenräume und Herstellungsräume von panchromatischen Platten mit sorgfältig dem jeweiligen Zwecke angepaßter reflektierter Deckenbeleuchtung versehen, die zwar sehr schwach ist, aber doch, da das Auge sich einer derartigen sehr schwachen Allgemeinbeleuchtung bald anpaßt, das Arbeiten ungemein erleichtert, sichert und verhältnismäßig „komfortabel“ macht. An jenen Stellen, an denen Arbeiten vorgenommen werden, die eine bestimmte Beleuchtung erfordern, verwendet man natürlich streng geprüfte unaktinische Lokalbeleuchtung.

Die Kraftquelle ist in Trockenplattenfabriken wohl durchgängig elektrische Energie. Über die einzelnen Hilfsmaschinen, Wasch- und Untergußmaschinen, Gießmaschinen, Misch- und Rührwerke, Kühl-, Ventilations-, Lufterwärmungs- und Kühlungs- sowie Filtriereinrichtungen ist jeweilig gesprochen worden. Daß ausreichende, wohl einstellbare und zweckmäßig (hygienisch) angelegte Zentralheizvorrichtungen, die auch die mächtigen Laboratoriumswasserbäder erwärmen, vorhanden sein sollen, ist selbstverständlich; auf solche Art ist jederzeit in allen Räumen die erwünschte Temperatur und Trockenheit (oder auch eine gewisse Luftfeuchtigkeit) zu erzielen, und so können zu allen Jahreszeiten, unabhängig von Wind und Wetter, Trockenplatten vorzüglicher Qualität gleichmäßig hergestellt werden.

11. Die Herstellung verschiedener Plattensorten. Es gibt für die verschiedenen Zwecke, für die man die Platten verwenden will, eine ganze Anzahl von Sorten: „Weich“ und „hart arbeitende“, „wenig empfindliche“, „mittelempfindliche“ und „höchstempfindliche“, lichthoffreie, orthochromatische und panchromatische Platten.

Für Projektions- und Fensterbilder stellt man sehr unempfindliche, außerordentlich feinkörnige Platten, sogenannte Diapositivplatten, her, die sich durch warmen gefälligen Ton und Feinheit des Silberniederschlages auszeichnen.

Für Röntgenaufnahmen benutzt man besonders für diesen Zweck hergestellte Platten.

Die verschiedenen Reproduktionsverfahren erfordern die „hart arbeitenden“ sogenannten „photomechanischen“ Platten oder die „weicher arbeitenden“ Tiefdruck- und Reproduktionsplatten.

Wir wollen nun über die Eigenschaften der verschiedenen Plattensorten und die Art ihrer Herstellung sprechen.

Härter arbeitende, nicht sehr hochempfindliche Platten benutzt man für Aufnahmen von Landschaften mit geringen Kontrasten oder auch zur Reproduktion von Halbtonoriginalen, wogegen der Porträtphotograph und derjenige, der Momentaufnahmen namentlich von Objekten mit großen Lichtkontrasten macht, weicharbeitende Platten verlangt, die ihm alle Tonwerte des Objektes, besonders auch die sogenannten „Spitzlichter“, gut wiedergibt.

Für besondere Zwecke werden, wie schon im Anfang bemerkt wurde, besonders angepaßte Emulsionsverfahren verwendet.

a) Diapositivplatten. Zur Herstellung von Diapositivplatten verwendet man entweder reine Bromsilber- oder Brom-Jodsilber-, Brom-Chlorsilber- oder

Brom-Jod-Chlorsilberemulsionen. Will man Brom-Jodsilberemulsionsplatten herstellen, so wird dieselbe Menge Bromkalium, wie in der normalen Vorschrift (S. 217) etwa die Hälfte Jodkalium und zirka das Doppelte der dort angegebenen Gelatinemenge (hier wird aber die Gelatine nach anderen Gesichtspunkten ausgewählt, um möglichst feines Korn und die gewünschte Färbung des Silberniederschlags beim fertig entwickelten und fixierten Diapositiv zu erzielen) genommen; für die B-Lösung nimmt man 2000 ccm Wasser und zur S-Lösung fügt man 1000 ccm Wasser hinzu.

Die Gelatine wird in der Bromlösung eingeweicht, gelöst, auf eine Temperatur von 55° C gebracht und mit 2 ccm Salzsäure (mit 10 ccm Wasser verdünnt) angesäuert. Die Silberlösung wird ebenso hoch erwärmt und dann ziemlich schnell zur Brom-Gelatinelösung gegossen. Vielfach wird, um ein möglichst feines Korn zu erzielen, die Hälfte der Gelatine zur Bromsalzlösung hinzugefügt, die aber mit nur 1500 ccm Wasser angesetzt wird; die andere Hälfte wird in 750 ccm Wasser gelöst (bei etwa 40° C) und in die Silberlösung, die mit den restlichen 750 ccm Wasser angesetzt und auf 50° C erwärmt wurde, gegossen. Dann fügt man bei den angegebenen Temperaturen die Brom-Jodsalz-Gelatinelösung zur Silberlösung. Nun hält man die gebildete Emulsion etwa eine halbe bis eine Stunde lang bei 60° C warm, natürlich unter ständigem Rühren, fügt 100 bis 120 g Gelatine (vorher eine halbe Stunde geweicht) hinzu und löst sie in der warmen Emulsion unter Rühren. Zum Schluß gibt man noch 30 bis 50 ccm Ammoniak, mit ebensoviel Wasser verdünnt, hinzu und kühlt die Emulsion unter ständigem Rühren bis zur Erstarrung im Eiswasser.

Am nächsten Tage wird die Emulsion wie üblich gewaschen. Nach dem Waschen, Abtropfen und Lösen werden zirka 100 g Gelatine, geweicht und gelöst, zugegeben; am Tage darauf ist die Emulsion nach dem Hinzufügen der nötigen Menge Bromkalium, Chromalaun und Alkohol und nach dem Filtrieren gußfertig. Die Gesamtmenge der Emulsion wird auf 5 Liter gebracht.

Reine Bromsilber-Diapositivemulsion stellt man in derselben Weise her, indem man einfach das Jodkalium fortläßt.

Chlor-Jod-Brom-Silberemulsion erhält man, indem man zur ersten Lösung 90 g Bromkalium, 2 g Jodkalium und 20 g Chlorammonium verwendet und im übrigen genau so wie oben verfährt.

Schließlich sei noch ein Rezept von E. VALENTA für Diapositivplatten angegeben:

In 400 ccm Wasser weicht man 50 g Gelatine, fügt 15,2 g Bromammonium und 1,5 g Chlornatrium hinzu, löst, erwärmt auf 60° C und setzt schließlich — im Dunkeln — 30 g Silbernitrat, ebenfalls in 400 ccm Wasser gelöst und auf 50 bis 60° C erwärmt, hinzu, läßt die Emulsion unter häufigem Rühren eine Stunde lang bei dieser Temperatur stehen, bringt sie dann zum Erstarren, wäscht sie und behandelt sie weiter wie oben angegeben.

b) Photomechanische Platten. Für die Reproduktionsverfahren, für Aufnahmen von Strichzeichnungen, Plänen, für Rasteraufnahmen usw. werden besonders hergestellte Platten mit kurzer Gradationsskala und sehr steil aufsteigender charakteristischer Kurve verwendet, die Negative von großer Dichtigkeit und großen Kontrasten ergeben sollen. Sie müssen vor allen Dingen ein sehr feines, gleichmäßiges Korn und daher ein vorzügliches Auflösungsvermögen besitzen.

Sie sind etwa zehn- bis zwölfmal unempfindlicher als Platten mittlerer Empfindlichkeit. Man stellt sie gewöhnlich nach dem ammoniakalischen Verfahren her.

Die auf S. 217 gegebene Rezeptur ist dahin abzuändern, daß man als Ansatzgelatine etwa die gleiche bis zur doppelten Menge des verwendeten Silbernitrats, etwa 50% mehr Jodsalz, dieselbe Bromsalzmenge nimmt und den Gesamtwassergehalt der Emulsion bedeutend, und zwar bis auf das Zwanzig- oder Mehrfache des Gewichtes des Silbernitrats erhöht. Die B-Lösung wird auf etwa 35 bis 40° C erwärmt, die S-Lösung entweder bei Zimmertemperatur verwendet oder auch auf 30° C erwärmt.

Man fügt die S-Lösung unter kräftigem, aber langsamem Rühren sehr schnell der B-Lösung zu und läßt das Ganze je nach der gewünschten Empfindlichkeit und Qualität in der Temperatur des Laboratoriums oder auch im Wasserbad bei etwa 35 bis 40° C (natürlich unter ständigem Rühren) 5 bis 20 Minuten lang stehen.

Die Emulsion wird entweder am selben oder am nächsten Tage gewaschen, wenn nötig mit der entsprechenden Menge Gelatine versetzt und sonst weiter verfahren wie üblich.

c) Röntgenplatten. Emulsionen für Röntgenplatten sollen hochempfindlich für Röntgenstrahlen sein und kräftig und kontrastreich arbeiten.

Präparationen mit spezieller hoher Empfindlichkeit für Röntgenstrahlen sind trotz aller Veröffentlichungen und Patentnahmen noch nicht bekannt geworden. Man hat versucht, dem Silberhaloidsalz noch Salze von Metallen sehr hohen Molekulargewichts zuzusetzen, aber, soweit bekannt, nicht mit Erfolg.

Man gießt deshalb Röntgenplatten mit Emulsionen von (im Verhältnis zum Gelatinegehalt) hohem Haloidsilbergehalt; sie enthalten derartig reichlich Jodsilber, daß sie trotz hoher Allgemeinempfindlichkeit kräftig, „hart", arbeiten.

d) Höchstempfindliche Platten. Wir gehen auch hier von der normalen Vorschrift auf S. 217 aus und werden den früheren Angaben gegenüber die Abänderungen derart zu treffen versuchen, daß sich eine Emulsion ergibt, die bei höchstmöglicher Empfindlichkeit schleierfrei arbeitet, verhältnismäßig feines Korn, eine lange, fein abgestufte Gradationsskala sowie großen Belichtungsspielraum besitzt und sich leicht zu gut gedeckten Negativen entwickeln läßt.

Es sollen hier keine festen Angaben gemacht werden. Wie schon früher erwähnt, müssen alle Bedingungen aufeinander abgestimmt sein.

Die regelmäßige Herstellung höchstempfindlicher Platten von guter Qualität und Gleichmäßigkeit, wie sie jetzt von verschiedenen Seiten geboten werden, ist eine Aufgabe, die nicht leicht ist und vor allem viel Erfahrung voraussetzt.

Zunächst muß man eine geeignete Gelatine verwenden, von der man aus Erfahrung weiß, daß sich mit ihr hochempfindliche Emulsionen herstellen lassen.

Die in der auf S. 217 mitgeteilten Vorschrift angegebene Menge der Ansatzgelatine kann vermindert werden, ohne daß man aber dabei so weit gehen darf, daß man etwa grobkörnige, schlecht deckende Emulsionen von schlechter Graduierung erhält.

30 g Gelatine dürften vielleicht das Minimum sein. Ebenso kann die Wassermenge etwas herabgesetzt werden.

Das Bromkalium kann um 10%, das Jodkalium um 30 bis 50% vermehrt werden.

Das Verhältnis der Volumina der beiden Lösungen zueinander bleibt dasselbe.

Zur B-Lösung fügt man kurz vor dem Mischen etwa 25 bis 50 ccm Erythrosinlösung 1 : 1000. (Man kann unter Umständen auch etwas mehr davon nehmen.) Die Silbermenge bleibt natürlich dieselbe.

Die B-Lösung wird auf 50 bis 55° C erwärmt. (Man muß in der Praxis sehen, wie weit man gehen darf.)

Die S-Lösung erwärmt man auf 40° C und fügt sie in etwa drei bis sechs Minuten der B-Lösung unter stetem Rühren zu.

Darauf wird die Emulsion in ein Wasserbad von 45 bis 50° C gebracht und darin unter regelmäßigem Rühren 30 bis 50 Minuten belassen, je nach der Empfindlichkeit, die man erreichen will und je nach der Sicherheit, die man beim Arbeiten besitzt (sie ergibt sich durch die Praxis), damit die Schleiergrenzen nicht überschritten werden.

Hierauf fügt man die Zusatzgelatine hinzu, nimmt aber so viel mehr, als man von der Ansatzgelatine weniger genommen hatte, so daß das Gesamtgewicht von Ansatz- und Zusatzgelatine dasselbe bleibt.

Nun läßt man die Emulsion so schnell als möglich erstarren und überläßt sie der ersten Nachreife, d. h. man läßt sie bei 3 bis 8° C einen oder mehrere Tage lang stehen, je nachdem, wie weit man die Empfindlichkeit treiben will, ohne aber dabei Schleier zu erhalten.

Dann wird die Emulsion gewaschen; nachdem ihr eventuell noch Gelatine zugesetzt wurde, wird sie gelöst, auf ungefähr 40 bis 42° C erwärmt und bei dieser Temperatur ungefähr zwei bis drei Stunden lang in einem Raume von ungefähr 20 bis 22° C stehen gelassen.

Am nächsten Tage löst man die Emulsion vorsichtig, erwärmt sie auf 45 bis 50° C, fügt die früher angegebenen Zusätze und eventuell, um ihre Deckkraft zu vermehren und die Gradation zu verbessern, den achten bis vierten Teil ihrer Menge einer unempfindlichen, feinkörnigen, hartarbeitenden Emulsion hinzu, filtriert und gießt bei möglichst niederer Gießtemperatur. Die Emulsion hat also im ganzen drei Reifungsstadien durchgemacht: zunächst einmal das Digerieren nach der Mischung, dann das Reifen durch Stehenlassen im ammoniakalischen Zustand vor dem Waschen, dann das Erwärmen nach dem Waschen.

Natürlich wird man sich, je nachdem man die erste Reifung höher oder weniger hoch getrieben hat, bei der zweiten und dritten Reifung, was Zeit und Temperatur betrifft, der ersten Reifung nach dem Mischen der Emulsion anpassen müssen, ja man könnte, wenn diese Reifung genau unserer Vorschrift auf S. 217 entsprach, noch eine weitere Reifung einschieben.

In jedem einzelnen Stadium bei Herstellung und beim Vergießen einer so hochempfindlichen Emulsion muß die allergrößte Sorgfalt angewendet werden, sonst werden Gleichmäßigkeit und Qualität der erlangten Emulsion vieles zu wünschen übrig lassen.

e) Lichthoffreie Platten. Lichthoffreie Platten sind solche, die den Reflexlichthof ganz aufheben oder in ausreichendem Maße vermindern sollen.

Das am längsten angewendete Verfahren zur Herstellung solcher Platten besteht darin, daß man die Rückseite der Platten mit einer in optischem Kontakt mit der Glasplatte stehenden aktinische Strahlen absorbierenden farbigen Schicht versieht.

Man kann auch eine gefärbte Zwischenschicht zwischen Glas und Emulsion verwenden, welche die die Emulsionsschicht durchdringenden Lichtstrahlen verschluckt, und schließlich stellt man Platten her, die mit zwei Emulsionsschichten überzogen sind. Auf das Glas selbst wird eine sehr unempfindliche, äußerst feinkörnige, fast undurchsichtige Schicht gegossen, bei der sich das Haloidsilber in der rotgefärbten Modifikation befindet; darüber wird die hochempfindliche Emulsionsschicht gegossen.

Platten der ersten Art, sogenannte „hinterstrichene“ Platten, stellt man häufig selbst her, indem man z. B. Kollodium mit etwas Rizinusöl, dem eine aktinische Strahlen absorbierende Farbe zugefügt wurde, versetzt und auf die gut gereinigte Rückseite der Platten streicht.

Man kann auch einen gefärbten dünnen Lack oder eine geeignete Mischung von Karamel, Eisenocker, gebrannter Terra Siena (alles in äußerst feiner Verteilung) mit Dextrin oder Mondamin in geeigneter Verdünnung verwenden.

Die letztgenannte Mischung trocknet bedeutend langsamer, wird aber neben anderen Mitteln in der Fabrikation häufig verwendet. Die Mischung muß einen Brechungsindex haben, der demjenigen des Glases sehr nahe kommt, damit der optische Kontakt gewahrt ist, und recht undurchlässig gegen aktinische Strahlen sein. (Zuweilen ist in diesem Hinterstrich ein Desensibilisator enthalten.)

Das zweitgenannte Verfahren ist sehr alt. Schon im Jahre 1878 wurde im Brit. Journ. of Phot. empfohlen, eine mit einem aktinische Strahlen absorbierenden Farbstoff versetzte Gelatinelösung (zuerst empfahl man Curcuma, dann als besser geeignet Aurin) als Zwischenschicht zu verwenden.

Derartig hergestellte Platten sind in der Tat fast vollkommen lichthoffrei, haben aber den großen Nachteil, daß der Farbstoff in die darüberliegende Emulsionsschicht abwandert und die Empfindlichkeit der Platten in ganz beträchtlichem Grade herabmindert.

Die starke Rotfärbung der Negative wird durch ein frisch angesetztes saures Fixierbad beseitigt.

Um empfindlichere lichthoffreie Platten herzustellen, hat man das Aurin durch Mangansuperoxyd ersetzt. Zur Herstellung dieser Zwischenschicht wird zu einer Gelatinelösung zunächst Permanganat und dann Mangansulfatlösung hinzugefügt. Die gelbbraune, genügend mit Gelatine verstärkte Emulsion wird zum Erstarren ausgegossen, gewaschen, gelöst und auf Glasplatten gegossen.

Die sogenannten „Doppelschicht“-lichthoffreien Platten bestehen, wie oben gesagt, aus zwei sehr verschieden empfindlichen Haloidsilberemulsionen: die auf das Glas aufzugießende Emulsion kann man nach Art der photomechanischen Platten darstellen, indem man der B-Lösung noch 1 g Jodkalium und etwas mehr Gelatine und Wasser zufügt, die Emulsion nach dem Mischen sofort zum Erstarren bringt und noch am selben Tage wäscht. Diese Emulsion wird sehr feinkörnig, sehr unempfindlich, sehr undurchsichtig und in der Durchsicht in sehr dünner Schicht rot erscheinen. Beim Vergießen muß sie ungefähr 5% Gelatine enthalten; sie wird in sehr dünner Schicht auf das Glas aufgetragen. Darüber gießt man dann die hochempfindliche Emulsion.

Diese „Doppelschicht“-lichthoffreien Platten lassen sich mit der höchsten überhaupt erreichbaren Empfindlichkeit herstellen und weisen einen überaus großen Belichtungsspielraum auf. Ihre charakteristische Kurve läßt schon auf die ganz ausgezeichnete Gradation der Platten schließen. Man hat behauptet, daß die Lichthoffreiheit so hergestellter Platten nicht so groß sei wie diejenige von Platten mit farbiger Zwischenschicht, aber die Erfahrung hat erwiesen, daß die Lichthoffreiheit für fast alle Fälle vollständig ausreicht, wenn es sich nicht gerade um allerschwierigste Fälle, z. B. Aufnahmen sehr dunkler Interieurs gegen helle Fenster oder Aufnahmen von Dokumenten, in denen jedes Einzelteilchen genau wiedergegeben werden muß, handelt.

Daß man bei derartigen, mit doppelter Emulsionsschicht begossenen Platten die nötige Sorgfalt beim Auswaschen der Platten nach dem Entwickeln, beim Fixieren und nachfolgendem Auswaschen und Trocknen ausüben muß, ist wohl selbstverständlich, wird aber von den Benutzern dieser Platten angesichts der großen Vorteile, die diese Platten bieten, gern in Kauf genommen.

Es sei noch erwähnt, daß diese Doppelschicht-Emulsionsplatten, selbst mit orthochromatischer, höchst empfindlicher Emulsion begossen, eine sehr gute, merklich größere Haltbarkeit aufweisen als die direkt auf Glas aufgegossenen höchstempfindlichen Emulsionen. Derartige Platten stellen in der Tat wahre Universalplatten dar.

f) Die Herstellung orthochromatischer Emulsionen. Alle nach den oben geschilderten Verfahren hergestellten Gelatineplatten leiden an einer Unvollkommenheit, die sie für gewisse Zwecke teilweise oder ganz unzulänglich erscheinen läßt. Sie sind hauptsächlich für das Ultraviolett und die brechbarsten sichtbaren Strahlen bis zum Blaugrün empfindlich, zeigen aber wenig oder gar keine Empfindlichkeit für die Strahlen vom grünen bis zum roten Teil des Spektrums. Man mußte diesen Zustand bei der Photographie mit in Kauf nehmen, bis H. W. VOGEL im Jahre 1873 die Möglichkeit der optischen Sensibilisierung entdeckte. Er entdeckte, daß Bromsilber (im Kollodium) durch gewisse Farbzusätze für solche Strahlen empfindlich gemacht werden konnte, die durch das gefärbte Bromsilber absorbiert wurden.

Auf dieser Entdeckung beruhen die Herstellung orthochromatischer und panchromatischer Platten (somit die Möglichkeit der farbenwertrichtigen Wiedergabe aller farbigen Objekte), die Dreifarbenphotographie sowie die photomechanischen Verfahren in drei und mehr Farben.

Die Entdeckung wurde im Jahre 1873 gemacht, es dauerte aber noch mehr als zehn Jahre, bis sich das Verfahren in der photographischen Praxis einbürgerte und farbenempfindliche Platten fabriksmäßig hergestellt wurden.

Von H. W. VOGEL selbst wurde zuerst das Eosin, ein Bromfluoresceinnatrium, verwendet, im Jahre 1884 zeigte aber J. M. EDER, daß das Jodtetrafluoresceinnatrium, das Erythrosin, sich für den gedachten Zweck besser eignet; seit dieser Zeit werden fast alle sogenannten orthochromatischen Platten, also solche, die über Grün hinaus (im Gelbgrün, Gelb) fast bis zum Orange hin (bis zur D-Linie des Spektrums) empfindlich sind, mit Erythrosin präpariert.

Die Herstellung dieser Platten ist verhältnismäßig recht einfach:

Es handelt sich darum, eine für die Zwecke der Sensibilisierung wohlgeeignete Emulsion herzustellen (vorzugsweise Ammoniakemulsionen), die richtige Dosierung des Farbstoffes zu der jeweiligen Emulsion zu finden und den Farbstoff der Emulsion in der zweckmäßigsten Weise zuzusetzen.

Man kann den Farbstoff entweder vor dem Waschen der Emulsion oder direkt vor dem Vergießen zusetzen, und zwar wie J. M. EDER empfiehlt, 2 bis 4 mg des Farbstoffes zum Liter der fertigen Emulsion. Das ist vielleicht etwas reichlich, man wird mit weniger auch recht gute Resultate erzielen können; es hängt dies eben vom Charakter der jeweiligen Emulsion ab.

Den Farbstoff kann man vor dem Mischen entweder der Bromsalz-Gelatinelösung oder der (ammoniakalischen) Silbernitratlösung zufügen und dann die Emulsion wie gewöhnlich mischen und reifen lassen, es kann aber der Zusatz des Farbstoffes auch nach der Mischung vor dem Reifen oder auch nach dem Reifen erfolgen.

Von verschiedenen Seiten wird behauptet, das Erythrosinsilber, eine Verbindung der Farbstoffbase mit Silber, ergäbe eine höhere Allgemein- und Farbenempfindlichkeit als das Erythrosin. Man stellt das Erythrosinsilber dar, indem man zwei Teile Erythrosin (von der I. G. FARBENINDUSTRIE A. G.) mit einem Teil Silbernitrat, beide in sehr verdünnten Lösungen, mischt und entweder in der geeigneten Menge Ammoniak auflöst oder den Niederschlag auf einem Filter wäscht, mit Ammoniak löst und mit der erforderlichen Menge Wasser verdünnt.

Erythrosin-Silberplatten sollen weiter gegen das Gelb bis Gelborange sensibilisieren als Erythrosin, das Verhältnis der Gelb- zur Blauempfindlichkeit der damit sensibilisierten Platte soll ein günstigeres und die allgemeine Empfindlichkeit eine höhere sein, dagegen sei die Haltbarkeit solcher Platten etwas geringer als die der reinen Erythrosinplatten.

Die Haltbarkeit dieser orthochromatischen Platten hängt wohl zunächst von der Art der Mutteremulsion, von der Menge des Farbstoffes, von der Art, wie er zugesetzt ist und besonders auch davon ab, ob nicht mehr Ammoniak verwendet wurde als unbedingt nötig ist. Wird der Farbstoff der Emulsion vor dem Waschen zugesetzt, so wird der unnötige Überschuß an Farbstoff und Ammoniak natürlich durch das Waschen beseitigt. Beim Reifen orthochromatischer Emulsionen, bei denen der Farbstoff vor dem Mischen oder beim Mischen, also vor dem Reifen, der Emulsion zugesetzt wurde, ist zu beachten, daß Erythrosin ebenso wie eine Reihe anderer Farbstoffe eine sehr kräftige, bedeutend stärkere Schutzwirkung ausübt als die Gelatine. Man wird entweder die Mischung bei höherer Temperatur der Lösungen vornehmen oder die Reifungs-Temperatur oder -Dauer erhöhen müssen, um dieselbe Empfindlichkeit wie bei nicht-orthochromatischen Emulsionen zu erhalten; die Empfindlichkeit läßt sich bei sehr hochempfindlichen Platten merklich höher treiben als ohne Zusatz eines solchen Farbstoffes, ohne daß dabei die Emulsion wesentlich an Klarheit und Empfindlichkeit einbüßt. (Deshalb werden jetzt wohl alle sehr hochempfindlichen Emulsionen mit einer gewissen, gerade ausreichenden Menge Farbstoff versehen, auch wenn die damit gegossenen Platten nicht als „orthochromatische" bezeichnet sind.

Orthochromatische Platten können und werden (seit mehreren Jahrzehnten) in der gleichen Qualität und derselben Empfindlichkeit wie gewöhnliche Platten hergestellt, d. h. sie haben dieselbe lange Gradationsskala, und weisen dieselbe charakteristische Kurve auf.

Die Annahme, daß derartige auch für die Porträtphotographie verwendbare höchst empfindliche weich arbeitende orthochromatische Platten erst seit kurzem hergestellt werden, ist irrig. Es wurde schon im Jahre 1896 die Verwendung orthochromatischer Platten für Aufnahmen im Atelier empfohlen, da sie vielerlei Vorteile vor den gewöhnlichen Platten böten.

Bei allen orthochromatischen Platten ist die Blauempfindlichkeit der Platten immer noch größer als die Gelbempfindlichkeit, so daß Aufnahmen in farbtonrichtiger Wiedergabe der Originale nur dadurch erzielt werden können, daß man die Blauempfindlichkeit dämpft. Dies geschieht durch Verwendung von Farbfiltern; in der Praxis wird die Güte der orthochromatischen Platten vielfach nach dem sogenannten Verlängerungsfaktor beurteilt, d. h. jener Zahl, mit der man die Expositionszeit der Platten bei Benutzung eines bestimmten Filters multiplizieren muß, um ein durchexponiertes Negativ zu erhalten.

Man hat die Unbequemlichkeit, solche Filter zu verwenden, zu umgehen gesucht, indem man das Filter in die Schicht selbst verlegen wollte. Man hat die Emulsion mit Pikrinsäure, pikrinsaurem Ammoniak, Tartrazin, Pyrazol, Filtergelb usw. angefärbt.

Durch diese Anfärbung wurde natürlich die Empfindlichkeit der Platten nicht unwesentlich herabgedrückt, man sah sich daher gezwungen, die Färbung nur bis zu einem gewissen Grade vorzunehmen. Dadurch wurde bei Objekten mit lebhaften Farbenkontrasten die Filterwirkung unzureichend, wie denn überhaupt nur die tieferen Schichten der Platte durch die gefärbte Schicht eine eigentliche Filterwirkung erfahren können.

In der Praxis haben sich noch andere Mängel herausgestellt: da die der Emulsion zugesetzten Filterfarben vielfach die Haltbarkeit der Platten beeinträchtigten und zur teilweisen Zersetzung der Schicht Anlaß gaben, werden von manchen Fabriken überhaupt keine in der Schicht gefärbten Platten mehr hergestellt.

Andere Plattensorten sind (nach LÜPPO-CRAMER) gerade nur soweit gefärbt, daß sie als in der Schicht gefärbte Trockenplatten bezeichnet werden können.

Um wirklich befriedigende Aufnahmen von farbigen Objekten machen zu können, muß man je nach dem Objekt, je nach der Beleuchtung, je nachdem man Innen- oder Außenaufnahmen zu machen hat, Farbfilter von verschiedener Dichte benutzen, die bei hochorthochromatischen Platten die Belichtungszeit etwa auf das Anderthalb- bis Sechsfache verlängern.

Diese gewöhnlichen orthochromatischen Platten, wohl ausschließlich mit Erythrosin sensibilisiert, sind aber nur bis zum Gelb oder dem Anfang des Orange empfindlich. Platten, die noch weiter, für das Orange, Orangerot und Rot empfindlich sind, sind die sogenannten

g) Panchromatischen Platten. Man erhält sie durch Zufügen von sogenannten Isocyaninen zur Emulsion, die von A. MIETHE und E. KÖNIG eingeführt worden sind.

MIETHE verwendete das sogenannte Äthylrot, das nur bis zum Orange sensibilisierte, wogegen die von KÖNIG angegebenen Farbenstoffe die Platten bis ins tiefste Rot empfindlich machen.

Orthochrom gibt Empfindlichkeit bis zum Orange, Pinaverdol sensibilisiert im Grün bis zum Gelbgrün, wogegen Pinachrom, Pinacyanol, Dicyanin Pinachrom-Violett usw. Rotsensibilisatoren sind. Man verwendet die Farben einzeln oder auch in Mischung und hält sich zunächst an die Vorschriften der Fabrik (früher FARBWERKE HÖCHST, jetzt I. G. FARBENINDUSTRIE A. G., AGFA, Berlin).

Es war auch hier nötig, durch sorgfältig angestellte Versuche zu ermitteln, welcher oder welche Farbstoffe (und in welcher Konzentration) am günstigsten wirken.

Obwohl diese sogenannten panchromatischen Platten viel höhere Empfindlichkeit für die gelben und orangefarbigen Strahlen aufweisen als die sogenannten orthochromatischen Platten, überwiegt auch bei ihnen die Blauempfindlichkeit und auch bei ihnen bedarf es passend gewählter Farbfilter, um farbtonrichtige Aufnahmen zu erzielen.

Alle Angaben einzelner Fabriken, die von ihnen angebotenen Platten „arbeiten auch ohne Farbfilter", sind mit einem nicht unberechtigten Mißtrauen aufzunehmen.

Sowohl die Erythrosin- als auch die Isocyaninfarbstoffe drücken, in richtiger Weise verwendet, die Gesamtempfindlichkeit der Emulsion nicht im geringsten herab, ja bei hochempfindlichen orthochromatischen und panchromatischen Platten wird die Expositionszeit bei Aufnahmen mit künstlichem Licht, so z. B. ganz besonders beim Lichte hochkerziger gasgefüllter Glühlampen, recht beträchtlich vermindert. Namentlich die panchromatischen Platten sollten von Porträtphotographen viel mehr verwendet werden, als dies bis jetzt geschieht; es sind damit viel besser abgestufte Negative zu erzielen und die notwendige Retusche wird wesentlich herabgemindert.

h) Platten für das LIPPMANN-Verfahren. Da das sehr interessante und schöne Interferenzfarben-Verfahren von G. LIPPMANN zur Herstellung von Aufnahmen in natürlichen Farben noch hie und da von Physikern verwendet wird, soll hier ein Rezept zur Herstellung der dafür erforderlichen sogenannten „kornlosen" Platten nach dem abgeänderten Verfahren von H. LEHMANN angegeben werden:

(Die Abänderungen betreffen namentlich die Art der Mischung der Emulsion und die Farbensensibilisierung.)

50 g einer geeigneten Gelatine (z. B. harte Emulsionsgelatine von Stöss) werden in 975 ccm dest. Wasser geweicht und gelöst; man filtriert über Glaswolle oder reine Watte und kühlt auf 35° C ab.

10 g Silbernitrat löst man in 25 ccm Wasser, erwärmt auf 35° C und gießt 200 ccm der obigen Gelatinelösung unter stetem Rühren zur Silberlösung.

Zu den übrigbleibenden 775 ccm Gelatinelösung fügt man 8 g Bromkalium unter Vermeidung von Schaum.

Die Bromkalium-Gelatinelösung wird dann langsam in die Silberlösung eingegossen, und zwar innerhalb von 3½ Minuten unter stetem, ruhigem Rühren mit einem breiten Glasstreifen. Es dürfen kein Schaum und keine Blasen entstehen. Der Strahl der Bromkalium-Gelatinelösung darf die Silberlösung nicht direkt treffen, sondern wird gegen die Gefäßwand gerichtet.

Sofort nach beendeter Mischung wird folgende Farbstofflösung, die kurz vorher zusammengegossen und auf 30° C erwärmt wurde, innerhalb ¾ Minuten hinzugefügt, wobei wieder kein Schaum und keine Blasen entstehen dürfen.

Farbstofflösung

Pinacyanol..................	(1 : 1000 Alkohol)	10 ccm
Orthochrom	(1 : 1000 „)	10 „
Acridinorange (von Leonhard)	(1 : 500 „)	10 „

Darauf wird die Emulsion sofort vergossen.

Sämtliche Manipulationen müssen möglichst rasch ausgeführt werden. Ein nachträgliches Erwärmen der Emulsion ist unter keinen Umständen gestattet.

Das Präparieren der Platten geschieht in folgender Weise:

Die Glasplatten werden durch Putzen sorgfältig gereinigt, so daß sie Hauch gleichmäßig annehmen, dürfen aber nicht vorpräpariert werden. Dann gießt man die Emulsion auf die Mitte der Glasplatte, verteilt sie durch Neigen in alle vier Ecken gleichmäßig und gießt dann durch schnelles Aufrechtkippen der Platten möglichst viel ab, so daß nur eine ganz dünne Schicht auf den Glasplatten verbleibt. Die Platten werden nun auf eine nivellierte, kühl gehaltene Glas-, Schiefer- oder Marmorplatte gelegt und nach dem Erstarren der Schicht, das sehr bald eintritt, zehn Minuten lang in einem entsprechenden Wässerungskasten in fließendem Wasser gewaschen. Danach läßt man sie sorgfältig abtropfen und in einem geeigneten luftigen Raum trocknen. Lagern der Platten wirkt auf die Qualität der Platten günstig und erhöht die Brillanz der Farben. (Vgl. auch Bd. VIII dieses Handbuches, Artikel E. J. Wall, Die Praxis der Farbenphotographie.)

Die Filmfabrikation

Von

W. Heyne, Dresden

Mit 12 Abbildungen

1. Einleitung. Film ist ein englisches Wort und heißt Häutchen. Schon die Nachfolger DAGUERRES, die mit Eiweiß und später mit Kollodium arbeiteten, erzeugten die lichtempfindliche Substanz in einem solchen Häutchen. Das Bedürfnis, ähnliche, stärkere Häutchen als Schichtträger zu benützen, lag überhaupt nicht vor, solange die Schicht nicht längere Zeit haltbar war. Im Atelier spielte das Gewicht keine Rolle, und die ersten im Freien arbeitenden Pioniere der Lichtbildkunst mußten ohnehin eine tragbare Dunkelkammer mitnehmen, waren daher an große Gewichte gewöhnt.

Erst die Erfindung der Bromsilber-Gelatinetrockenplatte, die haltbar war und daher fabrikmäßig hergestellt werden konnte, ermöglichte die Landschaftsphotographie in größerem Umfang. Das Dunkelzelt fiel jetzt fort, aber die großen Platten, mit denen man damals zumeist arbeitete, ließen das Bedürfnis nach weiterer Gewichtseinschränkung entstehen, zumal wenn die Mitnahme von viel Aufnahmematerial in Frage kam. Zunächst setzte dieses Bestreben beim Apparat ein: es entstanden zusammenlegbare Reisekameras mit ebensolchen Stativen.

Beim Aufnahmematerial war die Frage nicht so leicht zu lösen. Man griff zunächst zum Papier als Schichtträger zurück, das schon vor der Benützung des Glases als Schichtträger gedient hatte. Um die fehlende Transparenz zu beheben, überzog man das Papier vor dem Auftrag der Emulsion mit Lack oder tränkte das fertige Negativ mit Harzlösungen bzw. Fetten. Auch durch nachträgliches Abziehen der Bildschicht von der Unterlage und Übertragen auf Gelatinefolien oder Kollodiumhäute suchte man zum Ziel zu kommen. So tauchten im Laufe der Jahre Negativschichten auf Papier [als Blätter, Kartons und Bänder (für Rollkassetten)] auf, um ebensobald wieder zu verschwinden. Der erreichten Gewichtsersparnis stand der Nachteil des nie ganz zu beseitigenden Papierkorns gegenüber; ferner lag das Material meist nicht genügend flach und seine Empfindlichkeit erreichte nicht die der Trockenplatten.

Besser als Papier schien Glimmer als Schichtträger geeignet zu sein; die dünnen Glimmerblätter hatten bei genügender Leichtigkeit fast die Durchsichtigkeit des Glases. Die leichte Knickbarkeit und Spaltbarkeit des Glimmers, die zu unliebsamen optischen Störungen beim Kopieren führte, ließ auch dieses Material bald wieder vom Markte verschwinden.

Nahe lag ferner der Gedanke, die kolloiden Träger der Silbersalze, das Kollodium oder die Gelatine, auch als Träger der lichtempfindlichen Schicht zu verwenden. Beide Substanzen ergeben Häute von geringer Festigkeit; besonders die Gelatine verliert, auch wenn sie vollständig durchgehärtet wird, die Quellbarkeit in Wasser nicht. Aus diesem Grunde konnte sich Negativmaterial, das auf diesen Unterlagen hergestellt war, nicht halten.

Die beiden eben genannten Filmmaterialien hatten — abgesehen von ihren Fehlern — die Biegsamkeit und Leichtigkeit des Papierfilms und die Durchsichtigkeit des Glases. Ein neues, aus Amerika kommendes Material, das Celluloid, besaß nebst den eben genannten Eigenschaften auch die erwünschte Unempfindlichkeit gegen Wasser und die photographischen Bäder; es wurde daher gleich nach seinem Bekanntwerden als das Filmmaterial der Zukunft begrüßt. Celluloid war sowohl in Form dünner Platten wie auch in Form dünner Häutchen herstellbar und konnte daher sowohl als Ersatz für die zerbrechlichen und auch schwereren Glasplatten als auch für das Papier dienen. Es konnten dafür die gewöhnlichen wie die bereits für Papierfilme konstruierten Rollfilmkassetten benützt werden. Als Plattenersatz hat sich Celluloid nicht eingebürgert, aber als Film hat es die Welt erobert; erst durch seine Erfindung ist die Kinoindustrie möglich geworden.

Der Celluloidfilm besitzt aber zwei Mängel: der eine, das Herabdrücken der Empfindlichkeit der darauf gegossenen Emulsion, hat ihn die Glasplatte nicht verdrängen lassen und der zweite, die leichte Entflammbarkeit, hat die Versuche nicht ruhen lassen, einen unentflammbaren Ersatz mit sonst gleichen Eigenschaften zu suchen. Die Entflammbarkeit des Celluloids selbst läßt sich kaum verringern, ohne seine übrigen guten Eigenschaften zu schädigen. Man fand aber andere Verbindungen der Cellulose, wie die Formyl- und die Acetylcellulose, die nicht entflammbar sind und sich als Filme gießen lassen. Der Formylfilm ist wegen seiner zu geringen Wasserbeständigkeit schon seit längerer Zeit aus dem Handel verschwunden, der Acetylfilm steht trotz rastloser Bemühungen um seine Verbesserung auch heute noch — was Qualität betrifft — hinter dem Celluloidfilm zurück.

Filme aus reiner Cellulose, die heute für andere Zwecke meist wohl nach dem Viskoseverfahren in großen Mengen hergestellt werden, sind viel zu wasserempfindlich.[1] Auch der Versuch, Papier dadurch vollkommen durchsichtig zu machen, daß man das Innere der Fasern und die Zwischenräume zwischen diesen mit einer Substanz gleicher Lichtbrechung ausfüllt, wird wohl zu keinem besseren Resultat führen. Schließlich soll noch der Versuch erwähnt werden, dünne Metallfolien als Positivfilm zu verwenden. Der Mehrverbrauch an Licht für die bei Verwendung solcher Filme notwendig werdende episkopische Projektion verhindert die Einführung undurchsichtigen Filmmaterials.

Wenn wir heute von Film sprechen, so ist in den weitaus meisten Fällen der Celluloidfilm gemeint; daher soll im folgenden vor allem die Fabrikation dieses Films behandelt werden. Vom Acetylfilm und Viskosefilm soll nur kurz die Rede sein.

2. Das Celluloid. Erfunden wurde das Celluloid im Jahre 1869 von den Gebrüdern Hyatt in Newark, U. S. A., die auch als erste seine fabrikatorische Herstellung begannen. Die Idee, das Celluloid zu Filmen zu verarbeiten, kam aber erst 20 Jahre später gleichfalls aus den Vereinigten Staaten, wo die East-

[1] Interessant ist der Versuch, Cellophanfilm mit einer lichtempfindlichen Diazoschicht zu überziehen, die mit Ammoniakgas entwickelt wird. Der Film bleibt bei der Verarbeitung trocken.

man Kodak Co. in Rochester und die Celluloid Company in New-York fertige Filme bzw. Filmcelluloid herstellten. Erst allmählich wurde die Fabrikationsmethode, die sehr geheim gehalten wurde, nacheinander in England, Frankreich und Deutschland bekannt.

Das Celluloid besteht im wesentlichen aus einem Gemisch von Nitrocellulose und Campher. Für den Campher sind eine große Reihe von Ersatzmitteln vorgeschlagen und z. T. auch verwandt worden. Keines dieser Mittel hat den Campher vollständig ersetzen können; nur der aus Terpentinöl hergestellte künstliche Campher ist dem natürlichen gleichwertig. Filmcelluloid enthält etwa 85% Nitrocellulose und 15% Campher, außerdem meist noch geringe Mengen von Zusätzen, welche die Geschmeidigkeit erhöhen und die elektrische Erregbarkeit herabsetzen sollen. Das gewöhnliche Celluloid unterscheidet sich vom Filmcelluloid durch seinen bedeutend höheren Camphergehalt (25 bis 50%). Es ist in der Wärme plastisch und läßt sich kalt ähnlich wie Horn bearbeiten. Es wurde vor Erfindung des Gießverfahrens zur Herstellung der ersten Filme benützt.

Celluloid ist in Wasser so gut wie unlöslich. Es dehnt sich darin allerdings etwas aus, geht aber beim Trocknen wieder annähernd auf seine frühere Ausdehnung zurück. In kaltem Aethylalkohol quillt das Celluloid unter Verlust von Campher auf, heißer Alkohol — besonders bei Zusatz von mehr Campher — löst Celluloid auf. Methylalkohol löst Celluloid schon bedeutend leichter. Gute Lösungsmittel sind Aceton, Aethylacetat, Amylacetat, Essigsäure, Gemische von Aethylalkohol und Äther sowie Aethylalkohol und Benzol, letzteres allerdings nur in der Wärme.

Kalte verdünnte Säuren wirken nur sehr langsam auf Celluloid ein, ebenso kalte verdünnte Laugen, die aber allmählich, an der Oberfläche beginnend, denitrierend wirken; stärker wirkt Schwefelammonium. Stärkere Säuren und Laugen zersetzen das Celluloid schneller, besonders beim Erwärmen.

Wichtig für die Fabrikation wie für den Gebrauch ist das Verhalten des Celluloids gegen Wärme. Gutes Filmcelluloid hält Temperaturen bis zu 100° C ohne wesentliche Veränderung aus. Bei 130 bis 140° C beginnen sich nitrose Dämpfe zu entwickeln und bei etwa 170° C entflammt es. Diese Eigenschaft ist, wie wir später sehen werden, für die Filmindustrie von großer Wichtigkeit. Ist die Entflammung erst einmal eingeleitet, so geht die Zersetzung auch ohne Luftzutritt, dann allerdings ohne Feuererscheinung, weiter. Durch Schlag oder Stoß ist das Celluloid weder zur Entflammung noch zur Explosion zu bringen; Selbstzersetzung kommt bei sorgfältig hergestelltem Celluloid nicht vor.

Acetylcellulose, mit Campher oder andern Zusätzen gemischt, ist in der Wärme nicht plastisch; Film läßt sich daraus nur nach dem Gießverfahren herstellen. Chemisch und physikalisch verhält sie sich ähnlich wie Celluloid, hat aber nicht dessen Entflammbarkeit. Beim Erhitzen schmilzt sie unter Zersetzung und brennt angezündet nur langsam ab.

3. Die Herstellung der Kollodiumwolle. Kollodiumwolle ist ein Salpetersäureester oder, richtiger gesagt, ein Gemisch mehrerer Salpetersäureester der Cellulose, also keine Nitroverbindung. Man sollte die Verbindung daher anstatt Nitrocellulose richtiger als Cellulosenitrat bezeichnen. Theoretisch kann das Molekül der Cellulose 12 Moleküle Salpetersäure binden, das Cellulosedodekanitrat ist aber praktisch nicht herstellbar. Es entstehen bei der Nitrierung, wie die Veresterung allgemein genannt wird, überhaupt keine einheitlichen Verbindungen, sondern immer Gemische verschiedener Ester. Die höchste praktisch erreichbare Nitrierungsstufe enthält etwa 13,5% Stickstoff und entspricht dem Undekanitrat. Diese Verbindung ist in den meisten Lösungsmitteln unlöslich und explosiv; sie dient als Schießbaumwolle zur Herstellung des rauchlosen

Pulvers. Die eigentliche Kollodiumwolle enthält 11 bis 12% Stickstoff und ist in den im vorigen Absatz bereits angegebenen Lösungsmitteln löslich. Dünne Schichten dieser Lösungen bilden nach dem Trocknen je nach ihrer Herstellung mehr oder weniger elastische, durchsichtige oder trübe Häutchen. Sinkt der Stickstoffgehalt unter 11%, so wird das Produkt auch in reinem Alkohol löslich, das beim Eintrocknen entstehende Häutchen wird aber mürbe. Aus dem Gesagten geht hervor, daß bei der Herstellung von Filmwolle die Arbeitsbedingungen sehr genau eingehalten werden müssen. Trotz aller Sorgfalt weichen die erhaltenen Produkte häufig stark voneinander ab und man kann nur durch Mischen gleichmäßige Qualitäten erzielen.

Abb. 1. Nitrierzentrifuge der Fa. C. G. Haubold A. G. in Chemnitz

Nitrocellulose wurde vor dem Kriege meistens aus Baumwolle, und zwar aus deren Abfällen, Linters genannt, hergestellt. Hersteller sind Sprengstoff-Fabriken und Celluloidfabriken. Heute wird allgemein reiner Holzzellstoff in Form von Krepp-Papier für die Fabrikation benützt. Der Zellstoff bildet fast reine Cellulose und ist ziemlich frei von Oxy- und Hydrocellulose. Kurz vor dem Einbringen in das Nitriergemisch wird das Krepp-Papier getrocknet und in kleine Stücke zerrissen.

Das Nitriergemisch besteht aus Schwefelsäure, Salpetersäure und Wasser in bestimmten Mischungsverhältnissen. Es wird durch Mischen von konzentrierter (etwa 95 %iger) Schwefelsäure mit starker (60 bis 65 %iger) Salpetersäure hergestellt und enthält beispielsweise: 66% H_2SO_4, 16% HNO_3, 18% H_2O.

Die Schwefelsäure dient dazu, das bei der Veresterung frei werdende Wasser zu binden. Nach der Nitrierung ist das Nitriergemisch, jetzt Abgangssäure genannt, natürlich ärmer an Salpetersäure und reicher an Wasser. Die Rentabilität der Fabrikation erfordert die Wiederherstellung der richtigen Zusammensetzung des Säuregemisches, ohne seine Menge zu stark zu vermehren. Man erreicht dies mit Hilfe höchstkonzentrierter Salpetersäure vom spez. Gew. $> 1,5$ und rauchender Schwefelsäure. Hat sich das Säuregemisch durch häufigen Gebrauch zu sehr mit organischen Stoffen angereichert, so wird die darin enthaltene Salpetersäure durch Destillation wiedergewonnen. Auf 1 kg Cellulose kommen je nach den benützten Apparaten 25 bis 30 kg Nitriersäure. Die Temperatur bei der Nitrierung schwankt je nach dem gewünschten Produkt zwischen 25 und 60° C. Niedrige Temperaturen bei geringem Wassergehalt ergeben hochviskose Lösungen und einen zähen Film, hohe Temperaturen bei größerem Wassergehalt dünnere Lösungen und einen spröderen Film. Besonders bei Anwendung hoher Temperaturen sind beim Durchmischen örtliche Erhitzungen zu vermeiden, andernfalls tritt durch plötzliche vollständige Zersetzung Verlust der ganzen Charge (Beschickung) ein.

Beim ältesten Nitrierverfahren arbeitete man in Steinguttöpfen, die man mit dem Säuregemisch füllte und in die dann die Cellulose eingetragen wurde. Nach der Nitrierung wurde die überschüssige Säure entweder abgeschleudert oder abgepreßt.

Eine bedeutende Verbesserung des Nitrierverfahrens ermöglicht die Nitrierzentrifuge. Der in Abb. 1 auf S. 251 wiedergegebene Apparat arbeitet wie folgt: Der Mantel der Zentrifuge dient als Säurebehälter und ist mit Zu- und Ablauf versehen. Innerhalb des Mantels läuft ein Schleuderkorb mit zylindrischem Außen- und konischem Innenmantel, die beide durchlöchert sind. Der Korb wird durch Unterantrieb bewegt. Ist der Korb mit der Cellulose gefüllt, so wird er in langsame Umdrehung versetzt und die Säure schnell zulaufen gelassen. Infolge der Fliehkraft strömt die Säure durch den Außenmantel des Korbes, fließt unter dem Korb wieder zum inneren konischen Teil und tritt durch den Innenmantel wieder in den Korb ein. So wird eine dauernde Zirkulation der Säure durch die Cellulose hindurch erreicht. Nach beendeter Nitrierung wird die Säure abgelassen und der Korb auf hohe Tourenzahl gebracht, wodurch die der Nitrocellulose anhaftende Säure zum großen Teil abgeschleudert wird. Das Nitriergut wird nun von den Wänden des Korbes losgemacht und durch eine entsprechende Öffnung in den an die Zentrifuge angebauten Schwemmkanal geworfen, aus welchem sie durch einen Wasserstrom in die Waschbottiche befördert wird.

Der ganze eben geschilderte Nitriervorgang findet in einem Geschoß, zumeist im Erdgeschoß, statt; eine andere modernere Anlage arbeitet in der Weise, daß das Gut von oben nach unten wandert. Nitrierapparat und Schleuder sind getrennt. Im obersten Geschoß stehen die Nitrierapparate, eiserne Bottiche in Form einer liegenden Acht, in denen zwei Rührwerke gegeneinander arbeiten, so daß während der Nitrierung jede Handarbeit fortfällt. Nach beendeter Nitrierung werden Nitriergut und Säure in die darunter befindlichen Zentrifugen abgelassen. In diesen wird die Säure von der Nitrocellulose getrennt, die sodann in die darunter stehenden Waschapparate gestürzt wird. Der Vorteil dieser Anlage gegenüber der früher beschriebenen besteht in ihrer größeren Leistungsfähigkeit; während des Schleuderns kann wieder eine neue Partie nitriert werden und die Handarbeit ist auf ein Minimum herabgesetzt.

Das Waschen der Kollodiumwolle geschieht mit viel fließendem Wasser in Holzbottichen unter gutem Umrühren. Enthält die Wolle noch viel Säure, wie dies bei der Nitrierung in Töpfen oder dem zuletzt beschriebenen Verfahren der Fall ist, so muß die erste Waschung in mit Blei ausgeschlagenen Bottichen stattfinden. Die auf diese Weise säurefrei gemachte Kollodiumwolle ist noch gelblich und enthält unstabile Verbindungen; sie würde ein stark gefärbtes, nicht haltbares Celluloid liefern und muß daher noch gebleicht und stabilisiert werden.

Zu diesem Zwecke wird das Produkt, das immer noch die Form der verwendeten Cellulose hat, zuerst in einen groben Brei verwandelt. Diese Arbeit geschieht in einem großen ovalen, hölzernen oder mit Kacheln ausgelegten Bottich, der in der Mitte eine Scheidewand mit je einer Öffnung an den beiden Schmalseiten besitzt. Diese Bottiche, Holländer genannt, besitzen an einer Längsseite eine große, am Umfang geriffelte Trommel (Messerwalze), welche den Raum zwischen den beiden Wänden fast ausfüllt und den Boden des Gefäßes fast berührt. Der tiefsten Stelle der Trommel gegenüber befindet sich im Boden das sogenannte Grundwerk, d. i. eine mit Messern versehene Bodenplatte. Wird die Trommel (Abb. 2) in Umdrehung versetzt, so treibt sie das Gemisch von Wasser und Nitrocellulose zwischen den Messern der Grundplatte durch, wobei die Nitrocellulose allmählich in einen Brei verwandelt wird. Der Inhalt des Holländers ist dabei in steter kreisender Bewegung. Ist der Brei fein genug, so wird er durch eine Schleuse in das eigentliche Bleichgefäß abgelassen.

Abb. 2. Holländerwalze mit schrägen Messern von J. M. VOITH, Heidenheim a. Brenz

Das Bleichgefäß besteht aus einem hölzernen oder mit säurefesten Kacheln ausgelegten zylindrischen Bottich mit Rührwerk. Über dem eigentlichen Boden des Bottichs befindet sich ein sogenannter falscher Boden, der siebartig mit sehr engen Löchern versehen ist. Früher wurde mit angesäuerter Permanganatlösung gebleicht, heute wendet man für diesen Zweck meist Natriumhypochlorit an. Der aus dem Holländer kommende Brei wird mit der nötigen Menge Hypochlorit versetzt und einige Stunden lang gerührt, bis die gelbe Farbe der Nitrocellulose verschwunden ist. Nach erfolgter Bleichung wird die verbrauchte Lösung abgelassen und der Brei so lange mit oft gewechseltem Wasser gewaschen, bis er frei von Hypochlorit ist. Neuerdings werden zum Bleichen und Waschen gleichfalls Holländer (Bleichholländer) benützt.

Wurde die Kollodiumwolle in saurer Lösung, also z. B. mit saurem Permanganat, gebleicht und nachher mit schwefeliger Säure entfärbt, so haften ihr die letzten Reste Säure sehr fest an und machen den Film schlecht haltbar. Manche Fabriken lassen daher noch eine kurze Waschung mit ganz verdünntem Ammoniak oder Soda folgen, um das Produkt stabiler zu machen. Besser wirkt die Stabilisierung durch kochendes Wasser. Die Wolle wird so lange mit mehrmals erneuertem Wasser gekocht, bis dieses nicht mehr merklich sauer wird. Dabei tritt eine sehr langsame Spaltung vor allem der weniger stabilen Nitrate ein und man erhält eine gut haltbare Filmwolle.

Ist die Nitrocellulose nun vollkommen rein, so läßt man den Brei entweder in einen fein gelochten Kasten abtropfen oder bringt ihn sofort in Zentrifugen, in denen die Hauptmenge des Wassers abgeschleudert wird. Da Nitrocellulose nicht trocken versandt werden darf, wird sie in wasserfeuchtem Zustand, wie sie aus der Zentrifuge kommt, in mit Blech ausgeschlagene Kisten verpackt und so verschickt.

Das Trocknen der Filmwolle, das in Trockenhäusern auf Hürden bei etwa 40° C stattfinden muß, ist für den Verbraucher sehr zeitraubend, die Fabriken verschicken sie daher jetzt entweder alkoholfeucht oder als Paste in Methylalkohol gequollen.

Das Wasser kann gleich in der Zentrifuge durch Alkohol verdrängt werden, indem man die abgeschleuderte Masse mit Alkohol deckt, d. h. damit mehrmals anfeuchtet, während die Zentrifuge noch läuft; dies kann aber auch im Verdränger geschehen. Der Verdränger ist ein Zylinder, mit starker Wandung in den die feuchte Wolle hineingepreßt wird. Dann wird der Zylinder geschlossen und Alkohol von oben durch eine Öffnung unter Druck darauf gelassen. Der Alkohol ersetzt auf diese Weise allmählich das Wasser, indem er sich anfangs verdünnt. Zu hohe Konzentration ist zu vermeiden, da sonst kleine Mengen alkohollöslicher Wolle quellen und den ganzen Inhalt des Zylinders zu einem Block verkitten würden.

Knetet man trockene Filmwolle in einem Mischwerk mit etwa zwei Teilen Methylalkohol, so tritt — besonders beim Erwärmen — ein vollständiges Aufquellen der Masse unter Bildung einer Gallerte oder Paste ein. Diese ist später sehr leicht löslich. Die alkoholfeuchte Form und die Pastenform sind heute für den Versand der Filmwolle üblich. Die Versandkisten müssen möglichst luftdicht sein, damit kein Alkohol verdunstet und die Masse nicht trocken wird.

Trockene Kollodiumwolle bildet ein weißes, grobes, geruch- und geschmackloses Pulver, das in Wasser unlöslich ist, sich aber in Aceton und einem Gemisch von gleichen Teilen Alkohol und Äther klar löst. Der Stickstoffgehalt soll zwischen 11 und 12% liegen. Gemessen wird dieser Gehalt entweder im Lungeschen Nitrometer oder nach der Methode von Schulze-Thiemann. In beiden Fällen wird der Stickstoffgehalt durch Messen der ausgeschiedenen Gasmengen ermittelt. Wichtig sind ferner die Viskosität und der Entflammungspunkt der Filmwolle. Die Viskosität einer Lösung von bestimmtem Stickstoffgehalt bestimmt man in einem Viskosimeter, wobei die Zeit gemessen wird, welche eine Kugel zum Durchfallen einer bestimmten Strecke zwischen zwei Marken in der Lösung oder eine Luftblase zum Aufsteigen innerhalb dieser Strecke benötigt. Zur Bestimmung des Entflammungspunktes kann ein Ölbad dienen, in das trockene Proberöhrchen mit einer kleinen Menge der zu prüfenden Wolle eingestellt werden. Man erhitzt und liest an einem Thermometer ab, wann die Probe verpufft. Diese Temperatur soll etwa bei 170° C liegen. Bei dieser Prüfung kann man gleichzeitig die vorher eintretende langsame Zersetzung durch Bildung roter Dämpfe bei etwa 140° C beobachten.

Eine sehr interessante Prüfungsmethode für Nitrocellulose, die neben der Viskositätsbestimmung einen Einblick in die Kolloidstruktur des Materials gestattet, gibt D. Krüger, Phot. Ind. 1929, S. 373ff., an. Die Diffusionsmethode gestattet, das Molekulargewicht des untersuchten Stoffes zu ermitteln. Kleinere Molekulargewichte zeigen den Abbau des Moleküls an und sind die Ursache eines spröderen und weniger stabilen Films. Die Ausführung der Methode ist folgende: In einem zylindrischen Gefäß überschichtet man eine Lösung von Kollodiumwolle mit dem reinen Lösungsmittel, zieht nach einer bestimmten Zeit vorsichtig mehrere Flüssigkeitsschichten aus dem Gefäß ab und bestimmt ihren Gehalt an fester Wolle. Aus diesen Größen berechnet man den Diffusionskoeffizienten und daraus das Molekulargewicht, bzw. den Teilchenradius.

4. Die Herstellung der Acetatwolle. Andere Celluloseester als das Cellulosenitrat sind fast ebensolange bekannt wie dieses. So stellte P. Schützenberger im

Jahre 1868 durch Erhitzen von Cellulose mit Essigsäureanhydrid im geschlossenen Rohr bereits eine Acetylcellulose her. Praktischen Wert hatte allerdings erst ein Produkt, das CROSS & BEVAN in London im Jahre 1894 herstellten. Die Fabrikation wurde dann durch eine Reihe patentierter Verfahren rasch verbessert, hat aber bis heute noch keinen solchen Grad von Sicherheit erreicht, daß der Essigsäureester den Salpetersäureester trotz seines Hauptvorzuges der Unentflammbarkeit hätte verdrängen können, zumal er sich auch teurer im Preise stellt.

Die Acetylierung unterscheidet sich von der Nitrierung grundsätzlich dadurch, daß das entstehende Produkt in Lösung geht und aus dem Reaktionsgemisch wieder ausgefällt werden muß. Der Acetylierung geht — entweder getrennt oder im selben Arbeitsgange vereinigt — eine Hydrierung der Cellulose voraus. Auf die teilweise hydrierte Cellulose läßt man Essigsäureanhydrid einwirken, welches bei höherer Temperatur im wesentlichen ein Triacetat bildet, das sich in der entstehenden sowie von Anfang an zugesetzten Essigsäure löst. Um zu hohe Reaktionstemperaturen zu vermeiden, setzt man dem Acetylierungsgemisch Katalysatoren, wie Schwefelsäure, Zinkchlorid usw. hinzu. Nach beendeter Reaktion wird durch Eingießen in viel Wasser die Acetylcellulose in fester Form ausgeschieden.

Das Wasser verdünnt nicht nur die angewandte Essigsäure stark, sondern führt auch das im Überschuß angewandte Anhydrid in Essigsäure über, was einen großen Verlust bedeutet. Man hat daher versucht, sowohl die Essigsäure (als Lösungsmittel) wie das Wasser (als Fällungsmittel) durch andere Flüssigkeiten zu ersetzen. Von der leichten Wiedergewinnung des nicht verbrauchten Anhydrids und der Essigsäure hängt die Rentabilität des Verfahrens wesentlich ab.

Die Apparatur ist etwas einfacher als bei der Fabrikation der Nitrocellulose. Ein Rührwerk mit Doppelmantel, zum Heizen und Kühlen eingerichtet, dient für die Acetylierung. Der weitere Arbeitsgang, das Zerkleinern und Waschen des Produktes, ist ähnlich wie bei der Nitrowolle. Bleichen ist nicht notwendig.

Es ist, wie bereits gesagt wurde, schwieriger, eine gleichmäßige Acetylcellulose herzustellen, als eine gleichmäßige Nitrocellulose. Vor allem läßt sich erstere viel schwerer stabilisieren als letztere. Stabilisierungsverfahren sind wohl auch versucht worden, aber bisher anscheinend ohne ausreichenden Erfolg.

Gute Acetatwolle soll ein weißes Pulver bilden, welches sich in dem dafür bestimmten Lösungsmittel (Aceton, Tetrachloräthan) möglichst klar und farblos löst, vor allem aber keine nur quellenden Anteile enthält. Der durch Ausgießen dieser Lösung auf Glas und Auftrocknen entstehende Film soll klar, zäh und geschmeidig sein und diese Eigenschaften auch längere Zeit behalten.

5. Die Herstellung der Gießlösungen. Der Blankfilm, d. h. der Schichtträger des photographischen Films, wird heute ausschließlich durch Gießen des gelösten Filmmaterials auf Metallbänder (seltener auf Metalltrommeln) und Verdunstenlassen des Lösungsmittels hergestellt.

Vor der Ausbildung des Gießverfahrens und auch später hat man versucht, den Film durch Abschälen von einem zylindrischen Celluloidblock herzustellen, da bei dieser Methode an Lösungsmitteln gespart werden kann, es scheint aber nicht gelungen zu sein, die dabei entstehenden Schnittstreifen zu glätten und dem Film die beiderseitige gute Politur zu geben, welche man beim Gießverfahren leicht erhält.

Als Lösungsmittel benützte man früher neben Alkohol-Äther auch Aceton in Verbindung mit Amylacetat und verdünnte diese Lösung noch mit anderen Lösungsmitteln, wie Methylalkohol. Man löst z. B.:

Kollodiumpaste (2000 g Kollodiumwolle und 4660 g Methylalkohol enthaltend)	6660 g
Methylalkohol	1000 „
Aceton	1000 „
Amylacetat	500 „
Amylalkohol	500 „
Campher	340 „

Der Ansatz enthält in 10 kg Lösung 2,34 kg festes Celluloid. Amylalkohol ist kein Lösungsmittel, sondern hat den Zweck, das Anziehen von Wasser und das damit verbundene Weißwerden des Films zu verhindern. Der so gegossene Film trocknete schwer und behielt sehr lange den unangenehmen Geruch des Amylalkohols und des Amylacetats.

Abb. 3. Knet- und Mischmaschine für Filmmassen der Fa. Werner & Pfleiderer, Stuttgart-Cannstatt

Heute wird wohl ausschließlich Alkohol-Äther als Lösungsmittel benützt, da er schnell trocknet und einen klaren Film gibt. Alkohol-Äther kann auch teilweise aus der Trockenluft wiedergewonnen werden, ein Umstand, der für die Rentabilität der Fabrikation ausschlaggebend ist. Als Beispiel für eine Alkohol-Ätherlösung sei folgender Ansatz angegeben, der allerdings nur bei Verwendung einer wenig viskosen Wolle eine gießbare Lösung ergibt. Bei höherer Viskosität muß mehr Lösungsmittel angewandt werden.

Kollodiumwolle (trocken)	1750 g
Campher	250 „
Alkohol 95%	3000 „
Äther	5000 „

Wie bei der Herstellung der Kollodiumwolle bereits gesagt wurde, muß im laufenden Betriebe die Viskosität sowie die Konzentration der Gießlösung unverändert bleiben; falls dies nicht schon bei der Herstellung der Wolle erreicht wurde, müssen jetzt, wenn nötig, Gießlösungen verschiedener Viskosität gemischt werden.

Zur Herstellung der Lösungen werden am zweckmäßigsten Mischmaschinen benützt, wie die in Abb. 3 wiedergegebene der Firma Werner & Pfleiderer in Stuttgart-Cannstatt. Der Apparat besteht aus einem innen verzinnten eisernen Kasten, dessen Boden aus zwei nebeneinander liegenden zylindrischen Flächen besteht und der mit einem festschließenden Deckel versehen ist. In dem Kasten bewegen sich zwei parallel stehende, eigenartig geformte Rührer so gegeneinander, daß sie, die beiden Halbzylinder ausfüllend, den Inhalt des Kastens kräftig durchmischen. In den Mischapparat wird zunächst die Kollodiumwolle gefüllt und dann der Deckel geschlossen. Darauf läßt man den Alkohol zulaufen, in welchem der Campher aufgelöst wurde. Nachdem durch Rühren die Wolle mit dem

Campheralkohol gründlich angefeuchtet ist, läßt man das Ganze eine zeitlang stehen und läßt dann unter erneutem Rühren den Äther zufließen. Nun wird alles so lange gerührt, bis eine vollständig gleichmäßige Lösung entstanden ist. Ein Erwärmen ist bei Alkohol-Ätherlösungen wegen der leichten Flüchtigkeit des Lösungsmittels nicht angebracht. Die fertige Celluloidlösung läßt man dann in ein Sammelgefäß laufen, in welchem sich gröbere Verunreinigungen absetzen können.

An dieser Stelle sei noch einiges über den zweiten Bestandteil des Celluloids, den Campher bzw. seine Ersatzmittel, gesagt. Campher ist ein Naturprodukt und wird besonders in Japan und China aus den Blättern und dem Holz des Campherbaumes durch Destillation mit Wasser gewonnen. Campher ist ein Terpenketon von der Formel $C_{10}H_{15}O$. Er bildet eine farblose kristallinische Masse von charakteristischem Geruch, die sich weich und elastisch anfühlt. Campher schmilzt bei 175° C und siedet bei 205° C; er sublimiert leicht, in geringem Maße schon bei gewöhnlicher Temperatur. Sein spezifisches Gewicht ist etwa 1, er löst sich in Alkohol, Äther, Chloroform, Benzol, Benzin und vielen anderen organischen Lösungsmitteln.

Zu einer Zeit, als der Preis des Camphers sehr hoch war, suchte und fand man Wege, Terpentinöl in Campher überzuführen. Dieser Campher kann als gleichwertiger Ersatz für Naturcampher dienen. Da sein Ausgangsmaterial aber auch ein Preisschwankungen unterworfenes Naturprodukt ist, hängt die Rentabilität seiner Herstellung von dem jeweiligen Preis des Terpentins ab.

Wegen des hohen Campherpreises hat man auch nach anderen Ersatzmitteln gesucht; ihre Zahl ist im Laufe der Zeit sehr groß geworden, doch ist keines darunter, das wenigstens bei der Nitrocellulose den Campher vollständig ersetzen kann. Nachfolgend seien nur einige der bekanntesten Ersatzmittel kurz erwähnt: Acetanilid; Mannol, ein substituiertes Acetanilid; Celludol; Borneol und Isoborneol; Naphthalin, Triphenylphosphat; Harnstoff- und Thioharnstoffderivate, z. B. Mollit und viele andere.

Acetylcellulose löst sich je nach ihrer Herstellungsart in Aceton, Essigäther, Chloroform, Tetra- und Pentachloräthan sowie verschiedenen anderen organischen Lösungsmitteln. Meist benützt man eine Wolle, die sich in Aceton löst und fügt der Lösung noch ein höher siedendes Lösungsmittel, wie Tetrachloräthan, bei. Als Zusatz kann Campher oder eines der vielen Camphérersatzmittel, z. B. Mannol, Triphenylphosphat oder andere, benützt werden. Allerdings erteilt keines von diesen Lösungsmitteln der Acetatwolle eine solche Plastizität in der Wärme, wie sie sich bei Nitrowolle und Campher ergibt. Als Beispiel eines Lösungsansatzes diene folgender:

Acetatwolle	1800 g
Mannol	200 „
Aceton	7000 „
Tetrachloräthan	1000 „

Die Herstellung der Lösung erfolgt auf ähnliche Weise wie bei der Kollodiumwolle, nur muß man bei Verwendung von Tetrachloräthan darauf Rücksicht nehmen, daß dieses Lösungsmittel durch Abspaltung von Salzsäure viele Metalle angreift; aus diesem Grunde muß man verbleite Apparate verwenden. Bei dem höheren Siedepunkt des Acetons kann der Mischapparat auch mit einem Dampfmantel versehen werden, um den Lösungsvorgang durch Erwärmen unterstützen zu können. Das Aceton läßt sich aus dem Gemisch mit Luft zum Teil wiedergewinnen, so daß in dieser Hinsicht der Acetylfilm mit dem Nitrofilm in Wettbewerb treten kann.

Um Filme aus reiner Cellulose herzustellen, löst man die Cellulose entweder in Kupferoxydammoniak auf und behandelt dann die ausgegossene Lösung mit einem Koagulationsmittel oder man führt sie durch Behandeln mit einem Alkali und Schwefelkohlenstoff in ein Sulfocarbonat über und regeneriert aus der ausgegossenen viskosen Lösung die Cellulose durch Behandeln mit Salzen oder Säuren.

6. Das Gußfertigmachen der Lösungen. Die so hergestellten Lösungen enthalten noch ungelöste Stoffe und Luft; beide müssen entfernt werden, wenn man einen klaren und blasenfreien Film erhalten will.

Die Entfernung der ungelösten Verunreinigungen geschieht durch Filtrieren. Zu bemerken ist dabei, wie schon früher erwähnt wurde, daß halbgelöste, gequollene Bestandteile für eine gute Filtration viel störender sind als ungelöste. Zum Filtrieren haben sich Einkammerpressen mit horizontaler Filterplatte am besten bewährt. Trotz aller Vorsicht werden die benützten Filterstoffe bald verstopft und müssen daher häufig ausgewechselt werden. Obwohl die Filterfläche groß ist, muß der Raum für die zu filtrierende Lösung möglichst klein sein, damit er beim Nachlassen der Filtration schnell leergedrückt werden kann. Der Filterstoff muß sich schnell auswechseln lassen. Abb. 4 stellt eine solche Filterpresse der Firma H. Hechtenberg in Düren dar. Als Feinfilterstoff dienen dichter Papierfilz oder Wattetafeln zwischen nichtfasernden Tüchern. Man kann die Filtrationsdauer dieser Feinfilter verlängern, wenn man eine Vorfiltration über dichte Gewebe, wie Drell oder Köper, vorhergehen läßt. Im Anfang genügen einige Atmosphären Druck, der aber mit zunehmender Verstopfung des Filterstoffes bis auf zehn und mehr Atmosphären gesteigert werden muß.

Abb. 4. Filterpresse der Firma H. Hechtenberg, Düren

Abb. 5. Pumpe zur Filterpresse von H. Hechtenberg, Düren

Nachdem durch Filtrieren die halbgelösten und die ungelösten Bestandteile entfernt wurden, sieht die Lösung schon ganz klar aus und ist von schwach gelber Farbe. Sie enthält aber noch Luft, die sich beim Gießen in Form feiner Bläschen ausscheidet, welche sich durch Ätherdämpfe noch vergrößern und so den Film unbrauchbar machen. Die Luft muß daher entfernt werden. Zu diesem Zweck wendet man Wärme bzw. Vakuum oder beides zugleich an. Man läßt z. B. die Gießlösung durch einen Apparat laufen, in welchem sie durch Doppelmantel-Schlangen oder -Röhren auf den Siedepunkt des Äthers erwärmt wird, so daß ein kleiner Teil des Äthers verdampft und die Luft mitreißt. Man kann in einem solchen Kochapparat die Lösung auch so weit zum Kochen bringen, daß der Raum über der Lösung voll Ätherdampf ist, dieser also auszuströmen beginnt. Dann verschließt man den Apparat luftdicht und kühlt den Inhalt ab. Infolge des sich bildenden Vakuums sammelt sich etwa noch vorhandene Luft über der Lösung an. Die abgekühlte Lösung ist nun zum Gießen fertig und kann in die dafür bestimmten Gefäße abgelassen werden.

Die fertige Gießlösung wird auf ihren Gehalt an festem Celluloid und auf Viskosität geprüft. Für die erste Prüfung kann ein U-förmig gebogener Streifen aus Aluminiumblech dienen, dessen wagrechter Teil auf einer Seite einen solchen Ausschnitt erhält, daß er, auf eine Spiegelglasplatte mit dem Ausschnitt nach unten gestellt, einen Schlitz von der gleichen Breite bildet, wie er zwischen der Oberfläche der Gießmaschine und dem Abstreicher des Gießers besteht. Stellt man diesen Apparat auf die Glasplatte, gießt den Raum zwischen seinen Schenkeln mit Kollodiumlösung aus und zieht den Apparat dann sofort über die Platte, so erhält man eine gleich hohe Kollodiumschicht, wie später auf der Maschine; der trocken abgezogene Film muß die gewünschte Stärke haben. Zum Messen der Viskosität sind der leichten Verdunstung wegen Auslaufapparate ungeeignet. Man verwendet daher Apparate, bei denen die Viskosität durch Aufsteigen einer Luftblase oder Fallen einer Kugel in der in einem zylindrischen Gefäß befindlichen Gießlösung gemessen wird.

7. Das Gießen des Films. Die ersten Filme wurden auf Spiegelglasplatten gegossen, die dem Film einen tadellosen Hochglanz verleihen und von denen er sich leicht ablöst. Solche Platten waren nur bis zu 2 m Länge herstellbar, die Kinoindustrie verlangte aber Filmlängen von 60 bis 120 m. Man versuchte sich zunächst so zu helfen, daß man eine Reihe von Spiegelglasplatten eng aneinanderfügte und die feinen Fugen mit einem Kitt ausfüllte. Als Träger für die Platten diente ein langer eiserner Rahmen mit Nivellierschrauben. Über diese Platten wurde ein V-förmiger, unten mit einem verschließbaren Schlitz versehener Trog langsam fortbewegt, der die Gießlösung enthielt. Diese Vorrichtung zeigte manche Mängel; ein kontinuierliches Arbeiten war damit nicht möglich, die Fugen blieben stets etwas sichtbar und größere Längen mußten doch durch Kleben hergestellt werden.

Um wirklich endlose Filmbänder zu erhalten, griff man zur Walzen- oder Trommelform als Gießunterlage. Solche Trommeln mußten natürlich aus Eisen hergestellt werden; da Eisen aber von der Nitrocellulose angegriffen wird, mußte die Mantelfläche zuerst mit Kupfer und dann mit Nickel oder Silber elektrolytisch oder nach dem Spritzverfahren überzogen werden. Diese Nickel- oder Silberschicht erhielt dann eine Hochglanzpolitur. Damit diese Trommelmaschine genügend leistungsfähig sei, mußte sie einen möglichst großen Umfang haben. Man baute die Maschinen zuerst ähnlich großen Schwungrädern mit Speichen, fand es aber später praktischer, die Trommelfläche nur durch zwei Ringe zu versteifen und das Ringpaar von je zwei angetriebenen Rollen tragen und in Bewegung setzen zu lassen. So entstanden die in den Abb. 6 u. 7 schematisch dargestellten beiden Typen der Trommelmaschine.

Der die Kollodiumlösung enthaltende Gießer befindet sich bei diesen Maschinen kurz vor dem Scheitelpunkt des Mantels, so daß der gegossene Film während der ersten Zeit annähernd horizontal weiterläuft und schon anfängt zu erstarren, wenn er auf den absteigenden Teil gelangt. Der Trommelmantel ist vom Gießer an zum größten Teil seines Umfanges in einem Trockenkanal eingebaut, in welchen — dem gegossenen Film entgegen — ein warmer Luftstrom eingeblasen wird, der die Lösungsmittel dampfförmig aufnimmt. Vor dem Gießer muß der trockene Film durch Aufblasen kalter Luft gekühlt werden, damit er sich gut von der Unterlage löst. Ist die Trommel nicht von sehr großem Durchmesser oder läuft sie nicht sehr langsam, so ist der Film beim Verlassen der Unterlage noch nicht ganz ausgetrocknet; er wird zwecks Nachtrocknung noch abwechselnd mit der Ober- und Unterseite über ein System von geheizten polierten Zylindern laufen gelassen, bis er schließlich von einer Aufwickelvorrichtung (mit Friktion) fest auf einen Holzkern aufgewickelt wird.

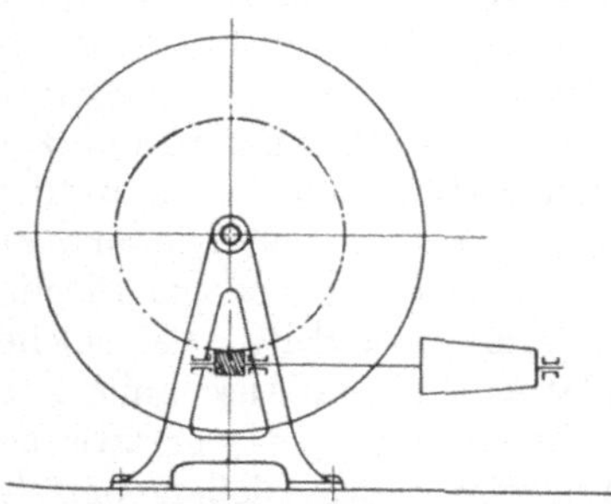

Abb. 6. Trommelmaschine zum Filmgießen von A. KOEBIG, G. m. b. H., Radebeul b. Dresden

Diese Maschine ist deshalb sehr vorteilhaft, weil sie endlose und auch breite Filmbahnen zu gießen gestattet. Ihre Nachteile sind: die großen Transportschwierigkeiten bei großem Durchmesser der Trommel, die trotz der großen Metallmassen bestehende Notwendigkeit, dicht beieinander liegende Teile der Trommeloberfläche erwärmen und kühlen zu müssen, das Welligwerden des noch nicht genügend festen Films nach dem Loslösen und Nachtrocknen. Die Schwierigkeit der Herstellung einer verhältnismäßig großen hochpolierten Metallfläche ist jetzt durch den Hochglanzüberzug, von dem noch zu sprechen sein wird, im wesentlichen überwunden.

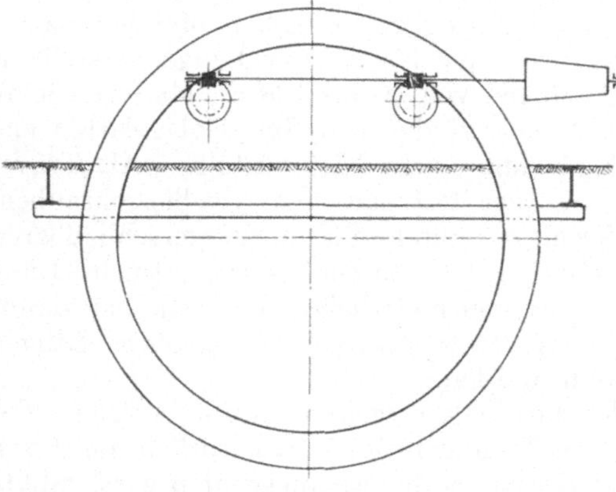

Abb. 7. Ringmaschine zum Filmgießen von A. KOEBIG, G. m. b. H., Radebeul b. Dresden

Der Merkwürdigkeit wegen sei noch erwähnt, daß nach einem patentierten Verfahren die Innenfläche der Trommel zum Gießen des Films benützt werden soll.

Die eben genannten Nachteile der Trommelmaschine werden bei der Bandmaschine vermieden. Ihre schon lange bekannte Grundform besteht in einem endlosen Band, das straff gespannt über zwei Trommeln läuft, von denen die eine angetrieben wird. Die ersten Versuche wurden mit Wachstuch gemacht. Die heute fast noch allein benützte Bandmaschine hat die in Abb. 8 gezeigte Form und ist schematisch in Abb. 9 dargestellt. Am vorderen und hinteren Ende einer etwa 8 m langen Stuhlung befindet sich je eine Kupfertrommel von etwa 1 m Durchmesser. Die vordere Trommel ist fest gelagert und besorgt den Antrieb des Bandes; sie besitzt einen Doppelmantel und kann mit Wasser gekühlt werden. Die hintere Trommel ruht in einem Lager mit Gleitvorrichtung und kann mittels zweier Spannschrauben in wagrechter Richtung verstellt werden. Über diese beiden Trommeln wird wie ein Treibriemen ein dünnes Kupferband gelegt, das früher endlos zusammengelötet wurde, heute aber nahtlos hergestellt werden kann. Damit es in seinem oberen Teile nicht durchhängt, gleitet es seiner ganzen Länge nach über einen gut ausnivellierten Plattentisch; der untere Teil wird nur an den Rändern durch einige Tragwalzen unterstützt.

Der Gießer ruht bei der Bandmaschine auf dem Scheitelpunkt der vorderen Trommel. Die ältere Form des Gießers ist ein Trog von V-förmigem Querschnitt und einer Länge, die der Breite des Filmbandes entspricht. Die Gießlösung läuft von oben aus dem Vorratsgefäß zu und verteilt sich unten, aus einem verstellbaren Schlitz austretend, auf der Oberfläche des Bandes. Der Gießer wird beiderseits von an der Stuhlung festsitzenden beweglichen Armen gehalten und von zwei auf den Rändern des Kupferbandes laufenden Rädern getragen. Die jetzt gebräuchlichen Gießer haben noch eine sogenannte Kammer, d. i. ein oben mit Glas zugedeckter schmaler Kasten ohne Boden, der stets in gleicher Höhe voll erhalten wird. Vorn ist die Kammer mit einem der Höhe nach verstellbaren Abstreicher geschlossen, der mit der Bandoberfläche einen genau einstellbaren Schlitz bildet. Die Kammer soll die vorzeitige Bildung einer Haut auf der Kollodiumlösung verhindern.

Abb. 8. Auftragsende einer Bandmaschine zum Gießen von Filmen (Fa. A. KOEBIG, G. m. b. H., Radebeul b. Dresden)

Das Kupferband ist auf dem größten Teil seines Umfanges, der normal 14 bis 20 m beträgt, ebenso wie die Trommelfläche von einem Trockenkanal umgeben, der oben Schaulöcher zur Beobachtung des Films besitzt. Vor der vorderen Trommel befindet sich die Aufrollvorrichtung.

Das Arbeiten mit Trommel- und Bandmaschinen ist nicht wesentlich verschieden. Zuerst muß die mattgeschliffene Kupferfläche mit einer dünnen Hochglanzschicht überzogen werden, von der sich der trockene Film leicht ablösen läßt. Als Material dafür dient Gelatine, die als Lösung wie das Celluloid mit einem Gießer aufgetragen wird.

Abb. 9. Bandmaschine zum Filmgießen von A. KOEBIG, G. m. b. H., Radebeul b. Dresden

Man läßt harte Gelatine von gutem Glanz in wenig Wasser quellen und schmilzt mit einem Zusatz von etwas Glycerin. Die dicke Lösung wird mit soviel Holzgeist verdünnt, als sie aufzunehmen vermag und nach dem Filtrieren etwas breiter als der Film werden soll auf das Kupferband vergossen. Nachdem Anfang und Ende des Aufgusses gut miteinander verschmolzen sind, bildet der Gelatineüberzug nach dem Trocknen einen gut haftenden hochglänzenden Überzug auf dem Kupferband, der, sollte er einmal verletzt sein, leicht erneuert werden kann.

Das Gießen des Films findet nun folgendermaßen statt: Nachdem der Gießer eingestellt wurde, läßt man ihn bis zu einer bestimmten Marke vollaufen und setzt die Maschine in Bewegung. Die Kollodiumlösung tritt nun in gleichmäßig starkem Auftrag unter dem Abstreicher hervor und der Zulauf zum Gießer wird so eingestellt, daß die Lösungsmengen im Gießer bzw. in der Kammer stets gleich sind. Das flüssige Filmband läuft durch einen Schlitz in den Trockenkanal, wo es durch entgegenströmende warme Luft allmählich getrocknet wird. Wichtig ist dabei, daß die mit dem eben gegossenen Film in Berührung kommende Trockenluft durch Verdunstung abgekühlt und mit Lösungsmitteln angereichert ist, damit die sofortige Bildung einer Oberflächenhaut verhindert wird und der Äther möglichst aus der ganzen Schicht gleichmäßig verdunsten kann. Dadurch werden Blasen vermieden. Ist die Hauptmenge des Äthers verdampft, so ist der Film gelatinös geworden und kann nicht mehr fließen, was besonders für die Trommelmaschine von Bedeutung ist. Je mehr der Film sich der Eintrittsstelle für die Trockenluft nähert, desto trockener und wärmer wird diese, so daß auch der Alkohol allmählich verdunstet und der Film frei von Lösungsmitteln wieder durch einen Schlitz aus dem Trockenkanal heraustritt. Der jetzt noch warme Film wird nun gekühlt, damit er sich gut von der Hochglanzschicht ablöst. Hierauf hebt man den Anfang des Filmbandes von der Unterlage ab und führt ihn über einige Leitwalzen der Aufrollvorrichtung zu, wo er bis zu Längen von 120 m auf einen Holzkern aufgewickelt wird. Die Dicke des Films beträgt 0,12 bis 0,14 mm für Kinofilm und 0,08 bis 0,10 mm für Roll- und Packfilm.

Die in den Trockenkanal der Maschine eingeblasene Luft muß möglichst trocken und vor allem vollständig staubfrei sein. Bei starkem Wassergehalt würde sich an der Stelle, wo durch Verdunstung des Äthers Kälte entsteht, Wasser niederschlagen und den noch nicht trockenen Film trüben, Staub würde auf dem noch weichen Film festkleben und ihn so unbrauchbar machen. Eine besondere Trocknung der Luft findet im allgemeinen nicht statt; große Gleichmäßigkeit wird bei Wiederbenützung der Abluft aus dem Absorptionsapparat erzielt.

Die Entstaubung der Luft muß sehr sorgfältig vorgenommen werden. Früher benützte man fast ausschließlich Tuchfilter, die, um Platz zu sparen, in Form der sogenannten Taschenfilter gebaut wurden. Da die Leistungsfähigkeit dieser Filter mit zunehmender Verstaubung schnell abnimmt, mußten sie sehr reichlich bemessen werden. Man ging daher zu einer auf einem anderen Prinzip beruhenden Entstaubung über. Läßt man Luft durch eine Schicht regellos liegender Körper, z. B. Raschigringe, streichen, so wird sie dauernd zur Änderung ihrer Richtung gezwungen und gibt dabei den in ihr befindlichen Staub an das hochviskose Öl ab, mit dem diese Körper dünn überzogen sind. Der Luftwiderstand dieser Filter ist gegen den Luftwiderstand von Stoffiltern gering und ändert sich während des Gebrauches wenig. Die Ringe werden durch Waschen mit Petroleum und erneutes Tauchen in Öl wieder verwendbar gemacht. Da die Ölfilter nicht absolut sicher wirken, schaltet man neuerdings noch ein Tuchfilter dahinter, das nur noch Spuren von Staub abzufangen hat und daher lange brauchbar bleibt.

Erst nachdem die Luft vollständig entstaubt worden ist, wird sie durch Register von Heizkörpern, die zur Vermeidung von Rost zweckmäßig lackiert sind, auf die notwendige Temperatur erwärmt.

Von großer Bedeutung für die Wirtschaftlichkeit der Anlage ist die Wiedergewinnung der Lösungsmittel. Kondensation durch Kühlung kommt bei den großen Luftmengen, die den Dämpfen des Lösungsmittels beigemengt sind, nicht in Frage. Wirksam sind lediglich Absorptionsmittel. Als solche dienen für Alkohol-Äther konzentrierte Schwefelsäure und in neuerer Zeit Kresol und Holzkohle.

Schwefelsäure wird am besten in Rieseltürmen verwandt, in denen die Säure der aufsteigenden Luft entgegenläuft. Alkohol wird als Äthylschwefelsäure und Äther als solcher gebunden. Durch Verdünnen mit Wasser und Erhitzen werden beide wiedergewonnen und in Kolonnenapparaten rektifiziert. Die verdünnte Schwefelsäure muß zu neuerlichem Gebrauch wieder eingedampft werden; diese Arbeit macht das Verfahren für kleinere Anlagen unrentabel.

Einfacher ist die Wiedergewinnung der Lösungsmittel mit Kresol als Absorptionsmittel. Kresol bindet sowohl Alkohol wie auch Äther und Aceton, so daß die Anlage sowohl für Celluloid- als auch für Acetat-Film gebraucht werden kann. Auch bei diesem Verfahren arbeitet man mit einem Rieselturm für die Absorption der Lösungsmitteldämpfe aus der Trockenluft und mit einer Destillierkolonne, in welcher die Lösungsmittel von dem schwerflüchtigen Kresol getrennt werden. Das Kresol geht nach Abkühlung sofort in den Rieselturm zurück.

Dem Kresolverfahren gleichwertig ist dasjenige mit aktiver Kohle. Es ist eine bekannte Tatsache, daß Holzkohle Gase und Dämpfe in großen Mengen aufnimmt und beim Erhitzen wieder abgibt. Eine eigens für diesen Zweck hergestellte besonders poröse Kohle dient nun ähnlich wie Kresol zur Verdichtung der Lösungsmittel aus der Trockenluft. Die Kohle liegt auf einer ebenfalls sehr luftdurchlässigen Unterlage in etwa 1 m hoher Schicht in einem stehenden eisernen Kessel von großem Querschnitt. Durch diese Schicht wird die Trockenluft hindurchgedrückt und verläßt frei von den Lösungsmitteldämpfen den Kessel. Die Trennung geschieht mittels überhitzten Dampfes oder besser durch trockene Wärme; in letzterem Falle ist die Kohle sofort wieder verwendungsfähig.

Diese Anlagen müssen wenigstens doppelt vorhanden sein: während das Absorptionsmittel in dem einen Apparat regeneriert wird, wird der Luftstrom auf den anderen umgestellt. Die Destillationsanlagen arbeiten dagegen kontinuierlich. Die beiden zuletzt besprochenen Verfahren erlauben auch, die gereinigte Luft wieder durch die Gießmaschine zu führen und so Lösungsmittelverluste durch nicht vollständige Absorption — theoretisch wenigstens — zur Gänze zu vermeiden.

8. Die Prüfung des Filmcelluloids. Die Verarbeitung der Filmwolle zu Celluloid verändert ihre Eigenschaften wenig; war sie gut stabilisiert, so ist es auch der Film; gekauften Film prüft man so, wie Kollodiumwolle. Für Roll- und Packfilm, die nicht weiter mechanisch beansprucht werden, genügt diese Probe.

Handelt es sich darum, festzustellen, ob ein seiner Zusammensetzung nach unbekanntes Material aus Nitrocellulose, Acetylcellulose oder schließlich aus einem Gemisch von beiden besteht und ob es Zusätze und Weichmachungsmittel enthält und welche Mittel es sind, so erfolgt die erste Probe mit Hilfe der offenen Flamme. Camphercelluloid verbrennt sehr schnell mit gelblicher Flamme unter Entwicklung eines charakteristischen Geruches. Acetylcellulose brennt langsam unter Aufblähung und Verkohlen und verlischt leicht.

Ein einfacher Nachweis der Salpetersäure ist die Blaufärbung beim Befeuchten des Films mit einer Lösung von Diphenylamin in konzentrierter Schwefelsäure. Zum Nachweis der Essigsäure kann ein Gemisch von absolutem Alkohol mit konzentrierter Schwefelsäure dienen. Erwärmt man ein Stückchen Acetatfilm mit diesem Gemisch, so tritt ein Geruch nach Essigester auf. Da einige Weichmachungsmittel wie Acetanilid auch Essigsäure abspalten, müssen diese vor dem Versuch entfernt werden.

Die Entfernung dieser Zusätze geschieht am besten durch Extraktion des zu untersuchenden Films im SOXHLETschen Apparat mit Benzol. Im Eindampfrückstand können diese Zusätze z. T. leicht charakterisiert werden: Campher durch seinen Geruch und durch sein Sublimationsvermögen, Acetanilide durch den Nachweis von Essigsäure oder Anilin, organische Phosphate durch den Phosphorsäurenachweis, Harnstoffderivate durch die Reaktion auf Harnstoff usf.

Die quantitative Bestimmung der Salpetersäure geschieht entweder im Nitrometer nach Lunge oder nach der Methode von Schlösing-Schulze-Thiemann, die Bestimmung der Essigsäure am besten durch Verseifung mit Schwefelsäure und Titration der erhaltenen Essigsäure nach der Methode von Wenzel.

Filmcelluloid für Kinofilme wird noch auf folgende Eigenschaften geprüft: Dehnung in den Bädern, Schrumpfung beim Trocknen, Elastizität, Dehnung und und Reißen bei Belastung, Knickfestigkeit. Schließlich interessiert noch die Härte des Films, d. h. der Widerstand, welchen er dem Zerkratzen entgegensetzt.

Die Messung der Dehnung und Schrumpfung ist einfach. Ein mit Metermarken versehenes Filmstück wird mit den bei der Verarbeitung üblichen Bädern behandelt; dann wird seine Dehnung gemessen. Nach dem Trocknen mißt man auf entsprechende Art die Kürzung.

Zur Prüfung der Dehnung, Reiß- und Knickfestigkeit hat die Firma L. Schopper in Leipzig einige sehr geeignete Apparate konstruiert. Der Festigkeitsprüfer besteht aus einer Einspannvorrichtung für einen schmalen Filmstreifen. Die obere Klemmbacke dieser Vorrichtung steht mittels einer Kette mit einem Gewichtshebel in Verbindung, der über einer die jeweilige Belastung angebenden Kreisteilung spielt. Die untere Klemmbacke kann durch eine Handkurbel, pneumatisch oder durch Motorantrieb, langsam und gleichmäßig nach unten gezogen werden. Dabei wird das Gewicht gehoben und ein Zeiger gibt die jeweilige Belastung des Filmstreifens an. Außerdem ist noch ein kleinerer Zeiger vorgesehen, der auf einer zweiten Kreisteilung die Dehnung angibt. Dem Apparat ist eine Schneidevorrichtung beigegeben, um Streifen von stets gleicher Breite für den Reißversuch herstellen zu können. Nachdem der Film eingespannt wurde, werden beide Zeiger auf 0 eingestellt und dann der Apparat in Bewegung versetzt, bis der Streifen reißt. Von Kilogramm zu Kilogramm liest man die entsprechende Dehnung ab und bestimmt zum Schluß die Belastung beim Reißen. Zuerst tritt nur eine geringe Dehnung ein, die beim Aufhören der Belastung wieder annähernd zurückgeht. Bei weiter steigender Belastung tritt eine Art Fließen des Materials ein, wobei es sich zuweilen trübt. Diese Dehnung ist gegenüber der elastischen Dehnung dauernd und bei frischem Film oft sehr groß. Ist auch der Fließzustand überschritten, so läßt bei immer weiter steigender Belastung die Dehnung wieder nach und das Zerreißen tritt bald ein.

Als Beispiel sei das Prüfergebnis mit einem Kodakpositivfilm angeführt: Dicke 0,11 mm. Ein Streifen von 1 cm Breite dehnte sich in Prozenten seiner ursprünglichen Länge bei Belastung mit

kg	1	2	3	4	5	6	7	8	9	10	11	12	13	14	15	16	16,5 Reißgrenze
%	0	0,1	0,2	0,4	0,6	0,8	0,9	1,2	1,4	1,7	2,1	2,7	4,0	14,0	20,1	25,2	28,0

Zum Vergleich seien nachstehend die bei einem Acetatfilm gemessenen Werte angegeben: Dicke 0,13 bis 0,14 mm:

kg	1	2	3	4	5	6	7	8	9	10	11	12	13	14	14.8 Reißgrenze.
%	0	0,1	0,2	0,4	0,5	0,6	0,8	1,0	1,2	1,4	1,6	1,9	2,2	3,0	5,0

Beim Acetatfilm fehlt, wie man sieht, der Fließzustand fast ganz und das Reißen tritt trotz größerer Dicke früher ein.

Zur Messung der Knickfestigkeit dient ein anderer Apparat, in welchem ein unter schwachem Zug eingespannter Streifen durch einen hin- und hergehenden Stift abwechselnd nach beiden Seiten gefalzt wird. Die Zahl der Falzungen zeigt ein Zählwerk an, das beim Brechen des Films von selbst ausgeschaltet wird. Der Kodak- (Celluloid-) Film vertrug 98 Knickungen, der Acetatfilm 34.

Für die Messung der Dicke baut die Firma L. SCHOPPER einen automatisch wirkenden Dickenmesser; der Film wird unter schwachem Federdruck zwischen zwei ebene Flächen gebracht, von denen die obere mit einer Millimeterskala in Verbindung stehende sich durch Hebeldruck etwas lüften läßt. Beim Wiederherablassen der oberen Preßfläche zeigt der Apparat die Filmdicke auf Hundertstel Millimeter.

Die Einreißfähigkeit der Schnittkanten des Films prüft man mangels geeigneter Apparate praktisch, indem man eine Kante mit Daumen und Zeigefinger beider Hände dicht nebeneinander fest anfaßt und durch Drehen der einen Hand einzureißen versucht. Guter Film soll sich vor dem Einreißen zuerst etwas dehnen; schlechter Film reißt wie Papier, die Reißkanten erscheinen facettenartig zugeschärft und oft auch trüb.

Die Festigkeit gegen das Zerkratzen prüft man praktisch durch Aneinanderreiben der blanken Seiten zweier Filme oder neuerdings mittels eines besonderen kleinen Apparates, indem man jene Belastung einer Nadel ermittelt, bei der sie beim Ziehen über die Filmfläche eben eine Kratzspur hervorbringt. Die Verkratzung der Filmrückseite, in der Praxis Verregnung genannt, weil die Kratzer bei der Vorführung wie Regen aussehen, wirkt außerordentlich störend. Man sucht sie durch geeignete Einrichtungen am Vorführungsapparat zu verhindern; entstandene Kratzer füllt man mit einem Überzug von möglichst gleichem Brechungsvermögen wie der Film aus (Entregnung).

Wichtig ist auch die Kenntnis einer voraussichtlichen Schrumpfung des Films beim Gebrauch durch Verdunsten von Campher, schwerflüchtigen Lösungsmitteln oder Weichmachungsmitteln. Eine Schrumpfung bis zu 1,5% ist bei der Perforation vorgesehen, bei stärkerer Schrumpfung würde die Perforation einreißen. Man behandelt daher den Film tagelang in einem Luftstrom von 60° C und mißt dann die entstandene Verkürzung.

Eine stets vorgenommene praktische Filmprüfung besteht darin, daß man einen perforierten Film von 2 m Länge zu einem endlosen Band zusammenklebt und ihn dann so lange durch einen Apparat laufen läßt, bis die Perforation einreißt. Guter Film soll bis 2000 Durchläufe ohne Beschädigung aushalten.

9. Die Vorpräparation des Films vor dem Emulsionieren. Würde man Blankfilm aus Nitro- oder Acetylcellulose ohne weiters mit Emulsion überziehen, so würde letztere nach dem Trocknen abspringen; man trägt daher zwischen Celluloid und Gelatine eine Zwischenschicht, die Vorpräparation, auf, die sich sowohl mit dem Celluloid als auch mit der Emulsion fest verbindet.

Das naheliegendste Mittel für diesen Zweck war ein gemeinsames Lösungsmittel, die Essigsäure. Vorbedingung für den Auftrag ist: erstens, daß er nicht zu weit in das Celluloid eindringt und dieses nicht verzieht, und zweitens, daß er auf die Emulsion nicht störend einwirkt. Das Nichteindringen verhütet man dadurch, daß man das Lösungsmittel mit einem Nichtlösungsmittel stark verdünnt. Es genügt ein ganz dünner Überzug. Wegen der Verringerung der Empfindlichkeit hochempfindlicher Emulsionen durch Essigsäure benützt man statt dieser lieber eine alkalische Vorpräparation, welche die Filmoberfläche ganz schwach denitriert. Auf dieser Schicht haftet die Emulsion sehr gut.

Als saure Vorpräparation benützt man eine Auflösung von Gelatine in möglichst wenig Eisessig; diese Lösung wird noch warm mit viel Methyl- oder Äthylalkohol verdünnt. Als alkalische Vorpräparation dient eine schwache alkoholische Lösung von Ätznatron, der eine kleine Menge eines Celluloidlösungsmittels beigefügt ist. Negativschichten erhalten meist einen Unterguß von Chromalaun-Gelatine. Celluloid für Kinofilme wird einseitig, für Roll-, Pack- und Röntgenfilme zweiseitig präpariert; diese werden auf einer Seite mit reiner Gelatine (Noncurlingschicht) bzw. auf beiden Seiten mit Emulsion überzogen.

Die Vorpräparation wurde früher mit den gleichen Maschinen aufgetragen wie die Emulsion. Die langen Trockenbahnen sind bei der hier vorhandenen dünnen Schicht und dem leichtflüchtigen Lösungsmittel aber nicht nötig, man benützt daher jetzt allgemein eine viel einfachere und kleinere Vorpräparationsmaschine. Diese Maschine besteht, wie Abb. 10 zeigt, aus einem etwa 4 m hohen Gestell, das einen Trockenkanal in der Form eines umgekehrten U trägt. Im Innern des Gestells befindet sich zunächst die Abrollvorrichtung, von welcher die Celluloidbahn mit Hilfe von Leitwalzen der Auftragsvorrichtung zugeführt wird. Man arbeitet entweder nach dem Tauchverfahren mit einer Walze oder beim Zweiwalzenauftrag noch mit einer Anspülwalze. Die Filmbahn, an der nur eine hauchdünne Schicht der Vorpräparation haftet, tritt nun, auf der nicht präparierten Seite durch leichtgehende Walzen geleitet, in den Trockenkanal, in welchem sie durch entgegenstreichende warme Luft schnell getrocknet wird. Beim Austritt aus dem Kanal geht der Film zuerst durch zwei mit Stoff bespannte Führungswalzen, die ihn mit der notwendigen Geschwindigkeit durch die Maschine ziehen, und dann zur Aufwickelvorrichtung. Für den Fall, daß beide Seiten der Celluloidbahn präpariert werden sollen, hat die Maschine noch eine Umrollvorrichtung.

Abb. 10. Vorpräparationsmaschine für Filme von A. Koebig, G. m. b. H., Radebeul b. Dresden

10. Die Herstellung der Emulsion. Die wichtigsten für Trockenplatten verwendeten Emulsionstypen kommen auch für die Filmfabrikation in Frage. Im Laufe der Zeit hat sich für den emulsionierten Film der Name Rohfilm eingebürgert. Weitaus die größte Menge Rohfilm wird als Kinopositivfilm hergestellt, gehen doch von jeder neu hergestellten Filmaufnahme, die selbst mehrere tausend Meter lang ist, hunderte von Kopien in den Handel. Für die Aufnahmen dient der Negativrohfilm, der heute auch orthochromatisch und in letzter Zeit immer häufiger panchromatisch hergestellt wird. Die Kinorohfilme sind nur einseitig präpariert, ihre Rückseite ist blank. Die Roll- und Packfilme finden als leichtes Negativmaterial fast ausschließlich für die Reise Verwendung. Sie sind mit einer hochempfindlichen Negativemulsion überzogen, die häufig auch orthochromatisch ist, tragen aber jetzt auf der Rückseite stets eine klare Gelatineschicht, welche das Rollen des Films in den Bädern verhindern soll, das bei dem früher verwendeten nur einseitig überzogenen Material das Arbeiten sehr erschwerte. Die Röntgenfilme besitzen aus einem andern Grunde auf beiden Seiten eine Emulsionsschicht; bei der Röntgenaufnahme kommt es auf kurze Belichtungszeiten an, die sich nur bis zu einem gewissen Grade durch Steigerung der Empfindlichkeit der Schicht erreichen lassen. Zur weiteren Verkürzung der Belichtungszeit benützt der Röntgenphotograph die Verstärkungsfolie. Diese verwandelt die durch die beiden Schichten durchgegangene Strahlung in Fluoreszenzlicht, das die rückwärtige Schicht des Films nochmals belichtet; auf diese Art ist eine kräftigere Wirkung als unter Benutzung einer an und für sich empfindlicheren Platte zu erzielen. Positivrohfilme zum Kopieren der Filmnegative tragen eine Diapositivemulsion. Neuerdings werden auch Positivfilme mit Noncurlingschicht auf der Rückseite zum Kopieren von Röntgennegativen hergestellt.

Die Herstellung der Filmemulsionen weicht von derjenigen für Platten nicht wesentlich ab. Es ist bekannt, daß eine Rezeptur allein noch keine brauchbare Emulsion herzustellen ermöglicht, daß vielmehr die richtige Auswahl der Gelatine und das richtige Treffen der für diese Gelatine geeigneten Digestions- und Nachdigestionszeiten von ausschlaggebender Bedeutung ist. Alle Versuche, eine geeignete Gelatine für ein bestimmtes Verfahren nach bestimmten physikalischen oder chemischen Untersuchungsmethoden auszusuchen, sind bisher vergeblich gewesen; sie mußten es sein, weil die Brauchbarkeit nicht von der Reinheit der Gelatine (reines Glutin ist für Emulsionszwecke sogar ganz unbrauchbar), sondern von mindestens zwei sehr geringfügigen Verunreinigungen der Gelatine abhängt. Emulsionsgelatine muß außer dem Glutin als Erzeuger und Träger der Emulsion einen Aktivator, der im Ammoniakverfahren die Reifung ermöglicht (und den S. E. SHEPPARD als Gelatine X bezeichnet und näher untersucht hat) und einen zweiten Aktivator für das saure Emulsionsverfahren enthalten, den man entsprechend etwa mit Gelatine Y bezeichnen könnte, über welchen aber noch keinerlei Untersuchungen vorliegen. Außerdem enthält Emulsionsgelatine stets noch etwas Chondrin, organische Salze und 10 bis 15% Wasser.

Der Wert der Gelatine als Emulsionsgelatine wird ausschließlich durch ihren Gehalt an unabgebautem Glutin und an Aktivatoren sowie durch die Abwesenheit schleierbildender Stoffe bedingt. Da es bisher keine brauchbaren Reaktionen zur Feststellung dieser Stoffe gibt, ist der praktische Emulsionsversuch bisher noch immer die einzig sichere Prüfungsart der Gelatine.

Einige physikalische Eigenschaften der Gelatine spielen aber beim Ziehen der fertigen Emulsion eine Rolle: der Erstarrungspunkt, die Viskosität und die Oberflächenspannung. Der Erstarrungspunkt ist besonders im Sommer für das rechtzeitige Festwerden der gezogenen Emulsion auf der Maschine wichtig, von der Viskosität hängt die Menge der am Filmcelluloid haftenbleibenden Emulsion, von der richtigen Oberflächenspannung das ganz gleichmäßige Benetzen der zu überziehenden Fläche ab. Da sich die Gelatine während des Emulsionierungsprozesses ändert, ändern sich mit ihr auch diese Eigenschaften, es ist daher zweckmäßig, sie vor dem Ziehen der Emulsion ab und zu nachzuprüfen.

Den Erstarrungspunkt einer Gelatine bestimmt man, indem man 5 g in 100 ccm Wasser quellen läßt und dann durch Erwärmen auf 40° C schmilzt. Die Lösung befindet sich in einem großen Probierglas, welches mit einem durchbohrten Gummistopfen verschlossen ist, der ein Thermometer trägt. Das Thermometer taucht etwa bis zum Skalenstrich 30° C in die Gelatinelösung ein. Man läßt nun unter stetem Umlegen und Wiederaufrichten des Glases die Gelatine abkühlen. Dabei beobachtet man, daß die Lösung allmählich sehr dickflüssig wird und daß große Luftblasen nur noch langsam in der Flüssigkeit aufsteigen. In dem Augenblick, wo die Luftblasen ganz zu steigen aufhören, liest man das Thermometer ab. Der abgelesene Grad ist der Erstarrungspunkt. Man bezeichnet Gelatinen vom Erstarrungspunkt 22 bis 23° C als weich, solche vom Erstarrungspunkt 24 bis 25° C als hart. Der Erstarrungspunkt hängt von der Reaktion der Gelatine und bei der fertigen Emulsion auch von den gemachten Zusätzen ab. So bewirkt Alkoholzusatz eine beträchtliche Erniedrigung des Erstarrungspunktes.

Die Viskosität mißt man sehr bequem mit dem OSTWALDschen Viskosimeter. Dieser Apparat besteht aus einem U-Rohr aus Glas mit einem weiten und einem kapillaren Schenkel. Die Kapillare erweitert sich oben und wird kurz vor dem Rohrende wieder enger. Der obere und der untere Ausgang der Erweiterung tragen Marken. Man hängt den Apparat in ein Wasserbad von 35 bis 40° C ein und saugt, nachdem die Temperaturen sich ausgeglichen haben, mittelst aufgesetzten Schlauches die im Apparat befindliche 2 bis 5%ige Gelatinelösung bis über die obere Marke. Beim Auslaufen mißt man die zum Ablaufen der Gelatine zwischen den beiden Marken notwendige Zeit mit der Stoppuhr. Eine gute Emulsionsgelatine hat in 2%iger Lösung bei 40° C eine Auslaufzeit von etwa 45 Sekunden.

Zur Bestimmung der Oberflächenspannung dient das TRAUBEsche Stalagmometer. Der Apparat besteht im wesentlichen aus einer Pipette, deren Auslauf aus einer Kapillare besteht. Diese Kapillare endet nicht in einer Spitze, sondern in einer eben geschliffenen Kreisfläche von 5 mm Durchmesser. Die Größe der Tropfen einer austretenden 5%igen Gelatinelösung und damit die Tropfenzahl in der Minute hängt von der Oberflächenspannung der Lösung ab. Da die Oberflächenspannung verschiedener Gelatinesude verschieden ist und sich auch während des Emulsionierungsprozesses ändert, mißt man sie zweckmäßig an der gußfertigen Emulsion. Eine ungünstige Oberflächenspannung, die sich durch ungleichmäßige Benetzung der Anspülwalze, auf der Celluloidbahn durch Kometen und Zurückziehen der aufgetragenen Emulsion von den Rändern bemerkbar macht, verbessert man durch Zusatz von Seifenlösung, Quillajarindenextrakt, gereinigter Ochsengalle oder besser von Alborit, das die den beiden letztgenannten Mitteln zu Grunde liegenden wirksamen Bestandteile, Saponin und ein gallensaures Salz, enthält. Die erste Eichung des Apparates muß mit einer gut fließenden Emulsion erfolgen, später hat man nur durch Zusatz eines der angegebenen Mittel auf die ermittelte Tropfenzahl einzustellen. Alle diese Chemikalien werden in Verbindung mit Alkohol benützt, der an und für sich die Oberflächenspannung beeinflußt.

Im nachstehenden seien die Rezepte je einer Negativ- und Positivemulsion angeführt:

Negativemulsion

A.	Emulsionsgelatine	250 g
	destilliertes Wasser	3500 ,,
	Bromkalium	400 ,,
	Jodkalium	10 ,,
B.	Silbernitrat	500 ,,
	destilliertes Wasser	1500 ,,
	Ammoniak (spez. Gew. 0,910)	ca. 475 ccm
C.	Emulsionsgelatine	500 g
	destilliertes Wasser	2500 ,,

Die Gelatine von A und C läßt man zuerst in dem Wasser quellen, gibt dann zu A die Salze hinzu und bringt beide Lösungen im Wasserbade auf 45 bis 50° C. Das Silbernitrat wird in Wasser gelöst und dann von dem Ammoniak so viel hinzugefügt, bis der entstehende braune Niederschlag sich gerade wieder löst. Dann läßt man bei rotem Licht die Lösung B langsam in die Lösung A einfließen, wobei dauernd gut zu rühren ist. Die entstandene Emulsion bleibt sodann bei 45 bis 50° C (im Wasserbade) 30 Minuten lang stehen, worauf die ebenso warme Gelatinelösung C hinzugefügt wird. Man digeriert dann die Emulsion mit der vollen Gelatine noch eine Viertelstunde lang und gießt sie hierauf zum schnellen Erstarren in flache in Eiswasser stehende Schalen aus, wo sie bis zu 24 Stunden stehen bleibt.

Die feste Emulsionsgallerte wird dann aus den Schalen herausgelöst, in große Stücke zerteilt und in der Nudelpresse zu 4 bis 8 mm dicken Nudeln gepreßt. Dieser Apparat besteht aus einem starken, innen versilberten Zylinder, in dem ein ebenfalls versilberter Stempel entweder durch eine handbetriebene Spindel oder hydraulisch auf und ab bewegt wird. Unten ist der Zylinder mit einer Lochplatte oder mit einer Platte aus gitterförmig zusammengesetzten Nickelmessern verschlossen, welche die Gallerte in runde oder quadratische Stücke zerschneiden.

Die Nudeln kommen sofort nach dem Pressen in die Waschapparate, in denen sie mit Leitungswasser so lange ausgewaschen werden, bis sie frei von Ammoniak und löslichen Salzen sind, was je nach ihrer Stärke zwei bis fünf Stunden lang dauert. Die Waschapparate sind sehr verschieden gebaut. Eine sehr einfache Vorrichtung ist z. B. ein zylindrischer Bottich, oben mit Wasserzulauf und unten mit Ablauf, in welchem ein Spitzbeutel aus festem weitmaschigem Stoff mit der Emulsion hängt. Durch abwechselndes Hochziehen und Herunterlassen der Beutelspitze wird die Emulsion dauernd bewegt. Die am häufigsten gebrauchte Vorrichtung ist wohl ein Behälter aus Stein, Holz oder Metall, durch den dauernd Wasser läuft und in welchem die Emulsion in einem Holzsieb mit Roßhaarboden steht. Die Nudeln werden entweder mit der Hand oder auch maschinell von Zeit zu Zeit gerührt.

Wichtig ist die Beschaffenheit des Wassers. Am besten bewährt sich reines Quell- oder Brunnenwasser von mäßiger Härte und ohne feste Bestandteile. Viel lösliche Chloride, Eisen- und Mangansalze oder Ammoniakgehalt machen es für unsere Zwecke ungeeignet. Selbst zu reines Wasser, wie es ab und zu in manchen Gesteinsarten vorkommt, kann zu Störungen führen.

Die gewaschenen Nudeln müssen gut abtropfen und werden dann im Wasserbad geschmolzen. Die Emulsion erhält jetzt ihre höchste Empfindlichkeit durch das Nachdigerieren. Dies geschieht, indem man die geschmolzene Emulsion längere Zeit auf Temperaturen zwischen 45 und 55° C erwärmt, wobei man häufig noch geringe Zusätze von Ammoniak, Soda usw. macht. Hat sie den gewünschten Empfindlichkeitsgrad erreicht, was durch Handproben festzustellen ist, so erhält sie die noch nötigen Zusätze (Chromalaun zwecks Härtung der Schicht, Quillajarindenextrakt und Alkohol, um gutes Benetzen der Unterlage zu fördern, und schließlich Glycerin, damit die Schicht etwas elastisch bleibt) und muß dann bald verarbeitet werden. Da die Emulsion nicht wie bei Platten auf die Unterlage gegossen wird, sondern auf der senkrecht oder schräg aufsteigenden Filmbahn durch Benetzen haften bleiben muß, reguliert man vor dem Gießen oder Ziehen, wie man den Emulsionsauftrag beim Celluloid richtiger nennt, die Viskosität der Emulsion durch Zugabe von Wasser oder Gelatine auf entsprechende Art.

O r t h o c h r o m a t i s c h e Emulsionen werden wohl durchweg mit Erythrosin derart sensibilisiert, daß man es in verdünnter Lösung und kleiner Menge in verschiedenen Stadien der Emulsionsbereitung zusetzt. Zur Herstellung p a n c h r o m a t i s c h e r Emulsionen dienen die Isocyaninfarbstoffe, wie Orthochrom, Pinachrom und Pinachromviolett, von denen der letzte Farbstoff die nicht immer erwünschte h ö c h s t e Rotempfindlichkeit gibt. Auch d i e s e Farbstoffe werden der Emulsion in geringer Menge hinzugefügt; eine solche Emulsion läßt sich dann natürlich nur unter äußerster Vorsicht weiter verarbeiten.

Das für Filmaufnahmen im Atelier bisher gebräuchliche, an ultravioletten Strahlen reiche Bogenlicht ist infolge dieser Strahlen für die Darsteller schädlich. Elektrische Glühlampen senden diese Strahlen nicht aus, sind aber sehr reich an roten und grünen Strahlen; auf den panchromatischen Film vermögen auch diese Strahlen einzuwirken, dieser Film erscheint daher bei Glühlampenlicht empfindlicher als der nicht farbenempfindliche Film und wird deshalb in den Kinoaufnahmeateliers in Verbindung mit elektrischen Glühlampen immer häufiger angewendet. Die schon lange bekannte Hypersensibilisierung photographischer Schichten ermöglicht überdies, sowohl die Farbenempfindlichkeit wie die Allgemeinempfindlichkeit des Films zu erhöhen. Die geringe Haltbarkeit solcher Schichten ist kein Hindernis, da der blauviolettempfindliche Film ganz kurz vor dem Gebrauch durch Baden hypersensibilisiert werden kann. Die Sensibilisierungslösung besteht aus verdünntem Alkohol, der sehr geringe Mengen eines oder mehrerer Isocyaninfarbstoffe, eines Silbersalzes und etwas Ammoniak enthält. Der Film bleibt in diesem Bade einige Minuten lang liegen und muß dann schnell durch Luftzug getrocknet werden; er ist nur einige Tage haltbar.

Als Emulsion für den Positivrohfilm dient eine der üblichen feinkörnigen, wenig empfindlichen Diapositivemulsionen. Eine Herstellungsmethode dieser Emulsionen ist ähnlich wie diejenige der Negativemulsion, nur mit dem Unterschied, daß das bei der Umsetzung freiwerdende Ammoniak sofort durch eine Säure gebunden wird. Eine andere Herstellungsmethode der Positivemulsion ist folgende:

Positivemulsion

A.	Emulsionsgelatine	500 g
	destilliertes Wasser	2500 ,,
B.	Bromkalium	400 ,,
	Jodkalium	15 ,,
	destilliertes Wasser	1500 ,,
C.	Silbernitrat	500 ,,
	destilliertes Wasser	1500 ,,
D.	Emulsionsgelatine	250 ,,
	destilliertes Wasser	1000 ,,
	Ammoniak (spez. Gew. 0,910)	50 ccm

Man läßt die auf 70° C erwärmte Lösung B und die auf 20° C erwärmte Lösung C gleichzeitig zur 50° C warmen Lösung A zulaufen, digeriert eine halbe Stunde bei 50° C und fügt dann die gleich warme Lösung D hinzu. Nachdem man die Emulsion noch etwa eine Viertelstunde lang weiter digeriert hat, gießt man sie zum Erstarren aus und verarbeitet sie weiter, wie oben angegeben wurde. Ein Nachdigerieren nach dem Waschen findet nicht statt; die Emulsion wird nur aufgeschmolzen und mit den nötigen Zusätzen gezogen.

11. Das Ziehen der Emulsion. Solange man Film auf Glasplatten goß, wurde er auf dieser Unterlage vorpräpariert und, ehe er abgezogen wurde, mit Emulsion begossen; seitdem man aber den Blankfilm in Rollen herstellt, benützt man zum Aufbringen der Emulsion Maschinen, die im Prinzip ähnlich wie diejenigen zur Herstellung photographischer Papiere gebaut sind. Siehe den Beitrag: „Die Herstellung phot. Papiere“ in diesem Band.

Die Filmrolle wird in die mit einer regulierbaren Bremse versehene Abwickelvorrichtung der Maschine eingespannt; der abrollende Film läuft über Leitwalzen auf eine Hartgummi- oder Steinwalze größeren Umfanges, die sich in geringer Höhe über dem Emulsionstrog befindet. Etwas tiefer läuft, in die Emulsion tauchend, eine zweite Walze, welche den gespannt über die obere Walze laufenden Film fast berührt. Die von der Walze mitgenommene Emulsion bildet zwischen der Walze und dem Film einen Flüssigkeitswulst von stets gleicher Größe. Von diesem Wulst nimmt der aufsteigende Film so viel Emulsion mit, als an ihm haften bleibt. Damit die Rückseite nicht mit Emulsion benetzt wird, ist die Walze, um welche der Film läuft, um einige Millimeter kürzer, als der Film breit ist. Im Gegensatz zu dem früher üblichen Tauchverfahren bezeichnet man diesen Vorgang als Anspülverfahren oder als Zweiwalzenauftrag.

Die Filmbahn mit der anhaftenden flüssigen Emulsion steigt dann etwa einen halben Meter senkrecht oder schräg aufwärts, wobei man die richtige Dichte und Verteilung des Auftrages beobachten kann. Nunmehr wird die Filmbahn von einer großen wassergekühlten Kupfertrommel aufgenommen, auf welcher die Emulsion erstarrt und welche die Bahn in die horizontale Richtung umleitet. Von der Kühltrommel weg läuft das Filmband über den sogenannten Zugtisch, der die Weiterbewegung des Bandes besorgt. Der Zugtisch besteht aus einem wagerecht liegenden Blechkasten, dessen Oberseite siebartig durchlöchert ist und über welchen ein endloses Filzband läuft. Der Hohlraum des Kastens wird dauernd evakuiert; die durch den Filz zuströmende Luft saugt den Film fest und erteilt ihm so die Eigenbewegung. Wenn nötig, wird der Zug noch durch einen oder zwei weitere Zugtische unterstützt. Während der Film über diesen Teil der Maschine läuft, erstarrt die Emulsion durch darübergeblasene kalte Luft vollständig.

Beim Verlassen des letzten Zugtisches ist die Emulsion vollkommen fest und muß nun getrocknet werden. Dies geschieht auf folgende Weise: Die Filmbahn wird mittels einer Aufhängevorrichtung auf Holzstäbe gehängt, so daß sie zwischen je zwei Stäben in gleichmäßigen Schleifen herabhängt. Die Stäbe wandern dann mit ihren Enden auf einer Doppelkette ruhend durch den Ziehsaal, wo die Emulsion allmählich durch Luft und Wärme getrocknet wird.

Die Aufhängevorrichtung arbeitet folgendermaßen: Eine schräg aufsteigende, mit Nasen versehene Doppelkette führt in Abständen die Stäbe empor, die den vom letzten Zugtisch kommenden Film erfassen und hochheben. Am höchsten Punkte angelangt, gibt sie den Stab an die wagrecht laufende Doppelkette ab. Diese Doppelkette befördert nun die Stäbe mit der daran aufgehängten Filmbahn entweder in gerader Richtung durch den Trockensaal oder, wenn dessen Länge zum Trocknen nicht genügt, mittels sogenannter Kehren wieder zurück und, wenn nötig, noch einmal in der ursprünglichen Richtung. Die Kehren sind halbkreisförmige Kettenführungen, welche die ankommende Filmbahn um 180^0 drehen. Da die Heizung nur in dem Maße allmählich gesteigert werden darf, als die Emulsion trocknet, müssen die durch die Umkehrung entstehenden einzelnen Straßen durch Wände getrennt sein.

Neben der Heizung ist richtige Lüftung die Hauptbedingung für eine gute Trocknung. Die richtige Lüftung besteht darin, daß staubfreie (wenn möglich vorgetrocknete und angewärmte) Luft so eingeblasen wird, daß sie die Emulsionsseite der Filmbahn bestreicht. Man bläst also z. B. die Frischluft von oben ein und unterstützt ihre Wirkung eventuell dadurch, daß man die abgekühlte feuchte Luft unten absaugt. Dabei ist aber immer für einen kleinen Überdruck im Trockenraum zu sorgen, damit kein Staub durch geöffnete Türen hereinkommt. Bei dieser Anordnung nimmt die Trockenluft keinesfalls die theoretisch mögliche Menge Wasser auf; der tatsächliche Verbrauch an Trockenluft übersteigt wesentlich die theoretisch berechnete Menge. Man hat daher auch einen anderen Weg beschritten, um die Trockenluft besser auszunutzen. Man zwingt

z. B. durch Ventilatoren einen dem Lauf der Filmbahn entgegengerichteten Luftstrom die Emulsionsseite wieder und wieder zu bestreichen und saugt ihn, stark mit Feuchtigkeit gesättigt, dann am Ende der Straße ab. Welcher der beiden Anlagen der Vorzug zu geben ist, läßt sich bei der überhaupt noch stark umstrittenen Frage der Trocknung nur von Fall zu Fall entscheiden.

Über die Filtration der Luft wurde bereits im Abschnitt über das Gießen des Films gesprochen. Trockenanlagen für die Luft kommen erst allmählich in Gebrauch, da sie nur für feuchte Klimate und bei uns für schwüle Sommertage nötig erscheinen, im Winter aber und an trockenen Sommertagen entbehrlich sind. Die sogenannten Klimaanlagen arbeiten in der Weise, daß man die Luft in gemauerten Kammern durch Schleier kalten Wassers treibt, aus denen sie, mit Wasser bei dieser niederen Temperatur gesättigt, heraustritt und dann auf etwa 30° C erwärmt wird. Bei gut erstarrter Emulsion und guter Luftbewegung kann die Temperatur der Trockenluft schon im Anfang der Trocknung bis zum Schmelzpunkt der Gelatine gesteigert werden, ohne daß diese wieder schmilzt, da ihr durch Verdampfung Wärme entzogen wird. Bei fortschreitender Trocknung kann diese Temperatur noch erhöht werden. Umluftanlagen, d. h. Anlagen, welche die abgehende feuchte Luft wieder trocknen und nach Erwärmung von neuem benützen, sind für Film nicht zu empfehlen, da sich die Luft immer mehr mit den verdunstenden Stoffen der Unterlage, wie Campher, Amylalkohol usw., anreichern würde.

Nachdem die Emulsionsschicht getrocknet ist, hat sich die Filmbahn etwas wellig gezogen und besonders an den Rändern eingerollt. Um diese kleinen Verzerrungen wieder auszugleichen, wird der Film fest auf einen Holzkern gewickelt, wodurch er beim Lagern wieder flach wird. Dieses Aufwickeln besorgt der Roller. Dieser besteht aus einer Vorrichtung, welche zunächst die Schleifen der Filmbahn auseinanderzieht, wobei die tragenden Stäbe von einer mit Mitnehmern versehenen endlosen Kette erfaßt und am Ende dieser Kette in einen Kasten geworfen werden. Dann läuft die Filmbahn, im Bogen senkrecht nach unten geleitet, über ein System von Spannwalzen, die, soweit sie die Emulsionsschicht berühren, mit feinem Stoff überzogen sind. Auf die Spannwalzen folgt eine ebenfalls überzogene Zugtrommel, die früher dem Zugtisch ähnlich gebaut war, heute aber die Bahn lediglich durch Reibung festhält und der Aufwickelvorrichtung zuführt. Die Aufwickelvorrichtung muß wie die Abwickelvorrichtung so beschaffen sein, daß bei zunehmendem Durchmesser der Filmrolle der Zug nicht stärker wird.

Früher (in kleinen Betrieben auch heute noch) trocknete man den emulsionierten Film auf Haspeln, d. s. auf Böcken ruhende Doppelräder, zwischen denen der Film, durch eng aneinander liegende Stäbe getrennt, von innen heraus spiralförmig aufgewickelt wird. Dadurch, daß die über die Filmbreite herausragenden Enden der Stäbe dicker sind als der übrige Teil, bleibt genügend Zwischenraum für die Trockenluft. Wenn die Haspel vollgerollt ist, wird sie einfach in den Trockenraum geschoben.

Das oben angegebene Auftragsverfahren bezieht sich auf Kinofilm. Roll- und Packfilm muß auf der Rückseite mit einer blanken Gelatineschicht überzogen werden, ehe er den Emulsionsauftrag erhält. Am schwierigsten ist der beiderseitig mit Emulsion versehene Röntgenfilm herzustellen. Auf den gewöhnlichen Maschinen kann natürlich nur eine Seite mit einem Male gezogen werden. Damit diese beim Überziehen der andern Seite keine Beschädigung durch Druck oder Reibstellen erfährt, muß sie mit einer dünnen Gelatineschutzschicht überzogen werden, was auf besonders konstruierten Gießmaschinen in einem Arbeitsgange möglich ist. Erst nach dem Trocknen dieser Schicht kann der zweite Auftrag erfolgen. Es wurde auch schon eine Maschine gebaut, welche beide Seiten des Films gleichzeitig mit Emulsion überzieht. Da die Ränder des Films zum Zwecke der Weiterbeförderung frei bleiben müssen, kann hier nicht die ganze Filmbreite ausgenützt werden. Die Maschine erlaubt wegen der Gefahr des Durchhängens nur schmälere Filmbahnen zu überziehen, so daß der Vorteil des gleichzeitigen Überzuges fraglich wird.

12. Die Prüfung der lichtempfindlichen Schicht. Die Prüfung der lichtempfindlichen Schicht kann eine wissenschaftliche — nach laboratoriumsmäßig ausgearbeiteten, zum Teil international festgelegten Methoden durchgeführte — sowie eine praktische sein. Die praktische Prüfung ist in der Ausführung sehr einfach, zur Beurteilung ihrer Resultate gehört aber eine lange Erfahrung. Um eine Negativschicht zu prüfen, legt der Praktiker je ein halbes Filmblatt mit einer bekannten und mit der zu prüfenden Emulsion in dieselbe Kassette nebeneinander und fertigt eine solche Aufnahme an, daß beide Hälften die Bilder in Licht und Schatten etwa gleich abgestufter Objekte enthalten. Nach dem Entwickeln und Fixieren beurteilt er Klarheit, Empfindlichkeit und Gradation der Emulsionen einfach nach dem Aussehen der beiden Bildhälften. Natürlich läßt sich auf diese Weise nur Übereinstimmung, auf die es ja meist ankommt, feststellen, bei Abweichungen ist deren Grad nur ungefähr schätzbar. Positivemulsionen beurteilt man, indem man ein Negativ auf zwei Filmblättern, und zwar auf einer mit der Standardemulsion und auf einem mit der zu prüfenden Emulsion kopiert.

Für die wissenschaftliche Prüfung sind heute — wenigstens in Deutschland — das Eder-Hecht-Graukeilphotometer (skaliert) und der Densograph von E. Goldberg im Gebrauch, der einen nicht skalierten Graukeil zu Hilfe nimmt. Das Eder-Hecht-Sensitometer besteht aus einem skalierten Graukeil im Format 9 × 12 cm, der, auf einer Glasplatte aufgekittet, in einem Kopierrahmen ruht. Zum Gebrauch wird die lichtempfindliche Schicht auf den Keil und mit diesem in den Rahmen gelegt. Belichtet wird mit der Hefner-Lampe aus einem Meter Entfernung eine Minute lang. Für praktische Zwecke benützt man vielfach 2 mg Magnesiumband, in 3 m Entfernung vom Sensitometer abgebrannt. Nach dem Entwickeln und Fixieren liest man die letzte erkennbare Gradzahl des Eder-Hecht-Sensitometers ab, welche ein Maß für die Empfindlichkeit der untersuchten lichtempfindlichen Schicht darstellt. Die Empfindlichkeit wird fast immer auf die früher üblichen Scheiner-Grade umgerechnet angegeben. Schleier und Gradation lassen sich bei diesem Sensitometer nur schätzen. Die Längen der Skalen unter den Farbenstreifen des Eder-Hecht-Sensitometers gestatten, nach einer dem Sensitometer beigegebenen Tabelle die Empfindlichkeit einer orthochromatischen oder panchromatischen Schicht für die einzelnen Farben zahlenmäßig festzustellen.

Der Densograph gibt die Schleierdichte und die sogenannte charakteristische Kurve der Platte in Form eines Diagramms. Die ideale charakteristische Kurve eines lichtempfindlichen Materials wäre eine im Winkel von 45° zur Horizontalen geneigte Linie. Die charakteristische Kurve steigt aber tatsächlich immer unter einem kleineren Winkel an, entsprechend der geringen Zunahme der Schwärzung im Gebiet der Unterexposition, verläuft dann über eine kürzere oder längere Strecke im Winkel von 30 bis 60° je nach Art der Emulsion und der Entwicklung und wird dann wieder, entsprechend der wieder geringer werdenden Zunahme der Schwärzung im Gebiet der Überexposition flacher. Die Ordinate des Beginnes der Kurve gibt die Schleierdichte der betreffenden Emulsion an.

Die Prüfung einer Emulsion mit dem Eder-Hecht-Sensitometer und dem

Densographen (bei letzterem möglichst noch unter verschiedenen Entwicklungsbedingungen) gibt uns alle Daten, die zur Beurteilung einer Emulsion nötig sind. Damit soll aber nicht gesagt sein, daß diese Daten eine eindeutige Angabe der Empfindlichkeit der Emulsion gestatten, wie sie der Verbraucher in der Praxis verlangt. Darüber, daß die letzten noch ablesbaren Sensitometergrade nicht dazu dienen können, ist man sich heute ziemlich einig, nicht aber darüber, wie man aus den genannten Daten eine brauchbarere Angabe ableitet.

Da die Unterlage der Filmemulsion nicht so indifferent wie Glas ist, erweist sich auch eine Prüfung in dieser Beziehung als nötig. Selbst gut stabilisierte Nitrocellulose wirkt mit der Zeit auf die Schicht ein. Um über das Maß dieser

Abb. 11. Rotationslängs- und Querschneidemaschine der Firma G. GOEBEL A.-G. in Darmstadt

Einwirkung schnell eine Übersicht zu gewinnen, lagert man den Film kürzere Zeit bei erhöhter Temperatur und läßt, wenn man ihn auch auf Tropenfestigkeit prüfen will, bei dieser Temperatur noch Wasserdampf auf den Film wirken.

13. Das Schneiden und Verpacken der verschiedenen Filmarten. Infolge der verschiedenen Überzüge hat sich die ursprünglich ganz flache Filmbahn, besonders bei der dünneren Celluloidschicht für Roll- und Packfilm, etwas deformiert; es haben sich flache Beulen gebildet und die Ränder haben sich eingerollt. Diese Unebenheiten werden durch festes Aufrollen beseitigt; nach einer gewissen Lagerzeit in der Rolle nimmt der emulsionierte Film infolge der ihm eigentümlichen Plastizität die flache Form wieder und zwar endgültig an, so daß die Unebenheiten nach dem Abrollen nicht wieder erscheinen.

Ist dieser Zustand eingetreten, so kann die Filmbahn in Formate zerschnitten werden. Für Roll-, Pack- und Röntgenfilme kann man sich dazu der für das Schneiden lichtempfindlicher Papiere üblichen Schneidemaschinen bedienen. Schneller und bequemer arbeitet man aber mit Spezialmaschinen, wie sie von der Firma G. Goebel A.-G. in Darmstadt in sehr zweckmäßiger Form gebaut werden. Zum gleichzeitigen Längs- und Querschneiden von Packfilmformaten dient die in Abb. 11 dargestellte Rotations-Längs- und Querschneidemaschine. Die Filmbahn läuft von der Rolle, durch Leit- und Führungswalzen gespannt, durch ein Schneidwerk, das aus einander gegenüberstehenden Tellermessern gebildet wird. Die Messer sind zwecks Einstellung auf verschiedene Formate auf ihren Achsen verstellbar angebracht. Die aneinanderstoßenden einzelnen Filmstreifen werden voneinander dadurch getrennt, daß sie abwechselnd höher und tiefer geführt werden. Die Filmbänder laufen nunmehr unter rotierenden Zylindern hindurch, deren Umfang so bemessen ist, daß ein Messer bei jeder Umdrehung die eingestellte Länge abschneidet.

Abb. 12. Filmrollenschneidemaschine der Firma G. Goebel A.-G. in Darmstadt

Für Roll- und Kinofilme dient eine ähnliche Maschine (Abb. 12), welche aber keine Querschneideeinrichtung hat, bei der die Filmbänder vielmehr auf einer Reihe von Hülsen aufgerollt werden, die auf zwei übereinanderliegenden Achsen abwechselnd befestigt sind, damit der nötige Zwischenraum entsteht. Für die Herstellung von Rollfilmen wird die nötige Länge mit einer einfachen Schneidevorrichtung abgeschnitten, für Kinozwecke werden die Rollen noch perforiert.

Als Aufnahmematerial an Stelle von Trockenplatten haben sich im Laufe der Zeit der Pack- und der Rollfilm als sehr handlich eingebürgert. Der Packfilm kommt in den üblichen (kleineren) Plattenformaten in Packungen von 12 Blatt in den Handel. Er wird in Plattenkameras benützt und kann mittels der Filmpackkassette jederzeit gegen die gebräuchlichen Blechkassetten für Platten ausgetauscht werden, macht also die Plattenkamera auch zu einer Filmkamera. Der Filmpack ist so eingerichtet, daß er bei Tageslicht in die Kassette eingelegt werden kann und daß auch die Wechslung der belichteten Filme gegen die unbelichteten durch einen Handgriff bei Tageslicht möglich ist. Zu diesem Zweck sind die einzelnen Filmblätter auf einem Streifen undurchsichtigen schwarzen Papiers von der doppelten Länge des Films befestigt; eine an diesem Streifen befindliche Lasche, welche die Nummer des jeweiligen Filmblattes trägt, ragt durch einen lichtdichten Schlitz aus dem Pack und auch aus der Kassette heraus. Die 12 Filmblätter liegen, durch das schwarze Papier voneinander getrennt, in einer lichtdichten Papphülse, die auf der dem Kassettenschieber zugekehrten Seite ein Fenster in der Größe des betreffenden Formates besitzt. In unbenütztem Zustand wird das oberste Blatt durch einen ebenfalls mit einer Lasche versehenen schwarzen Papierstreifen gegen Licht geschützt. Die Filmblätter werden durch eine feste Pappscheibe mit Hilfe von Federn an den vorderen Kassettenrahmen gedrückt, so daß sie flach liegen. Die vom Filmblatt nicht bedeckten Hälften der schwarzen Papierstreifen sind um den unteren Rand der Pappscheibe und eines die Federn tragenden dahinter liegenden Blechrahmens herumgelegt; durch Ziehen an den herausragenden Laschen können der schwarze Schutzstreifen und die die Filmblätter tragenden Streifen nacheinander in den rückwärtigen Raum des Filmpacks befördert werden. Gegen das weitere Herausziehen des Films schützt ein Anschlag. Die herausgezogene Hälfte des schwarzen Papiers wird abgerissen. Bereits belichtete Filme können in der Dunkelkammer aus dem Pack herausgenommen werden.

Für den Rollfilm haben sich die Formate 5×8, 6×9, $6\frac{1}{2}\times 11$ cm als die gebräuchlichsten eingebürgert; dazu kommen noch 6×6 und 10×15 cm und für Kleinkameras das Format $3\frac{1}{2}\times 5$ cm. Die meisten Rollfilme werden jetzt für sechs Aufnahmen angefertigt; eine größere Zahl von Aufnahmen wird mit Rücksicht darauf vermieden, daß der Film erst nach Belichtung des ganzen Streifens entwickelt werden kann. Nur für die Kleinkamera kommt eine größere Anzahl (25 bis 50) Aufnahmen in Betracht. Von einer besonderen Rollfilmkassette ist man abgekommen, man hat vielmehr diese Kassette mit der Kamera zu einem besonderen Typ, der Rollfilmkamera, vereinigt. Die Rollfilmspulen können ebenfalls bei Tageslicht in die Kamera eingelegt und aus dieser wieder herausgenommen werden. Zu diesem Zweck ist der Film an seinen beiden Enden an einem Streifen undurchsichtigen Papiers festgeklebt, das etwa die dreifache Länge des Films hat und an beiden Enden gleichmäßig über diesen herausragt. Dieses Schutzpapier ist auf der dem Film zugekehrten Seite schwarz, auf der Rückseite rot und trägt hier Marken und Zahlen. Durch ein rotes Fensterchen der Kamera läßt sich beobachten, wann das erste Aufnahmeformat und wann die folgenden zur Aufnahme freiliegen. Das Schutzpapier ist auf einer Holzspule, die an beiden Enden geschwärzte Blechscheiben trägt, derart festgewickelt, daß es sich mit seinen Rändern dicht an diese Scheiben anlegt. Das letzte Drittel des Schutzpapieres schützt den Film gegen Tageslicht. Die Spule wird nun so in die Kamera eingelegt, daß nach Lösen des Endes des Schutzpapiers dieses mit der inneren schwarzen Seite über die Belichtungsöffnung der Kamera gezogen und auf der entgegengesetzten Seite in dem Schlitz einer gleichen, aber leeren Spule befestigt wird. Hierauf wird die Kamera geschlossen; dann dreht man man die leere Spule so lange, bis sich der freie Teil des Schutzpapiers auf diese aufgewickelt hat. In diesem Augenblick erscheint in dem roten Fensterchen ein Zeichen und nach kurzem Weiterdrehen die Zahl 1. Jetzt steht das erste Aufnahmeformat in der Belichtungsöffnung. Nach der Aufnahme wird weiter gedreht, bis die Zahl 2 erscheint. Dann ist die erste Aufnahme vor Licht geschützt und das zweite Format ist aufnahmebereit. Nach Belichtung des ganzen Streifens dreht man noch so lange, bis das letzte leere Drittel des Schutzpapiers aufgewickelt ist, und kann dann den vor Licht geschützten Film gegen einen neuen auswechseln.

Der Vorzug des Rollfilms ist seine schnelle Bereitschaft zur Aufnahme. Dem stehen aber folgende Nachteile gegenüber: Das Bild kann nicht auf der Mattscheibe eingestellt werden, der Film liegt von der ersten bis zur letzten Aufnahme frei in der Kamera und die Entwicklung kann erst nach Beendigung aller Aufnahmen stattfinden. Die Rollfilmkamera ist nicht für Platten benützbar. Trotzdem erfreut sich der Rollfilm einer großen Beliebtheit.

Der Röntgenfilm dient für Röntgenaufnahmen vornehmlich in der Chirurgie und in der Zahnheilkunde. Da das schwarze Schutzpapier für Röntgenstrahlen durchlässig ist, kann er in seiner gegen gewöhnliches Licht sicheren Verpackung benützt werden und kommt sowohl einzeln in schwarzen Papiertaschen verpackt wie auch ohne diese in Dutzendpackungen in den Formaten 9×12 cm bis 40 × 50 cm sowie 3 × 4 cm und 4 × 5 cm als Zahnfilm in den Handel.

Filme in größerer Stärke als Ersatz für Trockenplatten sind in neuerer Zeit wieder besonders für die Zwecke der Porträtphotographie hergestellt worden; bei den Vorzügen der Platte ist jedoch kaum anzunehmen, daß die Filme diese auch nur annähernd in dem Maße ersetzen werden, wie dies in der Amateurphotographie der Fall ist. Ihr einziger Vorteil ist Platz- und Gewichtsersparnis beim Aufbewahren der Negative.

Den weitaus größten Bedarf an Filmen hat, wie bereits erwähnt, die Kinematographie in Form des Positivkinofilms. Negativ- sowie Positivfilme werden mittels der bereits erwähnten Kino-Filmrollen-Schneidemaschine, welche Filmbahnen bis zu 1200 mm Breite in Streifen von 35 mm Breite und 120 m Länge schneidet, geschnitten und zugleich aufrollt.

Für den Gebrauch müssen Negativ- wie Positivfilm noch perforiert, d. h. an beiden Rändern mit einer fortlaufenden Reihe von Löchern versehen werden, in welche bei der Aufnahme, beim Kopieren und bei der Vorführung die Zähne des Fortschaltmechanismus eingreifen können. Diese Arbeit geschieht mit Perforiermaschinen. Eine solche Maschine besteht aus einer zwangläufig arbeitenden Abrollvorrichtung für den unperforierten und einer Aufrollvorrichtung für den perforierten Film. Dazwischen liegt die Perforiereinrichtung, die in einem Arbeitsgange je vier Löcher, also eine Bildlänge, stanzt. Die Späne fallen in einen im Fuß der Perforiereinrichtung befindlichen Raum, aus dem sie von Zeit zu Zeit entfernt werden. Nach der Lochung erfolgt die Entstaubung in einer Entstaubungsanlage, bestehend aus zwei weichen rotierenden Bürsten, welche den beim Stanzen entstandenen Staub lockern, so daß er von einem Exhaustor abgesaugt werden kann. Schließlich enthält der Apparat noch eine Lichtsigniervorrichtung, mittels welcher auf den Rand des Films in bestimmten Abständen Firmenbezeichnung, Nummern usw. einkopiert werden können. Der Apparat wird elektrisch angetrieben und ist so eingerichtet, daß nach Einführung des Films in die Maschine und Befestigung an der Aufwickeltrommel nur der Strom eingeschaltet zu werden braucht, um die ganze Filmlänge selbsttätig durchzuperforieren. Nach Durchgang des Films wird der Motor selbsttätig ausgeschaltet.

Von besonderer Bedeutung ist die Normung der Filmdimensionen, der Lochgröße und der Lochabstände. Über die Form der Löcher hat sich der internationale Kongreß für Photographie und Filmtechnik in Paris vom Jahre 1925 noch nicht einigen können. Die Dicke ist nicht genormt, sie liegt für den emulsionierten Film zwischen 0,14 und 0,16 mm. Die übrigen Maße betragen nach den Pariser Beschlüssen: für die Filmbreite 35 mm mit einer zulässigen Abweichung von ± 0,1 mm. Der Abstand der beiden Lochreihen, von Lochmitte bis Lochmitte gemessen, beträgt 28,15 mm mit einer zulässigen Abweichung von 0,05 mm; der Abstand von Loch zu Loch in jeder Reihe beträgt 4,75 mm oder an

100 Lochabständen gemessen 475 mm mit einer zulässigen Abweichung von 1 mm für Positiv- und 2 mm für Negativfilm. Die Breite der einzelnen Löcher beträgt 2 mm und die Länge je nach der Form 2,8 oder 3 mm. Für den Bildraum bleibt dann noch, da vier Löcher eine Bildhöhe ausmachen, eine Bildhöhe von 19 mm und eine Breite von etwa 25 mm. Die fertigen Kinonegativ- und Positivfilme kommen, in Pergamoidpapier und schwarzes Papier eingeschlagen, in Weißblechschachteln in den Handel.

An dieser Stelle seien noch einige Bemerkungen über die in der Filmfabrikation und im Filmhandel gebräuchlichen Warenbezeichnungen gemacht: Die am nächsten liegenden Bezeichnungen Rohfilm für die Unterlage, Negativ- bzw. Positivfilm für das Aufnahme- bzw. Kopiermaterial und Filmnegativ und Filmpositiv für den die Aufnahme tragenden Bildfilm haben sich leider nicht durchweg eingebürgert. Für das Aufnahme- und Kopiermaterial ist die Bezeichnung Rohfilm üblich geworden, so daß man die Unterlage entsprechend mit Filmcelluloid bezeichnen muß.

14. Vorsichtsmaßregeln bei der Herstellung der Filmwolle und der Filmcelluloide sowie bei deren Verarbeitung. Bei der Herstellung der Filmwolle konnte man alle bereits bei der Herstellung der Schießbaumwolle gemachten Erfahrungen benützen. Da es nicht möglich ist, brennendes Filmmaterial zu löschen, zielen alle Vorsichtsmaßregeln darauf ab, einen Brand zu verhindern, die Belegschaft in Sicherheit zu bringen und die Weiterverbreitung des Brandes zu verhindern, falls doch ein solcher entstanden ist. Man verwendet folgende Vorsichtsmaßregeln: strengstes Verbot des Mitführens irgendwelcher Feuerzeuge sowie des Rauchens, die Vermeidung von Funkenbildung durch Schlag (eisenbeschlagene Stiefel!) oder elektrischen Strom (Schalter, Kurzschluß). An Stellen, wo durch Schlag Funken entstehen können, wird Eisen durch Kupfer ersetzt. Die Beleuchtung wird entweder ganz außerhalb der Arbeitsräume untergebracht, zumindest aber die Schalter.

Zur Vermeidung der Weiterverbreitung entstandener Brände verwendet man ausschließlich unverbrennliches Baumaterial und baut nur einstöckige Gebäude. Bei der Fabrikation der Kollodiumwolle werden die Gebäude am besten für jede Betriebsetappe getrennt angelegt, für die Herstellung des Filmcelluloids und dessen Weiterverarbeitung werden die einzelnen Abteilungen durch feuersichere Wände und Türen getrennt. Das Gefährliche bei einem Celluloidbrand ist die fast stets entstehende Stichflamme; die genannten Maßnahmen sollen das Durchschlagen der Flammen in benachbarte Räume verhindern.

Damit die Belegschaft bei Gefahr schnell ins Freie gelangen kann, müssen die Gänge in den Gebäuden und zwischen den Apparaten genügend breit sein; in jedem Raume müssen mindestens zwei Ausgänge ins Freie führen. Vor allem soll aber in den Arbeitsräumen nur soviel Material lagern, als unbedingt nötig ist.

In der Nitrierstation muß außerdem eine gute Absaugung für die nitrosen Gase vorhanden sein, die natürlich nur beim normalen Arbeitsverlauf ausreicht. Im Falle des Ausbrennens einer Zentrifuge hilft nur das schleunige Verlassen des betreffenden Raumes.

Bei der Herstellung des Filmcelluloids kommt noch die Explosionsgefahr des Äther-Luftgemisches hinzu, das möglichst vollständig der Wiedergewinnung zugeführt werden soll. Die Schutzmaßnahmen sind sinngemäß die gleichen. Bei der Perforierungsmaschine ist endlich noch mit der Möglichkeit einer Celluloidstaubexplosion zu rechnen.

In älteren schon bestehenden Betrieben mit Holzdecken, Holzböden und Holztüren müssen diese durch Verputz oder Blechbeschlag vor Feuer geschützt werden, im Übrigen gelten die bereits genannten Sicherheitsmaßnahmen. Heute dürfen über Räumen, in denen Celluloid verarbeitet wird, sich weder Wohn- noch Arbeitsräume befinden.

Für die Aufbewahrung fertig emulsionierter Filme, besonders der Kinofilme, werden heute feuersichere Kästen und Schränke gebaut, welche die Wärmeleitung nach innen erschweren sollen, im Falle einer Entzündung aber doch den entstehenden Gasen freien Abzug gewähren. Sehr geeignete Behälter dieser Art baut z. B. die Firma ALBERT GEYER in Dresden.

15. Rückblick. Wie wir gesehen haben, haften dem Film, eine so große Bedeutung er auch heute für unsere Wirtschaft bekommen hat, noch Fehler an, die zu beseitigen man eifrig bemüht ist. Die Frage der Entflammbarkeit wird voraussichtlich durch einen Celluloseester von guten physikalischen Eigenschaften, der keine Salpetersäure enthält, gelöst werden können.

Für eine Beseitigung der chemischen Einwirkung der Unterlage auf die empfindliche Schicht ist, solange man die verhältnismäßig wenig stabilen Celluloseverbindungen verwenden muß, die Hoffnung gering.

Für die noch recht schwierige und nicht sehr wirtschaftliche Darstellungsweise der Celluloseester lassen sich Fortschritte aus einem eingehenden Studium der dabei mitspielenden fast ausschließlich kolloidchemischen Vorgänge erhoffen. Ein rationelleres Verfahren zur Herstellung des Filmcelluloids, das vielleicht sogar den Emulsionsauftrag im gleichen Arbeitsgang gestattet, liegt durchaus im Bereiche technischer Möglichkeit.

Die Herstellung photographischer Papiere

Von

A. Trumm

Mit 22 Abbildungen

1. Einteilung der photographischen Kopierverfahren. Die photographischen Papiere werden in der photographischen Praxis im allgemeinen in zwei Gruppen eingeteilt: Die Auskopierpapiere und die Entwicklungspapiere. Die Auskopierpapiere ergeben, unter einem Negativ dem Tageslicht ausgesetzt, ein sofort sichtbares Bild, das durch nachfolgende Behandlung (Tonen und Fixieren) haltbar gemacht wird, während die Entwicklungspapiere, nur kurze Zeit unter einem Negativ dem Licht ausgesetzt, nicht sichtbare (latente) Bilder ergeben, welche durch chemische Behandlung (Entwickeln) sichtbar gemacht werden.

Bei den Auskopierpapieren enthält in allen Fällen die Bildschicht einen Überschuß an Silbernitrat, während bei den Entwicklungspapieren die Bildschicht keinen Überschuß an Silbernitrat enthält.

Die Einteilung in obige zwei Gruppen ist nur bedingt zutreffend, da den Auskopierverfahren z. B. auch der Platindruck zugezählt wird, der hauptsächlich als Entwicklungsverfahren, aber auch als Auskopierverfahren geübt wird. Daran schließen sich die Lichtpausverfahren mit Eisensalzen, die hauptsächlich Auskopierverfahren sind, bei denen aber der Auskopierprozeß mit dem Entwicklungsprozeß vereinigt wird: z. B. das sogenannte Gallus-Eisenverfahren (Schwärzen der nicht reduzierten Ferrisalze mittels Gallussäure).

Eine Gruppe für sich bilden die indirekten Kopierprozesse, bei denen das Silber nicht direkt vom Licht reduziert wird, vielmehr andere Metallsalze, z. B. Eisensalze, die Reduktion vermitteln, wobei ein Silberbild entsteht (Kallitypie, Sepia-Eisenverfahren, Silber-Platinprozeß).

Als eine Gruppe für sich sind die Pigment- bzw. Chromatverfahren zu betrachten, bei denen die Bildherstellung auf Gerbung bzw. Nichtgerbung eines Kolloids beruht.

Je nach dem lichtempfindlichen Salz bzw. nach dem Bindemittel, das in Verbindung mit dem lichtempfindlichen Salz die lichtempfindliche Schicht bildet, unterscheidet man bei den Chlorsilber-Auskopierpapieren: Arrow-root-, Harz-, Salz-, Albumin-, Celloidin-, Chlorsilber-Gelatine-(Aristo-)Papiere; bei den Kopierverfahren mit Eisensalzen das Cyanotypie-(Blau-Eisen-)Papier, das Sepiapapier, Kallitypiepapier, Galluseisenpapier, ferner das Platin- und Palladiumpapier.

Die hauptsächlich für die Entwicklungsverfahren in Betracht kommenden Papiere sind als Bromsilberpapiere bekannt, die Chlorbromsilber- und

Chlorsilberpapiere werden als Gaslicht- oder Kunstlichtpapiere bezeichnet.

Von den Chlorsilber-Auskopierpapieren sind die Matt-Albumin-, die Celloidin- und die Aristopapiere die gebräuchlichsten.

2. Photographisches Rohpapier. An Rohpapier für photographische Zwecke werden hohe Anforderungen in bezug auf Reinheit, Festigkeit sowie Gleichmäßigkeit bezüglich Stärke und Oberfläche gestellt.

Über die Herstellung photographischer Rohpapiere sind nur wenige mehr allgemein gehaltene Veröffentlichungen bekannt,[1] da nur einige Fabriken sich damit beschäftigen und über die auf langjähriger Erfahrung beruhende Fabrikation nichts bekanntgeben.

Die Herstellung der Rohpapiere für photographische Zwecke erfolgt prinzipiell auf die gleiche Art wie die von anderen Arten Rohpapier; es sie hier auf die einschlägige Spezialliteratur hingewiesen.[2] Bei der Photorohstoffherstellung sind Auswahl und Mischungsverhältnis der Fasern (Haderncellulose) sowie die Art der technischen Verarbeitung von Einfluß auf die Eigenschaft des Rohpapiers.

Für die viel freies Silbernitrat enthaltenden Auskopierpapiere werden nur Leinenhadern in Frage kommen; kartonstarkes Papier für Bromsilberemulsionen wird vorwiegend aus Sulfitcellulose hergestellt, während für dünne Bromsilberpapiere und für Chlorbromsilberrohstoff ein Gemisch aus Hadern und Sulfitcellulose angewendet wird.

Alle derartigen Papiere sind mehr oder weniger geleimt (sogenannte Harzleimung).

Die Leimung des Papiers ist speziell für Papiere, welche direkt als Grundlage zur Herstellung von photographischen Papieren Verwendung finden, von großem Einfluß; es handelt sich meist um Papiere mit körniger oder narbiger Oberfläche, welche direkt mit Emulsion überzogen werden.

In der Regel wird glattes, gut kalandertes Papier verwendet.

Die Photorohpapiere sollen eine gleichmäßige homogene Schicht aufweisen und möglichst frei von metallischen Verunreinigungen (Eisen- oder Bronzepartikelchen) sein, welche Reduktionsflecke herbeiführen können.

Das Photorohpapier kommt in Rollen von 500 m für kartonstarke und in Rollen von 800 bis 1000 m für die dünnen Papiere zur Verarbeitung, normalerweise haben die Rollen eine Breite von 68 cm bzw. 102 cm.

Das Quadratmetergewicht bewegt sich für die dünneren Rohpapiere zwischen 90 bis 135 g, für kartonstarke Sorten zwischen 210 bis 270 g.

Die Rohpapiere für die positiven und negativen Lichtpausverfahren bedürfen nicht jenes besonderen Grades von Reinheit des Rohstoffes wie die Rohpapiere für die photographischen Verfahren. Der Rohstoff soll zähe und fest sein; die Saugfähigkeit muß auf das geringste Maß beschränkt werden, da bei den Lichtpausverfahren der Rohstoff direkt mit der lichtempfindlichen Lösung überzogen wird und das Präparat möglichst auf der Oberfläche haften und trocknen soll.

3. Prüfung der photographischen Rohpapiere. Obwohl die Fabrikation der photographischen Rohpapiere durch die Fabriken, die sich mit diesem Spezialzweig befassen, mit der größten Sorgfalt durchgeführt wird, ist es

---

[1] R. Kieser, Phot. Rundschau 1927; A. Cobenzl, Phot. Ind. 1913, S. 1774 bis 1777.

[2] E. Hoyer, Fabrikation des Papieres, Braunschweig 1887. — E. Valenta, Das Papier, Halle 1922. — Carl G. Schwalke, Ullmanns Enzyklopädie der techn. Chemie, 1920. — C. Hofmann, Handbuch der Papierfabrikation, Berlin 1891.

doch infolge der organischen Natur der Fasern und wegen ihrer chemischen Behandlung unvermeidlich,daß schädliche Substanzen, wenn auch in sehr geringen Spuren, vorhanden bleiben und so die Ursache von Fehlerquellen bilden können.

Auch ist zu beachten, daß Rohpapiere, die für eine Art von Emulsion einwandfrei sind, bei Anwendung einer anderen Emulsionsart zur Fleckenbildung oder sonstigen Fehlererscheinung neigen können. Die Untersuchung der photographischen Rohpapiere erfolgt zweckmäßig auf Stoffzusammensetzung, Oberflächenbeschaffenheit, Aussehen in der Durchsicht, Festigkeit und Dehnbarkeit, Feststellung des Quadratmetergewichts und der Papierdicke, Leimungsart, Nachweis sichtbarer Flecke, sowie auf eventuell enthaltene, nicht sichtbare schädliche Substanzen.

Papiere, welche größere Mengen von Holzschliff enthalten, sind für photographische Zwecke nicht gut verwendbar; daher ist dessen Abwesenheit unbedingt zu fordern. Über das Vorhandensein von Holzschliff und anderen verholzten Fasern gibt die Phloroglucinreaktion leicht und schnell Aufschluß.[1] Man benutzt folgende Lösung: 1 g Phloroglucin wird in 50 ccm Alkohol gelöst; es werden 25 ccm konzentrierte Salzsäure dazugegeben. So entsteht eine schwach gelb gefärbte Flüssigkeit. Die Lösung wird allmählich zersetzt; eine frisch angesetzte Lösung wirkt schneller und energischer als eine schon in Zersetzung übergegangene. Betupft man Papier mit der Phloroglucinlösung, so färbt sich das Papier, wenn es holzschliffhaltig ist, rot.

Bei der Phloroglucinreaktion ist zu beachten, daß bei Verwendung gewisser Farbstoffe (Metanilgelb) in der Papierfabrikation unter dem Einfluß von freien Säuren ebenfalls Rotfärbung eintreten kann. Diese Art der Reaktion ist jedoch anders als beim Holzschliff: bei holzschliffhaltigem Papier entsteht eine ganz allmählich an Tiefe zunehmende Rotfärbung, wobei einzelne Fasern besonders hervortreten; ist kein Holzschliff, sondern nur ein Farbgelb vorhanden, so entsteht der Fleck ziemlich rasch und es ist keine besonders hervortretende Färbung sichtbar, der Fleck verblaßt in wenigen Minuten und es zeigt sich ein violetter Hof, während bei Holzschliff der Fleck nur ganz allmählich verschwindet und kein Hof entsteht. Im Zweifelsfalle befeuchtet man das untersuchte Papier mit verdünnter Salzsäure: entsteht jetzt wieder Rotfärbung, so ist Farbstoff vorhanden, Nichtfärbung deutet auf Holzschliff hin.

Derartige Reaktionen geben nur an, ob Holzschliff oder verholzte Fasern vorhanden sind; zur Feststellung der Art der Stoffzusammensetzung bedient man sich der mikroskopischen Untersuchung unter Zuhilfenahme von für die einzelnen Fasern charakteristischen Farbreaktionen.

Das Papier ist zu derartigen Untersuchungen nicht ohne weiteres geeignet; das zu untersuchende Papier wird zuerst in verdünnter Natronlauge kurze Zeit gekocht und dann gut gewaschen, so daß eine Zerfaserung eintritt. Der so erhaltene Faserbrei wird mit der bekannten Herzberg-Lösung,[2] einer Chlorzinkjodlösung, behandelt, auf einem Objektträger ausgebreitet und unter dem Mikroskop betrachtet. Ist das Papier nur aus Hadern hergestellt, so sieht man nur weinrote Fasern; Zellstoffasern jeder Art sind blau, Holzschliffasern gelb gefärbt.

Diese Untersuchung gibt die Möglichkeit, für photographische Zwecke geeignetes und unbrauchbares Material zu unterscheiden.

Die Reaktionslösung wird nach folgender Vorschrift angesetzt:

Lösung A: 20 g trockenes Zinkchlorid
10 ccm destill. Wasser

[1] Andere Erkennungsarten für Holzschliff sind: Reaktion mit Anilinsulfat, wobei Gelbfärbung des Holzschliffes eintritt, die Wurstersche Di-Lösung.

[2] W. Herzberg, Die Papierprüfung, 1907, Berlin, J. Springer.

Lösung B: 2,1 g Jodkalium
0,1 g Jod
5 ccm Wasser.

Die Lösungen werden gemischt, man läßt sie absetzen; die klare Flüssigkeit wird abgegossen und — vor Licht geschützt — in braunen Flaschen aufbewahrt.

Zur genauen Untersuchung ist es unbedingt erforderlich, daß die Fasern gut isoliert sind und der Papierbrei gut ausgewaschen ist, da sonst durch etwa vorhandene für die Leimung des Papiers verwendete Stärke Blaufärbung eintreten kann.

Zur Beurteilung der Leimfestigkeit eines Papiers wendet man die sogenannte Tintenprobe an, indem man auf dem Papier mit einer Ziehfeder Tintenstriche verschiedener Dicke zieht; dabei ist darauf zu achten, daß die Feder das Papier nicht einreißt. Als leimfest ist ein Papier zu betrachten, wenn die Striche mittlerer Dicke weder auslaufen noch durchschlagen. Zur Feststellung der Leimung (Harzleimung oder tierische Leimung) benutzt man die sogenannte RASPAILsche Reaktion;[1] man läßt auf das zu untersuchende Papier einen Tropfen konzentrierte Schwefelsäure fallen: ist Harzleimung vorhanden, so entsteht eine rotviolette Färbung. Oder man läßt auf ein Blatt Papier einige Tropfen Äther fallen und beobachtet nach der Verdunstung bei durchfallendem Licht, ob sich ein Harzrand gebildet hat. Der Harzleim ist durch die gesamte Masse des Papiers hindurch gleichmäßig verteilt, während es sich bei tierischer Leimung meistens um Oberflächenleimung handelt.

Ein mit Oberflächenleimung versehenes Papier zeichnet sich durch harten Griff aus; wenn man es unter Drücken mit feuchten Fingern anfaßt, fühlt sich die Oberfläche klebrig an. Die tierische Leimung läßt sich auch mittels der Tintenprobe nachweisen: ein leicht zerknittertes Papier, das jedoch keine Risse haben darf, wird mit einigen Tintenstrichen versehen. Die Tinte schlägt an den zerknitterten Stellen durch, wenn Tierleim (Oberflächenleimung) vorhanden ist; schlagen sie nicht durch, so liegt Harzleimung vor; es kann jedoch neben dem Harzleim auch Tierleim vorhanden sein, der dann mittels chemischer Verfahren, und zwar mit gelbem Quecksilberoxyd,[2] nachzuweisen ist. Der Nachweis beruht darauf, daß tierischer Leim gelbes Quecksilberoxyd reduziert.

Die Prüfung wird folgendermaßen vorgenommen: 10 g Papier werden mit 120 ccm Wasser so lange gekocht, bis ein Volumen von zirka 25 ccm Flüssigkeit übrigbleibt. Die Lösung wird filtriert — 5 ccm Natronlauge und 5 ccm 1%iges Quecksilberchlorid werden zugegeben —, die Flüssigkeit färbt sich infolge des ausgeschiedenen Quecksilberoxyds gelb. Darauf kocht man die Lösung drei bis fünf Minuten lang. Bei Anwesenheit von tierischem Leim färbt sich die Lösung grau-schwarz und es resultiert ein Niederschlag von metallischem Quecksilber. Ist Harzleimung vorhanden, so ändert sich die gelbe Farbe nicht oder geht nur in Schmutziggrün über.

Stärke läßt sich in einer Abkochung des Papiers mit wenig Wasser und Jodlösung leicht nachweisen.[3] Bringt man einen Tropfen stark verdünnter Jod-Jodkaliumlösung auf vermutlich stärkehaltiges Papier, so entsteht je nach dem Stärkegehalt Blau- oder Violettfärbung. Die Jodlösung muß sehr verdünnt angewendet werden, da sonst durch die braune Farbe der Lösung eine leichte Blaufärbung verdeckt wird.

---

[1] WIESNER, Untersuchung des Papiers, Wien 1887, Ref. HERZBERG.

[2] E. HOYER, Das Papier, Braunschweig 1882.

[3] E. HOYER, Fabrikation des Papiers, 1887.

Von einem Papier für photographische Zwecke verlangt man wegen seiner Beanspruchung bei der Emulsionierung eine große Festigkeit; die Papierbahn muß beim Vorpräparieren, Barytieren und Emulsionieren auf der gleichen Seite mehrmals befeuchtet, getrocknet und aufgerollt werden und auch wegen der Behandlung beim Fertigstellen der Kopien in den gebräuchlichen Bädern eine große Widerstandsfähigkeit besitzen. Festigkeit und Dehnung eines Papiers stehen nicht in allen Richtungen im gleichen Verhältnis.

Die größte Festigkeit hat das Papier in der Längsrichtung der Rolle (Richtung des Maschinenlaufes), die geringere in der Breite (Querrichtung); in der Richtung des Maschinenlaufes erfährt das Papier die kleinste, in der Querrichtung die größere Dehnung.

Man stellt stets aus mehreren Prüfungen an verschiedenen Stellen der Längs- und Querrichtung mittlere Werte der Festigkeit des Papiers fest und bedient sich hiezu besonderer Präzisionsmaschinen[1] (Abb. 1).

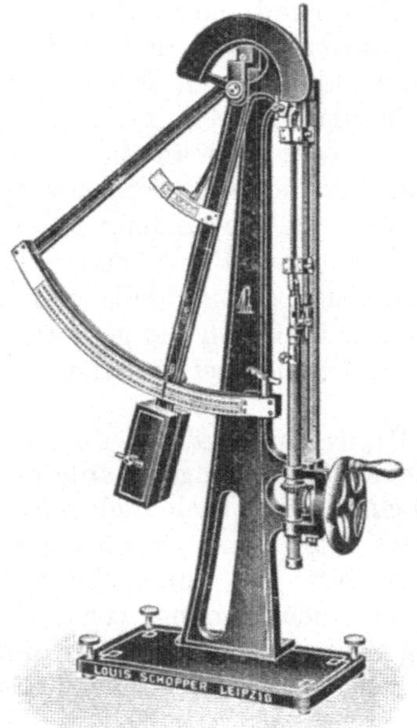

Abb. 1. Maschine zur Prüfung der Papierfestigkeit.

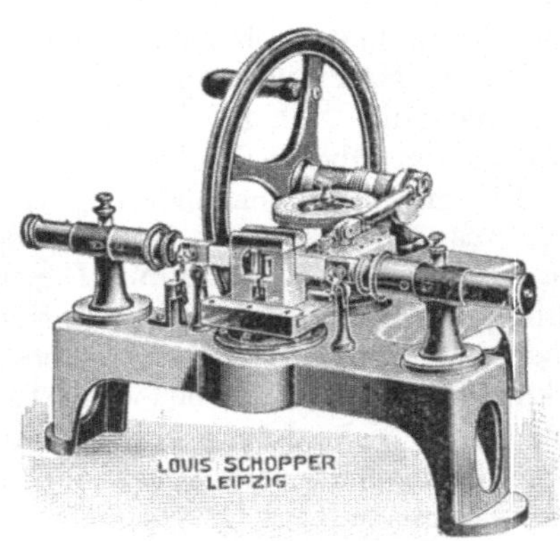

Abb. 2. Falzmaschine zur Prüfung der Papierfestigkeit

Um das voraussichtliche Verhalten des Papiers gegenüber der nachfolgenden Behandlung bei seiner Verwendung festzustellen, bedient man sich der Knitterprobe aus freier Hand, gemäß welcher man einen Bogen fest zusammenballt und wieder aufwickelt und dies so oft wiederholt, bis das Papier sehr viele Kniffe hat. Bei nachfolgendem Reiben zwischen den Handballen wird es bei einem Papier von guter Festigkeit erst nach längerem Reiben gelingen, Löcher hineinzubringen.

Durch Behandeln verschiedener Papiersorten auf diese Art wird man allmählich ein sicheres Urteil gewinnen. Bequem sind die im Handel befindlichen Apparate (Abb. 2) von L. SCHOPPER, Leipzig, bei denen ein an beiden Enden in Klemmen befestigter Papierstreifen von bestimmter Breite durch Hin- und Herbewegungen, die von einer Skala registriert werden, gefalzt wird.

Die Bestimmung des Quadratmetergewichtes erfolgt, indem man 10 Bogen eines bestimmten Papiers wiegt, das ermittelte Gewicht mit 1000 multipliziert und die erhaltene Zahl durch das Produkt aus Länge und Breite (in cm ausgedrückt) dividiert.

---

[1] Prüfungsapparate für die Papierindustrie, Leipzig, Louis Schopper.

Z. B.: 10 Bogen 30 × 40 cm wiegen 156 g.

$$\frac{156 . 1000}{30 . 40} = 130 \text{ g, d. i. das Gewicht von 1 qm.}$$

Man bedient sich eigener Spezialwaagen, welche ein direktes Ablesen des Quadratmetergewichtes gestatten (s. Abb. 3).

Die Rückseite eines Papiers ist leicht festzustellen, da diese in der Aufsicht eine leicht netzartige Oberfläche zeigt (bewirkt durch die Schüttelsiebe der Papiermaschine).

4. Nachweis von Flecken im Papier. Wenn bei der Fabrikation der photographischen Rohpapiere von den Fabriken, die sich mit diesem Spezialzweig befassen, auch die größte Sorgfalt angewandt wird, so sind doch infolge der Fasernbeschaffenheit sowie der chemischen Behandlung des Papieres Fehlerquellen nicht zu vermeiden; es ist daher zweckmäßig, bei Fehlererscheinungen, die sich bei emulsioniertem Papier zeigen, die vermutlichen Fehlerquellen festzustellen und das Rohpapier auf metallische oder chemische Verunreinigungen zu untersuchen.

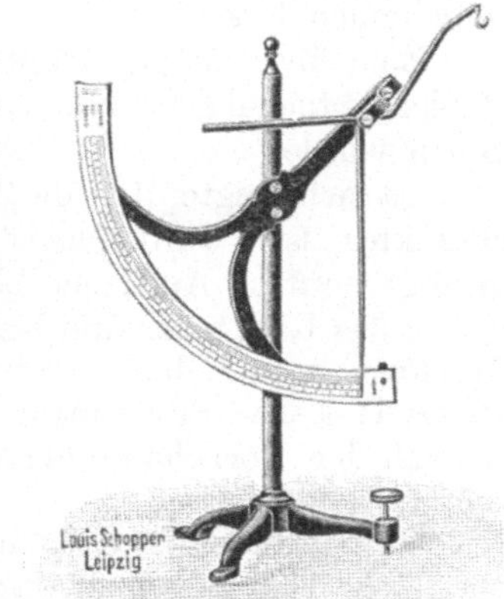

Abb. 3. Spezialwaage zur Ermittlung des Quadratmetergewichtes von Papier

Zum Nachweis metallischer Verunreinigungen werden einige Blatt Papier in einer mit Salzsäure angesäuerten verdünnten Lösung von gelbem und rotem Blutlaugensalz fünf bis zehn Minuten lang gebadet und sodann mit destilliertem Wasser abgespült. Eisenflecke verschiedenen Ursprungs werden hiebei durch Blaufärbung angezeigt. Oder man badet das Papier zuerst in einer wässerigen 1%igen Salpetersäurelösung, trocknet es, und badet es sodann in einer verdünnten Lösung von Ferrocyankalium. Von Eisenteilen herrührende Flecke zeigen blaue, solche von Kupferpartikeln braune Färbung.

Nicht sichtbare Fehler im Rohpapier, die auf die Emulsion einwirken können, lassen sich leicht nachweisen, wenn man das Papier mit einer 5%igen Silbernitratlösung behandelt; nachdem man es im Dunkeln getrocknet hat, legt man es über eine Schale, in der sich Jodlösung oder Bromwasserstoffsäure befindet.

Zum Nachweis von Sulfiten wird Papier zuerst in verdünnte Jod-Jodkaliumlösung und in verdünnte Säurelösung eingetaucht. War schweflige Säure vorhanden, so entfärbt sich das Papier an den betreffenden Stellen. Mit Kaliumjodid versetzte Stärkelösung dient zum Nachweis von freiem Chlor. Es müssen mit der Lösung größere Partien des Papiers bestrichen werden, da die Chlorkalk enthaltenden Stellen nicht sichtbar sind.

Blaue Flecke zeigen die Anwesenheit von Chlor an. Es ist hiebei zu beachten, daß Papier beim Liegen an der Luft blau werden kann, ohne daß freies Chlor vorhanden ist (s. oben die Prüfung des Stärkegehaltes des Papiers).

Der sicherste Nachweis für die Praxis, ob für etwaige auftretende Fehler das Rohpapier verantwortlich ist, besteht darin, das Rohpapier mit der Emulsion zu präparieren, welche endgültig in Frage kommt; wird das Papier sodann nach der Barytage geprüft, so ist solcher Art am praktischesten festzustellen, wo die Ursache etwaiger Fleckenbildung liegt.

5. Salzpapier. Die älteste Art photographischer Papiere ist das sogenannte einfache Salzpapier,[1] welches derart hergestellt wurde, daß man geeignetes Roh-

[1] Fox Talbot, Royal Phot. Soc., Jän. 1839. — John F. W. Herschel, März 1839.

papier[1] mit einer Chlorsalzlösung durch Aufstreichen mittels eines Schwammes oder durch Schwimmenlassen auf einer zirka 3%igen Chlorsalzlösung vorpräparierte und nachher lichtempfindlich machte, indem man es auf einer Silbernitratlösung schwimmen ließ. Die Menge des aufgenommenen Chlorsalzes war für die nachfolgende Chlorsilberbildung maßgebend und dementsprechend auf die Lichtempfindlichkeit und den Kontrast der Kopien von Einfluß.

Je mehr Chlorsalz auf dem Papier vorhanden war, umso stärker mußte die nachfolgende Silbernitratlösung sein oder man mußte das Papier umso länger schwimmen lassen.

Eine übermäßige Menge an Chlorid ist zu vermeiden, da sie nicht vom Papier festgehalten wird, das Silberbad trüben und auch kraftlose Kopien ergeben würde.

Da sich zeigte, daß die Wahl der Chlorsalze ohne Bedeutung für den Bildcharakter ist, wurde meistens Chlornatrium (Kochsalz) für die Chlorsalzlösung benutzt. Auf einer Lösung von 3 Teilen Kochsalz in 100 Teilen Wasser wurde das Rohpapier drei bis fünf Minuten lang schwimmen gelassen; nach dem Trocknen wurde das so vorbereitete Papier mit einer Silbernitratlösung von 10 bis 12 Teilen Silbernitrat in 100 Teilen Wasser sensibilisiert und auf dieser je nach der Vorbehandlung mit Chlorsalzlösung drei bis fünf Minuten lang schwimmen gelassen.

Da bei diesem einfachen Salzpapier das Bild mehr in als auf der Papieroberfläche lag, ging man dazu über, die Chlorsalzlösung mit einem Zusatz von Stärke, Arrow-root oder Gelatine aufzutragen, wodurch die Präparationsflüssigkeit weniger in das Papier eindringt, als bei Anwendung der wässerigen Chlorsalzlösung und das Bild mehr an der Oberfläche verbleibt.[2]

Von diesen Präparationen war die mit Arrow-root am geeignetsten; auf solche Art vorpräparierte Papiere kamen unter dem Namen Arrow-root-Papier in den Handel.

Für derartig vorpräparierte Papiere müssen starke Silberbäder angewandt werden, und zwar: 1 Teil Silbernitrat in 8 Teilen Wasser, schwächere Bäder geben kraftlose Kopien.

Bei Anwendung von sauren Silberbädern (Zusatz von Citronensäure) erhält man empfindliche Papiere, welche wochenlang haltbar sind.

Werden die gesilberten Papiere vor dem Kopieren Ammoniakdämpfen ausgesetzt, so werden die Papiere empfindlicher, sind aber dann für Platintonung weniger geeignet, als diejenigen ohne Ammoniakräucherung, welche in einem kombinierten Gold-Platinbad schöne blauschwarze Töne liefern.

6. Harzpapiere. Um eine noch besser geschlossene Oberfläche zu erzielen, hatte man, dem Prinzip der Rohpapierleimung entsprechend, bereits um 1860 Versuche gemacht,[3] gemischte Präparationen von Harz und Gelatine anzuwenden.

Derartig präparierte Papiere geben eine geschlossenere Bildwirkung und eine gute Brillanz der Kopien, bei Platin- oder kombinierter Gold-Platintonung ergeben sich schöne platinschwarze Töne (Silber-Platinbilder). Papiere mit Harzgelatine wie mit Harz-Arrow-root-Präparation kommen haltbar gesilbert in den Handel. Ammoniakräucherung vor dem Kopieren ist auch für die Harzpapiere zur Erzielung größerer Empfindlichkeit angebracht.

---

[1] Rohpapiere von BLANCHET FRÈRES & KLEBER, Rives, kamen hauptsächlich zur Anwendung.

[2] A. HÜBL, Der Silberdruck auf Salzpapieren, 1896.

[3] TRAILL TAYLOR, Yearbook of Phot. 1867. Ref. EDERS Jahrb. f. Phot. 1894.

Nach E. VALENTA[1] wird Harz-Gelatinepapier auf folgende Weise hergestellt: 3 bis 4 g französisches Kolophonium werden mit Wasser in einer Porzellanschale erhitzt, dann wird so lange Ammoniak zugegeben, bis eine klare Lösung resultiert. Zu dieser setzt man 3 bis 4 g in Wasser gequollene Gelatine und 10 g Salmiak (in Wasser gelöst) hinzu und füllt mit Wasser auf 1 Liter auf, neutralisiert mit verdünnter Salzsäure und setzt eine Citronensäurelösung bis zur stark sauren Reaktion zu. Das zu präparierende Rohpapier wird auf dieser Lösung drei Minuten schwimmen gelassen und hierauf getrocknet. Gesilbert wird mit 10- bis 12%iger Silbernitratlösung, dann getrocknet, mit Ammoniak geräuchert und kopiert. Die Kopien werden in einem kombinierten Gold-Platintonbad getont.

A. HÜBL[2] gibt für die Herstellung eines Arrow-root-Papiers folgendes Rezept:

2,5 Teile Arrow-root werden mit 100 Teilen Wasser zum Kochen erhitzt, 20 ccm einer Lösung von 2 Teilen weißem Schellack in 100 Teilen Ammoniak dem Kleister zugesetzt, und dann 2,5 Teile Chlornatrium beigegeben. Die Präparationsmischung wird durch Musselin gepreßt und mittels Schwamm oder Pinsel auf Papier aufgetragen.

Als Silberbad dient eine Lösung von 120 g Silbernitrat, 1000 ccm Wasser und 80 g Citronensäure.

Mittels der Gold-Platintonung erhält man tiefschwarze Töne.

7. Albuminpapier. Das Kopierverfahren mit Albuminpapier war bis zu Anfang der Neunzigerjahre des vorigen Jahrhunderts das hauptsächlich angewandte Kopierverfahren; die Fabrikation des Albuminpapiers war eine bedeutende Industrie. Mit den sich immer mehr einbürgernden Celloidinpapieren, die fertig gesilbert in den Handel kamen und eine gute Haltbarkeit hatten, wurde das Albuminpapier aus der Praxis verdrängt.

Die Herstellung des Albuminpapiers erfolgt durch Überziehen eines geeigneten Rohpapiers[3] mit einer mit Chlorsalz versetzten Eiweißlösung; es wird lichtempfindlich gemacht, indem man es nach dem Trocknen auf einer Lösung von Silbernitrat schwimmen läßt.

Beim Sensibilisieren des Albuminpapiers wird unlösliches Silberalbuminat gebildet, welches aus einer innigen Verbindung von Albumin mit salpetersaurem Silberoxyd besteht; ferner bildet sich durch das in der Schicht befindliche Chlorsalz Chlorsilber, so daß die lichtempfindliche Schicht aus Silberalbuminat und Silberchlorid und freiem Silbernitrat besteht.

Die mit Albumin überzogenen Papiere haben eine glänzende und vollkommen geschlossene Oberfläche.

Zum Präparieren wird flüssiges Hühnereiweiß (Albumin) benutzt; getrocknetes Hühnereiweiß gab keine befriedigende Resultate, weshalb nur frisches Eiweiß zur Verwendung gelangte. Nach dem Trennen des Eiweiß vom Eigelb wird das Eiweiß, um es flüssiger zu machen, mit Essigsäure, Alkohol und Wasser versetzt und mehrere Tage absetzen gelassen. Sodann wird das Eiweiß einem Gärungsprozeß unterzogen, indem man es zehn bis zwölf Tage bei einer Temperatur von 25 bis 30° C gären läßt, wobei sich die Zellengewebe ausscheiden. In der Praxis hat sich ergeben, daß das dem Gärungsprozeß unterworfene Ei-

---

[1] E. VALENTA, Phot. Chemie und Chemikalienkunde, 2. Aufl., Halle a. S., W. Knapp.

[2] A. HÜBL, ref. in EDERS Rez. u. Tab., 4. Aufl., 1896.

[3] Als Rohpapier für das Albuminverfahren wurde nur bestes Hadernpapier von BLANCHET FRÈRES & KLEBER in Rives benutzt.

weiß den Papieren einen größeren Glanz verleiht und auch die Silberbäder nicht so schnell bräunt als das frische Eiweiß. Nach dem Gären wird das Eiweiß nochmals zu Schaum geschlagen, wodurch es wiederum geklärt wird. Nach dem Absitzenlassen wird die klare Eiweißlösung abgezogen und sodann Chlorsalz und Farbe zugesetzt. Als Chlorid wurden zirka 7 g Chlornatrium oder Chlorammonium pro Liter Eiweißflüssigkeit angewendet.

Da selbst reines weißes Papier durch die Albuminlösung gelblich erscheint, wurde die Albuminlösung durch Zusatz von Farbe; das Albuminpapier kam in verschiedenen Farben, wie Rosa, Violett, Blauviolett, Blau pensée in den Handel.

Die Zusammensetzung der Albuminlösung ist von großem Einfluß auf das Endresultat; zu großer Wassergehalt bedingt schwachen Glanz, großer Gehalt an Chlorid gibt weichere Kopien. Bei geringem Chloridgehalt kopiert das Papier langsamer, aber kräftiger.

Das Präparieren des Papiers mit der Albuminschicht erfolgt durch Schwimmenlassen der einzelnen Bogen auf der in flachen Schalen befindlichen Albuminlösung.

Nach ein bis zwei Minuten wird der Bogen über den Rand der Schale abgezogen und zum Trocknen aufgehängt. Das Trocknen muß bei mäßiger Wärme und guter Ventilation erfolgen; schnelle Trocknung ist zur Erzielung von hohem Glanz erforderlich.

Nach dem Trocknen wird das Papier unter starkem Druck zwischen polierten Zinkplatten, sogenannten Satiniermaschinen, geglättet.

Zur Herstellung des doppeltalbuminierten Papiers, das hauptsächlich fabriziert wurde, wird nochmals in gleicher Weise verfahren.

Für den Kopierprozeß wird das Papier durch Schwimmenlassen auf einer Lösung von Silbernitrat lichtempfindlich gemacht. Die geeignetste Konzentration des Silberbades ist eine 10%ige, d. h. es werden 10 Teile Silbernitrat in 100 Teilen Wasser aufgelöst; auf dieser Lösung läßt man den Bogen zwei bis vier Minuten lang, je nach der Stärke der Albuminschicht, schwimmen.

Bei zu schwachen Silberbädern wird das Eiweiß unvollständig koaguliert und die Kopien werden matt und kraftlos. Durch zu starke Silberbäder wird die Albuminschicht völlig unlöslich gemacht.

Da saure Silberbäder das Tonen der Bilder erschweren, fügt man dem Bad eine kleine Menge kohlensaures Natron bei, bis sich ein bleibender Niederschlag von Silbercarbonat bildet. Da das Silberbad mit jedem Bogen, der gesilbert wurde, im Durchschnitt 2 g Silbernitrat verliert, setzt man, um das Bad auf normaler Stärke zu erhalten, für jeden präparierten Bogen 10 ccm einer 20%igen Silberlösung zu. Das Albuminpapier ist im gesilberten Zustand nicht lange haltbar (ein bis zwei Tage).

Zur Herstellung von länger haltbarem gesilbertem Albuminpapier (Versandpapier) wird ein mit Citronensäure gemischtes Silberbad (1 : 100) verwendet; günstiger ist es, den gesilberten Bogen nach dem Trocknen durch ein Citronensäurelösungsbad zu ziehen oder das Papier mit der Rückseite auf der Citronensäurelösung schwimmen zu lassen (Lösung 1 : 15). Derartig präparierte Papiere halten sich zwei bis drei Monate.

Die mittels saurer Silberbäder hergestellten Papiere lassen sich nicht so gut tonen wie frisch gesilbertes Papier. Werden die gesilberten Papiere Ammoniakdämpfen ausgesetzt, so kopieren sie rascher, auch lassen sich die mit sauren Silberbädern präparierten Papiere dann leichter tonen.

Das Albuminpapier gibt Bilder mit guter Tonabstufung und kopiert dabei brillant und kräftig.

8. Matt-Albuminpapier. Zur Erzielung einer matten Oberfläche[1] wird das Albumin mit indifferenten Körpern gemischt; als solche haben sich hauptsächlich Mischungen mit Stärke-, Arrow-root-, Gelatine- oder Harzlösung bewährt.

Nach HÜBL[2] wird mit Arrow-root folgendermaßen verfahren:

50 ccm flüssiges Eiweiß werden mit 50 ccm eines 2%igen Arrow-root-Kleisters gemischt, dazu kommen 2 g Chlornatrium.

Die Präparationslösung wird mittels eines breiten Pinsels oder Schwammes gleichmäßig aufgetragen und sodann mittels eines weichen Vertreiberpinsels so lange behandelt, bis eine gleichmäßige matte Fläche gewonnen ist.

Nach dem Trocknen wird das Papier auf einem Silberbad von 1000 ccm Wasser, 120 g Silbernitrat und 15 g Citronensäure schwimmen gelassen.

Tief matte Papiere werden mit einer Lösung von Gelatine, Schellack und Eiweiß präpariert (5%ige Gelatinelösung mit einer alkoholischen 15%igen Schellacklösung zu gleichen Teilen gemischt).

Zur Steigerung der Haltbarkeit des gesilberten Papiers wird es nach dem Trocknen anstatt auf dem sauren Silbernitratbad mit der Rückseite auf einer Lösung von 1 Teil Citronensäure in 50 Teilen Wasser schwimmen gelassen oder es wird durch die Citronensäure gezogen.

9. Protalbinpapier. Pflanzenalbumin- und Protalbinpapier sind Papiere, zu deren Herstellung ein alkohollöslicher Eiweißkörper der Nucleoproteide benutzt wurde. Dieses von JOLLES und LILIENFELD hergestellte Papier zeichnete sich durch eine sehr widerstandsfähige Schicht, eine dem Albuminpapier ähnliche Gradation und einen ähnlichen Glanz, wie ihn das Doppel-Albuminpapier besitzt, aus.[3]

10. Die Barytage der Emulsionspapiere. Das sogenannte Rohpapier wird selten direkt für photographische Emulsionen verwendet; es wird fast in allen Fällen mit einer Schutzschicht versehen, welche in erster Linie das Eindringen der Emulsion in die Papierfaser verhindern soll; dabei soll gleichzeitig eine homogene Fläche, welche die Festigkeit des Papiers sowie die Brillanz der herzustellenden Kopien erhöht, gebildet werden. Bei den älteren photographischen Papierarten, bei denen das Aufbringen der lichtempfindlichen Lösung durch Aufstreichen derselben oder durch Schwimmenlassen des Papiers auf ihr erfolgte, gelangten als Schutzschicht Präparationen von Stärke, Harz, Gelatine, Albumin zur Anwendung.

Die zur fabrikationsmäßigen Herstellung der Auskopier- wie Entwicklungspapiere in Betracht kommenden und verwendeten Rohpapiere erhalten eine Schutzschicht, die aus einer Mischung von Gelatine mit Bariumsulfat besteht. Die so präparierten Rohpapiere sind unter dem Namen Barytpapiere bekannt.

Das Auftragen der Schutzschicht erfolgt mittels besonderer Streichmaschinen; dieser Vorgang wird als Barytage bezeichnet. Die Barytage muß den verschiedenen Arten photographischer Papiere wie auch den verschiedenen

[1] Für Mattpapier wurde an Stelle von Albumin Casein versucht. Casein löst sich in Alkalien zu einer klaren Flüssigkeit. Mit Silbernitrat bildet sich (analog dem Silberalbuminat) unlösliches Silbercasein. Vgl. EDERS Jahrb. f. Phot. 1891, S. 515.

[2] A. HÜBL, Silberdruck auf Salzpapier, Halle 1896.

[3] D. R. P. Nr. 99652 für Dr. JOLLES, LILIENFELD & Co. Wien. Patentanspruch: Photogr. Papiere und Platten, dadurch gekennzeichnet, daß die die lichtempfindlichen Substanzen tragende Schicht alkohollösliche Eiweißkörper der Getreidesamen, wie Fibrin, Mucedin, Gliadin usw., für sich allein oder in Mischung untereinander oder im Verein mit Albumin, Gelatine, Celloidin (Collodion) oder andere zu photographischen Zwecken geeignete Stoffe enthält.

Emulsionsarten angepaßt werden. Man unterscheidet, je nach dem gewünschten Endzweck hochglänzende, glänzende, halbmatte, matte und tiefmatte Barytage.

Der Barytagestrich soll gleichmäßig aufgetragen sein, er soll eine schöne gleichmäßige Oberfläche bilden und muß so widerstandsfähig sein, daß die Emulsion nicht eindringen kann, muß aber anderseits schmiegsam bleiben und darf nicht brüchig werden.

Das Mengenverhältnis der Gelatine zum Bariumsulfat ändert sich bei matten und glänzenden Papieren. Für Mattpapiere kommen im allgemeinen auf 100 Teile Baryt zirka 10 Teile Gelatine, für glänzende Papiere auf 100 Teile feinen Baryt 8 Teile Gelatine. Bei einem zu geringen Gelatinegehalt löst sich die Schicht und bildet Pocken; eine zu große Menge Gelatine macht das Papier hart und brüchig. Am geeignetsten ist eine sogenannte mittelharte Gelatine; in der wärmeren Jahreszeit ist es jedoch von Vorteil, eine Mischung von mittelharter und harter Gelatine (im Verhältnis von 2 : 1 oder 3 : 1) anzuwenden.

Um der Barytage bestimmte Eigenschaften zu verleihen, werden der Baryt-Gelatinemischung verschiedene Zusätze beigegeben. Zur Härtung der Barytmischung wird Chromalaun oder in besonderen Fällen Formalin zugesetzt.

Zu schwache Härtung läßt die Emulsion zu tief in die Barytschicht eindringen; bei zu starker Härtung haftet die Emulsion schlecht an der Barytschicht.

Zusatz von Alkohol befördert das Erstarren und Trocknen der Barytschicht. Um das Schäumen der Masse beim Streichen zu verhindern, wird abgekochte Milch zugefügt.

Die Barytage für Auskopierpapiere wird durch Zusatz von Citronensäure oder Weinsäure schwach sauer gehalten, damit das in den Auskopierpapieren vorhandene freie Silbernitrat aufgehalten wird und nicht in das Papier selbst eindringen kann.

Um zu verhindern, daß eine zuweit gehende Austrocknung der Barytschicht stattfindet, wird der Barytmischung Glycerin beigegeben. Durch Zusatz von Farbstoffen wird die Barytschicht leicht geschönt. Zum Zwecke besonderer Mattierung oder als Ausgleich wird der Streichmasse Reisstärke (ungebläut) zugefügt.

Das Bariumsulfat, auch als Blanc-fix oder Barytweiß bezeichnet, kommt in feinpulvriger Form oder als teigartige Masse mit zirka 25% Wasser oder in der natürlichen Form als Schwerspat zur Anwendung.

Der Baryt muß von allen Verunreinigungen frei sein; nicht jedes Fabrikat ist verwendbar. Guter, für photographische Zwecke geeigneter Baryt soll rein weiß, vollkommen geruchlos und neutral sein. Bariumsulfat wird durch Fällung eines löslichen Bariumsalzes mit Schwefelsäure oder einem Sulfat erhalten. Das beste Resultat gibt Barytweiß, das aus kohlensaurem Barium durch direkte Einwirkung von Schwefelsäure hergestellt wurde. Bei höherer Temperatur bildet sich körniges Baryt, bei niedriger Temperatur ein feiner Schlamm von Baryt; auch die Konzentration der Fällung ist auf die Korngröße von Einfluß. Bei Fällung des Baryts aus Chlorbarium mit Schwefelsäure kann bei eisenhaltiger Chlorbariumlösung trotz stark saurer Reaktion Eisen mitgerissen werden. Die Chlorbariumlösung soll vollkommen neutral (Zusatz von kohlensaurem Baryt oder Alkali) und von eisenhaltigem Rückstand befreit gefällt werden. Ein geringer Chlorgehalt des Baryts ist bei dieser Herstellung nicht zu vermeiden, doch soll derselbe nicht über 0,05% betragen, da sich sonst bei manchen Emulsionsarten sehr schädliche Einwirkungen bemerkbar machen können.

Die Prüfung auf Chlorgehalt eines Baryts erfolgt nach Cobenzl[1] auf folgende

[1] Phot. Ind. 1913, S. 1093.

Weise: 50 g Teigbaryt werden mit destilliertem Wasser nebst 5 ccm $^1/_{10}$-n-Silbernitratlösung und einigen Tropfen chlorfreier Salpetersäure (auf 200 ccm) angerührt, 15 bis 20 Minuten lang im Wasserbad erhitzt und absitzen gelassen; 100 ccm der klaren Lösung werden unter Zusatz von einigen Tropfen einfach chromsaurer Kalilösung bis zum Erscheinen der violettbraunen Färbung mit $^1/_{10}$ n-Chlornatriumlösung zurücktitriert.

Die doppelte Anzahl der verbrauchten Kubikzentimeter wird von den angewendeten 5 ccm Silbernitratlösung abgezogen; der Rest in Kubikzentimetern, mit 0,0071 multipliziert, ergibt den Prozentgehalt des Blanc-fix an Chlor. Bei Verwendung von Teigbaryt für die Streichmasse ist es nötig, seinen Trockengehalt festzustellen; es wird dementsprechend eine abgewogene Probe im Trockenschrank bis zum konstanten Gewicht getrocknet und zurückgewogen.

Tritt beim Erhitzen bis zum Glühen ein brenzlicher Geruch oder ein Grauwerden des Rückstandes ein, so ist auf organische Verunreinigung zu schließen. Treten beim Erhitzen Säuredämpfe auf oder reagiert der angefeuchtete Rückstand bei Prüfung mit Lackmuspapier sauer, so enthält der Baryt Säure oder Bariumsulfat.

Der Baryt soll frei von Substanzen sein, welche Silbernitrat reduzieren können. Zur diesbezüglichen Prüfung rührt man eine Probe Baryt zu einem dünnen Brei an, gibt einige Tropfen ammoniakalische Silberlösung zu; dabei darf keine Braunfärbung auftreten. Schüttelt man eine Probe mit Bleiacetatlösung, so zeigt Graufärbung des Baryts die Anwesenheit von Sulfit an.

Die Prüfung auf Eisen erfolgt mittels einer Ferrocyankalilösung.

Neutraler Baryt soll, mit destilliertem Wasser, Phenolphtalein und einem Zusatz von ein bis zwei Tropfen Natriumcarbonatlösung angerührt, eine bleibende Rosafärbung geben.

Bei den für die Verarbeitung in Betracht kommenden Teig- und Pulverbaryten unterscheidet man, der feineren oder gröberen Körnung entsprechend, Glanz- und Mattbaryt, wobei noch jede Sorte Baryt für sich bezüglich der Körnung Verschiedenheiten aufweist.

Rein weißer, fein gemahlener und geschlämmter Schwerspat kommt nur für tiefmatte Papiere oder auch in Mischung mit Pulverbaryt für halbmatte Papiere zur Verwendung; für glänzende Barytschichten kommt nur Baryt mit feinster Körnung in Betracht. Da die Barytpapiere zwecks Anpassung an die zur Anwendung kommende Emulsionsart eine gleichbleibende, gleichmäßige Schicht haben sollen, ist die Körnung des Baryts sehr zu beachten.

Zur Feststellung der Körnung bedient man sich einer einfachen physikalischen Prüfung, der sogenannten F a l l p r o b e, bei welcher der zu prüfende Baryt mit einem ein gutes Resultat ergebenden Baryt in Vergleich gezogen wird.

Zur Fällungsprobe benutzt man einen Meßzylinder von bestimmter Dimension (Höhe, Durchmesser und Rauminhalt), z. B. eine Mensur von 1000 bis 2000 ccm Inhalt. Es wird eine gewogene Menge Baryt in Pulverform oder als Trockensubstanz (Teigbaryt) mit dem den ganzen Zylinder ausfüllenden Wasser verrührt und die Zeit notiert, die der Baryt zur Fällung benötigt.

Ein schnelleres Absitzen bedeutet ein g r ö b e r e s Korn; dementsprechend bedeutet eine langsamere Fällung eine f e i n e r e Körnung.

In Tabelle 1 sind die Fällungsgeschwindigkeiten verschiedener Barytsorten (in einer Mensur von 7 cm Durchmesser mit einer Skalenlänge von 1 bis 1000 bei 36 cm Höhe und 50 g trockenem Baryt) angegeben.

Der fein gemahlene und geschlämmte Schwerspat ist vor seiner Verarbeitung als Streichmasse durch Auskochen in einer Säure von Eisen und sonstigen löslichen Bestandteilen zu befreien.

Tabelle 1. Fällungsgeschwindigkeit verschiedener Barytsorten

Zeit	S. Teig matt	Pulver matt	L. Teig matt	S. S. Teig glänzend	L. Teig glänzend
			Die Fällung geht bis zum Skalenstrich		
5 Minuten	830	510	930	170	160
10 „	885	735	955	300	270
15 „	920	800	990	540	430
30 „	—	880	—	580	520
45 „	935	890	—	750	700
60 „	940	930	960	770	750

Abb. 4. Baryt-Knet- und Mischmaschine. Radebeuler-Maschinenfabrik AUGUST KOEBIG

11. Zubereitung der Barytmasse. Während Baryt in Pulverform direkt gebrauchfertig ist, muß Teigbaryt, der eine zähe Masse darstellt, mit der erforderlichen Menge Wasser durchgearbeitet werden.

Dies geschieht in heizbaren Spezialknetmaschinen (Abb. 4), in denen horizontal angeordnete in zueinander entgegengesetzten Richtungen rotierende Bronzeflügel das Durchkneten der Masse bewirken.

Im Fabrikationsbetrieb bedient man sich zum Mischen der Streichmasse besonderer Mischapparate. Es sind dies Holzbottiche mit einem Rauminhalt von 150 bis 500 l, in denen ein vertikal angeordnetes Rührwerk mit wendeltreppenförmig übereinander angebrachten Rührflügeln die Streichmasse durchrührt bzw. durchknetet (Abb. 5).

Eine abgewogene Menge des Baryts wird mit einer bestimmten Wassermenge innig verrührt, eine verdünnte Farbstofflösung zugegeben und wiederum so lange gerührt, bis keine Farbstreifen mehr vorhanden sind.

Die im Warmwasserbad geschmolzene Gelatine wird sodann unter ständigem Rühren langsam dem Barytbrei zugefügt.

Es erfolgen sodann die weiteren Zusätze: Alkohol, Glycerin, Milch und als Härtemittel eine basische Chromalaunlösung oder auch Formalin.

Die Zusätze werden als fertige Vorratslösungen, die in bestimmten Verhältnissen in Wasser gelöst sind, bzw. verdünnt der Baryt-Gelatinemischung zugefügt; z. B.: 10%ige Citronensäurelösung, 10%ige Chromalaunlösung, 5%ige Farbstofflösung; diese Mischung wird vor Zusatz zum Barytteig reichlich mit Wasser (zirka 1 l) verdünnt.

Zum Färben der Barytage müssen möglichst lichtechte und in den Bädern sich nicht verändernde Farbstoffe verwendet werden.

Es werden angewandt:

Für Rot: Rhodamin extra, Diaminrosa B, Karmin.

Für Blau: Echtsäureblau, Indanthrenblau, Diaminreinblau.

Für Gelb: Echtgelb, Thioflavin T, Auramin, Indanthrengelb.

Mattbarytage

50 kg Teigbaryt matt 50%
5 kg Pulverbaryt
25 l Wasser
1,5 kg Gelatine
15 l Wasser
300 ccm Chromalaunlösung
2000 ccm Alkohol
300 ccm Glycerin
200 ccm Citronensäurelösung
150 ccm Farbstofflösung
1000 ccm Wasser

Glänzende Barytage

120 kg Glanzteigbaryt 50%
20 l Wasser
4,5 kg Gelatine
30 l Wasser
1500 ccm Chromalaun
2000 ccm Alkohol
1000 ccm Citronensäurelösung
2500 ccm Milch
600 ccm Glycerin
100 ccm Farbstofflösung
1000 ccm Wasser

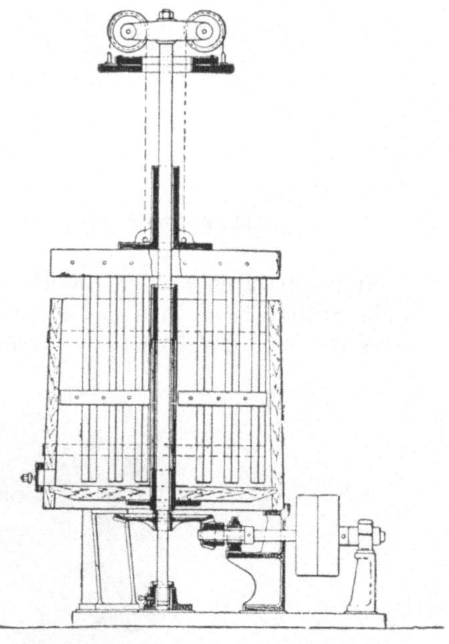

Abb. 5. Mischmaschine für Barytmasse

Die fertig gemischte Masse wird mittels Spezialsiebmaschinen mehrmals filtriert, um etwaige Verunreinigungen oder zusammengeballte Barytteilchen zu entfernen.

Die Masse wird mittels sich drehender Flachbürsten durch ein feines Sieb gedrückt. Man bedient sich hiezu meistens doppelter Siebmaschinen (Abb. 6), bei denen die Masse zuerst ein gröberes und dann ein feineres Sieb passiert.

Die filtrierte Masse wird auf die nötige Temperatur, bei der die Masse gestrichen wird, d. h. auf zirka 35 bis 40° C, gebracht.

Der Auftrag der Farbmasse erfolgt durch Streichmaschinen, welche so regulierbar sind, daß mit einer Streichgeschwindigkeit von 25 bis 30 m in der Minute gearbeitet werden kann; 20 bis 30 m pro Minute sind für die meisten Striche die geeignete Geschwindigkeit.

Die Streichmaschine besteht im Prinzip aus einem großen Zylinder, über dem ein System von Flachbürsten gelagert ist, welche zum Teil hin- und hergehende Bewegungen machen und die von der Auftragsvorrichtung auf das Papier aufgetragene Farbe gleichmäßig verstreichen.

Der Auftrag der Streichmasse auf das Papier erfolgt folgendermaßen: Durch eine in der Streichmasse laufende Walze, welche in einen die Masse ent-

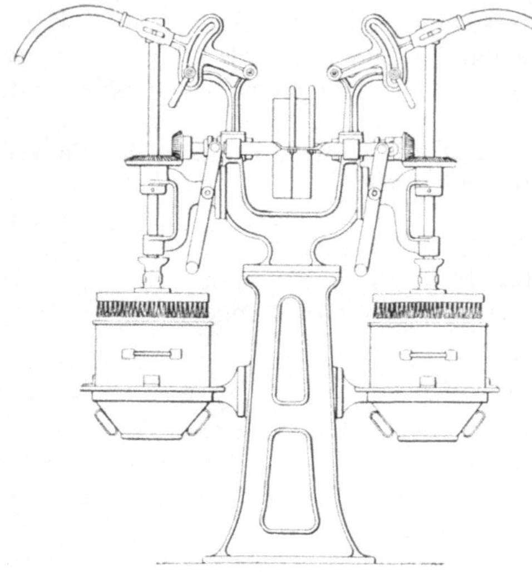

Abb. 6. Baryt-Siebmaschine

haltenden Trog eintaucht, wird die Masse an eine zweite mit einem endlosen Filz versehene Walze abgegeben und durch diese auf die über den Zylinder geführte Papierbahn aufgetragen (Abb. 7).

Über einem pneumatischen Zugtisch, über den ein endloses Filztuch läuft, wird durch unterhalb angesaugte Luft die Papierbahn an das Filztuch angepreßt, und dem Aufhängeapparat zugeleitet.

Eine schräg aufsteigende Kette, mit in bestimmten Abständen aufrechtstehenden Glieder versehen, nimmt die mit einem selbsttätigen Stabeinleger zugeführten Holzstäbe auf und trägt die Stöcke nach oben, wobei sich die Papierhänge bilden.

Durch die Zugwirkung des Aufhängeapparates werden die Hänge der Papierbahn auseinandergezogen, so daß ein Stababstand von ca. 30 cm entsteht und ein gegenseitiges Berühren der gestrichenen Papierbahnen vermieden wird.

Abb. 7. Streichmaschine für Barytpapier. Radebeuler Maschinenfabrik August Koebig

Den Raumverhältnissen entsprechend hat der Aufhängeapparat eine oder mehrere Umkehr- bzw. Aufhängegänge; bei einer Raumlänge von 50 m genügen eine Umkehrvorrichtung bzw. zwei Aufhänggänge (s. Abb. 8). Die Trocknung des Papiers muß bei gleichmäßiger Temperatur und Luftzufuhr allmählich

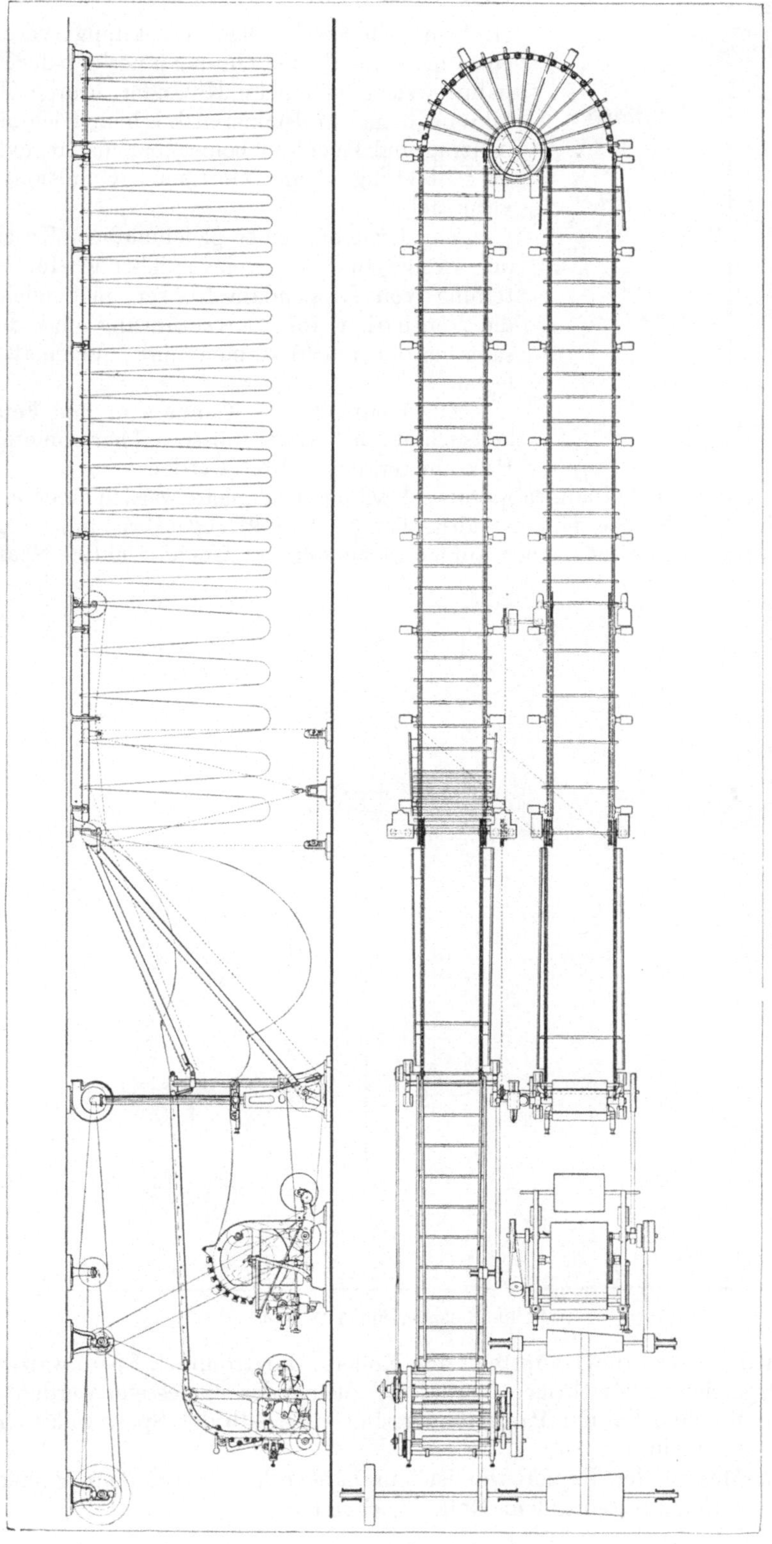

Abb. 8. Streichanlage für Barytpapiere

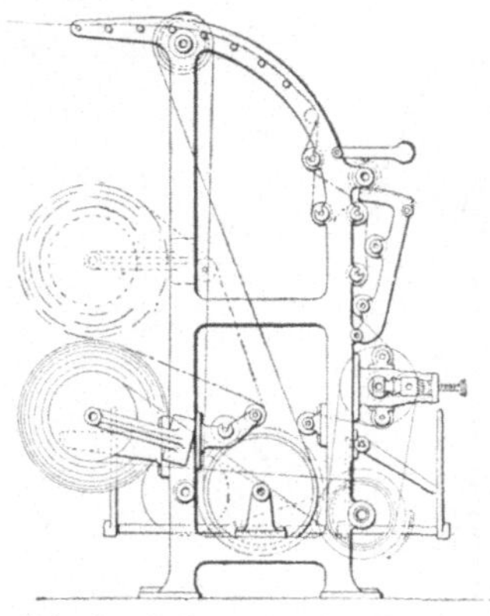

Abb. 9. Selbstroller für Barytpapier

erfolgen. Ungleichmäßige Trocknung verursacht eine unterschiedliche Dehnung innerhalb der Papierbahn, welche sich beim Kalandern durch Faltenbildung, beim Emulsionieren durch ungleichmäßigen Auftrag und Rücklauf bemerkbar macht, ev. auch Blasenbildung beim fertigen Emulsionspapier verursacht.

Zur Erzielung einer gleichmäßigen Trocknung der Hänge sind die Heizvorrichtung durch Verteilung von Rippendampfrohren im Streichraum, die Ventilation für Luftzuführung und die Absaugung der feuchtwarmen Luft sinngemäß anzulegen.

Zur Kontrolle von Temperatur und Feuchtigkeitsgehalt der Luft müssen Thermometer und Hygrometer beobachtet werden.

Die auf dem Aufhängeapparat getrockneten Papiere werden über eine sogenannte Rollerbrücke einem Selbstroller (s. Abb. 9) zugeführt, um zu gleichmäßigen festgespannten Rollen aufgerollt zu werden. Um die richtige Spannung

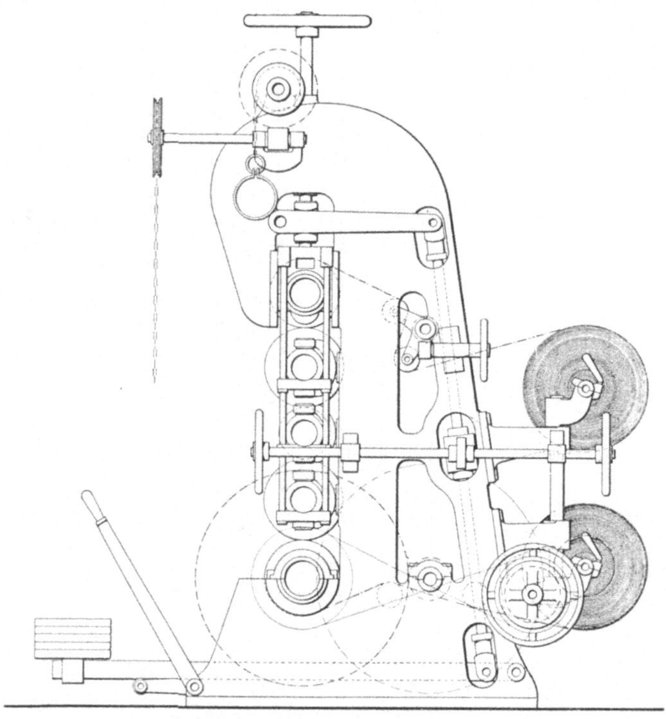

Abb. 10. Kalander mit 5 Walzen

zu erzielen, müssen die Hauptteile des Rollers: Zugtrommel, Spannwalzen und Friktionsgetriebe im richtigen Verhältnis zueinander eingestellt werden.

Zum Beschneiden der Papierränder sind unterhalb der Spannwalzen Kreismesser angebracht.

Zum Messen der Papierbahn ist ein Zählwerk, ein auf dem Papier aufliegendes Gummirad, mit dem Roller verbunden.

12. Das Auftragen der Barytmasse. Nach der Art des Rohpapiers oder des zu erzielenden Papiers richtet sich der Auftrag der Barytmasse. Rauhe Papiere, bei denen die Körnung des Papiers zur Geltung kommen soll, erhalten einen sogenannten Deckungsstrich; für matte und halbmatte Oberflächen kann man mit zwei Strichen auskommen. Hochglanzpapiere erhalten in der Regel drei Aufträge.

Für den ersten Auftrag, den „Deckungsstrich", werden etwa 12 bis 15 g Baryt, als Trockenmasse gerechnet, pro Quadratmeter aufgetragen, während beim zweiten oder dritten Strich, von denen der letzte als „Härtestrich" bezeichnet wird, nur 3 bis 5 g pro Quadratmeter aufgetragen werden. Als Regel gilt, den Barytstrich auf das Notwendigste zu beschränken.

13. Das Kalandern. Das barytierte, getrocknete Papier wird je nach Art der Oberfläche (matt, halbmatt, halbglänzend oder hochglänzend) einer Kalt- oder Heißsatinage auf dem sogenannten Kalander unterzogen, indem das Papier

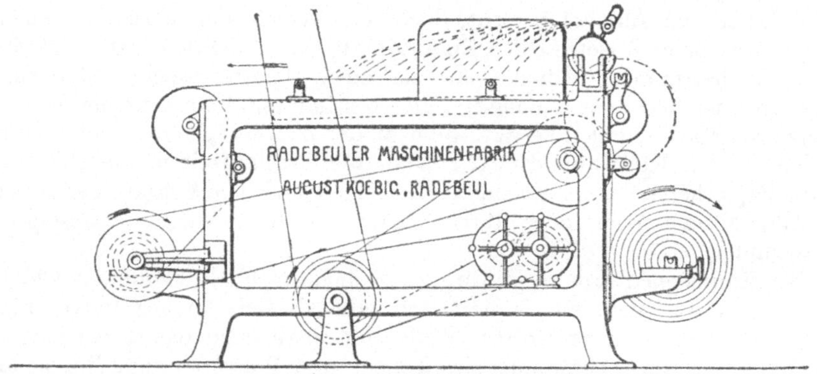

Abb. 11. Anfeuchtmaschine

durch eine Anzahl Papierwalzen und hochpolierte Stahlwalzen mit höherem oder geringerem Druck, der je dem Kalander entsprechend bis zu 20000 kg betragen kann, geführt wird. Die Kalander sind so eingerichtet, daß jede Papierwalze den Druck von zwei Stahlwalzen erhält. Zum Kalandern matter Papiere genügt eine zweimalige Pressung, während für Hochglanzschichten der Vorgang mehrmals wiederholt wird. Ferner sind die Walzen zum Heizen eingerichtet. Bei einem 5-Walzenkalander wiederholt sich der Durchgang viermal, beim 7-Walzenkalander sechsmal (Abb. 10).

Während manches Papier dem verwendeten Rohstoff, dem Barytstrich und der Trocknung entsprechend häufig sofort nach dem Trocknen kalandriert wird, ist es bei anderen Sorten wiederum ratsam, das Papier zwecks Erreichung eines gewissen Dehnungsausgleiches erst einige Zeit vor dem Kalandern lagern zu lassen. Würden scharf getrocknete Papiere sofort auf den Kalander gebracht werden, so würden sie infolge des starken Druckes durch Einreißen oder Knittern erheblich beschädigt werden. Derartige Rollen werden vor dem Kalandern, um sie geschmeidiger zu machen, schwach angefeuchtet. Man bedient sich für diesen Zweck spezieller Maschinen, sogenannter Anfeuchtmaschinen, bei denen mittels eines Sprühapparates und Druckluft verstäubtes Wasser auf die darunter hinweggeführte Papierbahn geblasen wird (Abb. 11). Der Grad der Feuchtigkeit kann durch schnelles oder langsames Durchführen des Papiers oder Verminderung der Druckluft reguliert werden.

Lagerung des barytierten Papiers. Der Lagerraum soll luftig und gleichmäßig temperiert sein. Die barytierten Rollen sollen nicht stehen oder aufeinanderliegen, sondern frei hängend in vertikaler Anordnung auf Balkenrosten gelagert werden.

14. Das Celloidinpapier. Die zur Fabrikation von Celloidinpapier verwendeten Chlorsilberkollodiumemulsionen werden durch Mischen eines oder mehrerer Alkalichloride (mit überschüssigem Silbernitrat und Citronen- oder Weinsteinsäure in alkoholischer Lösung) mit einer Kollodiumlösung hergestellt, welche aus einer in gleichen Teilen von Alkohol und Äther (unter Zufügung gewisser nach spezieller Vorschrift anzuwendender Zusätze) gelösten Kollodiumwolle besteht. Auf die Beschaffenheit der Emulsion bzw. der damit hergestellten Papiere ist die Zähflüssigkeit (Viskosität) der Kollodiumlösung, die wiederum vom Stickstoffgehalt des nitrierten Materials (Baumwolle, Seidenpapier, Holzzellstoff)[1] usw. abhängt, von großem Einfluß.

Das Celloidinkollodium, welches als 4- bis 6%ige Lösung in den Handel kommt,[2] ist, trotzdem es aus einer bestimmten Gewichtsmenge von Kollodiumwolle, Äther und Alkohol besteht, doch sehr verschieden bezüglich seiner Viskosität, was beim Ansetzen der Emulsion zu berücksichtigen ist. Um die Viskosität zu bestimmen, bedient man sich einer Pipette, welche möglichst spitz ausgezogen ist und zum Abmessen eines bestimmten Volumens der Kollodiumlösung zwei Markierungen besitzt. Je nach der Zähflüssigkeit der miteinander zu vergleichenden Kollodiumlösungen sind die Auslaufzeiten verschieden; die für die Papierherstellung verwendeten Lösungen sind dem Vergleich entsprechend mit Alkohol oder Äther oder durch Zusatz von Kollodium zweckentsprechend abzustimmen.

Bei Emulsionen mit zu geringem Kollodiumgehalt bleibt das Chlorsilber in der Emulsion nicht suspendiert und fällt als feinkörniges Pulver aus; bei Emulsionen mit einem zu hohen Kollodiumgehalt neigt das damit hergestellte Papier bei der Nachbehandlung des Tonens und Wässerns zum Rollen und zu

---

[1] Die Aktiengesellschaft DYNAMIT NOBEL erzeugt eine gut geeignete Kollodiumwolle aus Holzzellstoff, welche in flockiger Form, wie auch als 4- bis 6%ige Lösung in den Handel kommt. Vgl. J. M. EDER, Phot. Korr., 1920, S. 272.

[2] Die Herstellung von Kollodium wird selten von den Celloidinpapierfabriken ausgeübt, es wird vielmehr als Celloidin-Kollodium bezogen. Die Selbstfertigung von Kollodiumwolle erfordert eine gewisse Erfahrung. Zur Herstellung einer brauchbaren Kollodiumwolle empfiehlt J. M. EDER (Phot. Korr., 1887, S. 241) folgendes Rezept: In eine möglichst tiefe Porzellanschale werden 600 g Salpeter und 30 ccm Wasser gegeben und 1000 ccm konzentrierte, chemisch reine Schwefelsäure darüber gegossen; mit einem Glasstab wird umgerührt, bis der Salpeter aufgelöst ist. Die Temperatur steigt auf 60 bis 64° C. In dieses Gemisch werden nun 300 g entfettete Baumwolle (Verbandwatte) in kleinen Partien von 4 bis 5 g möglichst rasch eingetragen. Es ist darauf zu achten, die Wolle mit möglichst viel Säure zusammenzubringen; man wendet sie unter der Säure mittels zweier Glasstäbe häufig um, bis die Baumwollefasern in allen Teilen eine gleichmäßig gelbliche Färbung angenommen haben. Nach etwa zehn Minuten ist die Nitrierung beendet (die nitrierte Wolle darf nicht kurzfaserig oder mürbe werden). Mittels der Glasstäbe wird die Wolle aus der Säure genommen und in ein größeres Gefäß mit Wasser geworfen, mit der Hand ausgedrückt und 24 Stunden lang in fließendem Wasser oder in häufig gewechseltem Wasser gewaschen. Ist die Faser zähe und geschmeidig geblieben, so ist die Ausbeute etwa 40 g Kollodiumwolle. Wurde die Wolle beim Nitrieren zu sehr angegriffen (kurzfaserig), so tritt ein Gewichtsverlust von 5 bis 15% ein.

Die fertige Kollodiumwolle wird unter Wasser aufbewahrt, im Bedarfsfalle aus dem Wasser genommen, mit Alkohol angefeuchtet, um das vorhandene Wasser zu verdrängen, nochmals ausgedrückt und in freier Luft auf Fließpapier getrocknet.

Brüchen. Anderseits neigt die Celloidinschicht leicht zu Rissen und Brüchen, je mehr Alkohol und je weniger Äther die Emulsion enthält. Zuviel Alkohol im Kollodium gibt mürbe Schichten. Ein zu großer Wassergehalt — Wasser wird zum Lösen des Silbernitrats sowie der Salze benötigt — verursacht zellige Struktur der Oberfläche. Um das Rollen des Celloidinpapiers zu vermeiden, fügt man der Emulsion Glycerin bei; um die Celloidinschicht geschmeidiger zu machen, setzt man der Emulsion Rizinusöl zu, doch muß mit diesen Zusätzen sehr Maß gehalten werden, da zu stark rizinusölhaltige Papiere sehr langsam tonen. Auch bei einem zu großen Glycerinzusatz wird der Tonungsprozeß beeinflußt; andererseits kann ein übermäßiger Glycerinzusatz auch die Haltbarkeit des Papiers beeinträchtigen.

Die in der Praxis hauptsächlich angewendeten Chlorsalze sind Lithiumchlorid, Strontiumchlorid, Calciumchlorid. Je geringer (innerhalb gewisser Grenzen) die Chlorsalzmenge im Verhältnis zur Silbernitratmenge in der Emulsion ist, desto härter kopiert das Papier; bei einem zu hohen Chlorsalzgehalt resultiert ein Papier, welches kraftlose, flaue Kopien gibt. Geringe Erhöhung des Chloridgehaltes liefert bei einer normal arbeitenden Emulsion bereits weichere Kopien.

Die einzelnen Chloride haben auf die Färbung der Celloidinpapiere keinen Einfluß, wirken aber auf den Kopierton des Papiers verschieden; so ergibt z. B. eine mit Strontiumchlorid angesetzte Emulsion ein bräunlich-blau kopierendes Celloidinpapier, Calciumchlorid gibt einen mehr dunkelrötlichen, Lithiumchlorid einen mehr hellrötlichen ins Bläuliche gehenden Kopierton.

Bei der Herstellung glänzender Papiere wird zur Erzielung eines bräunlichvioletten Kopiertons meist ein Gemisch von Strontium- und Lithiumchlorid angewendet, für Mattpapiere wird Calciumchlorid bevorzugt. Von wesentlichem Einfluß auf den Kopierton ist die Wahl des Untergrundpapiers, die zur Anwendung gelangten Äther- und Alkoholmengen, der eventuelle Wassergehalt der Emulsion, sowie der Umstand, ob eine frisch angesetzte Emulsion oder eine länger gestandene (gereifte) Emulsion zur Anfertigung des Papiers benutzt wurde.

Um eine längere Haltbarkeit der Papiere zu erzielen, setzt man der Emulsion eine Säure[1] (Citronensäure, Weinsäure) zu; neben der größeren Haltbarkeit erzielt man durch diesen Zusatz eine gute Tonungsfähigkeit, sowie kräftige Kopien mit klaren Weißen. Die Lichtempfindlichkeit des Papiers wird einerseits durch die Menge von Chlorsilber, andererseits durch die Menge des citronensauren Silbers in der Emulsion bedingt.

Für eine gute Haltbarkeit der Papiere kommt neben dem Säurezusatz die Beschaffenheit des Untergrundpapiers, die Kollodiumzusammensetzung, die Temperatur und Luftfeuchtigkeit bei der Anfertigung der Papiere sowie die Lagerung der fertigen Papiere in Betracht.

15. Die Herstellung der Chlorsilber-Kollodiumemulsion. In eine weithalsige, zirka 10 l fassende Glasflasche werden 5000 g 4%ige Kollodiumlösung, deren Viskosität vorher bestimmt wurde, eingewogen. In das Kollodium wird zuerst die Chlorsalzlösung unter Zusatz von Alkohol eingetragen und durch Rühren mit der Kollodiumlösung gut vermengt; hierauf wird die mit Alkohol gemischte Silbernitratlösung langsam in dünnem Strahl unter stetigem Umrühren hinzugefügt. Dann wird die Citronensäurelösung unter gleichen Bedingungen hinzugetan. Als letzte Zusätze werden die mit Alkohol gemischten Rizinusöl- und Glycerinlösungen tropfenweise zugegeben.

---

[1] Von K. Kieser wurde Phosphorsäure oder Glykokollsäure empfohlen. Phot. Ind., 1915, S. 53; 1918, S. 186.

Die verschiedenen Zusätze werden in folgenden Lösungsverhältnissen angewendet:

Silbernitrat löst sich in Wasser im Verhältnis 1 : 1 bei normaler Temperatur; die Silbernitratlösung wird schwach angewärmt und mit der doppelten Menge Alkohol gemischt. Die Chlorsalze (Strontium, Lithium) werden im Verhältnis 1 : 10 in Wasser gelöst und mit Alkohol gemischt. Calciumchlorid wird im Verhältnis 1 : 10, Citronensäure im Verhältnis 1 : 4 in Alkohol gelöst. Rizinusöl und Glycerin werden im Verhältnis 1 : 2 mit Alkohol gemischt. Alkohol wird mit 10% Äther denaturiert angewendet.

a) Rezeptur einer Emulsion für Glanz- und Halbmatt-Celloidinpapier.

α) 5000 g Kollodium 4%
β) 30 ccm Strontiumchlorid 1:10
10 ccm Lithiumchlorid 1:10
500 ccm Alkohol
γ) 240 ccm Silbernitratlösung 1:1
500 ccm Alkohol
δ) 600 ccm Citronensäurelösung 1:4
250 ccm Alkohol
ε) 30 ccm Rizinusöllösung 1:2
250 ccm Alkohol
80 ccm Glycerinlösung 1:2

b) Rezeptur einer Emulsion für Matt-Celloidinpapier.

α) 5000 g Kollodium 4%
β) 15 g wasserfreies Calciumchlorid gelöst in 500 ccm Alkohol
300 ccm Äther
γ) 300 ccm Silbernitratlösung 1:1
600 ccm Alkohol
δ) 20 ccm Weinsäure 1:4 in Alkohol gelöst
300 ccm Citronensäure 1:4
700 ccm Alkohol
ε) 120 ccm Glycerinlösung 1:2
40 ccm 25% Ammoniak mit
300 ccm Alkohol gemischt.

Bei den Zusätzen γ), δ), ε) wird, wie oben angegeben, ein Teil Alkohol zur Verdünnung und besseren Verteilung zugefügt.

16. Veränderungen der Emulsion. Wird die Chlorsilber-Kollodiumemulsion nicht sogleich nach dem Ansetzen verarbeitet, sondern nachdem sie bereits einige Stunden gestanden ist, so hat eine Molekularveränderung stattgefunden; die fein verteilten Silberpartikel in der Emulsion werden größer, es tritt die sogenannte Reifung der Emulsion ein. Die Reifung geht in der Wärme schneller, bei niederer Temperatur langsamer vonstatten. Von der Reifung wird zur Erzielung eines bestimmten Charakters der Papiere (z. B. solcher für Tonfixierbadbehandlung) Gebrauch gemacht. Das mit solchen Emulsionen hergestellte Papier hat eine etwas größere Lichtempfindlichkeit als ein mit frisch angesetzter Emulsion präpariertes Papier. Die Reifung ist auch von der Zusammensetzung der Emulsion abhängig. Bei großem Kollodium- und Alkoholgehalt geht die Reifung langsamer, bei geringem Kollodium- und größerem Wassergehalt schneller vor sich. Emulsionen, welche zu lange gestanden sind, geben Papiere, welche grau-violette kraftlose Kopien liefern.

17. Selbsttonendes Celloidinpapier. Die Herstellung des selbsttonenden Celloidinpapiers unterscheidet sich von der Herstellung der anderen Papierarten nur dadurch, daß dem üblichen Emulsionsansatz eine Goldsalzlösung zugefügt wird.

Einem Ansatz von 10 l Emulsion werden 1,5 g Chlorgold, in 100 ccm Alkohol gelöst, hinzugefügt.

Zur besseren Tonungsmöglichkeit sowie zur Variation des Tones werden zugleich mit der Chlorgoldlösung noch Zusätze wie Ammoniak-Rhodanammonium, Bleiacetat usw. der Emulsion zugesetzt. Nach Zugabe der Goldlösung ist die Emulsion leicht zersetzlich, so daß sie sofort nach dem Ansetzen zur Verarbeitung kommen muß.

Um das frisch präparierte Papier gegen äußere Einflüsse, wie Feuchtigkeit der Luft, zu schützen, wird das präparierte Papier, wie überhaupt jede Art Celloidinpapier, sofort in Bogen geschnitten, Schicht auf Schicht gelegt, zwischen den Rückseiten mit Zwischenlagen von Strohpapier versehen und in kleinen Stößen unter leichtem Druck gelagert.

18. Abziehbares Celloidinpapier. Bei dem üblichen Celloidinpapier ist eine der Hauptbedingungen, daß die Emulsionsschicht fest am Barytpapier haftet.

Das abziehbare Celloidinpapier muß zunächst so fest an der Unterlage haften, daß die Schicht sich nicht schon beim Tonen, Fixieren und Wässern ablöst. Zu diesem Zweck wird das Barytpapier zunächst mit einer zirka 8%igen Gelatineschicht präpariert, die einerseits ein Haften der Emulsionsschicht gewährleistet, sich aber andererseits nach dem Fertigstellen der Kopie in warmem Wasser löst.

19. Hart kopierendes Celloidinpapier. Werden der üblichen Celloidinemulsion geringe Mengen Kalium- oder Ammoniumbichromat (6 ccm Kaliumbichromat 1 : 15) beigegeben, so kopiert das Papier bedeutend härter, es wird aber zugleich seine Empfindlichkeit verringert; dies gilt bei stärkerem Chromatzusatz um so mehr.

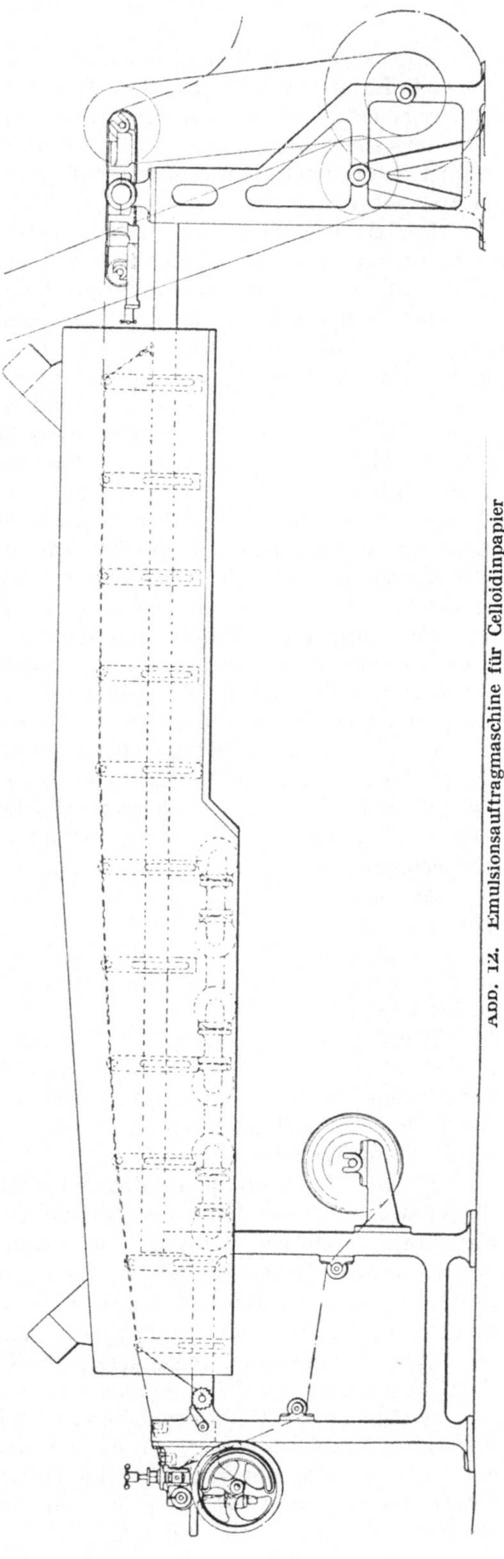

Abb. 12. Emulsionsauftragmaschine für Celloidinpapier

Günstiger verhalten sich Zusätze von Kupferchlorid oder Uranylchlorid.

20. Emulsionsauftrag. Das Auftragen der Celloidinemulsion erfolgt auf Auftragsmaschinen, die im wesentlichen aus einem leicht gewölbten, mit einem Trockenkanal überdachten Tisch bestehen, auf welchem das emulsionierte Papier sofort nach dem Auftrag mittels heißer Luft fertig getrocknet oder vorgetrocknet wird.

Der Auftrag erfolgt entweder mittels einer Tauchwalze, welche in einen mit der Emulsion gefüllten Trog eintaucht, oder mittels sogenannter Schlitzgießer, d. s. zwei im Winkel gegeneinandergesetzte Glaslineale, welche entsprechend der Viskosität der Emulsion enger oder weiter gestellt werden. Abb. 12 zeigt eine Auftragmaschine mit Tauchwalze (RADEBEULER MASCHINENFABRIK A. KOEBIG), bestehend aus einem zirka 4 m langen, mit Trockenkanal versehenen Tisch, auf dem durch unterhalb und seitlich angebrachte Heizkörper, entsprechend der Verdunstung der ätherischen Lösungsmittel, eine Vortrocknung erfolgt. Mittels eines am Ende des Trockenkanals angebrachten pneumatischen Zugtisches erfolgt der Transport der Papierbahn zur Nachtrocknung auf den Hängeapparat, dem sich die Aufrollvorrichtung anschließt. Die Aufhängevorrichtung ist derjenigen für die Trocknung der Barytpapiere (s. Abb. 8) gleich.

Wegen der schnellen Trocknung des Celloidinpapiers genügt für die Nachtrocknung ein Hängeapparat von zirka 20 m Länge bei einer Umkehr.

Der Auftrag der Emulsion erfolgt mit einer Laufgeschwindigkeit von zirka 2 bis 4 m pro Minute, je nachdem, ob matte oder glänzende Papiere emulsioniert werden; es sollen zirka 10 l Emulsion (je nach der Viskosität) 120 bis 140 m emulsioniertes Papier von 65 cm Breite ergeben.

Dem verfügbaren Raum entsprechend, benutzt man Tischmaschinen, bei denen der gesamte Trockentisch eine Länge von 20 bis 25 m hat. Die Trocknung erfolgt auch hier durch eingebaute Heizkörper, wobei durch stufenmäßige Anlage eine allmähliche Trocknung erfolgt, oder durch warme Luft, welche man entgegengesetzt der Papierrichtung durch einen Trockenkanal streichen läßt.

Am Ende der Tischmaschine ist ein Querschneider angebracht, um das getrocknete Papier sofort auf Bogen zu schneiden.

Heizung und Ventilation des Gießraumes muß so erfolgen, daß eine gleichmäßige Trockentemperatur, die möglichst 35° C nicht überschreiten soll, gewährleistet ist.

Wenn auch als Regel gilt, daß ein möglichst schnelles Trocknen des emulsionierten Papiers erfolgen soll, so darf die Trocknung doch nicht übermäßig scharf sein, da die Papiere sonst leicht brüchig werden; andererseits resultiert bei zu langsamer Trocknung ein Papier, welches kraftlosere auch die Tonung schwer annehmende Bilder gibt.

21. Die Beleuchtung in den Emulsionierungsräumen. Mit Rücksicht auf die Verdunstung von Äther und Alkohol müssen zur Verhütung von Explosionen die zum Antrieb der Maschinen dienenden Motoren sowie die Schaltungen und Sicherungen außerhalb der Gießräume angeordnet werden; wenn die Beleuchtung der Arbeitsräume durch elektrisches Licht erfolgt (bei Tageslicht gelbe Fenster!), müssen die Lampen mit Schutzglocken und Drahtkörben versehen sein.

22. Chlorsilber-Gelatinepapiere. Die Chlorsilber-Gelatinepapiere sind unter dem Namen „Aristo"-Papier oder Chlorsilbercitratpapier bekannt.

Die Chlorsilber-Gelatineemulsion wird in ähnlicher Weise wie die Kollodium-(Celloidin-)Emulsion hergestellt, nur mit dem Unterschied, daß bei der Celloidinemulsion im allgemeinen außer Chlorsilber nur überschüssiges Silbernitrat und Citronensäure zur Anwendung kommt, während bei der Chlorsilber-Gelatineemulsion ein organisches Silbersalz in der Emulsion hergestellt wird, weil die

Gelatine sich mit freiem Silbersalz sehr schnell zersetzt und derartig hergestellte Papiere keine Haltbarkeit haben und schlecht tonen würden. Durch Wechselwirkung von Salzen, organischen Säuren und Silbernitrat werden organische Silbersalze in der Emulsion hergestellt. Als sehr geeignet für diesen Zweck haben sich Kaliumcitrat[1] oder Ammoniumcitrat erwiesen.

Für die fabrikationsmäßige Herstellung setzt sich die Aristo-Emulsion folgendermaßen zusammen:

α) 1200 g Gelatinelösung 8 : 1 in Wasser,
β) 150 g Citronensäurelösung 1 : 1 in Wasser,
γ) 65 g Natriumchloridlösung 2 : 1 in Wasser,
δ) 105 g Kaliumcitratlösung 2 : 1 in Wasser,
ε) 350 g Silbernitratlösung 2 : 1 in Wasser,
ζ) 150 g Chromalaunlösung 1 : 10 bis 1 : 1 in Wasser.

Die Gelatine läßt man im Wasser quellen und löst sie dann bei 45° C.

Es folgen dann in der angegebenen Reihenfolge die ebenfalls auf zirka 40° C gebrachten Zusätze der Lösungen β und γ.

Die Silbernitratlösung wird in kleinen Portionen allmählich unter Umrühren zugegeben.

Zuletzt kommt die Chloralaunlösung und ein Zusatz von 200 ccm Alkohol. Die Emulsion wird zehn Minuten lang stehen gelassen, sodann durch Leder filtriert und kommt dann sofort in die Maschine zur Verarbeitung.

Eine größere Menge von Citronensäure erhöht die Brillanz der Kopien, drückt jedoch die Empfindlichkeit der Emulsion herab. Zur Erzielung einer größeren Empfindlichkeit und zugleich eines blauen Tones setzt man der Emulsion 50 ccm 25%iges Ammoniak zu und läßt sie, je nach der gewünschten Empfindlichkeit, eine halbe bis eine Stunde lang bei 45° C stehen.

Vorstehender Ansatz von zirka 15 l gußfertiger Emulsion ergibt 140 bis 150 m laufendes Papier bei einer Breite von 65 cm.

Der Gehalt der Emulsion an Silbernitrat ist in gewisser Beziehung vom Auftrag bzw. vom Gelatinegehalt der Emulsion abhängig, mit Rücksicht auf die Haltbarkeit ist jedoch ein zu hoher Gehalt an Silbernitrat in der Emulsion zu vermeiden.

Für „Mattpapiere" werden dem obigen Ansatz 200 g Stärke, in 1 l Wasser angerührt, unter gutem Umrühren zugefügt.

Das Mengenverhältnis von Wasser wird in der Emulsion für Mattpapier etwas erhöht, der Gelatinegehalt ist dementsprechend geringer; die Auftragsstärke wird mit dem Zusatz der Stärke ausgeglichen.

23. Das Auftragen der Emulsion. Das Überziehen des geeigneten Barytpapiers mit der Aristoemulsion erfolgt im Prinzip genau so wie beim Celloidinpapier, nur muß die Gießmaschine, um die immerhin reichlich Gelatine enthaltende Emulsion schnell zum Erstarren zu bringen, gut gekühlt werden. Zwecks möglichst schneller Erstarrung der Emulsion passiert das mit der Emulsion überzogene Papier eine Kühltrommel, die für Wasserzirkulation eingerichtet ist. Da diese Kühlung allein nicht genügen würde, ist die Auftragmaschine zwecks weiterer Oberflächenkühlung mit Kühlkästen für kaltes Wasser und Eis versehen (s. Abb. 13).

Die Oberflächenkühlung kann auch so erfolgen, daß der Kühltrommel ein Kühlkanal angeschlossen ist, durch den der Laufrichtung des Papiers ent-

---

[1] W. de W. Abney gab 1882 seine Chlorcitratemulsion bekannt. Neben Chlornatrium wendete er neutrales Kaliumcitrat an, so daß sich neben dem Chlorsilber noch Silbercitrat bildete.

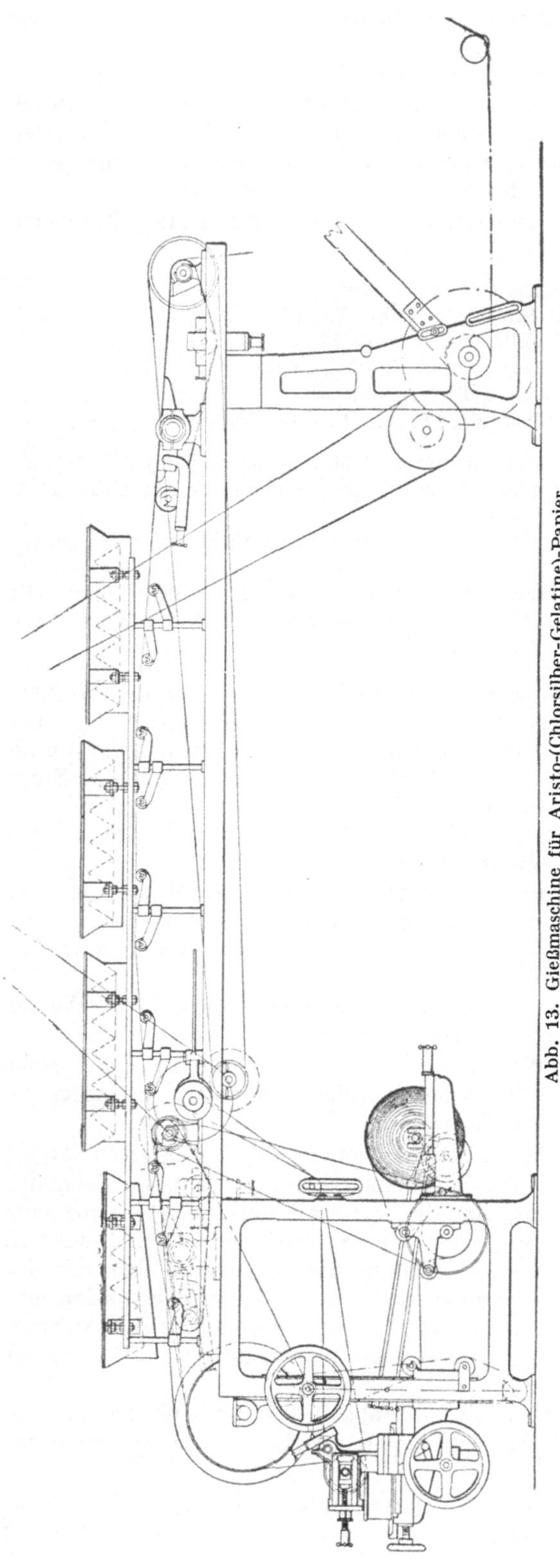

Abb. 13. Gießmaschine für Aristo-(Chlorsilber-Gelatine)-Papier

gegenströmende kalte Luft eingelassen wird, um die Emulsion zum vollständigen Erstarren zu bringen (s. a. S. 316).

Der Auftrag der Emulsion auf das Barytpapier erfolgt mittels einer in Kugellagern laufenden Tauchwalze, die in die mit Emulsion gefüllte Mulde eintaucht; die Mulde ist mit einem Warmwasserkasten umgeben. Der Transport der Papierbahn erfolgt durch einen am Ende der Maschine befindlichen Zugtisch und von da zum Aufhängeapparat, wie dies auf S. 294 beschrieben wurde. Weil bei den mit der Gelatineemulsion überzogenen Papieren eine starke Neigung zum Einrollen der Ränder vorhanden ist, werden die Hänge möglichst kurz gehalten.

Da die Trocknung tunlichst rasch erfolgen soll, um einerseits ein Einsinken der Emulsion zu verhindern und anderseits ein Schmelzen der Schicht zu vermeiden, wird der Trockenraum kürzer gehalten und mit Umkehren eingerichtet; die einzelnen Hängegänge werden durch Zwischenwände abgeteilt. Mit Hilfe einer geeigneten Heizanlage wird die Trocknung durch allmählich ansteigende Wärme herbeigeführt.

24. Schneiden, Verpacken und Aufbewahren der emulsionierten Papiere. Die Auskopierpapiere müssen unmittelbar nach ihrer Präparation zu Bogen geschnitten werden, um sie vor äußeren Einflüssen, die ein Zersetzen verursachen könnten, zu schützen. Die Bogen werden, Schicht auf Schicht liegend und zwischen den Rückseiten mit Strohpapiereinlagen versehen, unter

Abb. 14. Querschneider von ERWIN KAMPF, Bielstein-Mühlen

leichtem Druck in einem trockenen Raum gelagert (s. a. S. 301). Das Schneiden der Rollen in Bogen erfolgt mittels einer automatisch arbeitenden Querschneidemaschine (s. Abb. 14), bei der die Papierbahn mittels einer Vorschubtrommel

Abb. 15. Rotationsquerschneider von ERWIN KAMPF, Bielstein-Mühlen

jeweils der eingestellten Formatgröße entsprechend vorgezogen wird; durch Zahnstange und Freilauf erfolgt der Transport der Papierbahn derartig, daß beim Rücklauf der Zahnstange die Vorschubtrommel still steht und durch ein auf-

und niedergehendes Messer das eingestellte Format abgetrennt wird. Die Formatlänge wird an der Kurbelscheibe eingestellt.

Es sind auch Querschneidemaschinen im Betrieb, bei denen zwischen Vorschubtrommel und Querschneidemesser noch ein Längsschneider angebracht ist, um die Papierbahn zugleich in der Längsrichtung zu teilen oder um die Ränder der Papierbahn abzutrennen (s. Abb. 15).

Die Bogen werden einige Zeit gelagert, bis die Neigung zum Krümmen und Einrollen geschwunden ist, sodann sortiert und in Formate geschnitten. Das Schneiden der Bogen in Formate erfolgt mit Schneidemaschinen (s. Abb. 16), die so eingerichtet sind, daß die Bogen mit größter Genauigkeit in winkelrechte, gleichgroße Formate geschnitten werden.

Abb. 16. Moderner Schnellschneider, Maschinenfabrik Karl Krause, Leipzig

Die Auskopierpapiere, wie Celloidinpapiere und Aristopapiere, werden, wie schon oben erwähnt wurde, sofort nach dem Emulsionieren geschnitten, um möglichst jeder Einwirkung durch den Rohstoff und die Atmosphäre vorzubeugen. Die Querschneidemaschinen sind so eingerichtet, daß man zwei Rollen emulsioniertes Papier, Schicht auf Schicht gelegt, die Maschine passieren läßt.

Die geschnittenen Bogen erhalten zwischen den Rückseiten sofort eine Zwischenlage von Strohpapier.

Nach dem Schneiden in die gewünschten Formatgrößen werden die Papiere sortiert, die Packungen werden in Wachs- oder Paraffinpapier eingeschlagen.

Die leicht reduzierbaren Silbersalze in den Auskopierpapieren sind einer natürlichen Zersetzung ausgesetzt, sie sind durch zweckmäßige Verpackung und Lagerung in kühlen, trockenen Räumen soweit wie möglich davor zu schützen.

Bei den Entwicklungspapieren ist die Gefahr der frühzeitigen Zersetzung nicht in dem Maße wie bei den Auskopierpapieren vorhanden. Bei sorgfältiger Beachtung des ganzen Fabrikationsprozesses sowie bei sachgemäßer Aufbewahrung und Verpackung haben die Entwicklungspapiere eine jahrelange Haltbarkeit.

Ein vorzeitiges Verderben der Entwicklungspapiere kann durch ungeeignete Barytage (s. S. 290) oder durch im Rohpapier liegende Fehlerquellen (s. S. 281) verursacht werden. So können z. B. gekörnte oder genarbte Papiere, bei denen die Emulsion mit dem Rohstoff mehr in Kontakt kommt, leichter Veranlassung zur Zersetzung der Emulsionsschicht geben als glatte Papiere. Ebenso kann ungeeignetes Packpapier einen sehr schädlichen Einfluß auf die lichtempfindliche Schicht ausüben.[1]

Die Aufbewahrung der emulsionierten Papiere darf nur in besonderen Lagerräumen, nicht in Arbeitsräumen, erfolgen. Die Papiere werden in Rollen, Bogen oder Packungen auf Holzrosten gelagert; es ist darauf zu sehen, daß in den Lagerräumen bei guter Luftzirkulation eine möglichst gleichbleibende kühle, trockene Temperatur herrscht.

[1] Die Prüfung des Packpapiers auf etwaige schädliche Einflüsse erfolgt am einfachsten derart, daß man einen Streifen des betreffenden Packpapiers auf die Schichtseite eines lichtempfindlichen Papiers legt und beide in einen Kopierrahmen spannt, einige Tage im Kontakt im Dunkelraum stehen läßt und das lichtempfindliche Papier dann entwickelt.

25. Entwicklungspapiere. Bei den Entwicklungspapieren unterscheidet man Bromsilberpapiere mit mittlerer Empfindlichkeit für Kontaktkopien, Papiere mit höherer Empfindlichkeit für Vergrößerungen, sogenannte Negativpapiere, und weniger empfindliche Papiere, die sogenannten Gaslichtpapiere,[1] die Chlorsilber allein oder Mischungen von Brom- und Chlorsilber enthalten.

Die meist sehr kontrastreich arbeitenden reinen Chlorsilberpapiere haben eine sehr geringe Empfindlichkeit, während die Chlorbromsilberpapiere eine höhere Empfindlichkeit und, den Mischungen der Emulsion entsprechend, eine weichere oder härtere Gradation[2] besitzen.

Kraft und Gradation werden von der Schichtoberfläche der Papiere (glänzend, halbmatt, matt, gekörnt) weitgehend beeinflußt, wie denn auch der Silbergehalt von Einfluß ist. Silberarme Papiere werden mehr zu grauschwarzen Tönen neigen, während silberreiche Papiere kräftige schwarze Tiefen geben.

Die Entwicklungspapiere enthalten, im Gegensatz zu den Auskopierpapieren keinen Überschuß an freien Silbersalzen.

Emulsionsbereitung. Die Bereitung der Emulsion erfolgt in der Weise, daß man die Silberhaloidsalze in einem Emulsionskörper, einer Gelatinelösung, mechanisch verteilt und darauf hinwirkt, diesen Salzen bestimmte Eigenschaften bei möglichster Gleichmäßigkeit zu verleihen. Für Bromsilberemulsionen läßt man Bromsilber meist mit einer geringen Menge Jodsilber, für Chlorbromsilberemulsionen Chlor- mit etwas Bromsilber innerhalb der Gelatinelösung entstehen.

Mischungen von Brom- und Jodsilber oder Brom- und Chlorsilber sind die am meisten angewendeten, während Mischungen von Chlor- und Jodsilber selten benutzt werden. Hiebei ist zu berücksichtigen, daß die Umsetzung der Silbersalze mit den Haloidsalzen in der Weise erfolgt, daß zuerst das Jodsalz, dann das Bromsalz und zuletzt das Chlorsalz umgesetzt wird.

Da es praktisch nicht möglich ist, die Umsetzung der Silbersalze genau zu bestimmen, arbeitet man mit einem Überschuß von Haloidsalzen.

Bei der Bereitung der Emulsion sind die Mischungsverhältnisse, die Konzentration der Lösungen, ihre Temperatur und die Eigenschaften der Gelatine für den gewünschten Emulsionstypus von Bedeutung.

Die Reifung der Emulsion, d. h. die Steigerung ihrer Empfindlichkeit, wird durch längere oder kürzere Erwärmung der Emulsion bei höherer oder niederer Temperatur und durch Zugabe von Ammoniak oder durch Verbindung beider Vorgänge herbeigeführt.

26. Gelatine. Die physikalischen und chemischen Eigenschaften der Gelatine sind auf die Qualität der mit ihr hergestellten Emulsionen von bedeutendem Einfluß.

Die Empfindlichkeit und Gradation der Entwicklungspapiere ist im wesentlichen von der verwendeten Gelatine abhängig.

Gelatine ist, vom chemischen Standpunkt aus betrachtet, nahezu reines Glutin im Gegensatz zu Leim, bei dem das Glutin mehr oder weniger in Glutose übergegangen ist. Gelatine ist reich an Glutin und arm an Glutose.

Man unterscheidet je nach dem Schmelzpunkt der Gelatine harte, mittelharte und weiche Gelatine.

---

[1] Die Bezeichnung „Gaslichtpapier" ist nicht mehr zeitgemäß; sie wurde der Eigentümlichkeit wegen gewählt, daß diese Papiere bei Gaslicht entwickelt werden können. Man findet für diese Art wenig empfindliches Papier auch die Bezeichnung „Kunstlichtpapier".

[2] Bezüglich des Begriffes Gradation vgl. den Artikel Sensitometrie von F. FORMSTECHER im vorliegenden Bande dieses Handbuches.

Gelatine kommt in Form dünner, leicht gelblich gefärbter Blätter oder in Pulverform in den Handel.

In physikalischer Hinsicht muß man von einer für photographische Zwecke brauchbaren Gelatine eine gewisse Festigkeit, Viskosität und gutes Erstarrungsvermögen verlangen. Diese Eigenschaften, die hauptsächlich für die gießfertige Emulsion von Bedeutung sind, geben allerdings noch keinen Anhalt für die Verwendbarkeit der Gelatine zur Herstellung einer Emulsion. Auch die chemischen Eigenschaften der Gelatine sind für den bestimmten Emulsionstypus von Einfluß; sehr kleine Mengen bestimmter Substanzen (über deren Wirkungsweise in letzter Zeit Untersuchungen angestellt wurden) beeinflussen die Eigenschaften der Gelatine ganz wesentlich.[1]

Nicht jede Gelatine ist geeignet, ein längeres Erwärmen bei der Emulsionsbereitung zu vertragen, ohne Zersetzungsprodukte zu ergeben und solcherart Schleier zu erzeugen. Wieder ist zu bemerken, daß Gelatine, welche sich bei einem Prozeß einwandfrei verhält, nicht für jede Art von Emulsion geeignet ist. Selbst Gelatinen gleicher Herkunft können sich bezüglich verschiedener Eigenschaften vollständig verschieden verhalten.

Empfindlichkeit, Kraft und Gradation der Emulsionen werden von den verschiedenen Gelatinesorten stark beeinflußt.

27. Die Prüfung der Gelatine. Bei einer Gelatine für photographische Zwecke muß stets eine gewisse Reinheit vorausgesetzt werden.

Die Brauchbarkeit einer Gelatine beruht auf ihren physikalischen Eigenschaften und ihrer chemischen Zusammensetzung.[2]

Die sicherste Prüfung, ob eine Gelatine für ein bestimmtes Emulsionsverfahren geeignet ist, ist die Herstellung einer Probeemulsion. Trotzdem sind bestimmte physikalische Eigenschaften der Gelatine, die bei der Verarbeitung von großer Bedeutung sind, zu beachten; dies geschieht, um eine eventuell vor sich gehende Zustandsänderung der Emulsion zu vermeiden, wie denn die physikalischen Eigenschaften der Gelatine auch für die Bestimmung der Schichtdicke des Auftrags und die Widerstandsfähigkeit des emulsionierten Papiers gegen die nachfolgende Behandlung der Kopien von Bedeutung sind.

Von Bedeutung für die Prüfungen ist, daß dabei stets in der gleichen Weise verfahren wird und eine bezüglich ihrer Eigenschaften bekannte Gelatine zum Vergleich mitgeprüft wird.

Bei der Prüfung auf physikalische Eigenschaften wird, je nach dem herzustellenden Emulsionstypus, auf die Bestimmung der Viskosität, der Gallertfestigkeit, des Erstarrungsvermögens, der Quellfähigkeit oder der Stabilität der Emulsion das Hauptgewicht gelegt.

Löslichkeit und Klarheit: 10 g Gelatine werden in 100 ccm Wasser eine halbe bis eine Stunde lang eingeweicht, bei 40° C geschmolzen und erstarren gelassen. Die Gallerte kann eine mäßige Opaleszenz oder eine mäßige Trübung zeigen, ebenso ist eine mehr oder weniger gelbliche Färbung für den Zweck der

---

[1] Vgl. S. E. Sheppard, Abr. Sc. Publ. from the Res. Lab. of the Eastman Kodak Company, Bd. 9, 1925. A. u. L. Lumière und A. Seyewetz, La Rev. Franç. d. Phot., Nr. 140, S. 291. A. Steigmann, Phot. Ind., 1928, S. 575, sowie Bd. III dieses Handbuches, Artikel J. Daimer, Photographische Chemikalienkunde.

[2] In neuerer Zeit gelangte man infolge Verständigung zwischen den Gelatinefabriken und ihren Abnehmern bezüglich der Prüfungsmethoden für physikalische Eigenschaften der Gelatine und bestimmter Prüfungsemulsionen dahin, daß die gewünschte Gelatine mit ziemlicher Sicherheit geliefert werden kann; auf diese Art erübrigt sich die eine oder die andere Prüfung.

Emulsionsherstellung bedeutungslos. Harte Gelatinen geben im allgemeinen eine stärker gelbliche Lösung.

Bestimmung des Schmelzpunktes: Einige Blätter Gelatine, von denen man die harten Ränder abtrennt, um ein gleichmäßiges Schmelzen zu ermöglichen, werden in kleine Stücke geschnitten und in einem Becherglas in der erforderlichen Menge Wasser, um eine 6%ige Lösung zu erhalten, eingeweicht.

Man läßt die Gelatine eine halbe bis eine Stunde lang quellen, sodann wird sie in ein allmählich sich erwärmendes Wasserbad gesetzt und unter ständigem Umrühren beobachtet, bis sie vollständig gelöst ist.

Harte Gelatine soll erst bei 32 bis 34° C schmelzen, als mittelharte Gelatine kann man jene Sorten bezeichnen, die bei 28 bis 32° C schmelzen, weiche Gelatine schmilzt schon bei 25° C.

Bestimmung des Erstarrungspunktes: Ein Meßzylinder bestimmter Größe wird mit einer 6%igen Gelatinelösung gefüllt. Der Meßzylinder wird mit einem durchbohrten Stopfen mit eingesetztem Thermometer verschlossen und durch Drehen und Umlegen in Bewegung gehalten. Das Stadium, bei dem die Luftblasen sich zu bewegen aufhören oder der Bewegung der Gallerte nur noch langsam folgen, ist als dasjenige der beginnenden oder vollendeten Erstarrung zu betrachten. Diese Beurteilung ist sehr vom Beobachter abhängig.

Man kann auch so verfahren, daß man die im Becherglas eingeschmolzene 6%ige Gelatinelösung in kaltes Wasser setzt und, um eine gleichmäßige Abkühlung zu erreichen, mit einem Thermometer so lange umrührt, bis der Thermometergrad konstant bleibt.

Da durch unterschiedliche Abkühlung der Lösungen sich verschiedene Erstarrungspunkte ergeben, müssen festgelegte Prüfungsbedingungen eingehalten werden.

Bei hohem Schmelz- und Erstarrungspunkt liegt im allgemeinen eine Gelatine mit hohem Glutingehalt vor.

Bei mittelharten und harten Gelatinesorten soll der Erstarrungspunkt möglichst bei 22 bis 25° C liegen. Eine leicht erstarrende Gelatine ist im allgemeinen für die meisten Emulsionspapiere vorzuziehen.

Im allgemeinen liegt der Schmelzpunkt einer Gallerte um 8 bis 10° C höher als der Erstarrungspunkt, doch kann dies bei manchen Gelatinesorten differieren, ohne daß dadurch die Brauchbarkeit für einen bestimmten Emulsionstypus beeinflußt würde.[1]

Quellfähigkeit: Einige Blatt Gelatine bestimmten Gewichts werden für 6 bis 24 Stunden in kaltem Wasser eingeweicht, danach herausgenommen, zwischen Filtrierpapier abgetrocknet und dann gewogen.

Temperatur und Wassermenge sollen bei jedem Versuch gleich sein.

Die Quellfähigkeit gibt einen gewissen Anhalt, wie sich die Gelatine beim Entwickeln und Fixieren verhalten wird. Allerdings ist zu beachten, daß die Quellfähigkeit bei der Emulsionsbereitung durch Säurezusatz wie auch bei Anwendung einiger Halogensalze (Chlorammonium, Bromammonium) erhöht, andererseits aber durch Härtezusätze, wie Chromalaun oder Formalin, herabgesetzt wird.

Viskositätsbestimmung: Die Viskosität gibt Aufschluß über die vor sich gehende Zustandsänderung der Emulsion, welche bezüglich Auftragserzielung und Schichtstärke zu beachten ist.

Die Bestimmung erfolgt meistens mit besonderen Viskosimetern und wird

[1] Bei Zusatz von Alkohol, der häufig einer Emulsion beigegeben wird, liegt der Erstarrungspunkt tiefer.

im Vergleich mit einer bekannten Gelatinesorte durchgeführt. Zur Bestimmung der Viskosität kann man auch eine Pipette benutzen, bei der man die Ausflußzeit einer 6%igen Gelatinelösung bei 35° C mit einer Stoppuhr feststellt.

Da bei der Emulsionsherstellung verschiedene Umstände wie längeres Erwärmen sowie alkalische Zusätze auf die Viskosität von Einfluß sind, ist es besser, die Viskositätsbestimmung des bestimmten Emulsionstypus jeweils im Vergleich mit einer Probeemulsion zu machen.

Das auf der Ausflußmethode beruhende Viskosimeter von ENGLER besteht im wesentlichen aus einem Ausflußgefäß, das mit einer doppelten Wandung versehen ist; der Zwischenraum wird mit warmem Wasser bestimmter Temperatur gefüllt. Durch ein am Boden befindliches Kapillarrohr fließt die Gelatinelösung in einen Meßkolben.

Die Ausflußzeit wird im Vergleich zu derjenigen von Wasser oder einer bekannten Gelatine mittels Stoppuhr festgestellt.

Beim Viskosimeter nach VALENTA wird die Viskosität mittels der Fallzeit einer Silberkugel in einem mit der zu prüfenden Gelatinelösung gefüllten Glasrohr ermittelt.

Beim Viskosimeter von W. OSTWALD wird die Durchlaufzeit einer Kugel zwischen zwei Markierungen gemessen. Der Apparat besteht aus einem U-Rohr, dessen ein Schenkel als Kapillarröhre ausgebildet ist; beide Schenkel haben in verschiedener Höhe je eine kugelförmige Erweiterung. Das ganze Rohr befindet sich in einem Wasserbad konstanter Temperatur. Die Lösung wird bis an die obere Markierung der höher gelegenen Kugel angesaugt; die Durchlaufzeit einer Kugel zwischen den zwei Markierungen wird gemessen.

Bestimmung von reduzierenden Substanzen: Zu dieser Bestimmung bedient man sich der von H. W. VOGEL angegebenen Methode.[1]

Von der zu prüfenden Gelatine stellt man zwei 2%ige Gelatinelösungen her und fügt zu der einen 2 ccm einer 6%igen ammoniakalischen Silbernitratlösung hinzu.[2] Beide Lösungen werden in einem lichtdichten Behälter 24 Stunden lang bei 35 bis 40° C stehen gelassen. Hierauf vergleicht man den Farbenunterschied beider Lösungen und stellt entsprechend der mehr oder weniger starken Bräunung der mit der ammoniakalischen Silbernitratlösung versehenen Lösung die Verwendbarkeit der Gelatine für den bestimmten Emulsionstypus fest. Zur genaueren Beobachtung wird man stets eine bekannte, geeignete Gelatine zum Vergleich mitprüfen.

Eine Gelatine, die eine dunkelbraune Färbung zeigt, ist zur Herstellung von Ammoniakemulsion ungeeignet, da diesfalls nur eine geringe Haltbarkeit der Emulsion zu erwarten ist.

R. LUTHER gab eine sehr geeignete Vorschrift (Bleiprobe)[3] an, welche die Feststellung einer geeigneten Gelatinesorte sehr erleichtert.

Die Ausführung der „Bleiprobe" geschieht folgendermaßen: Man stellt aus 20 bis 25 g Ätznatron (in Stangen) und 100 ccm destilliertem Wasser eine konzentrierte Ätznatronlösung her, in der man 3 bis 4 g festes Bleinitrat löst.

1 Teil dieser alkalischen Bleilösung wird mit 1 Teil der zu prüfenden Gelatine gemischt und in einem Reagenzglas in siedendes Wasser gestellt. Der sich bildende calciumhaltige, farblose, flockige Niederschlag färbt sich je nach der

---

[1] J. M. EDER, Ausf. Handb. d. Phot., 1. Teil, 3. Aufl., S. 310.

[2] 15 g Silbernitrat werden in 235 ccm destilliertem Wasser gelöst; es wird so viel Ammoniak zugegeben, bis sich der entstehende Niederschlag auflöst. Ein Überschuß von Ammoniak ist zu vermeiden.

[3] Phot. Ind. 1927, S. 494 u. 495.

Bildungsgeschwindigkeit und der Menge der abspaltbaren Substanzen (Schwefelionen) verschieden rasch dunkel. Aus der Geschwindigkeit und der Art der Bräunung kann man die Eignung der Gelatine beurteilen. Auch hier empfiehlt es sich, diese Probe stets im Vergleich mit einer Gelatine von bekannten photographischen Eigenschaften zu machen.

Härteprobe: 20 g Gelatine werden in 200 ccm destilliertem Wasser 24 Stunden weichen gelassen und sodann bei 40° C geschmolzen. Mittels einer Bürette wird eine 10%ige Chromalaunlösung allmählich in kleinen Partien zugegeben, bis die Lösung anfängt zu koagulieren. Die Anzahl der verbrauchten Kubikzentimeter Chromalaunlösung ist zum jeweiligen Vergleich verschiedener Gelatinen und im Verhältnis zur gußfertigen Emulsion zu beachten.

28. Bereitung der Emulsion. Bei der Bereitung der Emulsion hat man hauptsächlich folgende Phasen zu beachten, von denen jede für sich für das Endergebnis von Bedeutung ist.

Mengenverhältnis der anzuwendenden Chemikalien und Gelatine: Für die Herstellung der Emulsion muß man beachten, welche äquivalenten Mengen der verschiedenen Chlor-, Jod- und Bromsalze zur wechselseitigen Umsetzung des Silbernitrats erforderlich sind.

Folgende Tabelle[1] gibt die äquivalenten Mengen der wichtigsten Halogensalze zur Umsetzung von 100 g Silbernitrat an.

Tabelle 2. Äquivalente Mengen der wichtigsten Halogensalze zur Umsetzung von 100 g Silbernitrat

Ammoniumchlorid	31,5 g
Natriumchlorid	34,4 „
Kaliumchlorid	43,9 „
Lithiumchlorid	25,0 „
Calciumchlorid	32,6 „
„ krist.	64,4 „
Cadmiumchlorid	53,8 „
Zinkchlorid	40,0 „
Strontiumchlorid, krist.	78,3 „
Magnesiumchlorid, krist.	59,7 „
Bromammonium	57,6 „
Bromnatrium	60,6 „
Bromkalium	70,1 „
Bromcadmium	80,0 „
Bromlithium	51,1 „
Bromzink	66,2 „
Jodammonium	85,3 „
Jodkalium	97,1 „
Jodnatrium	88,2 „
Jodlithium	78,8 „
Jodcadmium	107,6 „
Jodzink	93,5 „

Da es praktisch nicht möglich ist, die Menge der anzuwendenden Haloidsalze so zu bestimmen, daß gerade eine genaue Umsetzung der Silbersalze erfolgt, andererseits aber ein Überschuß von Silbernitrat Veranlassung zur Schleierbildung geben kann, so arbeitet man mit einem Überschuß von Haloidsalzen; dieser Überschuß ist allerdings an bestimmte Grenzen gebunden, da er für die zu bildende Gradation von Bedeutung ist.

[1] Nach J. M. Eder, Rezepte und Tabellen, 12. u. 13. Aufl., 1927, S. 338. Halle a. S., Wilhelm Knapp.

Ferner ist es nicht gleichgültig, ob man die Emulsion mit viel oder wenig Wasser ansetzt, ob man größere oder kleinere Mengen von Gelatine oder sogar die Gesamtmenge der für den Ansatz bestimmten Gelatine zum ersten Digerieren verwendet.

Ein geringerer Gelatinegehalt bei normaler Wassermenge wird ein feineres Korn bewirken als ein größerer Gelatinegehalt, wie denn auch die Größe der Halogensilberteilchen und ihre Verteilung von der Art ihrer Fällung abhängig ist.

Reifungsdauer und Reifungstemperatur: Für die Eigenschaft der Emulsionen ist ihre Reifung von wesentlichem Einfluß.

Empfindlichkeit und Gradation sind abhängig von der angewendeten Gelatine, wobei die Reifungstemperatur innerhalb weiter Grenzen schwanken kann; es gilt als Regel, daß die Reifungszeit umso länger sein kann, je niedriger die Reifungstemperatur ist.

Erstarren der Emulsion: Die Art der Erstarrung der Emulsion ist von bedeutendem Einfluß; mit ihr können Reifungsdauer und Reifungstemperatur in Zusammenhang stehen.

Bei langsamer Abkühlung wird ein Nachreifen stattfinden und so zu einer weicheren Gradation Veranlassung geben; anderseits wird von einer schnellen Abkühlung zur Erzielung einer steileren Gradation Gebrauch gemacht. Auch die Zeitdauer, für die eine erstarrte Emulsion im Kühlraum belassen wird, ist auf die Empfindlichkeitssteigerung und Gradation bei manchen Emulsionsarten von Einfluß. (Man macht davon auf geeignete Art Gebrauch.)

Waschen der Emulsion: Um die überschüssigen Doppelsalze zu entfernen, muß die erstarrte Emulsion gewaschen werden.

Ein unnötig langes Waschen ist zu vermeiden, da einerseits die Emulsion zu große Wassermengen aufnehmen würde und andererseits die Erstarrungsmöglichkeit der Emulsion beim Verarbeiten sehr beeinflußt würde. Eine Wässerungszeit von drei bis vier Stunden bei häufigem Wasserwechsel muß im allgemeinen genügen.

Die gewaschene Emulsion kann im Kühlraum längere Zeit aufbewahrt werden, ohne daß ihre Eigenschaften beeinflußt würden; in den meisten Fällen wird die Emulsion am Tage nach dem Waschen verarbeitet.

Aufschmelzen zur gußfertigen Emulsion: Eine bestimmte Menge der gewaschenen Emulsion wird durch Zusatz von Wasser auf ein bestimmtes Quantum gebracht und erhält Härtungszusätze wie Chromalaun oder Formalin sowie eventuell einen Alkoholzusatz zur Verbesserung der Fließlichkeit und zur Verhinderung von Blasenbildung.

Zu beachten ist, daß die Emulsion tunlichst nur bei jener Temperatur, die man zum Gießen benötigt, aufgeschmolzen wird, da die Eigenschaften einer längere Zeit bei hoher Temperatur gehaltenen Emulsion sehr starke Veränderungen erleiden können.

29. Die Chlorsilberemulsion. Die einfachste Emulsion für Entwicklungspapiere ist eine Chlorsilberemulsion, welche auf folgende Art hergestellt wird.

900 g Gelatine werden in 10 l dest. Wasser eine Stunde weichen gelassen; sodann werden 120 g Chlornatrium hinzugefügt, das Ganze wird bei 50° C geschmolzen. Außerdem werden 250 g Silbernitrat in 1 l dest. Wasser gelöst, auf 50° C erwärmt und der Gelatinelösung in kleinen Mengen zugesetzt. Nach dem Silberzusatz ist die Emulsion fast noch durchsichtig, wird aber dann schnell milchig weiß.

Dieser Ansatz könnte ohne weitere Behandlung als gußfertige Emulsion benutzt werden, ihre Empfindlichkeit ist jedoch noch sehr gering und ihre „Kraft“ sehr mäßig. Durch kürzeres oder längeres Erwärmen läßt sich die Empfindlichkeit steigern, wie denn auch mit zunehmender Empfindlichkeit die „Kraft“ und Gradation der Emulsion zunimmt. Bestimmten Eigenarten der Gelatine entsprechend wird man bei einer Reifungszeit von 40 bis 50 Minuten bei 50° C eine ausreichende Kraft und Gradation bei höherer Empfindlichkeit erreichen.

Man braucht die Chlorsilberemulsion nicht der üblichen Behandlung, dem Nudeln und Wässern, zu unterziehen, um sie als gußfertige Emulsion verarbeiten zu können, aber eine ungewaschene Chlorsilberemulsion verlangt besondere Sorgfalt beim Trocknen des emulsionierten Papiers. Die ungewaschene Emulsion reagiert auf die Schichtunterlage, das Barytpapier, stärker, wobei sich leicht eine Weiß- und Schwarzfleckigkeit sowie eine maserige Zersetzung bemerkbar macht.

Nach dem Erstarren, Nudeln und Waschen wird die Emulsion gewogen, um die Wasserzunahme festzustellen, und soviel Wasser zugesetzt, daß der gesamte Ansatz 18 l beträgt.

Um die Haltbarkeit der Emulsion günstiger zu gestalten, fügt man ihr Citronensäure, Kaliumcitrat oder Natriumphosphat zu.

Durch derartige Zusätze an sich, wie auch durch deren Menge werden die Nuancen des Bildes beeinflußt, wie denn auch die Stärke des Auftrags die Bildfarbe beeinflußt. Bei dünnem Auftrag wird das Bild blaustichig, bei sehr dünnem Auftrag grünstichig. Zu obigem Ansatz fügt man 50 bis 100 ccm einer Citronensäurelösung 1 : 5 hinzu.

Der Emulsion werden zum Härten der Schicht noch 50 ccm Formalin, mit 500 ccm Wasser verdünnt, oder 75 ccm Chromalaunlösung 1 : 10 und zwecks Erreichung besserer Fließlichkeit sowie zwecks Verhinderung von Blasenbildung 500 ccm Alkohol zugefügt.

Bei Verwendung von Gelatine, die zu Schaumbildung neigt, ist ein Zusatz von 100 ccm eines Quillayarindenauszuges sehr vorteilhaft.[1]

Obiger Ansatz wird bei 35° C gezogen und soll für 180 bis 200 m Papier bei 65 cm Breite reichen.

30. Die Bromsilberemulsion. Zur Erzielung der gewünschten Empfindlichkeit und Gradation kann man bei der Herstellung der Bromsilberemulsion so verfahren, daß man die gesamte zum Ansatz benötigte Menge Gelatine oder nur einen Teil davon verwendet und den anderen Teil Gelatine noch einige Zeit mitdigeriert oder kurz vor dem Ausgießen (zum Erstarren) zusetzt.

Je nach der gewünschten Empfindlichkeit wird die ganze Silbernitratmenge in wässeriger Lösung oder als Silberoxydammoniaklösung zugesetzt; letztere beeinflußt die Empfindlichkeit ganz wesentlich. Man wendet eventuell auch die Mischung beider Lösungen an.

Temperatur und Dauer der Reifung werden der Zusammensetzung des Ansatzes angepaßt.

Bromsilberemulsion:

Lösung 1: In 4000 ccm Wasser werden 350 g Gelatine eingeweicht und bei 50° C geschmolzen, sodann werden 160 g Bromammonium (oder 190 g Bromkalium) und 2,5 g Jodkalium der Gelatinelösung zugefügt.

Lösung 2: 2000 ccm dest. Wasser und 250 ccm Silbernitrat werden auf 50° C erwärmt.

Lösung 3: 2000 ccm dest. Wasser und 600 g Gelatine werden auf 50° C erwärmt.

Lösung 2 wird zur Lösung 1 hinzugefügt und eine Stunde lang bei 60° C digeriert; sodann wird Lösung 3 zugesetzt und das Ganze eine Stunde lang auf 60° C erhalten. Hierauf wird die Emulsion zum Erstarren ausgegossen, am nächsten Tag genudelt und gewässert. Das Gewicht der Nudeln wird bestimmt, der Ansatz auf 16 kg ge-

[1] 1 kg Quillayarinde wird in 10 l Wasser eine Stunde lang gekocht; das Ganze wird dann filtriert.

bracht. Schließlich werden 75 ccm Chromalaun 1 : 10 und 100 ccm Quillayalösung zugesetzt.

Für Mattpapiere werden 200 g Stärke in 2000 ccm Wasser angerührt und dem Ansatz unter gutem Umrühren zugefügt.

31. Bromsilberemulsion mit Silberoxydammoniak.

Lösung 1: 500 g Gelatine werden in 4000 ccm dest. Wasser quellen gelassen, 200 g Bromkalium und 8 g Jodkalium werden dazugegeben und das Ganze bei 45° C geschmolzen.
Lösung 2: 125 g Silbernitrat werden in starkem Ammoniak derart gelöst, daß der sich bildende Niederschlag sich eben wieder löst.
Lösung 3: 125 g Silbernitrat werden in 500 ccm Wasser gelöst.
Lösung 4: 500 g Gelatine werden in 2000 ccm Wasser gelöst.

Lösung 2 und Lösung 3 werden ebenfalls auf 45° C gebracht. Hierauf wird Lösung 2 erst langsam, dann rasch zu Lösung 1 zugesetzt und sofort danach die wässerige Silbernitratlösung 3 eingetragen. Die so gebildete Emulsion wird 40 bis 45 Minuten lang bei 45° C gehalten; dann erfolgt der Zusatz von Lösung 4, der zweiten Gelatinelösung. Das Ganze wird einige Minuten lang gut durchgerührt und zum Erstarren ausgegossen. Die Emulsion wird bis zum andern Tag im Kühlraum gelassen, genudelt und gewässert; es wird ihr Gewicht bestimmt und soviel Wasser zugegeben, daß der Ansatz 15 kg wiegt. Das Fertigmachen zur gußfertigen Emulsion erfolgt so, wie oben angegeben wurde.

Die Emulsion wird bei 38 bis 40° C gezogen; der obige Ansatz soll 150 m Papier bei einer Breite von 65 cm ergeben.

32. Die Chlorbromsilberemulsion. Bei der Herstellung der Chlorbromsilberemulsion ist zu beachten, daß das Silbernitrat stets zuerst das vorhandene Bromsalz unter Bildung von Bromsilber bindet und daß Chlorsilber erst dann entstehen kann, wenn alles lösliche Bromsalz zu Bromsilber umgesetzt ist. Das Verhältnis von Bromsilber und Chlorsilber wird der gewünschten Gradation und Härte entsprechend abgestimmt, doch pflegt man immer einen Überschuß von Chlorid beim Ansatz vorwalten zu lassen; je mehr Chlorsilber vorhanden ist, umso härter arbeitet die Emulsion.

Die Zusammensetzung der Emulsion kann etwa auf folgende Art erfolgen:

Lösung 1: 300 g Gelatine werden in 3500 ccm Wasser eingeweicht; 120 g Bromammonium; 35 g Chlornatrium.
Lösung 2: 275 g Silbernitrat, gelöst in 2000 ccm Wasser.
Lösung 3: 600 g Gelatine und 3000 ccm Wasser.

Die Lösungen werden auf 45° C gebracht; Lösung 2 wird zu Lösung 1 hinzugefügt und 30 Minuten lang reifen gelassen, dann fügt man die Lösung 3 hinzu. Das Ganze läßt man nochmals 15 Minuten lang digerieren.

Für einen härteren Emulsionstypus setzt man die Lösung 1 auf folgende Art zusammen:

200 g Gelatine in 3500 ccm Wasser,
65 g Calciumchlorid,
70 g Bromammonium.

Die Reifungszeit ist die gleiche wie oben.

Eine weitere Verschiebung der Gradation läßt sich erreichen, wenn man die Halogensalzlösung und die Silbernitratlösung der Gelatinelösung bei gleicher Temperatur und zu gleicher Zeit unter gutem Umrühren zufügt. Es ist darauf zu achten, daß ein geringer Vorlauf der Halogensalzlösung stattfinden muß, da andernfalls sehr leicht Schleierbildung eintritt.

Diese Ansätze werden auf 15 kg gebracht und erhalten die üblichen Zusätze.

Erstarren der Emulsion: Nach der Beendigung der Digestion wird die Emulsion in Schalen aus Steingut oder Email zum Erstarren ausgegossen oder in den Ansatztöpfen erstarren gelassen.

Die Art der Erstarrung der Emulsion ist von wesentlichem Einfluß, da der Reifungsprozeß mit dem Erstarren nicht beendet ist, sondern noch langsam weitergeht; diese Nachreifung ist bei sauren oder neutralen Emulsionen geringer, während sie bei ammoniakalischen Emulsionen von erheblichem Einfluß auf das Resultat ist.

Zum Zwecke dieser Nachreifung wird die Digerierzeit so abgestimmt, daß man die Emulsion meistens über Nacht im Kühlraum läßt, um sie am nächsten Tage zu verarbeiten.

Die meist flachen Schalen zur Aufnahme der Emulsion stehen in mit zerkleinertem Eis gefüllten Bassins oder die Erstarrung erfolgt unter Luftkühlung, wobei der gut wärmeisolierte Raum durch eine Eismaschine auf einer Temperatur von + 3° C bis + 5° C erhalten wird; die Schalen stehen auf hölzernen Hürden.

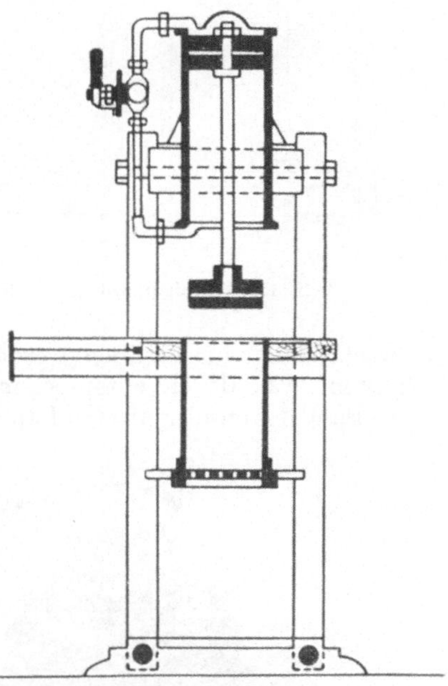

Abb. 17. Hydraulische Nudelpresse

Waschen der Emulsion: Um das Auswaschen der Emulsion zu erleichtern, zerkleinert man die Emulsion in Streifen von 5 bis 8 mm Durchmesser; man bedient sich hiezu sogenannter Nudelpressen.

Die Nudelpresse besteht aus einem mit Hartgummi ausgekleideten Zylinder, in welchem ein Kolben aus Nickel gegen eine mit Löchern versehene Nickelplatte oder gegen ein aus kreuzweise zusammengesetzten Nickelstreifen bestehendes Sieb gedrückt wird.

Die Auf- und Abwärtsbewegung des Kolbens kann mittels Handrad, Spindel oder hydraulischem Antrieb (s. Abb. 17) erfolgen.

Die Emulsion soll gut gekühlt bzw. hart sein, da die Nudeln sonst eine unerwünscht reichliche Menge Wasser aufnehmen.

Zum Waschen der Emulsion bedient man sich meistens größerer Holzbottiche, in denen zur Aufnahme der zerkleinerten Emulsion ein zylindrischer Bottich mit Sieb eingestellt ist. Das Wasser läßt man oben zulaufen, es passiert das Sieb und fließt aus einem Überlaufrohr am äußeren Bottich ab. Durch ein Rührwerk werden die Nudeln in ständiger Bewegung gehalten und kommen so immer mit frischem Wasser in Berührung (Abb. 18). In die Bottiche kommen 20 bis 30 l Emulsion. Der Waschprozeß ist in vier bis fünf Stunden beendet.

Die gewaschene Emulsion wird im Sieb abtropfen gelassen und kommt zur Aufbewahrung wieder in den Kühlraum.

Fertigstellen der gußfertigen Emulsion: Die gewaschene Emulsion wird aufgeschmolzen, wobei ungleichmäßige und zu hohe Temperatur vermieden werden muß, und erhält verschiedene Zusätze (s. S. **313**); sie wird sodann filtriert, wozu man sich eigener Filtrierapparate bedient (Abb. 19), in welchen die Emulsion durch Leder oder Leinwand gepreßt wird, um etwaige Unreinigkeiten, wie Fasern oder Emulsionsklümpchen, zurückzuhalten.

33. Maschineller Auftrag der Emulsion. Der Auftrag erfolgt mittels Spezial-

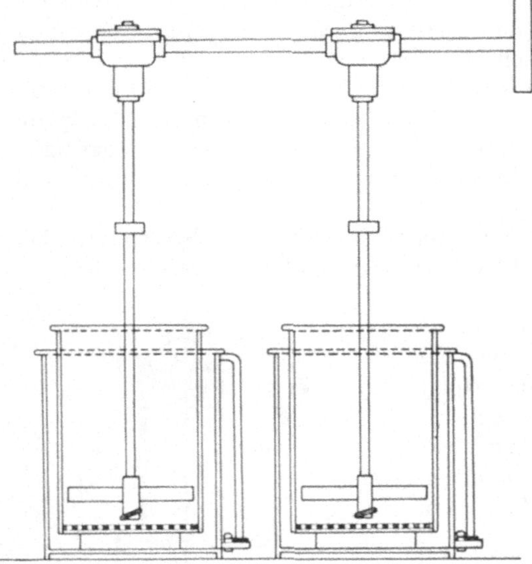

Abb. 18. Waschapparatur für Emulsion

maschinen, an die sich ein Hängeapparat, wie sie auf S. 294 beschrieben wurden, und eine Rollmaschine anschließen. Abb. 20 stellt eine solche Auftragmaschine dar.

Die Arbeitsweise bei diesen Maschinen besteht im Prinzip darin, daß das Barytpapier über Leitwalzen einer Kühltrommel zugeführt und von da über eine von parallelen Walzen gebildete Fläche fortbewegt wird, wobei die Emulsion durch Einwirkung aufgeblasener kalter Luft oder durch Kühlkästen oder Kühlschlangen, welche über der Papierbahn eingebaut sind, zum Erstarren gebracht wird.

Nach Passieren des Kühlkanals wird die Papierbahn der Aufhängevorrichtung zugeführt, die so angeordnet ist, wie auf S. 294 beschrieben wurde, doch werden hier die Längen der Papierhänge kürzer gehalten, was durch entsprechende Übersetzung des Getriebes erfolgt, um der Neigung des emulsionierten Papiers, sich einzurollen, möglichst entgegenzuwirken.

Abb. 19. Filtrierapparat für Emulsion

Die dem Hängeapparat folgende Aufrollvorrichtung ist als Selbstroller (s. Abb. 21) konstruiert, in der das Papier eine feste Spannung erhält.

Zur Aufnahme der Emulsion dient eine Mulde aus versilbertem Kupfer, die sich in einem Warmwasserbad befindet, das mit Hilfe von Temperaturreglern auf konstanter Temperatur gehalten wird.

In der Mulde rotiert eine Walze, welche die Emulsion auf die auf einer Gegenwalze vorbeilaufende Papierbahn aufspült.

Der Emulsionsauftrag erfolgt mit einer Maschinengeschwindigkeit von 4 bis 7 m pro Minute, wobei die Gießtemperatur auf 30 bis 40° C gehalten wird.

Ein sehr häufig, hauptsächlich bei glänzenden Papieren, auftretender Fehler ist der sogenannte Friktionsschleier, der sich darin äußert, daß geriebene Stellen oder Kratzer schwarz entwickelt werden. Obwohl sich dieser Fehler bei sorgfältiger Fabrikation nahezu vermeiden läßt, ist die Möglichkeit dieser Fehlererscheinung bei der Verarbeitung doch gegeben. Um die Friktionsschleier zu vermeiden, werden die emulsionierten Papiere mit einer dünnen Gelatineschutzschicht versehen, die sofort nach dem Emulsionieren aufgetragen wird. Die

Abb. 20. Emulsionsgießmaschine (Gebr. Dörstling, Coswig-Dresden)

Emulsionsgießmaschinen sind für den Doppelauftrag in der Art eingerichtet, daß eine zweite Anspülvorrichtung nebst Zugtischen sowie eine Vorrichtung zum Erstarrenlassen des zweiten Auftrags oberhalb oder hinter der eigentlichen Gießmaschine angeordnet ist.

Trocknung der emulsionierten Papiere: Die Anordnung der Heizung und Ventilation in den Trockenräumen richtet sich weitgehend nach den vorhandenen Räumlichkeiten; die Ventilation ist so anzuordnen, daß die Luft von oben oder von der Seite in die Papierhänge eingeblasen wird und daß gleichzeitig die infolge des aus der Emulsion verdunstenden Wassers mit Feuchtigkeit gesättigte Luft abgesaugt wird.

Die zum Trocknen benötigte Luft soll unter allen Umständen staubfrei sein; aus diesem Grunde läßt man die von außen kommende Luft Luftfilter passieren; dies sind Stoffilter, bei denen Gaze quer zum Luftweg gespannt ist, oder Ölfilter, die sogenannten Raschigschen Ringe, die sich in einem doppelwandigen Gazerahmen befinden und mit Öl befeuchtet sind; die Staubteilchen der Luft bleiben an der öligen Oberfläche der Ringe hängen. Obgleich die Trocknung so rasch als möglich erfolgen soll, so ist die Anlage doch so einzurichten, daß eine Vortrocknung und eine nachfolgende schärfere Trocknung erfolgen kann; aus diesem Grunde wird der Trockenraum durch Zwischenwände in verschiedene Zonen eingeteilt.

Abb. 21. Roller für emulsionierte Papiere von Gebr. Dörstling, Coswig-Dresden

Der relative Feuchtigkeitsgehalt der Luft ist für die Trocknung sehr bedeutungsvoll, da einerseits, wenn die Luft mit Feuchtigkeit gesättigt ist, die emulsionierten Papiere zu langsam trocknen und bezüglich Empfindlichkeit und Gradation ungleichmäßig werden, andererseits aber bei zu trockener Luft die emulsionierten Papiere sich einrollen, spröde werden und beim Aufrollen am Rollapparat Einrisse und Knicke erleiden, wodurch viel Ausschuß resultiert.

Die Vortrocknung der Luft ist für eine Trockenanlage die wichtigste Bedingung; sie erfolgt, indem man die Luft eine Heizkammer passieren läßt und die gesättiget Luft kräftig absaugt.

Da die relative Feuchtigkeit der in den Trockenraum eingesaugten Luft von der Außentemperatur und der Feuchtigkeit der Außenluft abhängig ist, so sind Trockenanlagen, die ein von der Witterung und den Feuchtigkeitsschwankungen der Atmosphäre einwandfreies Trocknen gewährleisten, von großer Bedeutung für eine gleichmäßige Fabrikation.

Derartig eingerichtete Trocknungsanlagen, sogenannte Klimaanlagen,[1] sind mit selbsttätigen Temperatur- und Feuchtigkeitsreglern versehen; man kann nach dem Umluftprinzip, bei dem dieselbe Luft ständig von neuem den Trockenraum passiert (Kreislauf der Luft), wie auch nach dem Prinzip der Frischluftzufuhr arbeiten.

Abb. 22 zeigt eine Kombination der Kühl-, Heiz- und Befeuchtigungseinrichtung einer solchen Anlage.

[1] Gesellschaft für Einrichtungen selbsttätiger Temperaturregelung, Berlin-Wilmersdorf.

Ein Luftfilter A (Abb. 22) reinigt die eintretende Außenluft, der Ventilator F fördert sie durch den Kühler B, in welchem sie gekühlt wird; die Luft passiert sodann den Lufterhitzer C, wird auf zirka 20° C erwärmt und zugleich auf die gewünschte Feuchtigkeit gebracht; die so vorbehandelte Luft wird durch Ventilationskanäle gleichmäßig im Raume verteilt. Die Temperaturregler D und E regulieren den Dampfzufluß zum Lufterhitzer so, daß die Luft gleich temperiert bleibt; Kühler und Luftbefeuchter werden mittels sogenannter Humidostate G so reguliert, daß überschüssige Feuchtigkeit entfernt bzw. mangelnde Feuchtigkeit zugeführt wird.

Die Luftzufuhr ist entsprechend den räumlichen Verhältnissen so zu regeln, daß während des mehrstündigen Gießens, während dessen sich das emulsionierte Papier auf dem Hängeapparat ständig vorwärts bewegt, jeder Teil der Papierbahn gleichmäßig behandelt wird.

Das aufgerollte emulsionierte Papier wird, um Druckstellen zu vermeiden, einige Tage freihängend ablagern gelassen, bevor man es auf Bogen schneidet, da das frisch emulsionierte Papier zum Einrollen neigt, was die weitere Fertigstellung, das Sortieren, Abzählen und Packen sehr erschwert (s. S. 304).

34. Die Kopierverfahren mit Eisensalzen. Die gebräuchlichen Verfahren zur Herstellung lichtempfindlicher Papiere für Kopierverfahren mit Eisensalzen beruhen auf der Reduktion der Ferrisalze zu Ferrosalzen durch das Licht, wobei die Gegenwart organischer Stoffe besonders fördernd wirkt.

Die Lichtwirkung ist direkt nur schwach sichtbar; sie wird durch Reduktion auf mehrere Arten sichtbar gemacht.

Ferrosalz (Ferrocitrat, -oxalat)

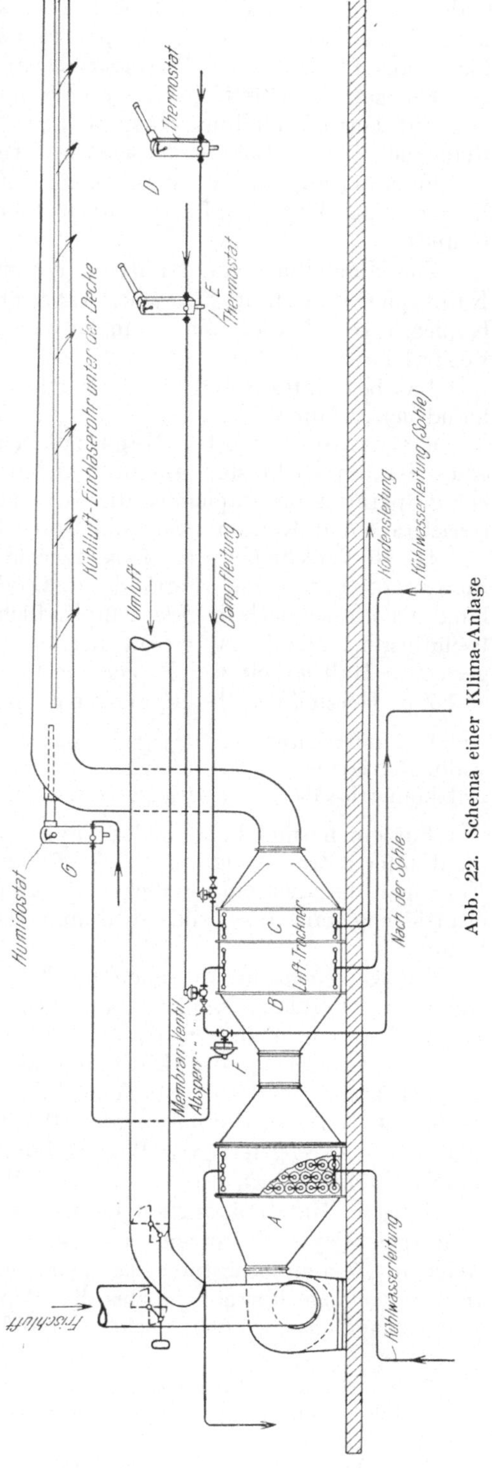

Abb. 22. Schema einer Klima-Anlage

bildet mit Ferricyankalium TURNBULL-Blau (Cyanotypie, negativer Blaudruck, weiße Linien auf blauem Grund), es reduziert Silbernitrat (Kallitypie), es fällt Platin aus Platinchlorid (Platinverfahren).

Ferrisalz gibt mit Ferrocyankalium einen blauen Niederschlag, Ferrosalz mit Ferrocyankalium einen weißen Niederschlag, Berlinerweiß (positiver Blaudruck, blaue Linien auf weißem Grund).

Ferrisalz gibt mit Gallussäure schnell, Ferrosalz langsam einen schwarzen Niederschlag (Tinte) (Gallus-Eisenverfahren, schwarz-violette Linien auf weißem Grund).

Zur Herstellung von Bildern kommt hauptsächlich das Platin- und das Kallitypieverfahren in Betracht, während die anderen Verfahren speziell zum Kopieren von Plänen, Zeichnungen zur Anwendung kommen (Lichtpausverfahren).

Das bekannteste und älteste Verfahren ist die Cyanotypie oder das Eisenblaudruckverfahren.[1]

a) Cyanotypie oder Negativblaudruck. Das Cyanotypieverfahren ist eines der am leichtesten auszuführenden Verfahren. Die einfachste Rezeptur zur Präparation des Papiers ist die Anwendung eines Gemisches von Ammoniumferricitrat[2] und Kaliumferricyanid (rotes Blutlaugensalz).

Durch Verschieben der Mengenverhältnisse dieser Chemikalien sowie durch Zusatz von Ferrioxalat, Ferrichlorid, Oxalsäure, Citronensäure oder deren Verbindungen lassen sich die Lichtempfindlichkeit sowie die Kopiertiefe weitgehend beeinflussen; allerdings ist mit der Steigerung der Lichtempfindlichkeit eine geringere Haltbarkeit der Papiere verbunden.

Zur Herstellung des Cyanotypiepapiers bereite man folgende Lösungen:

Ammoniumferricitrat ..	25%ige Lösung	Oxalsäure	10%ige Lösung
Kaliumferricyanid	15%ige „	Citronensäure	10%ige „
Natriumferrioxalat	10%ige „	Ferrichlorid	5%ige „

Für ein normal kopierendes Papier wird eine Mischung von 4 Teilen Ammoniumferricitratlösung mit 2,5 Teilen Kaliumferricyanidlösung gemischt. Eine höhere Lichtempfindlichkeit ergibt eine Mischung von 4 Teilen Ferricitratlösung mit 1,5 Teilen Kaliumferricyanid- und 3 Teilen Citronensäurelösung.[3]

Die Citronensäure beschleunigt den Kopierprozeß und gewährleistet klar weiße und tiefblaue Kopien. Auf diese Art angefertigte Papiere haben eine Haltbarkeit von mehreren Monaten.

Eine Steigerung der Lichtempfindlichkeit läßt sich durch folgende Zusammensetzung erzielen: 4 Teile Ferriammoniumcitrat, 1 Teil Kaliumferricyanid, 4 Teile Natriumferrioxalat, 0,5 Teile Ferrichlorid und 0,5 Teile Oxalsäure. Die so angefertigten Papiere kopieren sehr schnell, die Haltbarkeit der Papiere währt jedoch nur ein bis zwei Monate.

Für die Handpräparation kann man jede Art gut geleimtes und schwach satiniertes Papier benutzen. Die zusammengefügte Lösung wird mit einem weichen Bürstenpinsel aufgetragen und mit einem weichen breiten Pinsel (Vertreiber) so lange übergangen, bis das Papier gleichmäßig feucht erscheint. Man läßt es möglichst schnell trocknen und bewahrt das Papier trocken auf. Für

[1] Von JOHN F. W. HERSCHEL 1842 der Royal Phot. Soci. bekannt gegeben.

[2] Man unterscheidet braunes (basisches) und grünes (saures) Ammoniumferricitrat.

[3] Bei Verwendung des grünen Ferrisalzes erzielt man größere Lichtempfindlichkeit.

maschinellen Auftrag benutzt man spezielle Lichtpausrohpapiere, deren Saugfähigkeit möglichst gering sein soll, um ein zu tiefes Eindringen der Lösung zu vermeiden. Da die Saugfähigkeit der verschiedenen Rohpapiere voneinander abweicht, ist entsprechend der Saugfähigkeit die Präparationslösung unter Zusatz von Wasser zweckdienlich abzustimmen. Die zur Herstellung der Lichtpauspapiere benutzten Präparationsmaschinen sind so eingerichtet, daß ein Überschuß der Lösung aufgetragen und dieser Überschuß durch besondere Vorrichtungen wieder entfernt wird, so daß nur so viel Flüssigkeit auf dem Papier zurückbleibt, als aufgesaugt wird.

Das Papier wird auf der Maschine sofort getrocknet; die Transportgeschwindigkeit des Auftrags ist entsprechend zu regulieren. Der Auftrag ist so einzustellen, daß pro 100 qm Papier zirka 60 bis 70 g der Salze gebraucht werden.

b) Positiver Blaudruck (Pellet-Gummi-Eisenverfahren). Das positive Blaudruckverfahren beruht auf der Bildung von Berliner-Blau durch das unter den Linien einer Zeichnung unverändert gebliebene Ferrisalz bei Nachbehandlung mit Ferrocyankalium (gelbes Blutlaugensalz).

An den vom Licht reduzierten Stellen bildet sich anfänglich ein weißer Niederschlag von Ferro-Ferrocyanid, der in kurzer Zeit an der Luft oxydiert; auf diese Art wird der Grund der Pause blau.

Da die meisten Ferrisalze die Eigenschaft haben, kolloide Stoffe (Gelatine, Eiweiß, Gummi arabicum) zu fällen, die nach dem Trocknen unlöslich werden, präpariert man das Papier für diesen Prozeß mit einem Gemisch von Ferrisalz und Gummi arabicum.

Durch die Lichteinwirkung entsteht ein Ferrosalz; zugleich wird die Gummischicht gegen die Einwirkung der Blutlaugensalzlösung unlöslich, wodurch dem „Nachblauen" des Grundes vorgebeugt ist.[1]

Die Präparationslösung wird aus folgenden Vorratslösungen (nach Pizzighelli[2]) zusammengesetzt:

A. 200 g Gummi arabicum werden in 1000 ccm Wasser eingeweicht und einige Tage zum Lösen stehen gelassen. B. 500 g Ferriammoniumcitrat, 1000 ccm Wasser. C. 500 g Ferrichlorid, 1000 ccm Wasser.

Zur Präparation mischt man 20 Teile von A mit 8 Teilen von B und 5 Teilen von C.

Nach der Zusammensetzung wird die Mischung dickflüssig, verliert aber nach einigen Stunden ihre Zähigkeit und ist dann streichfähig.

Die Mischung wird mit einem breiten Pinsel auf gut geleimtes Papier mit glatter Oberfläche dünn aufgetragen; sie soll nur an der Oberfläche haften und nicht in das Papier eindringen.

Das präparierte Papier wird schnell und scharf getrocknet. Trocken aufbewahrt hält sich das Papier einige Wochen lang.

c) Gallus-Eisen-Lichtpauspapier (schwarze Linien auf weißem Grund). Das Gallus-Eisenverfahren beruht darauf, daß unreduziertes Ferrisalz durch darauffolgende Einwirkung von Gallussäure einen tiefschwarzen Tintenfarbstoff bildet.

Bei diesem Verfahren besteht eine Schwierigkeit darin, einen rein weißen Grund zu erhalten, weil auch das durch die Lichtwirkung reduzierte Ferrosalz mit der Gallussäure, wenn auch langsamer, einen schwarzen Niederschlag gibt und auf diese Art der Grund der Pause verfärbt wird.

Durch geeignete Wahl des Rohpapiers, durch genau abgestimmten Auf-

[1] Die Gummischicht läßt sich mit verdünnter Säure leicht entfernen.

[2] J. Pizzighelli, Anthrakotypie und Cyanotypie, Halle a. S., W. Knapp.

trag der Präparationslösung, die nur an der Oberfläche des Papiers haften soll, sowie durch schnellstes Trocknen sucht man den erwähnten Schwierigkeiten zu begegnen.

Man stellt folgende Lösungen her:

400 g Ferrichlorid, 300 g Ferrisulfat und 150 g Weinsäure werden in 4 l Wasser gelöst und mit einer warmen Lösung von 250 g Gelatine in 2 l Wasser gemischt. Die Mischung wird nach einigen Tagen dünnflüssig und ist dann streichfähig.

Die richtige Menge des Auftrags muß durch Versuche an entsprechendem Rohpapier mit glatter Oberfläche festgestellt werden.

Die Präparationslösung wird so dünn als möglich aufgetragen, denn je weniger Eisensalze auf der Papieroberfläche vorhanden sind, desto lichtempfindlicher ist das Papier und um so schneller wird der Grund ausgebleicht sein. Je mehr Eisensalze aufgetragen werden, um so unempfindlicher ist das Papier und desto schwieriger ist ein reiner Grund zu erhalten.

Trägt man zu wenig Eisensalze auf, so erhält man ein sehr lichtempfindliches Papier und reinen Grund, aber keine genügend schwarzen Linien.

Der maschinelle Auftrag erfolgt mit der gleichen Art von Präparationsmaschinen wie bei den anderen Lichtpauspapieren; der Auftrag wird durch die an der Maschine angebrachte Abstreichvorrichtung genau eingestellt.

Sofort nach dem Präparieren ist die Schicht noch nicht genügend gehärtet, das Papier soll noch zirka acht Tage nachreifen, andernfalls beim Verarbeiten die Linien auslaufen und der Grund verfärbt wird.

Die im Handel erhältlichen Eisen-Galluspapiere enthalten bereits die Entwicklersubstanz, die Gallussäure, die maschinell als feines wasserfreies Pulver auf die Schicht aufgestäubt wird; die Gallussäure kann auch in alkoholischer Lösung (1000 Teile Alkohol, 200 Teile Gallussäure, 50 Teile Weinsäure) mit der Präparationsmaschine aufgetragen werden. Auf diese Art wird die Verarbeitung sehr vereinfacht, da die Pausen einfach in reinem Wasser entwickelt werden.

d) Platinpapier. Der Platindruck[1] beruht auf der Reduktion von Ferrioxalat zu gelbem Ferrooxalat im Licht.

Das Ferrooxalat als Reduktionsmittel schlägt aus Platinlösungen metallisches Platin nieder. Da das vorhandene Ferrooxalat für eine kräftige Reduktion nicht ausreicht, so verstärkt man die Reduktion durch Zusatz von Kaliumoxalat (Entwickler), wobei Kaliumferrooxalat gebildet wird.

Man unterscheidet:

α) Platinpapiere für heiße Entwicklung (mit Kaliumoxalat) mit Quecksilberchlorid im Entwickler — damit ergeben sich Sepiatöne;

β) Kaltentwicklungspapiere (Willis[2] 1888) mit Platin im Entwickler (diese Papiere enthalten nicht alles Platin, das zur kräftigen Reduktion erforderlich ist[3]);

γ) Platinselbstentwicklungspapiere, Auskopierpapiere (Entwicklungsmittel enthaltend) nach J. Pizzighelli;[4]

---

[1] Über die Ausführung des Platindruckes haben W. Willis, der Erfinder des Verfahrens, J. Pizzighelli und A. v. Hübl die ersten ausführlichen Mitteilungen veröffentlicht.

[2] Phot. Journ. 1888.

[3] Etwas mehr Platin in der Präparationslösung gibt bessere Schwärzen der Bilder.

[4] Das Papier wird mit heißem Wasserdampf oder durch Befeuchten der Rückseite mit Wasser und Einlegen des Papiers zwischen Fließpapier fertig entwickelt. Vgl. Phot. Korr. 1887.

δ) Sepia-Platinpapier mit Palladiumsalz für heiße Entwicklung;

ε) Sepia-Platinpapier mit Quecksilbersalzen in der Sensibilisierungslösung.[1]

Als Rohpapier kann jede Art nicht animalisch geleimtes Rohpapier benutzt werden, das nicht mit Ultramarin gebläut ist (Gelbfärbung), wie photographisches Rohpapier, Zeichenpapier usw. Damit die Präparationslösung nicht zu sehr in das Papier eindringt, wird eine Vorpräparation des Rohpapiers vorgenommen. Das Papier wird in eine gekochte Lösung von 30 g Arrow-root in 1 l Wasser oder in eine 1%ige Gelatinelösung eingetaucht und sodann nicht zu scharf getrocknet.

Entsprechend der Oberfläche des Rohpapiers wird das Papier 5 bis 20 Minuten lang in die Vorpräparationslösung eingetaucht.

Die Präparation von Platinpapier kann auch nach der von A. HÜBL[2] gegebenen Vorschrift erfolgen: Man stellt folgende Vorratslösungen her:

Normalplatinlösung: 1 g Kaliumplatinchlorid, 6 ccm dest. Wasser.
Normaleisenlösung: 1 g festes Ferrooxalat,[3] 4,5 ccm Wasser.
Normal-Chlorateisenlösung: 100 ccm Normaleisenlösung, 0,4 g Kaliumchlorat.
Normal-Blei-Eisenlösung: 100 ccm Normaleisenlösung, 1 g oxalsaures Blei.[4]

Für heiße Entwicklung werden gemischt:

5 ccm Normalplatinlösung mit 3 ccm Normaleisenlösung, 2 ccm Chlorateisenlösung, 4 ccm Wasser.

Für harte Negative kommt nur Normaleisenlösung, für weiche Negative nur Chlorateisenlösung zur Anwendung; es werden immer pro 5 ccm Platinlösung 5 ccm Eisenlösung genommen.

Für kalte Entwicklung verwendet man:

4 ccm Platinlösung, 6 ccm Blei-Eisenlösung, 10 Tropfen Kaliumbichromatlösung 1 : 10, 3 ccm Wasser.[5]

Für Papiere mit Selbstentwicklung (Auskopierpapiere) verwendet man:

4 ccm Platinlösung, 6 ccm Natriumferrooxalatlösung 1 : 2, 4 ccm Gummi arabicumlösung 1 : 2, 3 bis 10 Tropfen Kaliumbichromatlösung 1 : 100.

Für Sepia-Platinpapier benutzt man:

4 ccm Normalplatinlösung, 6 ccm Natriumoxalatlösung 1 : 2, 1 ccm Kaliumpalladiumchlorür 1 : 8.

Das Zusammensetzen der Präparationslösung sowie ihr Auftrag ist bei gelbem Lampenlicht vorzunehmen. Die oben angegebenen Mengenverhältnisse der Präparationslösung sind für einen Bogen Papier 50 × 60 cm ausreichend.

Der zu präparierende Bogen wird zunächst mit Heftnägeln auf einer Tischplatte befestigt; hierauf wird das erforderliche Quantum der Lösung in der Mitte des Bogens aufgegossen, mit einem weichen Borstenpinsel gleichmäßig nach allen Seiten verstrichen und sodann mit einem sogenannten Vertreiberpinsel egalisiert, bis alle Feuchtigkeit verschwunden ist.

---

[1] Am vorteilhaftesten mit heißer Entwicklung fertigstellen.

[2] A. HÜBL, Der Platindruck. 1902. Halle a. S., W. Knapp.

[3] Die Ferrooxalatlösung darf bei Zusatz von rotem Blutlaugensalz keine Blaufärbung geben und in verdünnter Lösung nicht trübe erscheinen (Ferrosalz).

[4] Bleioxalat wird durch Einwirkung von Oxalsäure auf essigsaures Blei erhalten.

[5] Reichlich belichtete Platinpapiere für Heißentwicklung kann man mit konzentrierter kalter Kaliumoxalatlösung ebensogut entwickeln.

Der präparierte Bogen kann in einem an sich warmen Raum oder auch bei künstlicher Wärme getrocknet werden.

Die Haltbarkeit des präparierten Bogens hängt von der Art der angewendeten Präparationslösungen ab; um das lichtempfindliche Papier möglichst lange brauchbar zu erhalten, ist es luft- und lichtdicht in Blechbüchsen aufzubewahren. Im Deckel der Blechbüchse ist ein Behälter mit Chlorcalcium, das als stark hygroskopische Substanz alle zum Papier dringende Feuchtigkeit anzieht.

e) Das Kallitypieverfahren. Die mit einer Mischung von Ferrisalzen und Silbernitrat hergestellten Papiere sind sehr lichtempfindlich. Durch die Silbereinwirkung werden die Ferri- zu Ferrosalzen und das Silbernitrat durch das Ferrosalz zu metallischem Silber reduziert; es vollzieht sich also ein indirekter Kopierprozeß, bei dem das Silbersalz nicht direkt vom Licht reduziert wird, diese Reduktion vielmehr durch das Eisensalz herbeigeführt wird.

Der Kallitypieprozeß ist eine sehr einfache Methode zur Herstellung von Kopien; je nach der Präparation des Papiers und der wechselnden Entwicklerzusammensetzung lassen sich Kopien in den Tönen von Sepia bis Schwarz erzielen.

Vorratslösungen:

A. 1 Teil Ferrioxalat, 5 Teile Wasser.
B. 1 Teil Kaliumferrioxalat, 15 Teile Wasser.
C. 1 Teil Oxalsäure, 8 Teile Wasser.
D. 1 Teil Kaliumbichromat, 30 Teile Wasser.

Zur Präparation werden gemischt:
30 ccm Lösung A, 15 ccm B, 2 ccm C und von D einige Tropfen.

Zu dieser Mischung werden 2 g Silbernitrat, in ein wenig Wasser gelöst, hinzugefügt das; Ganze wird gut geschüttelt und etwa einen Tag lang vor Benützung stehen gelassen. Für weiche Negative wird etwas mehr von Lösung D genommen.

Wird statt Kaliumferrioxalat im gleichen Verhältnis Ammoniumferricitrat verwendet und werden 5 ccm Kupferchloridlösung 1 : 30 zugefügt, so läßt sich eine andere Tonvariation erzielen. Man kann auch so verfahren, daß man das Papier nur mit dem Ferrisalzgemisch präpariert und die Kopie mit schwacher Silbernitratlösung entwickelt; die erstere Methode ist vorzuziehen.

Als Rohpapier ist jedes gut geleimte Zeichenpapier geeignet; bei Verwendung weicher und rauher Papierarten (WHATMAN-Japan-Papiere) ist eine Vorpräparation notwendig, wie sie auf S. 323 angegeben wurde.

Die Präparationslösung wird mit einem weichen Haarpinsel möglichst zweimal aufgetragen, um Ungleichheiten des Auftrags auszugleichen; hierauf wird das Papier sofort bei mäßiger Wärme getrocknet.

f) Eisen-Silber-Lichtpauspapier. Eisen-Silber-Lichtpauspapiere sind unter dem Namen „Sepia"-Lichtpauspapiere[1] bekannt und werden ähnlich wie das Kallitypiepapier mit einer Mischung von Ferrisalzen und Silbernitrat präpariert. Während das Kallitypiepapier bei Verwendung spezieller Papiersorten zur Anfertigung von Halbtonbildern verwendet wird und je nach Bedarf bogenweise präpariert werden kann, wird das „Sepia"-Lichtpauspapier, das zur Wiedergabe von Zeichnungen und Plänen dient, fabrikationsmäßig als Handelsartikel hergestellt. Je nach den Ansprüchen bezüglich Haltbarkeit, die an das Handelsprodukt gestellt werden, muß die Zusammenstellung der Präparationslösung erfolgen.

---

[1] Nach dem Patent von ARNDT & TROST 1894 als Sepia-Blitz-Lichtpauspapier bezeichnet.

Menge und Art der Eisensalze sind für die Tiefe des Tons und die Haltbarkeit des Papiers bestimmend.

Eine geeignete Präparationslösung wird folgendermaßen hergestellt:

In 5 l Wasser werden 200 g Gelatine eingeweicht und hierauf geschmolzen; sodann werden 600 g Ferriammoniumcitrat und 150 g Oxalsäure in der Gelatinelösung gelöst und 170 g Silbernitrat, in 500 ccm dest. Wasser gelöst, zugegeben.

Die Mischung bleibt einige Tage zur „Reifung" stehen, sie gewinnt dadurch an Lichtempfindlichkeit. Das Ammoniumferricitrat kann durch entsprechende Mengen Tartrat oder Oxalat ersetzt werden, ebenso ist die Oxalsäure durch Citronen- oder Weinsäure ersetzbar; diese Veränderungen sind für die Haltbarkeit und Empfindlichkeit des Papiers von Bedeutung. Eine geringe Menge von Urannitrat ist fördernd für die Tiefe des Tons, eine geringe Menge von Kaliumbichromat für die Reinheit der weißen Linien.

Die Lösung wird maschinell auf geeignetes Lichtpausrohpapier aufgetragen, das präparierte Papier wird sofort auf der Maschine getrocknet. Das Rohpapier soll eine geringe Saugfähigkeit besitzen, damit die Präparationslösung nicht zu tief in das Papier eindringt. Der Auftrag soll so erfolgen, daß pro Quadratmeter zirka 0,3 bis 0,5 g Silbernitrat gebraucht werden. Für dünne „Sepia"-Papiere, die als Negative zur Herstellung von Positivkopien (auf Blaudruck- oder Sepiapapier) dienen, soll der Auftrag zur besseren Deckung etwas stärker erfolgen.

Der Saugfähigkeit des Rohpapiers entsprechend ist die Präparationslösung zu verdünnen; der Auftrag muß bei etwa 20° C erfolgen, da die Lösung infolge des Gelatinegehalts bei zu niedriger Temperatur zu dickflüssig ist und sich so ein ungleichmäßiger Auftrag ergeben würde.

Das Sepiapapier ist etwa vier- bis fünfmal lichtempfindlicher als das normale Eisenblaupapier.

35. Diazotypieverfahren. Verschiedene photographische Kopierverfahren beruhen auf der Lichtempfindlichkeit gewisser aromatischer Diazoverbindungen[1], von denen jedoch nur einige mit praktischem Erfolg für Lichtpausverfahren Verwendung fanden.

Die Diazoverfahren beruhen darauf, daß gewisse Diazoverbindungen im Lichte zerfallen (ausgebleicht werden); bei einem mit Diazoverbindungen präparierten unter einer Zeichnung dem Lichte ausgesetzten Papier bleicht der Grund aus, während das unter den Linien der Zeichnung unverändert gebliebene Diazopräparat bei Behandlung mit einer alkalischen Lösung oder mit Ammoniakdämpfen einen Farbstoff (Azofarbstoff) bildet. Auf diese Weise erhält man von einer positiven Zeichnung eine positive Pause.

Die Pausen sind sehr lichtbeständig und bedürfen keiner weiteren Behandlung (Wässern oder Fixieren) wie jene Lichtpausen, deren Herstellung auf der Lichtempfindlichkeit der Eisensalze beruht. Die Fabrikation der Diazotypie-Lichtpauspapiere erfolgt nach patentierten Verfahren[2]; je nach der angewandten Diazoverbindung werden die Linien auf den Pausen mittels Ammoniakdämpfen oder bei oberflächlicher schwacher Befeuchtung mit einer geeigneten alkalischen Lösung in rotbrauner oder schwarzer Farbe sichtbar gemacht.

36. Die Chromatverfahren (Pigment- und Gummidruck). Die Chromat-

---

[1] J. M. EDER, Ausf. Hdb. d. Phot., Bd. 4, 2, S. 469. Halle 1926.

[2] D. R. P. Nr. 376385, 381551 und Zusatzpatente für KALLE & Co. (Erfinder G. KÖGEL); VAN DER GRINTEN, Engl. Pat. 281604, 294972 von 1927; J. M. EDER, Ausf. Hdb. d. Phot. Bd. 4, 4, S. 227, Halle 1929.

verfahren beruhen auf der Veränderung, die kolloide Stoffe in Verbindung mit Bichromaten durch Belichtung erleiden.

Überzieht man Papier mit einer Mischung von Gelatine und Kaliumbichromat, so werden beim Belichten — etwa unter einem Negativ — die vom Licht getroffenen Stellen der Bichromatschicht unlöslich, bzw. die Gelatine verliert an diesen Stellen ihre Quellbarkeit im kalten Wasser.

a) Das Pigmentpapier. Man bezeichnet als Pigmentpapier ein mit einer dicken Schicht von Gelatine und Farbstoffen überzogenes Papier, welches durch Schwimmenlassen auf einer Bichromatlösung lichtempfindlich gemacht wird.

Die Pigmentpapiere können nicht gebrauchsfertig in den Handel kommen, da die chromierten Papiere nur einige Tage haltbar (lösbar) bleiben; die in den Handel gelangenden für dieses Verfahren tauglichen Papiere werden daher erst vor ihrer Verwendung lichtempfindlich gemacht.[1]

Die Pigmentpapiere werden fabrikationsmäßig in verschiedenen Farbtönen hergestellt. Für die Herstellung des Pigmentpapiers bzw. für dessen Eigenschaften ist die richtige Auswahl der Gelatine maßgebend: eine sehr weiche Gelatine löst sich zu leicht im Wasser, so daß den Bildern die richtige Deckung fehlt; bei Verwendung einer zu harten Gelatine läßt sich das Bild nicht vollständig entwickeln.

Durch Mischung von harter und weicher Gelatine sucht man die geeignete Gelatinelösung zu erhalten. Das zur Anwendung kommende Rohpapier soll wenig geleimt sowie gut kalandert sein und eine glatte Oberfläche haben.

Die verwendeten Farbstoffe sollen lichtbeständig sein; es werden durch Mischung von Farbpasten bestimmte Farbtöne zusammengestellt. Zur Anwendung kommen: chinesische Tusche, Eisenoxyd, Lampenruß, Karminlack, gebrannte Sienaerde, Preußisch-Blau, Indigo, Alizarinrot, Purpurin u. a. Die Farbstoffe werden mit dem gleichen Gewicht Wasser (mit 10% Glycerin) auf einer Farbmühle fein gemahlen; dazu wird eine geringe Menge alkoholisch gelöste Karbolsäure hinzugefügt. Das Ganze wird im Kühlen aufbewahrt und je nach Bedarf zur Mischung mit der Gelatine verwendet.

Zur Gewinnung bestimmter Farbtöne werden z. B. folgende Farbstoffzusammenstellungen gemacht:[2]

Für Kupferstichschwarz:	3,8 Teile	Lampenruß,
	4 „	Karminlack,
	2 „	Indigo.
Für Warmschwarz:	6 „	chinesische Tusche,
	8 „	Karmin,
	8 „	Van Dyckbraun.
Für Sepia:	35 „	gebrannte Siena,
	4 „	Lampenruß.
Für Braunrot:	10 „	Indischrot,
	8 „	chinesische Tusche,
	6 „	Alizarinrot.

Zur Herstellung der Pigmente wird Gelatine im Verhältnis 1 : 8 in Wasser eingeweicht, quellen gelassen und bei 35° C geschmolzen. Die entsprechende

[1] Sensibilisiertes Pigmentpapier, aufbewahrt in luftdicht verschlossenen Blechbüchsen, hält sich einige Wochen lang, doch wird die Schicht sehr bald hornartig und brüchig.

[2] Nach JEAN RENAUDT, Bull. Soc. franç. Phot., 1872. Ref. nach J. M. EDER, Ausf. Handb. d. Phot., Bd. 4, 2, Halle a. d. S., W. Knapp.

Menge Farbpaste wird mit einem Teil der Gelatinelösung gut gemischt; sodann wird der Rest Gelatine zugegeben.

Der Farbstoffgehalt der Pigment-Gelatinemischung schwankt je nach der Färbekraft des Farbstoffes und je nach dem Zweck des Pigmentpapiers zwischen 3 und 6% vom Gewicht der Gelatine. Der Pigmentmischung werden noch 10 bis 20% Seife (Natronseife) und 20 bis 25% (vom Gewicht der Gelatine) Zucker zugefügt, um das Papier geschmeidig und in warmem Wasser leicht löslich zu machen.

Die so hergestellte gut durchgemischte Lösung wird durch Leinwand filtriert und bei zirka 35° C auf das Papier aufgetragen. Zur Herstellung des Pigmentpapiers wird die gleiche Art von Präparationsmaschinen, wie sie auf S. 316 beschrieben wurden, benutzt: man trocknet auf Hängen, die mit Rücksicht auf die dicke Schicht sehr kurz gehalten werden, auch muß die Trocknung des Papiers sehr vorsichtig geschehen, um ein Einrollen zu verhindern. Der Auftrag wird so gehalten, daß 1 kg Gelatine 10 bis 12 qm bedeckt.

Die zur Ausübung des Pigmentdrucks benötigten und in den Handel gebrachten Einfach- und Doppelübertragpapiere werden ebenfalls maschinell hergestellt; das Überziehen der Papiere erfolgt in der gleichen Weise wie beim gewöhnlichen Pigmentpapier. Während das einfache Übertragpapier eine unlösliche Schicht haben muß, die aus einer durch und durch gehärteten Gelatineschicht besteht oder mit einer Kautschuklösung präpariert ist, werden die Doppelübertragpapiere nur mit einer partiell gehärteten Gelatineschicht versehen, so daß die Schicht noch klebrig bleibt und man infolge ihrer größeren Adhäsionsfähigkeit das Pigmentbild von der provisorischen Unterlage abzuheben vermag.

Der Pigmentdruck wird in mannigfachen Kombinationen ausgeübt; so u. a. als Bromsilber-Pigmentdruck, Ozotypie usw.

b) Der Gummidruck. Der Gummidruck ist ein Pigmentverfahren, das darauf beruht, daß eine auf Papier aufgetragene Mischung von Gummi arabicum, Chromaten und Pigmentfarben an den vom Licht getroffenen Stellen unlöslich wird.

Es entsteht hier ein Pigmentbild durch direkten Kopierprozeß, weil die Härtung der Gummischicht keine oberflächliche wie beim Gelatine-Pigmentpapier ist, sondern bis in die Tiefen (bis zum Papier) reicht.

Gummidruckpapiere kommen ebenso wie Pigmentpapiere in den Handel; sie sind mit einer Mischung von Gummi arabicum und Pigmenten präpariert und werden durch nachfolgendes Baden in einer Chromatlösung lichtempfindlich gemacht.[1]

Der Eigenart des Gummidrucks entsprechend, wird das Papier je nach dem beabsichtigten Effekt meistens einer Handpräparation unterworfen.

Der Gummidruck zeigt eine eigenartige körnige Struktur, die je nach Belichtung und Auftragstärke der Mischung geändert werden kann, wie sich denn auch das Mengenverhältnis von Gummi, Farbe und Chromsalz nach dem beabsichtigten Effekt richtet. Im allgemeinen kann folgendes Mischungsverhältnis als gut brauchbar gelten: 2 Teile Gummilösung 1 : 1, 6 Teile Ammoniumbichromat 1 : 15 werden mit 0,5 bis 1 Teil Farbstoff gut verrieben.

Die Mischung wird mit einem Borstenpinsel schnell und dünn auf gut geleimtes Papier aufgetragen und mit einem Vertreiber gleichmäßig verteilt; das Papier wird sodann bei künstlich erzeugter Wärme getrocknet.

---

[1] Die handelsüblichen Papiere sind als Carbonvelourpapier, Fressonpapier, Höchheimer Gummidruckpapier u. a. bekannt.

Es können die gleichen Farbstoffe wie beim Pigmentpapier benutzt werden, auch Aquarell- und Temperafarben kommen in Betracht.

Da der Gummidruck zu einer Unterdrückung der Halbtöne neigt, gibt selten der erste Druck ein endgiltig brauchbares Bild; der Gummidruck wird daher meistens als Kombinationsdruck ausgeübt, indem man den ersten Druck nach dem Trocknen nochmals präpariert und den Prozeß so oft wiederholt, bis der Druck die gewünschte Bildwirkung zeigt.

Der Gummidruck wird auch häufig in Kombination mit dem Platindruck, der Cyanotypie und Ozotypie ausgeführt.[1]

---

[1] Vgl. J. M. Eder, Ausf. Hdb. d. Phot., Bd. 4, 2, Halle a. d. S., W. Knapp, 1926, sowie E. Stenger, Neuzeitliche Kopierverfahren, Halle a. d. S., W. Knapp, 1920.

Namen- und Sachverzeichnis

Manzsche Buchdruckerei, Wien IX.